U0142861

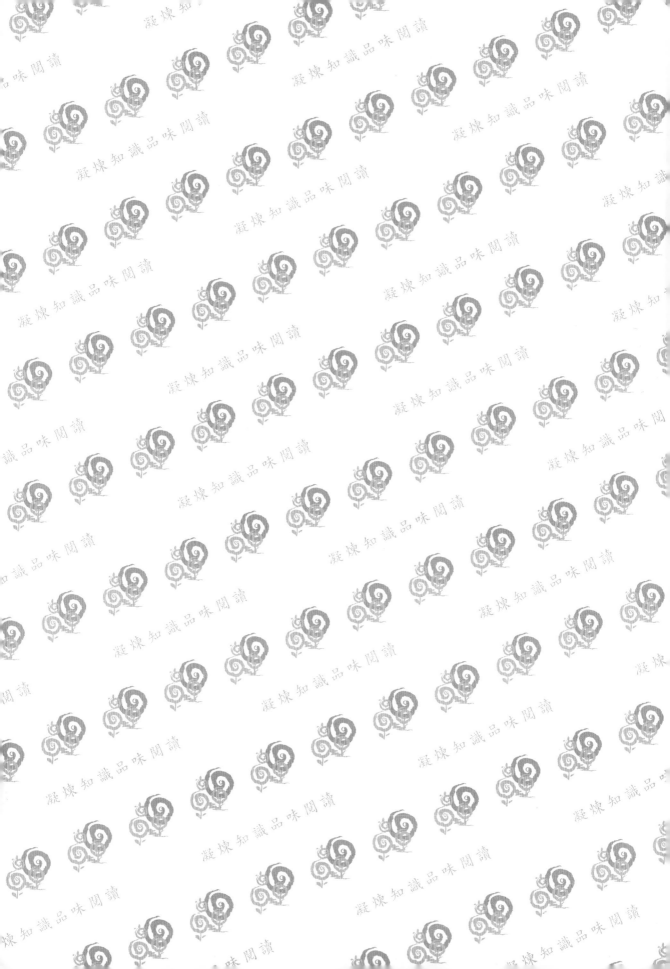

風險管理新論

Risk Management

全方位與整合

宋明哲 著

五南圖書出版公司 印行

　　終於完成本人的心願，總想將十多年前出版的《現代風險管理》一書，改頭換面，主要是因為風險管理理論與實務發展太快，總想以新面貌與讀者見面，如今總算完成，並更改書名為「風險管理新論──全方位與整合」。當然，對一生教書的人來說，寫書是項志業，也期盼寫的書，看的人喜歡，就滿足了，當然，更希望大家給我指教。

　　其次，這次改版基於幾個想法：第一，有感於坊間有關風險管理一書，總多是各取各的觀點論述風險管理，但風險管理實在太廣，它是跨領域整合性學科，對初入門者，沒有全面性的認識，不見得是好事，因此，總想寫一本宏觀的風險管理教材；第二，當然第一點的想法，也有風險，擔心讀者感覺太雜，沒重心，所以在寫時，思考上盡量聚焦在 ERM／EWRM 八大要素，而且著重風險的三大面向；第三，一改本人過去的寫法，每章均附上學習啟示錄，同時附上思考題，盡量能讓讀者思考，之所以這麼做，就是不想讓讀者認為管理風險是硬梆梆的，其實，本人的心得是，風險管理不同於其他管理，畢竟它是針對風險，風險本身就是未來的概念，誰也沒把握百分百知道未來會怎樣，所以不想給讀者接受某個框架，然後跟著書裡的框架學習風險管理，本人以為也不是好事。

　　最後，讀者如果是宿命論者，就別看本書，如果你（妳）認為哪有風險這回事，那也別看。

宋明哲 PhD, ARM

識於台灣新店安坑
2012 年四月脫稿

目　錄

楔子— Risk 譯為「風險」

中文「風險」與「危險」各有其中文的語源，傳統[1]的「風險」概念代表機會，「危險」則代表不安全的情境概念。其次，德國社會學家盧曼（Luhmann, 1991）亦區分英文「Risk」與「Danger」的不同，前者與吾人的決策有關，後者無關決策。面對風險社會（Risk and Society）的原作者丹尼（Denney, 2005）在其書中的第一章風險的本質裡頭，也明確區分「Risk」與「Danger」的不同。相反的，國內對「Risk」的譯名偶有爭論，有譯成「危險」者，有譯成「風險」者。在堅守真善美三原則下，本書將 Risk 譯為風險。理由說明如下：

首先，翻譯上，應先求其「真」。換言之，應先考據英文 Risk 的語源之後，則考慮中文詞彙，何者為善為美，才作決定。十七世紀中期，英文的世界裡才出現 Risk 這個字(Flanagan and Norman, 1993)。它的字源是法文 Risque，解釋為航行於危崖間。航行於危崖間的「危崖」是個不安全的情境。或許，這是主張應譯為「危險」的論者所持的理由之一。然而，法文 Risque 的字源是意大利文 Risicare，解釋為膽敢，再追溯源頭則從希臘文 Risa 而來。膽敢有動詞的意味且含機會的概念。膽敢實根植於人類固有的冒險性，如前所提，航行於危崖間，亦可視為冒險行為。冒險意謂有獲利的機會。這個固有的冒險性，造就了現代的 Risk Management。故以求「真」原則言，中文「風險」實較契合英文 Risk 的原意。其次，英文 Risk 譯成「危險」，那麼，英文 Danger 該如何翻譯成中文，易讓初學者困惑。最後，現代 Risk Management 的範圍與思維已脫離過去的傳統，且中文「風險」實較「危險」為「美」也已廣為兩岸學界所接受。因此，本書從善如流，採用「風險」當作英文 Risk 的譯名。

---

[1] 風險的傳統概念，是機會的涵義，風險的另類概念，是價值的涵義。

第一篇

緒　論

　　本篇主要說明，為何本書副題，命名為「全方位與整合」，同時，也說明整本書的思維脈絡與架構。

第 **1** 章

為何是全方位與整合

還好，我們的世界，充滿風險（Risk），雖有威脅，但有希望。風險管理（Risk Management）減緩了威脅，創造了更有希望的世界，但很不幸的，在現今複雜又極端的世界裡，評估風險（Assessing Risk）遭受瓶頸，我們更難、甚或不可能預測風險，因為吾人生活週遭，太多非比尋常的黑天鵝事件[1]（The Black Swan Event），金融海嘯（2008-2009）就是明證。該海嘯也敲醒我們，「人」才是當代風險的最大來源，因為我們太自信，又貪婪。其次，從現代觀點來看，整部人類史，說成是一部風險管理史，也不為過。

另一方面，從傳統觀點言，整體來說風險管理發展至今，在性質上，科學約佔了六成五，其餘約三成五，是人文藝術（Crouhy *et al*, 2003）。風險管理是跨領域整合性[2]（Interdisciplinarity）學科，主要是因評估風險（Assessing Risk）時，會涉及各種性質不同的風險，有時既需自然科學，也需各類社會科學，例如，評估污染風險（Pollution Risk），在計量分析時，需要化學等自然科學，評價（Appraisal / Evaluation）時，需要心理學等人文社會科學；再如，利率風險（Interest Rate Risk）評估，計量時雖無需自然科學，但需財經相關知識，評價時，也需心理學等人文社會科學。茲以科學成份觀點，觀察風險評估的特性，參閱圖 1-1。

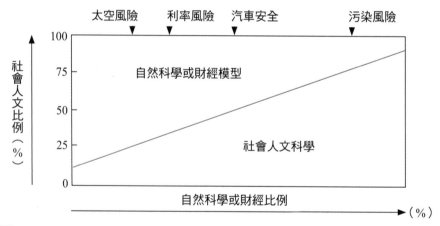

圖 1-1　風險評估的科學成份

---

[1] 黑天鵝事件，參閱本章第 3 節。

[2] Interdisciplinarity的性質, 有別於Multidisciplinarity, 請參閱 O'riordan,T. (1995). Environmental science on the move. In: O'riordan, T ed. Environmental science for environmental management. Pp.1-15.Longman Group: UK. 以及參閱 Tapiero, C. S. (2004). Risk management: an interdisplinary framework. In: Teugels, J. L. and Sundt, B. ed. Encyclopedia of Actuarial Science. Vol 3 pp.1483-1493.

　　其次，活在當今的風險社會[3]（Risk Society），看待任何人、事、物，必須具備風險意識（Risk-Based Sense），舉凡日常生活裡的食、衣、住、行；商業活動中的產銷與服務；政府對民眾的服務與制定政策的過程裡，吾人如能以風險為本，並做好適當的風險回應（Risk Response），才夠稱為現代人、現代企業與現代政府。

　　看待任何人、事、物，不能像瞎子摸象，聽到什麼，摸到什麼，就說那個人、事、物就是什麼。看待現代的風險，也是如此，不能只觀察一個面向（One Dimension），應該從多種面向（Plural Dimensions）來看，不能微觀，應該宏觀，這就是全方位（All Dimensions）。蓋因現代風險的意涵，不再只是冰冷的數字，而是極富生命力的語言。

　　最後，管理風險，不能只看風險的表象，更不能頭痛醫頭，腳痛醫腳，因為各類不同風險間，可能是互動的，形成風險的因子及其解釋，也極為複雜，因此，累積風險時，考慮風險間的相關性，進而以一致的方式，組合各種管理工具，聯合診治，這就是整合（Integration）。事實上，當我們以全方位觀察風險時，就需管理上的整合。本章旨在說明全書的思維脈絡與全書的架構。

一、看待風險的方式 —— 今已非昔比

　　過去，人們看待風險的方式，是在常態波動（非極端情境）下觀察且認為未來會如同過去，模型化的風險（Modelling Risk），被認定是真實世界的風險，也認定是風險的真正面貌。這種認定風險的方式，以實證論[4]（Positivism）為基礎，是機會取向的個別化（Individualistic）概念。這種概念，在塔雷伯（Taleb, N.N.）（2010）世界分類的第 I、II、III 象限中（參閱圖 1-4），被認為是適用的。這種看法是在不得不的考量下，完全剔除了風險所在的社會文化脈絡，從而計量風險的思維，主導與獨霸風險學術的發展，長達至一九八〇年代[5]。

---

[3] 「風險社會」一詞，是社會學裡的專有名詞，是社會演變的一個過程，現階段的社會，因具備不同於以往工業社會的特徵，德國著名社會學家貝克（Beck, U.）乃冠稱為風險社會，其具體特徵，參閱本章第 3 節。

[4] 實證論意涵，參閱本書第二篇。

[5] 1980 年代，是風險理論發展的分水嶺，此時風險建構（The Construction Theory of Risk）學派興起，這包括風險的社會理論（The Social Theory of Risk）、風險文化理論（The Cultural Theory of Risk）與哲學領域的風險理論。建構學派的風險理論，迥然不同於存在久遠的傳統風險理論。同年代間，風險分析學會（SRA: Society of Risk Analysis）創立。參閱 Denney, D. (2005). Risk and Society. London: Sage; Renn, O. (1992). Concepts of risk: a classification. In: Krimsky, S. and Golding, D. ed. Social theory of risk. Westport: Praeger pp.53-83.

　　嗣後，因眾多科技災難[6]與黑天鵝事件的發生，起因複雜且含眾多人因成份，而後實證論[7]（Post-Positivism）價值取向的群生[8]（Communal）概念蓬勃發展，尤其風險文化理論（The Cultural Theory of Risk）更廣受重視[9]。目前學術界觀察風險的方式，呈現百家齊鳴的態勢，金融海嘯後，以多元理性（Plural Rationalities）認定風險，已無法避免，這種有別於過去以單一理性（Single Rationality）一貫看待風險的方式，將衝擊風險的評估。

　　著者綜合所有人們看待風險的方式，將其分成三種面向，那就是風險的實質面向（Physical Dimension）、人文面向（Humanity Dimension）與財務面向（Financial Dimension），這是對風險全方位的觀察。面向不同，風險理論也有別(Renn, 1992)，那就是，安全工程與毒物流行病學的風險理論，用來觀察風險實質面的議題，人文面向的風險理論，存在於心理學、社會學、文化人類學與哲學，用來了解人們風險知覺（Perception）、認知（Cognition）與社會文化的議題。財務面向的風險理論，在保險精算與財務經濟領域，用來訂定風險價格（Risk Pricing），評估風險與報酬間的關係以及成本效益問題。

　　這三種面向間，並非完全獨立，而是互動影響的，例如，觀察火災風險事件起因，或管理火災風險，不能只分析實質因素，對建築物設計、建造、維護與使用人員如何看待火災風險，且其行為是否有疏失，與如何受到社會文化變項的影響，也不能剔除在外，最終，控制火災的發生，需花費多少成本，又可獲得多少效益，萬一無法控制，又如何影響財務損失，以及事前要花多少火險保費，這些問題，均涉及風險三個層面的互動關係。同時，在這三種面向中，以人文面向的風險理論發展最晚，實質面與財務面的風險理論，是存在已久的流派，也是傳統的理論。本書所稱全方位，即以此三種面向為代表，參閱圖 1-2。

---

[6] 例如，Union Carbide Bhopal, India,1984; Space Shuttle Challenger, USA, 1986; Chernobyl, Former USSR, 1986; King's Cross Fire, UK, 1987 等。

[7] 後實證論為基礎的風險管理意涵，參閱本書第二與第三章。

[8] 價值取向的群生概念，參閱本書第二與第三章。

[9] 最近，風險文化理論的群格分析（GGA: Grid Group Analysis）模型，被用來解釋環境風險管理的政策議題，而有「Clumsy Solusions」一詞的出現。其次，藉由群格分析的多元理性（Plural Rationalities）解釋保險領域中的承保循環（Underwriting Cycle）現象，這以 Dave Ingram 為代表。參閱 Ingram, D. and Underwood, A. 合著 *The human dynamics of the insurance cycle and implications for insurers-An introduction to the theory of plural rationalities* 一文。

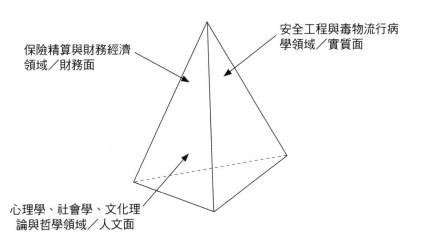

圖中文字：

保險精算與財務經濟
領域／財務面

安全工程與毒物流行病
學領域／實質面

心理學、社會學、文化理
論與哲學領域／人文面

圖 1-2　風險的全方位與風險理論領域

　　最後，機率論出現 [10] 以來，人們就一直想計算風險，將未來的不確定，透過計算加以掌控，這種想法，也一直影響風險學術的發展，有句話最能代表風險計量的想法，那就是：「所有事物能用數字陳述，才能代表人們對該事物很了解」。然而，也有云：「不是所有事物都能計算，能被計算的，也不能代表該事物的一切」，這種截然不同的思維，也造就了如今風險理論呈百花齊放的局面。

二、風險管理的過去與現在

　　過去的風險管理（Risk management），局限在保險風險 [11]（Insurance Risk）或危害風險（Hazard Risk），間隔二十年後，才出現金融／財務風險管理（Financial Risk Management），但兩者是呈分流發展的態勢。直至全方位／整合型風險管理（ERM / EWRM: Enterprise-Wide Risk Management）架構出現後，舉凡策略風險（Strategic Risk）、財務風險（Financial Risk）、作業風險（Operational Risk）與

---

[10] 掌控風險，一直是人類的夢，夢想如說已實現，那就得感謝印度的阿拉伯數字系統，與巴斯卡（Blaise Pascal）與費瑪（Pierre de Fermat）共創的或然率理論，時約 16、17 世紀的文藝復興時期。參閱 Bernstein, P. L. (1996). *Against the Gods-the remarkable story of risk.* Chichester: John Wiley & Sons.

[11] 站在保險人立場看，保險是集合所有可保的危害風險之機制，因而從保險人立場，即稱保險風險或稱核保風險（Underwriting Risk），但站在被保險人轉嫁風險的立場，是稱危害風險。這種只將可保的危害風險納入風險管理範疇的年代，是風險管理發展上最早的年代，即稱保險風險管理（IRM: Insurance Risk Management）。

危害風險，才匯流一起，全部納入風險管理的範疇。

其次，過去的風險管理，只局限在經營管理層次，也直至 ERM 架構的出現，才將策略管理層次的風險納入考慮，換言之，現代的 ERM 已將策略管理融合[12] 一起。過去的風險管理是頭痛醫頭，腳痛醫腳，極為微觀，是種狹隘又零散式的風險管理（Segmented Risk Management），也是屬傳統風險管理（TRM: Traditional Risk Management）的年代，董事會通常不負風險管理的最終責任，這種方式只能消極維護公司／企業價值（Corporate's／Enterprise Value），而且這種方式也容易出現保障缺口，成本效率與效能的提昇有限。然而，ERM 不同，在 ERM 架構下，風險管理全面連結所有管理的層次，董事會負管理風險的終極責任，舉凡策略目標、治理機制（Governance Scheme）、風險管理文化（Risk Management Culture）、風險胃納（Risk Appetite）、內部控制（Internal Control）、內部稽核（Internal Auditing）與風險調整績效衡量（Risk-Adjusted Performance Measurement）指標，均緊密連結風險管理的過程，使組織所有的風險獲得保障，除完成所有利害關係人的目標外，更積極創造了公司價值。

最後，過去管理風險，在管理的想法上，是採賽跑奪標與風險為敵的想法，現在的想法，已有跡象顯示，可能轉向成與風險共榮共存，類似拔河的想法。例如，荷蘭人現今治水，不再採防洪抗洪的想法，而是改採與水共治的想法。以上說明，參閱圖 1-3。

另一方面，過去的風險管理，局限在私部門，間隔三十年後，出現屬於公部門領域的公共風險管理（Public Risk Management）。換言之，管理風險的主體，不再局限在企業公司，而是已擴散至政府機構與非營利組織，甚至擴散至國家層次與全球國際組織的層次。簡單來說，從個人至全球所有機構組織，均需管理風險，畢竟，當代是風險社會（Risk Society）的年代。

---

[12] Andersen, T. J. and Schroder, P.W.(2010). Strategic risk management practice-How to deal effectively with major corporate exposures. Cambridge University press : New york. 該書的兩位作者，並不認為 ERM 已將策略管理融合一起，而有修正 ERM 架構的論述，閱書中第八章。然而，著者持不同看法，從 ERM 八要素以及從策略風險也納入 ERM 範疇內來看，著者認為 ERM 已將策略管理融入一起。

圖 **1-3**　IRM / TRM / ERM 架構的演變

三、風險社會與極端世界更需全方位與整合型風險管理

我們的社會，已走到風險社會這個階段，同時，我們面對的是複雜又極端的世界，也就是黑天鵝世界。在這社會與世界下，我們需要何種風險思維與管理方式，值得深思。

首先觀察，什麼是風險社會？從社會學的觀點，人類生活的社會是會隨著時空演變的。德國著名的社會學家貝克（Beck, U.）冠稱當今為風險社會。風險社會有不同以往工業社會與農業社會的特徵（周桂田，1998b; Beck, 1992）：第一，它是高科技與生態破壞特別顯著的社會，高科技伴隨著風險的高度爭議與生態的破壞，例如，複製科技的倫理爭議；第二，它也是更需個人作決策的社會，蓋因眾多風險爭議，專家與科學的答案不一致，個人面對時需自己作決定，例如，手機可能傷腦部，含有鐵氟龍的鍋子炒菜，吃了可能致癌，用不用它們，需要自己決定；第三，它更是風險全球化分配不公的社會，例如，環境污染風險分配集中在落後國家或開發中國家的現象。

其次，說明什麼是極端世界或黑天鵝世界？黑天鵝事件是指高度不可能發生的事件卻發生了，而且是極具毀滅性的事件，同時事件發生後，人們會習慣性地試圖

解釋，使其被認為可事先預測的事件。黑天鵝事件有稀少性、極大衝擊性與事後諸葛三種特性。 塔雷伯（Taleb, N. N.）（2010）把世界分成四類，分稱第 I、II、III、IV 象限，也就是以簡單報酬與複雜報酬區分平庸世界與極端世界，其中極端又具複雜報酬的世界，即黑天鵝領域，在該領域沒有風險模型比有模型好，參閱圖1-4。

	A 平庸世界	B 極端世界
簡單報酬 I	極為安全（第一象限）	安全（第三象限）
複雜報酬 II	（還算）安全（第二象限）	黑天鵝領域（第四象限）

圖 1-4 塔雷伯（Taleb）的世界分類

　　著者認為，風險社會第一與第二項的特徵與極端世界的概念，是有關聯的，因為兩位名家均同意現代風險極度複雜，且有極大破壞力，已不是過去科學或模型可完全解釋的。因此，活在當下這種社會與世界，不論是個人、公司或政府與全球國家，管理風險上，更需全方位與整合的思維及作法，其理由至少有下列五點：

　　第一，金融與非金融巨災，前者如 2008-2009 的金融海嘯（段錦泉，2009），後者如 2011 年的日本 311 大地震與海嘯，在在重擊了現代風險管理的思維與實務技術。面對風險，重新反思過去是必要的。有人已預測風險管理的下一階段，有可能從 ERM 走向 ER（Enterprise Resilience）（Rizzi, 2010），也可能維持與強化現狀，也可能徹底顛覆過去所有一切的風險管理思維與實務（Banks, 2009）。不論下一階段是什麼，全方位與整合的想法及作法，均不會落伍的。

　　第二，風險理論上，看待風險的方式已趨多元，不再是單一理性與量化獨霸的局面。量的方式，將風險看成是機會概念，質的建構理論，將風險看成是群生的價值概念。風險學術領域中，已並存這兩種不同的思維，因此，透過冰山原理（參閱第二章），將不同的想法加以整合，在風險社會與極端世界下有其必要。

　　第三，風險評估不該局限於單一理性的計算，還應擴散至心理、社會與政治全方位多元的評估，尤其對公共風險[13]（Public Risk）與外部化風險[14]（Externalized Risk）的評估。畢竟，涉及風險的利害關係人眾多，包括風險專家、公司員工與社

---

[13] 公共風險，閱本書第 34 章。
[14] 外部化風險，閱本書第 9 章。

會大眾，而且單一理性的計算，容易低估風險，那麼，風險回應就不可能完整。

第四，公司與政府治理（Corporate and Government Governance）、內部控制、內部稽核與 ERM 緊密結合的架構下，不論公司或公共風險管理領域，屬於策略層次的策略風險與屬於經營層次的財務風險、作業風險及危害風險間，可能的互動或抵銷，更需風險全方位的思維與所有管理方式的整合。

第五，風險社會下，人類未來的文明不再由科技本身所決定，而是由人類選擇的科技，及其所伴隨的風險特性所決定，此稱為風險文明（Risk Civilization）[15]，而與工業文明有別。同時，在風險社會下所追求的，是風險分配（Risk Distribution）的公平，此不同以往，在工業社會下追求公平的所得分配。因此，這種風險文明與風險分配的追求，更需跨領域不同學科的整合。

四、本書思維脈絡與架構

（一）思維脈絡

撰寫本書的思維脈絡，依序說明如後：

首先，風險管理的對象，既然是風險，而學術上，目前存在兩種風險的本體論，也就是實證論與後實證論，本體論不同，自然其問題的建構與管理方式就有別。因此，本書從風險理論開始，換言之，第二篇各章是本書後面所有篇章的理論基礎。其次，公司風險管理與公共風險管理，雖然 ERM 八大要素相同，但內容不同（第三篇），例如，這兩者的目標，一為公司價值，另一為公共價值（Public Value），兩者目標的內涵差異極大[16]。一般營利的企業公司，可以是銀行與保險公司的重要客戶，在沒有客戶，哪有銀行與保險公司的思考下，本書率先以一般營利的企業公司為管理主體（第四篇），說明 ERM 八大要素的內涵，而將銀行與

---

[15] 「風險文明」一詞，是德國著名社會學家貝克（Beck, 1992）所提出。風險文明是人類文明的新起點，主要導因於工業革命以來，至現代高科技的發展，伴隨的高爭議風險，已不同於過去科技所伴隨的風險。過去，科技伴隨的風險，社會能夠承受，但現在不能。因此，人類文明的發展，需要脫離工業文明，轉而進入風險文明的新起點，此種風險文明，是由高科技風險，決定了人類文明發展的屬性，高科技風險，也成為人類文明演化的內涵。

[16] 公司價值主要以財務為內涵，然而公共價值不只涉及財務的國民所得概念，也涉及對民眾的服務品質與社會公平正義的非財務概念。

保險公司本身的風險管理，以及國際監理規範，Basel 協定 [17] 與 Solvency II [18] 的介紹，列入公司風險管理專題篇章中（第五篇）。

最後，簡易的個人與家庭風險管理，列入第六篇。公共風險管理涉及政府機構本身與總體社會的風險管理（第七篇），其所需的風險理論，更比公司風險管理為廣，尤其價值取向的群生概念，在公共風險管理的應用，是不容忽視的，蓋因，很多因政府機構管理風險的想法與作法不當，導致社會衝突與抗議事件層出不窮，這些層出不窮的事件，很難以機會取向的傳統風險概念解釋。

（二）本書架構

全書架構參閱圖 1-5。

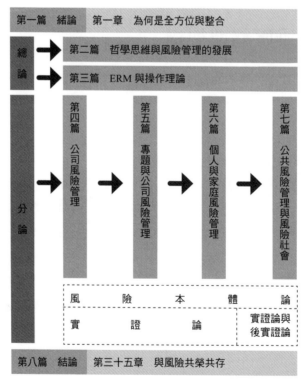

圖 1-5 本書架構

[17] Basel 是瑞士這個國家的城鎮，Basel 拼法是官方德文拼字，英文拼字是 Basle。國際清算銀行（BIS: Bank for International Settlements）為規範國際間銀行的資本適足率（Capital Adequacy）在1988年公佈 Basel I，嗣後，陸續修訂公佈 Basel II，近年，進一步出現 Basel III。這些均是跟銀行業有關，且以 ERM 為風險管理的架構。

[18] Solvency II 是歐盟的保險業監理規範，之前歐盟各國所採用的保險業清償邊際制度（Solvency Margin Requirement）可說是 Solvency I. Solvency II 目前未正式全部完成定案公佈，台灣的保險監理未來是否採完全接軌，茲事體大，Solvency II 也以 ERM 為風險管理的架構。

五、本章小結

　　在風險社會與極端世界下看待風險，採用多元理性已無法避免，風險的計算已不再是單一理性的問題。畢竟，風險面貌多元。也因為這樣，管理風險上，除重財務與實質技術外，也不應忽略心理與人文變項。其次，風險管理的範疇與架構已逐漸演變，整合型風險管理已取代以往的保險風險管理與傳統風險管理，在嶄新的架構與範疇下，論述風險管理，全方位思維與整合所有風險的管理方式，乃勢所必然。

思考題

❖ 韓劇大長今中，御醫與大長今對國王病情的治療，誰的治療法，最後獲得成功？與本章的想法，有何關聯？（提示：在台灣該劇劇名稱為大長今，有興趣的話，看後面幾集就好。其次，劇中御醫療法，像治標的西醫，大長今療法，像治本的中醫）。

參考文獻

1. 周桂田（1998b）。*現代性與風險社會*。台灣社會學刊。
2. 段錦泉（2009）。*危機中的轉機 -2008-2009 金融海嘯的啟示*。新加坡：八方文化創作室。
3. Andersen, T. J. and Schroder, P. W. (2010). *Strategic risk management practice-how to deal effectively with major corporate exposures.* Cambridge: CUP.
4. Banks, E.(2009). *Risk and financial catastrophe.* Palgrave Macmillan.
5. Beck, U. (1992). *Risk society-towards a new modernity.* London: Sage.
6. Bernstein, P. L. (1996). *Against the Gods-the remarkable story of risk.* Chichester: John Wiley & Sons.
7. Crouhy, M. *et al*(2003). *Risk management.* McGrow / Hill.
8. Denney, D. (2005). *Risk and Society.* London: Sage.
9. Flanagan, R. and Norman, G. (1993). *Risk Management and construction.* Edinburgh: Blackwell Scientific Publications.
10. Ingram, D. and Underwood, A. *The human dynamics of the insurance cycle and implications for insurers-An introduction to the theory of plural rationalities.*
11. Luhmann, N. (1991). *Soziologie des Risikos.* Berlin: de Gruyter.

12. Taleb, N. N. (2010). *The Black Swan-the impact of the highly improbable.*

13. Tapiero, C. S. (2004). Risk management: an interdisplinary framework. In: Teugels, J. L. and Sundt, B. ed. *Encyclopedia of Actuarial Science.* Vol 3 pp.1483-1493.

14. O'riordan, T. (1995). Environmental science on the move. In: O'riordan, T ed. *Environmental science for environmental management.* Pp.1-15.Longman group:UK.

15. Renn, O. (1992). Concepts of risk: a classification. In: Krimsky, S. and Golding, D. ed. *Social theories of risk.* Westport: Praeger. Pp.53-83.

16. Rizzi, J. (2010). Risk management-techniques in search of a strategy. In: Fraser, J. and Simkins, B. J. ed. *Enterprise risk management.* pp.303-320. John Wiley & Sons.

第二篇

哲學思維與
風險管理的發展

此篇介紹風險理論與其哲學基礎，
管理風險的思維與目標，風險管理的演
進與主要國家的發展以及風險管理學科
的定位。

第 2 章

風險理論與其哲學

學習啟示錄

風險，可以是數字，可以是選擇，也可以是種感覺，
更可以是一個社會的文化價值。

從學術觀點言，風險，可以是數字，可以是選擇，也可以是種感覺，更可以是社會價值，這些「可以」均有其理論基礎，基礎不同，看待風險的方式就不同。不同的風險理論（Risk Theory）會影響吾人回應風險（Responding to Risk）或管理風險（Managing Risk）的思維。因此，說明風險管理之前，認識各種不同的風險理論是必要且重要的。

以現代科技的神速進展來看，科技除使得風險的量化更快速，方便管理[1]外，人類未來的生活中，也充滿著更多機會（Opportunity）與威脅（Threat）。例如，複製科技，帶給人們無限希望，也可能帶來極大的恐懼與倫理的爭議。再如，基因改造，可應用在人體肌肉萎縮的治療，但也引起極大的擔憂。又如，金融科技，創新了眾多金融商品，帶給吾人創造更多財富的機會，但也由於結構的複雜，稍一不慎，也可能踩到「地雷」。類似這些未來的可能，生活中不勝枚舉[2]。其實這些可能，粗略地說，就是風險。

「風險」一直是人類所有活動中必要的元素，當代的風險，拜現代科技[3]之賜，更迥異往昔。也因此，德國著名的社會學家貝克（Beck,U.）直稱當今是個風險社會，不是工業社會；是風險文明，不是工業文明。

其次，伯恩斯坦（Bernstein, 1996）也提及「未來」是風險的遊樂場，這句話的意涵多元，它可指「風險」是永遠存在的，因為時間永遠向前轉動，亦可進一步解讀成「風險」在造就人類的未來[4]。此外，風險固然令人愛恨交加，但人類的冒險（Taking Risk）本性，除創造了現代文明[5]外，人類也想進一步加以掌控[6]，從而誕生了當紅的顯學——風險管理。風險管理在學科性質上（Tapiero, 2004），是屬於多元的跨領域整合性學科（Interdisciplinarity）。

---

[1] 用來計量風險的電腦軟體與開發軟體的專業機構，因電腦科技的神速進展，已比往昔大量增加。前者如 RiskMetrics 軟體，後者如 Algorithmics 公司。

[2] 極端氣候持續發生，你我不無可能成為氣候災民？今天結了婚，未來可能離婚？股票族最想知道，明天台灣股市可能漲或跌？眾多可能，牽伴著你我。

[3] 現代的眾多科技，例如基因科技，均伴隨著高度爭議的風險。Jerome R. Ravetz 稱呼現代科技為後常態科學（Post-Normal Science），有別於工業社會時的常態科學（Normal Science）。參閱 Funtowicz and Ravetz (1996)。Risk management, post-normal science, and extended peer communities.

[4] 風險在造就人類的未來，是著者研讀「風險文明」一語內涵後的另類解讀。

[5] Bernstein, P. L. (1996) 所著《與天為敵》一書中提到，風險是現代與古代的分水嶺。參閱該書中文譯本第 003 頁。

[6] 根據《與天為敵》(Bernstein, 1996) 一書中的第 025 頁所載，文藝復興與宗教改革是人類掌控風險的第一個舞台，此時神秘主義被科學與邏輯所取代。機率論產生後，人類想掌控風險的意圖更強。古代並非無風險，只是當時人們對風險是消極地訴諸神祇與民俗信仰。

那麼，風險與風險管理，這兩個詞彙在學理上，定義為何？在此，先從比較寬鬆又常見的用法開始。簡單地說，風險就是指未來的不確定性（Uncertainty），風險管理則是指掌控不確定未來的一種管理過程。從字源的起點來看，風險的歷史久遠[7]，科學有系統的風險管理則是一九五〇年代[8]的事。

最後，風險概念本身，涉及的是未來，不含過去。相反的，風險管理為了評估與預測風險，就需涉及過去的記錄，推估未來風險[9]可能出現的軌跡，方便吾人管理風險。對於風險概念中的未來與不確定性，每人看法不同，想法也不同，因此，「百花齊放，一統未定」[10]就成為目前風險理論的最佳寫照。

 # 一、不確定的來源與層次

從前述可知，「不確定」是風險概念的核心，但奈特（Knight, F.1921）將不確定與風險作嚴格的區分[11]，因此回答，不確定為何存在？它的來源有哪些？它有沒有層次之分？就顯得必要。

首先回答，為何會存在不確定？以及它的來源有哪些？不確定存在的理由與來源有（MaCrimmon and Wehrung, 1986; Rowe, 1994; Fichhoff, *et al*, 1984）：

第一，當吾人無法完全掌控未來的事物時，就會存在不確定。嚴格來說，任何未來的事物，吾人均無法完全掌控，對任何未來的事物，吾人只能說有多少信心可掌控幾成，未來的時間越短，就越有信心完全掌控。吾人無法完全掌控的原因，也就是造成不確定的來源。當可運用的資源不足，可運用的資訊不充分，與可運用

---

[7] 從 Risk 英文字源的歷史來看，風險的歷史久遠，根據伯恩斯坦 (Bernstein, 1996) 所著 *Against the Gods-the remarkable story of risk* 一書中所載，風險研究的歷史可追溯自西元十二世紀開始。

[8] 科學有系統的風險管理，以「風險管理」詞彙出現為起始計算，應是 1956 年的事（Gallagher, 1956）。「風險管理」詞彙實有別於「安全管理」(Safety Management)，這理由是根據 1985 年於 RIMS（Risk and Insurance Management Society）年會揭櫫的 101 風險管理準則第 8 條的意旨而來，第 8 條的原文是「For any significant loss exposure, neither loss control nor loss financing alone is enough; control and financing must be combined in the right proportion」。

[9] 我們就是不能推估預測風險，反對推估預測風險的哲學思維，可參閱 Taleb, N. N. (2010)。The Black Swan-the impact of the highly improbable。第十章預測之恥至第十八章假學究的不確定性。

[10] 「百花齊放，一統未定」的寫照，參閱本章後述。

[11] Knight, F. 認為 If you don't know for sure what will happen, but you know the odds, that's risk, and is you don't even know the odds, that's uncertainty. 參閱 Knight, F. (1921). Risk, uncertainty and profit. New York: Harper & Row.

的時間不夠時，就容易使吾人無法掌控未來。此外，社會、經濟、 政治體制的變動，自然界的力量，與人為的故意，也常使得吾人很難掌控未來。

第二，當資訊本身有瑕疵，與吾人對資訊顯示的含義不了解，或解讀錯誤，或誤判時，也會產生不確定。資訊本身有瑕疵，將使預測未來時，出現極大的誤差。對資訊顯示的含義不了解，或解讀錯誤，或誤判，均會使決策失誤。誤差的產生與決策的失誤，代表著不確定所產生的後果。

第三，來自測度單位[12]的不確定。測量不確定指所使用的單位尺規，因不同領域的人士各有其用法，不同的單位尺規，容易造成對不確定解讀的不同。

第四，來自測度模型[13]的不確定。測度風險，常用一些模型，然而，影響模型的各類因子間互動的空間如何，以及因子間的關係，是比例或非比例，都能影響系統或模型的有用性與效度。

第五，來自時間的不確定。它可包括決策時機的不確定，未來軌跡是否重複過去的不確定，過去的記錄是否確定，與未來是否明確的不確定。

其次，不確定可分三種不同的層次（Fone and Young, 2000）：第一種是客觀的不確定（Objective Uncertainty），這是最低的層次，例如，買樂透彩，其結果不外是「中獎」與「不中獎」，而各類中獎機率容易客觀計算；第二種是主觀的不確定（Subjective Uncertainty），不確定層次高於前者，例如，房屋可能失火的不確定，結果容易確認，不外是房屋全毀、 半毀、或其他程度的毀損、與沒有毀損，但可能失火的機率，不像中獎機率容易客觀計算，尚且計算上，也繁複許多；最後一種是混沌未明的不確定，這種層次的不確定，不管在可確認的結果上，或可能發生的機率上，根本就無從知道與判斷，所以不確定的成份，比前兩個層級高出甚多，例如，太空探險初期、蘇聯帝國剛瓦解時、或 SARS（Severe Acute Respiratory Syndrome）剛爆發時。此外，值得吾人留意的是眾多未來不確定的事物，隨著時間，也大多會成為確定，因此，風險是會著時間改變的。

---

[12] 例如，要表示一項科技產生的風險，不同的專家可能選擇不同的測量單位。對某些專家言，可能選擇年度死亡人數（Annual death toll）表示風險，某些專家也可能會選擇生命的預期損失（Loss of life expectancy）表示風險，某些專家則可能以喪失的工作日數（Lost working days）來表示風險等。

[13] 例如，在過去保險風險管理（IRM: Insurance Risk Management）或傳統風險管理（TRM: Traditional Risk Management）年代，常見的測度風險的工具，有 MPL (Maximum Possible Loss or Maximun Probable Loss), MPY(Maximum Probable Yearly Aggregate Dollar Loss)等。現在整合型／全面性風險管理年代（ERM / EWRM:Enterprise-Wide Risk Management）年代，VaR（Value-at-Risk）則成最常用的測度模型，衡量 VaR 值也有不同的方法，為更精進，VaR 模型也持續被改良。

最後，著者對不確定的層次，以圖 2-1，進一步說明如下：

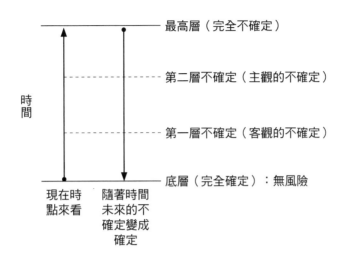

最高層（完全不確定）

第二層不確定（主觀的不確定）

第一層不確定（客觀的不確定）

底層（完全確定）：無風險

時間

現在時點來看　隨著時間未來的不確定變成確定

 圖 2-1　不確定的層次

　　上圖頂端代表完全不確定，這層次，吻合奈特（Knight, F）（1921）的主張，風險與不確定，完全無法混用，底部代表完全確定，這是兩個極端，完全確定代表無風險，完全不確定就是混沌未明的不確定，這一層級，嚴格說，不是風險管理的範疇。風險管理可適用在客觀的與主觀的不確定兩個層級，在這兩層次中，風險與不確定的概念可交換使用。從圖中，亦可知道這三個層級的不確定，會隨著時間降低，直至完全確定。

二、風險理論的核心議題

　　根據任恩（Renn, 1992）與拉頓（Lupton, 1999）對風險概念的整理，截至目前，總計有八種風險理論，散見於八種不同的學科[14]。如此多元，主要源自於不同的學科對風險理論的三項核心議題有不同的看法。

　　這三項核心議題中，第一項，風險定義中的不確定是指哪種層次的不確定？以及該如何衡量不確定？前者可拆解成，例如，不確定有幾種層次？風險衡量的是指何種層次？後者可拆解成數個問題，例如，衡量風險該考慮幾種面向？是不是只考

---

[14] 這八種學科領域，包括保險精算，流行病學，安全工程，經濟學，心理學，社會學，文化人類學與哲學等八大領域。

慮發生的可能性與嚴重性兩種面向？衡量風險有統一尺規嗎？如有，該用何種統一尺規衡量？

其次，三項核心議題中的第二項，不確定可能產生的後果是否僅指財務的，抑或是還包括心理的、政治的、與生態環境的。這項議題，不同學科領域人士間，有諸多爭議。例如，保險學與心理學領域間的看法就不同，前者因損失補償原則[15]（Principle of Loss Indemnity）的關係，認定可能產生的後果只能包括財務損失，後者則主張應外加心理的負面感受，例如與預期[16]（Expectation）有落差的失落感。

最後的核心議題，是屬於「風險」是否真實(Reality)存在的哲學問題。哲學家常質疑，什麼是「真實」？人們是如何知道的？哲學家認為每個人均生活在其認定的「真實」世界中，並依其認定，來了解世界的種種特質（Berger and Luckmann, 1991）。「風險」是否真實（Reality）存在？因人而異，例如，對宿命論者（Fatalist）（參閱第三十四章）來說，「風險」是否真實存在？不無疑問，風險管理對他（她）們來說，似乎也不重要。上述這些對風險概念的質問，也就形成了諸多的風險理論。

三、百花齊放的風險理論

目前風險學術領域中，看待「風險」的思維方式，分成兩種流派（The Royal Society, 1992; Renn, 1992; Lupton, 1999）：一種是採機會取向的個別（Individualisti）概念看待風險，這屬於傳統的概念；另一種是採價值取向的群生（Communal）概念看待風險，這是後來興起的另類概念。個別概念，剔除了風險所在的社會文化脈絡，是將「風險」看成獨立於人們心靈世界外的個別事物，換言之，這種概念是採價值中立（Value-Free）取徑量化風險，這種看待風險的方式，在哲學基礎上稱呼為**實證論**（Positivisim），這是截至一九八〇年代[17]，風險學術

---

[15] 損失補償原則是保險契約的基本原則之一，其目的是透過保險人對被保險人的財務損失補償，使被保險人的財務狀況回復至損失發生前的情況，以達成保險制度保障被保險人財務安全的目的。這項原則強調的是回復，意即依被保險人遭受的實際財務損失彌補，不能多也不能少，多的話，容易誘發道德危險因素，少的話，則失卻保險的目的。其次，損失的回復，也只限縮在財務金錢上的損失，其他通常不列計在內。

[16] 簡單說，預期就是人們對未來期盼的猜測，以數學表達就是期望值。預期是財務經濟學、心理學、行為財務學與經濟心理學中，極為重要的概念。

[17] 風險分析學會（SRA: The Society of Risk Analysis）創立於 1980 年，目前台灣也有分會。同時，該學會也出版了著名的國際期刊 *Risk Analysis*。該期刊與 SRA 學會，可說是風險學術發展上重要的里程碑，期刊上出現了許多風險建構理論相關的研究文獻。因此，1980 年代是風險學術發展上重要的分水嶺。

領域中，唯一的思維方式。

　　然而，一九八〇年代後，風險學術領域，興起了另類概念，也就是群生概念，這種概念採價值取徑看待風險，意謂「風險」是無法脫離社會文化脈絡獨立存在，換言之，這種思維，認為風險是由社會文化建構（Construct）而成，也因此含有那個社會的文化價值觀，是質化風險的概念。進一步說，群生指的是社會團體成員，如何藉由相互間的義務與預期或期盼，維續社會團體的生存，它具體展現在一個社會的文化價值與行為規範上，例如，一個國家社會的法律制約，就是群生概念的具體呈現。風險如採用群生的概念來觀察，那它是一種相對的概念，會因人、或因群體而異，這種看待風險的方式，在哲學基礎上，稱呼為後實證論（Post-Positivisim）。

　　綜合而言，依實證論的思維方式，風險測量（Measurement）與模型化（Modelling）是觀察風險面貌的重點；依後實證論的思維方式，重點不在如何模型化風險，而是人們的社會文化條件如何決定那個社會文化裡的風險，這將影響某一群體社會的人們，如何評估與觀察那個群體社會所決定的風險。

（一）實證論基礎的風險理論

　　實證論基礎的風險理論，又稱現實主義者（Realist）的風險理論（Lupton, 1999），這主要見諸於保險精算、經濟學（含財務理論）、流行病學、安全工程與心理學等學術領域，其中，除心理學領域主張主觀風險（Subjective Risk）且以多元面向（Multi-Dimension）看待風險外，其他領域均屬單一面向（One-Dimension）的客觀風險（Objective Risk）理論。

　　其次，實證論基礎的風險理論，對前曾提及的三項核心議題，其論點大體相同。針對第一項的核心議題：「風險概念中的不確定，是指哪種層次的不確定？以及該如何衡量不確定？」，這類理論認為，風險概念中的不確定，指的是客觀的不確定與主觀的不確定兩個層次，並用主客觀機率衡量不確定，同時考量發生的可能性與嚴重性兩種面向。其次，對不確定可能產生的後果，主要是包括金錢財務的，在心理學領域，還包括心理上所感受的負面效果，此種負面效果則以等值金錢（Equivalent Money）換算。最後，針對風險的真實性，此種理論認為風險是脫離社會文化環境獨立存在的個別實體，也因此風險可被預測、可被模型化。

1. 風險的傳統定義──機會取向的個別概念

實證論基礎的風險理論認為風險可被預測、可被模型化，這是傳統的想法。雖然此種理論所涉及的學科間，對風險的定義存在語意或表達方式上的些許差異，但基本想法是共通的。前曾提及，如以風險的寬鬆用法，風險指的是未來的不確定性，代表的是機會概念。這項不確定，這些領域比較有共識的用法，均會考量發生的可能性與嚴重性兩種面向，同時，風險通常會以統計學的變異量（Variance）或標準差（Standard Deviation）等來表達，也就是說，**風險**可嚴謹的定義為未來某預期值的變異。某預期值的意涵極為多元，例如可指預期損失、預期次數、預期報酬、預期現金流量、預期死亡人數等概念。若以數學符號表示風險，其基本的表示方法為：

$$R = Var = \sum p_i (x_i - \mu)^2 \qquad \mu = EV = \sum PiXi \quad i = 1 \ldots\ldots n$$

未來的預期值（EV: Expected Value），是測量風險的基本概念，這基本概念在經濟學與心理學領域中，可以預期效用值（Expected Utility）替代。此外，變異在實用上，當用途與情境不同時，會衍生出不同的表現方式[18]與計算。

最後，風險的機會概念，可用來回答諸如下列的問題，假設未來與過去沒甚兩樣，那麼人們想知道 30 歲的男性，活到 31 歲的機率有多高？或者要知道明天股價可能漲的機會多高？或者想知道建築物未來一年遭受火災毀損的機率有多大？損失多嚴重？或者想知道持有美金十萬元，明天可能的最大損失有多少？機率多大？

(1) 保險精算、流行病學、與安全工程領域的風險概念

前述預期值概念中，會涉及機率的概念。這三種領域採用的都是客觀機率（Objective Probability）概念。此外，未來預期損失的變異是這些領域常見的**風險**定義。所謂的**客觀機率**指的是某一事件於特定期間內，隨機實驗下出現機會的高

---

[18] 在商管領域與工業安全衛生領域，風險表現的方式有所不同。商管領域中，風險表現的方式共有九種（Mun, 2006）：(1) 損失發生的機率；(2) 標準差與變異數；(3)半標準差或半變異數；(4) 波動度（Volatility）；(5) 貝它（Beta）係數；(6) 變異係數；(7) 風險值（VaR: Value-at-Risk）；(8) 最壞情況下的損失與後悔值（Worst-case scenario and regret）；(9) 風險調整後資本報酬（RAROC: Risk-adjusted return on capital）。這九種，每種均有其優缺點，每種有其實用的情境。其次，在工業安全衛生領域中，許惠棕（2003）主張針對人體健康與生態的風險評估，其風險表現的方式不同。以人體健康風險的表現為例，常見的表現方式有：(1) 致死事故率（FAR: Fatal Accident Rate）；(2) 生命預期損失（LLE: Loss of Life Expectancy）；(3) 百萬分之一的致死風險（One-in-a-million risks of death）。整體而言，由於不同學科領域，其風險評估的標的所關注的對象不同，風險表現的方式也就不同。然而，風險表現的方式，要同時考量損失發生的可能性與嚴重度兩種面向，是較有共識的看法。

低，換言之，即某一損失事件於特定期間內發生的頻率（Frequency）。發生的事件涉及的金錢價值（Money Value），就指財務損失即損失幅度或損失嚴重度。兩者之積即謂該事件的預期損失（Expected Loss）。預期損失是這三種領域評估風險的基本概念，但流行病學領域是採被模型化的預期值（Modeled Value），而安全工程領域是採綜合預期值（Synthesized Expected Value）。

　　上述基本概念，在保險精算領域中，又謂**風險數理值**（Mathematical Value of Risk）。以簡單符號表示此概念：R(Risk)＝M(Magnitude) P(Probability)，R＝風險，M＝幅度，P＝客觀機率（頻率）。然而，保險精算中的風險概念，強調風險的損失面向（Downside Risk or Negative Risk）。某事件損失機率分配（Loss Probability Distribution）所反映的變異即為風險。損失變異的程度即謂**風險程度**（Degree of Risk）。依事件的不同性質，損失機率分配亦可能不同[19]。其次，在流行病學中的風險概念與保險精算中的風險概念，雷同。但計算預期值的過程不同。要言之，流行病學中常以動物實驗的結果，藉以觀察對人體的可能傷害。從而，進一步推算毒性物質對人體可能傷害的預期值，這稱為被模型化的預期值。

　　最後，安全工程中的風險概念與保險精算中的風險概念，亦雷同。在安全工程中，系統安全失效機率評估，常使用事件樹或失誤樹分析[20]（ETA or FTA: Event-Tree or Fault Tree Analysis）評估每一可能發生安全失效事件的機率。之後，綜合得出整體工程系統安全失效的機率，此過程謂為**機率風險評估**（PRA: Probabilistic Risk Assessment），經此過程，所得的預期值謂為綜合預期值。

(2) 經濟學領域（含財務理論）的風險概念

　　經濟學與財務理論的風險概念，不限於風險的損失面，它也包括風險的獲利面（Upside Risk or Positive Risk），但強調獲利的減少。基本上與保險精算，流行病學，與安全工程領域雷同，但該領域係以未來預期報酬的變異定義為**風險**，而以

---

[19] 例如，同樣適用於頻率分配的卡瓦松（Poisson）分配與貝它（Beta）分配，前者通常用於經常發生事件頻率的模擬，後者常用在專案風險的評估。再如，同樣適用於幅度分配的常態（Normal）分配與韋伯（Weibull）分配，前者通常用於大量隨機獨立的事件，後者通常用於事件間隔的時間分配。各種常用的分配，可參閱 Marshall (2001). *Measuring and managing operational risks in financial institutions-tools, techniques and other resources.* Chapter Seven.

[20] 事件樹與失誤樹分析均是定性兼定量的危害分析方法。前者發展的時間，約在 1970 年代，稍晚於失誤樹分析的 1960 年代。事件樹分析是由事故原因推向結果的前推邏輯式歸納法，其主要目的在決定意外事故發生的先後順序，並決定每一事件的重要性。至於失誤樹分析，則主要探究事故發生的原因以及造成這些原因的變數之機率，同時了解每一變數的相關性，進而達成防止事故發生的目的。兩種分析法的內容，可參閱黃清賢（1996）《危害分析與風險評估》，第十一章與第十二章。

某一事件損益分配的變異程度為風險程度的概念，兩領域間不同的是，在經濟學與財務理論的風險概念中，預期效用值（Expected Utility）可用來替代預期值。效用值則以等值金錢（Equivalent Money）概念衡量，此概念涵蓋人們心中的感受。因此，除了客觀機率被用於經濟學與財務理論的風險概念中外，**主觀機率**（Subjective Probability）亦被採用。主觀機率係指對某一事件於特定期間內，發生頻率或出現機會的主觀信念強度而言。

(3) 心理學領域的風險概念

心理學對風險的看法，採多元面向，有別於前面各領域以單一面向看待風險。就風險概念中，以所涉及的損失而言，前面各領域局限在財務損失，但心理學中，損失的概念並非如此，它不僅多元，而且它是指與某參考[21]（References）點比較後的負面感受，以符號表示：$L = Rf - X$，其中 L＝損失，Rf＝參考點，X＝既定結果。例如，你現月薪有三萬，但與同學比起來，你月薪少，感受差，這就含括在心理學中的損失概念。實際上，你並沒有財務損失。因此心理學領域，是以心理的感受看待風險，對未來期望的可能落差就是**風險**。

基本上，該領域是以主觀機率（Subjective Probability）規範與測度不確定性。主觀判斷（Subjective Judgement）與主觀預期效用[22]（SEU: Subjective Expected Utility）是心理學說明風險的核心概念。其中，主觀預期效用值是基本概念。個人主觀機率與判斷是個人風險知覺（Risk Perception）（參閱第十二章）、風險偏好（Risk Preferences）與風險行為（Risk Behaviou）的主要依據。

心理學領域認為，客觀風險評估與機率，只有在融入個人知覺中才有意義。心理學領域也認為，一切不利後果應涉及人們心理的感受。風險真實性的認定，以個人知覺為基礎。心理學領域的風險概念，亦可應用在政府監理政策、社會衝突的解決與風險溝通（Risk Communication）的策略上（參閱第十七章）。在這方面，心理學領域的風險理論，提供了如下的貢獻（Renn, 1992）：第一，心理學領域的風險概念可顯示出，社會大眾心中的關懷與價值信念；第二，它也可顯示社會大眾的風險偏好；第三，它亦可顯示社會大眾想要的生活環境生態；第四，心理學領域

---

[21] 參考點就是比較的對象，包括任何人、事、物，它有很多種與名詞，例如，Personal average references, Situatuinal average references, Social expectation references, Target references, Best-possible references與 Regret references 等，參閱 Yates, J. F. and Stone, E. R. (1992). The risk construct. In: Yates, J. F. ed. Risk-taking behavior. Pp.1-25.

[22] 主觀預期效用理論的內容，可參閱 Pitz (1992). Risk taking, design, and training. In Yates ed. *Risk taking behavior*. Pp.283-320.

的風險概念，有助於風險溝通策略的擬訂；最後，它展現了以客觀風險評估方法無法顯現的個人經驗。

（二）後實證論基礎的風險理論

1. 對實證論基礎風險理論的批判

　　從科技災難頻傳的一九八〇年代開始，實證論基礎的風險理論，受到人文學者（Douglas, 1985; Clarke, 1989）的不少批判：

　　第一，客觀風險中的「客觀」，就是問題。菲雪爾等（Fischhoff, *et al*, 1984）指出客觀本身是引起爭議的原因之一。梅奇爾（Megill, 1994）認為，客觀的涵意有四種：(1) 絕對的客觀：事物如其本身謂之客觀。此涵意的客觀，放諸四海皆準。例如，瞎子摸大象，就不會客觀，明眼人看大象，可從任何角度看大象，其結果必然是絕對客觀；(2) 學科上的客觀：此涵意的客觀，不強調放諸四海皆準，只強調特定學科研究上，取得共識的客觀標準。例如，從事任何社會科學的問卷調查，問卷本身必須吻合信度[23]（Reliability）與效度[24]（Validity）；(3) 辯證法上的客觀：此涵意的客觀，指辯證過程中討論者所言的客觀。此種客觀，含有討論者主觀意識的空間。例如，德耳非[25]（Delphi）研究方法上的專家共識；(4) 程序上的客觀：此涵意的客觀，指處理事務方法程序上的客觀。強調方法要吻合事物本身的性質，方法本身的採用，不容許人為的干預。例如，大學教師的聘用規定要符合三級（系級／院級／校級）三審的程序，三級三審就是程序上的客觀。如省略一級，程序上就不客觀。除了絕對的客觀，其他涵意的客觀，均是相對的概念，主觀價值成份甚難避免。

　　第二，價值觀與偏好，根本無法從風險評估中免除。計量風險評估需要考量權重或參數，而權重或參數的考量，即含人們的價值觀與偏好。權重或參數的考量，一向具政治敏感性。或許有人認為只要權重或參數來自研究方法所產生的必然結果，那麼該權重或參數，應該不含人們的價值觀與偏好，這種看法應該對一半，原因是選擇任何研究方法的本身，就含人們的價值觀與偏好。

　　第三，計量風險的評估，剔除環境與組織因子，這是不合實際的。人文學者通

---

[23] 信度係指測量結果是否具一致性的程度，也就是沒有誤差的程度。詳細可參閱吳萬益與林清河（2001）。《企業研究方法》。

[24] 效度係指使用的測量工具是否測到研究者想要的問題。同樣可參閱吳萬益與林清河（2001）。《企業研究方法》。

[25] Delphi 是質性研究方法的一種。

常將風險視為價值取向的群生概念，不是脫離環境的個別概念，因此，體制環境決定了那個體制環境下的風險。

第四，風險事件的發生及其後果與人為因子的互動是極為複雜的，不是任何機率運算方式或預測模型，可以完全解釋的。從後，風險建構（Risk is a Construct）的思維，日益受到重視。

其次，後實證論的風險理論，對前曾提及的三項核心議題，其論點與實證論的風險理論有別。針對第一項的核心議題，風險概念中的不確定是指哪種層次的不確定？以及該如何衡量不確定？後實證論的風險理論通常認為風險是價值取向的群生概念，因此未來的不確定，應該是來自社會文化環境中，也因此認為風險理論的重點不是衡量與衡量哪種層次的問題，而是社會文化環境如何決定那個社會文化環境下的風險問題。

再者，對不確定可能產生的後果，這項理論認為，應包括所有產生的後果，從第一次人員傷亡與財物損失的後果，到對社會文化環境衝擊的終極後果，均應包括在風險的概念中。最後，針對風險的真實性，此種理論認為，風險只有在特定的社會文化環境下來觀察，其真實性才有意義，也因此，風險是被特定的社會文化環境所決定的。例如，環境污染在落後國家不認為是風險，但在先進國家，則是熱門的公共風險（Public Risk）議題。

2. 風險的另類定義——價值取向的群生概念

後實證論基礎的風險理論，認為風險是群生的概念，而不是脫離社會文化環境的獨立個別概念，群生概念的風險，代表價值，而非機會，這種概念強調風險的本質來自群體社會。這種概念下，對風險的定義，自然與實證論基礎的風險理論對風險的定義截然不同。自一九八〇年代開始，群生概念的風險定義已廣受重視，尤其在公共風險管理（Public Risk Management）領域（參閱第七篇），蓋因公共風險的評估，不單是科學理性的問題，也是心理問題、社會問題、甚或是政治問題。

後實證論基礎的風險理論就是風險建構理論（The Construction Theory of Risk），該理論不著重風險如何測量與如何模型化，它著重的是一個國家社會團體的社會文化規範與條件，如何決定那個國家社會團體裡的風險，著重的是那個決定與互動的過程，在這過程中，人們間有相互的預期與義務，此時社會文化價值就扮演著極為重要的角色。因此，在風險建構理論的領域裡，所謂**風險**指的是未來可能偏離社會文化規範的現象或行為。由於每個國家社會團體的社會文化規範

與條件不盡相同，也因此風險建構理論中的風險概念是相對概念，是相對主義者（Relativist）的風險概念。

最後，風險的群生概念，可用來觀察，類似下列的事件，例如，自台灣電力公司在 1984 年提出核四廠在台北縣貢寮鄉鹽寮的建廠計畫開始，核四相關爭議，即持續至 2008 年國民黨再度執政。其爭議原因固然多元複雜，其中之一可以說是——對風險概念解讀不同所致。在核四爭議中，涉及眾多利害關係人，一方是政府與台電，另一方是貢寮鄉民與環保聯盟等相關團體，介於其中的就是媒體。政府與台電是以個別概念看待風險，相信數據，認為核四可能引發的風險極低。 然而，貢寮鄉民與環保聯盟等相關團體的風險概念中，含有群生的概念，也就是說，貢寮鄉民與環保聯盟等相關團體以其群體社會中，非核家園就是「美」的價值觀，看待核四可能引發的風險，也就是說核四的興建，有違他（她）們的價值觀，有違其團體規範，因而抗爭激烈 。遺憾的是，政府與台電，並未作好核四興建可能引發的風險溝通，未能與貢寮鄉民及環保聯盟等相關團體，取得共識，因此，核四爭議持續發燒。

3. 各類風險建構理論的主要概念

簡單說，所謂風險的建構，指的是社會文化環境決定風險與其間互動的過程。這種風險理論，是將風險附著於社會文化環境中加以觀察的群生概念，完全不同於實證論基礎的風險理論。實證論基礎的風險理論，是將風險視為自外於社會文化環境的獨立個別概念。人文學者認為專家與一般民眾對風險的了解，同樣是社會文化歷史過程下的結果。換言之，風險是經由社會文化歷史進程建構而成，它是相對主義者的風險理論，此謂為**風險建構理論**。

風險建構理論有三種（參閱第三十四章）：其一，為英國文化人類學家道格拉斯（Douglas, M.）主張的風險文化理論（The Cultural Theory of Risk）；其二，為德國社會學家貝克（Beck, U.）主張的風險社會理論（The Social Theory of Risk）；其三，為法國哲學家傅科（Foucault, M.）主張的風險統治理論（The Theory of Risk and Governmentality）。雖然風險在這三種理論中，均被認為是群生的，是由社會文化所建構的，但它們之間仍有程度上的差異。依照拉頓（Lupton, 1999）的區分，風險社會理論是程度較弱的風險建構理論，風險文化理論居中，風險統治理論是程度最強的風險建構理論。

(1) 風險文化理論

風險文化理論應該是風險建構理論的代表，蓋因它受到實證論中，心理學者的認同。**風險文化理論**將風險視為違反規範的文化反應。所謂實證論下的科學理性（Rationality），在風險文化理論的支持者眼中，不過是文化的反映，不管理性或是感性，均是文化現象。這種理論的風險概念中，還包括責難[26]（Blame）的概念（Douglas and Wildavsky, 1982）。

(2) 風險社會理論

從社會建構理論的立場看，以德國貝克（Beck, U.）教授的**風險社會理論**（The Theory of Risk Society）最受矚目。貝克（Beck, U.）教授認為風險不僅是現代化過程的產物，也是人們處理威脅與危害的方式。這項理論以反省性現代[27]（Reflexivity Modernity）、信任（Trust）與責任倫理（Responsibility and Ethics）為風險概念的核心。

(3) 風險統治理論

傅科（Foucault, M.）的**風險統治理論**，則認為風險與權力（Power）有關，權力是所有風險行為中重要的變異數（Bensman and Gerver, 1963）。因一般而言，權力是指個人或團體的利益影響到他人或其他團體的事物，這種影響力，當它對風險中的不確定性，因這影響力而有解釋權時，有沒有風險就跟權力有關。因此，這項理論對風險建構的主張最強。

（三）各學科領域風險定義彙總

學科領域	風險的定義
保險精算等領域	未來預期損失的變異
財經領域	未來預期報酬的變異
心理學領域	未來期望的可能落差
建構理論領域	未來可能偏離社會文化規範的現象或行為

---

[26] 風險文化理論中的風險之所以有責難的含義，主要是風險的決策與責任（Responsibility）有關，該不該對決策者加以責難，則有不同的看法，閱本篇第三章。

[27] 簡單說，反省性現代是貝克（Beck, U.）、季登斯（Giddens, A.）、與瑞旭（Lash, S.）所冠稱，此名詞不同於其他社會學者所稱的第二現代，反省性現代指的是現代化的工業社會，反而成為被解體與被取代的對象。詳細內容，可參閱劉維公（2001）。第二現代理論：介紹貝克與季登斯的現代性分析。顧忠華主編《第二現代——風險社會的出路？》，Pp.1-15。

（四）兩種概念的調合——冰山原理

傳統風險概念是該轉變，但不是改變，轉變並非意味放棄傳統的機會概念，而是指因應新環境時，應重新思考看待風險的方式。有了轉變風險的概念，在因應新環境時，才可能產生新的管理思維，而比較具體的理由，著者認為有兩點：

第一，採用傳統的機會概念評估風險，顯然無法掌握風險的全貌，也因而容易低估風險。傳統風險的評估，主要考慮風險事件發生的可能性與嚴重性，從風險理論核心議題中的第二項知，傳統風險的評估，對可能的嚴重性是局限於財務損失，其他非財務損失，因評估技術難克服，並未納入評估範圍內，因此，以傳統的機會概念評估風險，因難於掌握風險的全貌，除會低估風險外，對風險的回應，也可能出現偏離現象。

第二，採用傳統的機會概念，無法認識風險真正的本質，風險的真正本質，來自群體社會，不同的群體社會，風險本質不儘相同。也因此，公司風險管理人員或政府行政機關應對所服務的群體，完全掌握該群體的風險本質，才可能有效推展風險管理與制定完整的機制。例如，公司風險管理人員，要能了解公司員工群體對風險的看法，當公司面對外部化風險（Externalized Risk）時，要能了解社會大眾對風險的看法，蓋因，這些類別不同的群體，對風險本質的認定，與風險管理人員的認定間如有落差，風險管理是難有效推展的。再如，這次金融海嘯告訴我們[28]，未來整體金融監控體系重建時，投資群眾如何看待風險，是不容忽視的一環。

其次，機會的個別概念與價值的群生概念有其關聯性，打個比方，風險全貌是塊冰山，如圖 2-2，浮在水面上的就是風險的機會概念，利用這種概念，應用風險科技軟體進行風險計量，但冰山水面下的價值概念，就會影響風險管理人員的決策判斷，必須留意的是風險計量的結果，不能取代決策。換言之，我們不能不用風險的機會概念，但風險決策時，需適當運用群生概念看待風險。

---

28 參閱段錦泉（2009）。《危機中的轉機-2008-2009金融海嘯的啟示》。書中第45頁提及，投資者的心理因素，是未來金融監管設計上不容忽視的課題。

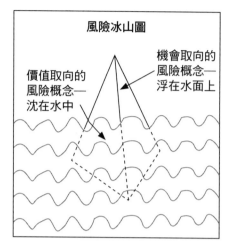

圖 2-2 風險冰山全貌——機會與價值概念的融合

四、本章小結

從實證論，到後實證論，從機會取向的個別概念，到多元價值的群生概念，從早期保險精算領域的風險概念，到晚近的風險建構理論，風險概念已產生極大的變化。這個變化，也使得風險管理的管理思維產生微妙的轉變。茲將主要的風險理論內容，整理如表 2-1。

表 2-1 主要的風險理論內容

主要的風險理論			
風險理論類型	基本尺規	理論假設	作用
保險精算理論	預期值	損失均勻分配	講求風險分攤
經濟學風險理論	預期效用	偏好可累積	講求資源分配
心理學風險理論	主觀預期效用	偏好可累積	講求個人風險行為
風險文化理論	價值分享	社會文化相對主義	講求風險的文化認同

附註：除表列四種風險理論外，還有 Toxicology epidemiology, Probability and Risk Analysis, Social Theory of Risk，與 The Theory of Risk and Governmentality 等四種風險理論。參閱 Renn, O. (1992). Concepts of Risk: a classification. In: Krimsky, S. and Golding, D. ed. *Social theories of risk*. Westport: Praeger. Pp.53-83.以及 Lupton, D. (1999). *Risk*. London: Routledge pp.84-103.

思考題

❖ 2009 年八八莫拉克水災期間，從媒體報導得知，政府行政機關、災民與氣象局，對風險看待的方式，存有極大落差。請你（妳）以風險的機會概念與價值概念，說明產生落差的原因。

❖ 2008-2009 年的金融海嘯，重創各國經濟。媒體報導，衍生性商品引發的風險是禍首，同時，也怪罪金融業者的肥貓 CEO（Chief Executive Officer）們，紛紛呼籲 CEO 要減薪。請你（妳）以風險的價值概念，說明 CEO 為何會被怪罪？

參考文獻

1. 吳萬益與林清河（2000）。*企業研究方法*。台北：華泰文化事業公司。

2. 段錦泉（2009）。*危機中的轉機 -2008-2009 金融海嘯的啟示*。新加坡：八方文化創作室。

3. 許惠棕（2003）。*風險評估與風險管理*。台北：新文京開發出版公司。

4. 黃清賢（1996）。*危害分析與風險評估*。台北：三民書局。

5. 劉維公（2001）。第二現代理論：介紹貝克與季登斯的現代性分析。在：顧忠華主編。*第二現代——風險社會的出路*？台北：巨流出版社。Pp. 1-17。

6. Beck, U. (1986) . *Risikogesellschaft.* Frankfurt: Suhrkamp.

    ----(1993) . *Die erfindung des politischen.* Frankfurt: Suhrkamp.

7. Bensman and Gerver (1963). Crime and punishment in the factory: the function of deviancy in maintaining the social system. *American Sociological Review.* 28(4). pp.588-598.

8. Berger, P. L. and Luckmann, T. (1991). *The social construction of reality: a treatise in the sociology of knowledge.*

9. Bernstein, P. L. (1996). *Against the Gods-the remarkable story of risk.* Chichester: John Wiley & Sons.

10. Clarke, L. (1989) . *Acceptable risk? Making choice in a toxic environment.* Berkeley: University of California Press.

11. Douglas, M. (1985) . *Risk acceptability according to the social sciences.* New York: Russell Sage Foundation.

12. Douglas, M. and Wildavsky, A. (1982) . *Risk and culture: an essay on the selection of technological and environmental dangers.* Losangeles: University of California Press.

13. Fischhoff, B. *et al* (1984) . Defining risk. *Policy sciences.* 17. pp.123-139.

14. Flanagan, R. and Norman, G. (1993). *Risk management and construction.* Edinburgh: Blackwell scientific publications.

15. Fone, M. and Young, P. C. (2000). *Public sector risk management.* Oxford: Butterworth-Heinemann.

16. Funtowicz, S. O. and Ravetz, J. R. (1996). Risk management, post-normal science, and extended peer communities. In: Hood, C. and Jones, D.K.C. ed. *Accident and design-contemporary debates in risk management.* London: UCL Press.

17. Gallagher, R. B. (1956). Risk management-new phase of cost control. *Harvard business review.* Vol. 24. No.5.

18. Knight, F. (1921) . *Risk, uncertainty and profit.* New York: Harper & Row.

19. Luhmann, N. (1991). *Soziologie des Risikos.* Berlin: de Gruyter.

20. Lupton, D. (1999). *Risk.* London: Routledge.

21. MacCrimmon, K. R. and Wehrung, D. A. (1986). *Taking risks: the management of uncertainty.* New York: The Free Press.

22. Marshall, C. (2001). *Measuring and managing operstional risks in financial institutions-tools ,techniques and other resources.* New Jersey: John Wiley & Sons.

23. Megill, A. (1994). Introduction: four senses of objectivity. In: Megill, A. ed. *Rethinking objectivity.* Durham and London: Duke University Press. Pp.1-15.

24. Mun, J. (2006). *Modeling risk-applying Monte Carlo simulation, real options analysis, forecasting, and optimization techniques.* New Jersey: John Wiley & Sons.

25. Renn, O. (1992). Concepts of risk: a classification. In: Krimsky, S. and Golding, D. ed. *Social theories of risk.* Westport: Praeger. Pp.53-83.

26. Pitz, G. F. (1992). Risk taking, design, and training. In: Yates, J. F. ed. *Risk-taking behavior.* Pp.283-320 Chichester: John Wiley & Sons.

27. Rowe, W. D. (1994) . Understanding uncertainty. *Risk analysis.* Vol.14. No.5. pp.743-750.

28. Slovic, P. (2000). *The perception of risk.* London: Earthscan.

29. Taleb, N. N. (2010). *The Black Swan-the impact of the highly improbable.*

30. Tapiero, C. S. (2004) . Risk management: An interdisciplinary framework. In: Teugels, J. L. and Sundt, B. ed. *Encyclopedia of actuarial science.* Vol. 3. Chichester: John Wiley & Sons. Pp.1483-1493.

31. The Royal Society (1992). *Risk: analysis, perception and management.* London: Royal Society.

32. Waring, A. and Glendon, A. I. (1998). *Managing risk.* London: International Thomson Business Press.

33. Yates, J. F. and Stone, E. R. (1992). The risk construct. In: Yates, J. F. ed. *Risk-taking behavior.* Pp.1-25 Chichester: John Wiley & Sons.

第 **3** 章

風險管理的哲學背景

大體上來說，第二章所論及的風險理論與哲學中，實證論仍為公司風險管理（Corporate Risk Management）中的主流思維，晚近的後實證論，目前幾乎也與實證論並駕齊驅，且在公共風險管理（Public Risk Management）領域中，扮演同等重要的角色。考其原因，主要有兩點：第一，公共風險管理旨在提昇公共價值（Public Value），有別於旨在提昇公司／企業價值（Corporate's／Enterprise Value）的公司風險管理；第二，受到第一點的影響，公共風險評估有別於評估公司風險，評估公共風險不是單純的科學理性問題，也含複雜的心理、社會與政治問題。

其次，寬鬆粗略的說，風險管理係指掌控不確定未來的一種管理過程。同時，任何管理均有其管理哲學，風險管理也不例外。風險管理哲學包括風險的本體論（Ontology of Risk）、認識論（Epistemology of Risk）與方法論（Methodology of Risk），而依不同的風險管理哲學，進而會衍生出不同的問題建構方式，此為風險管理的實質理論。此外，第二章也言及，科技的發展與風險管理有關，同時，現代科技衍生的風險問題越來越複雜，越具爭議性，從而也影響了管理風險的各種哲學。也因此，本章首先說明科學、資訊科技與風險管理的關係，接著說明風險管理的哲學背景。

一、科學、資訊科技與風險管理

科學與科技改變了人類文明，也造就了現代的顯學——風險管理（Bernstein, 1996）。然而，未來人類的文明，則由科技所伴隨的風險屬性所決定，著名的德國社會學家貝克（Beck, U.）冠稱為風險文明。就貝克而言，風險與科技的發展密不可分。人們藉用資訊科技預測與評估風險，在市場的導引下，各個開發財務風險計量的先驅，例如 Algorithmics 公司等，除已開發各種財務風險計量軟體外，也成開發作業風險（Operational Risk）計量軟體的前鋒戰將。實用的各類軟體，例如 RiskMetrics軟體等，如雨後春筍似的浮現，協助評估風險。藉助這些科技軟體，滿足了吾人量化風險的需求，使評估風險更加精準，風險管理上也更有其效能。

其次，過去的風險問題，不確定性不高，爭議也不大，因此，憑藉自然科學即可獨立解決，是為**常態科學（Normal Science）**的時代。然而，當今科技伴隨的風險問題，不確定性與爭議性均極大，例如環境風險、作業風險、生物基因重組風險等，已超越自然科學與資訊科技可獨立解決的範疇，這類風險的評估，人們的價值

因素成為重要變數，也因此在風險評估上，需整合運用社會人文科學，此為**後常態科學**（Post-Normal Science）時代（Funtowicz and Ravetz, 1996; 周桂田，2001）。可評估性、可期待性、可計算性、與可控制性，是常態科學時代風險評估方法論的特徵，然而，後常態科學時代的方法論恰好相反。

最後，風險管理的核心議題是在決定**可接受風險水準**（Acceptable Risk Level）的高低，或謂決定一個團體組織風險胃納（Risk Appetite）的大小，這種高低或大小，要能影響團體組織的發展策略與管理績效。根據文獻（Fischhoff *et al*, 1993）顯示，可接受風險水準的決策是為**後設決策**[1]（Meta-Decision），同時，決策時必須考量三類變項（Chicken and Posner, 1998），第一類為風險的實質技術面變項，換言之，將一個團體組織的總風險控制到可接受的水準時，可行的安全控管技術為何？其次，需考量風險的經濟成本面，換言之，可行的安全控管技術之經濟成本，是否能被團體組織所接受？第三類變項為風險的人文社會面變項，換言之，需考慮決策者的風險知覺與認知，以及在內外制約下，可接受的水準為何？這三類變項的考量均與自然科學或社會科學產生密不可分的關聯，即科學在風險管理中扮演著積極且重要的角色。

二、風險管理的本體論、認識論與方法論

風險管理的**本體論**[2]（Krimsky, 1992；丘昌泰，1995），涉及風險管理人員與風險評估人員看待風險的哲學基礎，哲學基礎不同，風險管理的認識論與方法論也不同。第二章曾言及，看待風險的方式可分兩種，一者以機會的個別概念看待，一者以價值的群生概念看待。前者是以實證論（Positivism）為風險的本體論，後者是以後實證論（Post-Positivism）為風險的本體論，詳閱第二章第三節。

其次，所謂風險的**認識論**[3]指的是風險管理人員與風險評估人員如何建立風險的知識與學習風險的知識（Lupton, 1999）。風險的本體論如採實證論時，則風險知識應被客觀建立，採價值中立（Value-Free）的研究取徑，是為現實主義者

---

[1] 簡單說，後設決策就是決策的決策，其意涵是指，如果「決策」是「必然」，「後設決策」就是指「如何決定此必然」。

[2] 根據文獻（Lewis, 2002）顯示，本體論就是事物本質的研究，事物的真實有形而下可見的層面，有形而上的層面。就風險知識而言，形而下可見的層面屬於實證論的本體論，形而上屬於後實證論的本體論。

[3] 根據文獻（Lewis, 2002）顯示，認識論是關於知識的學習。

（Realist）的風險認識論。風險的本體論如採後實證論時，則風險知識可從價值出發，以歸納推理的主觀方法取得，是為建構主義者（Constructionist）的風險認識論。

最後，關於風險管理的**方法論**[4] 方面，風險的本體論如採實證論時，方法論上採用的是社會科學與自然科學的一元論（Monism），換言之，自然科學所應用的方法與程序同樣可適用在社會科學的研究。也因此，一元論的方法論下，採用的研究方法與分析工具，均以科學理性為前提，實施風險量化的研究為主。另一方面，風險的本體論如採後實證論時，方法論上則不採一元論，而採用的研究方法與分析工具均以價值取向為前提，實施風險質化的研究，強調風險人性化的觀察。

三、風險管理的實質理論

風險管理的實質理論涉及風險管理決策問題的建構[5] 與形成。這種問題的建構與形成，也受到本體論、認識論與方法論的嚴重影響。以實證論為風險本體論的現實主義者，則採取**階段論**（Phase-Perspective）的觀點。在此主張下，風險管理的問題，可被分割成數個獨立的部份進行研究，不必有其他領域間的關聯性。換言之，風險管理過程可劃分為風險辨識、風險評估、選擇管理工具、與績效評估四階段。另一方面，以後實證論為風險本體論的建構主義者則採取**反階段論**（Anti-Phase Perspective）的觀點。在此主張下，風險管理的問題不在管理過程如何分割，而在風險如何透過社會文化價值建構的問題。

（一）實證論基礎下的問題建構

實證論基礎的風險本體論，採用個別概念看待風險。在風險管理過程中，重視所謂的階段論，並著重探討三項基本問題（Lupton, 1999）：第一個基本問題，是有什麼風險存在？基本上，這個問題要依誰管理風險而定，管理立場不同，面臨

---

[4] 方法論是對影響事物本質因素的操弄過程。

[5] 問題的建構有其理論基礎，傳統風險管理問題的建構，以理性（Rationality）為假設，這涉及理性假設下解決問題的程序，包括界定風險問題、找尋方案、評估方案、選擇方案與執行方案等，此是為階段論（Phase-Perspective）的主張。另類風險管理問題的建構程序，則是以所有利害關係人對風險問題的認知出發，從而了解風險問題存在的情境，而不是尋求單獨個別存在的風險問題。最後，以對風險問題的描述建立形式問題，此是為反階段論（Anti-Phase Perspective）。詳細可參閱丘昌泰（1995）。《公共政策》。

的風險類別與內涵也不同，例如，單身貴族、一家之主、單國籍公司、多國籍公司、或政府機構，所面臨的風險，其類別與內涵是不同的。

其次，第二個基本問題，是吾人應如何管理風險？風險管理最核心的問題是要決定吾人可接受的風險水平（Acceptable Risk Level）有多少或決定風險胃納（Risk Appetite）有多大？這個問題是最難解決的，因為它除了要評估風險的高低外，決定這項水平時，它涉及的層面太廣（Chicken and Posner, 1998），舉凡實質技術面、財務經濟面與社會政治面均需考量後，才能決定。例如，壽險公司在決定作業風險（Operational Risk）的可接受水平時，必須思考改善作業流程在技術上是否可行？如技術上可行，那麼財務成本效益上是否可接受？如可接受，那麼員工的想法是什麼，他（她）們接受嗎？在風險胃納問題解決後，安排管理風險的工具與策略的制訂，就有依據可循。

最後一個問題，是人們的認知（Cognition）與知覺（Perception）上如何解讀與反應風險？這個問題是心理學者們研究的問題，他（她）們對風險研究的成果已廣受矚目（Lupton, 1999）。其中之一是科學家或專家們有他（她）們對風險的認知與知覺，而一般員工或社會大眾也有他（她）們對風險的認知與知覺，兩者常不一致，爭議難免。在民主體制下，風險溝通策略（Risk Communication Strategy）於焉興起，它企圖改變人們的認知與知覺，降低爭議，進而消彌衝突。

（二）後實證論基礎下的問題建構

後實證論基礎的風險本體論，採用價值的群生概念看待風險。風險管理的基本問題則依不同的風險建構理論而有不同（Lupton, 1999）。首先，說明風險的社會理論，這項理論在風險建構的主張上並不強烈。在此理論下，管理風險的基本問題有兩個：第一個是風險與晚近現代的結構及其過程的關係是什麼？（What is the relationship of risk to the structures and processess of late modernity？）；第二個問題是不同社會文化背景的人是如何了解風險的？（How is risk understood in different sociocultural contexts？）。針對第一個問題，其意涵會涉及風險社會特徵的討論，也會涉及風險在現代化過程中扮演何種角色？發揮何種功能？第二個問題是在探求不同的社會文化背景與人們的風險認知及知覺間，關聯何在？

其次，說明風險建構主張強度，較為適中的風險文化理論。根據這項理論，管理風險時有四個基本問題：第一個問題是為何某些危險被人們當作風險，而某些危險不是？（Why are some dangers selected as risks and others not？）；第二個問題是

風險被視為逾越文化規範的符號時，它是如何運作的？（How does risk operate as a symbolic boundary measure?）；第三個問題是人們對風險反應的心理動態過程是什麼？（What are the psychodynamics of our responses?）；第四個問題是風險所處的情境是什麼？（What is the situated context of risk?）。針對第一個問題，例如，為何非洲人們不介意污染，而美國人這麼在意？針對第二個問題，例如，同樣是同性戀行為，為何台灣社會如今還是很難法制化，而當作風險看待？然而英美則否？針對第三個與第四個問題，一者是心理學上極深度的問題，另一個是何種社會會存在何種風險的問題。

最後，說明風險建構主張強度，最極端的風險統治理論。在這項理論下，管理風險上基本的問題只有一個，那就是在主體性[6]的建構與社會生活的情境裡，有關風險的論述與實務是如何運作的？（How do the discourses and practices around risk operate in the construction of subjectivity and social life?）。風險的論述與實務，只有在誰具備主體性與在實際社會生活的情境裡才有意義。因此，根據風險統治理論會形成兩個極端強烈的對比，那就是未來任何人、事、物，均可當作風險，反之，未來沒有任何人、事、物，可看成風險。蓋因，誰具備權力，就有主體性，就對風險有解釋權，其次的重點，就是該主體面對的實際生活為何？

四、風險管理的兩種論調

風險的本體論不同，管理風險的論調也不同。兩種本體論，引發的管理論調爭辯激烈（Jones & Hood, 1996）。論調不同，都不盡然完全代表實證論或後實證論的思維，也可說是不盡然完全以機會概念或價值概念看待風險。關於此方面爭辯的層面極廣，茲就各個層面的爭辯，所持的觀點說明如後：

第一，關於管理思維方面：一種論調認為應採**事先防範**，另一種論調認為可採強化**復原力**（Resilience）（參閱第十八章）的想法。前者認為要做好風險管理，唯有將可能導致的因果關係釐清，防範在先，即使因果關係不明確也需事先防範。例如，無煙害環境的法制化，就是採用這種思維。事先防範的思維，就是含有事先預警（Precaution）的想法。此一思維最早源自德國（許惠悰，2003），後為國際的

---

[6] 根據文獻（Lewis, 2002）顯示，主體性指的是自我，外在世界即稱呼為客體，主體與客體間的關係是哲學認識論的本質問題。主體如何看待外在的客體，則主客體間的關係就會不同。

里約宣言（1992 Rio Declaration on Environment and Development）採用。該種思維承認科學並非萬能，也承認科學知識有其不確定，也承認風險的評估與預測是不可能精準的 ，因此，為降低危害，政府不能等到因果的科學證據確鑿時，才採取防範措施，而應在只要有可能產生危害時，就應斷然採取事先的防範。

後者所持的觀點，其理由是科技的發展使社會系統越來越複雜，糾纏一起，在這複雜又糾纏一起的系統下，任何系統的失靈根本無法事先預測，在沒有確鑿的科學證據前，樣樣事先防範，只會引起社會各利害關係人間更大的爭辯，使事件更糟，甚或引發社會衝突。進一步言，管理風險，樣樣預警、樣樣防範，只會讓事情更糟，而主張風險管理的重點不在事先防範，而是如何強化吾人的復原力，所謂強化復原力是在增強吾人面對風險威脅後的復原速度。

第二，關於追究災後責任的思維方面：災後或風暴後，社會輿論總會針對該負責的一方或個人，掀起一片撻伐之聲，這種追究責任的思維，稱之為責難主義（Blamism）。該思維背後的理由，無非是唯有透過責難，才能使該負責的決策者，對往後的決策更加留神。相對地，另類想法則持原諒赦免（Absolution）的思維，其理由是唯有原諒赦免，才能促使該負責的決策者從中汲取教訓，進一步來說，也可避免決策者為了卸責，謊報或故意扭曲真實的訊息。為了卸責，故意謊報或扭曲事實，是有違人類從錯誤中學習 (Trial and Error) 的自然法則。

第三，關於風險管理中量化與質化方面：風險管理過程中最需計量的階段，無非是風險評估 (Risk Assessment) 階段，理由無它，蓋因，不量化，無法計入經濟個體的經營成本中，反而，變相地在補貼客戶與其他利害關係人 (Marshall, 2001)。其次，唯有量化，才能管理。然而，上述理由因無法做到所有風險均計量的目標，而遭受質疑。另類的主張，則認為無法量化的風險，給予適切權重即可，不必汲汲營營，追求所有風險均需量化，只要在質化過程中給予權重，仍可完成管理風險的目的。

第四，關於風險管理機制設計方面：所謂管理風險的機制，其含義可指企業的組織型態、政府監理風險的機制、或製造產品的流程或產品原料的構成方式等。這些機制如有安全上的瑕疵，將是風險的重要來源。換言之，風險存在的結構性問題、或風險的本質，能否透過設計而改變，從而控管風險。不管指涉何種，一種論調是認為可利用人類既有的知識，達成安全無虞的機制設計，意即風險管理機制的安全性是可被設計出來的。另一種論調則採設計不可知論 (Design Agnosticism) 的主張，持此種論調者認為機制設計是否安全無虞，依人類既有的知識根本無從知道。

第五，關於風險管理的安全目標方面：設定風險管理的安全目標所採用的思維，有兩種流派（Jones & Hood, 1996）：一種是採用互補主義（Complementarism）；另一種採用權衡主義（Trade-Offism）。**互補主義**認為風險管理追求的安全目標可與其他目標相容併蓄。**權衡主義**認為風險管理追求的安全目標無法與其它目標相容併蓄，兩難的處境中，必須權衡利弊，要追求安全必須犧牲其它目標。無論何種思維，風險管理就是以追求人類安全的永續發展為宗旨。其次，所謂「安全」不是單一概念，而是綜合概念，它可指吾人對可接受風險的主觀判斷，也因此安不安全，會因人、因時、因地而異。風險管理中安全的概念，不應只包括身體的健康安全與財產的保護，也包含財務經濟上的健全。再者，風險管理中的安全概念，對不同的管理主體言，其具體的含義有些許的差別。個人家庭風險管理中，安全就是身體財產的健康安全與財務經濟的健全；就企業公司立場言，安全就是在追求企業價值（Enterprise Value）的極大化與員工身體的健康；站在國家社會的立場，安全就是追求公共價值（Public Value）的極大化。

第六，關於風險議題的解決與共識方面：風險是否成為議題，受到攸關未來的知識是否確定，與大家對最佳解決方案是否有共識或同意的影響，基此，風險議題可分四大類（Douglas and Wildavsky, 1982）：第一類是攸關未來的知識很確定，同時大家對最佳解決方案有完全共識的風險議題。這一類的問題只是技術與計算問題，這完全交由風險科學專家即可解決；第二類是攸關未來的知識很不確定，但大家對最佳解決方案有完全共識的風險議題。這一類的問題在於知識訊息不足，解決的方法，唯有靠更多的研究；第三類是攸關未來的知識很確定，但大家對最佳解決方案有爭辯的風險議題。這一類的問題只在於對最佳解決方案要不要同意而已，解決的方法，不是靠有權決策者單方獨斷，就是交由大家充分討論，進而形成共識，例如辦公眾論壇；第四類是攸關未來的知識很不確定，但大家對最佳解決方案也有爭辯的風險議題。這類問題在於攸關未來的知識是否可確定，與大家對最佳解決方案是否有共識上。這類問題，暫時無解，所謂事緩則圓，或許時間是最好的解決方法。值得留意的是，對最佳解決方案是否有共識上，有一種論調主張，不用交由大眾討論，由少數精英風險專家討論決定即可。另一種論調主張必須擴大相關利害關係人參與的範圍，唯有如此，才能避免決策錯誤，形成共識，進而能順利推展各類風險管理決策。

第七，關於風險監理的重點方面：風險監理方面，尤其政府對風險的監理，一種論調認為應著重在完成後的結果，例如，製造完成後的藥品是否符合檢驗要

求？或經營的績效是否符合相關指標？或組織辦法是否符合法律要求？另一種論調認為應著重在過程的監理上，例如，製造時藥品原料的組成是否符合要求？或經營過程是否符合要求？或制定組織辦法時是否有相關利害關係人參加？簡言之，一種監理，重結果，另一種監理，重過程。

五、本章小結

管理哲學不同，影響所及，問題的建構方式也不同，因此，風險管理要解決的問題也不同。這些的不同，也使得風險管理的類型，如同風險理論的多元化，呈多樣的風貌。

思考題

❖ 高中畢業進入大學，大學生活的管理，有些同學認為可玩四年，有些同學認為不能玩四年，而要認真求學，這就是同學們對大學生活管理上有不同的哲學取向。請你（妳）列出要玩四年的同學們，他（她）們面對的問題是什麼？要認真求學的同學們，他（她）們面對的問題又是什麼？

❖ 請你（妳）思考，同學們品性的好壞，由導師用期末某種量表評估比較好？還是導師依據同學的每天生活記錄或家庭訪問的結果，來評估你（妳）的操性比較公平？或者你（妳）認為兩種方式都要兼具？說明你（妳）的想法。同時，也請你（妳）把你（妳）的想法，試圖與風險的兩種概念聯結。

參考文獻

1. 丘昌泰（1995）。*公共政策：當代政策科學理論之研究*。台北：巨流圖書公司。

2. 周桂田（2001）。*科學風險：多元共識之風險建構*。在：顧忠華主編。*第二現代——風險社會的出路？*台北：巨流出版社。Pp.47-76。

3. 許惠棕（2003）。*風險評估與風險管理*。台北：新文京開發出版公司。

4. Chicken, J. C. and Posner, T. (1998). *The philosophy of risk.* London: Thomas Telford.

5. Douglas, M. and Wildavsky, A. (1982). *Risk and culture: an essay on the selection of technological and environmental dangers.* Losangeles: University of California Press.

6. Fischhoff, B. *et al* (1993). *Acceptable risk.* New York: Cambridge University Press.

7. Funtowicz, S. O. and Ravetz, J. R. (1996). Risk management, post-normal science, and extended peer communities. In: Hood, C. and Jones, D.K.C. ed. *Accident and design-contemporary debates in risk management.* London: UCL Press.

8. Jones, D.K.C. and Hood, C. (1996). Introduction. In: Jones, D.K.C. and Hood, C.ed. *Accident and design-contemporary debates in risk management.* London: UCL Press. Pp.1-9.

9. Krimsky, S. (1992). The role of theory in risk studies. In: Krimsky, S. and Golding, D. ed. *Social theories of risk.* London: Praeger. Pp.3-22.

10. Lewis, J. (2002). *Cultural studies: the basics.* London: Sage.

11. Lupton, D. (1999). *Risk.* London: Routledge.

12. Marshall, C. (2001). *Measuring and managing operstional risks in financial institutions-tools,techniques and other resources.* New Jersey: John Wiley & Sons.

第 **4** 章

風險管理的類別與
學科定位

因材施教，就會需要各種不同的教學方式與類型。

多元的風險理論與不同的風險管理哲學衍生出類別多元的風險管理。本章首先說明，什麼是風險管理？其次，說明各種不同的風險管理類型，最後，則說明風險管理學科的定位。

一、風險管理的涵義

前曾提及，風險管理指的是掌控不確定未來的一種管理過程，它是跨領域整合性的學科，其應用則極為廣泛，例如，它的應用範圍，可以小到，開車繫安全帶，大到，政府能源政策的制訂。它所涉及的學科亦相當多，舉凡統計學、安全工程、保險學、財務管理、心理學、文化人類學與社會學等，均與風險管理的需求有關。

其次，目前風險管理的風貌極為多元，因此，較嚴謹的定義也有多種[1]。然而，無論採何種觀點界定「風險管理」，均應像所有控制系統一樣，含括三項要素：第一，管理的目標；第二，資訊的收集與解釋；第三，影響人們行為與調整系統架構所需採取的措施（Jones&Hood, 1996）。由於不同領域的人士，對此三項要素看法各有不同，因而出現不同的界定。

（一）風險管理的定義

本章說明四種定義：一為截至目前，最言簡意賅且俱統合效果的定義，那就是約尼思（Jones, D.K.C.）與福德（Hood, C.）（Jones & Hood, 1996）兩位教授共同的界定方式。他們對風險管理的界定，載於他們主編的名著《意外事故與設計》（*Accident and Design*）第七頁；二為英國風險管理學院[2]（IRM：The Institute of Risk Management）的定義；三為英國內部稽核師學院（IIA：Institute of Internal Auditors）的定義；四為 COSO（The Committee of Sponsoring Organizations of the Treadway Commission）的定義。

---

[1] 風險管理嚴謹的定義，散見於各類學術書籍與各國或國際專業學會或組職的定義，例如 ISO 31000 中的定義，由於其風險的定義引發爭議，本書並不說明其風險管理的定義，其風險定義的原文是「Risk is the effect of uncertainty on objectives」。其次，美國的 COSO、英國的IRM 與 IIA，澳紐的 Standard AS／NZS 4360：2004 與 CIMA（Chartered Institute of Management Accountants）等，均有不同的風險管理定義，本章第一節只說明四種定義，其中三種是代表專業學會的定義，一種來自學術界個別人士的定義。

[2] 英國 IRM 設立於 1986 年，由 AIRMIC (The Association of Insurance and Risk Manager in Industry and Commerce), CII (The Chartered Insurance Institute), The Institution of Occupational Safety and Health 等專業組織以及各大學教授們共同創設。

1. 約尼思與福德兩位教授的界定

　　風險管理係指為了形塑風險的發展與回應風險所採用的各類監控方法與過程的統稱。對照其原文「Risk management means all regulatory measures (in both public policy and corporate practice) intended to shape the development of and response to risks」。茲就其內涵，著者解析如後。

　　第一，原文中「Risk」的概念，著者認為可包括機會取向的風險概念，也可包括價值取向的風險概念。這從原文中的語句「in public policy and corporate practice」即可得知。第二章中，著者曾言及，公共風險的評估，不單是科學理性的問題，也是心理、社會、政治問題，同時，公司風險的評估，有時也需適度運用風險的價值概念，尤其在面對外部化風險（Externalized Risk）時，因此，原文中「Risk」的概念，應該可代表機會的個別概念，也可代表價值的群生概念。其次，這兩位教授對風險管理的界定同時可適用於公共風險管理，也可適用在公司風險管理。

　　第二，原文中的「All regulatory measures」（in public policy and corporate practice）意即所有風險的管理（或監控）方法，不論是公部門攸關公共政策制訂時採用的各種手段或方法，以及私部門公司風險管理採用的各種方法，均包括在內。這對應了上列三要素中的最後一項，那就是影響人們行為與調整系統架構所需採取的措施。所需採取的措施，對風險管理而言，指的就是所有風險的管理（或監控）方法。這些方法，著者認為可歸類為兩大領域，一為實證論為主的商管與心理學領域，另一為後實證論為主的社會學、文化人類學與哲學領域。前者所包括的方法，可分為三大類：第一類，就是風險控制（Risk Control）（參閱第十三章），例如，常見的滅火器、定期健檢、危機管理，再如，在公共風險管理領域，民主國家裡常見的公投等；第二類，就是風險理財（Risk Financing）（參閱第十四章、第十五章與第十六章），例如，常聽到的買保險、買期貨、買選擇權，再如，在公共風險管理領域，常見政府提列的災難補助金等；第三類，就是風險溝通（Risk Communication）（參閱第十七章），例如保險公司行銷商品的 DM、香煙盒上的圖片，再如，政府在 SARS 期間發放的宣傳小冊子等，都是風險溝通的方式。至於後者則包括為完成社會秩序[3]（Social Order）所需的各類方法，這可包括改變人們

---

3 風險群生概念下，社會秩序是風險管理很重要的目標，因此，人們價值觀扭曲導致的社會偏差（Social Deviance）現象，是一種風險，這與剔除社會文化脈絡的個別概念，極為不同。某一社會價值的重建，也就可視為管理風險的一種方式。

的價值觀，重新設計政治、經濟、社會體制等。

第三，「To intend to shape the development of and response to risks」包含上列三要素中的前兩項，那就是風險管理的目標與對風險資訊的收集與解釋。原文這段文意，是指所有各類管理風險的措施，均以形塑風險的發展與對風險的回應為目標，例如，風險控制可直接改變風險的實質結構與損失的分配，再如，風險理財透過財務管理，回應風險可能帶來的損失，又如，風險溝通，主要在改變人們的風險態度與行為，直接或間接的有助於改變風險的損失分配。最後，改變人們的價值觀，重新設計政治、經濟、社會體制，將使風險建構的過程有所改變，從而影響風險的發展與回應。

第四，這個界定含括所有的風險，換言之，無論何種類別的風險，均含括於風險管理的範圍中。有別於傳統風險管理（TRM: Traditional Risk Management），僅局限於危害風險或純風險。

總結，著者以為約尼思（Jones, D.K.C.）與福德（Hood, C.）兩位教授共同的界定，最能體現出風險概念的最新轉變，也與最新一代的風險管理實務操作模式──整合型風險管理（ERM / EWRM: Enterprise-Wide Risk Management）的精神吻合。

2. IRM 的定義

英國IRM機構，將風險管理定義為藉由系統的方法提醒組織注意經營風險的過程，不論是單一的或任何跨部門的經營活動，均有其欲達成的效益目標。優質的風險管理強調風險的辨識與處理，其目標在最大化所有經營活動的永續價值。了解會影響組織績效的所有正負因子，可以提昇組織成功的機率，降低失敗的機率與降低達成組織整體目標的不確定性（The process by which organizations methodically address the risks attaching to their activities with the goal of achieving sustained benefit within each activity and across the portfolio of all activities. The focus of good risk management is the identification and treatment of these risks. Its objective is to add maximum sustainable value to all activities of the organization. It marshals the understanding of the potential upside and downside of all those factors which can affect the organization. It increases the probability of success, and reduces both the probability of failure and the uncertainty of achieving the organization's overall objective）。茲就其特點，解析如下：

第一，就任何組織來說，其中任何部門、單位或個別員工的活動，均有組織賦

予的效益目標，無法達成效益，那麼該部門、單位或個別員工，就無存在的價值。然而，為完成效益目標，活動的過程均會伴隨著風險，因此，組織在管理風險上，就必須有一套方法系統，提醒所有人注意風險（To address the risks）。其實，這套提醒風險的系統，就是風險管理的過程，在過程中，必須作好風險的辨識與處理，這就是優質風險管理的重點。

第二，該定義重視每一員工、部門或單位永續存在的價值，同時，風險分析上必須了解對組織績效有正負面影響的因子，換言之，風險並非只有負面的涵意，管理風險應抓住風險帶來的機會，進一步使組織獲利。最後，該定義指出組織會成功或失敗，風險管理無法卸責。

整體來說，IRM 的定義，較前提兩位教授的定義在內涵上更為具體，也有 ERM 全面又積極的精神在，也同樣可適用在公共或公司風險管理上，然而，其寬廣度不如前述兩位教授的定義。

3. IIA 的定義

英國 IIA 機構對 ERM 定義如下：「全方位／整合型風險管理是對組織目標所存在的威脅與機會之辨識，評估，回應與報告的過程，該過程是全面性的，有組織的，一致性的與持續性的過程」（Enterprise risk management is described as a structured, consistent and continuous process across the whole organization for identifying, assessing, deciding on responses to and reporting on opportunities and threats that affect the achievement of its objectives.）（Institute of Internal Auditors, 2004）。該定義的特點，分析如下：

第一，IIA 與 COSO 均直接從 ERM 觀點說明風險管理，這有別於前兩項的定義。

第二，該定義除提及管理過程外，也認為風險不只是威脅，也是機會，也認為 ERM 是任何管理主體都適用的架構，定義中特別強調 ERM 要有組織，要有一致性，且更要持續。一致與持續，對 ERM 的實施很重要，因為 ERM 是為組織量身訂作的，因此，過程中採用前後一致的基礎很重要，否則組織內部評估前後年度實施結果時，就很難比較，持續的重要性自然不在話下。

4. COSO 的定義

美國贊助組織委員會（COSO）對 ERM 的定義如下：「**全方位／整合型風險管理**係一遍及經濟個體各層面的過程，該過程受董事會、管理階層或其他人士

影響，用以制定策略、辨識可能影響經濟個體的潛在事件，使管理風險不至於超出風險胃納，合理確保經濟個體目標的達成。」（Enterprise risk management is a process, effected by an entity's board of directors, management and other personnel, applied in strategy setting and across the enterprise, designed to identify potential events that may affect the entity, and manage risk to be within its risk appetite, to provide reasonable assurance regarding the achievement of entity objectives）（The Committee of Sponsoring Organizations of the Treadway Commission, 2004）。該定義，解析如下：

第一，COSO 的定義，同樣是直接從 ERM 觀點說明風險管理，且該定義認為 ERM 是全面性聯結董事會與組織所有的管理階層。

第二，定義中，有兩個名詞特別重要，一是合理確保（Reasonable Assurance），另一為風險胃納（Risk Appetite）。合理確保意涵是指畢竟未來不是確定的，完全精準的預測風險，是不可能的事，當然，也不代表 ERM 機制不管用，而是組織應確實運用內部控制與內部稽核制度，達成營運效率、財務業務報告的可靠性與法令遵循方面合理的確保，以便能防堵內外部詐欺事件的發生。其次，風險胃納被 COSO 定義[4]為組織為追求價值願意承擔的風險水準（Risk appetite is defined as the amount of risk, on a broad level, an entity is willing to accept in pursuit of value.）。在這風險胃納定義中，特別留意組織為了追求價值會進行風險間的交換，接受某種風險，拒絕別種風險，組織也可能為了獲利，在資本可因應下，承擔額外的風險。

5. 本書的定義

本書不另外界定風險管理的意涵，而直接採用約尼思（Jones, D.K.C.）與福德（Hood, C.）兩位教授的界定與 COSO 的定義，理由不外有二：

第一，本書內容主要包括風險理論與哲學、公司 ERM、政府機構 ERM 與總體社會風險管理，這些篇章內容，含括新的風險群生概念與新的風險管理思維與作法，因此，約尼思（Jones, D.K.C.）與福德（Hood, C.）兩位教授對風險管理的界定，適合被本書極為廣泛的內容所採用。

第二，ERM 架構是當代管理風險的潮流，本書主幹的公司風險管理，以 ERM

---

[4] COSO(2004). Enterprise Risk Management-Integrated Framework, Executive Summary. P.19. New York:AICPA Inc.

八大要素行文論述外，COSO 定義中所提及的風險胃納概念，是 ERM 核心議題，但在 IIA 與 IRM 定義中並未提及，因此，本書也同時另行採用 COSO 的定義。

（二）風險管理與類似管理名詞的分野

風險管理範圍廣泛，涉及的學科眾多，因此，與安全管理（Safety Management）、保險管理（Insurance Management）、危機管理（Crisis Management）以及營運持續管理（BCM: Business Continuity Management）等名詞間，極容易令人混淆不清。在此，簡要說明這些名詞的差異如下：

1. 風險管理與安全管理

依據文獻（蔡永銘，2003）顯示，安全管理與風險管理中的風險控制與風險溝通，關係密切，但安全管理不涉及風險理財，風險的管理則需整合風險理財，同時，風險管理以財務導向為主，尤其公司風險管理。安全管理進一步的說明，參閱第十三章。

2. 風險管理與保險管理

保險管理，顧名思義，就是僅針對保險理財相關的管理活動，管理風險的類別上，也只針對可保風險（Insurable Risk）的管理活動，不涉及其他風險。保險管理的範圍，比現代風險管理小太多。值得留意的是，保險管理也不等同於保險風險管理（IRM: Insurance Risk Management)，蓋因後者含括了風險控制，前者沒有。

3. 風險管理與危機管理

危機管理只是風險控制中的特殊環節，近年來廣受曯目，但它不等同風險管理。因危機管理，不涉及風險理財的內容。或許可這樣說，平時需風險管理，危機來臨時，就需啟動危機管理。危機管理的功能，存在於危機期間，但風險管理的功能，重在平時。危機管理較詳細的內容，參閱第十八章。

4. 風險管理與營運持續管理

營運持續管理，也是風險管理的特殊環節，但比安全管理、保險管理與危機管理三個名詞，更接近風險管理的概念，蓋因，營運持續管理的作為中，也包括了風險控制與風險理財兩種風險回應工具。營運持續管理，平時除需增強備援系統（Redundancy）、建立彈性、改變組織文化等風險控制措施外，也需確立營業中斷保險等風險理財防線。然而，營運持續管理的目的，是為了持續維持營運，快速達

成復原力（Resilience），風險管理則是在提昇公司價值或公共價值。其次，營運持續管理與危機管理，在目的上也極度類似，但在風險回應工具的考量與適用的期間上有所不同。營運持續管理較詳細的內容，也參閱第十八章。最後，風險管理是跨領域整合性學科，安全管理、保險管理、危機管理與營運持續管理，只是其中的支流。

二、風險管理的多元類型

風險管理的類型是多元的，依據誰管理風險（Who），管理什麼（What），與如何管理（How），大體可歸納如後。

（一）私有與公有部門的風險管理

依據誰管理風險，風險管理可細分為單身者風險管理、家庭風險管理、公司風險管理、政府部會機構風險管理、總體國家社會風險管理與國際組織風險管理等。此處歸納為兩大類別：一為私有部門風險管理（Risk Management in the Private Sector），又可分為單一個人風險管理、家庭風險管理與公司風險管理等；二為公有部門風險管理（Risk Management in the Public Sector），又稱為**公共風險管理**（Public Risk Management），可分為政府組織風險管理（ORM: Organizational Risk Management）與社會風險管理（SRM: Societal Risk Management）等。其次，私有與公有部門風險管理的目標不盡相同，例如，私有部門風險管理中的公司風險管理，其管理目標是在增進企業價值（Enterprise Value)，公有部門風險管理中的政府機構風險管理，其管理目標則在提昇公共價值（Public Value）。最後，值得注意的是，依團體組成的目的，又可再細分為營利組織風險管理與非營利組織風險管理。

（二）危害與財務風險管理

依據管理什麼，風險管理可細分為各類型風險管理，例如策略風險管理（Strategic Risk Management）、作業風險管理（Operational Risk Management）、市場風險管理（Market Risk Management）、法律風險管理（Legal Risk Management）等，但此處，則粗分為兩大類別：一為**危害風險管理**（Hazard Risk Management）；二為**財務風險管理**（Financial Risk Management）。前者管理的對象為起因於資產的實質毀損或人員傷亡等的風險；後者管理的對象為起因於市場價

格波動引發的風險。金融保險業與一般企業均會面臨此兩類風險。同樣地，風險管理亦可區分為個體風險管理（Micro-Risk Management）與總體風險管理（Macro-Risk Management）。或可區分為國內風險管理（Domestic Risk Management）與國際風險管理（International Risk Management）。

（三）傳統與整合型風險管理

依據管理範圍與操作架構的複雜程度，以時間的演變來看，風險管理在 1950 年代初期，是以保險（或可保）風險管理為開端，此時以傳統可保（Insurable）的危害風險為管理的對象。及至 1970 年代，不再局限於可保的危害風險，不可保的危害風險也納入了風險管理的範圍，是為**傳統風險管理**（TRM: Traditional Risk Management）的年代。值得留意的，同樣在 1970 年代，由於布列敦森林制度（Bretton Woods System）[5] 瓦解，金融保險業遭至前所未有的雙率（利率與匯率）波動問題，促使財務風險管理蓬勃發展。此時，危害風險管理與財務風險管理呈分流狀態，風險管理的實務操作，各自為政，零散處理。至 1990 年代末期，由於各類風險間的互動關係與邏輯的必然，加上外部要求，**整合型風險管理**（ERM / EWRM: Enterprise-Wide Risk Management）概念開始孕育。這項概念下的風險管理，採用整合式的操作手法，管理公司可能面臨的策略風險、財務風險、作業風險與危害風險。同時，這項概念對風險管理人員在專業知識上，也產生極大的衝擊，換言之，以 ERM 為概念操作的年代，風險管理人員的專業知識亟需擴張，舉凡保險、衍生性商品、風險溝通、安全管理、公司治理與風險管理文化等專業知識均需具備，始能應付 ERM 的重大挑戰。最後，IRM / TRM / ERM 可以時間為軸，觀察其演變，可參閱第一章圖 1-3。

（四）「賽跑」與「拔河」型風險管理

依據如何管理，風險管理也可歸納為兩大類別：一為「賽跑」型風險管理；二為「拔河」型風險管理。「賽跑」與「拔河」是個比方，因其涵意有助於解釋，故冠名之。如何管理涉及的議題相當多，包括管理哲學的思維與目標是什麼，如何解

---

[5]　簡單說，布列敦森林制度是維持美元與黃金間兌換關係的一種制度，在該制度下，美元幣值極為穩定，直至 1960 年代末期，由於國際貨幣流動性不足，使得美元與黃金間的兌換關係難以維持，在 1971 年美國尼克森總統結束該制度，美元幣值乃隨市場浮動，從而使得利率與匯率大幅波動，金融業面臨空前的財務風險。

讀風險、管理上著重哪個面向與採用何種管理方法，這些議題是互為關連的。

依據當舍（Dunsire, 1990）的控制理論，「賽跑」型風險管理是在管理風險上預先確立明確的目標，整合所有的資源完成之，也就是事先防範、預警式的思維。這個思維像吾人賽跑。在這個思維下，採用的管理方法可比方成「小海魚」（SPRAT: Social Pre-Commitment to Rational Acceptability Thresholds）法，這是傳統上管理風險的思維與方法。「小海魚」的思維像室內調溫裝置，事先設定溫度下，室內溫度將調節至事先設定的水準。總體社會、公司或個人家庭風險管理在一九八〇年代前，均以「賽跑」型風險管理思維為主。這種思維的特質是：第一，它是理性預期的一種思維；第二，它強調社會資源有限， 因此事先有效分配規劃是極其重要的（Hood, 1996）。

「拔河」型風險管理，是在管理風險上並不預先確立明確的目標，而是像「拔河」追求競合下的平衡，也就是強化彈力、回應式的思維。具體言之，建構一套相生相剋的體系機制，強化管理主體抵抗威脅的能力即可，例如，兩岸戰爭風險的管理，可採恐怖平衡為管理戰爭風險的手段之一，恐怖平衡就是「拔河」型風險管理的思維。在這個思維下，採用的管理方法可比方成「大鯊魚」（SHARK: Selective Handicapping of Adversarial Rationality and Knowledge）法（Hood, 1996）。

三、風險管理學科的定位

第一章曾言及，風險管理是跨領域整合性的學科，尤其在最新的 ERM架構概念下，更突顯風險管理跨領域整合性的特質， 此種跨領域的特質，在公共風險管理中又比公司風險管理更為明顯。主要原因在於，公共價值是公共風險管理追求的目標，公共價值的內涵與企業／公司價值截然不同，也因此，所涉及的學科更加廣泛，跨領域的特性更為突顯。

其次，科學有系統的風險管理發展至今，也快近六十個年頭（自1956年風險管理詞彙出現起算），也已成當紅的新顯學。衡諸國內各大學課程，除商管系所開授風險管理課程外，公共衛生學院系所，亦同樣開授風險管理課程。從學術文獻的觀察中，亦可發現商管領域、心理學領域、 社會學領域、 文化人類學領域、 甚或哲學領域，均已大量存在風險管理的學術文獻，這些也都進一步顯示，風險管理跨領域整合的特性。

最後，風險已俱社會化 [6]、全球化 [7] 與證券化 [8] 三項特質，影響所及，當代風險管理至少俱有四項特徵：第一，它是整合性的管理方法與過程。換言之，它是融合各類學科的管理方法。它也是融合所有風險於一爐的管理理念；第二，它是全方位的，正如三角錐的三個面向，具體地說，這三個面向，分別是風險實質（或風險工程）（Risk Engineering）、風險財務（Risk Finance）面向與風險人文（Risk Humanity）面向。這三個面向，也互相關聯，風險管理上，缺一不可。換言之，來自風險實質與風險人文面，對風險結構的改善，將有助於風險財務成本的降低。風險實質面向，涉及健康與安全技術。風險財務面向，則涉及各類風險理財與安全設備投資決策。風險人文面向，涉及人為作業績效與文化社會因子的影響；第三，不同的管理哲學思維，造成風險的不同解讀，進一步產生了不同的管理方法；第四，它適用於任何決策位階，包括個人、家庭、公司、社會團體、政府、國際組織與總體社會。

（一）風險管理學科定位的論點

關於風險管理學科的定位，有論者認為風險管理涉及廣泛，它的個別存在價值受到質疑，因其功能與其它管理功能幾乎重複。貝爾與戚雷佛（Bell and Schleifer, Jr, 1995）則主張風險管理定位最佳的辦法，就是由人們自由去解讀。都郝狄（Doherty, 1985）則認為管理風險需要整合特定的專業技術，因此，風險管理可被視為獨立的領域。威廉斯等（Williams, Jr *et al*, 1998）則以詢問問題的方式與重點來區分，風險管理與其他管理功能的不同。例如，以產品研發為例，策略管理要問的是，所要研發的新產品應該滿足的市場需求是什麼？應該滿足的公司目標是什麼？經營管理要問的是，產品如何生產才能滿足市場需求與公司目標？風險管理要問的是，產品研發與產生過程中，可能有什麼風險？這三者的關聯性，參閱圖4-1。

---

[6] 風險社會化係指人們如何透過社會網路與互動，解讀風險與建構風險的過程，風險的群生概念適用於社會化的過程。

[7] 經濟全球化導致風險全球化，風險全球化涉及國際間風險分擔、財富分配與弱勢保障等議題。

[8] 風險證券化係指如何透過資本市場證券的發行分散風險的一種過程，例如巨災債券（Catastrophe Bond）就是風險證券化的商品。

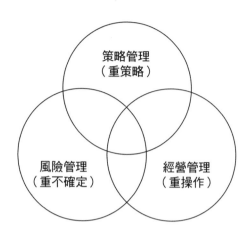

圖 **4-1** 策略管理、經營管理與風險管理的關聯

（二）風險管理學科的定位

　　著者以為風險管理學科的定位是有其必要性。蓋因，風險管理既成一門當代顯學，自有其一套風險理論體系（可參閱第二章）與不同的操作理念與手法，但該定位於何種學門？例如，該定位在管理學門抑或是商業學門？或社會學門？則不敢給予定論，在此僅就拙見提供線索，供方家們思考：第一，風險管理的標的是為「風險」，自然與其它管理標的不同；第二，風險本身的涵意雖未統一，但自有其一套風險理論體系與思維；第三，風險管理著重的是不確定的未來；第四，實際操作上，雖可將風險管理的機能分散至其它管理中執行，但當代風險管理的操作，講求的是全方位與整合性的團隊工作。綜合以上論述，著者說明可能的定位，一般來說，風險管理以追求健康與財務安全為目標，因健康與財務安全，事實上就內含在公共價值或公司價值裡，其次，風險管理是屬於風險實質、 風險財務與風險人文三合一的管理學科。因此，風險管理學科既綜合又別樹一格， 其可能的定位，參閱下圖 4-2。

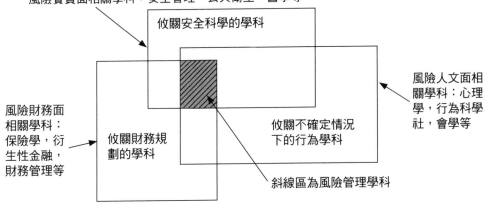

風險管理學科的目標

—健康與財務安全—

風險實質面相關學科：安全管理，公共衛生，醫學等

攸關安全科學的學科

風險人文面相關學科：心理學，行為科學社，會學等

風險財務面相關學科：保險學，衍生性金融，財務管理等

攸關財務規劃的學科

攸關不確定情況下的行為學科

斜線區為風險管理學科

圖 4-2 風險管理學科可能的定位

四、本章小結

　　掌控未來不確定的管理過程，就是風險管理。然而，如何掌控，會與吾人如何看待風險相關，會與我們如何掌控風險的想法有關，也會與我們想掌控什麼有關，從而就會產生各類型名稱的風險管理。其次，跨領域互相激盪，已成學術研究的新潮流，也能幫助學術的創新。當代風險管理，需要以多元理性為基礎，探討風險的議題，這有別於過去以單一理性為基礎的風險管理，風險管理全方位與整合的特質將越來越明顯。

思考題

❖對建築物火災與 H1N1 新流感的風險管理，請你（妳）以風險管理全方位的三個面向，分別說明三個面向的關聯性。

參考文獻

1. 蔡永銘（2003）。*現代安全管理*。台北：揚智文化

2. Bell, D. E. and Schleifer, Jr. A. (1995). *Risk management.* Course Technology Inc.

3. COSO (2004). *Enterprise Risk Management-Integrated Framework, Executive Summary.* P.19. New York:AICPA Inc.

4. Doherty, N. A. (1985). *Corporate risk management-a financial exposition.* New York: McGraw-Hill.

5. Dunsire, A. (1990). Holistic governance. *Public policy and administration.* 5(1). Pp4-19.

6. Hood, C. (1996). Where extremes meet: "sprat" versus "shark" in public risk management. In: Hood, C. & Jones, D.K.C. ed. *Accident and design-contemporary debates in risk management.* London: UCL Press. pp.208-227.

7. Institute of Internal Auditors (2004). *The role of internal audit in enterprise-wide risk management.* IIA ,UK & Ireland, Position Statement.

8. Jones, D.K.C. and Hood, C. (1996). Introduction. In: Jones, D.K.C. and Hood, C. ed. *Accident and design-contemporary debates in risk management.* London: UCL Press. Pp.1-9.

9. Williams, Jr. *et al* (1998). *Risk management and insurance.* New York: Irwin / Mcgraw-Hill.

第 5 章

風險管理的演變與
其在主要國家的發展

學習啟示錄

每門學科都有發展的歷史，
歷史可告訴我們當時的時空背景，
且可幫助我們學習更多。

　　風險理論思維的演變，影響風險管理實務操作的變化。風險理論思維的內容，在第二與第三章已說明，風險管理的類型，在第四章說明。本章旨在說明，現代風險管理發展的歷史，從歷史來看，風險管理實務最早源自一般企業公司內部保險管理 [1] 功能的自覺，嗣後，演變至企業全面功能，但另一方面，金融業的財務風險管理也蓬勃發展，之後隨時空演變，終醞釀成管理所有風險的 ERM 架構。本章首先以時間為軸，從一般企業內部保險管理，以及內部控制（Internal Control）、法律、會計的觀點（van Daelen *et al*, 2010）出發，說明風險管理的相關演變。其次，針對幾個主要國家，簡要說明風險管理在其國內的發展。

一、風險管理的演變

（一）第一階段：風險管理出現前

　　文獻（Gallagher, 1956）顯示，「風險管理」詞彙的出現，時約一九五六年間。因此，一九五六年前，是風險管理出現前時期，著者冠稱為第一階段。此階段雖無「風險管理」的詞彙，但人類對「風險」的研究，已於文藝復興時代開始（Bernstein, 1996）。由於該階段是人類啟蒙（Enlightment）時期的開端，一切以科學萬能為信念，理性（Rationality）假設為大前提，直至二十世紀中末期，這種信念與假設才開始受到質疑與動搖。

　　其次，遠古人類面對災變，全然訴諸神祇，人們的風險概念中，也只有自然神祇玩骰子的成份，全然無人為的成份。然而，人們的固有賭性，不但創造了機率論，推動科技文明的進展，也造就了現代風險管理。此階段雖無「風險管理」的詞彙，但與其功能極為相關的安全管理（Safety Management）與保險（Insurance）已有重大進展。

　　另一方面，在此時期，面臨 1929 年經濟大蕭條，英美等先進國家政府也留意到，對商業活動市場中企業公司監督管理的重要性，各種監理法規、新機構紛紛出籠，例如，1930 年的國際清算銀行（BIS: Bank of International Settlements）、

---

[1] 依據美國風險與保險學會（RIMS: Risk and Insurance Management Society）的子公司風險管理學會出版公司（Risk Management Society Publishing Inc.）出版的《風險管理雜誌》1994 年三月號第 10 頁所載，現代的風險管理歷史，從美國全國保險購買者協會（NIBA: National Insurance Buyer Association）開始，該協會在 1955 年改名美國保險管理學會（ASIM: American Society of Insurance Management）。

證券法與證券交易法（Securities Act and Securities Exchange Act, 1933-34）等。其次，各專業團體於焉興起，例如英國愛丁堡會計師學會（Society of Accountants of Edinburgh）、美國公眾會計師協會（American Association of Public Accountants, 嗣後，更名為 AIA: American Institute of Accountants）、美國會計師協會（AIA: American Institute of Accountants）的稽核程序委員會（1939）、會計準則委員會（Accounting Principles Board, 1950）等。上述法律與會計方面的發展，對企業公司往後的內部控制、內部稽核（Internal Auditing）與風險管理功能，均產生極為明顯的影響。

（二）第二階段：風險管理出現後迄一九七〇年代前

　　這段時期，可說是風險管理實務開始發展的階段。文獻顯示（Kloman, 2010；段開齡，1996），風險管理緣起 [2] 於美國，緣起的遠因，是美國一九三〇年代經濟不景氣與社會政治的變動以及科技的進步。近因則是一九四八年鋼鐵業大罷工與一九五三年通用汽車巨災事件。在此時空背景下，經由企業體中保險主管們的自覺與努力，風險管理的觀念漸為企業主所接受。企業界觀念的轉變，也影響到保險教育的方向。　全球第一個風險管理課程，於一九六〇至一九六一年間，華人旅美名學者段開齡博士與美國保險管理學會（ASIM: The American Society of Insurance Management）（該學會前身為 NIBA: National Insurance Buyer Association）聯合籌備開設。在這個階段，風險管理的範圍，初期局限於保險／可保風險（Insurance / Insurable Risk），也就是保險風險管理，後擴大為所有的危害風險，也就是傳統風險管理。在該階段，人類面對風險的思維仍局限在以機會觀點出發的個別概念。

　　另一方面，會計、法律監理上，要求企業公司對利害關係人有報告的責任，影響日後內部稽核、公司治理（Corporate Governance）的各重要機構團體紛紛成立，例如，1965 年的一般公認會計準則（GAAP: Generally Accepted Accounting Principles）、1973 年的財務會計標準委員會（FASB: Financial Accounting Standards Board）與國際會計標準委員會（IASC: International Accounting Standards Committee）、1974 年的巴賽爾委員會（Basel Committee）等。

2　陳繼堯（1993）《危險管理論》書中第 6 頁記載，德國的風險管理思想較美國為早，時約第一次大戰後，通貨膨脹背景下，產生的風險政策，但從風險管理一詞的出現為準，美國是風險管理理論與實務的緣起國，殆無疑義。

（三）第三階段：一九七〇年代後迄一九九〇年代前

這個階段，有兩個事件值得注意：第一，一九七一年，布列敦森林制度（Bretton Woods System）正式結束。任何經濟個體，均面臨了空前的財務風險。財務風險管理日益蓬勃發展；第二，科技災難相繼發生。一九七〇年代前，雖有科技災難發生（e.g. BASF 工廠戴奧辛外洩事故，西德，1953），但對風險與風險管理思維的演變衝擊不大。一九七〇年代後迄一九九〇年代前相繼所發生的科技災難(Seveso, Itly, 1976; Three Mile Island, USA, 1979; Union Carbide Bhopal, India, 1984; Space Shuttle Challenger, USA, 1986; Chernobyl, Former USSR, 1986; King's Cross Fire, UK, 1987; Herald of Free Enterprise, Between Belgium and England, 1987; Clapham Junction, UK, 1988; Piper Alpha, UK, 1988）對風險與風險管理的思維，造成極大的影響。

創立於一九八〇年的風險分析學會（SRA: The Society for Risk Analysis）與車諾比爾事故後，浮現的安全文化（Safety Culture）觀念顯示出，管理風險不應只重技術與經濟財務，亦應注重人為作業績效與文化社會背景的影響。這個階段可說是風險概念與風險管理思維變動最大的階段。在管理思維上，由於對風險是由文化社會所建構的解釋甚囂塵上，傳統風險管理面臨重大挑戰。英國道格拉斯（Douglas, M.）主張的風險文化理論（The Cultural Theory of Risk）、德國貝克（Beck, U.）教授的風險社會理論（The Social Theory of Risk）與法國傅柯（Foucault, M.）的風險統治理論（The Theory of Risk and Governmentality）對風險概念與風險管理的傳統思維衝擊最大。此後，價值取向的群生概念與機會取向的個別概念並重。在管理風險的範圍上，財務風險與危害風險互為影響。因此，在管理決策上已留意到，財務風險管理與危害風險管理不能再各行其是。這個階段可說是 ERM 形成的轉捩點。

另一方面，公共風險管理的發展亦值得留意。從「風險管理」詞彙（Gallagher, 1956）出現起算至今，風險管理的發展已達五十多年。這其中，前約二十幾年是只有私部門風險管理的發展，後約三十年才是公私部門風險管理共同發展的階段。這其中，公共風險管理正式的發展約在一九八〇年代（Fong and Young, 2000），這年代約比一九六〇年代就開始發展的私部門風險管理晚二十年。考其主因是國家免責概念，這使得政府可完全迴避施政與服務過程中所產生的責任風險，以及政府

機構保險的封閉性³。時至今日，公共風險管理不但深受英、美、加先進國家政府部門的重視，同時也存在著公共風險管理人員的專業組織與專業證照考試，在專業組織方面，例如英國的 ALARM（The Association of Local Authority Risk Managers）與美國的 PRIMA（Public Risk and Insurance Management Association）；而專業證照方面，例如美國 CPCU／IIA 舉辦的 ARM-P 證照考試。

（四）第四階段：一九九〇年代迄二〇一〇年代前

這個階段，值得注意的有五點：

第一，因衍生性金融商品（Derivatives）使用不當引發的金融風暴以及後續市場上的反應。例如，Baring Bank風暴（UK, 1995）與股票指數期貨有關；Procter&Gamble風暴（USA, 1994）與交換契約有關；Yakult Honsha風暴（Japan, 1998）與股票指數衍生性商品有關。這些因衍生性金融商品使用不當引發的金融風暴，促使財務風險管理有了進一步的發展。例如，G-30（The Group of Thirty）報告（參閱附錄一）的產生以及風險專業人員全球協會（GARP: Global Association of Risk Professionals）組織的成立。

第二，保險與衍生性金融商品的整合。保險業本身的創新變革打破了保險市場與資本市場間的藩離，財務再保險（Financial Reinsurance）與巨災選擇權等均是明顯的例證。新的財務風險評估工具——風險值（VaR: Value At Risk）使財務風險管理又邁向新的里程。

第三，全新一代的風險管理操作概念 ERM 此時孕育完成，與 ERM 相關的新職稱風險長（CRO: Chief Risk Officer）⁴也首次出現於一九九二年。不論是 Basel II 或 Solvency II，均以 ERM 為監理的觀念架構，但仍面臨眾多挑戰。ERM 直接的驅動力主要來自監理的力量，例如美國 2002 年的 Sarbanes-Oxley Act、Basel Capital Accord II 與國際信評機構的要求，例如 S&P（Standard & Poor's）等。

第四，各國專業組織的風險管理標準陸續出現。例如，國際標準組織（ISO: International Standard Organization）的 ISO 31000——風險管理原則與指引、澳紐風險管理標準（Australian and New Zealand Risk Management Standard AS／NZS4360：

---

3 每個國家公部門風險管理發展的比較晚，理由可能不同。Fone and Young（2000）觀察英國公部門風險管理的發展，比私部門晚的原因是公部門政府機構採相互保險的方式購買政府機構本身所需的保險，這種方式是成員間互保，這些成員均是各政府機構，因此極為封閉，這有別於向商業保險公司購買保險。

4 CRO 職稱首被 GE Capital 的 James Lam 使用。

2004）、英國風險管理標準、歐洲風險管理協會聯盟（FERMA: Federation of European Risk Management Associations）的風險管理準則（參閱附錄二）等。

第五，極端風險事件（Extreme Risk Event）的發生，例如，2008-2009 的金融海嘯，使得風險模型遭受質疑，管理風險的傳統思維面臨挑戰[5]。

另一方面，在此階段，由於發生許多著名作業風險詐欺事件，例如前述的 Baring 銀行事件、Enron 事件等，影響今日內部控制、公司治理與風險管理相當深遠的會計、法律規範相繼出籠，例如，國際財務報導準則（第一階段）（IFRSs: International Financial Reporting Standards）（2009）、COSO（the Committee of Sonsoring Organization of the Treadway Commission, USA）I 報告（1992，關於整合型內部控制架構）、COSO II 報告（2004，關於 ERM 架構）、Cadbury 報告（1992, UK）、Hampel 報告（1998, UK）、Combined 法案（1998, UK）、SOX（Sarbanes-Oxley Act）（2002, USA）、Smith 報告（2003, UK）、DCGC（Dutch Corporate Governance Code, Netherlands, 2008）等。

（五）第五階段：二〇一〇年代迄今

該階段發展有三點最值得留意：第一，就是 IFRSs 後續對風險管理的影響（參閱第二十四章），尤其來自公平價值（Fair Value）的衝擊；第二，Basel III 與 Solvency II 後續對銀行與保險業風險管理的衝擊；第三，巨災性質的改變，例如，2011年3月的日本大地震所呈現的複合式巨災（Synergistic Catastrophe）。

（六）重大風險管理事蹟或事件時程

依前述，說明了風險管理的演變過程，在此，依時間先後，將有重大影響的風險管理事蹟整理如圖 5-1。

---

[5] 參閱 Taleb, N. N. (2010). *The Black Swan-the impact of the highly improbable* 一書。

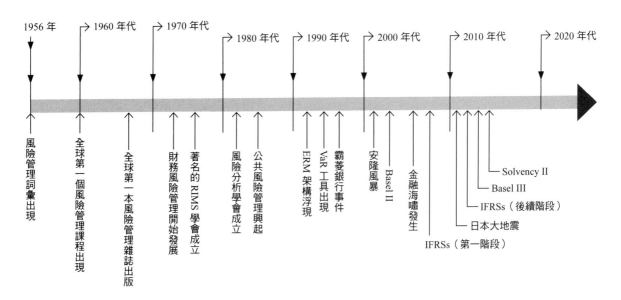

附註：上列事蹟或事件，只依每年代 10 年間發生的事情顯示，不依正確時點先後排序。

圖 5-1 重大風險管理事蹟或事件

（七）歷史發展的省思

從以上五個階段的發展來看，災難與金融風暴，似乎與風險管理與時俱進。重大的災難與金融風暴，似乎成為轉變風險管理思維或操作手法的重要推手。從金融海嘯[6] 到 2011 日本大地震，不但引發人們對金融基本價值的重新評價[7]，也讓人質疑風險管理哲學根本性的問題。在當今風險社會的年代裡，人類應重新思考，在風險管理上，該堅持人定勝天的信念，還是該思考，如何與風險共榮共存（Living with risk）。

---

6 金融海嘯係指 2007 年 7 月美國次貸風暴發生以來，一連串所發生的金融風險事件，導致全球的經濟衰退，例如美國第五大投資銀行的貝爾斯登事件、雷曼兄弟事件、美林事件與AIG事件等。

7 根據台灣《經濟日報》民國 97 年 11 月 28 日 A4 版報導，美國有史以來最年輕的聯邦準備理事會（Fed）委員 Kevin Warsh 最近說：我們正目睹全球每一角落，均在進行金融基本價值的重評價；重建全球金融機制平台，為當代經濟的最大挑戰。

二、主要國家當前風險管理發展簡況

國際風險與保險管理協會聯盟（IFRIMA: International Federation of Risk and Insurance Management Associations, Inc.）已有眾多國家的風險與保險管理組織（風險管理主要資訊網資源，參閱附錄三）加入。在此，僅介紹美國、英國、台灣與中國大陸發展的概況。發展概況以學校教育、企業、專業學會與刊物、書籍出版為觀察的主軸。另外，由於風險管理極為廣泛，舉凡保險、財務金融、公共衛生、安全管理、決策行為與公共政策等學科，均會涉及風險管理。此處，偏向風險財務與風險人文領域為觀察的焦點。

（一）美國

當前美國各大學風險管理教育課程為數不少。如賓州大學（University of Pennsylvania）、天普大學（Temple University）、喬治亞州立大學（Georgia State University）等較偏重財務導向型風險管理教育。財務風險管理除前列各大學外，現今也已成為各大學財金系所財務理論課程中的重要部份。克拉克大學（Clark University）、哥倫比亞大學（Columbia University）與美國大學（American University）等，則設有人文導向型風險管理的研究中心（Golding, 1992）。大學中，相關學系的系名，有的大學將「風險管理」包含於系名中，如天普大學的風險管理、精算與保險學系（The Department of Risk Management, Actuary and Insurance）。有的大學雖非如此，但亦開授風險管理課程。

企業方面值得留意的是風險經理（Risk Manager）職稱或風險長（CRO: Chief Risk Officer），已取代了過時的保險經理（Insurance Manager）職稱，其職責範圍擴大與位階提昇，是目前的狀況。

專業學會與機構方面，如風險與保險管理學會（RIMS: Risk and Insurance Management Society）、美國風險與保險協會（ARIA: American Risk and Insurance Association）、公共風險與保險管理協會（PRIMA: Public Risk and Insurance Management Association）、風險分析學會（SRA: The Society for Risk Analysis）與美國保險學院（IIA: Insurance Institute of America）等，均對企業風險管理實務、學術理論、專業證照考試制度極具貢獻。例如，風險與保險管理學會 1983 年度大會揭櫫的 101 風險管理準則（The Rules of Risk Management）（參閱附錄四）利於傳統風險管理實務運作，該學會也發行了全球第一本風險管理雜誌。再如，美

國保險學院提供副風險管理師（ARM: Associate in Risk Management）證照考試，目前風險與保險管理學會已委託天普大學舉辦正風險管理師（FRM: Fellow in Risk Management）證照考試。財務風險管理方面，則有 G-30 對衍生品處理最佳實務建議與全球風險專業人員協會（GARP: Global Association of Risk Professionals）的成立。該協會每年均舉辦財務風險管理人員專業證照考試。

另外，會計審計領域的相關機構，因內部稽核的需要，已將風險管理融入稽核過程裡。美國贊助組織委員會（COSO）於 2004 年，公布了新一代的風險管理架構—— ERM，這對風險管理的實務操作產生了極大的改變。

至於刊物方面，如《風險與保險期刊》（*Journal of Risk and Insurance*）由美國風險與保險協會出版，《風險分析期刊》（*Risk Analysis*）由風險分析學會出版，《風險管理雜誌》（*Risk Management Magazine*）由風險與保險管理學會出版等，均為備受矚目的刊物。書籍出版方面，財務風險管理與危害風險管理教科書為數眾多。

（二）英國

英國風險管理學校教育課程，最早係由授業恩師狄更生博士（G.C.A. Dickson）於一九八○年代初期所引進[8]。當前各大學風險管理相關課程，如亞斯敦大學（Aston University）、格林威治大學（Greenwich University）與伯尼茅斯大學（Bournemouth University）等以技術導向型風險管理為主。格拉斯哥蘇格蘭大學（Glasgow Caledonian University）、城市大學（City University）與諾丁漢大學（University of Nottingham）則較重財務導向型風險管理，其中，迄一九九九年止，格拉斯哥蘇格蘭大學是唯一頒授風險管理學位（Risk Management Degree）的大學。蘭徹斯特大學（Leicester University）等則設有人文導向型風險管理研究中心。

企業方面值得留意的也是風險經理（Risk Manager）職稱或風險長（CRO: Chief Risk Officer），已取代了過時的保險經理（Insurance Manager）職稱。此種改變積極的意義是職責範圍往擴大方向發展。

---

[8] 根據文獻（Farthing, 1992; Kolman, 2010）顯示，授業恩師 Gordon, Dickson首創英國第一個風險管理學位，在當時的格拉斯哥學院（Glasgow College），它是目前格拉斯哥蘇格蘭大學（Glasgow Caledonian University）的前身。授業恩師 Gordon, Dickson 著書甚多，保險專業人士引以為傲的ACII證照，其考試用書 *Risk and Insurance* 就是其作品，恩師曾擔任格拉斯哥蘇格蘭大學的副校長，目前擔任蘇格蘭牙醫師公會執行長。

專業學會與機構方面，如工商業風險經理與保險協會（AIRMIC: Association of Insurance and Risk Manager in Industry and Commerce）、風險管理學院（IRM: Institute of Risk Management）等均對英國企業風險管理實務、專業證照考試制度極具貢獻，如風險管理學院提供風險經理專業證照 FIRM（Fellow, Institute of Risk Management）與 AIRM（Associate, Institute of Risk Management）考試。在 2002 年，IRM、AIRMIC、ALARM 與公部門風險管理論壇（The National Forum for Risk Management in the Public Sector）共同公布了風險管理標準（Risk Management Standard），後稱為 IRM 標準，之後，該標準被歐洲風險管理協會聯盟（FERMA）所採用。同屬大英國協（Common Weal）國家的澳洲與紐西蘭，在 1995 年亦首度公布紐澳的風險管理標準，在 1999 與 2004 年，歷經兩次修訂，是為 AS／NZS 4360（Australia／New Zealand Standard 4360）。另外，英國內部稽核師研究院（IIA: Institute of Internal Auditors）與皇家管理會計人員研究院（CIMA: The Chartered Institute of Management Accountants）亦對 ERM 的推展有重大影響。

至於刊物方面，如《風險管理：國際期刊》（*Risk Management: an International Journal*）、《企業風險雜誌》（*Business Risk Magazine*）由工商業風險經理與保險協會出版，《遠見期刊》（*Foresight*）由風險管理學院出版。書籍出版方面，財務風險管理與危害風險管理教科書亦為數不少。

（三）台灣

台灣當前九所大學（台灣大學、政治大學、銘傳大學、逢甲大學、淡江大學、實踐大學、高雄第一科技大學、開南大學與中國醫藥大學）中之政治大學、銘傳大學、實踐大學、逢甲大學與高雄第一科技大學設有風險管理與保險學系（所），其中，截至目前，只有銘傳大學風險管理與保險學系（所）自創學術期刊——《風險評論》（*Risk Review*）。其他四所大學並非以「風險管理與保險」為系／所名稱，但均於風險管理學系（開南大學與中國醫藥大學），保險學系／所（淡江大學）與財務金融系／所（台灣大學）名下，開授風險管理相關課程。風險管理課程在大學系統的開授，率先由授業恩師陽肇昌教授引進。風險管理相關文章，最早則由已故孫堂福先生率先刊登（段開齡，1996）。風險管理課程在其他技術學院與專科學校，或大學其他系所亦有開授。

企業方面，長榮集團率先成立風險管理部門。之後，其他企業集團與銀行、保險、證券、投顧公司亦相繼成立風險管理部門，其中，台灣銀行在1994年率先成立

台灣銀行界第一個風險管理部門，保險業方面，在政府頒布保險業風險管理實務守則後，已相繼成立風險管理部門。風險管理部門主管的職稱，在一般企業中，以「風險經理」為大宗，在金融保險業，以「風控長」居多。其次，公共風險管理在台灣起步晚，但行政院研考會已著手推動風險管理在政府部門的發展事務，同時，行政院也已公布所屬各機關風險管理及危機處理作業基準。

專業學會與機構方面，除保險相關學會與機構外，中華民國風險管理學會（RMST: Risk Management Society of Taiwan）是第一個風險管理專業組織。著者受授業恩師陽肇昌與陳楚菊兩位教授啟蒙以及好友許沖河先生（現任基準企管公司董事長）的激勵下，鑑於風險管理有待推廣，乃毅然地與眾多同好（如陳繼堯教授、高榮富先生、鄭燦堂先生、邱展發先生、徐廷榕先生等）共同發起籌組，並於民國八十一年三月十四日正式成立中華民國風險管理學會。歷經多年，著有成效。該組織除提供專業證照考試外，亦出版風險管理季刊與風險管理學報等刊物。其次，國際的風險分析學會（SRA: Society for Risk Analysis）在台灣亦已成立台灣分會，風險與保險學會於民國九十七年成立，由逢甲大學劉純之教授擔任首任會長。書籍出版方面，財務風險管理與危害風險管理教科書亦日漸增多。由於 Basel II 已在台灣的銀行體系實施，Solvency II 也可能在保險體系實施，因此，可預見的未來，風險管理在台灣也將會更蓬勃發展。

（四）中國大陸

學校教育方面，一九八○年代中期，華人旅美名學者段開齡博士應中華人民共和國教育部（現為國家教育委員會）邀請，正式將風險管理知識引進中國大陸（段開齡，1996）。武漢大學、黃河大學與上海財經大學率先開辦研討會或風險管理課程，自此，中國大陸各大學紛紛將保險學系更名為風險管理與保險學系，例如著名的北京大學、南開大學、中山大學、山東大學、湖南大學與天津理工大學等。風險管理的發展開始在中國大陸，萌芽並見茁壯。

另外，企業方面，經濟改革開放後，一九九○年代初期，外商率先引進風險管理實務。一九九○年代後期，眾多外國風險管理顧問公司進駐大陸。查普（Chubb）保險公司率先投資設立查普保險學院（The Chubb School of Insurance）（Li, 2000）。及至 2002 年，大陸制訂保險法，次年 SARS 爆發，風險管理受到政府高度重視，此後，中國大陸陸續頒布，商業銀行市場風險管理指引、中央企業全面風險管理（也就是整合型風險管理）指引、保險公司風險管理指引與商業銀行

操作風險 （也就是作業風險）管理指引等（呂多加，2009）。 最後，在可預見的
未來，風險管理於中國大陸勢必蓬勃發展。

三、本章小結

從風險管理歷史的演變過程裡，可觀察到時空轉換時，風險概念、管理思維、
管理範圍、管理工具與市場整合的變化過程。從過去的重大科技災難，到最近發生
的金融海嘯與 2011 日本大海嘯，到底發展了超過五○年的風險管理，對人類在管
理風險上產生了何種啟發？值得吾人深思。遠古社會至當代的風險社會，從訴諸
神祇，到靠現代科技與科學，人類總想掌控未來，證諸現代各種災難與風暴，風險
告訴我們的是，重新省思人之所以為人的定位，採取與風險共榮共存（Living with
Risk）的思維，或許是未來的方向。茲就風險理論、管理範圍、管理工具、市場整
合與管理的實質理論等五方面，比較其內涵如表 5-1。

表 5-1 傳統與創新風險管理的比較

不同時空的風 險管理 比較項目	傳統風險管理的內涵	創新風險管理的內涵
風險理論方面	1950 年代至 1980 年代，只存在實證論基礎的風險理論	1980 年代以後，實證論基礎的風險理論與後實證論基礎的風險理論並存
管理範圍方面	1950 年代至 1990 年代，危害風險管理與與財務風險管理，分流各自發展	1990 年代後，ERM 浮現，所有的風險在同一觀念架構下，進行整合式的管理
管理工具方面	1950 年代至 1980 年代，只重風險控制 與 風險理財	1980 年代以後，除了風險控制 與風險理財，外加與態度行為有關的風險溝通
市場整合方面	1950 年代至 1970 年代，主要是工安市場與保險市場的整合。1970 年代後，管理風險開始涉及資本市場。	重所有市場的整合
管理的實質理論方面	1980 年代前，只存在階段論。	1980 年代以後，反階段論與階段論並存

思考題

❖ 從歷史來看，為何華人社會中，風險管理發展慢？

❖ 學一門學科，有需要知道其歷史演變嗎？

參考文獻

1. 呂多加（2009）。*中國大陸風險管理的發展*。在 2009 年 6 月 30 日，銘傳大學風險管理與保險系以及中華民國風險管理學會合辦的風險管理學會年會與學術研討會的專題演講稿。

2. 段開齡（1996）。*風險及保險理論之研討——向傳統的智慧挑戰*。中國天津：南開大學出版社。

3. Bernstein, P. L. (1996). *Against the Gods-the remarkable story of risk.* Chichester: John Wiley & Sons.

4. Farthing, D. (1992). Risk management in the United Kindom-a personal retrospect. *The Geneva papers on risk and insurance*, 17(No.64, July 1992). Pp.329-334.

5. Fone, M. and Young, P. C. (2000). *Public sector risk management.* Oxford: Butterworth-Heinemann.

6. Gallagher, R. B. (1956). Risk management-new phase of cost control. *Harvard business review.* Vol. 24. No.5.

7. Golding, D. (1992). A social and programmatic history of risk research. In: Krimsky, S. and Golding, D. ed. *Social theories of risk.* London: Praeger. pp.23-53.

8. Kloman, H. F. (2010). A brief history of risk management. In: Fraser, J, and Simkins, B. J.ed. *Enterprise risk management.* pp.19-29. New jersey: John Wiley & Sons.

9. Li, Y. (2000). *Risk management in China.* Geneva: The Geneva Association.

10. Taleb, N. N. (2010). *The Black Swan-the impact of the highly improbable.* USA: Brockman.

11. van Daelen *et al*, (2010). *Risk management and corporate governance-interconnections in law,accounting and tax.* Cheltenham:Edward Elgar.

第三篇

ERM 與操作理論

　　實證論是本篇風險的本體論，意即以機會觀點出發的傳統概念，是本篇看待風險的方式。其次，本篇除介紹 ERM 八大要素外，同時，也說明風險管理操作上所需的基本理論。

第 **6** 章

新一代的操作架構——全方位／整合型風險管理

學習啟示錄

以宏觀的角度，批判式觀察人、事、物，
較為中肯，不偏頗。

　　學術思維的理論基礎，就像我們問「為何這麼想？」。實務操作的理論基礎，就像我們問「為何這麼做？」。「想」與「做」間會互相影響。就風險管理而言，怎麼看待風險，就會影響怎麼管理。現代對風險的想法，由個別／機會概念，擴大包括了群生／價值概念。這種變化，影響管理操作最為深遠的，當屬公共風險管理操作領域，因為公共風險評估不只是科學理性的計量問題，也是心理、社會與政治問題。而影響次之的，則屬公司風險管理的操作，這其中，又以涉及公司員工風險知覺與外部化風險（Externalized Risk）管理領域影響最大。

　　另一方面，風險管理領域中，最新一代的操作架構，當推**全方位／整合型 1 風險管理**，英文全稱為「Enterprise Risk Management ／ Enterprise-Wide Risk Management」（ERM ／ EWRM），而不是傳統／零散式的風險管理，英文全稱為「Traditional Risk Management」（TRM）。TRM 只涉及戰術與經營管理層次的保險風險（性質上，它亦屬危害風險）與危害風險。然而，ERM 則擴大涉及戰略與策略管理層次的策略風險，並將與 TRM 分流發展的財務風險管理匯流一起，同時，也將涉及組織內部流程的作業風險，一併納入 ERM 的管理範圍。

　　本章先說明管理主體與管理的層次，其次，說明全方位／整合型風險管理的涵義、特性與重要性，同時，將操作過程中必須的八大要素，作一簡要的整理。這八大要素，均可應用在任何風險管理主體，以及任何產業與任何大中小型企業。最後，說明 ERM 的挑戰與新的風險管理專業人員職稱「風險長」（CRO: Chief Risk Officer）的職業生涯與其扮演的角色。

一、管理主體與管理的層次

　　誰管理風險？就是指風險管理的主體為何？這點極為重要，蓋因會影響管理的細節與內容。依之前所述，管理風險的主體包括個人、公司、非營利組織、政府機構、總體社會／國家與全球國際組織等。以公司、政府機構與總體社會／國家為

1　ERM ／ EWRM 在台灣，有些人士譯成企業風險管理，這中文譯法實有待商榷。其實這概念架構，重點是原文中的「Wide」，該字意即「全面性」的意思，在中國大陸將 ERM 譯成全面性風險管理，實較為妥切。此外，在 TRM 架構下，如果管理主體是企業公司，那麼也可稱企業風險管理，但其精神不是 ERM 的意旨，還有政府機構也以 ERM 為風險管理架構，因此台灣的中文譯法，不足為取。本書將 ERM 譯成整合型或全方位風險管理，實因 ERM 是以整合為精神，而且英文 IRM（Integrated Risk Management）或 Holistic Risk Management 均可與 ERM 通用，因此，本書採用整合型或全方位風險管理稱之。

例，簡要說明不同管理主體與環境的關係。

（一）公司為管理主體

公司與環境間的關係，參閱圖 6-1。

圖 6-1　公司與環境

圖中最外層是政治、經濟、社會、法律與科技環境，中間層是屬公司所屬產業的競爭環境，這層包括競爭者生態、供應商、客戶與外部利害關係人，最內層則是公司內部經營環境。很顯然，會影響公司經營的因素，除了最外層的因素外，就是競爭者生態、供應商、客戶、外部利害關係人與內部經營環境。

（二）政府機構為管理主體

同樣的，以政府機構為例，政府機構與環境的關係，可參閱圖 6-2。

圖中最外層是政治、經濟、社會、法律與科技環境，中間層是同屬政府機構間的競爭生態，這層包括各級政府機構、政府預算、社會大眾與外部利害關係人，最內層則是政府機構內部環境。也很顯然，會影響某政府機構運作的因素，除了最外層的因素外，就是其他政府機構、政府預算、社會大眾、外部利害關係人與政府內部環境。

圖 6-2 政府機構與環境

（三）國家／總體社會為管理主體

也同樣的，以國家／總體社會為例，國家／總體社會與環境的關係，可參閱圖6-3。

圖中最外層是國際政治、經濟、社會、法律與科技環境，中間層是屬與其他國家間的競爭環境，這層包括其他國家、本國預算、本國國民與國家外部利害關係人，最內層則是本國內部環境。很顯然，會影響國家運作的因素，除了最外層的因素外，就是其他國家、本國預算、本國國民、國家外部利害關係人與本國內部環境。

圖 6-3 國家／總體社會與環境

（四）管理層次

不論管理主體為何，管理層次均可分三等級的管理層次，參閱圖 6-4。

圖中最高層是戰略／策略管理層次，該層負責擬訂管理主體的策略，主要考慮最外層與中間層的環境因素。管理的中間層為戰術管理層次，該層負責將策略轉化成經營計劃。最低層為經營管理層次，該層負責落實執行經營計劃，執行後的結果，將回饋至戰略／策略管理層次與戰術管理層次，而內部環境會影響計劃的落實與執行。

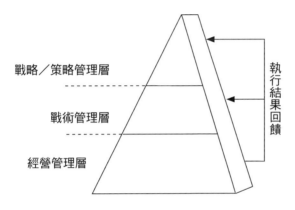

戰略／策略管理層

戰術管理層

經營管理層

執行結果回饋

 圖 6-4　三等級的管理層次

二、全方位／整合型風險管理的特性

風險哲學思維的創新，始自一九八〇年代（參閱第一章與第二章）。風險管理實務操作 ERM 的創新，孕育自一九九〇年代，約完成於二十一世紀初期，其力量來自邏輯 [2] 的必然與外部監理，例如，安隆 [3]（Aron）風暴後，美國通過沙賓-奧斯雷法案（Sarbanes-Oxley Act）的立法，時為 2002 年。這項創新的操作與傳統的操

---

[2] 有些風險只有損失，有些風險不是損失就是獲利，試想全部風險一起考量在管理範圍時，就有（獲利；獲利）、（獲利；損失）、（損失；獲利）、（損失；損失）四種結果，但只有（損失；損失）的情況需要管理，（獲利；獲利）、（獲利；損失）、（損失；獲利）的三種情況無需管理，因獲利與損失，相互抵銷，這就是 ERM 的邏輯。

[3] 2001 年 11 月，美國安隆公司承認會計上的錯誤，重新調降高估六億美金的財測，這項舉動，導致其股價大跌，之後，不到一個月內宣佈破產。這是美國華爾街有史以來，最大的商業醜聞。安隆公司一群絕頂聰明的高階經理人，輕輕鬆鬆捲走十億美金，讓投資人血本無歸，上萬員工失業。

作是有別的，事實上，這類區分，有些來自思維、有些來自電腦科技進步的輔助。許多文獻（e.g. Spencer Pickett, 2005; Baranoff *et al*, 2005）顯示，全方位／整合型風險管理與傳統風險管理比較，有其異同，而其不同處 即為 ERM 的特性。

（一）ERM 與 TRM 共同點

ERM 與 TRM，兩者都是管理風險的過程與觀念架構。其次，兩者管理的目標均與企業價值或公共價值有關。最後，ERM 與 TRM，兩者都是管理的一部份。

（二）ERM 與 TRM 相異處

總體而言，ERM 與 TRM 不同的地方，在於它們管理的深度與廣度、所需知識的廣狹、操作技術的繁簡以及觀點與管理意旨的轉換。詳細的不同點，說明如下：

第一，過去傳統的 TRM，一直將「風險」看待成負面或威脅的概念，這主要是因 TRM 只限縮在危害風險的管理。然而，隨著時空的轉換，「風險」已被擴張看待成有機會獲利的字眼，換言之，在 ERM 架構裡，至少「風險」是被看待成有威脅與機會的成份，此種看法，對風險管理的操作極度重要。著者以為，ERM 架構裡，更需有群生價值的風險概念，尤其針對公共風險的管理。其次，ERM 強調風險管理過程中，關於用語的內涵、解讀上，必須統一，例如風險事件（Risk Event）的內涵與定義。TRM 不強調這點，常常是名詞相同，但大家有不同的解讀。

第二，ERM 是持續流通於經濟個體各個管理層面的過程，TRM 則僅限縮於特定管理層面的過程，例如，只著重損害防阻與企業購買保險的功能。值得留意的是 ERM 的「Enterprise」是包括所有公私部門的經濟個體（Spencer Pickett, 2005），某部份人士將「ERM」譯成企業風險管理，是值得商榷的，因如此譯法，無法真正體現 ERM 的真諦。

第三，ERM 受到經濟個體每一層次人員的影響，換言之，不管是外部利害關係人層次、策略制定層次與營運管理層次的人員均會影響 ERM 的過程，顯然 ERM 是量身訂作的一種管理過程，蓋因每一經濟個體在外部利害關係人（Stakeholders）層次、策略制定層次與營運管理層次的人員均會不同。TRM 則限縮於某管理層面的人員，且通常不涉及策略管理層次，不涉及所有的內外部利害關係人。

第四，ERM 可應用在經濟個體策略的制定，但這種策略的制定必須配合經濟

個體風險胃納 [4]（Risk Appetite）的水準，風險胃納是 ERM 最核心的課題，唯有在考慮眾多變項，決定經濟個體本身的風險胃納後，策略管理的目標才能制訂，而經濟個體需冒險到何種程度，才算安全，也才能判斷精準。TRM 都跟這些層次的策略思考無關。

　　第五，ERM 可確保經濟個體管理層與董事會，能合理達成目標，它可說是完成經濟個體目標的發動機，它涉及經濟個體所有的風險，這包括策略風險、財務風險、作業風險與危害風險，同時 ERM 也涉及所有管理風險工具之整合，實務操作上更複雜，簡單來說，ERM 是人員、風險科技與管理過程的整合。TRM 不只局限於危害風險的管理，且不強調所有風險間的互動，與所有管理工具的整合，換言之，TRM 是零散式的風險管理，「Silo」by「Silo」或「Case」by「Case」。

　　第六，ERM 是宏觀積極的，重視風險管理文化的孕育與改變，TRM 是微觀消極的，風險管理文化的孕育與改變，不是太重要。進一步說，ERM 是積極提昇所有經濟個體的價值，同時，也著重提昇所有內外部利害關係人的價值。TRM 只是在意外事故發生後，消極地，回復所有經濟個體的價值，同時，TRM 只提昇經濟個體所有人的價值，例如，就公司言，所有人即股東（Shareholders）。最後，參閱圖 6-5，圖 6-6 與圖 6-7 顯示，TRM 與 ERM 不同的操作方式，以及 ERM 架構下風險的匯集。

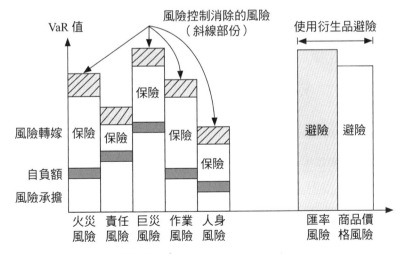

附註：VaR 值參閱本書第十一章

圖 6-5　TRM 的零散操作

4　簡單說，風險胃納（Risk Appetite）就是經濟個體對風險的承受能力。本書將風險胃納、風險接受度（Risk Acceptability）與風險容忍度（Risk Tolerance）等名詞交互使用。如何決定風險胃納，參閱本書第八章。

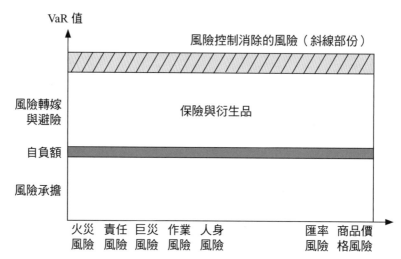

附註：VaR 值參閱本書第十一章

圖 6-6 ERM 的整合操作

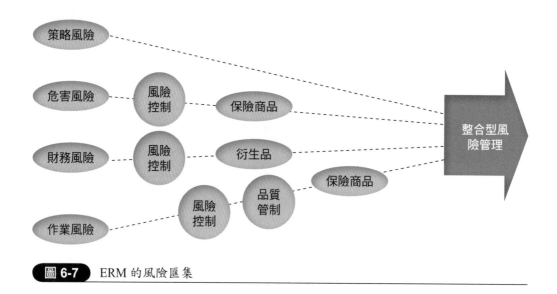

圖 6-7 ERM 的風險匯集

三、全方位／整合型風險管理的重要性

　　根據前節所述，ERM 與TRM 有其異同。最值得留意的是 ERM 的基本宗旨是追求所有利害關係人（Stakeholders）價值的極大化，並非只局限於股東（Shareholders）價值的極大化。同時，ERM 力求成長、報酬與風險間的適切平

衡，在完成目標過程中，需有效率，也應有效能的配置資源。其次，理論上已證明，涉及所有風險的全方位／整合型風險管理，才能達成最適的決策。都郝狄（Doherty, 2000）也顯示，將風險分開各別管理，可能有其危險性：第一，公司無法控制風險的總體水平，也無法留意到風險互動的效應；第二，財務與危害風險管理如各行其是，經濟效率不高。ERM 的重要性，可先從其可能產生的效益說明。

ERM 可能產生的效益如下（The Committee of Sponsoring Organizations of the Treadway Commission, 2004）：

第一，透過 ERM，經濟個體的發展策略，可配合風險胃納的高低制訂。在以風險為基礎的發展策略下，從而能選擇適當的風險管理方法。TRM 由於比較微觀消極，不重發展策略與風險胃納的配合，因此，在完成目標過程中，資源配置的效率與效能易遭質疑。

第二，ERM 有助於提昇成本效能，增進風險管理決策的品質。ERM 強調所有風險的組合與所有管理風險工具的整合，因此，確實可提昇成本效能，增進風險管理決策的品質。TRM 不同，TRM 是零散式的（Segmented）或稱選擇式的（Selective），因此，不論效率與效能均不如 ERM。

第三，ERM 由於是宏觀的，由於是考量所有的利害關係人，因此，透過 ERM 的觀念操作風險管理，比以 TRM 的觀念操作風險管理，更不會令經營者訝異。

第四，理論上，雖能將風險切割與分類，但事實上，風險是很難切割與分類的。ERM 正符合風險是很難切割與分類的概念，蓋因 ERM 是整合的概念。TRM 則硬生生地將風險切割與分類，進而管理，其弊就是忽略不同風險的相關性與互動。

第五，ERM 是積極的，是想掌握獲利機會的，不像 TRM 消極的管理風險，忽略冒險是獲利的重要關鍵。

最後，ERM 有助於資本有效率、也有效能的配置，蓋因如有遺漏的風險，就無法提列對應的經濟資本，就公司言，無非是補貼客戶。TRM 由於是零散式的或稱選擇式的，因此，遺漏風險與補貼客戶，是必然。

其次，從金融風暴說明 ERM 的重要性。法國興業銀行（Societe Generale）被交易員虧空了約 72 億美金，與美國次貸風暴 [5] 讓保險業損失了約近 380 億美金等

---

[5] 根據文獻（段錦泉，2009）顯示，次貸違約率上升的風暴，是這次 2008-2009 金融海嘯的第一幕。2007 年 7 月，國際三大評級公司，也就是 Moody's、S&P 與 Fitch，調降了與房貸相關的抵押債權評級，導致市場恐慌。

事件,均是忽略作業風險管理的重要性。ERM 不像 TRM,ERM 是將作業風險也納入管控,因此,ERM 至少可提供預警,雖然也無法完全消除類似金融風暴的發生。

最後,從國際信評機構、國際金融保險監理的規範與公共風險管理,說明 ERM 的重要性。國際信評機構,例如標準普爾(S&P: Standard & Poor's),已將 ERM 列為金融保險業的信評項目。其次,台灣的銀行業自2007年元月開始,實施巴賽爾協定(The Basel Accord)。展望未來,台灣的保險業也可能實施歐盟清償能力協定 II (Solvency II)。不論巴賽爾協定或歐盟清償能力協定 II,均以 ERM 為架構,顯見 ERM 在國際金融保險監理架構上極度重要。另一方面,各國政府部門的風險管理,亦紛採用 ERM,例如加拿大政府在 2003 年即開始實施以 ERM 為架構的風險管理。從這些發展來看,ERM 的實施已無可避免。

四、全方位／整合型風險管理的八大要素

(一)ERM 八大要素

根據 COSO 的意見,經濟個體不論規模大小,只要在風險管理實施過程中,包括下列八大要素,即可謂已實施 ERM。這八大要素,分別簡要說明如下:

1. 內部環境

內部環境是 ERM 的軟性要素,也應是ERM 成功的前提。內部環境包括公司治理(Corporate Governance)、政府治理(Governmental Governance)、風險管理文化、風險管理哲學、風險胃納、正直與倫理價值以及經營的環境。其中,文化、哲學、正直與倫理價值均是風險管理上非技術性的事項,少了它,再好的技術,對管理風險也枉然,近年重大的金融事件即為明證。此外,這些非技術性的事項對風險胃納量與內部的經營也會產生影響。

2. 目標設立

ERM 觀念架構下,一個組織需達成四種目標:一為策略目標;二為營運效率目標;三為報告可靠目標;四為遵循法令目標。這些目標應能配合組織的風險胃納制訂,可有助於董事會與高階決策人員隨時監督與了解目標達成的程度。

3. 事件辨識

任何組織的營運，均會面臨來自內部或外部事件的衝擊，這種衝擊有些可能對組織造成威脅，有些也可能提供轉機獲利的機會，ERM 的觀念架構有助於辨識這些事件是屬威脅還是機會，有助於組織目標的達成。

4. 風險評估

針對可能的內部或外部事件，在 ERM 的觀念架構下，需進行更具體的風險評估，針對事件可能發生的頻率，以及可能帶來的嚴重性，進行審慎的評估，如此對如何管理風險才能做適切的安排。

5. 風險回應

根據組織的風險胃納量與風險評估的結果，ERM 有助於對內部或外部事件作出適當的回應，回應的方法可以是風險控制法，也可以風險理財法，也可以是兩者的混合，也可以是風險溝通法，這些方法的採行需能搭配組織的目標。

6. 控制活動

這要素所言的控制活動，是指在一定的管理政策與程序下，有助於確保風險回應各類方法有效性的控制活動而言，依其涵義係指管理控制（Management Control）系統，管理控制與風險控制概念有別，前者涉及的範圍廣泛，自然也將風險控制作為含於其中。

7. 資訊與溝通

ERM 觀念架構下，相關的訊息應能辨識且及時傳輸給正確的人員，確保責任能順利完成，同時訊息要能在組織各階層人員獲得良好的溝通。此處所言的溝通，亦與風險溝通的內涵有別。

8. 監督與評估

ERM 觀念架構下，強調整個管理過程的生生不息，互相勾稽與監督評估，這要素也包括內部稽核（Internal Auditing）。這主要是因組織的內外部環境會因時空產生變化，整個管理過程的監督評估是必要的。

綜合以上，這八個要素的關聯，採用 COSO（2004）架構，如圖 6-8。

策略目標	營運目標	報告目標	遵循目標			
	內部	環境				
	目標	設立				
	風險事	件辨識				
	風險	評估				
	風險	回應				
	控制	活動				
	資訊	&溝通				
	監督	&評估				

圖 6-8 ERM 八大要素的關聯

（二）ERM 管理過程架構

ERM 過程架構，在各國專業組織的努力下，出現許多不同的過程架構圖，此處簡要顯示 ERM 過程架構，如圖 6-9。

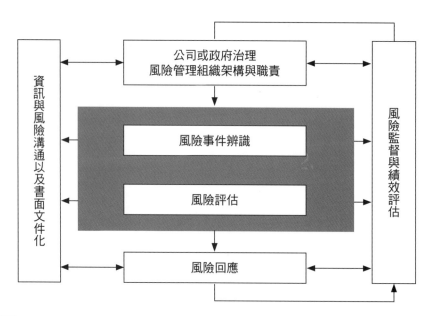

圖 6-9 ERM 管理過程架構

五、國際標準普爾（S&P）ERM 的等級標準

著名的國際信評機構──標準普爾（S&P），以五類效標評估保險公司（含再保險公司）的ERM等級。這五類效標分別是風險管理文化、風險控制（此處並非僅指風險實質面狹義的風險控制）、極端事件管理、風險與資本模型以及策略風險管理。根據這些效標，標準普爾將保險公司 ERM 等級分為四級，分別是優越級（Excellent）、強勢級（Strong）、允當級（Adequate）與弱勢級（Weak）。其中允當級，又分為允當、允當且風險控制強勢（Adequate with Strong Risk Control）與允當且展望正向（Adequate with Positive Trend）等三級。每一層級的定義如後：

（一）優越級

該級係指該公司在合理風險胃納標準內有極優能力，且能在一致性基礎下，辨識風險事件、評估風險與管理風險。公司管理風險上，首重風險控制過程，過程中有其一致性，且執行極有效率。其次，公司為因應改變的環境，持續深化風險控制過程，並融合新的管理技術於過程中。再者，優越級公司的風險調整後報酬有其一致性的作法，這種一致性的作法，使得公司的財務結構更優於同業。同時，風險管理對該公司任何決策均具極顯著的影響。

（二）強勢級

公司在合理風險胃納標準內有相當強的能力，且在一致性基礎下，辨識風險事件、評估風險與管理風險。強勢級的公司比優越級公司，較有可能遭受超過風險胃納標準外的不可預期損失。其次，強勢級的公司，其風險調整後報酬，也有其一致性的作法，但不像優越級公司。同時，風險管理是該公司任何決策的重要考量。

（三）允當級

公司有能力辨識、評估與管理大部份的風險，但其過程並沒有很完整地包括公司所面對的重大風險。公司風險胃納標準的訂定也不盡理想。雖然該級公司的風險管理比優越級與強勢級公司稍欠完整，但在執行上仍算充分。對該級公司言，在超過 ERM 管理範圍外的不可預期損失，比前兩級的公司更可能發生。風險管理時常也是該公司任何決策的重要考量。

（四）弱勢級

該等級公司在一致性基礎下，其辨識風險事件、評估風險、管理風險能力有限，而且只局限於風險的威脅面。風險管理採零散式的方式，而且無法預期損失的發生是在風險胃納標準範圍內。風險管理只是該公司決策時偶爾的考量。各階層管理人員雖有風險管理的架構，但只是用來滿足監理機構的最低要求，並沒有將風險管理落實在業務決策中，或近期已想將風險管理系統落實在業務決策中，但仍在實驗階段。

（五）允當且風險控制強勢級

一般而言，歸類於該等級的公司採用的是傳統零散式的風險管理。這些公司針對一些重大風險，均有極強或極優的風險控制方法，但尚未能採用經濟資本模型或其他方式完整發展整合型風險管理。極強或極優的風險控制方法，是這些公司能控制風險在風險胃納標準範圍內的主要原因。因此，歸類於這層級的公司，不僅證明它們有能力辨識與評估重大風險，同時，也具極優的減緩風險與控制風險的能力，這使得這類公司有高度自信在風險胃納標準範圍內管理風險。

（六）允當且展望正向級

歸類於該等級的公司在未來兩年內，有可能提昇至強勢級的公司。這類公司除具備允當且風險控制強勢級的特性外，它們也具有強勢級公司風險管理文化與策略風險管理的特性，而且持續增強它們 ERM 的能力。

六、ERM 功效與使用情況調查

任何組織的成立與運作均有風險，風險是否納入決策的考量，今昔與未來不同。根據一項調查（Collier, *et al*, 2007）顯示，過去部份組織，在管理決策上完全不考慮風險，大部份的組織，也僅當作經營決策的運用，現在大部份組織，則以較有系統的方式考慮風險，而在未來，更多組織會將風險列入所有管理層決策的考慮中，參閱圖 6-10。

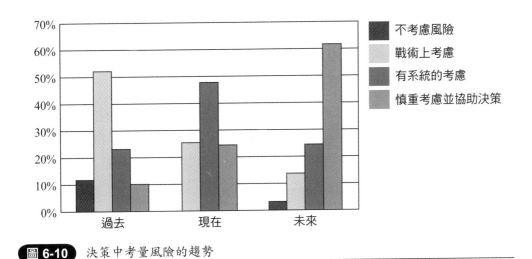

圖例：
- 不考慮風險
- 戰術上考慮
- 有系統的考慮
- 慎重考慮並協助決策

圖 6-10　決策中考量風險的趨勢

其次，ERM 的功效與使用情況，根據 2008 年國際信評機構標準普爾[6]（S&P）對保險業股價走勢（2008，一月一號至十一月十四號）的研究顯示，具優質ERM的企業，在遭受風險事件衝擊時其股價降幅最小，參閱圖 6-11。

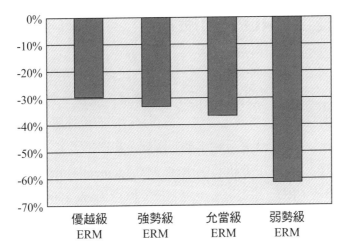

圖 6-11　ERM 與股價

何種風險事件發生，對股價影響最大，根據一項調查（Miccolis *et al*, 2001），排名第一的是策略風險事件（佔 58%），也就是影響股價的風險事件中，有近六成

6　S&P 網站 www.standardpoors.com/ratingsdirect

是策略風險事件，其次，是作業風險事件（佔 31%），最後，是財務風險事件（佔 6%），而危害風險事件的發生，由於管理技術成熟，因應得當，反而對股價幾乎無影響[7]（佔 0%）。很顯然，策略風險與作業風險管理，是目前較不成熟的領域，在風險管理上更需特別留意。

根據前述同樣調查，使用 ERM 架構從事風險管理活動的企業，公開上市公司佔 5-6 成。如依產業別來看，能源產業佔最高（20%），其次為保險業（15%）、製造業（14%）、其他金融服務業（12%）、電信資訊業（9%）與公共部門政府機構（9%）。

最後，雖然 ERM 有其功效，但 ERM 也有其成本與難度，例如，組織架構與文化的改變並非易事，而且花費不少，再如，整合上，風險的計量亦亟待克服，蓋因有些風險很難計量。展望未來，雖然有份調查報告[8]顯示，許多企業願意採用 ERM。同時，也有學術文獻[9]顯示，有些 ERM 的困難是可以克服的，但 ERM 最大的挑戰，不在理論，而是在更多實務上的驗證，證明 ERM 確實比 TRM 更可以提昇經濟個體的價值，這可能需要更多努力、更多量化與質化的實證。

七、風險長（CRO）新職稱

從第五章風險管理發展的歷史來看，組織內負責風險管理事務的人員，最早稱呼為風險經理，這是在 TRM 架構下出現的職稱，而且是從製造業開始。但自一九七〇年代，財務風險管理興起以來，負責銀行所有風險事務的**風險長**（CRO: Chief Risk Officer）新職稱，在金融業開始醞釀，初期不了了之，後在 1993 年，通用資本風險管理部門（GE Capital's Risk Management Unit)，任命詹姆士・藍（James Lam）擔任 CRO，這是歷史上第一位 CRO（Lam, 2000）。之後，在金融保險業與非金融保險業，也陸續將負責所有風險事務的主管，更換稱呼為風險長（CRO）。

根據國際著名顧問公司麥肯錫（McKinsey）2008 年的一項調查（Winokur,

---

[7] 這些百分比，合計才 95%，主要是因該調查中有五家資料缺乏。

[8] 這項調查報告稱為 Enterprise risk management： trends and emerging practices (2001)，版權屬於 IIA（Institute of Internal Auditors）。由 Tillinghast-Towers Perrin 邀集主要作者 Miccolis, J. A. *et al* 所著。

[9] 參閱 Wang, S. (2002) 與 Zenios, S. (2001)，兩篇文章。

2009）顯示，保險業中有 CRO 職稱的公司比例佔 43%，比 2002 年增加許多，其他產業，例如能源產業（50%）、健康與金屬礦業（20%-25%）等。冠稱風險長（CRO）的公司也越來越多，證實了風險管理越受重視。

另一方面，從傳統來說，負責風險管理事務的人員的一般職責，依文獻（Williams, Jr *et al*, 1998）顯示共有九項：購買保險、辨認風險、風險控制、風險管理文件設計、風險管理教育訓練、確保滿足法令要求、規劃另類風險理財方案、索賠管理、員工福利規劃。職責範圍由傳統的職責，如今已擴展到財務風險的避險（或謂套購）（Hedging）、公關與遊說工作（Logic Associates, Inc.,1993）。

然而，在風險管理越受重視的潮流下，CRO 除負責傳統事務外，其功能角色，已大為提昇至策略發展 [10] 的層次，雖然 CRO 的職責範圍，依企業生態的不同而有不同，但有論者（Doff, 2007）認為風險管理專業人員的職責，應是全方位與高層次的。因此，在可預見的未來，風險管理專業人員的職業生涯是充滿挑戰性的，且可與執行長（CEO: Chief Executive Officer）及財務長（CFO: Chief Financial Officer）並駕齊驅。

最後，在 ERM 架構下，風險管理專業人員的資格以俱備多元專業知識與有整合技巧者為佳，專業證照（e.g. IRM / ARM / FRM）的同時取得更是重要。傳統局限於危害風險管理的教育訓練，已無法滿足現代風險管理 ERM 專業人員的需求。風險管理的教育訓練勢必擴大含括財務風險管理的訓練。現在的養成教育主要包括兩大系統：學校教育系統與專業證照考試系統。兩大系統間，有些國家採取互相承認的辦法，有些國家則各行其是。此外，薪資報酬方面，文獻（Corporate Cover Publications Ltd., 1992）顯示，風險管理專業人員的薪資報酬，有日益增加的態勢。總結，未來二十一世紀，風險管理專業人員的職業生涯，不但愈見寬廣，也將更多采多姿。

八、本章小結

從 IRM / TRM 到 ERM，從無到 CRO 的新職稱，這些在在顯示，風險管理的實務操作、風險管理專業人員的職業生涯，並非一成不變的，就像風險的性質隨時

---

[10] CRO 可扮演策略控管者（Strategic Controller）與策略顧問（Strategic Advisor）的角色，參閱 Mikes, A. (2010). Becoming the lamp bearer-the emerging roles of the chief risk officer. In: Fraser, J. and Simkins, B. J. Enterprise risk management. pp.71-85. New Jersy: John Wiley & Sons.

空的演變而變，有人說「唯一不變的就是變」，這句話形容風險管理的理論思維的改變也好，還是實務操作的改變也好，可說是最貼切不過。

思考題

❖ 什麼風險間，是互動的？為何現代都在說跨領域整合？

❖ ERM 八大要素間，有何關聯？

❖ 本章有提及，ERM 的興起，其原因有一項是邏輯推理的必然，那請問為何風險管理剛興起時，不是以 ERM 為架構，而是從 IRM 開始，再演變成 ERM？

參考文獻

1. 段錦泉（2009）。*危機中的轉機 -2008-2009 金融海嘯的啟示*。新加坡：八方文化創作室。

2. Baranoff, E.G. *et al* (2005). *Risk assessment.* Pennsylvania: IIA.

3. Collier, PM. *et al* (2007). *Risk and management accounting: best practice guidelines for enterprise-wide internal control procedures.* Oxford:Elesvier.

4. Corprate Cover Publications Ltd. *European commercial insurance risk manger report* (Sep. 1992). London.

5. Doff , R. (2007). *Risk management for insurers-risk control, economic capital and Solvency II.* London: Riskbooks.

6. Doherty, N. A.(2000). *Intergrated risk management-techniques and strategies for managing corporate risk.* New York: McGraw-Hill.

7. Lam, J. (2000). *Enterprise-Wide risk management and the role of the chief risk officer.* Accessed on www.erisk.com on May 14, 2004.

8. Logic Associates, Inc. *1993 risk management salary survey.* New York, 1993.

9. Miccolis, J. A. *et al* (2001). *Enterprise risk management: trends and emerging practices.* Prepared by Tillinghast-Towers Perrin . Florida: IIA research foundation.

10. Mikes, A.(2010). Becoming the lamp bearer-the emerging roles of the chief risk officer. In: Fraser, J. and Simkins, B. J. *Enterprise risk management.* pp.71-85. New Jersy: John Wiley & Sons.

11. Spencer Pickett, K. H. (2005). *Auditing the risk management process.* New Jersey: John Wiley & Sons.

12. The committee of sponsoring organizations of the treadway commission. *Enterprise risk management-integrated framework.* Executive Summary. Sep. 2004. USA: COSO.

13. Wang, S. (2002). A set of new methods and tools for enterprise risk capital management and portfolio optimization. *Paper presented at the casualty actuarial society forum.*

14. Williams, Jr. *et al* (1998). *Risk management and insurance.* New York: Irwin / McGraw Hill.

15. Winokur, L. A. (2009). The rise of the risk executive. *Risk Professional,* Feb. pp.10-17.

16. Zenios, S. (2001). *Managing risk, reaping rewards: changing financial World turns to operations research.* OR / MS Today, Oct. 2001.

網站資訊

1. www.standardpoors.com/ratingsdirect

第 1 章

操作的基本理論

每個人的行為，總有他（她）的理由，這是行為的理論
基礎，理由為何是那樣，就依據他（她）的想法。

ERM 重創造價值，有別於重保存價值的 TRM，兩者的實務操作過程中，所需的理論 [1] 極為廣泛，尤其在 ERM 架構下。本章則局限說明，會直接影響風險管理作為的風險動力論（Risk Dynamics），以及一般基本的決策理論 （Decision-Making Theories）、 組合理論（Portfolio Theory）與資本市場理論 （Capital Market Theory）。在說明各種理論前，首先說明為何要管理風險？以及管理風險可能產生的效益與成本。

一、為何要管理風險？

（一）公司價值觀點

1. 何謂公司價值？

創立一家公司本就存在風險，創立的股東們，當然會要求報酬。一般來說，公司面對的風險越高，股東要求的投資報酬當然就越大。其次，公司面對的風險，不外是指未來可能損失的變異與未來可能報酬的變異（參閱第二章），換句話說，專業的風險管理人員，就是負責管理公司這些未來可能現金流量的變異，也因此，**公司價值**（The Value of a Firm）或稱**企業價值**（Enterprise Value）就是這些未來預期淨現金流量的折現值或資本化價值。試想，公司未來可能的損失與可能的報酬，或試想，公司的資產面與負債面，以現金流量來說，資產、報酬進，負債、損失出，其淨結果就是淨現金流量，此結果如為正值，代表公司獲利，公司價值就高，如為負值，代表虧損，公司就無價值可言。因此，公司價值或企業價值，可用簡單的數學符號，表示如下：

$$EV = \Sigma NCFt / (1 + r)^t \qquad t = 1 \ldots \ldots \ldots \ldots n$$

也可表示為：

$$V(F) = \Sigma E(CFt) / (1 + r)^t$$

---

[1] 例如，健康危害風險曝險模式（Exposure Model）、策略風險管理的真實選擇權（Real Option）、財務風險管理的風險值（Value-at-Risk）理論、作業風險管理的由上而下模式（Top Down Model）等。

　　NCFt 與 E(CFt) 均表示未來預期淨現金流量，而其折現值或資本化價值，即企業價值。留意上述兩公式中的分母，分母中的預期報酬率或資金成本「r」，也是折現率，它是由 r(f) 與 r(p) 加總構成。r(f) 是無風險利率 [2]（Risk-Free Rate of Interest），主要用來補償股東投入資金時間價值方面的損失，也是出資股東至少應獲取的報酬，通常可以國庫券利率或定存利率來代表。r(p) 是風險溢價／風險溢酬 [3]（Risk Premium），也就是用來回饋給股東承擔公司各類無法分散風險（Non-Diversifiable Risk）的報酬，閱圖 7-1 風險與資金成本。

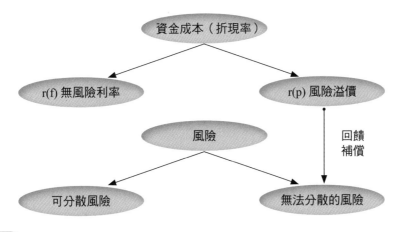

圖 7-1　風險與資金成本

　　其次，風險管理雖有四大目標（參閱第六章 ERM 要素中的目標設立），但終極要完成的就是提昇公司價值，也因此從上述公式中，就可知道，公司經營者當然要設法在可用資源下，降低未來可能的損失、增進未來的收益，這也意即可進一步降低資金成本 [4]（CoC: Cost of Capital），這資金不論是來自股東投資的資本，還是來自他（她）人資金的負債。因此，從公司資產負債表來思考，公司價值的產生來自資產報酬扣除所需的資金成本。

　　最後，值得留意的是針對保險公司的公司價值言，基本上，也是根植於上述的

---

[2] 嚴格說，無風險利率是連通貨膨脹風險，也不包括在內，但一般所稱的無風險利率，也就是名目利率，它等同實質利率與通貨膨脹率之和，例如短期國庫券利率，仍包含通貨膨脹風險溢價。

[3] 風險溢價／溢酬，包括通貨膨脹風險溢價、違約風險溢價、流動性風險溢價、到期風險溢價等。

[4] 取得資金所需支付的成本，是為資金成本，就投資言，它是必要的報酬，就融資面向言，它越低越好，但仍有極限，而依各類不同資金成本佔總資本比率加權平均所得之平均成本，是為加權平均資金成本（WACC: Weghited Average Cost of Capital）。

概念，然而，保險公司畢竟不同於一般公司，以壽險公司為例來說，由於壽險公司持有眾多長期契約，對壽險公司未來的現金流量影響期極長，因此，壽險公司的公司價值，具體說，有兩種評價方法，一為**隱含價值**[5]（EV: Embedded Value）法，另一為**評估價值**（AV: Appraisal Value）法。前者是調整後資產淨值外加有效契約價值[6]（VIF: Value in Force），且需扣除符合資本適足率[7]（Capital Adequacy Ratio）（在台灣，是200%）所要求的金額，後者是隱含價值再外加未來新契約價值[8]（VNB: Value of New Business）與商譽。一般公司每股合理的股價，是將調整後資產淨值除以發行在外股數，壽險公司每股合理的股價，國際間一般以隱含價值除以發行在外股數來評價，閱圖 7-2 壽險公司價值。

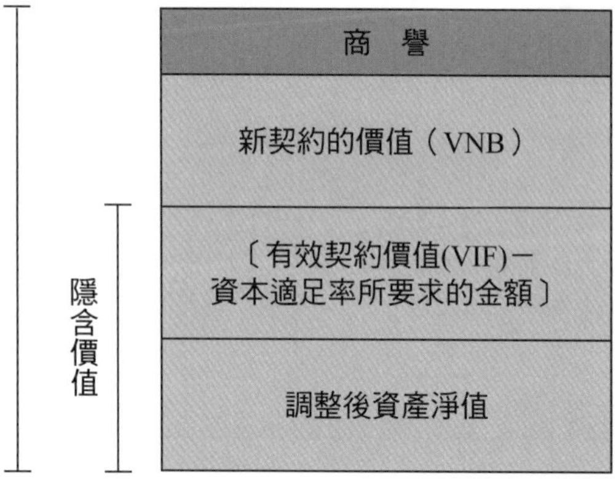

圖 7-2　壽險公司價值

---

[5] 隱含價值的計算，各壽險公司各有其計算假設，因此通常難比較，也通常只當壽險公司內部參考。但近年來，各國保險監理機關為提昇其透明度與比較性，已相繼要求壽險公司需公開其隱含價值，例如中國大陸 2005 年 9 月開始，要求壽險公司需報監理機關備查。此外，為提昇各壽險公司隱含價值的比較性，歐盟提供 12 條準則，供計算隱含價值的依據，是為歐式隱含價值（EEV: European Embedded Value）。

[6] 壽險契約通常是長期契約，因此，有效契約於後續年度繳費時，公司即可獲利，這些有效契機未來獲利的現值，是為有效契約價值。

[7] 即公司自有資本與風險基礎資本的比率，參閱本書第二十三章。

[8] 新契約價值與有效契約價值對壽險公司價值均有提昇的功用，但長期言，公司如無新契約，則公司價值無法持續提昇，國際標準普耳（S&P: Standard & Poor's）以新契約價值規模（SVNB: Scale of Value of New Businee）衡量新契約對公司價值的重要性。新契約價值規模是新契約價值除以有效契約價值的比。新契約的風險因商品而異，國際標準普耳通常以新契約價值適足率（VNB Adequacy Ratio）衡量新契約的風險，此比率是新契約價值除以新契約風險值（VaR: Value-at-Risk）。

2. 公司價值與風險事件

　　風險事件發生後，想當然爾，必然影響[9]公司價值。以極簡化的例子說明如後：某公司是成衣製造的公司，有 50 台縫紉機、5 台切割機，縫紉機每台值 $500，切割機每台值 $2,000。該公司期初有額外的流動資產 $5,000。市場利率 10% 的情況下，所有機器設備均投入生產，並宣稱股利 $5,000。在無風險事件與無保險的情況下，預估來年該公司可產生 $55,000 的現金流入。那麼，公司價值可達 $55,000，其詳細算式為：

$$V(F) = A(1) + B(1) - I(1) + [X(2) - (1 + r)B(1) / 1 + r] = 55,000$$

　　$A(1)$ 表公司期初資源值 = $40,000；$B(1)$ 表借款 = $0；$I(1)$ 表期初投資 = $35,000；$X(2)$ 表次年產生的現金流入 = $55,000；$r$ 表市場利率 = 10%。

　　不幸的是，該公司創立後不久，5 台切割機全數燒毀。此時，公司似乎可停止生產，但如果公司對外借款 $10,000，重新投資，添置 5 台切割機，借款利率 10%。火災風險事件發生後，$V'(F)$ 降為 $45,000。其算式為：

$$V'(F) = A(1)' + B(1)' - I(1)' + [X(2)' - (1 + r)B(1)' / 1 + r] = 45,000$$

　　$A(1)'$ 表公司災後資源值 = $30,000；$B(1)'$ 表借款 = $10,000；$I(1)'$ 表重新投入生產的投資 = $35,000，留意此額度與未發生火災前相同，因此，來年預期現金流入不變，仍然是 $55,000；$X(2)'$ 表次年產生的現金流入 = $55,000；$r$ 表市場利率 = 10%。

3. 公司管理風險的必要性

　　以上市公司來說，公司管理風險的必要性，繫於風險本身的存在是否影響股東利益？如會影響，那麼公司管理風險是有必要的，反之則否。要回答這個問題，首先，根據資本市場理論[10]（Captial Market Theory）中的資本資產訂價模式（CAPM: Capital Asset Pricing Model）顯示（Doherty, 1985; Doherty, 2000），公司的經營在無磨擦／交易成本（Friction / Transaction Cost）的考量下，風險本身的存在並不會

---

[9] 通常 ERM 架構下，風險分成策略風險、財務風險、作業風險與危害風險四大類。其中，策略風險與作業風險最難管理，根據 1993-1998 年的統計資料顯示，策略風險與作業風險事件，對公司價值的衝擊比財務風險與危害風險事件來得大。參閱 Miccolis *et al* (2001) Enterprise risk management: trends and emerging practices. Prepared by Tillinghast-Towers Perrin. Published by The Institute of Internal Auditors Research Foundation. Pp. xxix.

[10] 詳閱本章第 7 節。

直接影響股東的利益，因此，股東們對公司管理風險的興趣不高。因為股東可以藉由股票組合分散風險。風險如無法分散，股東亦可依風險溢價出售股票。在此情況下，管理風險的效應，只不過改變股東所持的股票報酬與風險的組合比例。

另一方面，如存在磨擦／交易成本，那情況就不同。蓋因這些磨擦／交易成本會影響[11]公司未來預期淨現金流量，從而使公司價值減少，間接影響了股東利益，公司管理風險就有其必要，而所謂的**磨擦／交易成本**主要包括：賦稅成本、破產預期成本、代理成本、新投資計劃的資金排擠與管理上的無效率等（Doherty, 2000）。

其次，根據著名的 Modigliani-Miller 假說，也就是 MM 理論（Marshall, 2001），公司於現實世界經營時，如完全無磨擦／交易成本，只有投資決策（Investment Decision）會影響公司價值，而財務決策（Financial Decision）並不會影響公司價值，也多與股東無關，因此在此情況下，如果風險管理的決策[12]，完全屬於財務決策，那麼公司是沒有必要管理風險的。

最後，也有文獻（葉長齡，2005）顯示，根據公司風險效益值（VRB: Value-at-Risk Benefit）決定公司要不要管理風險。當 VRB 值小於零時，無需管理風險，而當 VRB 值等於或大於零時，公司得或應管理風險。所謂風險效益值是公司模擬風險值（VSR: Value at Simulation Risk）減掉利潤風險值（VPR: Value at Profit Risk）。

（二）公共價值觀點

1. 公共價值與政府的角色

公共價值中的「公共」是指政府所服務的社會大眾（The Public）而言，因此，**公共價值**（Public Value）是指民眾福祉，公共風險管理追求的就是民眾福祉的提昇，這有別於公司價值的概念。公司價值以財務觀點出發，因涉及股東的投資，但公共價值則涉及民眾福祉，而含財務與非財務觀點。公共價值的財務觀點，以提昇國民 GDP（Gross Domestic Products）為主，公共價值的非財務觀點，則涉及如

---

[11] 每一磨擦／交易成本，除賦稅成本在本章後續說明外，其餘交易成本如何影響公司價值，限於篇幅，請參閱 Doherty (2000). Integrated risk management-techniques and strategies for managing corporate risk. 第七章的說明。

[12] 風險管理決策中，風險控制設備的購買決策，屬於投資決策，例如自動灑水設備的裝置；風險理財的決策，屬於財務決策，例如保險購買的決策。

何增進國民的身體健康、安全與社會的公平正義（Social Fairness and Justice）。

其次，今天的政府在管理風險上，細分可有三種角色（Strategy Unit Report, 2002）：第一是監理的角色（Regulatory Role）。所謂監理的角色是指政府應制定涉及企業、團體與個人，因其活動引發風險時的法律規範，例如環境污染防治法等。進一步說，所謂監理就是政府有義務思考，如何平衡社會各利害關係人間因其活動產生的風險與效益；第二是保障的角色（Stewardship Role）。所謂保障的角色是指政府有義務免除社會大眾來自外在的威脅，例如颱風洪水等；最後是管理的角色（Management Role）。所謂管理的角色是指政府機構針對為民服務方面的管理，以及與監理和保障角色功能方面績效的管理。這方面的角色，涉及政府機構的服務作業與政策制定過程的風險。

2. 政府管理風險的必要性

首先，說明政府該不該把「手」伸入商業活動的市場？就這議題，其實爭辯已久。兩種哲學觀點值得留意：第一是政治學領域的觀點；第二是來自經濟學領域的觀點。

政治學領域對政府的「手」該不該伸入市場，也有兩種看法，一個是共和主義者（Republican）的看法，另一個是自由主義者（Liberal）的看法。共和主義者的思維聚焦在公民對社會的責任，政府是服務社會群生價值（Communal Value）與平衡各方利益的機制，該扮演維持社會秩序（Social Order）與調和的角色。自由主義者的思維聚焦在政府的角色與義務就是保障完全的個人自由。換言之，共和主義者主張該伸入，而自由主義者卻期期以為不可。

其次，經濟學領域，對政府的「手」該不該伸入市場？看法也不一致。經濟學領域主張在資訊完全透明與對稱的情況下，完全有效率的市場（Efficient Market）是存在的，因此，所有的公共事務與經濟活動均交由這個市場來管理，政府只是扮演提意見（Referee）的角色。然而，公共性與外部性（Externalities）常導致效率市場失靈，此時經濟學領域則有兩種極端的主張，一個仍就是主張完全不涉入，另一個極端則主張政府此時應完全控管市場。

另一方面，在風險管理上，也有類似上述的議題，也就是當風險具備公共性（Publicness）時，政府該不該介入？（Fone and Young, 2000）。首先，說明何謂公共性？所謂公共性係指人們的活動只要影響到他人（通常排除家屬親戚），那這項活動就有**公共性**就屬於公共事務（Public Affairs），因此，公共風險（Public

Risk）是指涉及公共事務與公眾利害關係的風險。其次，針對公共風險，政府該不該介入管理？從經濟學中，完全效率市場的觀點來看，政府不該介入管理，蓋因，完全效率市場可有效分攤所有人類活動中伴隨的風險與責任，因此，風險歸市場管理即可，政府無需插手。然而，某些風險的本質即具備公共性，例如污染風險、水庫工程風險，或國立學校建物可能失火的風險，而某些公共風險責任的分攤，完全歸市場管理，又無法獲得有效率的解決，例如核廢料儲存可能引發的風險。因此，從經濟學的觀點，當風險具有高度的不確定性，或當風險具有外部性，或當風險責任無法透過市場獲得有效率的分攤時，政府就該介入管理，否則，民眾福祉難以提昇，因為此時公共風險與人權保障、利益平衡以及社會公平的確保有關。

二、風險管理的效益

第六章 ERM 的重要性中，提及採用 ERM 架構，ERM 可能產生的額外效益，在此，談及的效益，與風險管理的操作架構無直接關聯，也就是說，不管 TRM 或 ERM 架構，只要從事風險管理活動，對公司、政府機構與總體社會可能產生的效益。

（一）對公司的效益

風險管理有助於降低現金流量分配的變異程度，進而增進公司價值，參閱圖7-3。

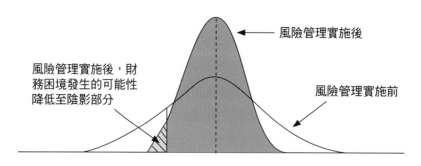

風險管理實施後

風險管理實施後，財務困境發生的可能性降低至陰影部分

風險管理實施前

圖 7-3 公司風險管理的效應

上圖變異的降低，來自風險管理對公司的效益，具體的說，包括三大類：第一類是磨擦／交易成本的降低；第二類是投資失誤與延遲的避免；第三類是意外損失

成本的減少。茲分別說明如後：

1. 可降低磨擦／交易成本

前曾提及，磨擦／交易成本的存在是公司必須管理風險的主因，它主要包括：賦稅成本、破產預期成本、代理成本、新投資計劃的資金排擠與管理上的無效率等。透過風險管理的手段，有助於降低這些成本對公司價值的不利影響，整體而言，影響多大，則繫於兩個因子：第一，公司如不管理風險，面對財務困境的可能性多高。換言之，公司的財務結構對風險的承受力有多強；第二，萬一發生財務困境連帶引發的成本有多大。這兩個因子越高，風險管理可增進的價值與降低的成本就越大。以賦稅成本為例，說明風險管理手段中的保險，有助於降低賦稅的預期成本。一般而言，公司面對的是累進稅率，同時，假設公司未來不確定的收益是來自火災事件可能引發的風險，其賦稅與公司未來不確定收益的關係，如圖 7-4。

圖橫軸中的 E1 代表某公司沒有火災損失時的收益，E3 代表某公司遭受火災損失時的收益，假設火災發生機率是 50%。縱軸上的 T(E1) 與 T(E3) 分別代表 E1 與 E3 收益下的賦稅。在沒購買火災保險的情況下，預期的賦稅成本為縱軸上的 E(Tax)。但如購買火災保險後，可使預期的賦稅成本降至 T(E2)。因火災發生機率是 50%，在不考慮附加保費的情況下，以 E1E2 購買火災保險，換取公司未來確定的收益 E2，而圖中顯示，T(E2) 比未購買火災保險前的 E(Tax)，降低許多。最後，都郝狄（Doherty, N. A.）（2000）提出，針對每一磨擦／交易成本，風險管理上的

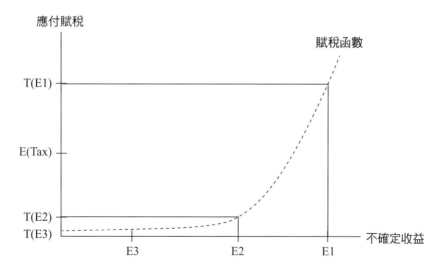

圖 7-4 賦稅與公司未來不確定收益的關係

雙元策略,這雙元策略,亦即風險控制與風險理財兩種策略,參閱第二十章。

2. 可降低投資的失誤與延遲

前曾提及的 Modigliani-Miller 假說,認為公司於現實世界經營時,如完全無磨擦╱交易成本,只有投資決策(Investment Decision)會影響公司價值,顯見投資決策是否正確,對公司價值的提昇極度重要。在 ERM 架構下,涉及的利害關係人比 TRM 廣泛許多。重大投資計劃成功或失敗,對不同的利害關係人均會有不同的影響。例如,觀察投資失敗,對公司債券持有人的衝擊。公司重大投資如果失誤,將引發債券持有人的擠兌求償,公司可能立即面臨債息支付的沉重壓力。再如,投資失敗,股票持有人可能拋售股票,公司股價則可能下滑。其次,有時某種投資被認為風險過高,公司延緩投資,而喪失可能獲利的機會。諸如這些不利的影響,均可藉由風險管理的事先評估,使公司在合理的風險胃納範圍內進行安全的投資外,亦可藉由風險管理,降低投資決策失誤,增加籌資能量,進而增進公司價值。

3. 意外損失成本的減少 [13]

意外損失成本(Cost of Accidental Loss)、風險成本 [14](Cost of Risk)與風險管理成本(Cost of Risk Management)是否為同義詞?尤其風險成本與風險管理成本,在內容上重疊甚多,因此有時交換使用。然而,就嚴謹的用法言,這三個名詞,意外損失成本的概念範圍最寬,其次為風險成本的概念,最狹隘者為風險管理成本的概念,換個說法,意外損失成本的概念,包括風險成本與風險管理成本,風險成本的概念包括風險管理成本。

根據文獻(Baranoff, *et al*, 2005)顯示,意外損失成本包括三項:第一項是實際的損失,例如財產的毀損、人員的傷亡等;第二項是因某種業務或經營活動風險過高,行動延遲時,可能導致的獲利損失;第三項是管理風險時,所耗用的資源,例如保險費等。其中,第一項與第三項的加總,是為風險成本,只有第三項是指風險管理成本。此外,由於風險溝通 [15](Risk Communication)在一九八○年代後,

---

[13] 著者前版書,《現代風險管理》書中,以「風險成本減少」為標題,但本版以「意外損失成本減少」為標題,蓋因著者將風險成本概念加以調整,也閱下一個附註。

[14] 1962 年,在 Toronto 的 Massey Ferguson 公司的保險經理 Douglas Barlow 首先提出風險成本的概念,其原始概念,因在 TRM 架構下,並不包括財務風險的避險成本,著者認為在 ERM 架構下,風險成本概念應調整,它需包括財務風險的避險成本。

[15] 風險溝通指的是風險相關的訊息,在各利害關係人間有目的的流通過程而言,溝通的內容是風險相關的訊息,並非人際間的問題,溝通的目的在改變對方的風險態度(Attitudes toward Risks),這項風險溝通,是以先了解受溝通對象(Recepients)的風險知覺(Risk Perceptions)為基礎。

已成新興的風險管理工具，同時，在現今 ERM 的操作架構下，著者認為風險成本與風險管理成本的具體項目可作必要的調整，這種調整仍屬前列所提的概念範圍，茲說明如後：

(1) 風險成本

分為五項：(1) 屬於風險控制軟硬體的花費，例如，火災偵煙器、索賠管理成本、危機管理成本等；(2) 風險理財的成本，包括保險費、自保的花費、另類風險理財（ART: Alternative Risk Transfer，參閱第十六章）的成本與財務風險的避險成本；(3) 風險溝通的花費，本項為新增的成本項目；(4) 管理風險所需的行政費用與人員薪酬；(5) 未獲風險理財合約所彌補的實際損失。這其中的 (1) 至 (4) 項，是屬前列所提的第三項，而 (5) 是屬於前列所提的第一項。未獲風險理財合約所彌補的實際損失，可包括因基差風險（Basis Risk）所導致的實際損失。基差風險有不同的意義 [16]，此處指源自定型化契約，因非量身定作，曝險額（Loss Exposure）與契約保障範圍存有差異的風險。例如，保險契約與衍生性商品契約，均可能存在基差風險。

(2) 風險管理成本

分為四項：(1) 屬於風險控制軟硬體的花費；(2) 風險理財的成本，包括保險費、自我保險的花費、另類風險理財的成本與財務風險的避險成本；(3) 風險溝通的花費，本項也是新增的成本項目；(4) 管理風險所需的行政費用與人員薪酬。這四項正是屬前列所提的第三項。

最後，除以上有形的經濟成本外，風險成本與風險管理成本也均可包括人們的憂慮成本（Worry Cost）。

（二）對政府機構的效益

現代風險管理制度對政府機構而言，至少可產生四種效益，進而提昇民眾福祉，增進公共價值。這四種效益包括（The Comptroller and Auditor General Report, 2004）：第一，可提供更優的民眾服務品質，例如服務作業過程中，電腦系統的當機、作業資料輸入的錯誤等，均可藉助作業風險管理的再訓練，獲得因應與改進；第二，可改善政府機構的行政效率，因為風險管理有助於減少不必要的作業流

---

[16] 基差風險有不同定義，就保險言，是指保險契約與曝險部位無法完全配適的基差風險，也有指兩種價格相關性發生變化時所造成的相關性風險（Correlation Risk），在此，是指前者。

程，提供另類更有效的行政作業方法；第三，可使政府的相關決策更具可靠性，因為風險管理是在合理的風險胃納量下，從事安全的冒險決策，使得任何決策更可靠安穩，不致產生不可靠且冒進的決策；第四，可提供政府為因應挑戰所需的創新基礎，因為服務的創新難免伴隨不穩定，然而，藉助於風險的事先評估，事先的規劃因應，有助於降低因創新伴隨的新風險。

（三）對整體社會的效益

風險管理對公司與政府機構所提供的直接效益，間接的對整體社會也帶來效益。此外，對整體社會而言，風險管理可免除外在風險的威脅，例如風災、水災等。其次，風險管理可減少社會資源的浪費與增進社會資源的有效分配。

三、風險管理成本與效益的關聯

有數據顯示（周祥東，2002／7），公司若投資一塊錢管理風險，約可節省二十塊的經營成本。那麼，是否可說，風險管理成本投入越多越好？如果我們以意外損失成本的減少，代表風險管理的效益，以風險管理工具所需的資源投入，代表風險管理成本，一般來說，風險管理成本越增加，所得效益，也就是意外損失成本會越來越減少，進而影響資金成本的降低，也就是越能增加公司價值或公共價值。然而，觀看圖 7-5，顯然不是，也就是理論上它有極限，也是最適切點，這最適切點就是，當邊際效益等於邊際成本時。換言之，邊際效益低於邊際成本，再投入資源，從事風險管理活動已不具意義，因公司總成本不會減少，反而增加。

圖中縱軸代表成本與效益，橫軸代表管理風險所需的資源投入，總成本線的最低點，也就是邊際效益等於邊際成本，此時，也就是風險管理資源投入的最適切點（OA）。

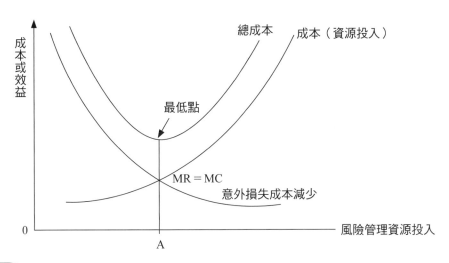

圖 7-5　風險管理成本與效益關聯圖

四、風險動力論

前曾提及，ERM 重創造價值，價值的創造，不僅要降低風險的威脅，更要緊握機會。公司經營外部充滿了威脅與機會，這種威脅與機會，就看公司內部專業的風險管理人員能否掌控可掌握的威脅，能否抓住稍縱即逝的獲利機會，能否清楚了解無法掌控的風險之特質，且能採取適當行動方案，這些能否的答案，如果是肯定的，那麼公司將可永續發展，可屹立不搖。其次，不論威脅或機會，均與組織內外部力量與所有利害關係人間的互動關係與過程有關，這互動的最後淨結果，決定了風險管理應有的作為，此即為 ERM 架構下新創的**風險動力論**（林永和，2007 / 10 / 15）。在考量 ERM 內部環境與目標設立要素中，風險動力論尤其重要。

風險動力論是從組織經營模式的分析開始，在組織目標、風險胃納、財務資源、業務資源與監理制度及其他外部環境的限制下，尋求 ERM 操作的變數。這其中包括五項重要原則：第一，深度分析組織在目標、風險胃納、財務資源、業務資源與監理制度及其他外部環境的限制下，風險動力互動的強度與方向。例如，採用有效的辨識程序，了解利害關係人對組織的影響有多大，隨著時間，利害關係人對組織的期望，如何改變；第二，深度分析組織不同階層所展現的風險動力強度與方向，例如，市場競爭強度與方向，利率變化的強度與方向等；第三，深度分析外部市場價值對組織資產與負債的影響，進而以內部價值影響風險管理的實際作為；第四，建置一套組織的風險-價值-資本模式，以內部風險管理與資本管理整合的模

式,導引企業的實際活動;第五,風險管理主要參與者所採取的行動,會嚴重影響風險動力的強度與方向,例如組織執行長、財務長、風險長、信評機構與監理機構等。

五、決策的基礎理論

ERM 風險回應要素中,需做各類型不同的決策,風險管理的決策是屬於不確定情況下的決策。風險管理決策,可分為技術決策(Technical Decision)與管理決策(Managerial Decision)(Baranoff *et al*, 2005)。其次,風險管理決策,亦可分為投資決策(Investment Decision)與理財/融資/財務決策(Financing Decision)(Doherty, 1985)。技術決策的層次,可由財務管理與風險管理人員藉助於各類決策輔助工具,做專業技術的評估與決定。然而,管理決策的層次不同,它考量組織整體利益才能決定,無法單獨依據專業技術的評估,而由財務管理與風險管理人員決定。同時,管理決策涉及各類利害關係人,這些利害關係人的看法與決策行為,決定最後的結果。

本節說明決策的基礎理論,這主要聚焦在最後決策者「應如何作」與「實際上又如何作」的決策行為上,至於作決策時,使用的各類輔助工具,例如,資本預算術(Capital Budgeting)、決策樹分析(Decision Tree Analysis)、成本效益分析(Cost-Benefit Analysis)等,參閱第十九章與第二十章。

決策的基礎理論,基本上分為兩大類:第一類是決策的規範性理論(Normative Theory)。這類理論以理性(Rationality)假設為前題,以人們「應該如何」作決策為議題。屬於這類理論的,包括作個人決策的效用理論(Utility Theory)以及作團體/社會決策的賽局理論(Game Theory)與社會選擇理論(Social Choice Theory);第二類是描述性理論(Descriptive Theory)。這類理論以有限理性(Bounded Rationality)假設為前題,而以人們「實際如何」作決策為議題。這有限理性概念存在部份感性,屬於這類理論的,包括作個人決策的前景/展望理論(Prospect Theory)與滿意法則(Satisficing Principle)以及作團體/社會決策的社會心理理論(Social Psychology Theory)。

（一）個人決策的規範性理論——效用理論

1. 影響個人決策行為的因子

　　人們在不確定情況下的決策行為，可謂為風險行為（Risk Behaviour）。個人決策（Individual Decision）最後的決策者就是個人，而其決定的事項，通常屬個人事務，但個人決策也會發生在決定團體／社會的事務上，尤其在獨裁政體國家或一人說了算的組織團體。

　　影響個人決策的因子，可概分為內在因子與外在環境因子。首先，述及特殊的兩個因子：第一，效益與成本因子。對個人可能產生什麼效益與成本，是個人決策時考慮的重要因子；第二，時機因子。決策時點不同，對效益與成本的影響也不同。其次，說明各種內在因子如後：

　　第一，決策的動機（Motivation）。動機由動力（Movement），能量（Energy）與意志力（Volition）構成。郝金斯等（Hawkins, et al, 1998）認為**動機**是決策行為的前提。**動機**是人們為何做某種決策的內在動力。動機的主要理論有三：一是馬斯羅的需求理論（Maslow's Theory）。**馬斯羅的需求理論**主張的需求包括生理需求（Physiological Need）、安全需求（Safety Need）、情愛需求（The Need for Belongingness and Love）、受尊重的需求（The Need for Esteem）與自我實現的需求（The Need for Self-Actualization）。此種理論有批評也有修訂；二是**成就需求理論**（NAch Theory: Need Achievement Theory）。此種理論主要用來解釋人們冒險傾向的認知層面。文獻（McClelland, et al, 1953）顯示，人們其實一方面想追求成功，一方面又怕失敗。具體而言，有三個參考點影響人們最終的決策行為：(1) 有了成就後，滿足了什麼需求；(2) 對成功或失敗的預期是什麼；(3) 成功與失敗的激勵價值為何；三是**歸因理論**（Attribution Theory）。歸因理論涉及意外事故發生後的責任歸屬。此種理論強調人們對事故發生的控制力是決定人們行為的動機。因此，責任歸屬或過份自信等均可用來解釋人們為何要做如此的決策。

　　第二，決策者的個性也影響最終的決策行為。文獻（Mischel, 1968）顯示，人們決策行為的差異，有百分之五至十可歸因決策者本人個性上的差別。文獻（Fine, 1963）也顯示，個性越外向者，越容易出事，但也只能說約有百分之十的可能性，情境影響決策還是佔了大部份。其次，依文化心理學的觀點，文化會影響人們個性的養成。

　　第三，決策者的態度能決定最終的決策行為。**態度**是屬於刺激（Stimuli）

與反應（Response）間的變數。它由情緒（Affect）、認知（Cognition）與行為意圖（Behavioural Intention）構成。文獻（Glendon and McKenna, 1995）顯示，態度可區分為三種水平：追隨（Compliance）、認同（Identification）與內化（Internalization）。在內化的水平上，態度與真正行為的關聯性最強。在追隨的水平上，兩者的關聯性最弱。影響人們態度改變的主要因子有五：觀眾是誰，誰是說服者，本身的個性，議題呈現的方式與持續改變態度的強度。態度與真正行為間，可用來解釋其關係的至少有四種模式：一是態度影響行為模式；二是行為影響態度模式；三是態度與行為互為影響的模式；四是自圓其說模式（The Theory of Reasoned Action）。

第四，決策者所承受的壓力（Stress）與情緒（Affect）。壓力與情緒有正面與反面的含意。例如，適度的壓力對成就的完成是有幫助的。壓力與情緒對決策會帶來不同程度的影響。同時，兩者與決策者的個性以及決策動機均有關聯。壓力與情緒對決策的影響，在解釋上，目前主要有三個模式：一是衝突理論（Janis and Mann, 1977）。此理論依壓力程度與心理的觀點區分決策型態、衝擊與解決方式；第二與第三模式均用來解釋情緒對決策的影響，一稱心情記憶模式（Mood-Memory Model）（Fiske and Taylor, 1984），另一稱規則基礎模式（The Rule-Based Rule）（Forgas, 1989）。

最後，說明外在因子部份。外在因子係指決策時存在的外在環境因子。它包括文化環境、人口統計環境、社經狀況與參考團體（Reference Group）。文化環境能影響決策者對風險的認知。人口統計環境涉及社會人口的分佈、組成與規模。社經狀況指決策者的社經地位。文獻（Glendon and McKenna, 1995）顯示，**參考團體**的特質與聲譽對人們的行為會產生一定程度的影響。換言之，某一社會團體被社會大眾認同，那麼人們可能想成為其中一員並可能依此團體的言論，展現其對公共事務的態度或成為其行為的準繩。參考團體中以人們極力想成為其中一員的參考團體對人們行為影響最大。這種團體稱之為「The Status Reference Group」。另外兩種參考團體：「The Normative Reference Group」與「The Comparative Reference Group」也對人們行為會產生一定程度的影響。

2. 效用理論

個人在不確定情況下應如何作決策，早期是始自預期值極大化（To Maximize Expected Value）的探討。由於以預期值極大化作為決策標準，會產生聖彼得堡

矛盾（The St. Petersburg Paradox）現象，所謂**聖彼得堡矛盾**係指預期值極大的決策法則，無法用來解釋人們願意花多少錢參與丟擲一枚硬幣直至人們猜對為止的遊戲 [17]。蓋因，如仍依預期值極大的決策法則，人們願意付出的錢最後是無限大的，這種結果不盡合理。為克服此矛盾現象，最著名的理論當推由白努里（Daniel Bernoulli）構思，嗣後由紐曼與摩根斯坦（John von Neumann and Osker Morgenstern）發展成的效用理論。效用理論基本上，可顯示出個人對財富的效用與風險間的關係，因此，個人效用曲線可代表人們的風險態度（Attitude Toward Risk）。假如吾人以縱軸表效用值，橫軸表個人財富，凹型效用曲線表示個人有風險迴避（Risk Aversion）傾向，直線的效用線表個人是風險中立（Risk Neutral）者，凸型效用曲線表示個人喜歡冒險（Risk Loving）。閱圖 7-6。

　　一般而言，人們的效用曲線，呈凹形狀，換言之，一般情況下，人們具迴避風險的傾向。凹形效用曲線的特徵有三：第一，一般情況下，人們總覺得，財富多比財富少好；第二，人們對財富的追求是永不滿足的；第三，凹形效用曲線代表的是邊際效用遞減的。以數學符號，表示這三項特徵如後：

(1) $U(W) > 0$　對所有 W；(2) $U_w(W) > 0$　對所有 W；(3) $U_{ww}(W) < 0$ 對所有 W

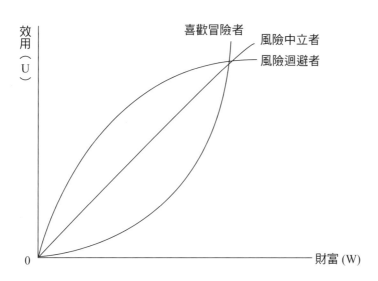

圖 7-6　風險態度曲線

---

[17] 該遊戲的預期值＝$2(1/2) + 2^2(1/2)^2 + \cdots\cdots + 2^n(1/2)^n + \cdots\cdots =$ 無限大

U(W) 表財富效用值；Uw(W) 表效用函數的第一導函數；Uww(W) 表效用函數的第二導函數。

然而，有部份人，不具迴避風險的傾向，而具風險中立或冒險的傾向，分別代表的是直線效用曲線與凸型效用曲線。直線與凸型效用曲線仍具備凹形效用曲線的第一與第二個特徵，第三個特徵對風險中立者言，邊際效用不是遞減的，而是每增加一單位財富，對其而言，效用變量不變。第三個特徵對冒風險者言，邊際效用也不是遞減，而是遞增的。這兩類人的效用特徵，以數學符號，表示如後：

A. 風險中立者: Uww(W) = 0 對所有 W

B. 冒風險者: Uww(W) > 0 對所有 W

這三種不同的風險態度，在應如何作決策與理性的假設下，就顯著影響了各種不同情況的風險管理決策問題，例如，個人要不要購買保險的問題。

3. 個人購買保險的決策

效用理論以預期效用（Expected Utility）極大化為決策標準。效用理論亦常被用來解釋，個人為何要買保險的決策行為。個人會買保險，代表他（她）具風險迴避傾向，依著名的**白努里法則**（Bernoulli Principle），不考慮附加保險費，也不考慮任何磨擦／交易成本的情況下，假如保險的純保險費等於損失期望值，有該傾向者，通常會買保險，因為買保險的預期效用高過不買保險的預期效用。然而，在同樣情況下，對風險中立者，由於買不買保險對其預期效用相同，所以對他（她）來說，買不買保險不重要，但對冒險者來說，在同樣情況下肯定不買。 這三種情況，分別以圖 7-7、圖 7-8 與圖 7-9 表示如後：

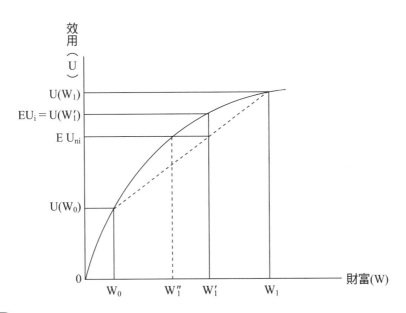

風險迴避者的保險決策

上圖 W_1 代表沒損失時的財富，W_0 代表損失後的財富，W_1' 代表支出保險費後的財富，換言之，保險費是 W_1' 與 W_1 間的區段，W_1'' 代表保險費上升到極限的情況下，支出保險費後的財富，換言之，W_1'' 與 W_1 區間的保險費支出，是投保人願意支付的最大極限。EU_{ni}（ni＝no insurance）是不買保險的預期效用值，EU_i（i＝insurance）是買保險的預期效用值，從圖中很顯然可知，對風險迴避者而言，當保險費在 W_1' 與 W_1 區間時，$EU_i > EU_{ni}$，所以適當決策是購買保險。如果保險費高過，在 W_1'' 與 W_1 區間，投保人將不願意購買保險，此時，$EU_{ni} > EU_i$。

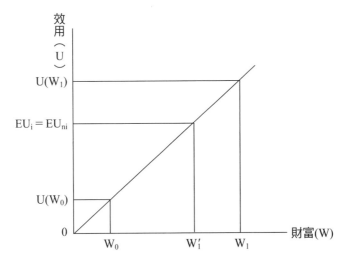

風險中立者的保險決策

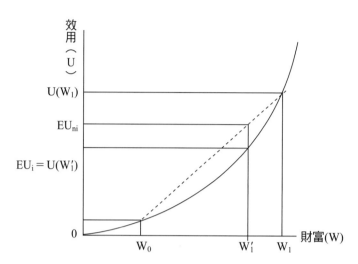

圖 7-9 冒風險者的保險決策

圖 7-8 與圖 7-9 的解釋與圖 7-7 相同，但對風險中立者言，$EU_i = EU_{ni}$，對冒險者言，$EU_{ni} > EU_i$。上述購買保險的決策，如果考慮附加保險費時，那麼通常在附加保險費小於風險溢價（Risk Premium）時，風險迴避者才會傾向買保險。所謂風險溢價，在此依效用理論的解釋，它係指個人對附加保險費願意支付的最高額度而言，風險迴避傾向越高的人們，願意支付風險溢價的額度越大。以數學符號，表示如後：

$$P - E(L) < RPi$$

P 表保險費；E(L) 損失預期值；RPi 表某人願意支付的風險溢價

4. 逆選擇與道德危險因素

前面效用理論用來解釋了，保險市場買方是否購買保險的問題，此處則以效用理論來解釋保險市場可能失靈[18]中的兩個重要現象，那就是**逆選擇**（Adverse Selection）與**道德危險因素**（Moral Hazard）的問題。當保險市場買賣雙方，存在著不對稱資訊（Asymmetric Information）或不存在的資訊（Nonexistent Information），就可能導致保險市場失靈，而逆選擇與道德危險因素是在資訊不對稱情況下出現的兩個重要現象。逆選擇是買方知道的資訊比賣方多，是買方隱藏資

---

[18] 依據文獻（Skipper, Jr., 2004）顯示，保險市場失靈主要包括四種：(1) 市場支配力問題；(2) 外部性問題；(3) 免費搭車問題；(4) 資訊問題。資訊問題又分為不對稱資訊與不存在的資訊兩種問題。不對稱資訊問題又分四種：(1) 保險買方的問題，分為檸檬市場或稱舊車問題與代理問題；(2) 保險賣方問題，分為逆選擇與道德危險因素問題。

訊的一種現象。道德危險因素則是買方該注意而不注意或該作為而不作為的隱藏行為。兩者都是保險公司經營上的重要課題。

　　就逆選擇而言，賣方的保險人在不確定是否完全獲取買方的資訊情況下，賣方不管高風險客戶或低風險客戶，均會收取相同保險費，而造成低風險客戶補貼高風險客戶的現象，最後，低風險客戶紛紛解約，保險公司留住的只是高風險客戶，這將使保險公司的經營面臨極大的風險。逆選擇現象，可從保險公司核保與理賠功能的發揮克服，保險法上，針對這種現象也有因應的條文，例如台灣保險法 64 條，即有防範逆選擇現象的功能。

　　逆選擇現象，可以效用理論解釋如後：假設投保客戶，每人總財富均為 240 元，其中每人持有的一棟房屋，價值均為 200 元，萬一發生火災，假設均為全損 200 元。進一步假設投保客戶由高風險客戶與低風險客戶組成， 高風險客戶房屋毀損機會為 0.75，低風險客戶房屋毀損機會為 0.25。在不考慮附加保險費與交易成本下，依白努里法則，有風險迴避的人會選擇購買保險。保險公司由於面對逆選擇的問題，對所有客戶如均收取 100 元的保險費，這將造成實際應負擔 50 元保險費的低風險客戶補貼了實際應負擔 150 元保險費的高風險客戶。換言之，每位低風險客戶多付了 50 元，每位高風險客戶少付了 50 元。從圖 7-10 來看，對低風險客

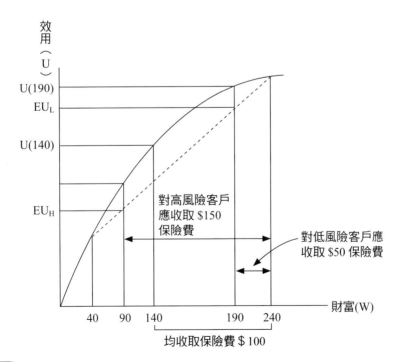

圖 7-10　逆選擇現象

戶（Low Risk）言，由於 $EU_L > U(140)$，所以會解約，對高風險客戶（High Risk）言，因 $EU_H < U(140)$，所以不解約。

其次，就廣義觀點言，道德危險因素也屬於本人（Principle）與代理人（Agent）間的代理問題（Agency Problem）。除非本人可以完全掌控代理人所有的行為，否則，代理人會因私利而不作為。例如，在保險的情境下，本人就是保險人，代理人則為投保人。保險人由於無法完全掌控投保人的行為——投保人可能會因買了火險，在火災發生前，該裝置的防火設施就不裝置，或火災發生後，該滅火而不滅，放任火災損失擴大，這些是典型的道德危險因素。在此，不考慮風險態度差異的情況下，假設某公司現要決定是否投資購買自動灑水系統等安全設備，其面臨的投資成本 C，花這項投資成本，可提昇公司的安全水準 S，所以以 C(S) 代表兩者的關係，顯然， C 是 S 的增函數。另一方面，因投資安全設備，公司可獲得效益，那就是可降低預期損失（參閱第十三章）。其次，假設損失發生的機率 P 與安全水準 S有關，換言之，P(S) 意即 S 提昇，P 則降。假設公司不買火災保險保護廠房，那麼，公司願意投資的安全水準，是圖 7-11 中的 OA 線段，這對應投資安全設備的邊際成本與邊際效益相等的點，參閱圖 7-11。

假如公司百分之百買保險，就可能引發道德危險因素，影響公司投資安全設備的行為，此時，公司面臨的安全水準 S＝0。公司如只買部份保險，例如百分之五十，此時，公司面臨的安全水準 S＝OB。

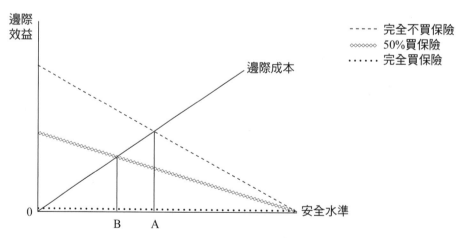

圖 7-11 安全水準與保險

（二）個人決策的描述性理論——前景理論與滿意法則

1. 效用理論在實際決策上的矛盾

　　效用理論應用在描述人們實際上如何作決策時，心理學者發現，它無法勝任[19]。例如，效用理論就無法解釋人們既要買保險，又喜歡賭博的行為。雖然有學者（Friedman and Savage, 1948）以特別的效用函數，解釋人們那種不一致的行為，但畢竟不符合完全理性的假設。再如，觀察下列的決策行為：假設情境一與情境二，各有兩種選擇方案如後：

情境一：甲案：確定可贏得五十萬

　　　　乙案：10% 機會贏得兩百五十萬；89% 機會贏得五十萬；什麼都沒有的機會有1%。

情境二：丙案：11% 機會贏得五十萬；什麼都沒有的機會有 89%。

　　　　丁案：10% 機會贏得兩百五十萬；什麼都沒有的機會有 90%。

　　上述兩種不同情境下，心理學者們發現，大部份人在情境一的情況下，會選擇甲案；在情境二的情況下，會選擇丁案。依效用理論計算，情境一：0.11U（五十萬）＞0.10U（兩百五十萬）；情境二：0.11U（五十萬）＜0.10U（兩百五十萬）。顯然，依效用理論無法解釋這種不一致的結果。這種現象，稱呼為愛利斯矛盾 （Allais's Paradox）現象（Allais, 1953）。**愛利斯矛盾**描述了人們在做實際決策時，不是不考慮機率大小，就是不考慮金錢大小。其次，如果將情境一與情境二獲利的情境 改成損失的情境，其他金額不變，心理學者發現，在情境一中，大部份人會選擇乙案；在情境二中，大部份人會選擇丙案。從上述過程中，心理學者們發現，人們實際上作決策時會有確定效應（Certainty Effect）與反射效應 （Reflection Effect）產生。確定效應會促使人們在獲利情境下，偏向風險迴避行為，而選擇確定可獲利的方案，然而，在損失的情境下，確定效應會促使人們偏向冒風險的行為，而選擇不確定的方案。反射效應則指當情境改變時，大部份人的選擇行為，也正好相反。總體來說，人們的實際決策行為，有違效用理論的意旨。因而心理學者

---

[19] 規範性理論學者，也發現效用理論是無法解釋人們實際決策的行為，因而，也發展出均數-變異數（Mean-Variance）、隨機主導（Stochastic Domainace）與多屬性效用（Multi-Attribute Utility）另類的決策法則。可參閱 Doherty（1985）。Corproate Risk Management-A finaicial exposition。Chapter 3 與郭翌瑩（2002）。《公共政策——決策輔助個案模型分析》。第二章。

主張人的理性是有限的，此謂為有限理性（Bounded Rationality）。在此假設下，產生了描述性理論。

2. 滿意法則

描述性理論主要用來解釋人們在不確定情況下，實際的決策行為。此種決策法則主要有兩種：一為賽門（Simon, H.A.）的滿意法則（Satisficing Principle）（Simon, 1955）；另一為前景／展望理論（Prospect Theory）（Kahneman and Tversky, 1979）。滿意法則根源於行為決策理論（Behavioral Decision Theory），賽門（Simon, H. A.）認為人們實際的決策，其實是一種尋找次佳方案的過程，這方案不必然是最適切的方案，只要方案令人滿意即可，這稱呼為**滿意法則**。

3. 前景理論

效用理論重財富總量與效用的關係，前景理論重財富變量與價值的關係。**前景理論**說明人們的實際決策是受到人們的**價值函數**（Value Function），決策權重函數（Decision Weight Function）與人們對問題如何構思所影響（Kahneman and Tversky, 2000）。人們對問題如何構思謂之構思法則（Editing Rule）。價值函數與決策權重函數分別代替預期效用決策法則中的效用與客觀機率。

構思法則主要包含四項構思上的操作，當人們在不確定情況下選擇方案時，首先通常會聯想到，作了選擇後，比我現在的財富，是更好還是更壞？這種聯想，可稱呼為編碼（Coding），現在的財富就是編碼時的參考點（Reference Point）。編碼時，以何者為參考點，也會受到個人的期望與方案內容等因素所影響。其次，人們會把結果相同但機率不同的方案，組合（Combination）簡化。例如，將（200，0.25；200，0.35）組合簡化為（200，0.6）。再者，人們也會將方案，隔離（Segregation）成無風險方案與風險方案，例如，將（300，0.8；200，0.2）隔離成（200，1.0；100，0.8），隔離前後的方案期望值相同。最後，人們會將方案中，相同的部份藉由取消（Cancellation）簡化，例如，將（200，0.2；100，0.5；-50，0.3）與（200，0.2；150，0.5；-100，0.3）取消簡化成（100，0.5；-50，0.3）與（150，0.5；-100，0.3）間的選擇。這編碼、組合、隔離與取消，是選擇方案前主要的構思過程，其所產生的**構思效應**（Framing Effect）影響人們的實際決策甚深。

前景理論中的決策權重與機率的關係，如圖 7-12。圖中縱軸是決策權重 $\pi(p)$，橫軸是機率 p，虛線代表決策權重與機率等同，但心理學者認為實線，才是決策權

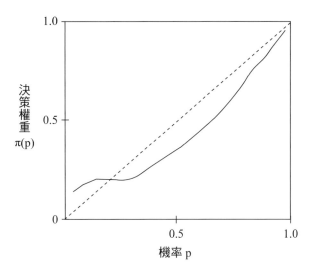

圖 7-12　決策權重 π(p) 與機率 p 的關係

重與機率的關係,是非線性關係。換言之,人們實際作決策時,不是直接用機率 p 作為權重,而是會高估低機率的權重,低估中高機率的權重。高估低機率的權重,心理學者認為可用來解釋人們既買保險,又喜買樂透的決策行為。

最後,價值函數有三種特質:第一,所謂價值是指人們心中期望的變異值;第二,人們決策時,對影響心中期望的變異最為敏感;第三,人們對喪失金錢價值的敏感度高於獲取同一金錢價值的敏感度。價值函數,參閱圖 7-13。

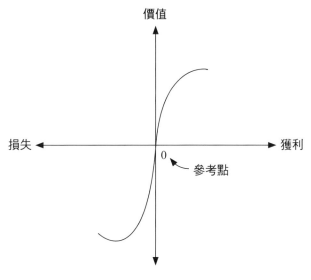

圖 7-13　價值函數

人們在構思過程過後，會針對構思過後的方案，選擇對其價值最高的方案。每一構思過後的方案價值以 V 代表，V 由 π 與 v 表示。π(p) 代表決策權重，通常是 π(p) + π(1 − p) < 1。v(x) 代表對方案中結果的主觀價值。決策者所選定的參考點代表不變的情況，v(x) 也表示與參考點的變異。如果方案中，有結果是零的，則適用 A 式，此時，不是 p + q < 1，就是 x ≥ 0 ≥ y 或 x ≤ 0 ≤ y。

(A) $V(x, p；y, q) = π(p)v(x) + π(q)v(y)$. 此處，$v(0) = 0$；$π(0) = 0$；$π(1) = 1$；如為確定的方案，則 $V(x, 1.0) = V(x) = v(x)$。

如果方案中，所有的結果，均為正值或負值，則適用B式。

(B) $V(x, p；y, q) = v(y) + π(p)[v(x) − v(y)]$。此處，$p + q = 1$ 以及不是 $x > y > 0$ 就是 $x < y < 0$。$v(y)$ 代表無風險方案的價值，$π(p)$ 代表風險方案與無風險方案結果差異的決策權重。如果 $π(p) + π(1 − p) = 1$，那麼 A 式會等於 B 式，但通常不容易滿足該條件。

（三）團體／社會決策的規範性理論──賽局理論與社會選擇理論

有意義的團體／社會決策，是指所有團體／社會成員在某種程度上，可以對決策事務有共同決定權的一種決策類型。如果是一言堂的社會／團體或獨裁政體，其團體／社會決策，不是有意義的團體／社會決策。其次，在理性假設下，團體／社會決策主要有兩種規範性的理論，那就是，賽局理論與社會選擇理論。

1. 團體／社會決策的特性

由於團體／社會是由個人組成，因此，影響團體／社會決策行為的因子，與影響個人決策行為的因子雷同。所不同者，是在有意義的團體／社會決策下，團體／社會最後的決策者（Final Decision Maker）是團體／社會，而非個人。其次，團體／社會決策的決策效應甚為廣泛，它可大到影響跨代群體的福祉，而個人決策效應範圍有限。

2. 賽局理論

賽局理論（Morton, 2008; McCain, 2004）是說明團體／社會成員互動的策略選擇，它可用來決定參賽者（不論是個人或團體／社會）的最佳反應，這最佳的反應代表最大報酬。以參賽者是個人來說，囚犯困境最為典型。囚犯困境是說兩個囚犯

要決定認罪或不認罪的策略。若兩人均不認罪，則因案依法，各判服刑一年。若兩人均認罪，則各判服刑十年。但如其中一人認罪，認罪者被釋放，不認罪者，則判服刑二十年。如果，兩位囚犯均作理性的推理，兩人均會認罪，因為主要是認罪，就會被釋放。這項賽局的報酬表，以標準式法（相對的是擴展式法）表現，參閱表7-1。

表 7-1　囚犯困境報酬表

		A囚犯	
		認　罪	不認罪
B囚犯	認罪	10 年，10 年	0 年，20 年
	不認罪	20 年，0 年	1 年，1 年

同樣，可應用在兩個社區的團體／社會決策上，假如是對該不該支持設置核廢料儲存所投票。如一個社區支持，那麼支持的社區會有設置核廢料儲存所的最壞結果。如兩社區均支持，核廢料儲存所將設置在兩社區中間，如兩社區均不支持，那就不設置核廢料儲存所。如果兩社區居民，均在理性推理下投票，其結果必然是均不支持設置核廢料儲存所，當然前提是兩社區居民，均互不通聲息。

3. 社會選擇理論

民主選舉的投票制度就是典型的社會選擇機制，投票制度規範性的研究，最後形成社會選擇理論（Morton, 2008）。**社會選擇理論**就是由團體／社會所有成員偏好的總合，決定團體／社會事務的一種規範性理論。民主選舉的投票通常採多數決，這種投票制度，通常會不符合規範性理論所要求的的偏好的遞移性，而會產生所謂的納森矛盾（Nason's Paradox）現象。例如某團體有甲乙丙三個人，分別就ABC 三個方案作優先排序：甲的排序是 A 優於 B 優於 C；乙的排序是 B 優於 C 優於 A；丙的排序是 C 優於 A 優於 B。在兩兩配對投票表決 ABC 三個方案中，每一方案都會得兩票，而且方案的優先順序是循環性的，不是遞移性的，也就是 A 優於 B，B 優於 C，C 又優於 A。

納森矛盾現象引發社會選擇理論研究中的最重要議題，那就是團體／社會個別成員的偏好，如何組合為團體／社會的偏好，同時又符合遞移性的要求。能組合個人偏好成團體／社會偏好，又能符合遞移性要求的方法，稱呼為「Constitution」。如組合成的團體／社會偏好，無法符合遞移性要求的方法，就無法稱呼為

「Constitution」，例如前所提的多數決選舉制度。社會選擇理論發展至今，仍困難重重。其中，最著名的研究成果，當推亞拉（Arrow, 1963）的不可能定理（The Impossibility Theorem）。這項定理是說，在至少有兩人與至少有三種方案可供選擇的情境下，能滿足下列四項條件的「Constitution」是不可能存在的。換句話說，能滿足下列四項條件的，始稱呼為「Constitution」。這四項條件是：第一，團體／社會中，沒有獨裁專橫者，換言之，沒有個人偏好就是團體／社會偏好的現象；第二，團體／社會各個成員的所有偏好應納入考量，且團體／社會偏好必須具備遞移性；第三，假如團體／社會所有成員均認為 A 優於 B，那麼，團體／社會偏好也是 A 優於 B，這項條件，也被稱呼為**柏拉圖原則**（Pareto Principle）；第四，假如就所有可能的方案中，刪除某方案時，團體／社會對其餘方案的偏好順序也不變，換言之，某方案被刪前後，團體／社會對其餘方案的偏好順序均不變。

其次，以前列四項條件中的第四項為例，採用伯達方法（Borda Method），說明亞拉（Arrow, 1963）的不可能定理。所謂伯達方法，它是一種偏好計點的方法，其計點公式為：7 減掉 Ri. Ri 是團體／社會成員 (i) 對方案偏好的排序（R）。在不可能定理中，至少要有三個方案，至少兩個人，假如，甲對 ABC 三方案的排序為 123；乙對 ABC 三方案的排序為 213。那麼，依據伯達方法，甲偏好中的 A 方案點數是 6 點（7-1）；B 方案的點數是 5 點（7-2）；C 方案的點數是 4 點（7-3）。乙偏好中的 A 方案點數是 5 點（7-2）；B 方案的點數是 6 點（7-1）；C 方案的點數是 4 點（7-3）。甲乙對各方案偏好的點數，分別加總：A 方案總點數是 11 點；B 方案總點數也是 11 點；C 方案總點數是 8 點。所以，偏好是 A＝B＞C。依據前列的第四項條件，刪除 B 方案後，偏好應該是 A＞C，才符合要求。重新計點如後：甲偏好中的 A 方案點數是 6 點（7-1）；C 方案的點數是 5 點（7-2）。乙偏好中的 A 方案點數是 6 點（7-1）；C 方案的點數是 5 點（7-2）。甲乙對各方案偏好的點數，分別加總：A 方案總點數是 11 點；C 方案總點數也是 11 點。偏好順序變成：A＝C，顯然不符合不可能定理中的第四項條件。

最後，由於規範性理論奠基於理性假設，是理性的人們應該如何作決策的理論依據，但總體來說，從以上說明，團體／社會決策，不像個人決策簡單，其規範性理論的建構，也不像個人決策的規範性理論完整又堅實。

（四）團體／社會決策的描述性理論──社會心理理論

個人決策中，規範性理論與描述性理論間的聯結強度，極為堅實。但在團體／

社會決策中，兩種理論間的聯結強度，極弱，主要是因為社會選擇理論，並未能提供團體／社會「應該如何作」決策的堅實基礎（Morton, 2008）。話雖如此，團體／社會決策的描述性理論，在社會心理學領域卻有相當的進展。

　　社會心理理論主要在描述團體／社會成員的偏好或其改變與團體／社會決策的關聯性。首先，以決策機制矩陣（DSMs: Decision Scheme Matrix），說明個別成員偏好與團體／社會決策的關聯性，參閱表 7-2。表中第一欄顯示五位個別成員對 AB 兩方案支持的可能情形，這代表個別成員對 AB 兩方案的偏好。團體／社會決策，可能出現四種結果：D1、D2、D3 與 D4。D1 顯示團體／社會決策是採多數決；D2 顯示團體／社會決策以支持的比例高低決定，例如，其中，支持A方案的有四位，支持 B 方案的有一位，所以支持比例，分別是 0.8 與 0.2；D3 顯示只要至少有一位成員支持某方案，團體／社會決策就是支持那項方案，在此，團體／社會決策支持 A 案的情形較多，支持 B 案就只一種情形；D4 顯示只有在成員完全有共識的情況下，團體／社會決策才有結果，否則，就會懸而未決。

　　其次，張春興（1995）認為團體行為係指在團體目標下，個體受團體影響或個體間相互影響所表現的行為，而社會心理理論常用來描述團體行為中的社會影響（Social Influence）與極端化（Polarization）。社會影響是指多數成員或關鍵少數的意見、判斷與態度對其他成員的影響。社會影響與極端化中，有兩種現象值得留意，那就是**集一思考**（Groupthinking）與選擇偏移（Choice Shift），因為這兩種現象均可能造成不適當的團體／社會決策。例如，集一思考可能造成集思未能廣益效應。所謂集一思考是指團體決策在所有團體成員無異議下通過的決策。集一思考由

表 7-2 決策機制矩陣（DSMs）

支持情形的分配		D1		D2		D3		D4		
A	B	A	B	A	B	A	B	A	B	懸而未決
5	0	1	0	1	0	1	0	1	0	0
4	1	1	0	0.8	0.2	1	0	0	0	1
3	2	1	0	0.6	0.4	1	0	0	0	1
2	3	0	1	0.4	0.6	1	0	0	0	1
1	4	0	1	0.2	0.8	1	0	0	0	1
0	5	0	1	0	1	0	1	0	1	0

於對議題並無詳細討論,因此決策可能不很恰當。另一方面,選擇偏移可分兩種極化現象,即**冒險偏移**(Risky Shift)與**謹慎偏移**(Cautious Shift)。冒險偏移係指團體成員中大部份為冒險者,則團體決策的結果會比個人決策更冒險。反之,會因謹慎偏移產生更謹慎的團體決策。

六、組合理論

馬可維茲(Markowitz, H.)的組合理論(Portfolio Theory)出現後,加速了風險管理的發展[20]。它的應用極為廣泛,本節局限說明,證券投資組合與保險組合的應用。

(一)風險與報酬

證券投資強調風險與報酬間的關係,其中標準差或變異係數(就是標準差除以預期報酬率)代表風險高低的指標,而報酬的高低則以實際報酬率(或稱總報酬率)或預期報酬率為代表。一般而言,風險與報酬間的基本關係有二:一為高風險,高報酬;二為承擔風險的報酬,稱為**風險溢價/風險溢酬**(Risk Premium)。其中,值得留意的是高風險,高報酬的直線正向關係,通常指高風險,高預期報酬,而非實際報酬(或稱總報酬)。

(二)投資組合的風險與預期報酬

投資組合(Portfolio)意即一個以上證券或資產的集合。這個組合的風險與預期報酬,與單一證券或資產的風險與預期報酬相比較時,各自會產生如何的改變?以及組合的風險與預期報酬間的基本關係是否如同前面所述?值得進一步留意。

1. 投資組合的預期報酬

投資組合報酬主要受組合中單一證券報酬與投資比例所影響,換言之,投資組合報酬是單一證券報酬以投資比例為權重的加權平均,因此,投資組合報酬不是單一證券報酬的直接加總。以數學符號表示如下:

---

[20] 組合理論與 1970 年代的選擇權訂價模型(Option Pricing Model),對風險組成分子如何拆解,進而建構風險值(VaR: Value-at-Risk)模型極有幫助,這更加速風險管理的計量發展。

$$\text{投資組合報酬} = W_1R_1 + W_2R_2 + \cdots\cdots + W_nR_n = \sum W_iR_i$$
$$\text{其中 } i = 1 \cdots\cdots\cdots\cdots\cdots n$$

上式 W_i 代表各證券的權數，R_i 代表各證券的預期報酬率，經由加權平均後，即得投資組合報酬。

2. 投資組合的風險

投資組合風險是投資組合的標準差或變異係數，除受組合中單一證券標準差影響外，投資比例與證券間的相關性，也會影響投資組合風險的高低，換言之，投資組合的風險也不會是單一證券風險的總合。此外，投資組合風險與報酬間的關係則受證券間相關性的影響，也不是如前面所述，單一證券風險與報酬間的直線正向關係。以兩個證券組合來觀察投資組合風險，如以標準差表示，則為下式的開根號，以數學符號表示如後：

$$\text{Var}(W_1R_1 + W_2R_2) = W_1^2\sigma_1^2 + W_2^2\sigma_2^2 + 2W_1W_2\sigma_{12}$$

因為 $\sigma_{12} = \rho_{12}\sigma_1\sigma_2$

所以上式可改寫成

$$\text{Var}(W_1R_1 + W_2R_2) = W_1^2\sigma_1^2 + W_2^2\sigma_2^2 + 2W_1W_2\rho_{12}\sigma_1\sigma_2$$

最後，依上述，在特定條件下，風險經由組合後有分散的效應，然而仍有其極限。能分散的風險，依資本資產訂價模式（CAPM: Capital Asset Pricing Model）的稱法，稱為**非系統風險**（Unsystematic Risk），類似保險學中所稱的特定風險（Particular Risk）。到達極限、無法分散的風險，相對稱呼為**系統風險**（Systematic Risk），類似保險學中所稱的基本風險（Fundamental Risk）。茲圖示如 7-14。

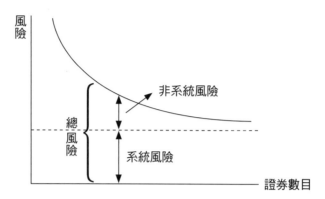

圖 7-14 系統風險與非系統風險

（三）投資組合的選擇

投資的資金來源不外兩種，一是自有的，另一是借貸來的。此處的說明有兩個前提，一是投資人是理性的，是屬於迴避風險者，另一是投資只限使用自有資金投資。在此情況下，哪一種投資組合對投資人而言是最適切的選擇？最適切的組合選擇，必須符合兩項條件，一是相同風險（圖 7-15 中 OC）下，報酬最高（圖 7-15 中 A 點比 B 點報酬高），另一是相同報酬（圖 7-15 中 OD）下，風險最低（圖 7-15 中 A 點比 E 點風險低）。符合這兩項條件的投資機會組合，稱為效率前緣（Efficient Frontier），茲以圖 7-15 表示如下：

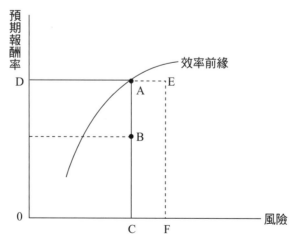

圖 7-15 效率前緣

其次，將投資人的無異曲線導入效率前緣圖中，可發現圖中 P 點為無異曲線與效率前緣線的切點，因此 P 點的投資組合，是甲投資人最佳的選擇。進一步觀察，不同的投資人乙，由於風險迴避的程度不同，即使面對相同的效率前緣，最佳的組合選擇也會不同。茲以圖 7-16 表示如下：

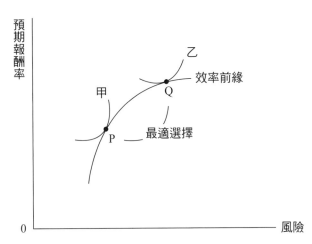

圖 7-16 甲乙不同的組合選擇

（四）保險組合

投資組合是在探討投資報酬與風險間的關係，但保險組合，如站在保險公司的立場觀察，它則是探討損失與風險間的關係，因為保險公司承擔的是危害風險（Hazard Risk），危害風險只有損失的可能。

首先，以極為簡單的約定，觀察損失與風險間的關係，同樣以標準差代表風險。現有兩家公司，雙方互相約定，各自幫對方負擔廠房火災損失的一半，同時假設兩家公司面對的火災損失分配[21] 相同，如下表 7-3：

表 7-3 火災損失分配表

機率	損失金額
0.8	$　　0
0.2	2,500

---

[21] 為方便計，本例數據直接錄自 Berthelsen, *et al* (2006). Risk Financing. Pennsylvania: IIA. Pp.2.5-2.7

　　根據上表數據計算，每家公司未約定前，均面臨 500 元的平均損失，標準差是 1,000 元，也就是每家公司面對的是 1,000 元的火災風險。然而，透過互相的約定組合一起，則風險降低，各自面對約 707 元 [22] 的火災風險。例中的約定，經過變化，保險公司就可把風險組合一起。依大數法則 [23]（The Law of Large Number）的原理，原則上組合後，組合風險會降低，但不是個別風險的加總，且降低的程度為何，則依組合內個別風險的性質與相關性而定。

　　如果，保險公司組合的是同質但獨立 [24] 的保單，例如大量自小客汽車保險單，那麼組合後，組合風險（Portfolio Risk）會降低，且當保單數無限增加時，組合風險會漸趨於零，但組合風險並非組合內個別風險的總合。

　　如果，組合的是異質且獨立的保單，例如汽車保單、火災保單與責任保單，當保單數無限增加時，只要組合內的保單組成比例不變，其組合風險也會下降。

　　最後，如果組合內的風險間，是互為影響，不是獨立的，那麼，組合風險的下降，依風險間相關程度的高低而定，但不會隨著保單數無限增加時，組合風險趨近於零。換言之，此種保單組合會面臨無法分散的風險。

七、資本市場理論

　　資本市場理論（Capital Market Theory）是用來檢視各類證券報酬與風險間的關係以及投資者的資產選擇行為，其中最有名的財務模式，當推資本資產訂價模式（CAPM: Capital Asset Pricing Model）[25]。此外，資本市場已成風險證券化 [26]（Risk Securitization）商品主要流通的市場，例如巨災債券 [27]（CAT Bond）等。在追求公司價值極大化的目標下，風險管理人員認識資本市場理論是必要的。

---

[22] 經過約定後，每家公司的火災損失分配改變但平均損失相同，分別是（0.64，\$0）；（0.16，\$1,250）；（0.16，\$1,250）;（0.04，\$2,500）。因此，標準差是 \$707。

[23] 大數法則係指 n 個獨立一序列的隨機變數且具有相同統計分配時，則此 n 個隨機變數的平均值會趨近於固定常數，也就是樣本數越多（n 趨近於無限大），其平均值越接近母體平均值。

[24] 同質獨立就是零相關且同一統計分配。

[25] CAPM 是由組合理論（Markowitz, 1952）自然演變而來。在 1960 年代，分別由 Sharpe（1964）、Lintner（1965）與 Mossin（1966）各自導引出 CAPM，但事實上，Borch（1962）所推導的再保市場模式，應堪稱第一個 CAPM，因它亦可用在資本市場。

[26] 風險有三化，那就是全球化、社會化與證券化。證券化是指風險透過證券的發行分散至資本市場的過程。

[27] 其結構內容參閱第四篇相關章節。

（一）投資組合選擇的另類考量

前面所提及的投資組合選擇，是以自有資金投資且不考慮無風險資產[28]（Risk-Free Asset）的投資。此處，則考慮資本資金借貸的資本市場且考慮無風險資產為投資標的情況下，投資人投資組合選擇會產生如何的變化？

存在[29]資本市場的情況下，投資人可以無風險利率進行資金借貸，且會以部份資金投資無風險資產，部份資金投資風險資產。風險資產與無風險資產的投資機會組合的效率前緣線，是直線型的**資本市場線**（Capital Market Line），它是比原效率前緣線更有效率的投資組合。

（二）資本資產訂價模式

在資本市場與無風險資產導入投資組合選擇的情況下，投資人何時可進入市場購買證券？從**資本資產訂價模式**[30]的個別證券風險與報酬間的關係，可提供解答。資本資產訂價模式的個別證券風險與報酬間的關係，可以數學式，表示如下：

$$E(R_i) = R_f + \beta_i (R_m - R_f)$$

該數學式的意含是說投資組合中個別證券（i）的預期報酬（E(Ri)）是由無風險報酬（Rf）與市場風險溢酬（Rm-Rf）所構成，而該證券的風險則由貝它係數[31]（βi）所決定。進一步說，如貝它係數小於一，則該證券的系統風險會小於市場組合的風險，如貝它係數大於一，則該證券的系統風險會大於市場組合的風險，如貝它係數等於一，則該證券的系統風險會等於市場組合的風險，換言之，股市指數如上揚 5%，貝它係數等於一的證券，其行情價格，也會上揚 5%，貝它係數小於一的證券，其行情價格的上揚，會小於 5%，貝它係數大於一的證券，其行情價格的上揚，會高於 5%。

---

[28] 就是報酬確定的資產，其報酬率就是無風險利率（Risk-Free Interest Rate）。

[29] 資本市場的存在有其假設：第一，所有投資人的預期相同；第二，所有投資人的投資期間相同且是單期；第三，所有投資人均可以無風險利率進行借貸；第四，沒有交易成本；第五，沒有課稅所造成的報酬偏好現象；第六，沒有通貨膨脹現象；第七，沒有個別投資人可以影響市場；第八，資本市場是均衡的。

[30] CAPM 有其假設前提，這包括：第一，無風險利率借貸的情形是存在且公平的；第二，證券具有無限分割的特性；第三，證券資訊的取得沒有成本和延遲性；第四，沒有交易成本與稅賦；第五，投資人皆是理性的；第六，投資人皆以標準差和預期報酬來衡量相同單一期間的投資績效；第七，投資人對證券風險與報酬具有相同的認知。

[31] β 是由市場實證迴歸模式推導而得，市場模式是 $R_i = a_i + \beta R_m + e_i$，$\beta = Cov(R_i, R_m)/Var(R_m)$

最後，將預期報酬與貝它係數間的關係，繪製於圖 7-17，則可得出**證券市場線**（SML: Security Market Line），亦即 CAPM 的圖形化。在市場達到均衡時，只要個別證券可提供的預期報酬超過證券市場線上的必要報酬，投資人即可進場投資該證券。圖 7-17 中，SML 的斜率等於市場風險溢酬 Rm-Rf。

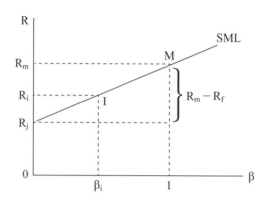

圖 7-17 證券市場線

（三）套利訂價理論

套利訂價理論（APT: Arbitrage Pricing Theory）與資本資產訂價模式（CAPM），均是在說明個別證券預期報酬率與風險間的關係。CAPM 說明的是，在市場均衡的狀態下，個別證券預期報酬率是由無風險利率與 β 係數所決定，也就是預期報酬率受單因子 β 係數影響，且呈線性關係。然而，APT 則認為在市場均衡的狀態下，且非系統風險完全被有效分散時，個別證券預期報酬率，是由無風險利率與多項因子決定，例如，工業活動產值、通貨膨漲率、長短期利率差額等，以數學式表示如下：

$$E(Ri) = Rf + b1(R1\text{-}Rf) + b2(R2\text{-}Rf) + \cdots\cdots + bn(Rn - Rf)$$

上式中的 b1……bn 類似 CAPM 中的 β 係數。(R1 − Rf) + (R2 − Rf) + …… + (Rn − Rf) 就是各多項因子提供的風險溢酬，與 CAPM 中的 (Rm − Rf) 概念雷同。

八、本章小結

　　管理風險終極目的，是想提昇公司價值或公共價值，透過風險管理產生的淨效益，公司價值或公共價值的增進即可完成。在風險管理實務操作過程中，涉及許多決策，也涉及風險的組合，也涉及證券投資與風險理財等問題，因此認識風險動力論、決策的基礎理論、組合理論與資本市場理論是必要的。

實作練習

一、一個組合由三種不同的證券構成如後：

證券類別	比例	預期報酬	標準差
甲	0.6	0.3	0.4
乙	0.7	0.2	0.2
丙	-0.3	0.1	0.2

　　相關係數分別是：r 甲乙＝0.2；r 乙丙＝－0.5；r 甲丙＝0.4

　　試問：(1) 個別證券的共變異多少？

　　　　　(2) 證券組合的預期報酬多少？

　　　　　(3) 證券組合的標準差多少？

二、甲乙兩家不同的保險公司合併。甲擁有 10,000 張同質獨立火險保單，預期值＝$300；標準差＝$500；每兩張保單的相關係數＝0.1。同時，甲也擁有 20,000 張同質獨立汽車保單，預期值＝$500；標準差＝$500；每兩張保單的相關係數＝0.2。乙擁有 20,000 張同質獨立責任保單，預期值＝$200；標準差＝$300；每兩張保單的相關係數＝0.05。汽車保單與責任保單相關係數 0.1；火災保單與責任保單，互為獨立。

　　請計算甲乙兩家合併後的預期值與標準差？

三、演練一下，在前景理論中，有 A 與 B 兩種方程式，為何當 $\pi(p) + \pi(1-p) = 1$ 時，A 式會等於 B 式？

參考文獻

1. 林永和（2006/10/15）。ERM 的理論架構。*風險與保險雜誌*。No.11. pp.14-21。中央再保險公司。

2. 周祥東（2002/7）。專案風險管理。*風險管理雜誌*。第十一期。Pp.43-62。台灣風險管理學會。

3. 郭翌瑩（2002）。*公共政策——決策輔助個案模型分析*。台北：智勝文化公司。

4. 葉長齡（2005）。*企業風險管理*。台北：松德國際公司。

5. 張春興（1995）。*現代心理學*。台北：東華書局。

6. Allais, M. (1953). Le comportemeut de l'homme rationnel devant le risque: Critique des postulats et axiomes de l'e'cole ame'ricaine. *Econometrica.* 21.pp.503-546.

7. Arrow, K. J. (1963). *Social choice and individual values.* New Haven, CN:Yale University Press.

8. Baranoff, E. G. *et al* (2005). *Risk assessment.* Pennsylvania:IIA.

9. Berthelsen, R. G. *et al* (2006). *Risk financing.* Pennsylvania:IIA.

10. Borch, K. (1962) Equilibrium in a reinsurance market. *Econometrica.*30. pp.424-444.

11. Doherty (1985). *Corproate Risk Management-A finaicial exposition.* Chapter 3.

12. Doherty (2000). *Integrated risk management-techniques and strategies for managing corporate risk.*

13. Fine, B. J.(1963). Introversion, extraversion and motorvehicle driver behavior. *Perceptual and motor skills.* 12. pp.95-100.

14. Fiske, S. T. and Taylor, S. E. (1984). *Social cognition.* Reading: Addison-Wesley.

15. Fone, M. and Young, P. C. (2000). *Public sector risk management.* Oxford: Butterworth-Heinemann.

16. Forgas, J. P. (1989). Mood effects on decision making strategies. *Australian Journal of psychology.* 41. pp.197-214.

17. Friedman, M. and Savage, L. J. (1948). The utility analysis of choices involving risk. *Journal of political economy.* Vol.56. pp.279-304.

18. Glendon, A. I. and McKenna, E. F. (1995). *Human safety and risk management.* London: Chapman and Hall.

19. Hawkins, D. I. *et al* (1998). *Consumer behavior-building marketing strategy.* 7th ed. New York: McGraw-Hill.

20. Janis, I. L. and Mann, L. (1977). *Decision making: a psychological analysis of conflict, choice and commitment.* New York: Free Press.

21. Kahneman, D. and Tversky, A. (2000). Prospect theory: An analysis of decision under risk. In: Kahneman, D. and Tversky, A ed. *Choices, values, and frames.* Pp.17-43. New York:

Russell Sage Foundation.

22. Lintner, J. (1965). Security prices, risk and maximal gains from diversification. *Journal of finance.* 20. pp.587-615.

23. Markowitz, H. (1952). Portfolio selection. *Journal of finance.* 7. pp.77-91.

24. Marshall, C. (2001). *Measuring and managing operational risks in financial institutions-tools, techniques and other resources.* John Wiley & Sons.

25. McCain, R. A. (2004). *Game theory: a non-technical introduction to the analysis of strategy.* Thomson.

26. McClelland, D. C. *et al* (1953). *The achievement motive.* New York: Appleton Century Crofts.

27. Miccolis *et al* (2001) *Enterprise risk management: trends and emerging practices.* Prepared by Tillinghast-Towers Perrin. Published by The Institute of Internal Auditors Research Foundation. Pp. xxix.

28. Mischel, W. (1968). *Personality and assessment.* New York: Wiley.

29. Morton, A. (2008). Group decision. In: Melnick, E. L. and Everitt, B. S. ed. *Encyclopedia of quantitative risk analysis and assessment.* Vol.2. pp.760-770. Chichester: John Wiley & Sons, Ltd.

30. Mossin, J. (1966). Equilibrium in a capital asset market. *Econometrica.* 34.pp.768-783.

31. Sharpe, W. F. (1964) Capital asset prices: A theory of market equilibrium under conditions of risk. *Journal of finance.* 19. pp.74-80.

32. Simon, H. (1955). A behavioral model of rational choice. *Quarterly Journal of economics.* 69. pp. 99-118.

33. Skipper, H. D. (2004). *International risk and insurance:An environmental-managerial approach.* McGrow-Hill.

34. Strategy unit report (2002). *Risk: improving government's capability to handle risk and uncertainty.* Strategy unit cabinet office, London, UK.

35. The comptroller and auditor general report (2004). *Managing risks to improve public services.* House of commons. London: The Stationary Office.

第四篇

公司風險管理

　　本篇選擇一般企業公司為管理風險的主體，而非以金融保險業為風險管理的主體，其理由如後：第一，一般企業公司是金融保險業的客戶群，因此，一般企業公司作好風險管理，金融保險業必然受益；第二，金融保險業是特許行業，已有嚴格的風險管理規範，例如，Basel II 與 Solvency II，透明度均較一般企業公司為高。換言之，一般企業公司的風險管理，因透明度低，更需被認識；第三，最近，美國證期會與我國政府，已加強要求上市上櫃公司，揭露風險管理訊息。因此，一般企業公司為求永續發展，重視風險管理是有必要的。

　　其次，一般企業公司與金融保險業的本業完全不同，金融保險業以承擔客戶轉嫁過來的風險為本業，一般企業公司則以承擔產業的核心風險（Core Risk）為其本業。本業雖然不同，但 ERM 八大要素相同。最後，本篇完全採用實證論為風險的本體論，以機會觀點出發的個別概念看待風險。

第 **8** 章

內部環境與目標設立

學習啟示錄

管理風險，如同個人人生目標的訂定，
要知己知彼，量力而為。
同時，誠信、倫理與正直，不只是作人的基本道理，
也是風險管理的基本功。

每個人不同，每家公司也不同，各產業間也不同，因此，要落實公司 ERM 應先自我認識與了解所屬產業。其次，ERM 是為組織量身訂作的一種管理過程，公司全體成員如何看待風險，亦會因不同的風險管理文化（Risk Management Culture），不同的風險管理哲學，不同的風險胃納（Risk Appetite），而有不同。其次，自美國安隆醜聞[1]（The Anron Scandal）及世界通訊[2]（WorldCom）等事件爆發以來，公司治理（Corporate Governance）是否能有效增進股東利益，再度引發爭辯外，風險基礎概念的內稽內控（Risk-Based Internal Control and Internal Audit）已然成形，風險管理上，更需公司治理與內稽內控。

另一方面，一般企業與金融保險業，雖有不同，但在 ERM 八大要素的要求上是相同的，同時，公司經營上，雖然一般企業公司以實質資產（Physical Asset）為大宗，金融保險業以金融資產（Financial Asset）為主，但在要求風險與報酬間的效率以及風險管理與資本管理（Capital Management）融合的需要上，兩種不同產業的公司是相同的（Shimpi, 2002; Matten, 2004）。本章首先說明，一般企業公司內部環境模型與實體經營的狀況，其次，將 ERM 所謂的內部環境要素，歸納成兩大類，分別說明：一為公司治理；另一為風險治理（Risk Governance）中的風險胃納（Risk Appetite）、風險限額（Risk Limit）或稱風險容忍度（Risk Tolerance）與風險管理文化、哲學以及風險倫理與正直的概念。最後，本章也同時說明 ERM 架構下的各類目標。

一、公司內部環境與實體經營及風險與報酬

每家公司間，真實的情況不同，其內部環境，則可用兩種常見的模型分析，看出端倪。這兩種模型分別是：Galbraith 模型（Galbraith, 1977）與 McKinsey 7S 模型（Andersen and Schroder, 2010）。前者指每家公司內部的工作（Task）、結構（Structure）、過程（Process）、薪酬（Compensation）與人員（People）均會不同；後者指公司內部的結構（Structure）、制度（Systems）、方式（Style）、職員（Staff）、技能（Skills）、策略（Strategy）與分享的價值（Shared Values）（也就是文化），每家公司間均不同。不管何種模型，這些內部要素均是公司內部風險的

---

[1] 2001 年的安隆風暴美國華爾街有史以來最大的商業醜聞，損失高達30億美金，也讓當時全球五大會計事務所之一的安達信（Arthur Andersen LLP）被美國證期會吊銷執照。

[2] 世界通訊事件在 2002 年第三季爆發，同年，美國頒布 SOX（Sarbanes-Oxley Act）法案。

可能來源，唯有呈現適當的調合，才適合 ERM 的有利發展。例如，人員與工作性質間配置不當，經營管理與 ERM 均難有效執行。

其次，就一般企業來說，公司經營與所涉及的市場，可描繪成圖 8-1。

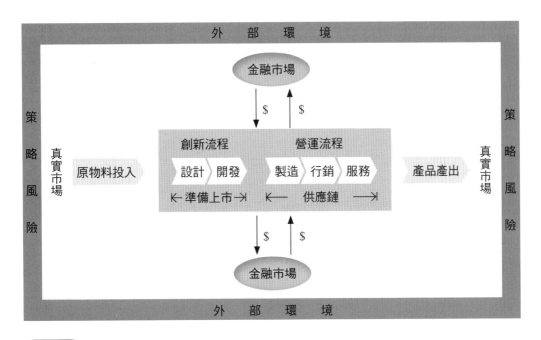

圖 8-1　公司經營價值鏈與所涉及的市場

圖中間代表公司內部的創新與營運流程，創新流程包括產品設計與開發，營運流程包括製造、行銷與服務。左右兩端顯示原料進入與產品產出的真實市場（Real Market），圖中橫向面一連串的過程，代表了公司真實市場的物流、金流與資訊流。圖中縱向面的流程，代表了公司所涉及的金融市場（Financial Market）的金流與資訊流。該圖也顯示了一般企業公司經營管理層次相關的風險，也就是物流涉及的危害風險，資訊流涉及的作業風險與金流涉及的財務風險。其次，外加圖最外層的策略風險，那就形成公司所有風險的類別，這也是 ERM 架構下常見的風險類別。

其次，公司經營所面臨的風險，需有相對的報酬，風險與所追求的報酬間，最好能達成效率前緣（Efficient Frontier）的境界，而當承擔風險的報酬高過資金成本（CoC: Cost of Capital）時，就會創造公司價值，為能創造公司價值，風險管理與資本管理的融合極為重要，參閱圖 8-2 的風險-資本-價值鏈（RCV: Risk-Capital-

· 風險－資本－價值

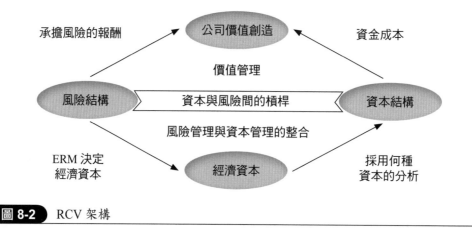

圖 8-2 RCV 架構

Value）架構（薄慶容，2006）。圖中以經濟資本[3] 模型（Economic Capital Model）
調合資本與風險間的槓桿，藉以完成創造公司價值的目標。

二、公司治理

公司治理與內稽內控，是公司 ERM 的兩個核心，內稽內控閱本篇後面章
節，至於公司治理，其議題則源自公司結構與公司所有人及管理層間的代理問題
（Agency Problem）。根據文獻（Dallas and Patel, 2004）顯示，早在一九三〇年
代，代理問題即正式出現在經濟學領域的相關文獻裡，但「公司治理」一詞[4]，
在一九七〇年代，才發軔於美國（廖大穎，1999）。近幾年，公司治理之所以成
為獨立的研究領域，甚或屬於風險研究領域，英國在一九九〇年代初期公佈的
「Cadbury」法案[5]，是重要的里程碑（Dallas and Patel, 2004）。

---

[3] 除商譽外，其實經濟資本就是風險資本（Matten, 2004）。因觀點的不同，資本的內涵與名稱
也會不同。經濟資本有別於法定資本、會計資本與或有資本概念，經濟資本對一般產業公司
與金融保險業重點有別，難度不同，後者較前者為高，參閱本書第 23 章。

[4] 在台灣，英文「Corproate Goverance」譯為公司治理，可以說始自 2001 年 6 月 18 日，台積電
董事長張忠謀先生在知識經濟社會推動委員會所主辦的研討會上的建議，之後，行政院金融
監督管理委員會統一譯為公司治理。

[5] 1992 年的 Cadbury Code 之後，英國倫敦證交所，將之前 Greenbury 與 Hampel 委員會所提的
公司治理報告與 Cadbury 法案，合併成整合性法案（The Combined Code）。這項新法案於
2000 年 12 月 23 日生效，要求經理人應建立有效的內控，並報告給股東們，其中所謂內控，
具體包括作業與遵循的內控與風險管理，這不同於 1999 年 9 月，Turnbull 委員會所發行指引
中之要求。參閱 Miccolis *et al* (2001). Enterprise risk management: trends and emerging practices.
Florida: The Institute of internal Auditors Research Foundation. Pp.xxiv.

其次，2001 年美國安隆醜聞爆發以來，國際上也陸續發生與公司治理相關的掏空公司資產 [6] 醜聞，因此，公司治理再度引發關注，它更是驅動 ERM 成功的要素之一。目前主要有兩種治理模式（Collier, 2009）：一為股東價值模式或稱代理模式（Shareholder Value or Agency Model）；另一為利害關係人模式（Stakeholder Model）。前者較為普遍，以達成股東利益為治理的唯一基準，英美是該模式的代表，後者範圍極廣，除達成股東利益外，還涉及公司活動需完成社會、環境與經濟利益，此模式是以南非 [7] 為主。本節主要說明，股東價值模式或稱代理模式。

最後，各國對公司治理的法制，也有兩種建制方式（丁文城，2007／01）：一為單軌制；另一為雙軌制。前者由董事會集業務執行與監督於一身，得分設各功能委員會（包括審計委員會等），該建制以美國為代表，後者則在董事會之上，設置監察人會，監察人會不直接管理公司，但有批准董事會重大決議的權力，此種建制以德國為代表。目前，台灣的公司治理法制趨向單軌制。

（一） 公司治理的定義與內涵

就國內來說，比較有代表性的公司治理的定義，當推中華治理協會對公司治理所作的定義 [8]，該協會將**公司治理**定義如後：「公司治理是一種指導及管理的機制，並落實公司經營者責任的過程，藉由加強公司績效且兼顧其他利害關係人利益，以保障股東權益。」公司治理的內涵，主要包括兩個面向的平衡，一是確保面（Conformance Dimension），另一為績效面（Performance Dimension）（Chartered Institute of Management Accountants, 2004）。

確保面的公司治理，係指董事會各委員會與高階管理層透過法令遵循、風險管理與內稽內控，要能確保公司風險的有效管理，並達成公司治理的一致性，同時，在公司治理的一致性基礎上，完成管理責任的目的。績效面的公司治理，重心不在法令遵循與內控，而是在公司價值的創造與資源的有效利用，這涉及公司策略管理層為達成總體經營目標，該如何採取冒險活動，這方面包括公司風險胃納的制定與策略規劃，同時需將風險管理融入所有不同管理層的決策中。最後，影響公司治理

---

[6] 例如，WorldCom, Tyco and Arthur Andersen 等醜聞事件。

[7] 南非公司治理的 King Report（King Committee on Corporate Governance, 2002）提供整合所有利害關係人的公司治理架構，這包括股東與跟公司活動相關的社會、環境及經濟的利害關係人，這是目前最為廣義的公司治理架構。

[8] 該定義是中華治理學會在參照其他國家之規範後，於 2002 年七月的準則委員會的決議。

成敗的因素，不外是董事會與公司上下管理層是否存在優質的風險管理文化，以及公司是否存在有效的內稽內控機制。茲以圖 8-3 顯示，公司治理的兩個面向。

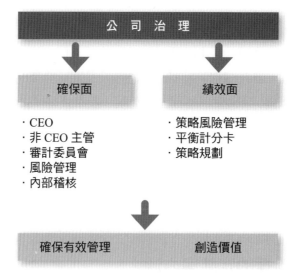

圖 8-3 公司治理的兩個面向

（二）OECD 公司治理原則

聯合國經濟合作與發展組織（OECD: Organization for Economic Cooperation and Development）下屬的企業顧問群（Business Sector Advisory Group），在一九九〇年代末，訂定公司治理的四大指引原則：第一，公平原則，該原則是指對公司所有利害關係人，必須同等對待，尤其經營管理層不能有詐欺或內線交易等損及利害關係人的行為；第二，透明化原則，該原則是指公司應定期提供重大訊息給所有利害關係人，以便他們可作出明智的決定；第三，管理責任原則，該原則是指公司應有一套經營管理控制機制，並且明確課予管理層人員的責任；第四，法律責任原則，該原則是指管理層人員均應遵守相關法令規章，增進公司的永續發展。嗣後，OECD 於 2004 年，修正頒布 OECD 公司治理的六大原則如后（丁文城，2007/01）：

1. 確保有效率的公司治理基礎（Ensuring the basis for an effective corporate governance）原則

該原則是指有效率的公司治理，必須依賴透明且有效率的市場，以及監理、立

法、執法間適法的一致性與責任明確的劃分為基礎。

2. 股東權利與主要所有權功能（The rights of shareholders and key ownership functions）原則

該原則係指公司治理應能確保與促進股東權利的實現。

3. 公平對待股東（The equitable treatment of shareholders）原則

該原則主要確保所有股東，均應得到公平的對待，這不論是少數股東抑或是外國股東，同時，當股東們權利受侵犯時，應獲得同樣機會的救濟。

4. 公司治理中利害關係人的角色（The role of stakeholders in corporate governance）原則

該原則主要強調公司治理應承認，因法律或契約所確立的利害關係人的權利，且鼓勵公司與利害關係人間能積極合作。

5. 資訊揭露與透明度（Disclosure and transparency）原則

該原則是指公司應及時且正確地提供重大訊息給所有利害關係人，以便他們可作出明智的決定。

6. 董事會的責任（The responsibilities of the board）原則

該原則是指公司治理應確保董事會能對公司策略與經營，進行有效的監督，同時，對公司與股東負責。

（三）代理模式／股東價值模式

簡單來說，公司治理是為了確保股東的最佳利益，決定公司該如何經營所採用的機制與程序。要能確保股東的最佳利益，也就是股東價值[9]（Shareholder Value）極大化，經營上採用的機制與程序必須透明化外，也需從事**價值基礎管理**（VBM: Value-Based Management）。

價值基礎管理或稱股東價值分析，它是為達成股東價值極大化所採用的過程而言。在這過程中，可採用的手段包括重新設計商品或服務內容、成本管理，或改

---

[9] 通常，股東價值就是公司的股價，股東價值極大化與利潤極大化（Profit Maximization）概念，是可相容的，參閱 Doherty (1985). Corporate risk management-a financial exposition. New York: McGraw-Hill.

善決策品質，或採用績效衡量制度等方式。股東價值是否達成的衡量方式包括採用股東總報酬法 [10]（TSR: Total Shareholder Return）、市價加成法 [11]（MVA: Market Value Added）、股東價值加成法 [12]（SVA: Shareholder Value Added）與採用經濟價值加成法 [13]（EVA: Economic Value Added）達成。

其次，針對上市上櫃的公司治理，台灣證券交易所與櫃買中心，根據證期會的函示 [14]，於2002年制定一套「上市上櫃公司治理實務守則」。影響所及，銀行業與保險業也相繼制定，但與英美等先進國家相比，台灣公司治理的實務發展反應仍慢半拍。對上市上櫃公司來說，公司董事會結構及公司股東與管理層間的代理問題，顯得特別重要。換言之，公司治理關注的不只是股東與管理層間的問題，也關注董事會監督結構與管理層間的問題。

1. 所有權與經營權的區隔

股東與管理層間，屬於所有權與經營權區隔以及利益衝突的問題，參閱下圖8-4：

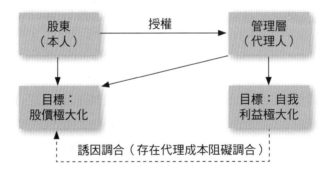

圖 8-4 *所有權與經營權區隔*

從上圖中，很清楚得知股東被視為本人（Principal），公司管理層被視為經營上的代理人（Agent）。公司經營管理由擁有所有權的股東授權給專業經理人經營，也因為如此，兩者因目標不同，容易產生利益衝突，蓋因擁有所有權的股東

---

[10] TSR 是指股東紅利與股價增值／股東初始投資的百分比。

[11] MVA 是指權益與負債總市值與權益及負債資本的差額。

[12] SVA 是公司未來 EVA 的淨現值，亦即 SVA＝ΣNPV（EVAt）。

[13] EVA 是扣除資金機會成本後的淨營業利益，亦即 EVA＝Net result－(Risk capital×required interest rate)。

[14] 台灣證期會民國 90 年 9 月 13 日函。

是以公司股價極大化為目標，專業經理人則以自我利益極大化為目標，也因此兩者利益必須調合。

其次，兩者利益衝突的過程中，容易發生一些成本，這稱為**代理成本**（Agency Costs）。這代理成本可分三種（Baranoff *et al*, 2005）：第一種稱為監督成本（Monitoring Costs），例如由股東們共同負擔的會計師財報簽證費，就是其中之一；第二種稱為保證成本（Bonding Costs），例如專業經理人為了保證會追求股東的利益，同意接受股票選擇權[15]（Stock Option）等非現金，當作其報酬的一部份；最後一種稱為調合成本（Incentive Alignment Costs），例如專業經理人在經營上，放棄風險太高的投資機會，一來為顧及可能失敗損及股東利益，二來深恐投資失敗，本身工作可能不保，這種本身利益與股東利益同時顧及的可能花費是為調合成本。

最後，這種因代理可能引發的問題，可以四種方式解決（Baranoff *et al*, 2005）：第一，專業經理人的薪資報酬的設計要與經營公司的績效掛勾，換言之，經營公司的績效越佳，薪資報酬就應水漲船高；第二，課予專業經理人因決策錯誤損及股東利益時的法律責任；第三，公佈不良專業經理人名單，專業經理人經營績效不彰，同樣損及股東利益，也損及其專業形象；第四，製造專業經理人經營績效不彰時，公司可能被另一家公司購併的氛圍。

2. 董事會監督結構與管理層間的問題

董事會結構與管理層間，關乎監督與管理區隔的問題，要完成此目標，依公司治理的精神，漸漸要求董事會成員最好都是公司管理層外人員所組成，蓋因董事會旨在監督管理層的決策與保障股東利益，獨立董監事也基於此精神而設，另依ERM 的主張，更要求獨立董監事最好過半。董事會通常下設薪酬委員會、審計委員會與提名委員會或其他功能性委員會，其成員的組成與相關責任義務，各國法令規定有所差別，大體而言，董事會成員的責任包括四種：第一，負監督管理層的責任；第二，對公司忠誠的責任，也就是說，公司利益應置於個人利益之上；第三，揭露重大訊息的責任；第四，遵循法令規章的責任。

---

[15] 股票選擇權是選擇權商品的一種，選擇權是衍生性商品的基本型態之一，詳細內容可參閱本篇後面章節。

（四）公司治理、風險治理與風險管理

1. 名詞分野

　　寬鬆的說，治理[16]（Governance）與管理（Management）兩者概念間，著者以為差別不大，蓋因任何管理均有其管理的哲學思維，這也常包括在治理概念的討論中。為了學習的需要，著者以為可如此區分，治理概念用在最高層次，管理概念則可通用，公司治理與**風險治理**（Risk Governance），可說是一體的兩面。公司治理用於公司經營最高層，風險治理用在風險管理最高層。

2. 公司治理與 ERM

　　從 ERM 架構的要素看，公司治理是內部環境要素之一，但公司治理的進展，才是 ERM 興起與政府監理法令制定的重要推手。以美國為例，公司治理中有三項主要的進展，驅動 ERM 的興起：

　　第一就是 COSO 的整合架構下的內部控制報告，該報告主張內部控制應以更廣泛的方式提出報告，以合理確保公司目標的達成；第二就是 AICPA（American Institute of Certified Public Accountants）的以顧客為基礎，改善企業報告的內容，在此要求下，公司應報告經營上所面臨的風險與機會；第三就是法人投資機構更強烈要求公司應有更透明的公司治理程序，這包括公司的風險管理。

　　這三項進展均開始於 1990 年代，嗣後，如安隆醜聞的爆發，最後，產生了美國公司治理史上，最新[17]也極為重要的沙賓-奧斯雷法案（SOX: Sarbanes-Oxley Act）。很明顯地，從美國的經驗看，公司治理與 ERM 有不可分割的關係，同時，公司治理的董監事如何看待風險與 ERM，將顯著影響公司風險管理哲學與政策，風險管理文化的良窳與誠信正直的價值觀。

　　公司治理旨在確保 ERM 的適當性，ERM 的管理流程，則在調解與平衡公司治理的確保與績效兩個面向，兩者可說是一體的兩面。茲以圖 8-5 說明公司治理與

---

[16] 英文「Governance」是指統治支配的方式（the act or manner of governing），寬鬆的說，就是管理方式，用在政府上，就稱為政府治理（Government Governance），用在公司上，就稱為公司治理（Corporate Governance）。其次根據 Shaw（2003）書中顯示，「Governance is about decision-making from among available choices」，顯然，在這意義上，治理與管理間，分野不大，真要嚴格劃分，著者以為，治理用在組織結構與管理的最高層，治理概念的哲學成份居多。

[17] 目前在美國與公司治理相關的主要法案有四種：Securities Act（1933）；Securities Exchange Act（1934）；Private Securities Litigation Reform Act（1995）；Sarbanes-Oxley Act（2002）. 其中，以 Sarbanes-Oxley Act 為最近制定的重要法案。

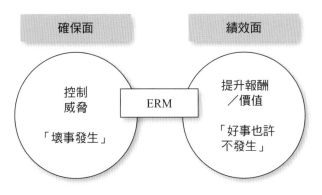

確保面　　　　　　績效面

控制
威脅

ERM

提升報酬
／價值

「壞事發生」

「好事也許
不發生」

圖 8-5　公司治理與 ERM 的關聯

ERM 的關聯。

　　圖中左右兩邊，公司治理的確保面與績效面，均需依賴ERM管理流程的實施才能得到調節與平衡。左邊的確保面，風險管理流程重風險威脅面的控制，完成管理責任的目的，右邊績效面，風險管理流程重風險機會面如何獲利，達成公司價值的創造與資源的有效利用。

3. 實務守則與風險管理

　　依據台灣 2010 年修訂的「上市上櫃公司治理實務守則」的規定，列示公司治理與風險管理的關係。該守則總共七章，60 項條文。七章分別是：總則；保障股東權益；強化董事會職能；發揮監察人職能；尊重利害關係人權益；提昇資訊透明度；附則。所有章節條文，均攸關 ERM 的落實，蓋因 ERM 是全面性的風險管理，必須與所有經營活動融合。這些條文中，明確顯示「風險與保險」相關字樣的總共九條。針對這九條，分別列示其條文中出現與「風險及保險」相關字樣的規定意旨如後：

(1) 守則第 14 與 16 條規定的要旨是，上市上櫃公司在處理與關係企業的公司治理關係時，應對人員、資產與財務管理的權責，確實辦理風險評估，同時，對與其關係企業往來的主要銀行、客戶及供應商，妥適辦理綜合的風險評估，降低信用風險。

(2) 守則第 27 條規定意旨是，上市上櫃公司董事會得設置審計、提名、薪酬、風險管理或其他各類功能性委員會。守則第 28-1 條規定意旨是，上市上櫃公司薪酬政策不應引導董事及經理人為追求報酬而從事逾越公司風險胃納之行為。

(3) 守則第 39 條規定意旨是，上市上櫃公司得於董事任期內，為其購買責任保險。

(4) 守則第 40 條規定意旨是，董事會成員宜持續參加涵蓋公司治理相關之財務、風險管理、業務、商務、會計或法律等進修課程。

(5) 守則第 43 條規定意旨是，公司應選任適當之監察人，以加強公司風險管理及財務、營運之控制。

(6) 守則第 45 條規定意旨是，監察人應關注公司內部控制制度之執行情形，裨降低公司財務危機及經營風險。

(7) 守則第 50 條規定意旨是，監察人宜持續參加涵蓋公司治理相關之財務、風險管理、業務、商務、會計或法律等進修課程。

另一方面，保險業另有公司治理實務守則，該守則與ERM 的關係，可參閱第二十三章。

（五）公司治理與資訊揭露

台灣 2010 年上市上櫃公司治理實務守則第六章提昇資訊透明度，即屬於資訊揭露的專屬規定，總計五條。顯見，資訊揭露是公司治理中重要的要素。公司治理既然要求透明，資訊的揭露，當然不可或缺，國際公司治理評等也將資訊揭露列為重要的評等項目。其次，文獻也顯示（沈榮芳，2005）資訊揭露程度與公司價值的提昇息息相關，因此，資訊揭露問題極為重要。然而，資訊揭露目的雖在消除資訊不對稱的問題，但也伴隨相關成本，因此,哪些項目該揭露？同時，每一項目，該揭露至何種程度？可能仍具爭議。

以 2010 年台灣「上市上櫃公司治理實務守則」為例，就資訊揭露相關部份，摘要說明如後：該守則以提昇資訊透明度為資訊揭露的原則（守則第 2 條），以股東知的權利為資訊揭露的哲學基礎（守則第 10 條），以落實發言人制度為統一發言的程序（守則第 56 條）以及應建立資訊的網路申報作業系統與網站的架設（守則第 55 條與 57 條）。

此外，該守則規定公司治理相關架構規則與訊息（守則第 59 條）、法人說明會訊息（守則第 58 條）、董事會議決事項（守則第 33 條）、董監事及大股東持股與質押情形（守則第 19、21、41 條）與管理階層收購（MBO: Management

Buyout）**18** 資訊（守則第 12 條）等皆應公開揭露。最後，關於資訊揭露的內容，不論是法規要求下的強制揭露，抑或是自願揭露，均應注意品質的可靠性與內容的合理性及正確性。

（六）公司治理評等

根據聯合國經濟合作與發展組織的公司治理指引原則，標準普爾（S&P: Standard & Poor's）發展出分析評估公司治理的架構，該分析架構包括兩大類，一類用於受評公司，一類用於受評公司所在國家的環境。用於受評公司的評等項目總計有四大項，每一大項，再分成三小項。這四大項與每大項的三小項，分別是：

第一大項是，公司所有權結構與外部影響，該項再細分為：(1) 所有權結構的透明度；(2) 所有權的集中程度與其影響；(3) 外部利害關係人的影響力。

第二大項是，股東權利與其與利害關係人的關係，該項又細分為：(1) 股東會議與投票程序；(2) 所有權的權利與被接管的防衛機制；(3) 與非財務利害關係人的關係。

第三大項是，透明度、揭露與稽核，該項再細分為：(1) 對外揭露的內容；(2) 對外揭露的時機與獲取；(3) 稽核過程。

最後一項是，董事會結構與其效能，該項又細分為：(1) 董事會結構與獨立性；(2) 董事會的角色與其效能；(3) 董監事與高階主管的酬勞。

另一方面，用於受評公司所在國家的環境，也包括四大項，分別是：

第一，市場環境：這大項主要指國家主權結構，金融市場的角色，政府或銀行的角色以及市場實務操作的演變過程；第二，法律環境：這大項主要指國家法律結構與其效力；第三，監理環境：這大項主要指監理規範與其效能；最後，資訊環境：這大項主要指國家會計標準、公佈時機、公平性與持續揭露以及稽核專業水準。

針對以上，公司治理的評等項目，如何計分則分兩種：一為模型化法（Modeling Approach），一為診斷／互動法（Clinical / Interactive Approach）。簡單說，模型化法是種量化的方式，診斷／互動法是質化的方式。模型化法可用必要的數據，以及使用問卷調查，收集數據，統計分析公司治理的程度。主要優點就是較具客觀性，亦可提供不同公司治理程度的比較，主要缺點是彈性不足，可能缺乏

---

18 管理階層收購（MBO）是併購實務中常用的方式之一。它通常是管理階層獲得外界（例如私募基金）支持後，對方自公開市場收購公司高比例股權，甚至全部股權。由於利弊互見，且確實影響股東權益，因此，守則以利弊中立的態度，要求揭露。

情境的實際了解，容易造成誤導，這主要是因公司治理評等的項目僅以數據為準，不易窺出真相。其次，診斷／互動法主要是透過深度訪談公司內部主要人員，或檢視各種會議紀錄等方式，獲取實際資訊。主要優點是彈性與深度足，真相較清楚，主要缺點是來自評等人員的主觀風險。最後，這兩種方法在實施過程中，均必須留意如何賦予每一評等項目的權重。

綜合考慮，受評公司所在國家的環境與受評公司本身，兩大評等項目後，每一公司的治理程度可歸類於如圖 8-6 中的某一類別。

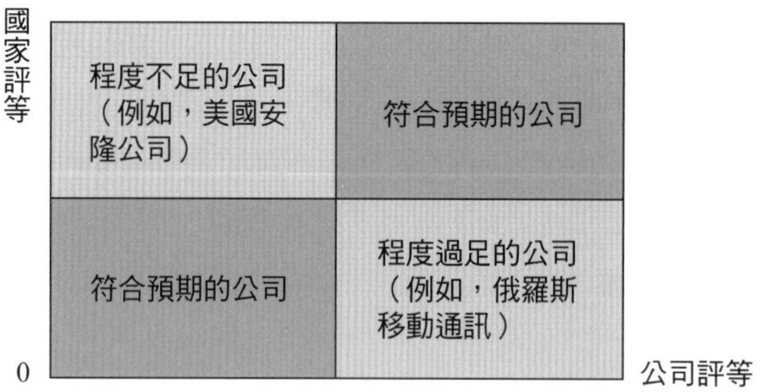

圖 8-6 公司治理程度象限圖

圖 8-6 縱軸代表受評公司所在國家的評等，橫軸代表受評公司本身的評等。一般而言，受評公司所在國家的評等越高，受評公司本身的評等也會越高；反之，越低。落入這兩象限的公司，可稱呼為符合預期的公司（Expected Company）。然而，實際上，會出現受評公司所在國家的評等高，受評公司本身的評等反而低的情形，這稱呼為程度不足的公司（Underachiever），例如美國安隆（Aron）公司。反之，可能出現，受評公司所在國家的評等低，受評公司本身的評等反而高的情形，這稱呼為程度過足的公司（Overachiever），例如俄羅斯的移動通訊（MobileTelesystems）公司。最後，公司治理已有國際 CG6004 的認證。

三、風險胃納與風險限額

風險治理中，最為重要的決策議題，就是公司如何決定可接受的風險程度（Acceptable Risk Level）。表示可接受風險程度的用語，包括風險胃納／風險胃口（Risk Appetite）、風險限額（Risk Limit）、**風險承受度**（Risk Acceptability）與**風險容忍度**（Risk Tolerance）等，寬鬆地說，這些名詞間，可交互使用，但如嚴格區

分，則有其語意與應用的差別。風險胃納是指願意且能承受的概念，這會涉及風險間的交換（Trade-Off），常用於公司最高層與董事會。風險限額、風險承受度與風險容忍度的概念，是僅涉指有能力承受的概念，常見於公司各單位部門為完成業務目標時。

（一）風險胃納的涵義

公司跟人一樣，以個人投資股市來說，個人在股市跌至幾點時，會認賠出場，就是個人對股市風險的胃納量，也就是風險容忍度，顯然，每個人均不相同，因每個人風險態度（Risk Attitude）的屬性不同。換另種話說，風險胃納（Risk Appetite）就是停損點。常聽的一句話「高風險，高報酬」，這話的真確性，在風險胃納範圍內是正確的，超過風險胃納範圍時，投資人就可能必須將過去賺的全部吐回。

上述針對個人投資股市所說的，轉移至公司本身，也是正確的。依台灣上市上櫃公司守則第 28-1 條規定意旨指出，上市上櫃公司薪酬政策不應引導董事及經理人為追求報酬而從事逾越公司風險胃納之行為。顯然，風險胃納的概念，不論是個人投資或公司經營均是極為重要的概念，尤其 ERM 的核心決策議題，就是風險胃納。

風險胃納就是在極端情況下，公司願意且能容忍損失的程度，為何願意容忍？主要原因是，雖然風險可能帶來公司的損失，但也能帶來獲利。其次，可控制與能容忍的風險，值得冒險，不值得轉嫁給別人（例如，保險公司），這其間就可進行風險間的交換。此處以公司可能面對的策略風險、財務風險、作業風險與危害風險來看，各類風險值高低與風險胃納間的關聯，參閱圖 8-7。

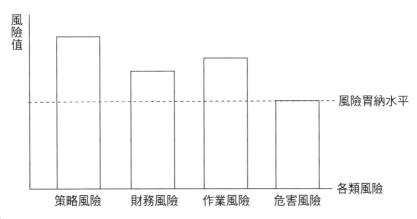

圖 8-7　各類風險值高低與風險胃納間的關聯

圖 8-7 顯示的，只是風險胃納的概念。如何決定風險胃納，是董事會策略層次核心的決策問題，也是 ERM 流程的核心，它會牽動所有 ERM 的過程。例如，優質的風險管理文化與風險胃納，是互動的，文化優質，胃納可高，胃納能高，文化需優質，如此可進一步設定更高的 ERM 目標。同時，它也是動態的觀念，但並非任意變動，且變動時要有一致的基礎。其次，決定風險胃納，需要理性計算與感性的結合，才能使該胃納制訂得合情合理，管理決策者唯有知道合情合理的胃納，才能安心冒險。

（二）影響風險胃納的變數與概念式

在說明決定風險胃納的步驟前，先說明影響風險胃納決策的變數，是必要的。綜合各類文獻（e.g. Chicken and Posner, 1998; Chicken and Hayns, 1989; Fischhoff *et al*, 1993），影響風險胃納的變數，以下列風險胃納的概念公式，最具一致性，同時，這概念式可適用於各類風險與各種決策位階，決策位階包括總體社會、政府機構、公司整體、公司各單位與個人家庭。這概念式如後：

$$A = K1*T + K2*E + K3*SP$$

A（Appetite）表風險胃納；T（Technical Dimension）表影響風險胃納的技術面變數，也就是，是否有控制風險的技術？；E（Economic Dimension）表影響風險胃納的財務面變數，也就是控制風險的技術，需花多少成本，產生多少效益，或風險可透過何種理財方式避險或轉嫁，理財成本需花多少；SP（Social and Political Dimension）表影響風險胃納的人文感性面變數，也就是，會涉及在最後決定風險胃納過程的討論中，董事會與高階管理人員對風險的不同認知（Cognition）；K1、K2、K3 為各面向的權重。

在決定風險胃納時，三面向的變數是互動的，互動最後的淨結果，才是風險胃納量。決定過程中，所需考慮的主要問題如下：第一，哪些風險或組合是公司不想要或不想承擔的？第二，哪些機會被錯過？第三，哪些風險可額外承擔？第四，要承受這些風險要多少資本？每一主要問題，均會涉及全部或部份，前述三個面向變數，例如，第一個問題的「不想要或不想承擔」，就涉及公司的意願、偏好、態度與能力問題，進而衍生出，對風險有沒有控制力的問題（涉及技術面變數），夠不夠資本承擔風險的問題（涉及財務面變數），對風險性質了不了解的問題（涉及人文面變數）等。

關於上述的考慮舉例說明如後。就公司的應收帳款信用風險而言，首先，考慮想不想要這項風險？或想不想承擔？能主動承擔嗎？此時，可進行評估影響呆帳的所有因子（涉及技術面變數），並分析公司可採何種控制方法控制呆帳率的發生？在不同控制技術下，公司可容忍的呆帳發生機率是多少？同時作一評比。其次，評估控制呆帳方法的成本與效益（涉及財務面變數），資本可承擔嗎？以及考慮是否有應收帳款保險（涉及財務面變數）轉嫁風險，保險費需多少？最後，由董事會與管理層權衡決定（涉及人文面變數）。

（三）決定風險胃納與風險限額的具體步驟

不論是公司整體的風險胃納或各類業務與各單位部門的風險限額，均要考慮前列概念變數，依循下列步驟，分別訂定常態時與非常態時的整體風險胃納或各類業務與各單位部門的風險限額。風險胃納與風險限額，可以量化方式或質化等級呈現，量化可用多少資本數量或利潤率是多少百分比等方式表達，而質化則以等級，劃分為最高、次高、中度與低度四級。

1. 整體風險胃納的決定步驟

就量化步驟上，首先，由公司風險管理部或委員會確認公司的長短期策略目標，例如短期獲利率、資本的風險調整報酬率（RAROC: Risk Adjusted Return on Capital）或長期成長率等。

其次，針對公司現況，在了解個別風險對策略目標的衝擊與公司可採用的各類回應方式後，可選擇參考國際信評機構制訂的各信評等級違約機率，以某等級的機率，做為公司最大願意忍受的破產機率，進而收集過去公司報酬的歷史數據，檢視其屬於何種統計分配，再依統計方法求出公司所需的資本總量，該總量可當作公司整體風險胃納量決定的參考。

最後，將公司營運項目計畫與資本需求配套交由董事會討論決定。另一方面，就質化步驟上，公司整體風險胃納可參考後述過程，採質化表示法，討論公司整體風險胃納。

2. 單位／部門風險限額的決定步驟

各單位／部門**風險限額**，在量化步驟上，首先，公司整體風險胃納數量經由董事會討論決定後，可選擇一安全係數，乘上整體風險胃納量，即為公司整體風險限額。

其次，公司各單位／部門（例如投資部或客服部等）依所屬業務的目標屬性與營運計畫，採比例計算或試驗方式，經由討論，將整體風險限額分別配置至各單位／部門即可。

另一方面，就質化步驟，其決定過程如後：

首先，將所屬業務依其對不同層次目標的影響，善加歸類。例如，會影響策略層次目標的業務為何？會影響經營層次目標的業務為何？會影響基層目標的業務為何？嗣後，在考量前概念式變數後，區分成最高、次高、中度與低度四種等級。換言之，針對所屬業務的目標屬性，考量是否可控制？所需代價與效益如何？最後，經由單位／部門人員討論後，決定每種業務的風險限額等級。

以客戶服務部門為例，客戶的抱怨，尤其新客戶，可能影響公司策略目標，因此，在考量概念式變數後，將該業務活動列為低度風險限額項目。其次，依同樣概念式，可將寄給客戶的帳單、可能出錯的風險事件，因會影響經營目標，因此，列入中度風險限額項目。將客戶額外需要的服務，列入次高風險限額項目。最後，將會影響基層目標的客戶服務業務，列入最高風險限額項目。

其次，依據各單位／部門所屬業務的風險屬性，決定風險限額。公司各單位／部門每項業務，均有其風險屬性，依照不同的風險屬性，同樣的概念式，決定不同等級的風險限額。例如對行銷部門言，產品行銷會與品牌名譽風險有關，這種業務風險屬性可能最無法容忍，因此，風險限額程度最低。財務與遵循法令風險，屬中度風險限額。行銷作業風險，屬次高風險限額。其他風險，可歸屬最高的風險限額。

接著，決定所屬業務風險屬性所伴隨的影響，到底是正面的抑或是負面的，如為正面的，風險限額可高，反之，越來越低。通常，依同樣概念式，對有獲利商機的專案或業務，可歸屬高風險限額的項目，可能發生威脅的業務，可歸屬次高或中度風險限額，突發的危機事件，風險限額最低。

續者，各單位／部門所屬業務，均有不同層次的授權管理，依不同授權層次，同一概念式，決定風險限額。業務如屬日常業務，基層管理員負責決策，那該業務可列風險限額高項目，其次，依業務所屬管理層級的升高，風險限額，越來越低，與董事會授權管理相關的業務，風險限額最低。

進而，依據風險限額等級，決定業務被監控的性質。屬於風險限額低的業務，應由更高階主管負責監控。其次，隨著風險限額等級的提昇，負責監控的管理階層，可越來越低階。

　　最後，依風險限額等級，決定風險回應起動水準。風險限額最低的業務，應作風險迴避，其他程度的風險限額業務，均應搭配適切的風險回應措施。

　　上述步驟，從公司總風險胃納開始至各單位／部門所屬業務風險限額等級的決定，以及業務監控與風險回應的起動，均屬於決定風險胃納／風險限額的過程，參閱表 8-1（Spencer Pickett, 2005）。表中的每一風險胃納等級，儘可能搭配相關數據，則效果更佳，例如，投資部門針對投資對象的國際信評等級，在哪種級數才無法容忍。

表 8-1　公司各單位／部門風險限額工作表

單位名稱＿＿＿＿＿＿		風險負責人＿＿＿＿＿＿		日期＿＿＿＿＿＿
風險描述	**最高限額**	**次高限額**	**中度限額**	**低度限額**
1. 業務對不同層次目標的影響	基層營運作業	顯著影響營運目標	顯著影響策略目標	嚴重影響策略目標
2. 分派業務的風險屬性決定限額	其他風險	作業風險	財務或法令遵循風險	商譽風險
3. 業務風險屬性的影響	產生獲利機會	產生營運威脅	產生策略威脅	產生策略危機
4. 授權監控等級	基層員工	單位主管	CEO	董事會
5. 評估效果的負責人員	由基層主管定期評估	由單位主管每月評估	由高階主管持續監控	由 CEO 持續監督
6. 風險回應	合理冒險	些許冒險	謹慎回應	風險迴避

（四）風險胃納與內部稽核

　　公司內部稽核應以 ERM 全部流程為基礎。針對內部環境要素，內部稽核的重點就是稽核風險胃納的制訂，內部稽核人員針對風險胃納，主要要留意公司風險胃納制訂的過程，是否有適當的溝通，同時，是否能合情合理地反映所有內外部利害關係人的期待？具體的稽核點，例如，制訂風險胃納過程中，是否有考慮公司的核心價值、風險管理文化、所有內外部利害關係人的期待以及所有員工管理風險的能力？再如，風險容忍的標準是否上下管理層次均一致？制訂標準的方法是否也一致？風險胃納的制訂是否考慮業務的目標屬性、業務的風險屬性以及正負面的影響？每家公司風險胃納均不相同，但內部稽核的原則相同，參閱第二十二章。

（五）風險胃納決策的困難

前所提，制定風險胃納的概念公式，兼顧風險的三個面向，也就是風險的實質面向、財務面向與人文面向。費雪耳等（Fischhoff *et al*, 1993）認為，全面向風險胃納的決策是相當困難的，其困難主要來自五方面：

1. 來自界定風險胃納問題的不確定性

例如，公司在決定某公共工程投資專案風險的風險胃納時，專案風險影響的層面需界定至何種層面，在決定時可能會有不同的看法。公共工程投資專案風險影響層面可包括，公共工程成本／效益層面，公共工程風險對民眾可能造成傷害的層面，公共工程風險可能對生態環境的破壞，公共工程帶來的政治與社會效應層面，與公共工程完工時程的掌控。

2. 來自風險事件真相的認定

這項認定問題，可包括什麼是一個風險事件？怎樣認定它是一個風險事件？風險事件真實性與影響為何？例如，公司甲廠斷電機率，較乙廠高，那麼甲乙廠斷電事件，視同為一個風險事件？抑或是兩個風險事件？決策人員意見可能不同。有些風險事件認定過程簡單，有些事件較複雜，風險事件的真實性，有些容易認定，有些極為困難，這跟公司風險管理是否具責備文化（Blame Culture）有關。最後，風險事件的影響，又該考慮至何種層面？

3. 來自決策過程的人為因素

例如，價值觀每人不同，但嚴重影響風險胃納的決策與執行。這與公司風險管理文化的良窳息息相關，有優質文化的公司，風險價值觀較為一致，這公司會較有一致性的風險胃納決策，反之，不然。

4. 來自評估相關因素價值的困難

完整的風險胃納相關決策變數甚多，有些決策變數的價值，容易決定，有些極為困難，例如，公司自願曝險的額度有多少？這不難決定，但評估風險事件後續影響層面的重要性，有時面臨兩難。

5. 來自評估決策品質的困難

評估決策品質的一般方法有：敏感度分析、錯誤理論、融合效度與記錄追蹤。事實上，好的決策結果，並不意味使用了好方法，使用了好方法，並不意味一定產

生好結果。對風險胃納的決策而言，事實與價值間，是很難完全釐清的，但任何決策方法，都假設事實與價值間，是可完全釐清的。

四、風險管理文化、哲學與政策

文化是什麼？風險與文化又有何關聯？對前者，文獻（e.g. Smith, 2001）中有太多不同的定義，在此，可簡單理解文化為價值、信念、與規範三要素的綜合體。對後者，可簡單的說，風險就是一種文化反映，詳細內容，閱第三十四章。文獻顯示（Maister, 2001），文化會影響員工工作態度，進而會顯著影響公司財務績效。此一結果，理應適用在風險管理文化對風險管理的績效上。

風險管理文化這項軟性要素，是風險管理中最重要的基石，它是指公司內部各個層面在作任何決策時，對風險管理的重視程度。具體項目可包括風險管理政策與風險胃納的制訂以及風險治理過程中，人員參與的程度或對內對外風險資訊的溝通與揭露程度等。在沒有風險管理文化的公司，風險管理部門再如何努力也枉然。也因此，國際信評機構標準普爾（S&P: Standard&Poor's）在評估保險公司 ERM 的五大項目中，第一大項就是評估風險管理文化。風險管理文化的評估，採用16 項效標，這 16 項效標，同樣可適用在其他產業。

（一）衡量效標與文化改變

1. 優質文化效標

優質文化效標包括：(1) 風險管理與公司治理完全緊密結合，並獲得董事會堅實的支持；(2) 特定期間內，公司風險胃納水準，清楚明確且配合目標；(3) 風險管理的責任全在於有影響力的高層；(4) 董事會能清楚了解公司整體的風險部位，且對風險管理活動與訊息，能定期討論或收到回報；(5) 風險管理人員均具備專業證照或接受過風險管理的專業訓練，且是專職；(6) 風險管理目標與業務單位目標完全契合；(7) 薪酬制度完全與風險管理績效契合；(8) 風險管理政策與實施程序，完全文件化且眾所周知；(9) 風險管理活動與訊息的內外部溝通程序，不只有效且完全順暢；(10) 公司將風險管理視為競爭的利器；(11) 公司風險管理上，不只積極從錯誤或招損中學習，且針對政策與程序作積極的改變；(12) 當實際風險與預期有落差時，風險管理上允許作改變；(13) 公司管理層完全能了解風險評估的基礎與

假設，也能完全溝通以及了解風險管理方案的優缺與其呈現的價值與過程；(14) 針對特定重大的風險，有特定的高層負完全責任；(15) 風險評估、監督考核與風險管理，各由不同的員工負責；(16) 海外分支機構或不同的關係企業，對風險管理的看法，均與總公司或母公司一致。

2. 劣質文化效標

劣質文化效標包括：(1) 風險管理在公司經營上，只是用來應付監理機構的要求；(2) 風險胃納水準不明確且隨狀況任意改變；(3) 風險管理的責任在於中低階層；(4) 董事會只有在損失發生後，才能了解公司整體的風險部位，也才討論相關訊息；(5) 風險管理工作是由其他部門員工擔任，且邊學邊作，或公司無人從事風險管理的工作；(6) 風險管理目標與業務單位目標不契合且有所衝突；(7) 薪酬制度與風險管理績效不契合；(8) 風險管理政策與實施程序，文件化不完全；(9) 風險管理的活動與訊息，只有必要人員才能獲悉；(10) 公司將風險管理視為應付或化解外部制約的利器；(11) 公司風險管理上，忌諱提及錯誤或損失，且管理人員過份自信認為，同樣的事件未來不會再發生；(12) 公司風險管理上，不允許意外，也不允許寬恕；(13) 公司裡，只有風險技術人員了解風險評估的基礎，但這些技術人員無法與管理層人員進行有效的溝通；(14) 公司裡，沒有特定的高層針對特定重大的風險責任負責；(15) 風險評估、監督考核與風險管理的職能，由同樣的員工負責；(16) 海外分支機構或不同的關係企業，對風險管理的看法，均與總公司或母公司不一致，且完全在地化。

3. 改變文化的要訣

ERM 是依組織量身訂作的，ERM 成功的首要條件，在於風險管理文化是否優質，因此，文化的改變極為重要。任何風險管理文化的改變，均需組織最高層的極度重視與領導才可能成功。下列是文化改變的六項要訣（Bowen, 2010）：(1) 對組織現行文化類型 [19]，進行全面性的檢視評估；(2) 決定應從何處開始改變，其理由是什麼；(3) 描繪出組織未來文化的圖像，並要能確定它是最有利的文化類型；(4) 檢視現行文化與描繪未來文化的過程中，均需組織成員的參與，並執行需要的改變；(5) 將組織想要的行為模式，融入績效評估與所有管理過程中；(6) 文化改變過

---

[19] 文化的分類有多種。依照第二章所提及的風險文化理論（The Cultural Theory of Risk）的分類，可分為宿命型文化、市場型文化、官僚型文化與平等型文化四種。詳細內容參閱本書第七篇。

程中，需持續進行評估，且要能獲得利害關係人的回饋，進行必要的調整。

（二）正直與倫理

　　風險管理文化，固然是風險管理成功的重要基石，前面所提的 16 項效標，只是外顯的效標，文化其實還包括內隱的價值與信念，因此，風險管理人員風險倫理的價值觀與正直的品德、誠信的信念，更是影響風險管理文化良窳的重要變數，外顯的效標即使優質，如果風險管理操作人員不具風險倫理的價值觀與正直的品德、誠信的信念，結果亦枉然，例如，霸菱銀行與 AIG 風暴即為明證。

　　正直的品德與誠信的信念，其重要性可參閱附錄五的 101 條風險管理準則第 99 與第 100 條的內容。其次，**風險倫理**（Risk Ethics）的價值觀，則從負責任的風險評估，開始說明。孫治本（2001）提出負責任的風險評估四大原則 [20]，其中「原則一」提到，如做某種事情，可能獲利，也可能產生無法承受的損失；但如不做某種事情，就不會產生無法承受的損失；如果我們的決定是不做某種事情，那就是一種負責任的風險評估。孫治本的風險評估四大原則，同時考慮了機率原則與後果原則，從技術觀點言，負責任的風險評估應奠基在合理的風險胃納（Risk Appetite）下。其次，孫治本（2001）在〈風險抉擇與形而上倫理學〉一文中提及，約拿斯（Jonas, H.）的風險倫理學是不同於傳統倫理學的「未來倫理學」概念。傳統倫理學強調人們只需為現在的行為產生的直接後果負責，未來倫理學則強調人們需為現在行為所產生後果的遠程效應負責，換言之，風險倫理的概念，不局限在行為的直接後果，也包括間接後果，不局限於現時後果，也包括長期的影響。

（三）風險管理哲學與政策

1. 風險管理的哲學

　　第二篇第三章中，已對風險管理的哲學背景有所說明。這裡主要在說明 ERM 內部環境要素中，風險管理決策人員對於管理思維上的兩種論調，這項管理思維上

---

[20] 孫治本（2001）〈風險抉擇與形而上倫理學〉一文中指出，負責任的風險評估有四大原則，原則一除外，其他三個原則分別是原則二「如做某種事情，可能獲利，也可能產生無法承受的損失；然而不做某種事情，也可能產生無法承受的損失，則可參考各自發生的機率。」；原則三「若做某事有可能獲利，且可能產生的損失在容忍範圍內，則可參考損失、獲利的大小及其各自發生的機率做出決定。」；原則四「若做某事可能產生無法承擔的損失，不做該事則目前看不出會產生無法承擔的損失，但放棄做該事，可能會在未來某種情況下造成無法承擔的損失，則目前不應做該事，但應保留做該事的潛能，以備不時之需。」

的兩種論調，分別是事先防範的思維與強化彈力的思維，採用前者的，即預警式風險管理，採用後者的，屬回應式風險管理。詳細亦可參閱第二篇第三章中的相關內容。

這兩種不同的管理哲學，將顯著影響公司資源在風險管理上的配置策略。事先防範的思維下，預防重於治療，因此，公司在風險控制上會配置較多資源。強化彈力的思維下，公司資源在風險理財或其他有助於改善公司體質的措施上會配置較多。此外，公司規範辦法上呈現的想法，也是風險管理哲學的範疇。最後，風險管理文化，也與這項哲學的思維與其它規範辦法上呈現的想法有關。

2. 風險管理政策

ERM 架構下的風險管理政策，其考量因素遠比 TRM 架構下的複雜。政策的考量，首受風險管理哲學影響。其次，受到整體風險胃納影響。風險胃納決定後，公司即應形成風險管理政策，其文書謂之**風險管理政策說明書**（Risk Management Policy Statement）。

風險管理人員草擬政策說明書時，除內部環境因素，於決定風險胃納時已考量外，尚應考慮三大外部要素如後：

第一，公司經營大環境：經營環境包括政治，經濟，社會，文化，法律等環境。經營大環境變動的資訊，如兩岸三通、八十四小時工時案的通過、戒急用忍政策的鬆綁、核四廠停建等，均會深深影響企業的經營。許多大環境的變動，都可能產生的新風險，如兩岸三通、進行大陸投資的政治風險等，均是風險管理人員草擬政策說明書時，應仔細分析和謹慎因應的。

第二，公司所屬產業的競爭狀況：這個因素是考慮公司與顧客、同行以及供應商的互動關係。公司與顧客的關係，如公司大客戶突然停止下訂單，造成公司的連帶的生產中斷，風險管理上要能事先因應。公司與同行間的競爭激烈且產品間的替代性高，風險管理上可要特別留意，生產中斷與連帶生產中斷的可能性，以免佔有的市場迅速被同行替代。公司對供應商要特別留意供料中斷的可能，慎選供應商為風險管理上重要課題。

第三，公司所在地保險市場與資本外匯市場的狀況。保險是危害風險管理中，重要的風險理財工具。公司所在地保險市場的狀況，要能影響公司風險管理上對保險的依賴度。如果當地保險市場是較為疲軟的市場（Soft Market），則公司對保險的依賴度可增加。疲軟的市場有幾個特徵，如費率較自由、保險資訊較透明、保單條款磋商空間大等。反之，如果當地保險市場是較為艱困的市場（Hard Market），

則公司對保險的依賴度可減少。另外，資本外匯市場是否自由與健全，要能影響財務風險管理的運作。

其次，在風險管理政策說明書中，含蓋風險管理組織，且應釐清董事會、風險管理委員會、風險管理部門、營運單位、內部稽核與風險長的風險管理相關職責。同時，也應載明不同管理層級的核准權限與訂定簽名原則（Signature Principle）。

此處，試圖以一家高科技業為例，草擬風險管理政策說明書如後，閱表 8-2。

風險管理政策說明書的內容，基本上分為兩部份：一為風險管理政策的基本陳述；二為風險管理職責。草擬時，也應注意幾個要點：(1) 明確宣示公司風險管理的目的；(2) 既稱為政策，故宜以原則性語句表示；(3) 草擬各風險管理職責時，宜

表 8-2　風險管理政策說明書

武漢光谷科技公司
風險管理政策說明書
二〇一〇年

一、風險管理政策

1. 本公司風險管理基本政策除配合公司總體目標外，應以維持公司生存，以合理成本保障公司資產，維護員工與社會大眾安全為最高目標。
2. 風險控制與風險理財並重，並重有效的風險溝通。風險控制方面應重事前的防範與事後的緊急應變。風險理財應權衡國內保險市場與資本市場，加入 WTO 與簽訂 ECFA 後的衝擊，適切規劃。
3. 公司本年度可承受的風險水平，最高以過去三年平均營業額的百分之一為限。
4. 策略風險、財務風險、作業風險與危害風險，宜個別另訂適合本公司的風險管理政策。
5. 鑑於科技的快速變化，經濟的不景氣，環保意識的增強與兩岸三通的開放，本年度風險管理上，尤應重視供應商供料與市場佔有率的保持，環境風險的溝通，因失業率高企，引發的道德危險因素的防範，與評估投資風險等事宜。

二、風險管理組織與職責（內容除風險管理相關職責外，需含括核准授權與簽名原則）

1. 董事會
2. 風險管理委員會
3. 風險管理部門
4. 執行長
5. 內部稽核
6. 風險長
7. 財務長
8. 損防工程師

注意彈性授權（Williams, Jr & Heins, 1981）。

　　制定書面的風險管理政策說明書，除可完成宣示與溝通目的外，對公司風險管理工作的順暢亦提供眾多好處。最重要的，例如對風險管理主管言，位階明確，與其它部門主管溝通協調較無障礙。同時，既為公司政策，風險管理工作的一致性，不受風險管理主管更換時的影響（Williams, Jr & Heins, 1981）。最後，要留意的是當考慮因素有顯著變動時，風險管理政策說明書宜重新草擬。

五、設立目標

　　廣義目標的涵義，可包括 MGO 三個層次，那就是公司經營宗旨（Mission）、一般目標（Goals）與特定目標（Objectives），這三個層次是環環相扣的，也分別對應公司的策略管理層次（宗旨）與戰術以及經營管理層次（一般目標與特定目標）。目標的設定應配合公司的風險胃納，簡單說，風險胃納額度高，目標可高，反之，要低。

　　公司經營的宗旨與公司的核心價值有極大關聯，公司的核心價值對 ERM 的全面流程，均有顯著深遠的影響，例如風險胃納的制定，也受核心價值的影響。 在經營宗旨的策略目標下，制定一般目標與特定目標，一般目標即各部門／單位經營目標，各部門／單位特定目標則依經營目標制定。至於報告正確目標與法令遵循目標，則與公司所有管理流程有關。

　　就策略目標言，如果公司是屬穩定能獲利的事業，那麼，策略目標就是追求效率。如果公司是屬新創事業，那麼，策略目標就是追求成長。如果公司是屬問題事業，那麼，策略目標就是追求資本管理。其次，就經營目標言，例如行銷部門可制定產品責任風險事件發生機率為 5% 或 3% 的目標。最後，所謂的報告正確目標，亦即要將正確的訊息報告給正確該負責的人。法令遵循目標就是恪守法令規定，不鑽法令漏洞。報告正確的目標與法令遵循目標均與倫理正直的價值觀有關，也是 ERM 能成功的軟性要素之一。

　　此外，風險管理目標亦可分為：第一，損失前（Pre-Loss）目標，包括節省經營成本、減少焦慮、滿足法令要求與完成社會責任；第二，損失後（Post-Loss）目標，包括維持生存、繼續營業、穩定收入、繼續成長與完成社會責任。就損失後目標而言，公司可用資源與這些目標的關聯，可參閱圖 8-8。

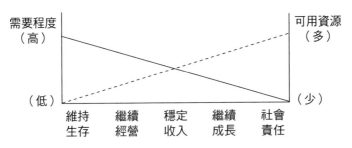

圖 8-8 可用資源與損失後目標的關聯

六、本章小結

　　風險胃納是 ERM 的核心問題，公司治理、風險管理文化與哲學等，均會影響風險胃納的決定。風險胃納則需配合目標。內部環境要素中，員工的正直與風險倫理觀，影響 ERM 最後的成敗甚巨。

思考題

❖ 有句成語，好高騖遠，其含義與本章有何關聯？不滿意但可接受，其意涵與風險胃納，有何相通處？

❖ 風險倫理概念與公司治理間，有何關聯？

❖ 大家都說不要人治，要用制度治理公司，但為何有許多風險管理制度完備的公司，也會發生醜聞？

❖ 公司向金融機構貸款，請問與公司風險胃納間，有何關聯？

參考文獻

1. 丁文成（2007 / 1 / 15）。從公司治理談董監事責任。*風險與保險雜誌* No.12。pp.19-24。台北：中央再保險公司。

2. 沈榮芳（2005）。***資訊揭露透明度對公司價值影響之研究：以台灣上市上櫃公司為例***。中華大學經營管理研究所碩士論文。

3. 孫治本（2001）「風險抉擇與形而上倫理學」在：顧忠華主編 *第二現代──風險社會的出路？* Pp.77-97。台北：巨流圖書公司。

4. 廖大穎（1999）。*證券市場與股份制度論*。台北：元照出版社。

5. 薄慶容（2006 / 10/ 15）。信用評等機構如何看待保險人的 ERM。*風險與保險雜誌*。N0.11。pp.9-13。台北：中央再保險公司。

6. Anderson, T. J. and Schroder, P. W. (2010). *Strategic risk management practice-How to deal effectively with major corporate exposures.* Cambridge : Cambridge University Press.

7. Baranoff, E. G. *et al* (2005). *Risk assessment.* USA: IIA.

8. Bowen, R. B. (2010). Cultural alignment and risk management: developing the right culture. In: Bloomsbury Information Ltd. *Approaches to enterprise risk management.* Pp.51-54. London: Bloomsbury Information Ltd.

9. Collier, P. M. (2009). *Fundamentals of risk management for accountants and managers-Tools and techniques.* Oxford: Butterworth-Heinemann.

10. Chartered Institute of Management Accountants (CIMA), International Federation of Accountants, 2004. *Enterprise governance: getting the balance right.*

11. Dallas, G. S. and Patel, S. A. (2004). Corporate governance as a risk factor. In: Dallas, G. S. ed. *Governance and risk-An analytical handbook for investors, managers, directors, and stakeholders.* Pp.2-19. New York: McGraw-Hill.

12. Fischhoff. B. *et al* (1993). *Acceptable risk.* Cambridge: Cambridge University Press.

13. Galbraith, J. R. (1977). *Organization design.* Addison-Wesley publishing company: Reading, Massachusetts.

14. Maister, D. H. (2001). *Practice what you preach-What managers must do to create a high achievement culture.*

15. Matten, C. (2004). *Managing bank capital: capital allocation and performance measurement.*

16. Miccolis *et al* (2001). *Enterprise risk management: trends and emerging practices.* Florida: The Institute of internal Auditors Research Foundation. Pp.xxiv.

17. Shaw, J. C. (2003). *Corporate governance and risk-A systems approach.* New Jersey: John Wiley&Sons, Inc.

18. Shimpi, P. (2002). Integrating risk management and capital management. *Journal of applied corporate finance.* Vol.14. No.4, winter. Pp.27-40.

19. Smith, P. (2001). Cultural theory: *An introduction.* Blackwell Publishers Inc.

20. Spencer Pickett, K. H. (2005). *Auditing the risk management process.* New Jersey: John Wiley & Sons, Inc.

21. Williams, Jr. and Heins (1981). *Risk management and insurance.* New York.: McGraw-Hill.

第 9 章

風險事件的辨識

有云知己知彼，百戰百勝，公司管理風險也一樣。

公司治理透明，風險胃納合情合理，目標也明確，再搭配優質的風險管理文化與獨立客觀的內外部稽核（Internal and External Auditing），那麼該公司的整體風險程度會相對降低許多。然而，風險是動態的，隨時間新風險也會陸續出現，同時無可否認的，科技與知識均有極限，未知的未知風險因子 [1]（Unk-Unks: Unknown-Unknowns Risk Factors）永遠存在，風險事件就可能發生，因此，ERM過程需週而復始，有系統地持續性進行，而風險來源與事件的辨識（Identification）是風險管理正式執行過程的開始。

風險有威脅（Threat）損失的一面，也有機會（Opportunity）獲利的一面，獲利的一面，可回饋調整經營管理的策略。其次，風險管理上，最大的風險，就是不知道風險何在，以及對風險管理過份依賴與自信，換言之，前者說明了風險來源與事件辨識工作的重要性與特性，後者說明了風險管理並非萬能，如認為萬能，也是風險的來源。風險來源與事件的辨識是否完整有效，也受到內部環境以及目標設定的影響。本章首先，說明風險事件辨識的架構，其次，說明在策略管理及經營管理層次常用的方法。最後進一步說明，各類風險與相關名詞。

一、風險事件辨識的架構

簡單說，無法完成公司目標的所有原因，均是風險可能的來源，也就是風險因子。辨識可能的風險事件是在找出其來源與所在，以及了解風險事件可能造成的衝擊。風險事件產生的原因，常是風險因子長期累積的結果。辨識風險前，認識風險的終極根源是有必要的。

（一）風險的終極根源

天、地與人是所有風險的終極根源。天就是自然宇宙，地就是地球環境，人就是居住於地球與其所構成的社會。自然宇宙過去被視為神秘的，這個神秘的力量，影響了地球的生態環境，也影響了人們對事物的心理認知（Cognition），從而有不同的政治社會文化制度。現在人們拜科技之賜，探索自然宇宙，自然宇宙也不再如

---

[1] 未知的未知風險，指的是還未被認為可能發生，但一旦發生是幾乎毀滅性的風險。人類知識總有極限，所以永遠存在未知的未知風險。這類不確定是屬於本書前曾提的完全混沌未明的不確定，嚴格說，不是風險管理的範圍，但風險管理上，也需特別去想像如何因應，尤其在策略風險管理層次，參閱 Taleb, N. N. (2010). The Black Swan-the impact of the highly improbable. USA: Brockman.

過去神秘，人們的認知也因而改變。同時，科技也使吾人進一步體認到，自然宇宙是如何成為重要的風險根源。著者將風險的終極根源，歸納為兩大類：第一類為自然環境，純與自然宇宙有關，全無人為因子在內的風險根源；第二類為人為環境，只要與人為因子有關的，均屬此類。

1. 自然環境

人類對大自然，一直想了解其奧秘，並想駕馭它。有些拜科技之賜，對其成因已有相當了解，但要改變它，進而加以控制，有些可以，有些以人類目前的科技仍無能為力，例如，人類仍無法控制地球板塊推擠產生的地震。在科技有極限的情況下，浩瀚的自然宇宙，自古至今，雖有新發現但依然神秘，這些神秘自然的力量，對地球生態與人類社會，均可能產生危害與破壞，因此，神秘的自然宇宙是風險的終極根源之一。

2. 人為環境

事實上，風險的終極根源，有極大部份與人類有關。過去認為旱災、水災、天寒地凍是神的傑作。然而，已有人認為許多天災，其實是人禍（Jones, 1996）。「大地反撲」即含此意。科技固然帶給人類文明，科技本身也可能成為災難的根源，例如，基因生化科技可治絕症，但將來也可能帶給人類災難。另一方面，人類自己創設了各種政治、經濟、社會、文化與法律制度，這些制度本身就是風險的根源。例如，民主體制與共產體制，就會衍生不同的政治風險（Political Risk）。最後，人類自己本身如何知道與看待周遭的事物，將會影響其行為，行為有可能製造危害。這種對事物心理認知的不同，也是風險重要的根源。威廉斯等（Williams, Jr *et al*,1998）將此種對事物心理認知的不同，稱為**認知環境**（Cognition Environment）。

（二）風險事件的結構

風險事件之所以發生，必有其因子與條件。風險因子的存在，就公司經營上來說，可分為外部因子與內部因子，這些因子可存在於不同層次的結構裡，因子相互間，可能有關，可能無關。同時，隨著時間，所有的風險因子均可能改變。其次，萬一發生風險事件，衝擊公司的經營目標是必然的，這項衝擊可大可小，有些衝擊容易衡量，有些衝擊損失衡量難度高。就損失難衡量方面，考其原因不外是：缺乏衡量損失的市場價值，而需衡量至何種範圍，容易引起爭議，以及機會成本難估

計。在此，以時間為軸，從風險事件發生前、到風險事件的發生，以及發生後產生的衝擊與處理，以圖9-1顯示風險事件的結構。

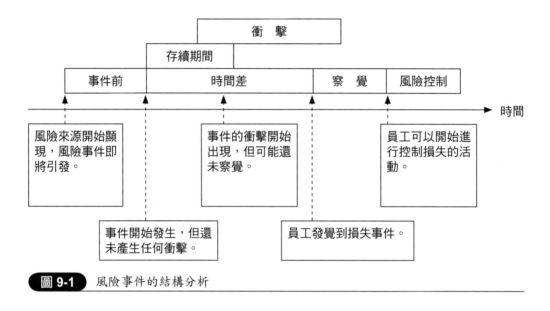

圖 9-1　風險事件的結構分析

（三）風險辨識的架構與前置概念

1. 風險辨識的架構

風險與時間是銅板的兩面。換言之，有未來就有風險，同時，風險的特性也會隨時間改變。是故，辨識風險，是必須持續進行，也需要建立制度與建立風險管理資訊系統 [2]（RMIS: Risk Management Information System）。不論產業特質為何，公司內外部環境分析是辨識風險時，最重要的開始。在此經由調整圖6-1且套用管理大師波特（Porter, M. E.）環境分析的五力 [3] 模型（Five Forces Model）概念（Porter, 1980），作為確立辨識風險的觀念架構，閱圖9-2。

---

[2] 參閱本篇ERM要素資訊與溝通第二十一章。

[3] 管理大師波特（Porter, M. E.）的五力係指新競爭者的威脅、客戶的議價能力、供應商的議價能力、替代商品或服務的威脅與產業競爭程度。

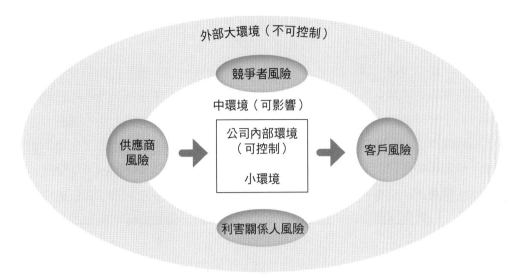

圖 9-2　風險辨識工作的觀念架構

　　上圖中顯示，大、中、小的環境，大、中環境可說屬於策略管理層面對的環境，小環境可說屬於戰術與經營管理層所面對的環境。屬最外圍的大環境風險通常為公司無法控制的風險，這是指公司對風險的來源完全無法控制與影響的風險，這類風險因子通常來自系統環境。例如，大陸的改革開放、兩岸 ECFA 的簽訂、台灣國民黨的重新執政、金融海嘯的發生、中央銀行的升息與信用管制政策與企業會計將於 2013 年與 IFRS 的正式接軌等各類型系統風險事件。針對這類型風險事件，公司雖無力控制其來源，但可根據過往國內外經驗，事先妥為因應。

　　其次，中環境屬中間層，中環境的風險是公司對風險的來源，能夠具有影響力度且可部份控制其來源的風險，這類風險因子主要來自競爭者、客戶、上下游供應商與內外部利害關係人。來自競爭者的風險因子主要包括進入／退出市場與產品的創新，例如，電子代工業需留意來自大陸電子代工業低價搶單的價格風險競爭，因為大陸電子代工業年複合成長率是 22%，比台灣 ODM 整整高出一倍。來自競爭者的風險，公司可影響的力度可能不強但能事先規劃因應。針對來自客戶、上下游供應商與內外部利害關係人的風險，公司能影響的力度就強許多。對客戶言，公司除注意滿意度外，更應強化其忠誠度，尤其是大客戶，且需注意分散客源。對上下游供應商言，公司除加強對其協助輔導外，更應留意供應商太過集中的風險，尤其應採多重異地供應商的對策。對內外部利害關係人言，善用政商關係、風險溝通術與

EAP [4]（Employee Assistance Program）計畫，影響員工、債權銀行、投資大眾與立法委員。

最後，圖中內層，屬小環境的風險，這層風險屬於公司最可控制的風險，這是指公司對風險的來源完全可控制的風險，這類風險因子主要來自公司內部的製造、研發與營運管理活動。不論是資產、產品製程、行銷、財務投資、法務遵循、招募新人、制度辦法、溝通協調與員工行為等每一環節均可能是風險的來源，也均有跡可循，也能事先加以控制。這類風險因子的控制唯有真正落實 ERM 才能實現，即使像富士康員工跳樓事件，透過 EAP 計畫與良好的防範措施，應可降低事件的發生。此外，針對供應鏈與銷售鏈風險，更要留意供應鏈與銷售鏈中所有的違約責任與罰款等合約風險。

2. 風險辨識的前置概念

辨識風險工作開始時，需具備三點前置概念：第一，應善用柏拉圖法則 [5]（Pareto Principle），或俗稱的 80/20 法則，柏拉圖法則可應用在許多事務的解釋上，應用在風險事件辨識工作上，就是說公司可能面對的風險來源，約有百分之八十，來自百分之二十關鍵性常見的事件或流程。該法則提醒風險管理人員可將重點擺在幾個少數關鍵的事件上，進而節省辨識風險時所花的時間成本；第二，應先了解同業最佳的實務標竿或作業流程（SOP: Standards of Operational Procedures），依據同業最佳的實務標竿或作業流程，有助於了解公司管理的問題所在，這些問題就是風險的來源；第三，應了解風險來源與風險事件的關聯，了解風險來源與風險事件的關聯，是獨立還是相依，有助於對公司衝擊的認識。其次，對「風險事件」（Risk Event）的定義要明確，這在辨識風險上極為重要，當定義不明確時，會影響後續的評估與管理。

---

[4] EAP 是員工協助方案，主要包括員工諮商服務、生涯發展服務與健康福祉服務。EAP 員工協助的面向則包括員工的健康面、工作面與生活面。以卡皮特拉牽引機公司（Caterpiller Tractor）為例，其 EAP 範圍包括：心理治療與新進人員的心理測驗；與主管人員諮商員工問題的管理；提供心理測驗資料與解釋；協助有情緒困擾的員工安排調職、轉換工作或接受治療；協助情緒嚴重失調員工轉介至醫院或社區中心；與醫生及主管人員協商那些遭遇嚴重精神或情緒困擾的員工在完成治療後，進行復健與心理調適；保存個案記錄。EAP 詳細訊息與案例，可參閱蔡永銘所編著的《現代安全管理》第三版（民國 92 年）第 306 至 315 頁所揭示的內容。

[5] 義大利經濟學家維佛多‧柏拉圖（Vilfredo Pareto）指出，社會財富約80%，掌握在少數 20% 人手上。類似概念可用在辨識風險上。

二、辨識風險事件的方法

公司辨識風險時，先對公司現況作詳細的檢視極為重要，檢視的重點，主要有三（Conrow, 2000）：第一，檢視現行經營業務的範圍與項目。這有助於了解何種外部風險來源與事件會衝擊所經營的業務與項目，檢視過程中，也特別留意新的業務，因新業務可能帶來新的風險；第二，檢視現行所有營運作業流程的純熟度，並與同業實務標竿或作準流程（SOP）比較；第三，檢視現行人員的專業訓練與相關資源是否足夠。第二與第三點的檢視，有助於了解來自內部風險來源與事件的衝擊。本節說明找出風險常用的方法。

（一）策略管理層次使用的方法

1. SWOT 分析法

SWOT 分析就是透過對公司內部的優勢（Strength）與劣勢（Weakness）分析，以及公司外部的機會（Opprotunity）與威脅（Threat）分析檢視風險。透過此法，可知公司與同業比，競爭優勢何在？進而依外部環境擬定策略方針。

2. 平衡計分卡法

平衡計分卡 [6]（BSC: The Balanced Scorecard）是新的策略管理工具，是辨識策略層風險的方法，也是策略風險（Strategic Risk）控制的手段，它結合財務、顧客、內部流程、學習與成長四個構面，完成未來的願景與策略。每一構面的每一問項，均與風險的辨識與分析相關，例如，顧客構面問項，為了達到願景，我們對顧客應如何表現？前提及，未完成目標的因素，均是可能的風險來源，因此，該問項已內含風險的辨識。

3. 政策分析法

政策分析法（Policy Analysis Method）是針對國內外政府可能或既成的政策，深度分析對公司不利的風險來源與風險事件對公司的可能衝擊。就跨國公司而言，針對各國的貨幣政策、財政政策、經貿政策、環保政策、農業政策等財經或非財經政策的分析，可辨識出可能的各類風險來源與政策風險事件對公司的衝擊。針對本

---

[6] 可詳閱 Kaplan and Norton (1996). The balanced scorecard—translating strategy into action. Harvard business school press.

國政策的分析，也有類似的功能。例如，人民幣匯率對美元是否升值的財經決策，可能是匯率風險的來源。萬一決定升值的政策事件發生，對公司的直接與間接衝擊或機會成本為何。再如，颱風的農作物損失，政府是否補助的決策，可能是農產運銷公司的風險來源，所以公司也需了解該政策事件的衝擊。透過此法顯示的，大部份是公司無法控制的外部風險來源與事件。

（二）經營管理層次使用的方法

1. 制式表格法

制式表格法（Standardization Statements Approach）是採用相關機構團體，例如保險公司、專業學會、產業公會等設計的標準表格，辨識風險來源與事件。這些制式表格適合新公司或初次想要建置風險管理機制的老公司使用。主要的制式表格有保險相關團體所制定的，例如，風險分析調查表（Risk Analysis Questionnaire）（參閱附錄五）、保單檢視表（Insurance Checklist）（參閱附錄六）與資產－曝險分析表（Asset-Exposure Analysis）（參閱附錄七）。這些制式表格的優點是經濟方便且適合管理風險初期使用，缺點則是缺乏彈性，無法滿足公司的特殊需求。

其次，各類不同產業公會或團體也會設計該產業的標準表格，提供會員或其成員使用，由於針對產業特性設計而成，因此，對會員或其成員適用性高。例如，美國陸軍發展的初期危害分析表（PHA: Preliminary Hazard Analysis）制式表格，有助於在製程概念與設計初期，提早辨識風險的來源。

2. 風險列舉法（一）：財報分析法

風險列舉法（The Risk-Enumeration Approach）有財報分析法（Financial Statement Method）與流程圖分析法（Flow-Chart Method）。所謂風險列舉法係站在消費者的立場（Consumer-Oriented），根據公司財務報表與其他財務資料以及生產過程或管理流程，辨識可能的風險，它又稱為邏輯分類法。首先，說明財報分析法。財務報表可說是企業所有經營活動的縮影。是故，分析財務報表有助於認識經營風險可能的來源與事件。

公司重要的財務報表有三：一為資產負債表（Balance Sheet）；二為損益表（Income Statement）；三為財務狀況變動表（The Statement of Changes in Financial Position）。從資產負債表，可辨識公司的資產與負債風險的類型，例如，公司曝險的種類、存貨價格變動風險、存貨存量控制不當的風險等。從損益表，可了解公

司業務盈虧風險的來源。從財務狀況變動表，可認識現金流量風險的來源。此外，也需留意各項財務明細表、財務相關的重大會議記錄與憑證資料。

風險管理人員也可根據各種財務比率運算的結果，進一步以其他相關資料為佐證，追蹤可能的風險來源。例如，「Z Score」值、流動比率等各類財務比率，根據比率的運算結果，追蹤風險可能的來源。以「Z Score」值為例，「Z Score」值的計算公式為（Chicken and Posner, 1998）：

$$Z = 1.2X1 + 1.4X2 + 3.3X3 + 0.6 X4 + X5$$

其中，X1＝流動資產減流動負債／總資產。X2＝保留盈餘／總資產。X3＝利息與稅前盈餘／總資產。X4＝特別股與普通股市值／總債務。X5＝銷貨收入／總資產。根據計算結果，吾人將有九成的把握，判定公司未來財務的健全度。例如，「Z」值，如低於 1.8，表示公司未來可能破產的機會，可能有九成。知道運算結果後，則可追蹤風險的來源。

此外，目前台灣企業會計制度將於 2013 年全面接軌 IFRS，在全面接軌前，採用平行帳務處理方式，平行帳務處理可能產生的資產負債帳面金額的差異數，是否會影響課稅基礎，以及應否課徵營利事業所得稅及未分配盈餘稅，均是公司可能面對的稅務或法律風險的來源。

3. 風險列舉法（二）：流程圖分析法

流程圖分析法是以生產製造過程或作業管理流程，辨識可能的風險來源與事件。認識常用的流程符號，是運用流程圖分析法的首步。常用的流程符號與涵義，參閱圖 9-3：

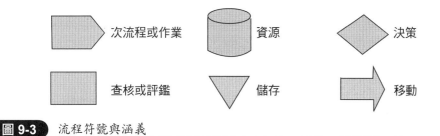

圖 9-3　流程符號與涵義

繪製流程圖時，頂多繪製 2 至 3 個層次即可。其次，流程圖有內外流程圖之分，例如圖 9-4 的內部流程（Internal Flow），圖 9-5 的外部流程（External Flow）。如將經濟學家發展的投入產出分析（Input-Otuput Analysis）融入，則有

助於評估風險。例如,圖 9-5 中的數據,有助於最大可能損失的評估。流程圖分析法,對營業中斷(Business Interruption)與連帶營業中斷(Contingent Business Interruption)風險來源的辨識更顯適用。以連帶營業中斷風險為例。如公司七成原料,均來自中國大陸的供應商。那麼,可能引發該供應商財務不穩的風險來源,均是連帶營業中斷風險的來源。此種風險來源謂為「**供應商**」**風險**("Contributing" Exposure)。另外,如公司九成產品,均外銷美國。那麼,影響美國拒買台灣貨的所有因素,也均是連帶營業中斷風險的來源。此種風險來源謂為「**客戶**」**風險**("Recipient" Exposure)。

最後,運用流程圖分析法辨識風險來源與風險事件,至少需留意下列五點:第一,注意流程在組織中,扮演何種角色?第二,注意流程在決策時的變化程度?第三,注意不同流程間的關聯性?第四,找出關鍵流程與所需資源,並且描述相關問題。例如,公司能忍受關鍵流程中斷多久?關鍵流程涉及哪些員工?這些員工專業技能成熟嗎?第五,作業風險流程,需以標竿作業,作適當的評估。

依鞋狀裁斷 PVC 板　→　裁縫鞋樣　→　鞋品整理　→　包裝出貨

圖 9-4　某鞋廠海灘鞋內部製造流程圖

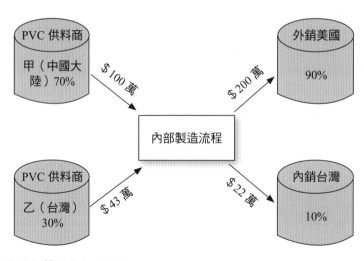

圖 9-5　某鞋廠製銷外部流程圖

4. 實地檢視法

俗諺「坐而言，不如起而行」。前項幾種辨識風險的方法，大部份可以說是較為靜態，且是紙上談兵（Paper Work）「坐而言」的階段。要能更完整地辨識風險，必須「起而行」，始能克竟其功。實地檢視法更有助於了解風險來源的實情。另外，此法提供了風險管理人員與實際操作人員間，面對面溝通的機會，此對風險管理工作的順暢與績效的提昇大有幫助。

（三）其他特殊方法

風險辨識上，還可考慮採用其他比較不一樣的方法來思考與辨識。這些不一樣，可能來自過程不同，可能來自各類可用的訊息，也可能針對特殊的風險。這些特殊的方法包括：

1. 專家深度訪談法

針對各類風險，可深度訪談各領域的專家，或辦座談會，例如，政治風險可訪談政治專家學者，財務風險可訪談財經專家學者，法律風險可訪談法律專家學者等。

2. 觀察各類排名及指標法

負責檢視風險的人員必須善於觀察分析國內外組織或報章雜誌對公司經營的各類排名，從觀察排名升或降中檢視可能的風險。例如，國際信評機構標準普爾（S&P）、國內中華徵信機構等對公司各類經營的排名與指標。

3. COCAs 檢視法

它就是從檢視公司各類持有的合約（Contracts），非正式協議（Obligations），承諾（Commitments）的義務與制約（Agreements），發現可能存在的風險。

4. 腦力激盪法

腦力激盪法，負責檢視風險的人員可以遴選3-6名點子王，利用腦力激盪與討論方式尋求可能遭受的風險，並排列順序。

5. 公共論壇或公聽會法

就公司言，此法可用在外部化風險的辨識上，因外部化風險會涉及一般民眾的權益，例如環境污染風險。民眾的想法，有可能是重要的風險來源。

三、風險事件的類別與編碼

實務上，找出各種風險後，風險事件需更具體詳細，且容易了解，同時要很清楚的告訴所有人員。風險事件的命名，應該統一，且其名稱除了能描述事件外，還應能代表發生點或其他代表性的意涵。例如，證券交割錯誤事件／表交易交割不正確。再如，斷電事件／表電源中斷。或許如此命名已能滿足分析所需，但有時，可能需進一步命名。例如，台北地區辦公室斷電機率比高雄地區辦公室低很多，那麼此時，斷電事件的命名應區分為兩個事件命名：斷電事件 1／表電源中斷／台北；斷電事件 2／表電源中斷／高雄。根據這些要點，給予每事件類別代號並編碼。

其次，風險事件的分類可用矩陣表示，同時，依需要選擇分類基礎。通常，還需留意風險來源與風險事件是否有關，也就是兩者是獨立的還是相依的關係，如兩者是相依有關的，在矩陣表上，只列風險事件，如為獨立的，則風險事件與風險來源均需列示。分類的基礎包括：事件發生點、來源點、衝擊點與控制點（例如，部門別、流程別）。矩陣表上排列風險事件或來源，左邊一欄列示選擇的分類基礎（事件發生點、來源點、衝擊點與控制點），例如表 9-1。

表 9-1 流程與風險事件

流程 (不) 可控 制／能影響	風險事件發生現金流量損失的實現比例									
	交割 延遲	系統 失效	電信 故障	人員 失誤	確認 延遲	簿記 錯誤	交易對 手錯誤	產品複 雜度	產品 數量	利率
	可	能	能	可	可	能	不	能	能	不
交割流程	50%	0	0	10%	40%	0	0	0	0	0
資訊系統	0	80%	0	30%	0	10%	10%	0	0	0
電信	10%	0	100%	0	0	0	10%	0	0	0
交易	0	0	0	20%	0	80%	70%	10%	20%	70%
確認	40%	20%	0	40%	60%	10%	10%	20%	50%	0
銷售與行銷	0	0	0	0	0	0	0	70%	30%	30%
總計	100%	100%	100%	100%	100%	100%	100%	100%	100%	100%

四、公司資產負債與風險

利用前面所提的各種辨識風險的方法，以公司資產負債為主體，陳列各種風險，如圖 9-6。

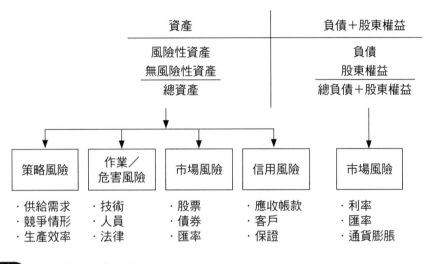

某公司×年×月×日資產負債表

資產	負債＋股東權益
風險性資產	負債
無風險性資產	股東權益
總資產	總負債＋股東權益

策略風險	作業／危害風險	市場風險	信用風險	市場風險
·供給需求 ·競爭情形 ·生產效率	·技術 ·人員 ·法律	·股票 ·債券 ·匯率	·應收帳款 ·客戶 ·保證	·利率 ·匯率 ·通貨膨脹

圖 9-6　公司資產負債與風險

五、風險在學科上的分類

風險管理是跨領域整合性學科，尤其在 ERM 架構下更是如此。因此，認識不同學科領域的風險分類，可幫助溝通，有助於風險管理在公司內部的推展。其次需留意的是，風險的來源錯綜複雜，所以有時風險的歸類，會面臨一些困擾。

（一）保險學領域

保險學領域（例如，Dorfman, 1978; Williams, Jr. *et al* 1998）中，常見的風險分類整理如下：

1. 依可能的後果區分

風險可分為純風險（Pure Risk）與投機風險（Speculative Risk）。純風險指的

是只有受損後果可能的風險,典型者如火災或電腦當機引發的作業風險。投機風險是指有獲利可能,也有受損後果可能的風險,典型者,如投資股票或策略風險。此種分法,值得留意的有兩點:(1) 所謂「後果」可分初次、兩次或三次以上。換言之,「後果」有種漣漪效應(Ripple Effect)或連鎖反應現象。例如,火災發生後,對屋主言不只蒙受經濟損失,也會遭受心理的打擊。所以所謂可能的「後果」如只考慮經濟損失,不考慮心理的打擊,實也低估後果的嚴重程度。保險學領域中,由於損失補償原則的關係,所謂可能的後果,則局限在經濟損失的後果;(2) 以相同或不同立場,來觀察後果時,純風險與投機風險間,有時甚難區分,有時也產生所謂的共同存在(Co-Existence)現象。例如,火災風險,就個別屋主的立場,它是純風險,但就總體社會立場來觀察時,它是投機風險,蓋因屋主住屋遭受火災的毀損,日後要重建時,營建商有可能獲利,俗云「發災難財」即指此。因此,同樣的風險,擺在不同立場來觀察時,風險的歸類也可能產生變化。再如,為了創業、開公司,需資本與人力及物料,則公司會面對純風險與投機風險,而兩者共同存在的現象更明顯,例如物料除可能面臨純風險的毀損外,也可能遭受價格波動的投機風險。此外,所謂的**危害風險(Hazard Risk)**一詞,類似純風險的特質,**財務風險(Financial Risk)**一詞,則類似投機風險的特質。

2. 依起因與損失波及的範圍區分

風險可分為基本風險(Fundamental Risk)與特定風險(Particular Risk)。基本風險的起因,無法歸諸特定對象,而是來自體制環境,如市場環境、生態、社會、經濟、文化與政治環境的變動等,其損失波及的範圍,不限特定個體,而是社會群體,典型者如政黨輪替與地球暖化可能引發的風險。特定風險的起因,可歸諸特定對象,其損失波及的範圍,可局限在特定範圍或個體,典型者如車禍或火災風險,通常可歸諸駕駛人或屋主個人因素所引發,損失波及的也局限在特定的範圍或個體。

3. 依曝險[7]的性質區分

風險可分為實質資產風險(Physical Asset or Real Asset to Risk)、財務資產風險(Financial Asset or Financial Instrument to Risk)、責任風險(Liability Exposure to Risk)與人力資產風險(Human Asset to Risk)。

---

[7] 曝險並不意謂遭受損失的金額,例如資產值一千萬,那麼曝險額是一千萬,但遭受火災的損失可能只有一百萬。

實質資產與財務資產併稱，即一般所言的財產（Property）。人力資產即人力資源（Human Resources）。**實質資產風險**係指不動產與非財務動產（例如，商譽、著作權等）可能遭受的風險。風險來源有可能來自資產的實質毀損（例如，火災導致的建築物毀損等）與資產價值的增值或貶值（例如，來自經濟不景氣所致的資產增貶值等）。**財務資產風險**係指財務資產（例如，持有的債券、股票與期貨等）可能遭受的風險。風險來源可能來自財務資產本身的毀損，但此種毀損並不損其持有權價值，此點與實質資產的毀損不盡相同，蓋因有形的實質資產毀損時，其持有權價值也會蒙受損失。另外，財務資產風險的來源，可能來自於金融市場波動，引發的持有權價值的增減。例如，利率波動所致等。

責任風險係指個人、公司、國家可能因法律上的侵權或違約，導致第三人蒙受損失的風險。例如，台灣核四違約的可能賠償等。**人力資產風險**係指人們因傷病死亡，導致公司生產力的衰退或個人家庭經濟不安定的風險。前列四項風險亦可縮減為三項，亦即財產風險（Property Risk）、責任風險（Liability Risk）與人身風險（Personnel Risk）。

4. 依科技水準或各項體制的變動區分

風險可分為靜態風險（Statistic Risk）與動態風險（Dynamic Risk）。科技水準或各項體制不變的情況下，所存在的風險謂為**靜態風險**（Statistic Risk），換言之，這類風險的存在與科技或各項體制變動無關，例如，火災、地震風險自古皆然。來自科技水準或各項體制變動所引發的風險，謂為**動態風險**（Dynamic Risk）。例如，產業革命時期，機器代替人工所引發的各種新風險，或蘇聯帝國瓦解導致政經社體制動盪所引發的新種風險，均稱為動態風險。其次，動態風險多屬基本風險，靜態風險多屬特定風險。

（二）財務理論領域

財務理論（例如，Doherty, 2000; Banks, 2004）中，常見的分類整理如下：

1. 依風險效應可否抵銷區分

依據組合理論（Portfolio Theory），個別風險間，如相關性低或負相關，經由組合後的總風險通常會低於個別風險的總合。考其原因在於，風險的效應相互間被抵銷所致。例如，投資某公司股票，公司股價因某種因素下跌，此時投資人可進行投資分散，投資在相關性低或負相關的股票，達到個別股價風險間相互抵

銷的效果。這種可以抵銷分散的風險謂為**非系統風險**（Non-Systematic Risk），或謂**可分散的風險**（Diversifiable Risk），或謂**公司風險**（Firm's Risk）。反之，股市崩盤時，所有上市股票價格均受波及，無一倖免，此時，投資人所持有的所有股票，無法達到相互抵銷分散的效果。這種無法抵銷分散的風險謂為**系統風險**（Systematic Risk），或謂**不可分散的風險**（Non-Diversifiable Risk），或謂**市場風險**（Market Risk）。其次，這種個別風險間，可相互抵銷分散的現象，不只股市投資人可享有，所有的保險公司，亦可透過大數法則（The Law of Large Number）的運用達到類似效果，最好的前提是保單間是同質（Homogenous）且獨立的（Independent）。

2. 依是否起因於財務活動區分

風險分為財務風險（Financial Risk）與非財務風險（Non-Financial Risk）。無論是金融保險機構或一般企業公司的經營活動，均可大別為財務活動與實質經營活動。起因於前者所引發的風險，謂為財務風險，這多數屬於價格或價值的波動；起因於後者所引發的風險，謂為非財務風險。財務風險可進一步區分為：市場風險（Market Risk），例如股市可能的崩盤；信用風險（Credit Risk），例如違約風險；流動性風險（Liquidity Risk），例如資產因市場不夠活絡，導致可能無法以現行市價變現的風險；模型風險（Model Risk），例如財務模型評價的風險。每一種財務風險亦可進一步劃分，例如市場風險，又可進一步區分成數種，例如方向風險[8]（Directional Risk）、基差風險[9]（Basis Risk）等等。非財務風險，亦可稱為營運作業風險（Operating Risk），它亦可進一步區分成許多類別，例如因產品的瑕疵，可能引發的責任風險（Liability Risk），或例如，因未經授權的決策可能引發的作業風險（Operational Risk）。

3. 依比較利益區分

創設公司就是個冒險行為，既面臨風險也追求報酬。可能的報酬與風險的比例是為比較利益（Comparative Advantage）。公司俱有的特殊專業技術，在處理因專業活動引發的風險上，有較高的比較利益。反之，在處理其他經營風險時，公司俱有的特殊專業技術可能無能為力，換言之，比較利益低。以某一石油探勘公司為例，探勘過程會面臨的風險，俱有較高的比較利益，這種風險謂為**核心風險**（Core

---

8 參閱第二十三章。
9 參閱第十五章。

Risk）。蓋因，這家公司擁有極特殊的探勘技術，探勘成功的機會與可能報酬極高。相反的，公司這種特殊探勘技術，對工程師死亡的風險，根本無比較利益，甚至公司利潤會因工程師死亡而流失，這種風險謂為**附屬風險（Incidental Risk）**。針對附屬風險，公司在管理上應尋求轉嫁，使公司更有能力承受核心風險。

（三）安全科學領域

就安全科學領域（例如，蔡永銘，2003；黃清賢，1996）中，主要的分類是：依個人或群體承受的風險區分：風險分為個別風險（IR: Individual Risk）與社會或社區風險（SR: Societal Risk or Community Risk）。個別風險指的是大眾個別人員，在一年期間，遭受某一事故風險的機率或頻率。社會或社區風險指的是大眾群體，在一年期間，遭受某一事故風險的機率或頻率。以核能風險為例，英國一九八八年，個人可接受來自核能風險引發的死亡機會是每年少於十萬分之一。總體社會可接受的風險水平，是平均一年超過一百人的死亡機會為百萬分之五。兩者表示方法各有不同。個別風險，以工廠內員工個別風險為例，它常以 FAR（Fatal Accident Rate）表示。FAR 係指工人死亡人數與暴露十個八次方工時的比例。FN 累積曲線，則是社會或社區風險，常見的表達方式。FN 累積曲線，如圖 9-7。

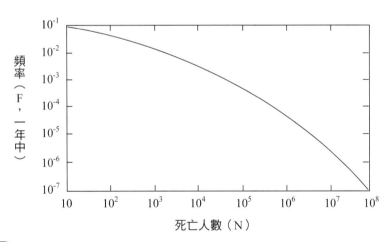

圖 9-7 FN 累積曲線

（四）經濟學領域

就經濟學（例如，Segerson, 1992）領域言，風險常見的分類是依風險可能伴隨的成本是否包含於自由市場決策機制中區分：風險分為**外部化風險（Externalized**

Risk）、**內部化風險**（Internalized Risk）與**市場基礎風險**（Market-Based Risk）。外部化風險，典型者，如水污染，水污染造成的社會成本，除非政府公權力涉入，否則在完全自由的市場決策機制下，廠商均不願意將該成本吸收於所製造的商品成本中，此類情形下的風險是為外部化風險。與外部化風險相對應的是市場基礎風險，並非內部化風險，例如產品責任風險是為市場基礎風險。內部化風險指的是無外在的制約，完全由人們自由決定因而可能引發的風險，典型者如高空彈跳。

（五）心理學領域

就心理學（例如，Adams, 1999）領域，風險常見的分類是：

1. 依人們對風險的知覺是否需藉助於科技區分

風險分為可直接知覺到的風險，需藉助科技始能鑑識的風險，與專家完全不清楚或專家間無共識的**虛擬風險**（Virtual Risk）。可直接知覺到的風險，典型者，如車禍。需藉助科技始能鑑識的風險，典型者，如霍亂病。專家完全不清楚或專家間無共識的虛擬風險，典型者，如剛爆發時的SARS（Severe Acute Respiratory Syndrome）。

2. 依風險知覺區分

風險可分為**知覺風險**（Perceived Risk）與**實際風險**（Real or Actual Risk）。風險知覺（Risk Perception）是人們對風險的解讀與認知過程。知覺風險則是將人們的風險知覺，以某種計量的方式所呈現的認知程度。知覺風險與實際風險是相對名詞，後者是統計數據呈現的風險程度。

3. 依風險的承受是否為自願區分

風險分為**自願風險**（Voluntary Risk）與**非自願風險**（Involuntary Risk）。前者，可能基於各類不同的動機，而自甘接受風險；後者，則是非預期、無法控制的風險。自願或非自願，則有個人與社會團體立場之別，換言之，對個人言，某種風險或許是自願風險，但對社會團體言，不見得，反之，也有可能。

六、與風險相關的名詞

（一）風險鏈

在ERM 架構下，風險鏈（The Risk Chain）是風險來源（Risk Source）、風險事件（Risk Event）與後果（Consequence ）間，連續影響的概念用語[10]。相對的，在TRM架構下，稱呼風險鏈是危險因素（Hazard）、危險事故（Peril）與損失（Loss）間，連續影響的概念用語，較佳。蓋因，TRM 只管理危害風險。此處，以車禍過程為例，說明上述三個概念。圖 9-8 稱之為風險鏈。

文化，社會，經濟，政治，與路況天氣環境

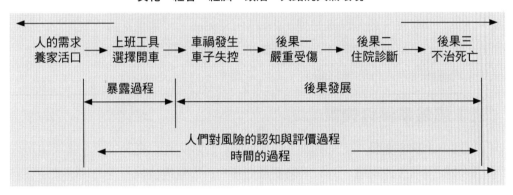

圖 9-8 風險鏈

（二）風險來源

風險來源可能導致風險事件的發生，風險事件發生後，其後果可能是正面的，也可能是負面的。例如，天雨路滑，不一定會發生車禍，但如車禍發生，對駕駛人言，其後果必然是負面的。再如，國際經濟因素，可能導致人民幣升或貶值，對持有人民幣的人而言，升或貶值的風險事件發生，其後果可能是正面的，但也可能是負面的。

風險來源是個情境概念。觀察圖 9-8，風險的來源，極為廣泛，它可以包括

---

[10] 由於 ERM 架構下，管理的風險，不若 TRM 架構下，僅管理危害風險，在 ERM 架構下，所管理的風險，還包括策略風險、財務風險與作業風險，因此，風險鏈中的相關用語，轉換成風險來源、風險事件與後果為宜。

文化社會價值、路況、車況、駕駛人的情緒與身體狀況等。其次，留意曝險過程（Exposure Process）的演變，這個過程會因人、路段與時段等因素而變。如果開車上班是唯一的選擇，那麼，此種曝險的情境，謂之**確定性的曝險**（Deterministic Exposure）；如果，可以有好幾種選擇，則稱為**可能性的曝險**（Probabilistic Exposure）。

風險來源可分為來自物質因素與人為因素兩種。來自物質的包括：路況、車況、駕駛人體況與天候等。來自人為的包括：駕駛人的文化社會價值觀、駕駛人的心理情緒與駕駛人遵守交通規則的品德等。來自人為的，又可進一步劃分為與道德有關的，例如，駕駛人遵守法規的素養等，以及與心理有關的，例如，駕駛人的心理情緒等。

其次，人們對風險鍊中，各種可能的情境與後果，均會有不同的感受，簡單說，這種不同感受，就是風險知覺（Risk Perception），這包括對上班路況的認知判斷，對該地段車禍發生記錄的認知判斷等。如果人們對路況風險知覺的程度低，那麼人們選擇開車上班的機會高；反之，則低。

（三）風險事件與後果

以圖 9-8 言，車禍，就是風險事件，重傷、住院與死亡是為後果。後果也可分為直接的與與間接的兩種，例如重傷就是直接的，因重傷住院所花的住院費用與診療費用，進而可能傷重死亡，要花的喪葬費用以及可能引發的責任訴訟費用，都是間接後果。換言之，風險事件導致的初次效應是直接後果，其後續效應是為間接後果。值得留意的是，後果包括哪些範圍，與各種風險理論的主張有關，詳閱第二章。

（四）風險的可變性

風險是會改變的，其意係指風險的類別會變，風險的特性會變，改變的主因就是來自時間這個變項。隨著時間的經過，不確定會演變為確定，風險來源也會改變，科技也會快速發展，人的價值觀也會產生變化，這些進而就影響了風險的可變性。例如，房屋面臨的火災風險程度與往昔迥異，就是拜現代科技之賜。

七、本章小結

辨識風險越完整越佳，風險的分析歸類需清楚明確，有助於進一步的風險評估。其次，持續注意風險的變化，記住未知的未知風險（Unk-Unks Risks: Unknown-Unknowns Risks）永遠都是存在的。

實作練習

- 運用流程符號，描繪大學迎新活動的流程圖外，並依保險學領域中，任何分類基礎，詳列大學系學會可能面臨的迎新活動風險。

思考題

❖ 網路發達，用搜尋引擎我們可知道全球所有風險訊息，所以風險辨識絕對能完整無缺，是嗎？不是嗎？各為何？

❖ 你（妳）認為何種風險最難辨識？為何？

參考文獻

1. 蔡永銘（2003）。*現代安全管理*。台北：揚智文化公司。
2. 黃清賢（1996）。*危害分析與風險評估*。台北：三民書局。
3. Adams, J. (1999). Cars, Cholera, Cows and contaminated land: virtual risk and the management of uncertainty. In: Bate, R.ed. *What risk?* pp.285-315. Oxford: Butterworth / Heinemann.
4. Banks, E. (2004). *Alternative risk transfer-integrated risk management through insurance, reinsurance, and the capital markets.* Chichester: John Wiley & Sons Ltd.
5. Conrow, E. H. (2000). *Effective risk management:some keys to success.* Virginia: American Institute of Aeronautics and Astronautics, Inc.
6. Doherty, N. A. (2000). *Integrated risk management-techniques and strategies for managing corporate risk.* New York: McGraw-Hill.
7. Dorfman, M. S. (1978). *Introduction to insurance.* New Jersey: Prentice-Hall.

8. Jones, D. K. C. (1996). Anticipating the risks posed by natural perils. In: Hood, C. & Jones, D. K. C. ed. *Accident and design-contemporary debates in risk management.* London: UCL Press. pp.14-30.

9. Kaplan and Norton (1996). *The balanced scorecard—translating strategy into action.* Harvard business school press.

10. Porter, M. E. (1980). *Competitive structure.* New York: Free Press.

11. Segerson, K. (1992). The policy response to risk and risk perceptions. In: Bromley, D. W. and Segerson, K. ed. *The social response to environmental risk-policy formulation in an age of uncertainty.* Pp.101-131. London: Kluwer Academic Publishers.

12. Taleb, N. N. (2010). *The Black Swan-the impact of the highly improbable.* USA: Brockman.

13. Williams, Jr. C. A. *et al* (1998). *Risk management and insurance.* 8th ed. New York: Irwin / McGraw-Hill.

第 **10** 章

風險評估（一）── 風險質化分析

學習啟示錄

學生操性成績，如依據同學們的平時言行表現，以評語的好壞評分，就類似風險評估的定性分析。

　　ERM 要素的風險事件辨識，旨在明確的觀念架構下，綜合採用各類方法，認識可能的風險事件是什麼，具體來說，就是在了解公司面臨了哪些具體的威脅與機會。之後，可以質化或量化的方式，評估風險的高低，以作為管理風險的依據。評估風險無需急著量化，首先，需針對這些風險事件的來源與性質，透徹地作進一步完整的定性分析，同時，再將面臨的風險，依點數公式判定其高低，描繪出公司所面臨的**風險圖像**（Risk Profile）。

　　其次，將有數據、能量化的風險，依 VaR 等評估工具，在一定的信賴水準假設下，計算出每一風險對公司衝擊的大小，無數據的風險，以風險圖像所顯示的高低，與可量化的風險類比，或可藉助與舊風險（Old Risk）對比的方式，例如，採用致死事故率[1]（FAR: Fatal Accident Rate）為比對基礎，來判斷其對公司可能的衝擊。最後，計算與判定每一風險間的可能互動關係，依投資組合理論，得出公司的總風險值。

　　另一方面，風險評估，除需了解風險高低外，還需了解風險的接受度，評定其重要性與排序，因此，風險評估過程會涉及風險評價（Risk Evaluation）的問題，員工與風險管理人員對風險的評價，不儘然會相同，對風險是否可接受，意見也會不同，也因此，風險知覺（Risk Perception）分析就顯得格外重要。

　　綜合以上，風險評估工作，分成三部份說明：第一部份是風險定性分析與風險圖像的建立；第二部份是風險計量；第三部份是風險評價。本章先說明第一部份的定性分析與風險圖像的建立。

一、策略管理層次的風險分析

（一）策略風險來源

　　策略風險的性質，屬於投機風險，因為同一策略，有可能成功獲利，有可能失敗受損。公司策略管理上，不論進行何種策略，均會與公司長期目標、外部競爭環境與內部經營的彈性相關，這些變項的改變，可能引發的不確定，即為**策略風險**（Strategic Risk），這可包括競爭風險（Competitive Risk）、創新風險（Innovation Risk）與經濟風險（Economic Risk）。

---

[1] 致死事故率意指工人在某種危害工作中，曝露 10 的八次方小時，預期發生的死亡人數。

　　所謂外部競爭環境變項，包括：所有同業的競爭者、所有公司的客戶、所有公司的供應商、所有可能潛在的新玩家與政府機構，例如，民營化的潮流、購併風潮與監理自由化等。當這些變項改變，公司內部經營的彈性不足，那麼公司很容易遭受損失，荷蘭的年金市場 [2] 就是明證。策略風險不是新的風險，相反的，不論任何產業的公司，沒有任何一個不需要發展策略。

　　其次，正如前述，策略風險的產生，包括兩大來源，一為外部競爭環境，另一為內部經營的彈性（也就是公司對外部競爭環境，適應的快慢），這兩變項，依各自的強度互動的最後淨結果，影響公司策略風險程度的高低（Doff, 2007），參閱圖 10-1。

		適應的彈性	
		快速反應	**反應緩慢**
競爭環境	動態	中度策略風險	策略風險極高
	穩定	策略風險低	中度策略風險

圖 10-1　策略風險程度

　　從上圖可知，當一家公司，面臨動態的外部競爭環境，同時內部經營上，無法快速適應時，那麼，公司可能面對高度的策略風險。相反的，公司如能快速適應外部動態的競爭環境，那麼，公司面對的策略風險程度，可能降低。同樣，只要公司內部經營上，能快速適應，即使屬於靜態的外部競爭環境，公司可能面對的策略風險就會低，反之，就會高。也就是說，公司內部經營的彈性是決定公司策略風險程度的最重要變項。

（二）外部環境風險

　　此處，外部環境與前所提的外部競爭環境，有些許差別（參閱圖 9-2），前者意指一般環境，後者是指特定環境，也就是直接與利害關係人的有關的環境。外部

---

[2] 在 2002 年前的荷蘭年金市場，其政府的財政政策，可以提供給購買年金的消費者賦稅優惠，因而，到 2002 年底達到年金銷售的最高峰。然而，2003 年開始無賦稅優惠，保險公司年金銷售額劇降，因應不及的保險公司面對極高的策略風險。

環境，同樣是策略風險的來源，它是公司無法控制與影響的，但外部競爭環境，公司雖無法控制，但有些是可影響的，例如，利害關係人之一的原料供應商。外部環境風險是系統風險或基本風險，這種風險也會影響公司的策略規劃，進而影響內部經營，所謂外部環境，則包括國際與國內，其風險來源，主要包括政治、經濟、社會與文化四大環境變項。政治環境風險，與國際政治氛圍及國內政局是否穩定有關。經濟環境風險，與國際經濟及利率變動、匯率變動、通貨膨脹水準，及三者間的互動[3]有關。社會環境風險則與公平正義有關，文化環境風險則與價值、信念及規範有關。

其次，四大變項中，經濟環境風險會直接影響公司權益值。例如觀察利率變動對公司權益值（Equity Value）（也就是資產與負債間之差額）的影響，可運用下列公式（Andersen and Schroder, 2010）：

$$\triangle E = -(\,DA - L\,/\,A \times DL\,)\,/\,(1+r) \times A \times \triangle r$$

$\triangle E$ 表權益值的變動；DA 表資產存續期間；DL 表負債存續期間；A 表資產市價；L 表負債市價；r 表利率；$\triangle r$ 表利率變動。

從上面公式可得知，權益值變動與利率變動是反向關係，換言之，利率上升，權益值反降，利率下跌，權益值上升。

二、經營管理層次的風險分析

經營管理層次的風險，以曝險[4]（Exposure）主體，分析所面臨的各類風險。曝險主體包括實質資產（Physical / Real Asset）、財務資產（Financial Asset / Financial Instrument）、人力資產（Human Asset）與責任曝險（Liability Exposure）。風險種類繁多，本節就主要常見的風險，作摘要性的分析，這其中包括風險事件發生的原因與可能導致損失的評價。

---

[3] 匯率變動受到兩貨幣國實質利率相對水準的影響，也受兩貨幣國名目利率與通貨膨脹率相對水準的影響。其中，名目利率就是經由通貨膨脹率所調整的實質利率。

[4] 曝險即曝露於風險中的簡稱，但不代表等於損失，例如某公司持有兩百萬的建築物，那曝險額是兩百萬，火災發生時，可能損失額度只有十萬。其次，任何人、事、物都是曝險主體。

（一）實質資產與風險分析

實質資產是任何公司重要的曝險主體，規模越大，可能損失越嚴重。所謂實質資產是指除有價證券等財務資產外，所有有形與無形（商譽另外分析，閱後述）的財產而言。這些資產均可能面臨危害風險、作業風險與財務風險。以公司廠房為例，它可能遭受的危害風險，例如，火災與地震；它可能遭受的財務風險，例如，房地產價值的增貶；它可能遭受的作業風險，例如，廠房建設期間，監工人員管控不當可能引發的損失。

1. 危害風險分析

(1) 實質毀損可能引發的損失型態

通常，危害風險事件是外部事件或意外事件，這與策略風險事件、財務風險事件與作業風險事件有所差別，換言之，只要創設一家公司，本就可能遭受策略風險、財務風險與作業風險等三類風險，但危害風險事件不同，它主要來自公司外部或意外產生。危害風險事件對實質資產造成的後果，有第一次效應的實質毀損，也就是**直接後果**（Direct Consequences），以及之後連鎖產生的各類效應（例如，自用住屋遭火焚毀後，可能另行租屋的費用，或可能承擔的法律責任等），這些後續的各類效應，可概稱**間接後果**（Indirect Consequences）。其次，實質資產的損失型態，也可依損失原因劃分，分為火災損失、爆炸損失、颱風損失、竊盜損失、地震損失與洪水損失等。各種損失原因間，有可能互為獨立，互為因果，例如，颱風與洪水間，有可能是連續因果關係，而竊盜與爆炸間，有可能互為獨立。

(2) 直接後果原因分析──火災

火災發生直接導致實質資產的毀損或人員的傷亡。火災的發生，有其基本條件，這基本條件是可燃性氣體和空氣的混合，再加上充分的熱能。保險學中，習用**善火**（Friendly Fire）與**惡火**（Hostile Fire）區分火的類別，前者當然不是火災，而後者是。因前者發生於適當處，且人們能控制，後者反之。其次，根據統計（台灣內政部消防署，2010）顯示，火災發生的原因，來自電氣設備最多，次為菸蒂造成，再次就是人為縱火。整體來說，台灣地區平均每天，有十三件火災。個別來說，電氣設備引發的火災事件，平均每天約三至四件，菸蒂造成者與人為縱火，也各別約一至二件。再進一步分析，火災事件原因中，除自燃外，其他原因均多多少少與人們的行為有關，例如，爆炸引發的火災事件，除完全是機件因素外，多少均

與人員維修執行不力有關。

(3) 直接後果原因分析──地震、颱風、洪水

地震發生的原因是大陸板塊推擠的結果，再者，地震的震級與震度是不同的。震級表地震規模，以震波的運動量計算；震度則表地震時，人們感受的激烈程度。地震規模，現都採用芮氏規模（Richter Scale），芮氏規模是由美國地震學家芮氏，於一九三五年制訂，其等級從零級到無限大，級數越高，震度越強，每一級顯示的地震威力幾乎均是以幾何級數增加。震度是根據地表變化現象，建築物的破壞程度與人的主觀感覺來劃分。震度與震源距離有關，但與震級是不成比例的（李勉民，1988）。

其次，颱風洪水的產生，則與地球氣候的變動有關，極端氣候，是近年來最值得留意的氣候變動現象。台灣位於颱風路徑的要衝，每年幾乎均會有颱風過境或登陸，造成無數的損失與人員傷亡。颱風通常挾帶暴雨，是造成洪水的原因。通常，東台灣，是颱風最常的登陸點，每年六月至十月，是颱風洪水侵襲台灣的季節。但近年來，颱風登台地段與侵襲月份，似乎有點改變，有謂乃全球氣候異常所致。

最後，巨災（Catastrophes or Disasters）主要分為天然巨災（Natural Catastrophes）與人為巨災（Man-Made Catastrophes）。颱風、洪水與地震造成者，通屬天然巨災，而人為巨災，如美國的 911 恐怖攻擊與全球金融海嘯均是。通常巨災的發生導致的直接與間接後果，極為廣泛。構成巨災的要件 [5] 不一，根據聯合國標準，通常所謂巨災，需滿足三要件：第一，死亡人數高達一百人以上；第二，經濟損失金額佔年度國民生產毛額的百分之一以上；第三，受影響人口（即災區人口）達全國人口的百分之一以上（CRED: Centre for Research on the Epidemiology of Disasters 的標準）。台灣一九九九年九月二十一日與日本二〇一一年三月十一日發生的大地震，符合前述三要件。

(4) 直接後果原因分析──爆炸

爆炸（Explosion），可在瞬間發生巨大力量，造成資產毀損與人員傷亡。**爆炸**係指儲存在密閉容器內的可燃性混合氣體，部份著火時，火焰造成容器內的溫度，急劇上升，壓力增加，當容器無法承受壓力時，即引起爆裂，此現象謂為爆炸。爆炸可分為：(1) 物理爆炸：壓力容器、鍋爐、真空空氣的破裂及電線爆炸等；(2) 化

---

[5] 保險業常以損失金額為要件衡量巨災，1997 年前，巨災損失的定義是 500 萬美金以上，1998年後，2500 萬美金以上。

學爆炸：氣體、粉塵、液滴、火藥及其他爆炸物所產生，或二種以上之物質聚合所引起的爆炸等；(3) 核子爆炸：如核子分裂、核融合等產生的爆炸。如依形式分，爆炸又可大別為，如下幾類：(1) 單獨爆炸、複合爆炸、繼起爆炸；(2) 開放下爆炸、密閉下爆炸；(3) 弱爆炸、猛烈爆炸。以塵爆（Dust Explosion）為例，它可以是物理與化學混合型的爆炸，一個飼料廠，可能造成塵爆的原因有四：(1) 靜電引燃飼料生產時，產生的粉塵；(2) 機械摩擦發生的塵爆；(3) 電線走火引致塵爆；(4) 菸蒂引燃塵爆。

(5) 直接後果原因分析──竊盜

竊盜（Theft）、強盜（Robbery）與侵入住宅（Burglary）不同（王衛恥，1981）。**竊盜**係指基於奪取故意，非法侵犯他（她）人，奪去或取去他（她）人的動產而言，竊盜主要是指違反財產的犯罪行為。**強盜**係指基於奪取的故意，違反他（她）人意志，藉暴力或恐嚇，自他（她）人身體或面前，奪去他（她）人占有的動產而言，它屬於違反人身的犯罪行為。**侵入住宅**則係基於犯罪的故意，破壞且進入他（她）人的住宅而言。竊盜與強盜以及侵入住宅的行為，除了個人因素外，社會與經濟等的外在因素影響是不容忽視的。

(6) 直接經濟損失評價

計算實質資產損失的方法與基礎，直接與間接損失各有不同。方法與基礎的不同，計得的損失金額也不同，此種不同，對未來損失幅度的預估有影響。計算實質資產直接損失的基礎有：原始成本（Original Cost）基礎、帳面價值（Book Value）基礎、市價（Market Value）基礎、收益資本（Earning Capitalization）基礎、重置成本（Replacement Cost）基礎與重置成本扣除實際折舊（Replacement Cost Less Physical Depreciation）基礎（或謂**實際現金價值基礎，也就是 ACV 基礎**：Actual Cash Value）。其中，原始成本與帳面價值基礎，就風險管理與保險的目的言不太適用外，其餘基礎，可依不同目的使用，其中，重置成本基礎與重置成本扣除實際折舊基礎，是實質資產經濟損失評價中常用的基礎。

重置成本等同市價，它意謂原有財產喪失時，重新購置（有別於重製成本 Reproduction Cost）的支出。重新購置指購買規格條件與原有財產大致相同的財產而言，此基礎並非沒有爭議。其次，說明重置成本扣除實際折舊基礎，也就是實際現金價值基礎下的計算方式。例如，一部電視機，購價為 $20,000。用了幾年後，僅值 $12,000 並遭火焚毀。同樣規格全新電視機，公平市價為 $24,000。

那麼，該電視機的實際現金價值是 $24,000 - [$24,000 × ($20,000 - $12,000)/ $20,000] = $14,400。

再如，假設某財產原始成本 $20,000。耐用年限 10 年，無殘值。使用6年後，遭火災全部毀損。損失發生時，累計折舊帳戶餘額為 $12,000。公平市價為 $100,000。在此，吾人如考慮稅法的要求，則該財產的實際現金價值是 $100,000 - ($100,000 × 6 / 10 + 1) = $100,000-$54,545 = $45,455。如不考慮稅法的要求，該財產的實際現金價值是 $100,000 - ($100,000 × 6 / 10) = $40,000。

此外，實質資產中，存貨損失的計算基礎，在風險分析中以 NIFO（Next-In, First-Out）為基礎，並不採用 FIFO（First-In, First-Out）與 LIFO（Last-In, First-Out），蓋因，NIFO 即下次進貨價，換言之，它是為市價，市價基礎吻合風險事件發生時，損失評價的時點。

(7) 間接經濟損失評價——營運收入的減少

間接損失或稱從屬的損失（Consequential Loss），如採保險觀點，它主要包括營運收入的減少和額外費用的增加兩項，至於，因直接損失可能導致的法律責任，參閱本節後述。其他因直接損失連鎖產生的非財務影響，例如，心理痛苦的感受，不列入分析。

營運收入的減少，主要包括：第一，**營業中斷損失（Loss of Business Interruption）**。公司因自有財產遭受直接損失，導致無法繼續營業，在未回復正常營業前所蒙受的損失。營業中斷損失計算，考慮的因素為：(1) 營運正常下，賺取的淨利潤；(2) 繼續費用；(3) 營業中斷期間（Period of Shutdown）。換言之，營業中斷損失是中斷期間，淨利潤與繼續費用的總計；第二，**連帶營業中斷損失（Loss of Contingent Business Interruption）**。連帶營業中斷損失係指公司營業中斷，不是自有財產毀損導致，而是供應商或客戶因素，導致公司連帶暫停營業的損失。此種損失計算與營業中斷損失雷同；第三，成品利潤損失（Loss of Profits on Finished Goods）。此為製造業特有的損失。蓋因，對製造業言，營業中斷並非指銷售的中斷，而是指生產製造的中斷。是故成品存貨遭毀損時，將喪失含於售價中的利潤；第四，應收帳款減少的損失（Smaller Net Collections on Accounts Receivable）。應收帳款相關的會計記錄和文件，不小心遭受焚毀，債務人如拒絕履行清償，將使公司蒙受損失。

(8) 間接經濟損失評價──額外費用的增加

　　額外費用的增加，主要包括：第一，租賃價值損失（Rental Value Loss）。**租賃價值**係指自用房屋所有人，房屋遭受毀損時，在回復期間，不得不另行租屋營業，此時，另行負擔的租金，謂為租賃價值；第二，額外費用損失（Extra Expense Loss）。公司因財產毀損，但仍需繼續營業，必須支出的額外費用，是為額外費用損失。此種損失，涵蓋前述的租賃價值損失；第三，租權利益損失（Leasehold Interest Loss）。**租權利益**係指承租人基於租賃契約，對某建物享有使用權。此種對建築物的使用權，可能因營業情況良好及各種因素的配合，導致該建築物的租賃價值增高，且超出原有租金，超出的部份謂為租權利益。顯然，此種利益可能會因建築物的毀損而喪失。

2. 財務與作業風險分析

　　實質資產除遭受危害風險事件的實質毀損外，也可能因財務風險事件，導致其價值有所增貶，例如，利率波動對房價的影響。其次，實質資產也可能因作業風險事件導致損失，例如，來自管理不當，造成電腦設備的毀損。因財務風險導致價值波動的原因變項，以及因作業風險導致實質資產損失的原因，可參閱本節下述。

（二）財務資產與風險分析

　　財務資產是代表承諾於未來某時點，分配現金流量的資產而言，舉凡各種有價證券或保險單均是，不同的證券，其財務風險高低有別，例如，公債的財務風險就比股票低。一般而言，金融保險機構持有財務資產的比重，高過一般企業公司。財務資產，同樣面臨危害風險、財務風險與作業風險。

1. 危害與作業風險分析

　　不論實質資產或財務資產，均會面臨實質毀損的危害風險，但這種風險，一般而言，實質資產比財務資產嚴重，蓋因，財務資產毀損後，依一定程序，可能負擔少許費用，即可重新取得，但實質資產的重建或重購，花費龐大。其次，財務資產實質毀損的原因，可參閱前述。財務資產，同樣面臨作業風險事件，可能導致的損失，例如發行公司債作業疏失導致的糾紛與損失，尤其對負責財務資產訂價的金融保險機構言，財務資產的作業風險事件更要留意。例如，作業風險之一的模型風險（Model Risk），訂價模式如有偏差，輸入模式中的資料或參數，如有錯誤，這些均會使金融保險機構，陷入極高的危險。最後，財務資產面臨作業風險損失的原

因，可參閱本節下述。

2. 財務風險分析

通常，財務風險屬投機風險，常見的財務風險類別包括：市場風險（Market Risk）、信用風險（Credit Risk）與流動性風險（Liquidity Risk）。

(1) 市場風險

市場風險屬於系統風險／不可分散風險，這種風險的來源，對金融保險機構或一般企業公司均屬相同，但衝擊程度不同。市場風險的來源，主要來自各類金融資本市場變數的改變，這種改變，將導致公司資產與負債價值的波動。市場風險的具體來源，主要有利率、匯率、權益資本（例如，股票價格）與商品價格（例如，石油價格）的波動。同時，這些變數為何改變？則各成為利率風險、匯率風險、權益風險與商品風險的重要來源，例如，政府對利率的調降或調升，是受到資金市場供需所影響，此又影響資金供需的變數，即為利率風險的來源。這些變數的改變，對公司不利的衝擊，還需依據公司資產與負債曝險的情況而定，例如，在固定收益市場中，利率的改變，公司可能獲利或受損的程度，均還需依公司資產或負債的存續期間長短而定，該存續期間的長短，即為曝險程度。

(2) 信用風險

信用或抵押借貸交易，債權人的一方，總會面臨來自債務人違約或信評被降級，可能引發的**信用風險**。因此，不論金融保險機構或一般企業公司，均可能面臨信用風險。就銀行本身，信用風險來自貸款客戶的違約或信評被降級或衍生性商品交易的對方，就銀行存款客戶言，信用風險來自銀行信評被降級或經營不良違約。就保險公司言，信用風險除來自貸款客戶的違約或信評被降級或衍生性商品交易的對方外，還有來自再保險合約交易的對方。一般企業公司的應收帳款風險，也是一般企業公司面臨的信用風險。違約或信評被降級，主要來自債務人財務結構不健全或非財務的變數。

(3) 流動性風險

公司持有的資產，無法在合理的價位迅速賣出或轉移，以致無法償還債務時，即會面臨**流動性風險**，例如，股市交易清淡，持有大量股票的公司，需留意此種風險。通常來說，實質資產面臨的流動性風險，高過財務資產面臨的流動性風險。

（三）人力資產與風險分析

員工是公司的人力資產，該資產與其他資產大不同，那就是員工是其他資產的管理／維護人員。公司員工本身不僅可能面臨公司的財務風險，也會面對自己的財務風險。其次，公司員工本身如遭受危害風險，對公司可能產生極大的損失，同時，吾人要留意的是，公司員工本身才是作業風險的製造者，包括法律責任。最後，對所有公司風險管理而言，管控好所有員工的身心狀態可能引發的風險，那麼，公司風險管理，保守地說，至少成功一半。

1. 人力資產對公司的重要性

公司員工的傷病死亡，不僅影響其工作能力，也影響家庭生計。另外，員工對屆齡退休與可能失業的憂慮，在沒有妥善的準備前，對其工作績效，不可謂全無影響。是故，公司如能善加為員工著想，不僅員工獲益，公司也能獲致下列好處（Williams, Jr. &Heins, 1981）：第一，可改善勞資關係，並增強生產力；第二，可滿足有社會責任感的雇主；第三，可減少政府可能的干預，蓋因，公司完善的人力資產保護計畫，可減少因社會保險擴張而導致政府對公司的干涉。然而，此種無形的效益是否存在，每個國家不盡相同。

2. 危害風險分析

員工面臨的危害風險，任何公司都必須特別留意，員工受到這些危害時，影響的不是只有員工本身，對公司價值的影響，更不言可喻，尤其重要員工。

(1) 人力喪失原因──傷、病、死亡

死亡又謂往生，何時往生，個人無法確知。造成死亡的原因，可以是意外傷害，可以是重病，可以是時間。造成傷病的原因，可以是意外事故，可以是個人體質，也可以是文化因子。文獻（胡幼慧，1993）已顯示，疾病與文化因子，極有關聯。例如，台灣 B 型肝炎猖獗與國人「合吃共享」的飲食文化有關。傷病死亡對員工家庭生計的財務影響，有兩種型態：一為因傷病，導致的收入中斷或減少。此謂為**收入能力損失**（Earning Power Loss）；另一種為因傷病死亡，所增加的額外開銷，此謂為**額外費用損失**（Extra Expenses Loss），此含括喪葬費用、醫療費用與住院費用等。

進一步言，衡量人們死亡機會的指標是為死亡率（Mortality Rate）。影響死亡率的因子眾多。例如，年齡（也就是時間）、性別、身高體重等。依各年齡層死亡

率，人們製成生命表（Mortality Table）。生命表又分成國民普通生命表與壽險經驗生命表。當員工個人想要作死亡保險規劃時，生命表顯示的資訊（例如，平均餘命）可被參考。美國保險教育之父──索羅門博士（Dr. Solomon S. Huebner）提出**生命價值觀念（Human Life Value Concept）**。此種觀念，可被用來評估個人死亡或傷病時，可能導致的收入能力損失。此評估其計算方式是考慮個人的年收入扣除生活費用與所得稅的餘額後，依平均餘命，每年以一定利率，折算成現值的總計。這個總計數，可作為投保死亡保額的參考。評估個人傷病導致的收入能力損失時，其計算方式，則為個人的年收入扣除所得稅的餘額後，依平均餘命，每年以一定利率，折算成現值的總計。另外一種方法，謂為需求法（Needs Approach），可參閱第三十二章。

其次，傷病導致的工作能力喪失，可分兩種型態：一稱全殘，即為**全部或永久工作能力喪失（Total or Permanent Disability）**；另稱分殘，即為**暫時工作能力喪失（Temporary Disability）**。台灣傷害險實務上，將殘廢程度區分為十一級七十五個項目。其中，第一級者，是為全殘，其餘級別，均可稱為分殘。全殘，理論上的說法有三種：第一種，是人們如完全不能夠從事其本身原有的職務者；第二種，是人們如完全無法從事與其學經歷相關的工作者；第三種，是人們根本無法從事任何工作者。上述，三種說法，以第三種最為嚴格。導致員工傷殘的原因，主要是員工的職業與工作環境，而非員工的年齡。

(2) 人力喪失原因──年老與失業

員工對屆齡退休與可能失業的憂慮，在沒有妥善的準備前，對其工作績效不可謂無影響。然而此兩種因子，非公司所能控制。但公司如果能視財力，為員工們妥善規劃或準備，當可減少員工們的憂慮心情，進而有助於生產力的提高。員工失業[6]風險，則全然與總體經濟因子有關，該類風險應由政府負責管理。至於員工的退休風險，則公司應負責管理部份風險，退休風險除由個人負責外，最重要是來自公司與政府的照顧，尤其在超高齡社會的台灣，**長壽風險[7]（Longevity Risk）**更是政府不可漠視的迫切課題。

(3) 公司本身特有的人員風險

公司員工的傷病死亡，固對公司產生不利衝擊，但衝擊度因員工職階高低與工

---

[6] 自願性失業除外。

[7] 實際壽命高過平均壽命。

作性質以及狀況而異。除員工一般傷病死亡外的風險，其他特殊狀況的人員風險，歸此處，擇要說明。為因應風險分析的需要，可把員工區分為四類：第一類，是普通單一員工；第二類，是主管人員；第三類，是研發技術人員；最後一類，是員工群體。第一類單一員工不像第二與第三類人員的傷病死亡，對公司不利衝擊度大。第二與第三類人員，可謂**重要人員**（Key Man）。蓋因，這些人員的傷病死亡，將導致公司銷售業績減少，增加不必要的成本和公司信用大打折扣。換言之，重要人員的傷病死亡，對公司價值的不利衝擊度大。最後一類的員工群體，對公司不利的衝擊度，依狀況而異。例如，群體搭飛機旅遊，不幸發生空難，對公司就會產生相當大的衝擊。這也是公司特別需留意的。其次，有些公司會面臨顧客，因傷病死亡所致的信用損失。例如，貸款給客戶或辦理分期付款等信用交易，如該客戶傷病死亡，可能將影響未付款項的支付。此種潛在的可能損失，亦歸屬公司本身特有的人員風險。最後，當公司經營失敗時，需清算債務，其商譽將因資產的變賣而喪失價值。此時，員工可能受影響而有不利於公司的行為。此種情形，同樣歸屬公司本身特有的人員風險。另外，來自股東的傷病死亡是為未上市公司特有的人員風險。

3. 員工與作業風險分析

作業風險絕大部份來自人為的疏失與管理的不當。公司任何型態的作業風險，都跟員工脫離不了關係，員工的人格特質與身心狀態，均是作業風險的根源，更進一步，也會與危害風險及財務風險產生關聯。員工心理上，對風險認知與知覺如有偏差，那麼，對公司風險管理影響的範圍，不亞於危害風險與財務風險，有時，可能更嚴重，例如，著名的 Baring 銀行事件、Anron 風暴、與令世人難忘的金融海嘯等，均與員工心態脫離不了關係。人為疏失產生的類型與原因，參閱第三十一章。

4. 員工與財務風險分析

公司員工面對的財務風險有兩類：一為公司財務風險，另一為員工個人或家庭的財務風險。前者，參閱前述，後者，參閱第三十二章。

（四）責任曝險與風險分析

責任主要來自法令的規定與契約的安排，公司的法令遵循目標，即與此有關。違法或法令解讀不同，契約訂定不當或疏漏與爭訟技巧失當等，均會引發各種責任風險。例如，證券交易契約因不適當的法律解釋等因素，導致交易對手蒙受損失的風險或因內線交易觸法的風險。

其次，一旦責任訴訟發生，有些需長達數十年始結案，其賠償金額，也可能使公司破產。例如一九八二年美國最大石棉（Asbestos）廠商 Manville 公司，因巨大賠償申請破產。在法理基礎方面，傳統過失侵權責任，不再是唯一基礎，對某些特定責任，採用特定法理基礎。責任曝險的這些特質與法理基礎的改變，使得現代公司在經營上，對責任風險更應謹慎因應。另一方面，責任訴訟發生的頻率與一個國家的司法制度、社會文化背景也有關聯。例如，美國一直以來，是侵權行為成本占國民生產毛額比例最高[8]的國家，此種結果與美國的司法制度及社會文化背景，均有關聯。

1. 責任與侵權行為的涵義

責任係指因未履行某項義務而發生的後果，風險管理中，指的是民事責任（Civil Liability），而非刑事責任。侵權行為（Tort Act）係指因故意或過失，不法侵害他人權利的行為。此種行為所致的法律責任，簡稱為**侵權責任（Tort Liability）**。侵權責任的成立要件，包括：第一，須自己的行為；第二，必須行為不合法；第三，須行為出於故意或過失。故意係指行為人對於構成犯罪的事實，明知並有意使其發生者。過失係指行為人雖非故意，但按其情節應注意並能注意而不注意者是為過失；第四，須行為已導致他人蒙受損害。此處所言損害一詞，則包括財產及精神上的損害而言；第五，行為與損害間，須有因果關係。此種因果關係，通說採「相當因果關係」說。此種因果關係的決定，通常以「如非」測驗法（「But For」Test）予以推斷。例如，甲車駕駛人因駕駛不慎，阻礙乙車的通行，而使乙車撞及丙車。此時，甲車雖未接觸丙車，但丙車可主張，甲車有過失責任。其理由即如非甲車有過失，乙丙兩車不致會發生碰撞。但此種測驗法，應以客觀情事為依據，加以判斷始可；第六，須行為人有責任能力。

2. 過失侵權責任的抗辯

加害人對被害人的請求損害賠償，可以下列兩項理由提出抗辯：第一，自甘冒險（Assumption of Risk）。例如，被害人如有下列兩種情形之一，自不能提出賠償請求：(1) 明知會有風險存在；(2) 自己甘願暴露於風險中；第二，**與有過失**（Contributory Negligence）。在侵權責任第三個構成要件中，指出加害人的行為必須有過失，然被害人必須能證明始可。但是被害人常常自己亦有過失。換言之，雙

---

8 參閱金光良美（1994）。《美國的保險危機》。台北：財團法人保險事業發展中心。

方均有過失，此時加害人可以「與有過失」為由，減輕責任。

3. 與有過失抗辯效果的減弱

在與有過失的原則（Contributory Negligence Rule）下，只要加害人（被告）能證明損害的發生，被害人（原告）亦有過失，則法院的判決對原告可能不利。換言之，被告可以不負法律責任，原告無法請求賠償。然而，此種與有過失原則，並非說被告完全沒有過失，因而可以不必負法律責任，而是說雙方均有過失，雙方均無法從對方獲得任何賠償之意。此種觀念已有若干修正：第一，為**最後避免機會原則**（Last Clear Chance Rule）的採用。在此原則下，有最後機會避免損害的人，應對損害負責。例如，原告把車停在禁止停車處，被告如有最後機會避免撞及該車，則被告不能以「與有過失」理由，進行抗辯；第二，為**比較過失原則**（Comparative Negligence Rule）。在此原則下，原告及被告互相負擔不同的過失程度。例如，原告遭受一萬元的損害。但此損害的發生，原告應負 30% 的過失責任，而被告應負 70% 的過失責任。原告可從被告，獲取 $\$10,000 \times 70\% = \$7,000$ 的賠償。相反的，在與有過失原則下，原告無從獲取任何賠償。由於此兩項修正原則，使得被告以「與有過失」為理由抗辯的效果減弱。

4. 替代責任之立法

替代責任（Vicarious Liability）係指本人因他人過失，須負侵權責任之意。例如，醫師在診療時，因受其指導的其他工作人員發生過失行為，導致病人傷害時，該醫師應負賠償之責。其理由，無非係指工作人員不能善盡職責，乃係醫師不當指派的結果。是故，該醫師對病人的傷害應予負責。同樣，汽車所有人有可能對駕駛人的過失行為負責。

5. 過失主義與結果主義

過失侵權責任觀念，有新的發展，也有重新重視過失侵權責任觀念的呼聲。新的發展方面，例如，「大眾侵權」觀念的產生（Fenske, 1983）。再如，結果主義替代了過失主義。以產品責任為例，**嚴格責任**（Strict Liability）（或稱無過失責任），是以產品缺陷造成損害時，才產生賠償責任。之後演變成，只要有損害，即產生賠償責任的**絕對責任**（Absolute Liability）。此種只要受害人有損害結果的事實，不問加害人是否有過失的觀念，謂為結果主義。

6. 特定責任與結果主義

幾個特定責任的法理基礎，已改採結果主義。

第一，雇主責任。早期雇主對員工的責任是以「無過失，即無責任」為原則。但自一八九七年，美國首創勞工補償法（Worker's Compensation）之後，上項原則，即有些改變。在此法律下，員工因工作所致的傷害，不論雇主有無過失，皆應獲得賠償。雇主對於員工安全，須俱備某種程度的注意。如有違反，應負賠償之責。這些要點，包括：(1) 雇主必須提供安全的工作場所；(2) 雇主必須僱用適任工作的人；(3) 雇主必須提示危險的警告；(4) 雇主必須提供適當與安全的工具；(5) 雇主必須訂立並實施適當的工作規則。雇主如違反上述要點，導致員工蒙受傷害，則雇主自當負損害賠償之責。

第二，產品責任。**產品責任**（Product Liability）係指廠商對其生產製造或經銷的產品，因有瑕疵，導致消費者蒙受身體傷害（Bodily Injury）或財物損失（Physical Damage）時，依法應負的損害賠償責任。廠商應對產品負責，係基於兩大理由：一為從契約行為觀點言，產品對消費者構成體傷（BI）或財損（PD），係因廠商違反契約上的保證關係，屬於違約行為，故應負賠償之責；另一為從侵權行為觀點言，又分兩種：一以傳統過失侵權為要件。換言之，廠商對其產品，未能盡到其應有之注意，顯有過失，故應負賠償之責；另一以絕對責任為標準。此觀點認為廠商之產品，只要對消費者有所損害，即應負絕對之責。

第三，專業責任。專業係謂應有專門技術或知識的職業。例如，律師、會計師、醫師、保險代理人、美容師、理髮師，甚至牧師、教師等。專業人員有其標準的職業規範。專業人員由於處置失當及缺乏應有的專門技術或知識，導致人們蒙受損傷應負的賠償責任，謂為**專業責任**（Professional Liability）。

第四，汽車責任。早期的汽車責任保險，適用過失主義。此種過失侵權制度，易產生如下缺點（施文森，1983）：(1) 過失證明不易；(2) 訴訟期間過長及費用過鉅；(3) 賠償金額取決於訴訟技巧的運用。為了克服上述缺失，**無過失保險**（No-Fault Insurance）乃應運而生。此種解決汽車責任問題的新保險制度係指汽車駕駛人對於車禍的損失，可直接向自己的保險人求償，而在求償過程中，無須證明何人的過失所引起，故稱為無過失保險。

7. 責任經濟損失原因與賠償計算基礎

以汽車責任為例，汽車責任損失的原因以人為因素居多。人為因素，不外有下

列幾項：(1) 駕駛人的過失；(2) 行人的過失；(3) 交通安全觀念的錯誤；(4) 交通管理法令不夠完善；(5) 交通執行太過鬆懈等五項。至於物質因素亦有：(1) 路面品質太差；(2) 交通安全標誌故障；(3) 汽車機件失靈或不良；(4) 道路環境過於複雜等四項。另外，不論是僱主責任、汽車責任、專業責任及產品責任導致的損失形態，均有兩種：一為體傷責任：因過失侵權行為，導致他（她）人身體傷害或死亡的責任；另一為財損責任：因過失侵權行為，導致他（她）人財產毀損的責任。最後，責任賠償計算基礎，各國或有異。美國的**懲罰性賠償**（Punitive Damage）概念值得留意。懲罰性賠償係指對加害人的故意或基於道義應予以譴責時，為使此種侵權行為不再發生而實施的制裁金。此種金額的計算與被害人蒙受的經濟損失金額無關。

三、公司整體商譽風險分析

　　策略管理與經營管理層次的風險之外，公司風險管理上極度重要的風險，是**商譽／名譽風險**（Reputation Risk）。這項風險常被低估或輕忽，這是極度危險的，因為公司經營，最需要掛心的兩件事，就是員工與商譽（Diermeier, 2011）。商譽是無形資產，是公司過去經營績效與未來願景的重要指標，商譽之所以產生，主要是公司經營績效是否能滿足公司所有利害關係人的預期，所以商譽概念上，可如下表示（Rayner, 2010）：商譽＝經營成果＋願景的期望。

　　其次，影響商譽風險的因素如下：(1) 公司治理與領導力的好壞；(2) 公司對社會責任感的強度；(3) 公司文化與員工是否優質；(4) 兌現對顧客承諾的強度；(5) 對政府監理法令遵守的強度；(6) 溝通與危機管理的能力；(7) 財務績效好壞與被長期投資的價值。

　　最後，良好的商譽是奠基在公司所有利害關係人，對公司的信任與信心。商譽的破壞，對公司絕對有負面的衝擊，依衝擊程度，可評估商譽風險的高低（Rayner, 2010）。茲以某科技公司，藉由各辨識風險的方法，找出的 27 項主要風險為例，依據評估標準，歸類每一風險對公司商譽衝擊的程度，如表 10-1。這 27 項主要風險與管理上應注意事項如下：

(1) 資產的實質毀損：需估計其最大可能損失。
(2) 營業或製造中斷與額外費用：這項風險，隨利潤的增加，曝險範圍越大，
　　需重營運持續管理（BCM）。

(3) 員工偷竊：透過良好的偵防，降低損失。

(4) 展示品展示與運送：隨者展示收入增加，曝險範圍越大。

(5) 綁架勒索：重外出與出差安全管理。

(6) 汽車責任：注意開車打手機的判決增加。

(7) 員工職業傷害：注意職災給付與醫療費用增加。

(8) 第三人體傷與財損責任：利用商業一般責任保險。

(9) 作業失誤：注意財務求償問題。

(10) 信託責任：注意員工福利信託。

(11) 侵犯員工隱私：注意網路線上活動風險。

(12) 董監遭求償：注意內線交易與違反法令。

(13) 航空責任：注意員工駕駛飛機的第三人責任。

(14) 地震：注意巨災損失。

(15) 應收帳款信用：經濟繁榮景氣，風險會減少。

(16) 契約責任：注意契約管理。

(17) 會計詐欺：注意遠距離分支機構與購併時的會計處理。

(18) 電子商務網路：越依賴 IT 網路，風險越高。

(19) 新商品研發：研發成果趕不上市場需求。

(20) 員工技能：加強訓練。

(21) 處理危機不當：重視營運持續管理與危機管理。

(22) 商標等責任：注意著作權、商標權等。

(23) 智財權──公司本身：公司本身智財權遭侵犯。

(24) 智財權──第三人：可能侵犯第三人智財權，注意這類法律訴訟案件增加。

(25) 海上搶劫：注意國際海上搶劫。

(26) 重要員工：注意 CEO、CFO、CRO、主要研發人員與銷售高手的傷殘死亡。

(27) 購併：注意購併進行中的實地查核、交易價、評價與整合時，面臨的風險。

表 10-1 商譽衝擊評估標準與 27 項風險的歸類

低度	中度	高度	極高度
* 客戶抱怨 * 利害關係人的信心些許動搖 * 對公司商譽的衝擊不到一個月	* 遭地方性媒體披露報導 * 利害關係人的信心動搖增強 * 對公司商譽的衝擊持續一個月至三個月	* 登上全國性媒體版面 * 利害關係人的信心明顯動搖 * 對公司商譽的衝擊超過三個月 * 引起監理機關的注意	* 登上全國性媒體頭條甚或成為國際媒體焦點 * 利害關係人失去信心 * 對公司商譽的衝擊超過一年甚或無法挽回 * 監理機關開始調查
(4) (14) (15) (16) (19)	(1) (26) (5) (20) (6) (7) (10) (12) (23) (25)	(2) (18) (3) (21) (8) (22) (9) (24) (11) (13) (17)	(27)

四、風險間相關性分析

（一）風險間的相關結構

第二與第三節所說明的，主要是聚焦在風險事件背後的風險來源／風險因子分析，風險來源又可分為兩種層次的類別，一為淺層的風險因子，另一為深層的社會文化價值，前者一般較為顯性有形，例如住屋裝潢建材與人的體質等，後者則較為隱性無形，例如住屋裝潢建材的採用，受到屋主個人的偏好影響，此偏好來自社會文化價值，再如，人的體質好壞，醫學上可斷定，但體質好壞除受先天影響外，也受生活飲食習性影響，習性又受到社會文化價值影響。風險事件的爆發，就是受到不同層次風險來源的驅動，事件發生後，其結果不外是負面的損失與正面的獲利。風險來源的驅動間，則有獨立、相依、互為因果等幾種現象。風險間的相關性分析，主要可用四種方法進行分析，那就是**失誤樹分析**（FTA: Fault Tree Analysis）、

事件樹、魚骨分析與貝氏理念網（BBNs: Bayesian Belief Networks）。

（二）失誤樹與事件樹

失誤樹採用由上而下的因果分析方式，針對特定事件，進行可能的原因分析，且以 AND 與 OR 關係來聯結。FTA 的分析步驟如下（Marshall, 2001）：(1) 界定問題與問題發生的條件及範圍；(2) 建構失誤樹；(3) 找出最小失敗與路徑集合。失敗集合，是指一群子事件同時發生時，會導致頂端風險事件發生的集合而言。路徑集合類似失敗集合，它是指一群子事件不發生時，頂端風險事件會發生的基本事件集合。最小的意思，是指無法進一步簡化時的集合而言；(4) 執行失誤樹的質化分析；(5) 執行失誤樹的量化分析。失誤樹圖，如圖 10-2。

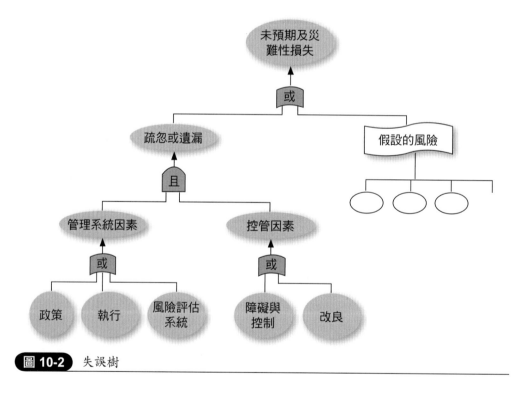

圖 10-2 失誤樹

其次，**事件樹**（ETA: Event Tree Analysis）是以風險事件發生後，後續牽連的其他事件，依時間先後，估計複合事件的機率（Marshall, 2001）。參閱圖 10-3 一般事件樹圖與圖 10-4 事件樹機率。

時間 →

事件發生 (A)	發現事件 (B)	確認回應措施 (C)	執行回應措施 (D)	結果
外部事件的發生	員工發現事件	員工回應診斷正確	員工執行得當	成功
			員工執行不當	失敗
		員工回應診斷錯誤		失敗
	員工未偵測到事件的發生			失敗

圖 10-3　一般事件樹

時間 →

A	B	C	D	機率
P（A）	P（B）	P（C）	P（D）	P（A）P（B）P（C）P（D）
			1-P（D）	P（A）P（B）P（C）（1-P（D））
		1-P（C）		P（A）P（B）（1-P（C））
	1-P（B）			P（A）（1-P（B））
P（A）				（1-P（A））

圖 10-4　事件樹機率

（三）魚骨分析與 BBNs

　　魚骨分析，由於其圖類似魚骨，故得名。魚骨分析有點像失誤樹的質化分析。以特定風險事件為橫軸，再以箭頭畫出產生的原因，原因的原因，亦同樣用箭頭劃出。以火災風險事件為例，畫出魚骨圖，如圖 10-5。

　　貝氏理念網（BBNs: Bayesian Belief Networks），也就是**機會影響圖**（IDs: The Chance Influence Diagram）或稱機率導向的非循環圖（DAG: Probability Directed Acyclic Graph）。BBNs 與失誤樹及事件樹最不同處，在於後者只能單向分析，前者可以雙向分析。它是聯結所有相關事件形成網絡，推估一個風險事件發生下，另一個風險事件的機率，且採用貝氏定理的條件機率概念。簡單的 IDs 圖，參閱圖 10-6。

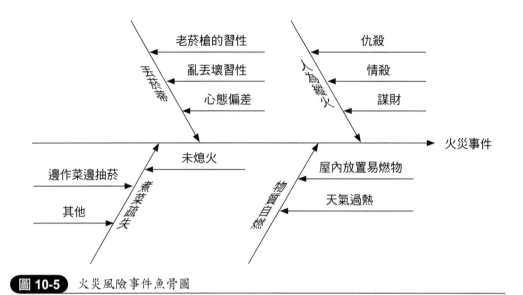

圖 10-5 火災風險事件魚骨圖

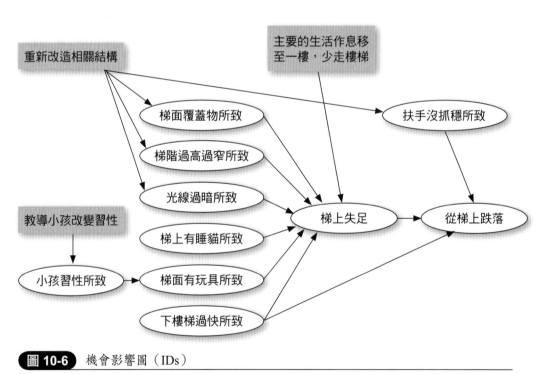

圖 10-6 機會影響圖（IDs）

圖 10-6 中橢圓形類似決策樹（參閱第十九章第二節）中的機會結點（Chance Node），長方形類似決策結點（Decision Node）。

五、風險圖像的建立與程度評比

（一）風險點數公式

經過風險辨識與分析過程後，初步先以風險點數判定所有風險的高低，這種方法簡單實用，許多公司均採用，計算風險點數的公式如下：

風險點數＝（損失頻率點數＋距離衝擊的時間點數）× 損失幅度點數

上列的點數公式，主要考量風險的兩個面向，亦即損失頻率與損失幅度。該公式特殊處，在於多加考量時間變數，這項考量可使風險高低與風險的優先排序更為精確。例如，損失頻率點數與損失幅度點數各自相同的兩個不同的風險事件，在不考慮距離衝擊的時間下，兩個不同的風險事件，就可能同屬相同程度的風險，且排序相同，此種判定，固然簡單也實用，但如多加考量時間變數，可使風險程度與排序更為精確，公司有限資源更可進一步得到適當的分配。

（二）風險點數與主觀判斷

風險點數公式中，每一項目均涉及吾人對未來風險事件發生的可能性（損失頻率）與衝擊（損失幅度）的主觀判斷，簡單的事件，個人容易判斷精準，複雜的風險事件，則需由特別組成的小組共同評估判斷。收集產生風險事件的原因資料或訊息後，先經由主觀判斷，質化估計，決定發生可能性的高低與衝擊的大小。之後，最好能透過稍複雜的程序，轉化成量化估計值，有量化值在管理上助益會更高。將質化估計的等級轉換成量化估計值時，有一定的統計技術（Marshall, 2001），以損失頻率為例，圖 10-7 是損失頻率經由質化估計高低等級後，經由對數機率技術轉化的對應機率圖。

其次，不論個人或小組評估判斷風險，都會有知覺上的偏差，例如定錨／牽制效應，這些偏差是人類心理上的蛀蟲（參閱第十二章），如何消除在風險心理學領域已有深入的探討。最後，小組評估風險，有四種方式：第一，個別深度訪談（Deep Interview）；第二，達耳菲法（Delphi Method）；第三，名目團體法（Nominal Group Method）；最後，共識法。如果，採用小組評估風險，一致性的評估是極為重要的，小組每人意見的一致性評估，可使用 F 比率。所謂 F 比率，是個別人員對風險估計的變異數與小組其他成員間估計變異數的比值，之後，依自由

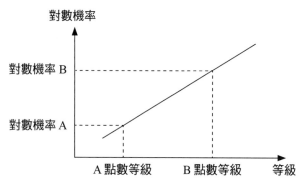

圖 10-7 對應機率圖

度與變異數估計比率,進行尺規化調整而得。如果此比率過高,表示小組成員間,意見的一致性有問題,有必要群聚一堂,尋求共識,換言之,此時共識法有必要採用。

(三)損失頻率點數

風險事件編碼後,根據下列五項指標,每一風險事件發生可能性的估計,會落入每項指標,所顯示的區間或級別,可能性最高者,得分 5 點,可能性最低者,得分 1 點。實務上,亦可分為四類(例如,Richard Prouty 先生的歸類,稱為 Prouty 法),4 點最高分,1 點最低分。五項指標,分別是:第一項,極少發生(Rare)/極低:這項指標,損失發生的可能性,約每一百年或約每三百年以上,發生一次者,或機率低於 1%;第二項,可能但未曾發生(Unlikely)/低度:這項指標,損失發生的可能性,約每三十年,發生一次者,或機率約在 1% 與 4% 間;第三項,發生數次(Moderate)/中度:這項指標,損失發生的可能性,約每十年,發生一次者,或機率約在 4% 與 10% 間;第四項,經常發生(Likely)/高度:該指標,損失發生的可能性,約每三年,發生一次者,或機率約在 10% 與 40% 間;第五項,幾乎可確定會發生(Almost Certain)/極高:該指標,損失每年不只發生一次,或機率約 40% 以上時,均歸此一級別。

(四)距離衝擊的時間點數

距離衝擊的時間點數分三級:第一級,是距離衝擊的時間為零者,得點3,最高,例如突然的爆炸事件;第二級,是距離衝擊的時間有數天者,得點 2,其次,例如颱風事件;第三級,是距離衝擊的時間為數月者,得點 1,最低,例如法律條

文可能的改變。

（五）損失幅度點數

同樣，損失幅度點數，也有五項指標，以損失金額占公司營業收入的某一百分比為指標標準：第一項指標，最嚴重（Extreme）：損失金額占公司營業收入的 10% 以上者；第二項指標，很嚴重（Very High）：損失金額占公司營業收入的 7% 至 10% 者；第三項指標，中等（Medium）：損失金額占公司營業收入的 5% 至7% 者；第四項指標，不嚴重（Low）：損失金額占公司營業收入的 3% 至 5% 者；第五項指標，可不在乎（Negligible）：損失金額占公司營業收入的 3% 以下者。

（六）風險圖像

根據前述點數公式，並以第三節所提及的某科技公司之 27 項主要風險為例，判讀點數如後，各風險點數列示於下。表 10-2 稱為風險矩陣表（Risk Matrix）。

(1) 資產的實質毀損：24 點。

(2) 營業或製造中斷與額外費用：18 點；

(3) 員工偷竊：4 點。

(4) 展示品展示與運送：12 點。

(5) 綁架勒索：9 點。

(6) 汽車責任：16 點。

(7) 員工職業傷害：18 點。

(8) 第三人體傷與財損責任：20 點。

(9) 作業失誤：14 點。

(10) 信託責任：8 點。

(11) 侵犯員工隱私：4 點。

(12) 董監遭求償：30 點。

(13) 航空責任：18 點。

(14) 地震：40 點。

(15) 應收帳款信用：21 點。

(16) 契約責任：8 點。

(17) 會計詐欺：20 點。

(18) 電子商務網路：32 點。

(19) 新商品研發：15 點。

(20) 員工技能：4 點。

(21) 處理危機不當：35 點。

(22) 商標等責任：12 點。

(23) 智財權──公司本身：24 點。

(24) 智財權──第三人：21 點。

(25) 海上搶劫：40 點。

(26) 重要員工：35 點。

(27) 購併：21 點。

表 10-2 風險矩陣表

頻率點數＋ 時間點數	幅度點數				
	5	4	3	2	1
8	40	32	24	16	8
7	35	28	21	14	7
6	30	24	18	12	6
5	25	20	15	10	5
4	20	16	12	8	4
3	15	12	9	6	3
2	10	8	6	4	2

從風險矩陣表中，得知最高的點數 40，最低點數為 2。吾人可以 2-10 點的風險事件，為低度風險；12-24 點的風險事件，為中度風險；25-40 點的風險事件，為高度風險。高中低風險度的劃分沒有鐵則，可依實際需求作不同的調整。其次，以損失幅度為橫軸，頻率與時間為縱軸，繪製風險圖像，如圖 10-8。

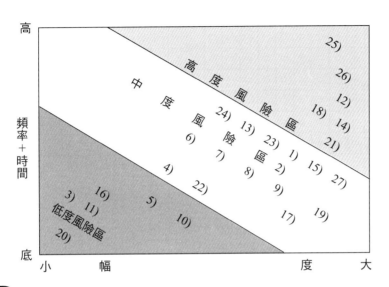

圖 10-8　某時間點的風險圖像

（七）風險程度評比

　　根據判讀的科技公司風險點數，雖可進行各風險程度的評比，但不容易精確，蓋因依風險點數公式建構的風險圖像，所作的排序評比，並不考慮各風險間的相關性，因此，需再運用影響矩陣（Influence Matrix）進一步判讀，重新評比排序。表10-3 左邊一欄與上方一欄，風險項目均是 27 項，橫列總得分是左邊各風險影響上端各風險的分數總計，縱向總得分是左邊各風險被上端各風險影響的分數總計，重新排序時，依影響與被影響的淨分數大小，換言之，淨影響分數越高者，最需優先留意。其次，分數的點數，分別是「0」表無影響「1」表中度影響「2」表高度影響，參閱表 10-4。管理上可依原排序，但缺點是忽略各風險間的影響，或亦可用新排序，其優點是考慮各風險間的相關性。

表 10-3　影響矩陣表

	1)	2)	3)	4)	5)	6)	7)	8)	9)	10)	11)	12)	13)	14)	15)	16)	17)	18)	19)	20)	21)	22)	23)	24)	25)	26)	27)	總計
(1) 資產的實質毀損		2	0	0	0	0	0	0	1	0	0	0	0	0	0	0	0	2	1	0	0	0	0	0	0	0	0	6
(2) 營業或製造中斷或額外費用	0		0	0	0	0	0	0	2	0	0	0	0	0	1	0	0	2	1	0	0	0	0	0	0	0	0	6
(3) 員工偷竊	0	0		0	0	0	0	0	2	0	0	0	0	0	0	0	0	1	0	0	0	0	1	0	0	0	0	4
(4) 展示品展示與運送	0	0	0		0	0	0	0	0	0	0	0	0	0	0	0	0	1	0	0	0	0	0	0	0	0	0	1
(5) 綁架勒索	0	0	0	0		0	0	0	0	0	0	0	0	0	0	0	0	0	0	0	2	0	0	0	0	0	1	3
(6) 汽車責任	0	0	0	0	0		2	0	0	0	0	0	0	0	0	0	0	0	0	0	0	0	0	0	0	1	0	3
(7) 員工職業傷害	0	0	0	1	0	0		0	0	0	0	0	0	0	0	0	0	0	0	2	0	0	0	0	1	2	0	5
(8) 第三人體傷與財損責任	0	0	0	0	0	0	0		0	0	0	0	0	0	0	0	0	0	0	0	2	0	0	0	2	0	0	5
(9) 作業失誤	0	0	0	0	0	0	0	0		0	0	2	0	0	2	2	0	0	0	0	0	0	0	0	0	0	0	6
(10) 信託責任	0	0	0	0	0	0	0	0	0		0	2	0	0	0	0	0	0	0	0	0	0	0	0	0	0	0	2
(11) 侵犯員工隱私	0	0	0	0	0	0	0	0	0	0		0	0	0	0	0	2	0	0	0	0	0	0	0	0	0	0	2
(12) 董監遭求償	0	0	0	0	0	0	0	0	0	0	0		0	0	0	2	0	0	0	0	0	0	0	0	0	0	0	2
(13) 航空責任	0	0	0	0	0	0	0	0	0	0	0	0		0	0	0	0	1	0	0	0	0	0	0	0	2	0	3
(14) 地震	2	2	0	0	0	0	2	2	2	0	0	0	0		0	0	0	1	0	0	0	0	0	0	0	0	0	11
(15) 應收帳款信用	0	0	0	0	0	0	0	0	2	0	0	1	0	0		0	0	0	0	0	0	0	0	0	0	0	0	3
(16) 契約責任	0	0	0	0	0	0	0	0	1	2	0	0	0	0	0		0	1	0	0	0	0	0	0	0	0	0	4
(17) 會計詐欺	0	0	0	0	0	0	0	0	0	0	0	2	0	0	0	2		0	0	0	0	0	0	0	0	0	0	4
(18) 電子商務網路	2	2	0	0	0	0	0	0	2	0	0	0	0	0	0	0	0		0	0	0	0	0	0	0	0	0	10
(19) 新商品研發	0	0	0	0	0	0	0	0	0	0	0	0	0	0	0	0	1	0		0	0	0	0	0	0	0	0	1
(20) 員工技能	0	0	0	0	0	0	0	0	2	0	0	0	0	0	0	0	0	2	0		0	0	0	0	0	0	0	6
(21) 處理危機不當	0	2	0	0	0	0	2	2	0	0	0	1	0	0	0	0	0	0	0	0		0	0	0	0	0	0	7
(22) 商標等責任	0	0	0	0	0	0	0	0	0	0	0	0	0	0	0	0	0	1	0	0	0		0	0	0	0	0	1
(23) 智財權－公司本身	0	0	0	0	0	0	0	0	0	0	0	0	0	0	0	0	0	1	0	0	0	0		0	0	0	0	1
(24) 智財權－第三人	0	0	0	0	0	0	0	0	0	0	0	0	0	0	0	0	0	0	0	0	0	0	0		1	0	0	1
(25) 海上搶劫	0	0	0	0	0	0	0	0	0	0	0	0	0	0	0	0	0	0	0	0	0	0	0	0		0	0	1
(26) 重要員工	0	1	0	0	0	0	0	0	2	1	0	0	0	0	0	0	1	1	2	0	0	0	0	0	0		0	5
(27) 購併	0	2	1	1	0	0	1	0	2	0	2	0	0	0	1	1	1	1	1	1	1	2	1	1	0	0		20
總計	4	11	1	1	0	0	6	2	17	3	4	6	0	0	7	9	3	14	6	4	10	3	4	1	0	6	1	123

表 10-4 各風險新舊排序表

風險編號	風險點數	原排序	淨影響分數	新排序
(14)	40	1	+11	2
(25)	40	1	+1	5
(26)	35	2	-1	7
(21)	35	2	-3	9
(18)	32	3	-4	10
(12)	30	4	-4	10
(1)	24	5	+2	4
(23)	24	5	-3	9
(27)	21	6	+19	1
(24)	21	6	0	6
(15)	21	6	-4	10
(8)	20	7	+3	3
(17)	20	7	+1	5
(2)	18	8	-4	10
(7)	18	8	-1	7
(13)	18	8	+3	3
(6)	16	9	+3	3
(19)	15	10	-5	11
(9)	14	11	-11	12
(4)	12	12	0	6
(22)	12	12	-2	8
(5)	9	13	+3	3
(10)	8	14	-1	7
(16)	8	14	-5	11
(3)	4	15	+3	3
(11)	4	15	-2	8
(20)	4	15	+2	4

表 10-4 中原排序，是依據風險點數得分高低排序，新排序則依淨影響分數排序，例如，新排序第一的風險是購併風險，其淨影響得分是＋19（20-1），新排序最後的是作業失誤，其淨影響得分是 -11（6-17）。

最後，觀察風險圖像，需留意時間因素，換言之，風險會隨時間改變，以致原風險圖像在現在觀察與未來短期以及長期觀察時，各風險在圖中的落點會產生位移現象。

六、 極端風險事件分析

暖化現象，地球海平面，在未來一百年內，會上升 1.4 公尺的全球怪天極端氣候，與金融海嘯等**極端風險事件**（Extreme Risk Event），最有可能顛覆傳統風險管理思維，蓋因，傳統風險管理思維與技術，在極端風險管理中，已被證明失效，尤其在塔雷伯（Taleb, N. N.）口中的第四象限，黑天鵝領域世界，更是如此。塔雷伯（Taleb, N. N.）在其黑天鵝效應一書（Taleb, 2010）中，更是闡述的淋漓盡致。這類極端風險事件，對一國 GDP（Gross Domestic Product）有顯著影響（Banks, 2009），參閱圖 10-9。

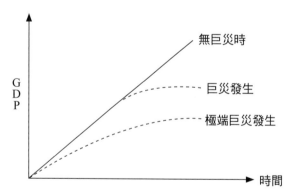

圖 10-9 極端災難風險與GDP

極端風險事件，是穿透風險值（VaR: Value-at-Risk）（參閱第十一章）極限區段的事件，也可看成是塔雷伯（Taleb, N. N.）所說的第三與第四象限中的風險。尤其留意，黑天鵝領域第四象限的風險事件，這黑天鵝事件，有三點特性（Taleb, 2010）：第一，就統計語言說，極端風險事件，就是離散值（Outlier），它出現在預期範圍之外的，人們依過去經驗，不相信它有出現的可能；第二，它一旦發

生，會帶來毀滅性的衝擊；第三，它一旦發生後，人們會習慣性的試圖塑造，它可被預測與被解釋。換言之，極端風險事件，就是具稀少性、極度衝擊與事後諸葛（Hindsight）。此外，需留意的是，高度預期會發生的事件，卻沒發生，也是極端風險事件，因為就對稱性言，高度不可能發生的事，就是高度可能發生事件的不發生（Taleb, 2010）。

七、本章小結

　　風險的定性分析，是量化風險的前部曲，對風險來源與風險事件沒有清楚明確的深入了解，風險計量，可能產生極大偏誤。其次，除了策略風險外，不論是實質資產、財務資產、責任曝險與人力資產，大部份會涉及相關的財務風險、作業風險與危害風險。最後，公司利用內部模型量化風險前，依一定的點數公式得出的風險圖像，除提供風險回應的初步基礎外，更有助於風險計量的精確性。

思考題

❖ 為何有些長壽的人，又抽菸又喝酒？　為何雲南人抽菸極普遍，但罹患肺癌的機率，世界最低？

❖ 風險評估上，應該質化優先，還是量化優先，還是兩者同時進行，還是無需區隔先後？原因各為何？

❖ 辨識風險很多方法，請問方法與風險性質間，有沒有關聯？為何？

參考文獻

1. 王衛恥（民國 70 年）。*實用保險法*。台灣台北：文笙書局。
2. 李逸民（1988）。*危急應變指南*。香港：讀者文摘。
3. 台灣內政部消防署（2010）。*中華民國 99 年消防統計年報*。
4. 金光良美（1994）。*美國的保險危機*。台北：財團法人保險事業發展中心。
5. 施文森（民國 72 年）。汽車保險的改革。*華僑產物保險雙月刊*（29）。pp.22-23。
6. 胡幼慧（民國 82 年）。*社會流行病學*。台灣台北：巨流圖書公司。
7. Andersen, T. J. and Schroder, P. W. (2010). *Strategic risk management practice-how to deal*

effectively with major corporate exposures. Cambridge: Cambridge University Press.

8. Banks, E. (2009). *Risk and financial catastrophe.* Palgrave macmillan.

9. Diermeier, D. (2011). *Reputation rules: strategies for building your company's most valuable asset.* Singapore: McGraw-Hill.

10. Doff, R. (2007). *Risk management for insurers-risk control,* economic capital and Solvency II. London: RiskBooks.

11. Fenske, D. (1983). Don't think about it late at night. *Best Review.* Aug. 1983.
    Taleb, N.N. (2010). The Black Swan-the impact of the highly improbable.

12. Marshall, C. (2001). *Measuring and managing operational risks in financial institutions-tools, techniques and other resources.* Chichester: John Wiley & Sons Ltd.

13. Rayner, J. (2010). Understanding reputation risk and its importance. In: Bloomsbury. *Approaches to enterprise risk management.* Pp.65-71. Bloomsbury Information Ltd.

14. Williams, Jr. C. A. and Heins, R. M. (1981). *Risk management and insurance.* New York: McGraw-Hill.

第 **11** 章

風險評估（二）——
風險計量

數字會說話，但要留意，有時，說的是真話，
有時，說的是假話。

前兩章，分別論及風險的辨識與風險圖像及定性分析，本章說明風險評估的第二部份，風險預測的客觀計量，也就是風險的估計（Risk Estimation）或稱風險的衡量（Risk Measurement），它是根據風險分析資訊與過去記錄，就損失未來發生的可能性與嚴重性，予以數量化的統計過程。風險計量的必要性，在於不計量，對金融保險商品無法訂價（Pricing），就無法經營與行銷。其次，不計量，無法針對公司資本配置（Capital Allocation）作有效的資本管理（Capital Management）。最後，不計量，風險承擔與轉嫁間難以取捨，管理上較缺乏依據。此外，吾人需特別留意，有些風險無法計量，針對這些風險盡可能迴避，無法迴避時，善用第十章的質化風險點數公式，作主觀的評估與判斷，事前因應。風險計量是風險的量化過程，風險計量是重「未來」，「過去記錄」則是計量的依據。風險計量固然重要，但在風險管理上，絕對不能替代決策，否則可能帶來災難，金融海嘯就是明證（段錦泉，2009）。

一、風險資料庫的建立與計量概念

（一）資料庫建立的重要性

　　為了計量風險，風險資料庫的建立是極為必要的。風險資料庫就是過去損失記錄的資料庫。沒有此資料庫的建立，難有好的風險衡量品質，也難獲得外部信評與監理上對公司採用內部模型／經濟資本模型（Internal Model／Economic Capital Model）的認可，例如標準普爾（S&P）與 Basel II 或 Solvency II 的要求。損失資料庫（Loss Data Bank）是量化風險的基礎，資料庫越早設立，數據資訊越豐富，越有利於風險計量，進而方便控管風險。然而，對剛成立的新公司言，在自我資料庫建立完整前，可藉用外部資料，例如，同業資料、銀行保險業資料或官方資料，輔以風險管理人員的主觀判斷。風險管理資訊系統（RMIS: Risk Management Information System）則有助於這些資料的保存與建立（參閱第二十一章）。此外，先進國家向來重視風險資料局（Risk Bureau）的設置，該局主要在提供各行業的損失記錄。

（二）資料庫的內容

　　風險的客觀計量，需有損失資料數據為基礎，同時，客觀計量風險，有兩種

技術，一為歷史分析法，另一為統計模型法。至於預測未來風險的方法，則依資料分配情形與預測期間，採用隨機漫步法、移動平均法、指數平滑法、ARIMA 模型法（也就是Box-Jenkins法）、單一方程迴歸、分解模型、趨勢線與情境判斷法（Marshall, 2001）。除隨機漫步法外，其他各法，均需以歷史資料為基礎，資料的儲存可藉助風險管理資訊系統的建置完成。

　　其次，在 ERM 架構下，公司面對的是策略風險、財務風險、作業風險與危害風險，資料庫的內容，就需包括這四類風險的相關數據，參閱下圖 11-1 公司整體風險資料庫（Marshall, 2001）。

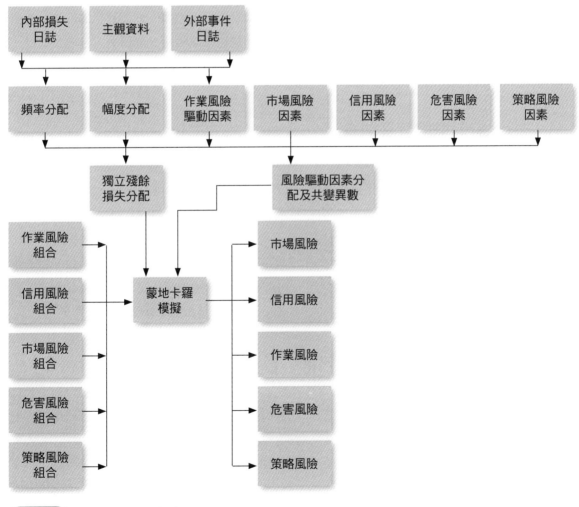

圖 11-1　公司整體風險資料庫

　　圖 11-1 顯示，原始資料包括三大類，一為內部損失資料，二為外部損失資料，三為主觀資料。其次，就相關資料作配適頻率與幅度分配，最後，以蒙地卡羅模擬各類風險的分配。各類風險資料庫中，目前，以財務風險與危害風險資料庫[1]建置較完整充分，然而，策略風險與作業風險的資料取得，難度較大。

　　以作業風險資料為例，作業風險資料可分內部資料的取得與外部資料的取得。內部資料，關於損失頻率資料的取得，可來自事件報告、損失日誌、變革日誌及其他稽核報告等資料。外部資料，關於損失頻率資料的取得，可來自相關學會或官方機構，例如，英國作業風險研究與教育中心[2]（Center for Operational Risk Research and Education）等。至於，作業風險損失幅度資料來源，可包括資產負債表、損益表、其他財務記錄、主管的深度訪談與專家意見等。然而，前述資料的取得，有其挑戰性，因有些資料具政治敏感性，其次，是作業風險絕大部份與人為疏失有關，而人為疏失資料的取得，雖然在人因工程領域有些進展，但模型化困難，目前市場上難取得完整資料。

（三）風險計量觀念

　　有完整的歷史資料庫，透過資料的檢測與配適度的了解，以及資料一致性的調整等作為，風險計量就容易許多，風險計量時，應著重兩個面向，亦即損失頻率（Loss Frequency）／發生的可能性面向，以及損失幅度（Loss Severity）／嚴重性面向，整合頻率與幅度分配，得出每一風險事件的總合分配，進而依據總合分配的平均與變異，在一定信賴區間與特定期間，計算每一風險的最大可能損失。每一風險事件總合分配，依相關係數或Copulas 函數（參閱後述），依一定過程加總，即得出公司總風險的分配。

二、創新的風險計量工具——VaR

　　風險客觀的計量，必須注意幾項原則（Crouhy *et al*, 2003）那就是客觀、一致、相關、透明、整體與完整。此節，除簡要陳述傳統計量指標與風險值（VaR: Value-at-Risk）外，ERM 下的四大類風險，除策略風險外，其他的財務風險、作業

---

[1] 例如台灣新經濟資料庫或全民健保資料庫等。

[2] 該中心 1999 年成立，目的在鼓勵作業風險管理的相關研究，此外，一些作業風險管理顧問公司，例如，NetRisk, ORI 與 RiskMatters 等，也專門從事作業損失資料的搜集與模型開發。

風險與危害風險，一律以風險值為衡量尺規。

（一）傳統計量尺規與風險值

　　傳統風險計量尺規，常見的包括，發生機率、標準差、變異數、半變異數、波動度[3]（Volatility）、β 值、變異係數、MPL 等。這其中，β 值見第七章，其餘傳統尺規，依需要不同而用，不在此進一步贅言。值得留意的是 MPL 與 VaR 的比較，其實，這兩項尺規可轉換使用，根據文獻（Harrington and Niehaus, 2003）顯示，MPL 與 VaR 意義相同，只是 MPL[4] 用在危害風險損失機率分配的情境，而 VaR 是用在資產價值組合機率分配的情境，且 VaR 也關聯到風險的損失面。MPL 如圖 11-2，VaR 如圖 11-3。

---

[3] 波動度、標準差等與 VaR 值計算極相關，樣本波動度的計算，是下式的開根號：[（相對報酬自然對數與平均報酬間之差額的平方根之和）／n-1]。

[4] MPL 是兩個英文用語的縮寫，一個是「Maximum Possible Loss」；另一個是「Maximum Probable Loss」。縮寫相同，但涵意不同。前者觀察單一曝險體，在公司存續期間，每一事件發生（Per Occurrence）下，可達的最大損失；後者用來觀察單一曝險體，在每一事件發生下，可能產生的最大損失。前者通常會高於後者。其次，Richard Prouty 對 MPL 的原文定義是 " The maximum possible loss is the worst loss that could possibly happen in the lifetime of the business; The maximum probable loss is the worst loss that is likely to happen."。此外，傳統上，對火災引起的損失幅度估計，Alan Friedlander 則依火災防護等級的不同，進一步，採用四種尺規：(1) 正常損失預期值（NLE: Normal Loss Expectancy）觀念；(2) 可能最大損失（PML: Probable Maximum Loss）觀念；(3) 最大可預期損失（MFL: Maximum Forseeable Loss）觀念；(4) 最大可能損失（MPL: Maximum Possible Loss）觀念。Alan Friedlander 觀念下的 MPL 與 Richard Prouty 觀念下的 MPL 名詞雖同，但涵義不同。Alan Friedlander 認為 MPL 係指建物本身自有的防護系統和外在公共消防設施，均無法正常操作而沒有發揮預期功能下的最大損失。此 MPL 含意有別於 Richard Prouty 的觀念。依 Alan Friedlander 的意見，此四種尺規，就發生機率言 NLE＞PML＞MFL＞MPL。就損失金額言，應是 MPL＞MFL＞PML＞NLE。最後，David Cummins 與 Leonard Freifelder 則提出「年度最大可能總損失」（Maximum Probable Yearly Aggregate Dollar Los: MPY）的觀念，所謂年度最大可能總損失係指在一特定年度中，單一風險單位或多數風險單位，可能遭受的最大總損失而言。

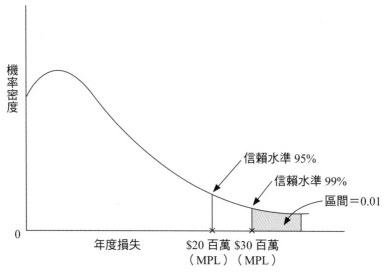

圖 11-2 MPL

（二）風險值的涵義、建構、用途與限制

1. 風險值的涵義與建構

　　風險值是最新的風險評估工具，出現在 1993 年。這項工具背後的想法，其實源自 1950 年代馬可維茲（Markowitz, H）的投資組合理論，開始時，這項工具是為財務風險中的市場風險而設計的，VaR 關心的是價值的損失，而非會計上的盈餘，因此嗣後也應用在其他各類風險的衡量，但細節上與市場風險值的衡量有差別。

　　其次，所謂**風險值係**指在特定信賴水準下，特定期間內，某一組合最壞情況下的損失。信賴水準／信賴區間是個統計術語，亦即人們對所計量的值有多少把握的精確性，這與機會或可能性的概念有關。就一般企業公司言，信賴水準的選定，可參考金融證券業國際 Basel II 資本規範，訂定 99.9% 為計算風險值的依據，或參考未來歐盟保險業國際 Solvency II 清償能力規範，訂定 99.5% 為計算風險值的依據。特定期間指的是某一組合持有的時間，時間越長，風險越難測準，在同一信賴水準下，持有期間與風險高低成正向關係。茲以數學符號，表示風險值如下：

$$\text{Prob} (X_t < -\text{VaR}) = \alpha\%$$

　　X_t 表隨機變數 X 於未來 t 天的損益金額，$1 - \alpha\%$ 表信賴水準。該公式，意即未來 t 天，損失金額高於 VaR 的機率是 $\alpha\%$，或意即未來 t 天，有 $1 - \alpha\%$ 的把握，

損失金額不會高於 VaR。圖 11-3 則表示市場風險值的分配情形。

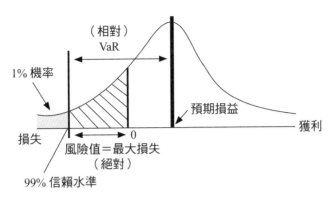

圖 11-3　市場風險值

最後，以圖 11-4 顯示建構風險值的步驟。

圖 11-4 建構過程中（Jorion, 2001），風險因子變動性的衡量，可以標準差或波動度衡量，波動度適用於時間序列資料（例如，股價等），而衡量波動度，ARCH（Autoregressive Conditional Heteroscedasticity）模型與 GARCH（Generalized Autoregressive Conditional Heteroscedasticity）模型，是常用的模型（Giannopoulos, 2000）。

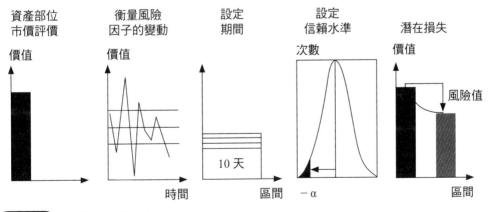

圖 11-4　建構風險值的步驟

2. 風險值的用途與限制

創新的風險值概念，至少有兩點迷人處，七項可能的用途（Dowd, 2004）。首先，第一個迷人處是，它可提供不同風險部位與不同風險因子，在風險計量上共同

一致的基礎，例如，固定收益部位的風險，在風險值一致基礎下，可與其它權益部位的風險相互比較。第二個迷人處是，風險值的計算考慮不同風險因子間的相關性與其分散程度，因此，它可提供較為正確的總風險程度。

其次，風險值的用途，至少有七項：第一，公司可利用風險值設定風險胃納水準；第二，可用來作資本配置的依據；第三，可作為年度報告中，公司風險揭露與風險報告的基礎；第四，利用風險值的訊息，可用來評估各類投資方案，作為決策的基礎；第五，利用風險值可用來執行組合方案的避險策略；第六，風險值訊息，可被公司各單位部門用來作風險與報酬間的決定；第七，以風險值衡量其他風險，比較基礎較有一致性。

最後，風險值雖有其迷人處與用途，但也有其限制，這些限制至少有四項；第一，在公司破產平均值（ES: Expected Shortfall）或條件尾端期望值[5]（CTE: Conditional Tail Expectation）衡量方面，VaR 並非最佳[6]的風險衡量工具；第二，VaR在滿足一致性風險衡量工具（Coherent Risk Measure）的標準上，也有其限制；第三，風險值有時可能低估風險程度，且不見得有效；第四，塔雷伯（Taleb, 1997）指出假如投資避險市場中，每人都用風險值避險，可能使得不相關的風險變得相關，不利市場的穩定。雖然風險值有一致性衡量的些許瑕疵，但計算上簡單易懂，本章仍以 VaR 為基礎說明。

（三）風險值估算方法與種類

1. 風險值估算方法

風險值估算方法，有三種（Jorion, 2001）：

第一，**變異數-共變異法**（Variance-Covariance Method）：此法也稱 Delta-Normal 法。其主要假設是，資產報酬是常態分配，且主要適用線性損益商品，

---

[5] 就保險業言，CTE（65），也就是 65 百分位的條件尾端期望值，如為正數，代表準備金提存足夠，也就是符合準備金適足性的要求。

[6] 根據文獻（Artzner *et al*, 1999）顯示，一致性的風險衡量尺規（Coherent Risk Measure）要滿足四項條件：(1) 次加性（Sub-Additivity）；(2) 單調性（Monotonicity）；(3) 齊一性（Positive Homogeneity）；(4) 轉換不變性（Translation Invariance）。每一條件，均有數學關係，例如，次加性，指的是任何隨機損失 X 與 Y，要符合 $\rho(X + Y) \leq \rho(X) + \rho(Y)$。所有風險衡量尺規，以尾端風險值（TailVaR）與王轉換式（Wang Transform）符合前四項條件，包括標準差、半標準差與風險值，均不符合，其中風險值尺規，違反前述的次加性，參閱 van Lelyveld 主編（2006）。Economic capital modelling-concepts, measurement and implementation 一書 Annex A。

例如股票等，對非線性損益商品，例如選擇權等，誤差大；第二，**歷史模擬法**（Historical Simulation Method）：其主要假設，是過去價格變化會在未來重現，根據歷史資料，模擬重建未來資產損益分配，進而估算 VaR。此法對線性損益商品與非線性損益商品，均適用；第三，**蒙地卡羅模擬法**（Monte Carlo Simulation Method）：其主要假設，是價格變化，符合特定隨機程序，利用模擬方式估算不同情境下的資產損益分配，進而估算 VaR。此法對線性損益商品與非線性損益商品，均適用。

2. 風險值種類

風險值可依損失是絕對的，還是相對的，分為絕對風險值與相對風險值。絕對風險值，是以絕對損失金額表示，是為圖 11-3 中，VaR 值與零間的距離，相對風險值，是 VaR 值與預期損益間的距離，也參閱圖 11-3 市場風險值。

其次，也可依改變何種部位，達成調整 VaR 的目的分，可分為**增量風險值**（IVaR: Incremental VaR），**邊際風險值**（MVaR: Marginal VaR）與**成份風險值**（CVaR: Component VaR）（Jorion, 2001）。增量風險值，是指組合中，新部位的增加，所造成組合風險值的改變而言，其數學符號可表示為：$IVaR = VaR_{p+a} - VaR_p$ 其中，p 表組合（Portfolio），a 表新增部位。邊際風險值，是指在既定組合的成份下，增加 1 元的曝險組合風險值的改變，以數學語言來說，就是組合成份權重的偏微分，以符號表示為：$\Delta VaRi = \alpha \times [cov (Ri, Rp) / \sigma_p]$，顯然。邊際風險值與 β 值概念極為相似。

最後，成份風險值，是指當組合中某一給定成份被刪除時，組合風險值的改變，也就是 $CVaR = (\Delta VaRi) \times wiW = VaR\beta iwi$。茲將風險值拆解，如圖 11-5（Jorion, 2001）。

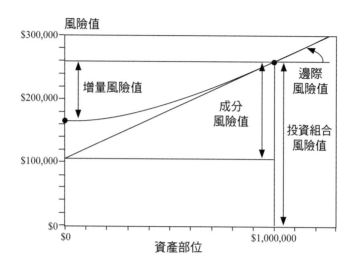

 圖 11-5 風險值拆解

三、財務風險計量——市場風險

一般企業公司與金融保險，面對的風險，在 ERM 架構下，同樣可分成策略風險、財務風險、作業風險與危害風險四大類，這其中，兩種產業間最雷同的就是財務風險。危害風險對兩種產業言，性質上則差異大，尤其科技製造業對比金融保險業。作業風險在人為疏失上，兩種產業間也雷同，但來自作業流程與管理的風險差異就大。策略風險、產業環境各不相同，差異自然大。話雖如此，計量風險的基本方法，均可互相借鏡，目前市場上，對財務風險與危害風險的計量技術成熟度最高，有許多計量軟體[7]可供使用。

（一）單一資產

衡量市場風險，針對公司持有的財務資產，例如，外幣、股票、期貨、債券與選擇權等，這些資產均會受到市場風險所影響。市場風險值計算，需得知相關資產損益報酬的頻率與幅度分配，進而導出市場風險分配，市場風險分配通常是常態分配，如圖 11-3。茲採用變異數-共變異法，以某公司持有美金三百萬為例，估算在未來兩週的風險值多少為例，即估算該美金部位的市場風險值。在估算前，選定信

---

[7] 例如 RiskMetrics 軟體等，坊間相當多不同軟體，且昂貴。

賴水準為 95%，查外匯市場統計，得知平均每週匯率變動的標準差為 0.3%，同時也得知一美金相當於三十元台幣，那麼該公司美金三百萬部位的 VaR 值，如下式：

$$VaR = \$3,000,000 \times 30 \times 0.003 \times \sqrt{2} \times 1.645 \fallingdotseq \$513,000$$

上式中的 $\sqrt{2}$ 是兩週時間平方根[8]，1.645是95% 信賴水準下的尾端機率值（查常態分配表）。

　　上式得出的 VaR 值 $513,000，意即未來兩週，損失金額高於 $513,000 的機率是 5%，或意即未來兩週，有 95% 的把握，損失金額不會高於 $513,000。

　　其次，再以公司轉投資持有另一家公司股票兩千張為例，同樣採變異數-共變異法，估算該公司股票風險值。假設昨日股票收盤價為每股 20 元，那麼這兩千張股票市價就是四萬元。假設轉投資持有股票的風險以總風險來衡量，總風險就是系統風險與非系統風險之和，同時，得知轉投資的公司股票價格，平均每週標準差為 1%，那麼未來兩週，在 95% 信賴水準下，持有轉投資公司股票的風險值如下式：

$$VaR = \$40,000 \times 0.01 \times \sqrt{2} \times 1.645 \fallingdotseq \$752$$

上式得出的 VaR 值 $752，也意即未來兩週，損失金額高於 $752 的機率是 5%，或意即未來兩週，有 95% 的把握，損失金額不會高於 $752。

（二）兩種資產

　　如需得知該公司持有前列兩種財務資產的組合風險值，則僅需得知兩種財務資產間的相關係數，透過組合理論，即可計算得知兩種財務資產的組合風險值。假設匯率與股票報酬率間的相關係數為 0.4，那麼兩種財務資產的組合風險值為：

$$\sqrt{513,000^2 + 752^2 + 2 \times 0.4 \times 513,000 \times 752} \fallingdotseq \$513,301.26$$

　　顯然，資產組合風險值小於美金風險值與股票風險值的加總，主要是兩種資產間風險分散效果所致。

8　時間平方根，是針對標準差計算時要考慮，平均數與變異數不用考慮平方根問題，因變異數開根號，就是標準差。一個月標準差＝一週變異數乘以 4 再開根號，換言之，就是一週變異數開根號乘以開根號 4，所以，就是一週標準差乘以開根號 4，這就是時間平方根規則。

（三）選擇權價格敏感性——「Greeks」

選擇權（Options）（參閱第十五章）是非線性損益商品，其風險值無法以變異數-共變異法計算，但可採用歷史模擬法或蒙地卡羅模擬法計算，限於篇幅，本章不贅言 [9]。此處，說明以「Greeks」敏感指標（以希臘字母代表敏感性）衡量選擇權價格的市場風險（Crouhy *et al*, 2003）。依 Black 與 Scholes 的選擇權評價公式 [10]，影響歐式選擇權的價格，有四大因素：那就是，(1) 標的資產價格，以「S」表示；(2) 標的資產報酬波動度，以「σ」表示；(3) 無風險利率（連續複利），以「r」表示；(4) 距到期日時間，以「T」表示。這些因子，對選擇權價格的影響，分別以不同的希臘字母表達，參閱下表 11-1。

表 11-1 選擇權價格敏感指標

因素	符號	希臘參數	希臘字母（敏感指標）
標的資產價格	S	Delta	δ
標的資產報酬波動度	σ	Theta	θ
無風險利率	r	Vega	ν
距到期日時間	T	Rho	ρ
		Gamma	γ

表中 δ（Delta），是用來衡量 S 變動一單位，對選擇權價格的影響。γ（Gamma），是用來衡量 S 變動一單位時，對 δ（Delta）的影響。ν（Vega），是用來衡量 σ 改變時，對選擇權價格的影響。θ（Theta），是用來衡量 T 變動（1 單位，是 1 年）時，對選擇權價格的影響。ρ（Rho），是用來衡量 r 變動（100%）時，對選擇權價格的影響。這些敏感指標的數理求算方式，針對買權（Call Option）與賣權（Put Option）各有不同，針對單一資產或投資組合，也各有不同，同時，這些敏感指標在選擇權價平、價內與價外的效應，也有別。

---

[9] 可參閱風險值名著 Jorion (2001). Value at Risk-the new benchmark for managing financial risk. New York: McGraw-Hill.

[10] 參閱 Black, F. and Scholes, M. (1973). The pricing of options and corporate liabilities. *Journal of political economy*. 81. No.3. pp.637. 其公式推導極複雜。

表 11-2 Greeks 敏感指標計算公式

買權（Call option）	賣權（Put option）
$\delta = \dfrac{\partial C}{\partial S} = N(d_1)$	$\delta = \dfrac{\partial P}{\partial S} = N(-d_1)$
$\gamma = \dfrac{\partial^2 C}{\partial S^2} = \dfrac{N'(d_1)}{S\sigma\sqrt{T}}$	$\gamma = \dfrac{\partial^2 P}{\partial S^2} = \dfrac{N'(d_1)}{S\sigma\sqrt{T}}$
$\theta = \dfrac{\partial C}{\partial T} = -\dfrac{SN'(d_1)\sigma}{2\sqrt{T}} - rXe^{-rT}N(d_2)$	$\theta = \dfrac{\partial P}{\partial T} = -\dfrac{SN'(d_1)\sigma}{2\sqrt{T}} - rXe^{-rT}N(-d_2)$
$v = \dfrac{\partial C}{\partial \sigma} = s\sqrt{T}\,N'(d_1)$	$v = \dfrac{\partial P}{\partial \sigma} = s\sqrt{T}\,N'(d_1)$
$\rho = \dfrac{\partial C}{\partial \gamma} = XTe^{-rT}N(d_2)$	$\rho = \dfrac{\partial P}{\partial \gamma} = -XTe^{-rT}N(-d_2)$

表中 N（.）表累積標準常態分配函數（Cumulative Standard Normal Distribution Function），N′（.）表標準常態分配函數（Standard Normal Distribution Function）。C 表買權價格，P 表賣權價格，其他符號是各表影響價格的四項因子。d1 與 d2 見 Black 與 Scholes 的選擇權評價公式。各敏感指標求算出來的正負值，各有不同涵義，例如，買權的 δ（Delta）如為正值，代表買權價格與標的資產價格，呈現正相關，再如，買權 ρ（Rho）如為正值，代表利率上升，買權價格也上升；反之，亦然。

（四）流動性風險與資產負債配合風險

流動性風險，又可分為資金流動性風險與市場流動性風險兩種，前者係指無法將資產變現或取得資金，以致無法履行到期責任的風險；後者係指由於市場因素，以致處理或抵銷所持部位時面臨市價顯著變動的風險。針對這類風險衡量，可用現金流量模型。至於資產負債配合的風險，同樣也包括市場風險與流動性風險，其計量的方法，除風險值外，也可用存續期間（Duration）[11]、凸性分析（Convexity）[12]、情境分析、比率分析、現金流量分析與壓力測試等。

---

[11] 存續期間是現金流量現值的加權平均，可用來衡量商品價格對利率變動的反映。

[12] 凸性分析是進一步衡量利率敏感度，較大的凸性資產較有風險免疫力。

四、財務風險計量——信用風險

一般企業公司面對的信用風險，例如，應收帳款信用風險、持衍生品的對手信用風險或涉及交易合約對手違反合約的情事等。有許多衡量信用風險的方法[13]，同樣，此處說明信用風險值的計算過程，其計算與市場風險值的計算有別。市場風險通常遵循常態分配或遵循 Student-t 分配[14]，但單一信用風險資產，其損失分配型態受許多因素影響，往往不是常態分配，而常是一種長尾分配。信用風險值的估計，不同於市場風險值，交易對手的信用評等是信用風險值估計的核心，信用評等可對應交易對手可能的**違約率**（PD: Probability of Default），例如標準普爾（S&P）評定為 AAA 級的公司，對應的違約率是 0.01%，評定為 CCC 級的公司，對應的違約率是 16%。下表 11-3 為國際信評機構、信評等級與違約率對應表。

表 11-3 信評等級與違約率對應表

信評機構		評　級						
穆迪	Moody's	Aaa	Aa	A	Baa	Ba	B	Caa
標準普爾	S&P	AAA	AA	A	BBB	BB	B	CCC
違約率	PD（in %）	0.01	0.03	0.07	0.20	1.10	3.50	16.00

其次，估計信用風險值，還需考慮**違約損失**（LGD: Loss Given Default）與**違約曝險額**（EAD: Exposure at Default）。也就是在特定信賴水準下，特定期間，信用風險值（Credit VaR）$= LGD \times EAD \times \sqrt{PD \times (1-PD)}$。

五、作業風險與危害風險計量

作業風險主要起源於公司的人員疏失、管理過程與制度的不當，本書是將災害等風險列入危害風險類別中，這有別於銀行 Basel 協定，將災害等風險納入作業風

---

[13] 例如信用風險矩陣法、精算技術法等極多方式，可參閱 Crouhy *et al* (2003). Risk management. New York: McGraw-Hill.

[14] VaR 源於 Student-t 分配的機會，可能高於常態分配，可參閱 Crouhy *et al* (2003). Risk management. New York: McGraw-Hill.

險中。作業風險可用損失分配法 [15]（LDA：Loss Distribution Approach）產生風險值，方法論上有由上而下法（Top-Down）與由下而上法（Bottom-Up）兩種，但如果作業風險資料不足，其衡量可採用第十章的風險點數公式。至於，危害風險源自災害事故或人員傷害等，它與作業風險相同的地方，就是均為只導致損失後果的純風險，有別於可能有獲利後果的市場與信用風險（留意，作業風險與市場及信用風險間，也有重疊處），這兩種風險，其單一損失分配，依資料特質可有眾多不同形式的損失分配（Marshall, 2001），不同類型的分配，平均數、標準差與變異數，各有不同的計算方法。限於篇幅，本節假設，兩種風險遵循同樣的損失分配，以危害風險為例，以損失分配法說明風險值計算過程，也就是過去傳統稱呼的最大可能損失（MPL：Maximum Possible Loss），這項過程同樣，也適合作業損失風險值的計算。

（一）財產損失風險值

財產損失風險值的推估，基本上要建構三種機率分配，第一，是關於每年損失次數的機率分配（The Number of Occurrences Per Year），亦即損失頻率分配；第二，是關於每次損失金額大小的機率分配（The Dollar Losses Per Occurrence），亦即損失幅度分配，如能建構此兩種分配，則第三種的總損失分配即可完成。估計風險值，可採直接法，意即利用損失資料庫的資料，依物價指數調整總損失金額後，即可直接作成總損失分配。此法不必另行建構損失頻率與幅度分配。如損失資料有限，則風險值的估算方法為：首先，損失次數要依每年資產價值的成長調整。調整的公式為第 T 年資產價值除以調整年度的資產價值後，乘以調整年度的損失次數。損失金額則依物價指數調整。調整的公式為第 T 年物價指數除以調整年度的物價指數後，乘以調整年度的損失金額。其次，再循迂迴法（Convolution），以列表分析（Analytical Tabulation）的方式，即可計得風險值。

假設某高科技公司，經由調整後的損失次數與金額的機率分配如後，閱表 11-4。透過列表分析計得總損失分配，閱表 11-5。根據表 11-5，風險管理人員可從總損失分配中，計算標準差，而以標準差為基礎，依統計技巧，可計算出來年度 VaR 值，也就是可知，最壞損失超過某一 VaR 值的機率。換言之，也可得知，風險管理人員有多少把握說，來年度最壞損失不會超過 VaR 值。

---

[15] LDA 法可直接評估非預期損失，可參閱 Franzetti (2011). Operational risk modeling and management. Zurich; CRC Press.

表 11-4　損失次數與金額分配

損失次數分配		損失金額（百萬元）分配	
損失次數	機率	損失金額	機率
0	0.6	2	0.8
1	0.3		
2	0.1	4	0.2

表 11-5　總損失分配

損失次數	總損失結果	每一結果的機率計算	總損失（小→大）（百萬元）	機率
0	─	─	0	0.6
1	(2)；(4)	(0.3×0.8)；(0.3×0.2)	2	0.24
2	(2;2)	$(0.1 \times 0.8 \times 0.8)$	4	0.124
	(4;2)	$(0.1 \times 0.2 \times 0.8)$ ⎤	6	0.032
	(2;4)	$(0.1 \times 0.8 \times 0.2)$ ⎦		
	(4;4)	$(0.1 \times 0.2 \times 0.2)$	8	0.004
				1.000

（二）責任損失風險值

公司經營，難免會發生法律賠償責任，責任損失極不同於財產損失，責任損失金額的最終確定，常在評估風險值時，此時尚未結案，是稱為長尾風險，有別於短尾的財產損失，也因此責任損失風險值的推估，需採損失發展三角形法。該法推估的過程如下：第一，將過去責任損失資料，依意外事故發生的年度，建構成**損失三角形**（Loss Triangle）；第二，求算各期間的損失發展因子（Loss Development Factor）；第三，求算各期至最終結案的損失發展因子；第四，求算各年度最終推估的責任損失金額（可分最壞損失推估與平均損失推估兩種）。

例如，某公司依過去資料，建構成損失三角形，如表 11-6。

表 11-6　責任損失三角形

意外年度	經過期間（月數）				
	12	24	36	48	60
1	$1,000	$1,230	$1,204	$1,212	$1,212
2	$1,100	$1,320	$1,412	$1,398	
3	$1,200	$1,488	$1,562		
4	$1,300	$1,756			
5	$1,400				

依上表分別計算各期間的損失發展因子，如表 11-7，以及各期至最終結案（假設平均五年即可結案）的損失發展因子，如表 11-8。最後，採用最壞情況下的損失發展因子與損失發展因子的平均數，分別可計得最大的責任損失推估值為 $8,128（也就是風險值）與平均損失推估值為 $7,739，參閱表 11-9。

表 11-7　損失發展因子

意外年度	經過期間（月數）			
	12-24	24-36	36-48	48-60
1	1.23	0.98	1.01	1.00
2	1.20	1.07	0.97	
3	1.24	1.05		
4	1.35			
平均	1.26	1.03	0.99	1.00
四年中最大因子	1.35	1.07	1.01	1.00

表 11-8　各期至最終結案的損失發展因子

	各期至最終	最終損失發展因子
最佳估計	12 月至最終	$100 \times 0.99 \times 1.03 \times 1.26 = 1.28$
	24 月至最終	$1.00 \times 0.99 \times 1.03 = 1.02$
	36 月至最終	$1.00 \times 0.99 = 0.99$
	48 月至最終	1.00
最壞情況	12 月至最終	$1.00 \times 1.01 \times 1.07 \times 1.35 = 1.46$
	24 月至最終	$1.00 \times 1.01 \times 1.07 = 1.08$
	36 月至最終	$1.00 \times 1.01 = 1.01$
	48 月至最終	1.00

表 11-9　最大責任損失推估值與平均損失推估值

意外年度	經過期間（月數）					平均損失推估值	最大責任損失推估值
	12	24	36	48	60		
1	$1,000	$1,230	$1,204	$1,212	$1,212	$1,212	$1,212
2	$1,100	$1,320	$1,412	$1,398		$1,398	$1,398
3	$1,200	$1,488	$1,562			$1,546	$1,578
4	$1,300	$1,756				$1,791	$1,896
5	$1,400					$1,792	$2,044
					最終推估值總計	$7,739	$8,128

上述推估過程中，為簡便計，並不考慮其他因子，例如趨勢調整因子等。

六、風險分散效應與風險的累計

簡單說，將所有風險，經由 VaR 值的加總所得的總風險值，就是公司所面臨的總風險程度，然而，這種簡單的加總，並不符合經濟資本（Economic Capital）的立論基礎，蓋因，以簡單加總計得的 VaR 總值，扣除預期損失後，應提列的經濟資本或風險資本會被高估，造成公司資金的不適當配置與浪費。也因此，VaR 值的加總，必須考慮各風險間相關性所帶來的分散效應（Diversification Effect），使經濟資本的提列，更精確、更實際與適當。經由分散效應所導致的公司總風險值，將少

於簡單加總所得的總風險值，而兩者間的差額，就是風險分散效應值。

風險分散效應會受到兩種變項的影響，也就是風險集中度（Concentration）與風險類別因素分層的廣度（Granularity）（Everts and Liersch, 2006）。風險如越集中，風險分散效應越小，風險類別因素分層的廣度越廣，風險分散效應越大。此外，單一資產的未預期損失對整個資產組合未預期損失的貢獻度，也需留意，此貢獻度稱為**風險貢獻度**（Risk Contribution）。其次，衡量風險分散效應的方法，有兩種方式，也就是統計上的相關係數與 Copulas 函數 [16]，以及質化方式的影響矩陣（Influence Matrix）（參閱第十章）。相關係數與Copulas函數間，各有優劣，例如，相關係數優點是簡單易懂，其缺點是它使用的是過去資料，也許無法得知目前相關性的情況，而Copulas函數也有優缺點，例如，缺點是複雜難懂，優點是無需假設遵循何種特定分配。

最後，如果一般企業公司屬於跨領域事業集團，則風險累計有兩種途徑：第一，先就各事業單位下的各類風險累計，之後，就集團所有風險累計；第二，先就跨各事業單位的同類風險加以累計，之後，才將集團所有風險累計。這兩種不同途徑，累計風險的過程中會涉及兩種不同的分散效應值的估計：第一，就是同一風險在不同事業單位間的分散，是為跨風險分散（Intra-Risk）效應估計；第二，就是不同風險間（Inter-Risk）的分散，之後，才估計跨事業分散。

七、極端風險計量

風險值模型，顯然難測度風險分配長尾的極端區段，即使Basel II使用99.9%的信賴水準，仍有 0.1% 對應的極端區段。極端風險計量，需考慮風險事件評估與易受損性的評估，理論上，計量模型最好能作到（Banks, 2009）：(1) 極端事件發生機率的估計；(2) 極端事件發生，其損失極限的估計；(3) 極端事件發生，財務損失的幅度；(4) 每一曝險增加的訂價；(5) 能測量風險累計或集中的程度，與最適當的組合風險。但即使最好的計量模型，目前，也作不到下列四件事：(1) 難預測極端事件發生的時機與地點；(2) 難預測特定地點，極端事件造成的損失幅度；(3) 難提供精確的財務損失估計；(4) 難普遍適用於任何類型的巨災。因此，造成巨災風險

---

[16] 參閱 Melnick and Tenenbein (2008). Copulas and other measures of dependency. In: Melnick, E. L. and Everitt, B. S. ed. Encyclopedia of quantitative risk analysis and assessment. Vol.I. pp.372-374. Chichester: John Wiley & Sons ltd.

訂價的失誤，很難避免。

極端事件發生的機率極低，但如發生必可能造成毀滅性[17]的損害，例如台灣的921大地震與金融海嘯事件等。目前適用於極端風險計量的理論模型，當推極值理論（EVT）最受重視，但由於極端百分比區段的資料奇缺，因此，情境分析、壓力測試與回溯測試，也成為習用的方法。

（一）極值理論與情境分析

極值理論（EVT: Extreme Value Theory）（Brodin and Kluppelberg, 2008），常用來模擬某隨機變數的極端值，極值分配特別適合模擬可能引發極大毀滅性的災難事件，它是試圖掌握某一期間，某一百分比區段內的最大損失分配，同時，其缺點是太過複雜，使用與理解不易，模型信賴度不理想，且在n個資料點中，僅有極端的$2\sqrt{n}$個點，可用來配適極值分配。為能補足極值分配的缺失，可考慮情境分析法。情境分析是用來觀察重大衝擊事件的質化工具，它要首先建立若干重大衝擊情境，預想在各情境下的情節，進而預測或找出處方，其缺點就是主觀的，且模型無法顯示各情境發生的可能性。

（二）回溯測試與壓力測試

VaR值無法估算極端風險的情境，因此需以**壓力測試**（Stress Testing）補足，各類風險的壓力測試，有不同的考量因素，同時，它可配合情境模擬進行，閱圖11-6。

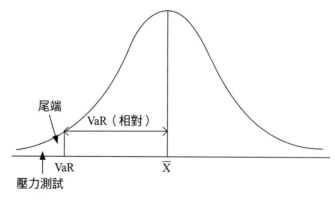

圖 11-6 壓力測試

---

[17] 根據文獻（Marshall, 2001）顯示，極端災難事件動搖企業生存根基，遭致災變的組織中，有40%會在一年內倒閉，其中43%從未復原，29%兩年內倒閉。

　　至於**回溯測試**（Back Testing）為監理機關檢驗 VaR 模型可靠度的機制，並以穿透次數為監理標準，穿透次數越高，資本提列乘數越大，因穿透意即公司可能面臨災難損失，從而影響經濟資本，閱圖 11-7

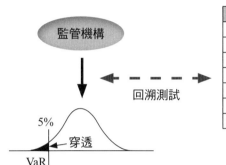

穿透次數	資本提列乘數
4次及4次以下	3.00
5次	3.40
6次	3.50
7次	3.65
8次	3.75
9次	3.85
10 次及 10 次以上	4.00

圖 11-7 回溯測試

八、風險值與經濟資本

　　金融保險業，早已熟悉經濟資本在風險管理與資本配置的重要性，但對非金融保險業的一般企業，應用經濟資本在風險管理與資本配置上，則是近年的事。經濟資本與風險資本（Risk-Based Capital）間，概念可交互使用，只是前者重商業價值的概念，後者重風險管理的概念，兩者也都用來支應**非預期損失**（UL: Unexpected Loss）的資本。

　　公司總風險值扣除預期損失後的餘額，即為公司所需要的**風險資本**。**經濟資本**是資本管理的問題，風險值是風險管理的問題，兩種管理是創造公司價值的重要槓桿，唯有兩者整合，公司價值才得以提升，風險管理績效才能顯著。經濟資本其實也是風險管理工具，經濟資本模型，就是內部模型，公司如何建置經濟資本模型，有其考量因素與原則。

（一）經濟資本模型

　　建置經濟資本模型的原則如下：第一，認清建置經濟資本模型，是公司的責任；第二，經濟資本模型應配合公司業務特性、規模、風險組合與複雜度；第三，

經濟資本模型應納入公司所有的重大風險；第四，經濟資本模型應納入公司的正式流程，並有書面文件；第五，經濟資本模型應儘可能成為管理程序的一環與公司文化的一部份；第六，經濟資本模型應定期檢討改進，每年至少一次請外部機構檢視；第七，經濟資本模型應完整且具代表性；第八，經濟資本模型應儘可能具前瞻性；第九，經濟資本模型應能產出合理的結果。

其次，說明建置經濟資本模型的考量因素包括（林永和，2008/10/15；Siegelaer and Wanders, 2006）：第一，內部模型的方法論、參數、工具與程序；第二，公司資本適足性，要兼顧政府與信評機構的要求；第三，資產與負債，各別評價基礎要一致；第四，內部模型的風險變數及其相依性；第五，資本的匯集、配置與替代；第六，風險值衡量方法；第七，風險管理政策指導與資本配置；第八，模型建置實務與基礎平台。此外，建置經濟資本模型，主要的決策項目包括：第一，評估期間與信賴水準的選定；第二，資本的界定與觀點；第三，採用何種風險量值；第四，要包括哪些風險；第五，採用何種內部模型法；第六，風險匯集方式；第七，未來現金流量折現方法；第八，是否包括新業務。

最後，說明政府監理機構對經濟資本模型的規範包括：第一，內部模型的目的；第二，內部模型的功能；第三，內部模型準則；第四，內部模型的設計；第五，統計品質測試；第六，模型校準測試；第七，模型使用測試；第八，事先核准；第九，監理官責任；第十，監理報告與揭露。

（二）各類風險的經濟資本

首先，針對市場風險的經濟資本，即市場風險值扣除最佳估計值的餘額，參閱圖 11-8。其次，信用風險的經濟資本，$EC = [\ LGD \times EAD \times \sqrt{PD \times (1-PD)}\ ] - (LGD \times EAD \times PD\ )$（Doff, 2007），其中，$LGD \times EAD \times PD$ 就是預期信用損失。至於，作業或危害風險的經濟資本，也就是風險值扣除預期損失，參閱圖 11-9。

最後，責任風險的經濟資本，是最大的責任損失推估值（也就是風險值）與平均損失推估值間的差額，見表 11-9，也就是責任風險的經濟資本需計提 $389（$8,128 − $7,739）。

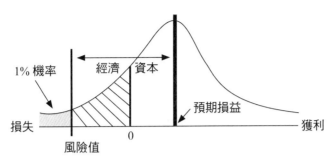

圖 11-8　市場風險的經濟資本

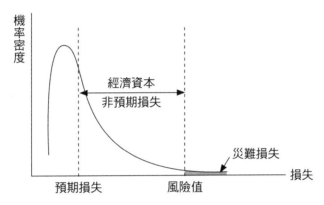

圖 11-9　作業或危害風險的經濟資本

九、本章小結

　　公司老闆總想知道，面對風險的威脅時，最糟糕的損失會是多少，這時風險值的計算就有助於解決這項問題，同時，扣除正常營運資本後，也能了解公司現有的資本，夠不夠因應最糟糕的損失可能帶給公司的衝擊，因此，風險資本或經濟資本模型的應用就很重要。最後，不同類的風險，對公司的威脅性質與結果均不相同，這時需考慮產業性質與公司風險結構比重及內部情況，適當配置資本。

實作練習

● 某公司持有五百萬日幣部位，與兩百萬台積電股票，請實際搜尋相關數據，分別計算各該部位，未來一個月的風險值？同時，也計算兩種資產組合，未來一個月的風險值？（設定的信賴水準，是 95%）

思考題

❖ 信賴水準的設定，會影響風險值的計算，請思考，設定信賴水準，是項遊戲嗎？為何？這與產業及公司有關嗎？為何？

❖ 信用風險計量有許多方法，請問信用風險評估與市場風險評估間，最大的不同何在？為何？

參考文獻

1. 林永和（2008／10／15）。建置經濟模型之實務考量。*風險與保險雜誌*。第 19 期。第 28 頁至第 39 頁。台北：中央再保險公司。

2. 段錦泉（2009）。*危機中的轉機 -2008-2009 金融海嘯的啟示*。

3. Artzner, P. *et al*, (1999). *Coherent measures of risk.* Mathematical finance. 9(3). pp.203-228.

4. Banks, E. (2009). *Risk and financial catastrophe.* Palgrave macmillan.

5. Black, F. and Scholes, M. (1973). The pricing of options and corporate liabilities. *Journal of political economy.* 81. No.3. pp.637.

6. Brodin, E. and Kluppelberg, C. (2008). Extreme value theory in finance. In: Melnick, E. L. and Everitt, B. S. ed. *Encyclopedia of quantitative risk analysis and assessment.* Pp.678-686. Chichester: John Wiley & Sons Ltd.

7. Crouhy *et al* (2003). *Risk management.* New York: McGraw-Hill.

8. Doff, R. (2007). *Risk management for insurers-risk control, economic capital and Solvency II.* London: RiskBooks.

9. Dowd, K. (2004). Value-at-Risk. In: Teugels, J. L. and Sundt, B. ed. *Encyclopedia of actuarial science.* Vol.3. Pp.1740-1748. Chichester: John Wiley & Sons Ltd.

10. Everts, H. and Liersch, H. (2006). Diversification and aggregation of risks in financial conglomerates. In: van lelyveld, I. ed. *Economic capital modeling-concepts, measurement and implementation.* Pp.79-113. London: RiskBooks.

11. Franzetti (2011). *Operational risk modeling and management.* Zurich; CRC Press.

12. Giannopoulos, K. (2000). Measuring Volatility. In: Lore, M. and Borodovsky, L. ed. *The proessional's handbook of financial risk management.* Pp.42-75. Oxford: Butterworth / Heinemann.

13. Harrington, S. E. and Niehaus, G. R. (2003). *Risk management and insurance.* New York: McGraw-Hill.

14. Jorion (2001). *Value at Risk-the new benchmark for managing financial risk.* New York: McGraw-Hill.

15. Marshall, C. (2001). *Measuring and managing operational risks in financial institutions-tools, techniques and other resources.* Chichester: John Wiley & Sons Ltd.

16. Melnick and Tenenbein (2008). Copulas and other measures of dependency. In: Melnick , E. L. and Everitt, B. S. ed. *Encyclopedia of quantitative risk analysis and assessment.* Vol.I. pp.372-374. Chichester: John Wiley & Sons ltd.

17. Siegelaer, G. and Wanders, H. (2006). Appropriate risk measures, time horizon and valuation principles in economic capital models. In: van lelyveld, I. ed. *Economic capital modeling-concepts, measurement and implementation.* Pp.59-79. London: RiskBooks.

18. Taleb, N. (1997). The world according to Nassim Taleb. *Derivatives strategy.* 2. pp.37-40.

19. van Lelyveld ed.(2006). *Economic capital modelling-concepts, measurement and implementation. Annex A.*

第 **12** 章

風險評估（三）——
知覺風險

學習啟示錄

患口腔癌機率，嚼檳榔比不嚼者高三十倍，吃到患有狂牛病的牛肉會致病的機率，也只有百億分之一，但為何民眾會抗議美牛進口，而不抗議檳榔進口？

本章說明，風險評估的第三部份，**風險評價**（Risk Evaluation），也就是決定風險是否可接受，並評定其重要性的過程。首先，公司經營的各種業務，伴隨的利益與風險，哪些可接受？哪些想排除？這就不全然是風險計量的問題，而滲雜價值判斷（Value Judgement）問題。風險或利益的價值判斷，會關聯到第八章所提，決定公司風險胃納的人文面向，同時，每位決策者，看待事物的方式、解讀數據的觀點都不同，從而判定重要性與決策結果也有別，這也就會涉及人們的知覺（Perception）與認知（Cognition）問題。

其次，決策者思考推理過程中，會與人腦兩個心智系統有關（Gardner, 2008），系統一就是感性的直覺，系統二就是理性的思辨。直覺推理時，人腦的腦島與前扣帶皮質區較活躍，理性推理時，活躍區位是腦的頂葉與前額業（Kuo, 2009）。前兩章所提的風險點數與 VaR 值計算，均屬於風險的理性計算，稱呼為實際風險 （Real／Actual Risk）評估。另一方面，由感性直覺主導的風險判斷與重要性評比，是為知覺風險（Perceived Risk）評估，也就是風險評價（Risk Evaluation）（Warner, 1992）問題。

專家群對風險的直覺推理，通常來自理性計算，換言之，專家的風險排序通常就是依據實際風險數據高低，但對非專家群而言——例如一般民眾或員工——並非如此。不管依風險點數公式評估風險，抑或依歷史資料庫計量風險，事實上過程中，均會涉及風險評價的問題。因此，風險知覺（Risk Perception）的分析，也就成為目前風險評估裡的重要工作。由於一般民眾或員工對風險的感性評估，常與理性計算的風險不一致，進而使風險管理的推動產生困難，風險溝通（Risk Communication）乃應然而生。

再者，實際風險值提供決策數據，知覺風險程度則主導決策者的風險態度與行為，例如，人們購買保險的行為，是依賴知覺風險程度，而非實際風險（Skipper, Jr, 1998）。再者，依機會的精神物理學（The Psychophysics of Chances）與前景理論（Prospect Theory），人們決策時，並非以方案中顯示的機率當其決策權重，而是依其直覺所產生的決策權重（Decision Weight）來作決策，這也是人們會購買保險與樂透的另類解讀（Kahneman and Tversky, 2000）。

最後，在過去，風險評價並不受風險管理人員的重視。但近二十幾年來，一些重大科技災難的發生，以及公司遭受外部化風險的威脅日增，人們如何評價風險已成風險評估上的重要課題。評價過程包括人們（也就是專家，員工與一般民眾）對風險重要性的判定、對風險的知覺以及知覺風險（Perceived Risk）與知覺效益

（Perceived Benefit）間的關聯。

一、風險評價的功能

　　同一個數據，每個人解讀可能不同，這就涉及心理學領域的知覺與認知問題。文獻（Kloman, 1992）顯示，風險不應僅估計可能發生的損失頻率與幅度，還應包括人們對損傷的知覺。換言之，人們對風險的評價，應是風險評估中不可少的一環。過去，由於缺乏這一環，風險評估可能被低估，其結果就是決策可能失當，例如，台塑早期到美國德拉瓦州（Delaware）設廠的風險評估，缺乏對當地民眾如何看待風險的評估，是為可能導致失敗的原因之一。在國內也不乏眾多例證，例如，核四廠衝突與美牛進口的風險評估等。

　　風險評價在管理風險上，至少提供了如下的功能：第一，有助於風險胃納（Risk Appetite）或可接受風險（Acceptable Risk）水平的決定。可接受風險水平的決定，不僅需考慮技術與經濟面向，也需考慮屬於人文面的風險評價；第二，有助於公司風險溝通策略的制定，尤其，公司面對外部化風險時，民眾的風險知覺，是制定風險溝通策略的基礎；第三，風險評價不但豐富了風險評估，也提供更完整的風險訊息，進一步更能提昇風險管理決策的品質與管理的順暢。

二、風險知覺理論與模型

　　張春興（1995）主張英文「Perception」譯為知覺，英文「Cognition」譯為認知。在著者前版書中，將英文「Risk Perception」譯為「風險認知」，在此，為免混淆，仍依心理學領域習用的譯名，亦即在本版中，改譯英文「Risk Perception」為「風險知覺」。心理學領域，英文「Perception」含意中，有感覺（Sense）的生理基礎，例如視覺等，也有思考的認知（Cognition）作用。

（一）知覺過程與風險知覺的定義

　　每個人可被視為一部訊息處理器（Processor of Information），人們對訊息的處理，則會依不同的情境，採用前所提的兩個心智系統，亦即理性思辨與直覺反應。人們處理訊息的過程，包括：刺激事物（Stimuli）透過感覺（Senses），進入腦海

的階段（Entering Stage）；之後，是刺激事物引起留意的階段（Attention Stage）、詮釋與記憶階段（Translation and Memory Stage）、反應前的檢索階段（Retrieval Stage）；最後，才是人們對刺激事物產生反應的階段（Response Stage）。這整個過程中，刺激事物進入腦海，是以生理感覺為基礎，留意階段以及詮釋與記憶階段，則與心理認知有關，檢索與反應階段，則與態度及行為有關。換言之，感覺是知覺的前題，認知則是純心智活動，兩者均與吾人的態度與行為有關。

人們了解周遭事物，是先透過生理感官，其次，藉由體內神經網路，傳輸至腦部。依個人基因特質、過去經驗、現在的感覺與對未來的期望，人們的腦海會據此，對外來的刺激事物加以詮釋，並選擇性地記憶在腦海裡。人的生理感官有兩個特質：一個特質是，有些事物要在一定的範圍內或一定的水平上，人的生理感官，才感覺得到，超過範圍或低於一定水平的，人的生理感官根本感覺不到，例如，超過聽覺極限的聲音或對低於一定量的酒精，聽覺、味覺與嗅覺，均會失靈；另一種特質是，每個人感覺的極限是不同的，例如，品酒師傅，透過其特有的味覺與嗅覺，可分辨酒的種類與酒精成份。因此，每個人對同一事物的解讀與詮釋不同，是有其生理基礎的。

人們對事物的詮釋，則依其經驗、知識與信念，心理學者謂之「參考框架」（Frame of Reference）。有時，人們對有些事物訊息不理不睬，就是因為這些事物訊息，並不能被他（她）們的經驗、知識與信念所接受。改變此現象的方法有二：一是教育訓練；二是可能的話，讓他（她）們身歷其境（Glendon&McKenna, 1995）。人們會想詮釋事物的訊息，必然是事物訊息引起了人們的留意，影響人們留意的因子有二：一為事物訊息本身與其利害相關且重要；二是接受事物訊息當時，人們存在何種心智狀態。人們不可能對所有的事物訊息均加以吸收，因此，事物訊息本身，需與人們的利害有關且重要的，才會引起留意，其次，就是接受事物訊息當時，人們的心智狀態。這裡，所謂人們的心智狀態，包括每人的個性、動機、學習能力與期望。

此外，人們有時對某些事物訊息的處理，屢採同一方式，這就是人們心智中的「心向作用」（Mental Set），所謂心向作用係指做事的習慣性傾向，思考上的習慣性傾向，也稱為心向作用，英文稱為「Perceptual Set」，如何打破人們的心向作用，是溝通上的重要議題。

人們的知覺，可分兩種：一為對有形事物的知覺（Object Perception），此種知覺，受到人們過去的經驗、價值觀與情緒所影響；二是社會知覺（Social

Perception），社會知覺包括自我行為與對他（她）人行為的知覺。葡靈頓（Pennington, D. C.）認為社會知覺與有形事物的知覺，有四點不同，其中兩點與人們的態度行為特別有關：一是人們本身，是個決策者，而有形事物，則不是；二是別人如何看我們，常影響自我的行為（Prennington, 1986）。

最後，依據以上心理學中對知覺的說明，風險知覺是屬於事物知覺，而風險知覺可作如下定義：所謂**風險知覺**，係指人們對風險相關事物訊息的留意、詮釋與記憶的過程。風險的相關事物訊息，主要包括損失災變記錄、媒體對風險的報導、專家對風險的估計值與專家本身的背景資訊等。人們對風險的知覺，要能影響人們的風險態度（Risk Attitude）與風險行為（Risk Behaviour），因此，風險知覺是風險溝通（Risk Communication）的基礎。

（二）風險知覺研究與理論

對風險知覺的研究（Slovic, 2000），最早可追溯至 1959 年。初期的研究，著重人們對賭博樂透彩的知覺風險（Perceived Risk）程度，其重要立論有四（Jia *et al*, 2008）：第一，當各賭博樂透彩選擇方案中的變異程度增加時，人們對各方案的知覺風險程度，也會增加；第二，將一固定正數，加入各賭博樂透彩選擇方案中的結果（Outcomes）時，人們對各方案的知覺風險程度，會降低；第三，在方案均數為零的前提下，將大於一的固定正數乘上方案中的結果（Outcomes）時，人們對各方案的知覺風險程度，會增加；第四，假如均數為零的方案重複出現，人們對這種方案的知覺風險程度，會增加。根據這些立論，陸續出現各種財務風險的知覺風險數理模型，後述的 CER 模型是其中之一。

之後，從史達（Starr, C.）以社會整體觀點，研究社會對科技風險的可接受程度開始，陸續出現眾多以天然災害、科技災害為對象的風險知覺研究，其中，以改採心理測試典範的 Slovic 模型（1980）最為著名。此後，更多研究（e.g. Brun, 1992; Schaw and Rowe, 1996）以此為出發，延伸不同問題的研究，採用不同的分析方法，例如，與 Slovic 研究有所不同的 Gardner 與 Gould 研究（1989）。Slovic 研究，主要探討影響風險知覺的變項，以及一般人為何判斷風險會不同。Gardner 與 Gould 的研究，則研究為何不同的人，判斷同一風險會不同，其分析方法上，從兩因子（風險與評點尺規）主成份分析，改用三因子（風險、評點尺規與人們）主成份分析（Siegrist *et al*, 2005a），此外，不同國家人民風險知覺間的差異，研究成果也不少（e. g. Teigen *et al*, 1988; Keown, 1989; Jianguang, 1993; Bronfman and

Cifuentes, 2003）。其它的研究，在研究範圍上也甚為廣泛，例如，人們對風險訊息相信甚麼？情緒與情感在風險知覺與判斷中，扮演何種角色？等等問題。

其次，截至目前為止，影響風險知覺的理論（Dake & Wildavsky, 1991）共有五種：第一，知識理論（Knowledge Theory），這個理論認為人們的科技知識水平，是解釋風險知覺差異的最佳途徑；第二，個性理論（Personality Theory），每個人個性的差異與風險知覺差異間是相關的，因此，以個性差異解釋風險知覺差異是最佳途徑；第三，經濟理論（Economic Theory），此論認為人們的風險知覺，與經濟生活水平以及科技產生的效益有關；第四，政治理論（Political Theory），個人所參與的政黨與社會運動團體、對科技政策的看法，與人們的風險知覺有關；第五，文化理論（Cultural Theory），指人類社會的生活方式，亦即文化型態，是影響風險知覺的最重要要素，為了維繫自我固有的文化與生活方式，人們對風險的知覺會存在差異。

（三）知覺風險模型

最早的知覺風險模型（Perceived Risk Model），屬於數理模型，都是探討財務風險知覺，如前面所提的賭博樂透彩，而與知覺風險模型對應的，是風險價值模型（Risk-Value Model），但其屬於規範性模型（Normative Model），較難解釋風險知覺的實際情況，知覺風險模型則是描述性模型（Descriptive Model），對人們風險知覺的實際情況較能解釋。之後，從史達（Starr, C.）發表著名的文章（Starr, 1969）開始，就陸續出現以科技、天然災害為對象的心理測試模型。史達（Starr, C.）的研究，有三點重要結果：第一，一個社會對科技活動可接受的風險是，該科技活動所帶來效益的三次方；第二，在同一效益水準下，人們對自願風險的接受度，約為非自願風險接受度的一千倍；第三，一個社會對風險的接受度，與曝露於那個風險中的人口數，呈反向關係。史達（Starr, C.）研究的是整體社會對科技風險的可接受度，而非公司或個人。

1. 心理測試模型── Slovic 模型

心理測試模型由著名的斯洛維克等（Slovic, *et al*, 1978）發表，改變上述史達（Starr, C.）的**顯示偏好**（Revealed Preference）研究方法，改採**偏好表達**（Expressed Preference）的問卷調查方式，研究各類健康與安全活動的知覺風險，針對每類活動分別以七項構面來觀察風險知覺，每一構面均採七點尺規，來衡量知

覺風險程度。例如，問及騎腳踏車的活動，就自願性構面言，尺規的一端標示「非
自願」，另一端標示「自願」。其他構面則依構面性質不同，在尺規兩端標示不同
的字眼，例如，同樣騎腳踏車，就風險控制構面，在尺規兩端各標示「無法控制」
與「完全可控制」字眼。對其他活動，例如核能廠的建立，同樣用相同的七項構
面，七點尺規，完成調查的問卷。嗣後學者們，也補充或調整這種研究方法的構面
與尺規，也有改採字意聯結法與情境分析法從事風險知覺的研究。

　　綜合以上所提的研究，通稱為心理測試模型或稱 Slovic 模型（用來推崇 Slovic,
P. 先生）。該模型最著名的研究成果（參閱後述）是，影響人們風險知覺最重要
的兩個變項是風險後果是否令人恐懼（Dread），以及人們對該風險的知曉程度
（Known）。近年，針對生物基因科技風險知覺的研究發現，人們對科技的信賴
（Trust），也是造成影響知覺風險程度的重要變數。

2. 數理模型── CER 與 SCER

　　數理的知覺風險模型[1]，主要是解釋賭博樂透彩的財務風險知覺，其中對風險
知覺解釋力，比 Slovic 模型佳的，當推路斯與韋伯（Luce, R. D. and Weber, E. U.）
的**聯合預期風險模型**（CER: The Conjoint Expected Risk Model）（Luce and Weber,
1981）。這項模型主要針對財務風險，推導的企圖主要來自馬可維茲（Markowitz,
H.）的組合理論（Markowitz, 1959）。CER 模型主要可呈現人們對財務風險判斷
的共同性，也就是各類財務冒險活動的機率與結果判斷的共同性，同時，CER 模
型也可呈現人們間的個別差異，這項差異由數學公式中的機率與結果的不同權重表
示。因此，依據路斯與韋伯（Luce, R. D. and Weber, E. U.）的數理推導，人們對各
類財務冒險活動方案（例如，將儲蓄的 20% 投資股票）的評價，可用公式表示如
後：

$$R(X) = A0Pr(X = 0) + A + Pr(X > 0) + A - Pr(X < 0)$$
$$+ B + E[Xk + |X > 0]Pr(X > 0)$$
$$+ B^- E[|X|k - |X < 0]Pr(X < 0)$$

上式中，財務風險選擇方案不外有三種結果，一是狀況不變，以 Pr（X = 0）

---

[1] 知覺風險的數理模型，除了 CER 模型外，還有三個模型值得留意，那就是雙歸因模型（Two-
Attribute Model）、Coombs 與 Lehner 模型以及 Pollatsek 與 Tversky 模型。參閱 Jia, J. *et al*
(2008). Axiomatic models of perceived risk. In: Melnick, E. L. and Everitt, B. S. ed. *Encyclopedia of
quantitative risk analysis and assessment.* Vol,i. pp.94-103.

表示；二是增加財富，以 Pr（X＞0）表示；三是減少財富，以 Pr（X＜0）表示，A0，A＋，A－ 分別代表這三種狀況的機率權重。B＋與 B－ 分別代表條件期望（Conditional Expectation）的權重，k＋與 k－ 分別代表條件期望下，對財富變動的影響力，它是財富變動的「乘方」概念，k＋表財富增加時的「乘方」，k－表財富減少時的「乘方」。經實證研究發現，參數 k＋與 k－ 的值，時常趨近「一」。

其次，賀葛萊維與韋伯（Holtgrave, D. R. and Weber, E. U.）為了比較 Slovic 模型與 CER 模型，何者對風險知覺間差異的解釋力強，而在研究設計上，為了與 Slovic 模型的線性假設比較，將 CER 模型中的參數 k＋與 k－ 的值，假設為「一」，這就是簡化聯合預期風險模型（SCER：The Simplified Conjoint Expected Risk Model）。經過驗證，結果發現 CER 模型不管對健康危害風險與財務風險知覺差異的解釋力，均比 Slovic 模型為佳。

最後，賀葛萊維與韋伯（Holtgrave, D. R. and Weber, E. U.）也提出更能解釋風險知覺差異的混合模型（Hybrid Model），那就是 SCER 模型混合 Slovic 模型中，風險是否巨大（Dread）的知覺構面，最能解釋財務與健康危害風險知覺間的差異。

三、風險判斷與貝氏定理

人們對風險的知覺過程裡，會涉及不確定風險下的判斷問題，這是心理學上，對風險議題解決的一聯串心理過程。換言之，可視為在風險的情境下，經由思考推理而進一步達成目的的問題索解（Problem Solving）歷程。

（一）捷思式思考推理

人們對問題索解的思考推理，可分為定程式思考推理（Algorithmic Thinking and Reasoning）與捷思式思考推理（Heuristic Thinking and Reasoning），換言之，就是理性思辨與直覺反應，有時理性可控制直覺的反應，有時不能。理性思辨，是依一定的邏輯思考與推理程序，因此，理性思辨較為耗時，但也較正確，適合時間充分下的決策。它又可分為演繹推理與歸納推理。其中，演繹推理遵循的是程序法則（Rule of Procedure），歸納推理遵循的是機率法則（Rule of Probability）。直覺反應，是靠個人的經驗累積，對問題加以思考與推理，它是種經驗判斷，適合時間緊迫下的決策，但此種經驗判斷對解決問題，有時相當有效，有時失誤極大。直覺

反應的思考推理，也常使用在猜測某種事物時，例如猜測明天股市會上萬點的可能性多高，或如猜猜你正前方一棵樹距離你有多遠等。同樣，它也可用來猜測判斷風險的高低或作風險重要性的評比。

1. 捷思判斷原則

當人們依直覺反應猜測判斷某種事物時，有三種捷思原則與我們的猜測判斷有關（Kahneman & Tversky, 1993; Gardner, 2008）：

第一，**代表性捷思**原則或稱典型事物原則，這是依資訊的表徵（Representativeness）做判斷。此種捷思判斷，通常被人們用來判斷某一事物歸屬某類別的可能性，那個事物的表徵，是為經驗判斷的依據。例如，夏天代表炎熱，那麼猜猜夏季中某天炎熱的機會是高抑或是低，答案很明顯，那天炎熱的機會相當高，這就是最簡單的典型事物原則的應用。關於典型事物原則的應用，心理學領域有項著名的「琳達」測驗。這項測驗是由施測者描述琳達小姐的年齡、人格特質、學歷與嗜好，再由受測者猜她是從事何種工作並加以排序。但結果大部份依該原則來猜測排序時，均不太符合邏輯。最後如，猜猜迎面而來的黑人，是罪犯的可能性多高？在美國社會的人們會猜那位黑人，是罪犯的可能性極高，因為美國社會對黑人的典型印象是，典型的黑人是罪犯，典型的罪犯是黑人。

第二，**可得性捷思**原則或稱範例原則，這是以過去經驗中是否出現類似資訊來作判斷，亦即依資訊在經驗中的可得性（Availability）做判斷。可得性捷思原則，通常用來判斷某一事物出現的頻率，對容易回想起的事物，所判斷的頻率會比較高。例如，請學生寫出英文字中倒數第二個字母是「N」的與寫出英文字字尾是「ING」的，結果發現，針對後者，學生們寫出的英文字數平均高於前者。其原因是字尾是「ING」的英文字最容易想起，雖然兩種情況下，所出現的英文字其倒數第二個字母均是「N」。再如，地震剛發生過後，雖然地震風險最低，但此時地震保險的銷售會創新高，理性告訴我們似乎不可思議，但可得性捷思原則認為理所當然，因地震剛過，人們腦中最容易想起當時的恐怖，因此，急買地震保險求得心安。

第三，**定錨調整捷思**原則或稱刻板印象原則，這是依資訊呈現方式對其習慣的影響做判斷。例如，心理學家曾做過如此測試，即對甲與乙兩組學生，要求他們於五秒鐘內，判斷兩組數字排列不同算式的乘積。甲組學生，面對的算式排列為：8x7x6x5x4x3x2x1；乙組學生，面對的算式排列為：1x2x3x4x5x6x7x8。 結果甲組

學生，判斷的乘積高於乙組學生判斷的乘積。考其原因，與吾人習性有關。一般習性算法，是從左至右。甲組學生，面對數字大的在左邊，腦中的直覺會抓住最先看到的數字，再作調整，因此，甲組學生判斷乘積大的可能性高於乙組學生。此種現象謂為「定錨或牽制效應」（Anchor Effect）。其次，例如大拍賣場的促銷海報──「每人限購 12 罐」。心理學者發現，確實有促銷效果，因人們的直覺會應用刻板印象原則抓住十二罐，再往下調整，結果買得比平時還多。這項原則，也可應用在銀行信用卡的最低應繳款的事情上。

2. 捷思判斷的偏見

直覺反應的捷思判斷對解決問題，有時相當有效，有時失誤極大，會產生失誤，是因人們直覺上會存在認知上的偏見，這就是認知上的蛀蟲（Kahneman and Tversky, 1993）。

第一，代表性捷思原則的偏見。應用代表性捷思原則會產生失誤的原因主要來自：(1) 人們依代表性捷思作判斷時，缺乏對先驗機率或基本機率的敏感度。例如，前所提的「琳達」測驗，當人們判斷「琳達」從事何種工作時，會將對其所描述的情況，直接連結到最俱相似性的職業上，不會想到所描述的情況與工作間相關的客觀機率有多高，這也常違反規範性的（Normative）貝氏定理（Bayes' Theorem）（閱後述）；(2) 人們依代表性捷思作判斷時，缺乏對樣本大小的敏感度。例如，10 位男性樣本的平均身高為 165 公分，人們如依代表性捷思作判斷時，也會判斷母體男性的平均身高亦為 165 公分，經常疏忽考慮樣本大小所代表的不同意義；(3) 人們依代表性捷思作判斷時，常對機會概念，患上錯誤的認知。例如，著名的「賭徒謬誤」（Gambler's Fallacy）測驗，該測驗以丟銅板施測。當連續多次丟銅板，都出現正面時，人們依代表性捷思作判斷時，也容易猜測下一次銅板丟的結果也是出現正面，即使銅板出現正反兩面的機會均是各半；(4) 人們依代表性捷思作判斷時，常忽略訊息的可靠性。例如，人們要判斷某公司未來可能獲利情況，將會以對公司未來的描述是否有利當作表徵，因此，依代表性捷思作公司未來可能獲利判斷時，如果對公司未來的描述是有利的話，那麼人們會判斷公司未來有高利潤，反之，則低。此時，人們會常忽略描述的可靠性；(5) 人們依代表性捷思作判斷時，常患效度幻覺。例如，「琳達」測驗。這項測驗是由施測者描述琳達小姐的年齡、人格特質、學歷與嗜好，再由受測者猜她是從事何種工作並加以排序。當人們依代表性捷思作判斷時，會依所描述的內容與哪項工作最適合

作出判斷，其實所描述的內容與工作間的適合度，只是一種效度幻覺（Illusion of Validity）；(6) 人們依代表性捷思作判斷時，常對迴歸概念，患有錯誤的認知。

　　第二，可得性捷思原則的偏見。應用可得性捷思原則會產生失誤的原因主要來自：(1) 人們依可得性捷思原則作判斷時，常患重新檢索的偏見。人們對腦中常容易浮現的事物，依可得性捷思原則作判斷時，容易高估，反之，容易低估，例如車禍與地震對比；(2) 人們依可得性捷思原則作判斷時，常患尋找效能的偏見。例如，猜測英文字典裡，英文字倒數字母是「N」的字與英文字字尾是「ING」的字，哪個比較多？一般會認為英文字字尾是「ING」的字，比較多；(3) 人們依可得性捷思原則作判斷時，常患想像力的偏見；(4) 人們依可得性捷思原則作判斷時，常患相關性幻覺。

　　第三，定錨調整捷思原則的偏見。應用定錨調整捷思原則會產生失誤的原因主要來自：(1) 人們依定錨調整捷思原則作判斷時，常會調整不足；(2) 人們依定錨調整捷思原則作判斷時，常患聯合與獨立事件評估的偏差；(3) 人們依定錨調整捷思原則作判斷時，常受主觀機率分配評估的牽制。

（二）貝氏定理與判斷

　　貝氏定理（Bayes' Theorem）是由條件機率衍生的學說，貝氏定理對機率的看法與經驗主義者的看法不一樣，前者是以主觀信念的強度評估不確定情況下發生的機率，而貝氏主義者（Bayesian）主張，機率應以實驗多次後取得，是為頻率主義者（Frequentist）。貝氏定理可回答人們在作判斷時，是否忽略先驗機率或基本機率訊息？這項問題，與代表性捷思判斷有關，貝氏定理公式如下：

$$P(H|D) = P(H) \, P(D|H) / [P(H)P(D|H) + P(-H) \, P(D|-H)]$$

例如，某公司有 10% 的員工畢業於商學院，其中有 70% 擔任主管。不是畢業於商學院的員工，只有 30% 擔任主管。現從主管中，隨機抽一位主管，那麼被抽中的主管，畢業於商學院的機率是多少。例中，機率 0.1，是最好的猜測，也就是 P（H）＝0.1，這是先驗機率或基本機率，但有新條件出現時，如本例中，擔任主管相關的機率，貝氏定理認為，人們應該重新修正所猜測的機率。

　　經由貝氏定理公式的計算，正確機率應該是 0.21，這是後驗機率，也就是 P(H|D)＝0.21。其計算如下：

$$P(H) = 0.1; P(D|H) = 0.7; P(-H) = 0.9; P(D|-H) = 0.3$$

$$所以 P(H|D) = 0.1 \times 0.7 / (0.1 \times 0.7 + 0.9 \times 0.3) = 0.21$$

然而，在這一情況下，依代表性捷思原則判斷機率時，人們不會作這麼複雜的機率計算，而直接從商學院畢業主管的模樣來猜測判斷機率，不會太考慮先驗機率或基本機率，依代表性捷思來判斷，有時會接近貝氏定理計算的機率，有時落差極大。

依代表性捷思判斷，有時會失誤，但有時又是正確的。例如，某公司有新舊兩廠均生產針。總產量新廠佔六成，舊廠佔四成，某顧客打來抱怨，他買的針有瑕疵，那麼如你接到電話，該通知新廠還是舊廠，你可能以瑕疵與舊廠最有關聯為捷思，判斷應通知舊廠，而不太考慮先驗機率或基本機率的 0.4。但新廠產生瑕疵品的比例只有三分之一，根據這項新資訊，依貝氏定理，計算後驗機率，發現舊廠產生瑕疵針的機率是 57.2% [也就是 $(0.4 \times 2/3) / (0.4 \times 2/3 + 0.6 \times 1/3)$]，新廠是 42.8%，所以應該通知舊廠替客戶服務。這例子顯示，依代表性捷思來判斷，與依貝氏定理的計算，應通知舊廠的結果，兩者吻合。

四、風險知覺研究的重大貢獻

（一）影響風險知覺的變項

影響風險知覺的因子相當多（Slovic *et al*, 1980; Gardner, 2008），大體上，可歸納為兩大類：第一類是風險活動的特質；第二類為知覺者（Perceiver）本身的特性、媒體的報導與社會文化政治生態。就第一類言，人類任何活動，均可被視為風險活動（Risky Activities），風險活動有風險，但也伴隨效益，就風險面向而言，根據Slovic心理測試模型（Slovic *et al*, 1980）顯示，有兩個最重要的變項影響人們對風險的判斷與知覺，那就是風險巨大（Dread）的程度與人們對風險知曉的程度（Known）（閱圖 12-1）。

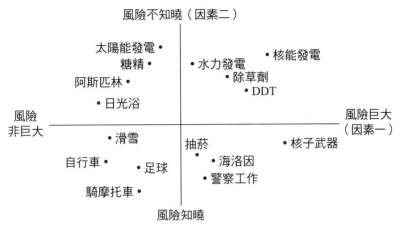

圖 12-1　風險知覺圖

以此兩特質，分別代表 X 軸與 Y 軸。各類風險，分落入四個象限。例如，核能風險落入第一象限最右方，代表核能風險，一般人不是那麼了解，且核能風險萬一發生災難，是相當令人恐懼的。再如，騎腳踏車可能遭受的風險，人們對該風險的知覺與核能風險相較，則大異其趣，它落入第三象限，代表人們認為騎腳踏車造成的風險沒什麼，且人們有深入的理解。

除上述兩個重要變項與時機點之外，其他會影響風險知覺的變項，有屬於前提及的第一類變項：(1) 從事風險活動，是否出於自願；(2) 風險造成的後果，是否立刻顯見；(3) 人們對風險，能否掌控；(4) 風險是新的，抑或是舊的；(5) 風險造成的後果，是否傷及下一代；(6) 風險造成的後果，是否可回復；(7) 風險活動，可能伴隨的效益。其次，會影響風險知覺的，有屬於前提及的第二類變項：(1) 風險後果，是否影響知覺者個人，以及知覺者的價值觀與個性等；(2) 媒體報導的內容；(3) 對政府機構的信任；(4) 風險分配（Risk Distribution）的社會公平與正義等。

（二）知覺風險與知覺效益的關聯

風險活動可能伴隨的效益（Benefit）會影響人們的風險知覺，已如前述。根據心理學者對瑞典民眾調查的結果分析（Kraus and Slovic, 1988）顯示，知覺風險（Perceived Risk）與知覺效益（Perceived Benefit）間，呈負相關。同樣的結果，也發生在對加拿大民眾的調查上（閱圖 12-2）。換言之，知覺風險度低，知覺效益度高。高報酬（高效益）高風險的正相關現象，在人們心中並不這麼想，蓋因，人們是以風險活動的好或壞以及喜不喜歡，來作判定，如果心中認為從事該風險活動有

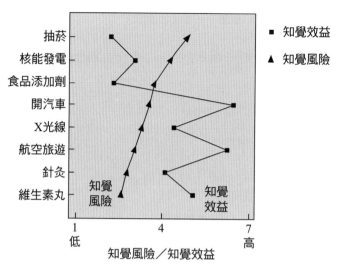

圖 12-2 知覺風險與知覺效益的關聯

好處,或喜歡該活動,就會判定該風險活動效益高,風險低,反之,則心中會出現相反的結果,這就是好壞原則顯示的蹺蹺板原理。

(三)風險判斷的成果

第一,研究發現(Slovic, 1987),人們做風險判斷時,不同團體的人們間,對風險的判斷不盡相同(閱表 12-1)。

表 12-1 知覺風險度評比

風險性活動或科技	某婦女組織成員	大學生	某社會團體成員	專家
核能發電	1	1	8	20
汽車事故	2	5	3	1
手槍	3	2	1	4
抽菸	4	3	4	2
摩托車	5	6	2	6
酒類飲料	6	7	5	3
航空飛行	7	15	11	12
警察執勤	8	8	7	17
殺蟲劑	9	4	15	8
外科手術	10	11	9	5
救火工作	11	10	6	18
大型建築工作	12	14	13	13
打獵	13	18	10	23
噴霧劑	14	13	23	26
爬山	15	22	12	29
自行車	16	24	14	15
商務飛行	17	16	18	16
電力（非核能）	18	19	19	9
游泳	19	30	17	10
避孕劑	20	9	22	11
滑雪	21	25	16	30
X 光照射	22	17	24	7
中、大學的足球賽	23	26	21	27
火車事故	24	23	20	19
食物防腐劑	25	12	28	14
食物色素	26	20	30	21
電動割草機	27	28	25	28
抗生素的使用	28	21	26	24
家庭器具	29	27	27	21
疫苗接種	20	29	29	25

　　第二，人們做風險判斷時，常會低估發生機會不高，但損失可能慘重的風險（Krimsky, 1992）。

　　第三，專家的統計數據與一般人們對風險主觀判斷的數據間，常存在一定的差異（Lichtenstein *et al*, 1978），也就是，一般人們對死亡原因較少的死亡人數，傾向高估，對死亡原因較多的死亡人數，則會低估，同時，這種高估或低估的型態是有跡可循的（閱圖 12-3），也就是說，有其一致性且可預測，這種估計與實際間的相關係數，高達 0.74，這種現象主要受趨均數迴歸與可得性捷思原則所影響（Brandstatter and Riedl, 2008）。

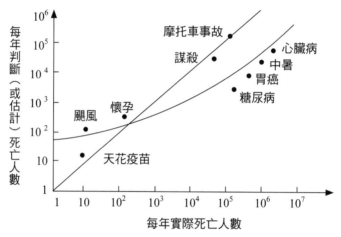

圖 12-3 實際死亡數與判斷死亡數的關聯

五、本章小結

　　當代看待風險，需多元理性面向才堪稱完整，單一客觀計量理性，雖不能放棄，但人文的感性判斷思考，在風險評估上已太多例證，證明絕不能缺席。評估風險需各類學科的協助，因為風險與面向有別時，就需運用不同學科，例如，財務理論與經濟學用來評估財務風險、醫學用來評估健康風險、環境工程用來評估污染風險、心理學用來評估作業風險與知覺風險等。風險評估固然是風險管理的一環，但依據評估結果，管理上應如何作出適當的回應，才是重中之重。風險評估與風險管理，兩者目的不同，分開時是獨立個體，但合時則成一體。

思考題

❖ 日常生活中，風險太多，有人說手機掛胸前，會「傷心」，擺腰邊，會「傷腰」，你（妳）如何感知手機風險？

❖ 請用知覺風險的觀點解釋，2011 年三月十一日時，日本發生大地震後，中國大陸民眾為何搶買鹽巴？

❖ 坐車與坐飛機間，你（妳）的知覺風險程度有何不同？為何？某航空公司的飛機剛失事，恰好你（妳）馬上要搭那家航空公司的飛機，此時你（妳）搭還是不搭？為何？

參考文獻

1. 張春興（1995）。*現代心理學──現代人研究自身問題的科學*。台北：東華書局。

2. Dake, K. and Wildavsky, A. (1991). Individual differences in risk perception and risk-taking preferences. In: Garrick, B. J. and Gekler, W. C. ed. *The analysis, communication, and perception of risk.* New York: Plenum Press. pp.15-24.

3. Glendon, A. I. and Mckenna, E. F. (1995). *Human safety and risk management.* London: Chapman and Hall.

4. Jackson, N. and Carter, P. (1995). The perception of risk. In: Ansell, J. and Wharton, F.ed. *Risk: analysis, assessment and management.* Chichester:John Wiley and Sons. pp.41-54.

5. Kahneman, D. and Tversky, A. (1993). Judgement under uncertainty: heuristics and biases. In: Kahneman, D. *et al* ed. *Judgement under uncertainty: heuristics and biases.* New York: Cambridge University Press. pp.3-22.

6. Kloman, H. F. (July, 1992). Rethinking risk management. *The Geneva papers on risk and insurance.* 17. No.64. pp.299-313.

7. Kraus, N. N. and Slovic, P. (1988). Taxonomic analysis of perceived risk: modeling individual and group perceptions within homogeneous hazard domains. *Risk analysis.* Vol.8. No.3. pp.435-455.

8. Krimsky, S. (1992). The role of theory in risk studies. In: Krimsky, S. and Golding, D.ed. *Social theories of risk.* Westport: Praeger. pp.3-22.

9. Lichtenstein, S. *et al* (Nov. 1978). Judged frequency of lethal events. *Journal of experimental psychology: human learning and memory.* Vol.4. No.6. pp.551-578.

10. Pennington, D. C. (1986). *Essential social psychology.* London: ARNOLD.

11. Slovic, P. (1987). Perception of risk. *Science.* Vol.236. pp.280-285.

12. Slovic, P. *et al* (1980). Facts and fears:understanding perceived risk. In: Schwing, R. C. and Albers, Jr. W. A. ed. *Societal risk assessment-how safe is safety enough?* New York: Plenum Press. pp.180-216.

13. Warner, F. (1992). Introduction. In: Report of a Royal Society study group. *Risk:analysis, perception and management.* London: The Royal Society. pp.1-12.

第 13 章

風險回應（一）——
風險控制

學習啟示錄

可完完全全控制的人、事、物，事實上，
吾人不用擔心；無法完完全全控制的人、事、物，
擔心也沒用。你（妳）說呢？

將風險評估後,如不善加回應與管理,也是枉然,評估與管理間,既分工,又合作。如何回應風險(Responding to Risk),管理風險,是風險管理重中之重。公司管理層可分高、中、低三層,每層均有其存在的風險,策略高層,是策略風險,戰術與經營中低層,是財務風險、作業風險與危害風險。其次,回應風險、管理風險,首重風險控制與風險理財的組合搭配,這過程中涉及相關的財務管理技巧與策略及經營決策。風險溝通則是涉及整體風險管理自我循環過程的必要工具,請參閱圖 6-9。此外,最需留意的是,管理風險如僅依賴風險控制,那是極端危險的事,反過來說,如只安排風險理財,理財成本會飆高。雙元策略(Dual Strategy)並行,才是風險管理王道。本章先說明風險回應的整體概念與架構,這包括只需普通常識的非正式風險回應原則,其次,才聚焦在風險控制。

一、 非正式風險回應原則

對任何事的回應(Response),都必須在了解真象後,回應才能得當,否則會適得其反。對風險的回應也不例外。回應風險,概念上說穿了,具備普通常識即可(參閱附錄五 101 準則最後一條,也就是第 101 條文),這應具備的普通常識,就稱為非正式風險回應原則[1],茲列述如下:

1. 深入了解公司的獲利

不了解獲利,比了解損失,更為危險,蓋因,公司經營,本就想獲利創造價值。換言之,風險管理上,更該重品質,而非金額。

2. 避談風險管理責任

避談責任,非等同不課責任。常談責任,卻可能適得其反,加重隱瞞。蓋因,任誰也說不準風險,無責難文化(No Blame Culture),反而有助釐清風險真相,提昇品質,正如,101 準則第 99 與 100 條所顯示的,誠實與正直的重要性。

---

[1] 正式原則,可閱本書附錄中的國際相關準則,這些非正式風險回應原則,調整自馬歇爾(Marshall, C.)(2001)一書所載,調整過程中,剔除風險政策與風險控管、追蹤現金、購買保險等三項原則。另加一項著者的心得,風險政策與風險控管,觀其書中內容,著者認為應是屬正式原則,不宜列入非正式原則。追蹤現金,屬現金流量管理,財務報表中也有現金流量表的正式編製,這稱不上非正式原則。至於購買保險,觀其書中內容,著者也認為不宜列入非正式原則。

3. 別認為不是自己的問題

自掃門前雪是風險管理上不能有的心態，蓋因，別部門的風險，可能因蝴蝶效應作祟，將來可能落在自己身上。

4. 記住眼不見，也不能淨

尤其公司的作業風險，它會隨著分支機構與總公司距離的增加而升高，因此，風險管理人員定期出差視察遠方的業務，是必要的，這就是辨識風險的實地檢視法的精神。

5. 別隱瞞要揭露

本項原則與第二項原則相關，適當的激勵制度以鼓勵風險訊息的揭露是重要的，尤其文獻（沈榮芳，2005）有顯示，訊息揭露與經營績效有關。

6. 務必要鼓勵員工休假

員工不願意多休假，有可能是想隱瞞某些風險真相，員工休假時，找其他員工代理，也可能有助於發現真相。

7. 一隻草一點露

作業風險主要源自員工疏失，因此多花時間，多了解員工，將在管理作業風險上可能更有收穫，此外，管理風險的績效，並不會馬上顯現，平時的一隻草，未來將是可口的一點露。

8. 小兵立大功

風險有可能均由小問題累積而來，此時，稍為注意解決一下（小兵），就可避免將來難解決的大問題（大功）。

9. 別想「我的公司會這麼倒霉嗎？」（著者心得）

這也是風險管理上不能有的心態，尤其是老闆。如果老闆有這種心態，就別作風險管理了，因為那是無效的。

二、風險回應觀念架構

（一）策略層風險回應架構

策略層的風險，主要有競爭風險、創新風險與經濟風險，針對這些風險的回應，架構上應從公司宗旨與願景的詮釋開始，之後，經由 SWOT 分析，擬訂風險回應策略，將策略轉化為策略行動，使用**真實選擇權**（Real Option）評估策略投資，使用平衡計分卡（BSC: The Balanced Scorecard）評估策略行動結果，再回饋至策略的擬訂，參閱圖 13-1。

（二）經營層回應概念

透過風險的質化與量化評估，管理者應會很清楚，公司整體風險的圖像與個別風險的程度，據此即可擬訂最適當的風險回應策略，但要留意，這些既定的回應策略，要隨時間調整，及回應風險改變後的新圖像。擬訂管理與回應策略，應與公司設定的目標以及風險胃納，產生連動關係，參閱圖 13-2。

回應風險所使用的工具，可粗分三大類，更細分，可成五類，那就是風險控制（Risk Control）、風險理財（Risk Financing）與風險溝通（Risk Communication）三大類，其中風險理財，更可細分為保險理財、財務風險理財與另類風險理財

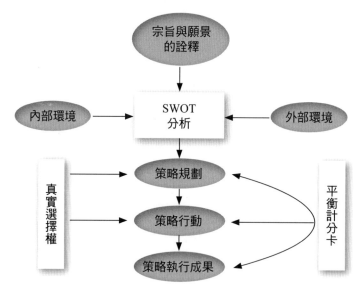

圖 13-1 策略風險回應架構

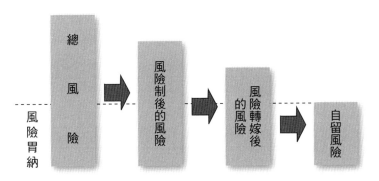

圖 13-2　風險回應策略與風險胃納

（ART: Alternative Risk Transfer）三種，參閱圖 13-3。圖 13-3 的回應工具，也將策略層回應工具一併顯示，這些回應工具均有其成本與效益，ERM 講求整合這些工具，提昇成本效能，在這過程中，則會涉及判斷與決策議題。

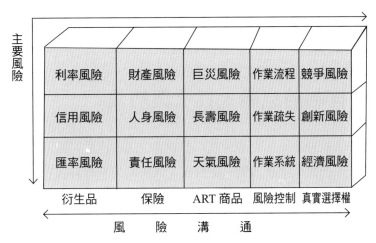

圖 13-3　風險回應工具

其次，依據風險評估，可得知公司整體面臨的風險值，以風險值為準，可將風險分配，劃分為正常營運的世界、平庸世界的風險管理與極端世界的風險管理，參閱圖 13-4。

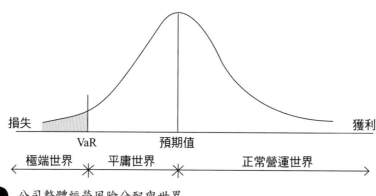

損失　　　　　　　　VaR　　　　預期值　　　　　　　　獲利

←　極端世界　＊　平庸世界　＊　正常營運世界　→

圖 13-4 公司整體經營風險分配與世界

公司整體經營，有賺有賠，因此其整體分配型態，會是損益的常態分配。分配左邊 VaR 左方尾端區段，就是極端世界，預期值與風險值間的區段，就是平庸世界，預期值右邊區段，就是正常營運的世界。針對極端世界，風險回應的方式與思維，最好需有所變化，意即公司老闆與 CRO 的彈性作為與思維，在回應風險時極為重要。

三、風險控制的意義、性質與功效

俗諺「預防重於治療」，風險控制即屬前者，風險理財可說是後者，因此，回應風險，首重控制風險，直接改變風險分配。風險的控制有許多方法，有屬預防性質的財務預警，如裝設火災偵煙器，與禁止抽菸等措施，有屬風險隔離的檔案備份等作法，有屬風險轉嫁的手術同意書等作法，也有屬遞延投資避險的真實選擇權等。無論採用何種方法，所謂風險控制，指的就是為了降低風險程度的任何軟性與硬體措施而言。這些措施，不是可降低損失頻率，就是可縮小損失幅度，或兩者兼具。針對不同的風險，風險控制的具體措施也會不同，在學理的分類也不同。

其次，在風險控制的性質上，需留意三點：第一，它能直接改變曝險的特性，經由實質的改變，使吾人更能控制損失頻率與幅度，其效果就是降低預期損失與非預期損失以及災難損失（參閱圖 13-5）。例如，汽車上加裝安全氣囊、打預防疫苗增強抵抗力與限制高速公路的車速等；第二，風險控制措施的效應，會因經濟個體不同而異。例如，天橋的設立，對行人言，主要可降低意外傷害的風險。對汽車駕駛人而言，可降低汽車責任風險；第三，任何風險控制措施，均有其專屬功能。

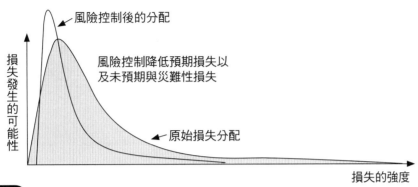

圖 13-5 風險控制與風險分配的改變

例如，財務預警，重在預防財務惡化，自動灑水系統，重在縮小火災毀損範圍，但啟動後連帶的水漬損失，則非其功能。最後，整體來說，風險控制效應與功能上是積極的，因此，它有保持資源免於受損及維持生產力的功效。

四、風險控制理論

損失的發生，有其遠因和近因。遠因可謂危險因素（Hazard），是即風險源，近因可謂危險事故（Peril）／風險事件（Risk Event）／損失事件（Loss Event）。存在風險源，風險事件就有可能發生，進而導致損失。因此，風險源、風險事件及損失間具有關聯性。要達成控制風險的目的，可從風險源、風險事件及損失三方面著手。自一九○○年代以來，有五種不同的風險控制理論。這五種理論各從不同的觀點，解釋意外事故發生的原因，進而提出控制風險的各項措施，是為從事控制風險的理論基礎。

（一）骨牌理論

骨牌理論（The Domino Theory）（Head, 1986）係於一九二○年代間，由著名的工業安全工程師亨利屈（Heinrich, H. W.）發展而成。這個理論主張，意外事故的發生與人因（Human Factor）有關係。意外事故的發生，依其因果，由五張骨牌構成。這五張骨牌分別的稱謂是：第一張謂為先天遺傳的個性與社會環境（Ancestry and Social Environment）；第二張謂為個人的失誤（The Fault of a Person）；第三張謂為危險的動作或機械上的缺陷（Unsafe Act and / or Mechnical or

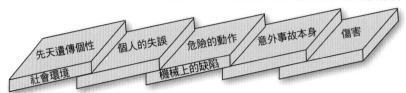

第一張骨牌　第二張骨牌　第三張骨牌　第四張骨牌　第五張骨牌

先天遺傳個性　個人的失誤　危險的動作　意外事故本身　傷害

社會環境　　機械上的缺陷

圖 13-6　骨牌理論

Physical Hazard）；第四張謂為意外事故本身（Accident Itself）；最後一張謂為傷害（Injury）。這五張骨牌，閱圖 13-6。

骨牌理論特別強調三項重點：第一，每個意外事故，始於先天遺傳的個性及不良的社會環境，終於傷害；第二，移走前四張骨牌的任何一張，均可防止傷害的產生；第三，移走第三張骨牌——「危險的動作」——是預防傷害產生的最佳方法。對於第三張骨牌，亨利屈（Heinrich, H. W.）更進一步補充說明，危險的動作在事故產生的原因上，比危險的物質條件更為重要。換言之，亨利屈（Heinrich, H. W.）強調教導人們正確地操作機器，遠比改善缺陷機器，更能有效防止傷害的產生。因此，人員的安全教育訓練是此種理論著重的風險控制措施。

（二）一般控制理論

在亨利屈（Heinrich, H. W.）骨牌理論發表後，僅數十年間，工業衛生專家和安全工程師發展了一般控制理論（The General Methods of Control Approach）。該理論強調意外發生的原因，危險的物質條件或因素（Unsafe Physical Condition）比危險的人為操作更為重要。該理論主張採用十一種控制風險的措施（Head, 1986）：

(1) 應以對人體健康損傷較少的材料，替代損傷大的材料。

(2) 改變操作程序，降低工人接觸危險機械設備的機會。

(3) 確立工作操作程序的範圍，並作適當的隔離，藉以減少暴露於風險中的員工人數。

(4) 對易於產生灰塵的工作場所，適時灑水，減少灰塵。

(5) 阻絕污染源和其擴散的途徑。

(6) 改善通風設備，提供新鮮空氣。

(7) 工作時，應穿戴防護裝備，例如護目鏡等。

(8) 制定良好的維護計畫。

(9) 對特殊的危險因素，應有特殊的控制措施。

(10) 對有毒物質，應備有醫療偵測設備。

(11) 制定適當的工程安全教育訓練計畫。

（三）能量釋放理論

一九七〇年代，美國著名的大眾健康專家和第一任高速公路安全保險研究中心總經理哈頓（Haddon Jr. W.）提出了**能量釋放理論**（Energy-Release Theory）。該理論主張意外事故發生的基本原因，為能量失去控制。該理論主張採取十種控制風險的措施（Head, 1986）：

(1) 防止能量的集中。例如，禁止核子武器的發展，禁止高動力車輛的生產等。

(2) 降低能量集中的數量。例如，限制炸彈或爆竹的規格，限制車輛行駛的速度等。

(3) 防止能量的釋放。例如，防止鍋爐爆炸等。

(4) 調整能量釋放的速率和空間的分配。例如，降低滑雪道斜坡的斜度，對蒸氣鍋爐加裝安全閥門，要求深海潛水夫慢速潛入海中，以減少水壓的影響等。

(5) 以不同的時空，隔離能量的釋放。例如，設置不同的巷道，供行人和汽車使用，區隔飛機起降時間等。

(6) 在能量與實物間設置障礙物。例如，汽車駕駛座加裝安全帶，要求工人穿上防護衣，建築物加裝防火門等。

(7) 對會受到能量釋放衝擊的物體，調整其接觸面和修改基本結構。例如，鋒利的剪刀改成銹鈍的剪刀，以供兒童使用等。

(8) 加強物體的結構品質。例如，對地震區，要求建築物應有防震設計，對從事危險工作的員工應加強訓練等。

(9) 快速偵測並評估毀損，以反制其擴散或持續發生。例如，緊急救難、加強防火偵測等。

(10) 實施長期救護行動，以降低毀損程度。例如，對受傷員工，實施復健計畫，對受損財物，實施維修計畫等。

另一方面，梅爾與海齊（Mehr&Hedge）則將十項措施簡化為五項措施（Head, 1986）：(1) 能量的產生或形成，應加以控制；(2) 控制傷害性能量的釋放；(3) 在能量和實物間設置障礙；(4) 建構可降低能量傷害性的環境或條件；(5) 防阻能量傷害的後果。

一般控制理論、能量釋放理論與梅爾與海齊（Mehr & Hedge）主張的風險控制措施間的關聯，閱圖 13-7。

（四）TOR 系統理論

所謂 **TOR 系統**全稱為作業評估技術系統（Technique of Operations Review System）。該理論主張，組織管理方面的缺失是導致意外事故發生的原因。TOR 系統理論由韋福（Weaver, D. A.）首創（Head, 1986）。贊同此理論的皮特森（Petersen, D.）發展出五項風險控制的基本原則，並將管理方面的缺失歸納為八類。五項基本原則分別是：第一，危險的動作、危險的條件和意外事故，是組織管

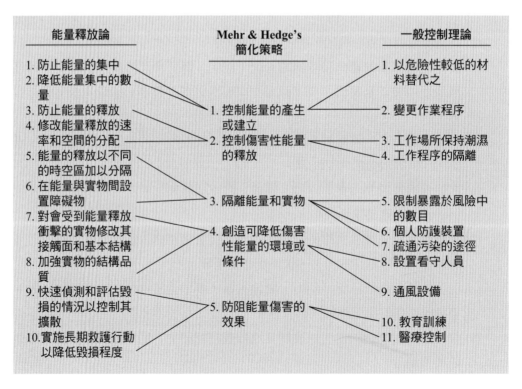

一般控制理論，能量釋放論與梅爾（Mehr）和海齊（Hedge）
控制措施的關聯
圖 13-7

理系統存有缺失的徵兆；第二，會產生嚴重損害的情況，應徹底辨認和控制；第三，安全管理應像其他管理功能一樣，設定目標，並藉著計畫、組織、領導和控制來達成目標；第四，有效的安全管理，關鍵在於賦予管理會計責任；第五，安全的功能係在規範操作錯誤導致意外發生可容許的範圍。此項功能可透過兩項途徑達成：(1) 了解意外事故發生的根本原因；(2) 尋求有效的風險控制措施。至於管理方面的缺失，可歸納為八大類別：第一類，為不適切的教導及訓練；第二類，為責任的賦予不夠明確；第三類，為權責不當；第四類，為監督不週；第五類，為工作環境紊亂；第六類，為不適當的計畫；第七類，個人的缺失；第八類，為不良的組織結構和設計。

（五）系統安全理論

系統安全係導源於下列的觀念：萬物均可視為系統，而每系統均由較小和相關的系統組合而成。根據此觀念，當系統中人為或物質因素，失卻其應有功能時，意外事故就會發生。**系統安全理論**（System Safety Approach）的目的，係在企圖預測意外事故如何發生，並尋求預防和抑制之道。根據該項理論，風險控制的措施有下列四項（Head, 1986）：第一，辨認潛在的危險因素；第二，對安全方面相關的方案、規範、條款和標準，應妥適地規劃與設計；第三，為配合安全規範和辦法，應設立早期評估系統；第四，建立安全監視系統。系統安全理論提供了，如何分析意外事故發生和如何預防的綜合性觀念。

最後，五種風險控制理論的差異，基本上是對意外事故產生的原因，所持觀點不同。是故，採用的風險控制措施不同。然而，所有的理論，無非均想達成降低意外損失發生的頻率、縮小損失幅度的目標，進而減低風險對人們生命財產安全的威脅。

五、風險控制的學理分類

風險控制在學理上，可分五種：一為風險迴避（Avoidance）；二為損失預防（Loss Prevention）；三為損失抑制（Loss Reduction），損失預防與抑制併稱為損失控制（Loss Control）；四為風險隔離（Segregation），隔離又分為分離（Separation）與儲備（Duplication）；五為風險轉嫁──控制型（Risk Transfer-Control Type）。

（一）風險迴避

風險迴避，也可簡稱避險，但這與財務風險管理（Financial Risk Management）領域中所俗稱的避險，在性質上不同。財務風險管理中的避險，屬於損失與利益對沖的性質，英文用「Hedging」，或稱中和（Neutralization），這種性質屬於風險理財的特性。此處稱呼的避險，是著重損失發生的零機率，為完成此目的，它通常採取兩種方式（Head, 1986）：第一，根本不從事某種風險活動。例如，為了免除爆炸的風險，工廠根本不從事爆竹的製造。或為了免除責任風險，學校徹底禁止學生從事郊遊活動等；第二，中途放棄或延遲某種風險活動。例如，某企業策略上原欲至伊朗投資設廠，後因兩伊戰爭爆發，臨時中止或延遲，該項策略投資設廠計畫。

另外，避險有其一定的條件和限制。運用上必須注意下列幾點：第一，當風險可能導致的損失頻率和損失幅度極高時，迴避風險，可說是適切的；第二，當採取其他種風險管理措施，所花的代價甚高時，可考慮迴避風險；第三，某些風險是無可避免的。例如，死亡風險、全球性能源危機的基本風險；第四，風險一昧地以迴避處理，則人類生活，必定了無情趣。對公司言，賺錢機會等於零；第五，風險迴避的效應有其一定範圍。換言之，迴避了某風險，可能需面對另外的風險。例如，企業主覺得，近來高速公路上車禍頻繁。因此，決定貨物的運送，不走高速公路，改走省公路。這個決定，固然避免了走高速公路，可能導致的貨物、人員及責任風險。然而這種決定，卻面對了走省公路，其可能帶來的貨物延遲與其他風險。再如，將工廠存貨，由 A 倉庫運往 B 倉庫儲存。固然避免了，因儲存於 A 倉庫可能產生的風險，然亦同時，面對了 B 倉庫可能帶來的風險。

（二）損失預防與抑制

損失預防和抑制併稱為損失控制。損失控制是風險控制中最重要的措施。不像風險迴避，屬於消極地面對風險，它是積極改變風險特性，進而直接改變風險分配的措施，參閱圖 13-5。例如，大樓建物在施工前設計時，考慮耐震與防震的問題即是。

損失預防和抑制的區分，可見諸於損失控制的分類。損失控制類別的劃分有三（Williams, Jr *et al*，1981）：第一，依目的分：損失控制可分為損失預防和損失抑制。前者，以降低損失頻率為目的。要注意的是，預防只求「降低」並不強調降低至零，故有別於風險迴避；後者，以縮小損失幅度為目的。是故，預防與抑制，在

目的上有別；第二，依風險控制理論分：風險控制理論有好幾種，其中最具代表性的，當推骨牌理論和能量釋放論。骨牌理論主張採取改變人們行為的方法（Human Behaviour Approach）控制損失。能量釋放論則主張採取工程物理法（Engineering Approach）控制損失。換言之，損失控制依此分類基礎，分為人們行為法與工程物理法；第三，依實施損失控制措施的時間分：損失控制可分為損失發生前（Pre-Event）的控制，損失發生時（Event）的控制與損失發生後（Post-Event）的控制。損失發生前的控制即為損失預防。損失發生時和發生後的控制是為損失抑制。

　　概念上，明確區分預防和抑制是屬必要。但實際上，兩者關聯密切，甚難區分。例如，某公司安全手冊中規定，公務車不得超速行駛。此安全規定產生的效應，很難區隔為預防或是抑制。限速固可減少車禍的發生，然而如不幸發生，傷亡損失也得以縮小。如著眼前者，該屬預防；如著眼後者，該屬抑制。再如，為了防止火災，廠房內禁止吸菸。表面上言，應屬預防。因禁止吸菸可降低火災發生機會。然而，從某特定期間累積的總損失來觀察，禁止吸菸措施，卻有縮小累積總損失的功效。是故，禁止吸菸，也應該被視為抑制。基於以上兩例，預防和抑制，實務上無需明確區分。其次，公司管理活動上與硬體安全設備上，有許多均屬於損失控制的風險控制作為，例如，平衡計分卡、財務預警、流程再造、內外部稽核、品質控管、存貨管理與裝置自動灑水設備等。

（三）風險隔離與組合

　　風險的隔離與組合，可說是一體兩面。風險隔離就是風險分散。風險隔離，奠基於簡單的哲理，「不要把所有的雞蛋，放在同一個籃子裡。」**風險隔離**的目的是，企圖降低經濟個體對特定事物或人的依賴程度，它可衍生成分離和儲備。 **分離**係將某事物或作業程序，區分成好幾個部份。例如，將某倉庫的貨物，在成本的許可下，分存於兩地，或將資金投資在不同的股票或基金。分離的效應，在於風險得以分散，降低分散每一曝險額。另外，**儲備**係指備用財產（Stand-by Asset）或備用人力，或重要文件檔案的複製，或備援計畫的準備而言。當原有財產、人員、資料及計畫失效時，這些備用措施，立即可派上用場。

　　其次，分離、儲備和損失抑制，對損失頻率和幅度以及預期值的影響各有不同（Head, 1986）：第一，分離和儲備並不像抑制，特別強調以縮小損失幅度為目的；第二，分離和儲備雖不以縮小損失為目的，但仍有縮小損失幅度的功效。在影響損失頻率的效果上，兩者並不相同。分離可能增加損失頻率，但儲備對損失頻

率，毫無影響。分離雖將曝險面縮小，但數目增加，發生損失的次數可能增加；第三，儲備不影響損失頻率，但能縮小損失幅度。因此，損失預期值，可能降低；第四，分離對損失頻率和幅度均有影響。因此，分離是否會降低損失預期值，端賴分離對頻率和幅度影響程度而定。

最後，**風險組合**（Risk Combination or Risk Pooling）係指集合許多曝險體，達成平均風險、預測損失的目的。 保險公司承保風險的手段，就是典型的風險組合。組合會增加曝險數目，但其增加的方式與分離不同。分離是拆散，組合是集合。因此，風險隔離與風險組合，是同種異體。兩者均有助於損失的預測。 例如，公司購併、公司的跨國經營與公司的聯營等，均是風險組合的明證。

（四）風險轉嫁——控制型

風險轉嫁的途徑，可分為二：一為透過保險契約轉嫁；另一為透過非保險契約轉嫁。不管何種途徑，不外牽涉兩位當事人：一為轉嫁者（Transferor）；另一為承受者（Transferee）。透過保險契約轉嫁，是為保險理財（參閱第十四章），承受者則為保險人。透過非保險契約轉嫁，依轉嫁重點的不同，可分為控制型與理財型兩種（非保險契約的理財型轉嫁，參閱第十六章）。

（五）風險轉嫁——非保險契約控制型

風險轉嫁——非保險契約控制型（Non-Insurance Contractual Transfer-Control Type）係指轉嫁者將風險活動的法律責任轉嫁給非保險人。該承受者，不但承接了風險活動的法律責任，也承受因而導致的財務損失。此種轉嫁契約，轉嫁者並不是企圖從承受者中獲得財務損失的補償。是故，轉嫁者不俱補償契約（Indemnity Contract）中受補償者（Indemnitee）的角色。明顯地，承受者自非補償者（Indemnitor）。前述定義顯示出幾種特性：第一，此種轉嫁契約的對象，並非保險人；第二，此種轉嫁契約的目的，並非尋求財務損失的補償，而是尋求願意承接法律責任的承受者。因此，轉嫁的重點係在可能產生的法律責任，而非可能的財務損失。

此種契約，具體常見的型態有下列四種（Head, 1986）：第一種，是買賣契約。例如，爆竹工廠的出讓； 第二種，是出租契約（Lease Arrangement）。透過出租契約的協議，出租者可將某財產的法律責任或財務損失，歸由承租者承受。視協議要旨，它亦可以是理財型；第三種，是分包契約（Sub-Contract）。透過分包

契約，主承包人可將某類工程或計畫，轉給次承包人，該承包人需承受可能的一切責任。例如，某公司行政大樓的承包商，承攬該工程後，藉由分包，將可能產生的交貨遲延或公共意外責任等的風險，轉嫁給分包商即是；第四種，是辯護（或免責）協議（Exculpatory Agreements），藉著此種契約，可能承受法律責任的一方，免除了被追訴的風險。例如，醫生對病人執行開刀手術前，往往要求病人簽字同意，如手術不成功，醫生並不負責的契約即是。

六、風險控制的具體措施

具體來說，軟性措施可包括：針對策略風險的平衡計分卡與真實選擇權；針對財務風險的財務預警、投資政策與資產負債管理以及風險隔離／分散等；針對作業風險的內部控制、營運持續計畫、標準作業程序、KRIs 指標與四眼原則等。此外，軟性措施還可包括租售合約等的控制型轉嫁合約。硬體措施，主要針對危害風險，這可包括火警偵煙器、自動灑水系統、監視器等消防與安全設備。

（一）策略層次的具體措施

1. 平衡計分卡

策略層次管理人員，面對的競爭風險、創新風險與經濟風險，常是很難計量的系統環境風險，系統環境如較穩定，公司面對較可預測的未來，則選擇調適策略，願景可較明確，如果是混沌未明或變動巨大的環境，未來難測，則可選擇保留策略，靜以待變。不論何種策略的選擇，均應轉換成具體的策略計畫，而從策略計畫，經由策略執行，至策略成果獲得的過程，就需運用平衡計分卡與真實選擇權，實施策略風險的控制。

平衡計分卡，是重要的策略管理工具，它可提供策略行動的完整架構，有助於控制，從策略計畫，經由策略執行，至策略成果獲得過程的風險。以平衡計分卡的觀點言，公司初步選擇策略後，需將公司願景與策略，加以澄清與詮釋，以便獲得共識，如無共識，執行這項策略的風險會高。取得絕大共識後，必須加強溝通與聯結，這包括制定目標，與規劃獎勵及績效的量度聯結。嗣後，藉由指標設定與規劃，校準策略行動與分配資源，建立里程碑。最後，經由回饋與學習完成公司願景與策略的制定。

這項流程藉由溝通再溝通，教育再教育，校準再校準的落實，完成策略風險的最佳控制。其次，平衡計分卡，將策略轉化為行動過程中，會涉及財務、顧客、公司內部流程與學習及成長等四個面向。每一面向為了完成公司整體宗旨與願景的策略目標，均應進一步設定各自的目標、量度、指標與行動，才有助於策略風險的控制（Kaplan and Norton, 1996）。

2. 真實選擇權

策略管理上，常需決定重大的投資行動策略，然而，系統外部環境因素，陰晴極難掌控，運用真實選擇權，有助於避開不利情境降低風險，而在最有利時機，進行策略性的重大投資。真實選擇權，是在未來為了執行某專案的行動，是公司的權利，不是義務，權利可行使，可不行使。寬鬆地說，所有會影響公司未來前景發展的資源設定與分配的決策，均可視為真實選擇權，

這項選擇權因在有利時機執行，因此會增進公司價值。然而，它與財務風險的衍生性商品選擇權，極為不同。真實選擇權與財務選擇權間，至少有下列幾點不同（Andersen and Schroder, 2010; Alizadeh and Nomikos, 2009）：第一，財務選擇權是奠基在公開市場買賣的實體資產與金融資產，然而，真實選擇權則奠基在與投資機會可能相關的現金流量；第二，財務選擇權是項某方會受約制的法律合約，然而，真實選擇權，只是公司可能投資機會的辨識與規劃；第三，真實選擇權的執行價格，就是它的投資價值，然而，財務選擇權的執行價格，是合約中標的資產的價格；第四，財務選擇權可在市場流通，但真實選擇權無法流通；第五，透過決策的彈性可改變真實選擇權的價值，但對財務選擇權無影響。茲以數學函數，比較兩者的不同如後：

財務選擇權：O = f [P,S,v,t.rf]：P＝標的資產市價；S＝合約中標的資產執行價格；
　　　　　　v＝價格波動；t＝距到期日時間；rf＝無風險利率。

真實選擇權：O = f[I.C,V,T,R]：I＝投資市值；C＝資金成本；V＝投資市值波動；
　　　　　　T＝投資遞延時間；R＝市場利率。

（二）經營層次的具體措施

1. 預警系統

預警系統（EWSs：Early Warning Systems）旨在事先提醒管理者，有風險事件發生的徵兆，它可針對公司財務風險作預警，例如，利用總體經濟指標、資本流動指標與金融市場指標或其他財務預警指標。財務預警的建置，有許多方法，大體可分（Yung, 2008）三種：(1) 訊息法（Signal Approach）；(2) 有限相依迴歸法（Limited Dependent Regression Approach）；(3) 馬可維茲轉換法（Markov-Switching Model）。其他另類方式，如分類及迴歸樹技術（CART: Classification and Regression Tree）。其次，預警系統亦可針對非財務風險的災變作預警，例如氣象局的颱風警報等。

2. 動態財務分析（DFAs: Dynamic Financial Analysis）

動態財務分析，可作為公司財務風險預警的重要工具，同時，其分析結果亦可作為公司經營績效評估的一種手段。它包括三部份：(1) 隨機情境產生器；(2) 輸入總體經濟與其他歷史數據或模型參數；(3) 產出財務狀況的數據與分配。

3. 內部控制與內部稽核

內控與內稽（內部控制與內部稽核的簡稱），可說相輔相成。內部控制（Internal Control）是在合理確保公司可達成營運效率與效能、財務報表可靠性與法令遵循等目標下的一種管理控制過程。這涉及公司所有風險的控制，它也就是 ERM 八大要素中的控制活動（參閱第二十一章）。其次，內部稽核（Internal Auditing）旨在消極的揭弊與積極的興利，它必須獨立、客觀與專業，始能克竟其功。透過內部稽核可提供專業意見給內部控制人員，裨益改進。內部稽核也必須以 ERM 流程為稽核對象，實施風險基礎的內部稽核（Risk-Based Internal Auditing），它就是 ERM 八大要素中的監督與績效評估（參閱第二十二章）。

4. 風險自覺與四眼原則

風險自覺（Risk Awareness）就是公司員工既有的風險意識，例如，電腦密碼，是不能隨意給同事。公司員工風險自覺強，自然是作業風險控制最好的方式，這種自覺，可採用「控制風險自我評估」（CRSA: Control Risk Self-Assessment）表，來檢核測定每位員工風險自覺的強度，嗣後根據分析結果，改善風險管理文

化的品質。其次，在行政單位／內部控制（AO／IC：Administrative Organization ／Internal Control）作業中，常用的作業風險控制手段，就是四眼原則（Four -Eye Principle），換言之，每項作業的關鍵過程，例如，核准重大工程或現金支付等，最好有兩位員工，四隻眼睛，共同互相監控處理。

5. KPIs、KRIs 與 KCIs

關鍵績效指標（KPIs: Key Performance Indicators）、關鍵風險指標（KRIs: Key Risk Indicators）與關鍵控制指標（KCIs: Key Control Indicators），既可用來作預警指標，也可用來作為衡量作業風險的數據資料。三者不同處是，KPIs 是落後指標，KRIs 是領先指標，至於 KCIs 是指風險被控制的程度，KRIs 能與 KCIs 連動，會是很好的作業風險控制方式。

6. 委外服務

委外服務（Outsourcing），應屬於學理上的風險隔離，是公司在成本效益考量下，很常見的風險控制手段。委外服務，是指公司將特定的工作與責任，藉由契約或其它方式，委由外部專業服務者提供與擔責。根據文獻 （王馨逸，2006／10／15），公司委外服務的需求越來越高，委外在地化，已轉變為委外全球化。委外產生的效益，以降低成本居多（49%），次為能強化公司核心能力（17%）。

7. 品質控制與實體安全管理

品質控制（Quality Control）涉及可靠度分析（Reliability Analysis）（柯煇耀，2000）（參閱第三十一章）。安全管理則自成一套獨立的專業領域，包括其教育、課程訓練、證照、法令與在公司內的組織系統（Fischer and Green, 1998）。就本書風險管理的定義與觀點言（參閱第四章），它是屬於風險控制的領域。安全管理上，需要眾多硬體設備，舉凡自動灑水系統、火災偵煙器、動作偵測警報器、監視設備、滅火器等等均是，同時，它也需要各類安全組織與安全作業系統，這些軟硬體措施，均有助於公司的風險控制，其中，實體安全設備的購置，是風險管理中重要的投資決策議題。

8. ISO 標準

ISO 是國際標準組織（International Organization for Standardization）的簡稱。這個組織創設的國際品管與環境標準，已成為重要的風險控制標準。自一九八七年始，ISO 9000 已成為歐盟各國組織遵循的品管標準。該標準適合製造業，也適合服

務業。它分成 ISO 9001，9002 與 9003 三部份。其次，ISO 14000 則是自一九九六年始，陸續被各國採用的公司環境管理標準。該標準搭配聯合國環境發展會議（UNCED: The United Nations Conference on Environment and Development）揭櫫的 21 號議程（Agenda 21）已是目前國際公認的環境管理準則（UNCTAD, 1996）。公司風險控制上，如能滿足這些國際標準，對公司形象與控制風險的績效上，均大有助益。

七、風險控制成本與效益

公司風險管理，以提昇公司價值為目標，其風險管理以財務為導向，因此，風險控制涉及的成本與效益，是決策的重點。控制風險的作業內容，涉及兩個面向：一為作業相關的技術層面。例如，財務預警技術，密閉空間危害偵測，或壓力試驗等；二為安全設備的投資與安全人員的訓練層面。例如，購置監測錄影設備等。風險控制的成本與效益，需與風險理財的資金流向與用途聯結一起，形成風險管理中財務現金流量的主要決策議題。是故，風險控制有哪些經濟成本與經濟效益，是除了實質技術層面外，風險管理人員必須分析的事項。

就風險控制成本面分析，有兩類成本，即直接成本與間接成本。直接成本包括資本支出與收益支出。資本支出包括：第一，安全設備或財務預警電腦軟體系統的購置。例如，自動灑水設備、警報系統等；第二，安全設備改良成本。例如，建築物防火材料改良施工成本等。收益成本包括：第一，安全設備或電腦軟體系統的保養維護費；第二，安全人員的薪資；第三，安全訓練講習費。間接成本係指必須花費的機會成本或其他間接的花費。例如，安全設備維修時，部份生產活動停頓的花費。再如，為趕時效，加發給安裝人員的加班津貼。另外，就風險控制效益面分析，有直接效益與間接效益。直接效益包括：第一，保險費因損失控制加強，得以節省的支出；第二，來自政府的優惠與可以抵免的賦稅。間接收益包括：第一，未來平均損失的減少；第二，追溯費率（Retrospective Rating）帶來的當期保費節省數；第三，勞資關係、生產力與公司形象的改善。間接收益項目中，有些容易量化，有些量化困難。

八、本章小結

回應風險，管理風險首重上游的風險控制，之後，才搭配下游的保險等風險理財工具，公司 CRO 也應切記，唯有採此雙元策略，才是羅織公司財務安全網的必要作為。

思考題

❖ 委外作業可讓公司專心經營核心事業，所以，公司經營上，將所有非核心業務均委外最好，是或不是？為何？

❖ 開車綁安全帶是損失預防的手段嗎？抑或不是？各為何？

❖ 副總統的設置，是屬於風險控制中的何種作為？為何？

參考文獻

1. 王馨逸（2006／10／15）。企業委外服務的風險管理。*風險與保險雜誌*。No.11。pp.22-27。台北：中央再保險公司。

2. 沈榮芳（2005）。*資訊揭露透明度對公司價值影響之研究：以台灣上市上櫃公司為例*。中華大學經營管理研究所碩士論文。

3. 柯煇耀（2000）。*可靠度保證──工程與管理技術之應用*。台北：中華民國品質管理學會。

4. Alizadeh, A. H. and Nomikos, N. K. (2009). *Shipping derivatives and risk management.* New York: Palgrave Macmillan.

5. Andersen, T. J. and Schroder, P. W. (2010). *Strategic risk management practice-how to deal effectively with major corporate exposures.* Cambridge: Cambridge University Press.

6. Fischer, R. J. and Green, G. (1998). *Introduction to security.* Butterworth-Heinemann.

7. Head, G. L. (1986). *Essentials of risk control.* Vol.1. Pennsylvania: IIA.

8. Kaplan, R. S. and Norton, D. P. (1996). *The balanced scorecard: translating strategy into action.* President and Fellows of Harvard College.

9. Marshall, C. (2001). *Measuring and managing operational risks in financial institutions-tools, techniques and other resources.* Chichester: John Wiley & Sons Ltd.

10. United Nations conference on Trade and Development (UNCTAD) (1996). *Self-regulation*

of environmental management. UNCTAD / DTCI / 29. Environmental series No.5. New York: UNCTAD, 1996.

11. Williams, Jr. C. A. *et al* (1981). *Principles of risk management and insurance.* New York: McGraw-Hill.

12. Yung, S. W. S. (2008). Early warning systems (EWSs) for predicting financial crisis. In: Melnick, E. L. and Everitt, B. S. ed. *Encyclopedia of quantitative risk analysis and assessment.* Vol.2. pp.535-539. Chichester: John Wiley & Sons Ltd.

第 14 章

風險回應（二）——
傳統保險

學習啟示錄

失控的未來，更需人與人間，國與國間的互助。

傳統上，保險（Insurance）是在保障危害與作業風險（Hazard and Operational Risks），是重要的風險理財（Risk Financing）工具，它的性質與財務風險（Financial Risk）理財工具，例如，買權（Call Option）等（參閱下一章），在風險組合（Risk Pooling）與風險轉嫁（Risk Transfer）上，有其雷同處（Skipper, Jr. 1998）。近年，風險證券化（Risk Securitization）現象，更驅動傳統保險有了新風貌。本章首先，說明風險理財的涵意與類別。之後，從風險理財觀點說明保險理財的特質。

一、 風險理財的涵義

所有的風險控制措施，除規避風險在特定範圍內完全有效外，其餘均無法保證損失不會發生。風險管理上，只有風險控制，而無風險理財，公司仍不得安心，如只有風險理財，而無風險控制，則是極愚蠢的事，雙元的策略，兩者的組合，才能符合管理風險的要求。

風險理財是財務管理的一支，概念上有別於投資理財，投資理財重興利，興利過程的可能風險，則需風險理財，兩者的面向與焦點不同。也因此，所謂**風險理財**，指的是面對風險可能導致的損失，人們如何籌集彌補損失的資金，以及如何使用該資金的一種財務管理過程。具體言之，它係指在損失發生前，對資金來源的規劃，而在損失發生時或發生後，對資金用途的引導與控制。性質上，下列三點，吾人需留意（Doherty, 1985; Berthelsen *et al*, 2006）：第一，風險理財雖與財務管理相同，追求公司價值極大化，但風險理財重點是在損失的彌補，自與財務管理的重點有別；第二，風險理財，以決策的適切化（Optimization）替代所謂的最大化（Maxmization）；第三，風險理財，重風險因子（Risk Factor）對現金流量（Cash Flow）的影響。

二、 風險理財的類別

就彌補損失的資金來源區分，風險理財基本上只有兩類：一為風險承擔（Risk Retention）；另一為風險轉嫁（Risk Transfer）。**風險承擔**係指彌補損失的資金，源自於經濟個體內部者，反之，如源自於經濟個體外部或外力者，謂為**風險轉嫁**

──**理財型**。前者，如自我保險（Self-Insurance）等；後者，如保險與衍生性商品（Derivatives）等。值得留意的是，有些風險理財工具，則是風險承擔與轉嫁的混合體，例如，追溯費率計畫（Retrospective Rating Plan）與開放式專屬保險（Open Captive Insurance）等（參閱第十六章）。

風險承擔與轉嫁的分野，有論者（Tiller *et al*, 1988）認為長期來看，兩者並無不同，此種現象，如同變動成本與固定成本的分野，因就短期言，成本有變動與固定之分，長期言，則均為變動成本。同樣，損失彌補的資金「源自於」（Originate）經濟個體內或外，亦只是短期觀察的結果，長期而言，此種區分不明顯。以保險為例，買保險的代價是保險費，保險費中，又分為純保費（Pure Premium）和附加保費（Loading Premium）。前者，為保險賠款的來源，用來支付被保險人的損失；後者，則為投保人「真正」要付出的代價。依預期效用理論的解釋（Doherty, 1985），保險人計收的附加保費，如高過投保人願意付出的風險溢價（Risk Premium）時，投保人不會想買保險。基此，附加保費的多寡，才是決定投保者是否買保險的因子。另外，就長期觀察，損失預期值應等於純保費，職是之故，短期言，彌補損失的資金看似「源自於」經濟個體外（意即來自於保險人），但長期言，實際則「源自於」投保人自我的口袋。此種風險轉嫁與承擔分野的模糊性，謂為「**軟性原則**」（Soft Principles）（Tiller *et al*, 1988）。

其次，就損失前後區分，風險理財可分為：**損失前理財**（Pre-Loss Financing）與**損失後理財**（Post-Loss Financing）。兩者的區分依據三項標準（Doherty, 1985）：第一，彌補損失資金的理財規劃，是在損失發生前，抑或之後；第二，理財成本的負擔是在損失發生前，抑或之後；第三，理財的條件，損失前可否知道與訂定。最典型的損失前理財措施就是保險、衍生性商品、自我保險與專屬保險（Captive Insurance）。很明顯地，此三種風險理財規劃的時機，均需於損失發生前為之，損失發生前，要負擔理財成本，也要能事前知道與訂定理財的條件。而銀行借款、出售有價證券、發行公司債、運用庫存現金彌補損失，則均屬損失後理財措施，這些損失後理財措施與自我保險，均是屬於風險承擔的性質，保險與衍生性商品，則是風險轉嫁，專屬保險則依型態而異，純專屬保險（Pure Captive Insurance），是風險承擔；開放式專屬保險，是承擔與轉嫁的混合體。

最後，就商品所屬市場區分，風險理財分屬於三類不同的市場：第一，傳統保險與再保險市場，隸屬於該市場的商品，可參閱表 14-1 中的非變種保險商品；第二，資本市場，屬於該市場的，主要是各種衍生性商品，例如期貨、選擇權等；

第三，另類風險理財市場，也就是 ART（Alternative Risk Transfer） 市場，它涉及保險與資本市場，屬於該市場的，大都是變種商品，例如多重啟動保險（Multiple Triggers Insurance）等。

三、保險的意義、性質與功效

從風險管理觀點言，保險有雙重性格。它兼俱風險轉嫁（就投保人言）與風險組合（就保險人言）的特質。換言之，它是風險控制（就保險人言，因風險組合歸屬於風險控制分類中，參閱第十三章）與風險理財（就投保人言）的混合體。基此，保險的歸類依立場而異。在風險管理興起前，它一直是人們賴以保障的風險理財工具，但風險管理興起後，人們對保險理財有了新的認識和新的處理方式。換言之，人們不再認為保險是唯一能彌補損失成本、提供安全保障的方法。在管理風險上，保險與其他風險理財工具，如何組合，如何搭配，是人們對保險的新想法。

（一）保險是什麼

保險的定義，可從許多不同的觀點來規範。就保險人立場言，重要的觀點有兩個：一為從財務觀點，來規範保險；另一為從法律契約觀點，來規範保險。前者，對保險界來說，最為簡潔，也最權威的定義，當推恩師陽肇昌[1] 先生的定義，恩師對保險的定義如下：**保險乃集合多數同類危險（Risk）[2]，分擔損失之一種經濟制度**（陽肇昌，1968）。此種界說有三點值得注意：第一，指明保險是風險的組合；第二，指明保險的作用是損失的分擔（Sharing of Loss）；第三，指明保險制度是屬於一種經濟制度。從保險人經營的立場言，此種界說是相當貼切的。至於後者，界說保險如下：所謂保險係指契約雙方當事人約定，一方交付保費於他方，他方承諾於特定事故發生時，承擔保險責任的一種契約。此種界說，把保險視為一種法律契約。

另一方面，就投保人立場言，所謂保險係指不可預期損失的轉嫁和重分配的一

---

[1] 恩師陽肇昌先生，創設逢甲大學保險研究所 （現稱風險管理與保險研究所），恩師雖已仙逝，但其保險的造詣與對台灣保險教育的遠見及貢獻極大，台灣保險產官學界裡，眾多翹楚均是恩師的學生，其行誼與事業成就，堪為所有後學的典範。

[2] 英文「Risk」，恩師堅持譯為「危險」，不可譯成「風險」，自有其時空背景與當時專業的觀點，這譯名，也被台灣保險業界採用且持續了相當長久的時間。

種財務安排（Dorfman, 1978）。此種界說，有兩點值得留意：第一，不可預期損失的轉嫁，可減少憂慮心理，降低風險；第二，損失的重分配，可降低風險成本，維持生存。其次，保險有兩種基本功能：一為透過組合，降低風險；另一為損失的分擔。同時購買保險，是把不確定（Uncertainty）且大的（Large）損失，轉化為確定（Certainty）且小的（Small）保費支出。

（二）什麼不是保險

與保險類似的概念、名詞與機制，為數眾多，在後續所要提及的 ART 市場中，許多變種商品也含有保險保障的成份，因此，在監理上或課稅上常有爭論 [3]，爭論的焦點，不外是這些商品如屬保險，那是否有顯著 [4] 的風險轉嫁？如有，就是保險，也該適用保險的監理與稅法上的規定，此處不論及爭論，僅就常見的五種概念名詞，區分它們與保險有何不同：

第一，**保全與保險**：所謂保全，即保護安全的簡稱，它是透過第三者，亦即保全公司，設立安全防盜系統，協助民眾防範重大急難而酌收服務費的一種制度，換言之，保全就是損失控制。

第二，**儲蓄互助會與保險**：儲蓄與保險有下列幾點不同：(1) 從個人立場言，儲蓄的給付與相對給付間，差異極微；但保險的給付與相對給付間，有極大差異；(2) 保險以意外保障為主，儲蓄為輔；互助會以儲蓄為主；(3) 儲蓄多半屬於個人行為；保險則需許多人參加的團體行為。

第三，**救濟與保險**：保險非救濟，即使是政府舉辦的失業保險（Unemployment Insurance），它還是保險。救濟與保險，有下列幾點不同：(1) 保險係屬法律契約行為；救濟是單方的移轉行為；(2) 保險給付係基於科學統計予以計算；救濟金額則無科學之計算基礎。

第四，**售後服務與保險**：售後服務有別於保險，理由如下：(1) 售後服務以服務為目的；保險是以意外保障為目的；(2) 售後服務有時酌收服務費，但並非基於

---

[3] 例如，國內對投資型保險單是否課稅問題，就爭論已久，之後，課稅機關堅持下，決定投資部份需課稅，爭論始終止。

[4] 保險或再保契約，是否承擔了顯著的風險移轉，一直是爭論的問題，尤其在 ART 市場，由於眾多變種商品，並不像傳統保險或再保險的風險移轉特性，因此有所爭議，例如，財務再保（Financial Reinsurance）就有爭議。國際上，有10-10 規則、風險移轉比例法（PRT: Percentage of Risk Transfer）與再保人期望損失法（ERD: Expected Reinsurer Deficit）可參考。合約是否具備顯著的風險轉嫁，可參閱唐明曦與卓俊雄（2008 / 04）〈論再保險契約中保險危險移轉顯著性之檢測〉。《朝陽商管評論》，第七卷，第二期。pp.1-25。

統計機率理論為計算基礎；保險的保險費，則有一定的科學基礎；(3) 從風險管理言，售後服務或許具有風險轉嫁的成份；保險則風險轉嫁與組合兼俱。

第五，**賭博與保險**：兩者不同處：(1) 保險係填補損失；賭博則以損失為代價，換取不確定獲利的機會；(2) 保險可降低風險；賭博則創造風險；(3) 保險是利人利己，自助互助的行為；賭博是害人害己的行為。

（三）投保的成本與效益

購買保險，需負代價，這代價就是保險費（Premium），所以投保的成本，就是保險費，但要留意，這項成本，表面上是總保險費（Gross Premium），實際上，真正的投保成本是附加保險費，蓋因，純保費，是支付可能的損失，即使不購買保險，這部份成本都會存在，所以才說，真正的投保成本是，附加保險費，前提及的軟性原則中，也有說明。至於投保的效益，當然就是風險轉嫁，降低了風險，而在，保險事故發生後，獲得保險人的賠款與安全保障。由於購買保險，就保險人而言，是風險的組合，所以個別投保人購買保險後，如保險人只收純保費，那麼，其各自面臨的預期損失不變，但經由保險人將風險組合後，非預期損失（通常指標準差）則會減少，但實際上，保險人不可能只收純保費，還必要再收附加保險費，因而個別投保人購買保險後，其各自面臨的預期損失會增加，但經由保險人將風險組合後，非預期損失（通常指標準差）仍會減少，參閱圖 14-1。

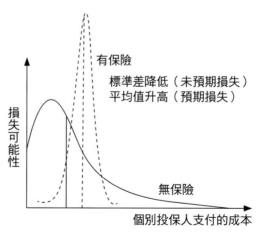

圖 14-1 保險的效應

四、風險與保險

風險的證券化，進一步使傳統保險有了新的風貌。基本上，傳統的保險，被運用在危害與作業風險管理領域，它承保的風險以純風險為主，但並非所有的純風險都適合採用保險當理財工具。滿足保險條件和範圍的風險，謂之可保風險（Insurable Risk），而損失的可測性（Predictability of Loss）則是先決條件。是故，適合保險理財的風險最好是：

第一，純風險：純風險為靜態風險，且其所致結果僅為損失並無獲利的可能。此種性質，有助於損失預測。如果是投機風險，傳統保險難處理。理由是：(1) 投機風險為動態風險，且有獲利可能，故會嚴重干擾損失預測；(2) 投機風險也常是一種基本風險，非個人能力所能阻止；(3) 投機風險的損失，在某種程度上並非意外，有違保險的宗旨。

第二，純風險導致的損失可被預測。

第三，純風險導致的損失幅度，不要過大，亦不能過小。過大的巨災（Catastrophe），保險公司很難消化。過小的損失，承保成本划不來。

第四，俱備同質性的風險單位，需夠多但僅有少量可能受損。

第五，純風險導致的損失，需是意外且明確的。

最後，近年來，巨災事件相繼發生，風險證券化需求日殷，各項變種商品相繼出籠，例如，保險期貨（Insurance Futures）、巨災選擇權（Catastrophe Option）等，改變了傳統保險市場的風貌。傳統保險市場藉由與資本市場的融合，承保巨災或投機風險已非難事。

五、保險經營的理論基礎

保險的營運，奠基於三個理論基礎：第一是**大數法則**（Law of Large Numbers）；第二是**風險的同質性**（Homogeneity of Risk）；第三是**損失的分攤**（Sharing of Loss）。大數法則，使保險發揮降低風險的功效，也提供保險招攬的理論基礎。風險同質性的要求，使保險核保及費率精算上，更趨公平合理化。分攤損失，不僅使保險充分發揮互助功能，也使費率公平、合理、充分的精算目標得以完成，間接促使保險理賠迅速確實。

（一）大數法則

大數 [5] 法則，意即當試驗次數愈增加，預期結果會愈接近實際的結果。根據此一意義，用在保險經營上，可以如是說，當風險單位數愈增加，則預期損失會愈接近實際損失。換言之，風險程度將相形降低。蓋因，風險單位愈增加時，則實際損失與預期損失間的變動亦愈增加。但此種變動的增加，是與所增加的風險單位之平方根成比例。例如，汽車碰撞機會為百分之一。一千輛汽車，預期將有十輛發生碰撞損失。如實際碰撞損失的輛數，在八輛與十二輛間，則風險程度為百分之二十。現汽車增加一百倍即十萬輛，依百分之一之碰撞機會，則預期有一千輛發生碰撞損失。實際損失範圍，則在九百八十輛與一千二十輛間。因此，風險程度降至百分之二（20 除以 1000）。

（二）風險的同質性

保險經營，不僅需組合眾多風險單位，技術上亦需謀求風險的適當分類。分類的依據是風險的同質性。所謂風險的同質性，係指各個風險單位間，遭受來自特定危險事故的損失頻率和幅度大體相近之意。例如，同樣 20 歲的男性，平均死亡率大約相同。但與 50 歲的男性比較，兩者間不俱同質性。再如，十棟房子，其中九棟價值一百萬元，一棟值六百萬元。發生火災，六百萬元的房子，損失必較其他九棟嚴重。是故，這棟房子與其他九棟不同質。為求風險的同質，技術上必須依影響損失頻率和幅度的某些因素，把風險單位加以分類。其次，風險分類不公平合理，將影響預測損失的精確性，亦會影響投資人負擔的不公平，甚或可能導致保險制度的崩潰。

理想的風險分類制度，必須俱備的條件有六：第一，每一風險類別的分類基礎，必須與損失間有明顯關聯；第二，每一風險類別的定義，必須清楚，不可含混；第三，風險分類後，不能再細分；第四，每一風險的歸類，不能模稜兩可，必須且只能歸一類；第五，分類基礎，必須客觀；第六，各種分類基礎，應盡可能以實際的損失資料，驗證其正確性與客觀性，以為未來改進的參考。

最後，以擲骰子為例，說明不同質的風險，如歸為同一類，如何影響損失預

---

5 多少保戶，才算「大數」？依據 1962 年 Longley-Cook 的可信度理論，年度理賠次數 x 在預期理賠次數 E（x）之±k＝5% 內的概率 p≧90% 之完全可信度理賠次數為 1,082 次。據此，假設被保險人的預定死亡率為 0.3%，則要達到大數，保戶數至少 1,082／0.3%＝360,667人。

測。吾人知道，每個骰子有六面分別為 1、2、3、4、5、6。點。期望值為 3.5。現有，同樣的骰子 10 個，即每個骰子是同質的。顯然，此 10 個骰子的期望值為 35。吾人如允許 ±10% 的跳動，則會有 48% 的結果，落入吾人預期範圍內（31.5－38.5）。如果，吾人把其中一粒骰子點數 6 的一面改成 1000 點。顯然，此粒與另九粒是不同質的，此時期望值變為 $9 \times 3.5 + 1/6（1 + 2 + 3 + 4 + 5 + 1000）$ ≒201。如仍允許 ±10% 的跳動，顯然，每次丟骰子所出現的點數總和，均無法落入上述的預期範圍內（181－221）。是故，風險如不同質會嚴重干擾經營保險者對損失預測的控制，從而影響保險經營的安全。

（三）損失的分攤

　　互助是保險的哲學基礎。少數人蒙受損失，透過保險制度由多數人共同分擔。這是保險存在的價值。每位參加保險的人分擔的金額，如何才能公平合理，則為保險費率精算上的重要課題。損失分攤與前兩個理論基礎有密切的關聯。大數法則在多數人參加保險時，可發揮功效。少數人的損失由多數參加者分攤，互助的精神得以發揮。其次，損失分攤與風險同質性間，也關係密切。例如，20 歲的人保費比50 歲的人多，顯然有失公平。因為 20 歲的人與 50 歲的人，絕不同質。損失分攤不公平時，保險的經營將遭致眾多困難，也會失卻保險的原意。

（四）理論運用雛型

　　假設某社區，有一千棟房屋。每棟值一百萬元。以住屋失火為例。如屋主們均未投保火險，則住屋失火全毀時，住戶必須另行租屋或花錢重建。此種意外損失，對住戶是極大的財務負擔。或有人言，足夠的儲蓄亦可免除財務壓力。然而，如在儲蓄金額未累積足夠前發生火災，則住戶必有緩不濟急之困。是故，為了免除困擾，投保是相當可行的辦法。

　　經營保險的人，如集合一千棟房屋，承諾屋主，在失火全毀時賠償損失。依據損失資料，預測該社區平均每年有三棟房屋失火。依據損失分攤原理，每位住戶應分擔金額為三千元（3,000,000÷1000）。換言之，每位住戶，只要交付三千元，就可把可能的房屋損失一百萬元，轉移給經營保險的人。如此一來，不論哪棟房子，何時失火，均可獲得保險賠款。然而，有位較聰明的屋主認為，該社區一千棟房屋中，有五百棟是木造的，另五百棟是磚造的且價值各不同，而且依其經驗觀察，平均每年三棟失火的房屋中，有二棟是木造的，一棟是磚造的。因此，他認為每位屋

主均交三千元是不合理的。此時，經營保險者必須運用風險同質性原理，計算不同類屋主的分攤額，使每位屋主的分攤額合理公平化。否則，將使保險制度無法存在，也無法經營。

上述簡例，說明了保險經營的理論基礎。將上例中有關數據化成符號，以公式表示，就成為經營保險者在計算保險費時，所依據的收支相等原則：n＝1000棟房屋。p＝每位屋主的分攤額，亦即保險費，$3000。r＝失火的房屋棟數，3棟。z＝經營保險者，承諾在火災發生時，每棟賠款 $1,000,000。對經營保險者言，收入就是一千位住戶所交的分攤額總和$3,000×1,000棟＝3,000,000＝n×P，而支出就是每棟房屋賠款總計3棟×$1,000,000＝$3,000,000＝r・z，兩者相等。所以n・p＝r・z。這個公式，就是計算保險費時，最基本的收支相等原則。

（五）理論基礎的限制

保險的理論基礎，不是那麼完美。首先，就大數法則來說，透過大數法則對未來損失加以預測，是保險經營的前提。然而，不管技術如何精確，預測終究是預測，預測與實際，總有差距。此為大數法則運用上的缺失之一。要預測未來損失，必以過去損失資料為依據。然而，資料本身會因來源不完整，或主觀因素的關係，而使資料不十分可靠，從而影響預測的正確性。即使可靠，把過去的資料完全適用於未來，亦不適當，此為缺失之二。另外，保險制度可能存在的道德危險因素及心理危險因素，易嚴重干擾大數法測對損失的預測，此為缺失之三。

其次，就風險同質性言，就同質風險加以歸類，先天上就與大數法則的要求相互矛盾。然而，為了使費率達成公平合理化起見，經營技術上又不能如此。兩者間如何抉擇，並能保證經營安全，是相當藝術、也是相當技術性的問題。風險分類過於細密，每一類別所包含的風險單位就相當有限。如此，大數法則對損失預測的效果必不彰顯。反之，過於寬鬆，又違反風險同質性的要求，投保人負擔不公平，難取信於大眾。

最後，就損失分攤言，投保人參加保險，既然是間接的互助合作行為，負擔的公平性是絕對必須的條件。現代保險制度的參加者，係在參加時、損失發生前，即預繳定額的保險費，而並非在實際損失發生後，才分攤損失金額，亦即不是採賦課式保險費制度。既然要預繳，經營保險者只能依據過去資料，運用大數法則計算每人的分攤額。因此，如果未來實際損失經驗較過去良好，則現在每位投保人的負擔，就會產生不合理現象，此為缺失之一。再者，風險分類如不合理，亦會使投保

人的負擔不公平，此為缺失之二。

六、 保險的社會價值和社會成本

保險存在了約七百年（自最早 1343 年的保單起算，Waligore, 1976），固有其一定的社會價值（Social Benefit）。社會價值（Social Benefit）超過社會成本（Social Cost），一直是保險文獻（e. g. Mehr & Cammack, 1980）中常見的結論。是故，先擇要說明保險的社會價值，它包括：第一，可促成資源的合理分配。保險制度可降低不穩定程度，整個社會資源能有合理分配的基礎；第二，可促進公平合理的競爭。保險可使大小規模不同的企業，在同一風險水平上，從事公平合理的競爭；第三，有助於生產與社會的穩定。保險有把不確定轉化為穩定的能力，當然有助於生產與社會的穩定；第四，可提供信用基礎。個人信用或企業信用，均可因保險而增強。例如企業可增強資金融通能力；第五，可以解決部份社會問題。例如，社會保險與失業保險等；第六，可提供長期資本。經濟成長有賴長期資金，保險的長期業務可符合需求。

另一方面，保險的社會成本，包括：第一，保險的營業費用成本，也就是投保大眾支付的附加保費部份；第二，道德及心理危險因素引發的成本，例如，民國72 年發生的洪進南和廖春福詐領保險金一案。此外，達西（D'Arcy, 1994）認為保險的社會成本，正在急遽攀升，社會價值不一定經常凌駕社會成本，由此觀之，政府應如何控制社會成本，是迫切課題，尤其政府該如何引導保險業，協力控制道德及心理危險因素引發的社會成本。

七、 保險與選擇權

前提及，保險與金融從風險管理的觀點言，在風險組合與風險轉嫁性質上，是很相同的（Skipper, Jr., 1998），同時，在一定條件下，保險單類似選擇權（Doherty, 2000），例如，附有自負額的汽車保險單，在以損失金額為橫軸與保險賠款為縱軸的圖形上，就類似買入買權報酬線，參閱圖 14-2。

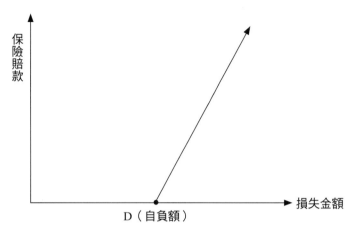

圖 14-2 保險類似選擇權

從圖中，很清楚，自負額 D 類似履約價格，損失超過 D 保險賠款增加，類似買權報酬增加。其次，選擇權訂價理論（Option Pricing Theory），也可應用在保險費率的制訂上，例如，可以接觸消滅（Knock-Out）的界限選擇權（Barrier Option）[6] 與二元選擇權（Digital Option）[7] 原理，應用在人壽保險費的計算上（蔡明憲等，2000）。

八、主要的傳統與變種保險

在 ERM 架構下，公司面臨四大類的風險，那就是策略風險、財務風險、作業風險與危害風險。除策略風險，公司難有相關的傳統保險或變種保險（可參閱第十六章，ART 市場的商品）可以投保外，其他三類風險，均可透過傳統保險或變種保險商品，獲得相關的安全保障。公司評估風險程度後，可就適合的風險，轉嫁投保，一般來說，適合的風險，屬於頻率低且幅度高的風險，參閱圖 14-3。

6　界限選擇權與二元選擇權，都是創新的選擇權商品。界限選擇權，是當標的資產價格到達約定水準時，該選擇權契約，會自動作廢或成立。

7　二元選擇權的報酬與一般選擇權不同，後者的報酬是極大化，但前者卻是，不是全部，就是全無，也就是，All-or-Nothing。如何應用界限選擇權與二元選擇權原理計算人壽保險費，請參閱蔡明憲等（2005／05）。〈人壽保險費率分析──從選擇權理論觀點〉。《風險管理學報》。第 2 卷，第一期。Pp.1-24。

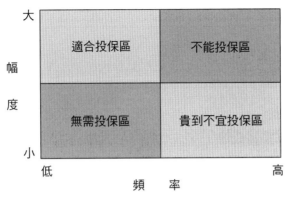

圖 14-3　風險與保險

　　上圖，可說是從第十章的圖10-8，轉畫而成。該圖中顯示，四大區塊，那就是，風險高到不能投保區，保險費太貴不宜投保區，適合投保的風險區與無需投保的風險區。此外需留意，投保也可能存在基差風險（Basis Risk），這些基差風險，可以其他風險理財措施因應，例如風險承擔。同時，投保時要留意保險的優點與缺點（Marshall, 2001），優點方面，包括：(1) 前提及，保險可降低非預期損失，也就是可分散風險；(2) 風險計量，較為精確；(3) 風險諮詢與服務品質較佳；(4) 極度容易進入再保險市場。另一方面，投保也有缺點，包括：(1) 承保範圍，可能不足；(2) 極為重大損失，傳統商品無法提供保障；(3) 損失處理，可能遲緩；(4) 保費波動大時，預算難編。

　　最後，公司可利用的主要保險商品，參閱表 14-1。

表 14-1 主要的傳統保險與變種保險商品

公司面臨的風險 （策略風險除外）	主要的傳統與變種保險商品
財務風險	1. 多重啟動保險*（Multiple Triggers Insurance）（例如，雙重或三重啟動）等
作業風險	1. 董監責任保險（Directors and Officers Liability Insurance） 2. 專業責任保險（Professional Liability Insurance） 3. 員工誠實保證保險（Employee's Fidelity Bonding Insurance） 4. 第三人電子商務保險[8]（Third-Party E-Commerce Insurance） 5. 犯罪保險（Crime Insurance） 6. 產品責任保險（Product Liability Insurance） 7. 汽車責任保險（Auto Liability Insurance）等。
危害風險	1. 火災保險（Fire Insurance） 2. 營業中斷保險（Business Interruption Insurance） 3. 汽車損失保險（Auto Physical Loss Insurance） 4. 團體人壽保險（Group Life Insurance） 5. 團體傷害與健康保險（Group Injury and Health Insurance） 6. 地震、颱風、洪水保險（Earthquake、Typhoon、Flood Insurance） 7. 海上保險（Marine Insurance）等

附註：表中「*」代表變種保險商品，其性質內容，參閱第 16 章。其他傳統保險商品的性質內容，可參閱各保險教材。

九、本章小結

保險制度，是人類最偉大的發明，也是最神聖的制度，互助與個人隱善的美德，透過保險制度發揮到極致。保險的存在，不只是因有各類風險，人類需要它，更因它有助於整體國家社會與國際的經濟發展。它永遠為人類安全的需求存在，現代風險，更複雜與多元，因此更需創新與變種的保險商品。

---

[8] 電子商務保險是新險種，與網際網路的商務活動產生的風險與法律有關，可詳閱 Sutcliffe, Esq. (2001). *E-Commerce insurance and risk management-E-Commerce and Internet risks, laws, loss control, and insurance.* Boston: Standard Publishing Corporation.

思考題

❖ 想想保險的大數法則，多少才算「大數」？（可請教統計學老師）還有想想看，有沒有小數法則（The Law of Small Numbers）？

❖ 銀行比保險重要，是嗎？不是嗎？各為何？還是兩者間缺一不可，又為何？

❖ 二十歲的人與六十歲的人，買相同的壽險商品，付出的保費都一樣，合理嗎？為何？

參考文獻

1. D'Arcy, S. P. (1994). The dark side of insurance. In: Gustavson, S.G. and Harrington, S. E. ed. *Insurance, risk management, and public policy-essays in memory of Robert I. Mehr.* London:Kluwer Academic Publishers.

2. Doherty, N. A. (1985). *Corporate risk management-a financial exposition.* New York: McGraw-Hill Book Company.

3. Doherty, N. A. (2000). *Integrated risk management-techniques and strategies for managing corporate risk.* New York: McGraw-Hill Book Company.

4. Mehr, R. I. and Cammack, E. (1980). *Principles of insurance.* Illinois: Richard D. Irwin, Inc.

5. Skipper, Jr. H. D. (1998). *International risk and insurance-an environmental-managerial approach.* New York: Irwin / McGraw-Hill.

6. Tiller, M.W. *et al.* (1988). *Essentials of risk financing.* Vol.1. Pennsylvania: IIA.

7. Waligore, H. J. (1976). Evolution of insurance accounting. In: Strain, R. W. ed. *Property-liability insurance accounting.* California: The Merritt Company.

第 15 章

風險回應（三）——
衍生性商品

學習啟示錄

你（妳）的想法，來自爸媽，那爸媽的想法是基本的，
你的想法，是衍生的。

　　風險控制、保險理財與本章所要說明的衍生性商品（Derivatives），都是風險回應的基本工具。風險控制，著重風險的實質面向，保險理財與衍生性商品，則著重風險的財務面向。在此提醒讀者，財務風險的避險，指的是風險中和（Neutralization）。風險中和可藉由財務風險的投機性，也就是損失與獲利的對抵沖銷，使損失不致發生，達成財務上避險（Hedging）或套購的目的。這與第十三章所言，風險控制中的迴避（Avoidance）或亦可稱避險，涵義有別。本章擇要說明，衍生性商品的基本型態，包括：遠期契約（Forward Contracts）、期貨契約（Futures Contracts）、交換契約（Swap Contracts）與選擇權契約（Option Contracts）等財務資產（Financial Assets）。

一、衍生性商品與市場

（一）衍生性商品的涵義

　　簡單說，日常生活裡的預售屋合約，就是很典型的衍生性商品，蓋因，這紙合約價值，會受到未來房價的影響。因此廣義的說，如果某商品價格，會受到其他商品價格的影響，那麼該商品就被稱呼為**衍生性商品**。衍生性商品合約交易的標的，都是在未來才能買進或賣出，不像日常生活的現貨交易，交易合約完成，通常，交易的標的即刻轉手，亦即標的的買進或賣出，是即刻完成的。因此這種衍生性商品合約，具有五項特性（廖四郎與王昭文，2005；Chew, 1996）：第一，具有存續期間，也就是距離合約到期日的長短；第二，載明履約價格或交割價格，也就是合約中，事先預定所需買入或賣出的價格；第三，載明交割數量，也就是未來所需買進或賣出標的資產的數量；第四，載明標的資產，標的資產可分實質資產與財務／金融資產兩大類，金融資產，又分貨幣市場金融資產，例如國庫券等，資本市場金融資產，例如普通股票與公債等，與外匯市場金融資產，例如美元外幣等；第五，載明交割地點，當可供交割地點有多處時，這項約定就很重要。

（二）衍生性商品市場

　　衍生性商品市場，主要的玩家有避險者、投機者、造市者與套利者（廖四郎與王昭文，2005）。持有標的資產而有財務風險避險的需求者，是為市場中的避險者。例如，房屋建商與有房屋需求者，均可能擔心未來房價的漲跌，就可能成為避

險者。或如持有股票資產的一般企業公司與金融保險機構，會擔心股價的波動，也成為避險者。

其次，投機者與避險者需求不同，投機者主要在想賺取高報酬為目的，願意承擔現貨價格的波動，而進入市場，而當市場泡沫化時，則立即退出。例如，民國77年至79年間，房價一日三市，立即吸引眾多想獲取高報酬的投機者進入市場，然而好景不常，民國80年，房市泡沫化，投機者退出市場，房市即陷低迷。造市者，意即可活絡市場、促成市場交易順利完成之人。例如，期貨商的自營部門等。另一玩家是套利者，套利者其實也是投機者，所不同的是，套利一定在兩個不同市場間進行，透過買低賣高，從中獲利，有促使市場回復均衡價格的功能。

最後，就台灣目前狀況來說，台灣的衍生性商品市場，可分為店頭市場與集中市場。在民國86年9月4號前，台灣只有衍生性商品的店頭市場，之後，始有集中市場的存在。店頭市場主要是銀行與證券商，集中市場則有台灣期貨交易所與證券交易所。台灣期貨交易所是期貨與選擇權的交易場地，證券交易所則僅從事選擇權的認購權證與認售權證之交易。

二、衍生性商品的基本型態

衍生性商品，主要是被避險者用來迴避財務風險。可用來迴避財務風險的基本工具有遠期契約、期貨契約、交換契約與選擇權契約。這四項工具中，選擇權契約，是唯一可使交易的買方，因不履約而可能獲利，因履約而迴避損失的合約，其餘三項工具，所提供的只是迴避損失的功能。這些基本商品其特性（廖四郎與王昭文，2005）比較如表15-1。

（一）遠期契約

遠期契約由來已久。設想麥農與麵粉廠老闆的相依關係，麵粉廠需以小麥為原料，小麥價格低，對麵粉廠言經營成本降低，獲利機會大，然而相反的，麥農希望未來收成好外，更希望賣得好價錢，賺取利潤。對兩方來說，其他因素不考慮，單以小麥價格高低來看，各自影響雙方的獲利。以麵粉廠來看，利潤與小麥價格的關係，如圖15-1，該圖顯示，利潤與小麥價格，呈反向變動。反過來說，以麥農來看，如圖15-2，該圖顯示，利潤與小麥價格，呈正向變動。換句話說，麵粉廠老闆擔心未來小麥價格漲，麥農擔心未來小麥價格跌。此時，兩者均可主動找合適的

表 15-1 基本衍生性商品特性比較表

種 類 性 質	遠期契約	期貨契約	選擇權契約	交換契約
標準化契約	無	有	不一定	無
交易所買賣	無	有	有	無
權利義務	義務	義務	買方：權利 賣方：義務	義務
違約風險	有	無	無	有
保證金	不一定	有	買方：無 賣方：有	不一定
權利金	無	無	買方：有 賣方：無	無

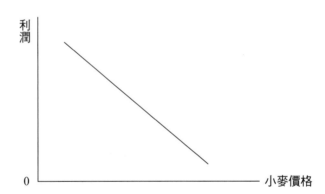

圖 15-1 利潤與小麥價格的關係──麵粉廠

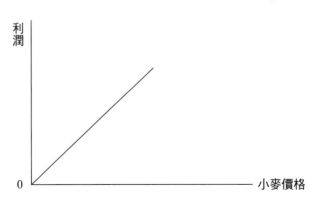

圖 15-2 利潤與小麥價格的關係──麥農

對象，簽訂遠期契約，避免未來小麥價格波動的財務風險。

　　假如，麵粉廠主動尋求合適交易對象，顯然，麵粉廠老闆預期未來小麥價格會漲，假設是未來三個月。這時，老闆必須尋求與擔心未來三個月小麥價格會跌的麥農訂約，由於麥農對未來小麥價格的預期心理，每位均不同，有些對未來小麥價格看漲，那這種麥農不是合適對象，只有對未來小麥價格看跌的麥農，才可能與麵粉廠簽約，由於遠期契約是量身訂作契約，又無正式交易場所，因此，遠期契約的搜尋成本[1]（Searching Cost）高。假如，麵粉廠在正常期間，需小麥 100 單位，每單位假設是 50 元，在此價格下，麵粉廠可獲利 100 萬。麵粉廠老闆擔憂未來三個月，小麥每單位會漲 1 元，那麼，麵粉廠的利潤將減少。現找到合適麥農，兩人約定未來三個月，麥農均以每單位 50 元賣小麥給麵粉廠。這樣，不論麵粉廠老闆或麥農，在未來三個月均不用擔心小麥價格漲跌的問題。這項合約，就是遠期契約。在這約定下，對麵粉廠與麥農而言，遠期契約的報酬線，分別如圖 15-3 與圖 15-4，而未來三個月，麵粉廠將仍維持正常情況下的利潤 100 萬，如圖 15-5。

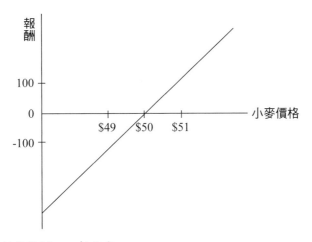

圖 15-3　遠期契約報酬──麵粉廠

　　在上例中，遠期契約的買方，就是麵粉廠，契約到期時，麵粉廠必須履約，麥農則不一定。契約到期時，如小麥現貨的實際價格高於履約價格，那麼麵粉廠會獲利。反之，麵粉廠會有損失。這項遠期契約的存續期間三個月，標的資產小麥，履約價格每單位 50 元，交割數量 100 單位。

---

[1] 搜尋成本，是商業活動交易雙方，為完成交易所花的時間、人力與物力。經濟學界有學者因研究搜尋成本理論，獲得諾貝爾獎，該理論可提供協助解決各國失業問題。

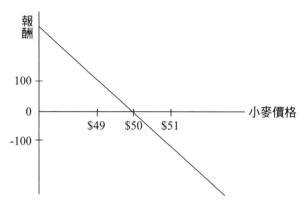

圖 15-4 遠期契約報酬──麥農

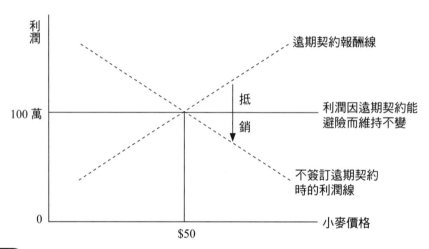

圖 15-5 麵粉廠的避險效果

　　最後,綜合上述,所謂**遠期契約**係指持有遠期契約的人,也就是買方,負有在特定時日,以履約價格,購買特定資產的義務。遠期契約當作避險工具,其優點是簡單,量身訂作,對麵粉廠而言,如能百分百避險,就不會有基差風險 [2](Basis Risk),但缺點是尋找合適對象的成本高,同時,麵粉廠可能會面臨麥農不一定會履行承諾的違約風險(Default Risk),也因此,為克服這些缺失,期貨契約與期貨交易所於焉誕生。

---

[2] 基差風險有不同定義,就衍生品言,有衍生品契約與曝險部位無法完全配適的基差風險,也有指兩種價格相關性發生變化時所造成的相關性風險(Correlation Risk),在此,是指前者。

（二）期貨契約

期貨契約，其實就是遠期契約的變種，它是在期貨交易所買賣的標準化遠期契約。畢雷克與裘斯（Black & Scholes, 1973）認為，期貨契約就是一連串的遠期契約。以遠期契約中，如前所提麵粉廠與麥農的例子，假定兩者訂的是遠期契約，雙方必須見面，如是期貨契約，兩者無需見面，交易的進行，是透過中介角色的交易所完成，只要雙方按規定作，即可順利完成交易。麵粉廠是期貨契約的買方，訂約時，不用付權利金，但與麥農一樣，要繳保證金。麵粉廠的期貨報酬線，同樣如圖15-3。

上述的保證金，是期貨交易的特色之一，目的在降低違約風險。交易雙方，依規定設立的保證金帳戶，有最低餘額的約定，低於最低餘額，交易者如無補充，則交易人的部位[3]（Position）將被結清，停止使用。交易有獲利時，利潤即存入該帳戶，損失時則由該帳戶扣除。其次，期貨交易的另一特色，是每日現金結算（或市價結算 Mark- to- Market）因此，期貨契約每日價值會變動，期貨損益，當日結算時，即可實現，不像遠期契約，至到期日時，損益才實現。

最後，綜合來說，遠期與期貨契約間，有三點值得留意（廖四郎與王昭文，2005；Chew, 1996）：第一，遠期契約，只有在契約到期日時，才會有現金流量的變動，才實現損益，但期貨契約，因每日結算，現金流量與損益每日變動；第二，遠期契約，搜尋成本與違約風險高過期貨契約，但標準化的期貨契約，對交易者的基差風險高過遠期契約；第三，由於標準化的關係，期貨契約的流動性與變現性，均比遠期契約高。

（三）交換契約

這次金融海嘯中，備受矚目的信用違約交換（CDS: Credit Default Swap）就是交換契約的一種，簡單說，**交換契約**是允許交易雙方，在未來特定的期限內，以特定的現金流量交換的一種合約。基本上，交換契約可分四大類（廖四郎與王昭文，2005；Chew, 1996）：第一，利率交換（Interest Rate Swap），這是固定利率與浮動利率間，現金流量的交換；第二，貨幣交換，這是不同貨幣間，本金與利息的交換；第三，權益交換，這是固定報酬率與股票報酬率的交換；第四，與信用衍生相關的信用違約交換與總報酬交換。

---

[3] 部位就是交易曝險的額度。

首先,說明利率交換。假設甲乙各向銀行貸款,甲與銀行簽兩年期 120 萬,利率固定 4% 的合約,乙與銀行簽兩年期 120 萬,利率是基本放款利率 1.8% 加碼 2.2%,每年調整一次的浮動利率合約。甲預期未來利率會調降,乙則預期利率會上升,甲乙此時互簽利率交換契約,其中規定,未來兩年甲幫乙付利息,乙幫甲付利息,只要未來兩年利率漲跌,各如甲乙所料,甲乙均可迴避損失。透過利率交換,甲利息支出由原先 120 萬乘 4% 改成 120 萬乘基本放款利率 1.8% 加碼 2.2%,未來如基本放款利率降 1%,則甲只依 3% 的利率支息,迴避了利息損失。對乙來說,透過交換,乙利息支出由原先 120 萬乘基本放款利率 1.8% 加碼 2.2% 改成 120 萬乘 4%。未來如基本放款利率漲 1%,則乙只依 4% 的利率支息,同樣,迴避了利息損失,如沒有利率交換,乙則要依利率 5% 支息,此時只依 4% 支息即可。顯然,利率交換的現金流量,決定於交易雙方利率的差額,參閱圖 15-6。

圖 15-6 利率交換

綜合上述,固定利率與浮動利率,是不同的利率指標,所以**利率交換**就是交易雙方,互相約定,在未來特定期間,互相交換不同利率指標的利息,這個過程就會產生現金流入與流出。交換契約也是遠期契約的變種,它可被劃分成數個遠期契約(Smithson *et al*, 1995)。換言之,在每一結算日(Settlement Date),交易的一方,擁有潛在的利率遠期契約。進一步言,交易的一方,有義務出售固定利率的現金流量。交換契約縮短了履約期間,每一結算利率差額,由交易之一方交付另一方。是故,交換契約的風險低於遠期契約,卻高於期貨契約。最後,交換契約與期貨契約,皆為一連串的遠期契約的組合。三者主要的差異是違約風險程度的不同。

其次,說明信用違約交換。**信用違約交換**類似保險契約,契約的一方稱呼為信用保障承買人(Protection Buyer),另一方稱呼為信用保障提供人(Protection Seller)。信用保障承買人在未來約定期間內,固定支付一筆費用給信用保障提供人,而信用保障提供人只有在合約信用資產(Reference Equity)發生違約時,才需對買方進行合約信用資產的交割(廖四郎與王昭文,2005)。信用違約交換的交易過程,閱圖 15-7。

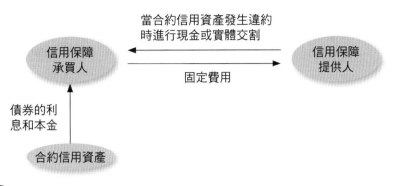

圖 15-7 信用違約交換的交易過程

依圖 15-7，信用保障承買人持有債券的信用資產，由於擔心債券的違約信用風險，因而與信用保障提供人簽定信用違約交換。當債券違約時，信用保障提供人可以現金方式交割或與實體方式交割。現金方式交割是以違約債券本金扣除剩餘價值後的餘額，支付給信用保障承買人。實體方式交割，是違約債券發生時，信用保障承買人有權以約定好的價格，將違約債券賣給信用保障提供人，信用保障提供人不得拒絕。

（四）選擇權契約

1. 基本特性

選擇權是可獲利，又可迴避損失的衍生性商品，它可分買權（Call Option）與賣權（Put Option），這有別於只可迴避損失的其他三種衍生性商品。沿用前面麥農與麵粉廠的例子，先說明選擇權的買權，為何稱呼「選擇」，從說明中即可知曉。所謂**買權**是指買方有權於到期時，依契約所定之規格、數量與價格向賣方買進標的物。標的物可以是財務資產，也可以是實質資產。

(1) 買權

麥農與麵粉廠間，可以簽訂買權合約，也就是麵粉廠由於擔心未來小麥價格上漲，相對的，麥農擔心小麥價格下跌，此時麵粉廠可以跟麥農約定，未來每單位小麥，麵粉廠以 60 元收購，這 60 元就是所謂的履約價格（Exercise Price）或執行／交割價格（Delivery Price），同時，簽約時，麵粉廠要支付每單位 10 元的權利金（Premium）給麥農。未來小麥價格的波動，決定麵粉廠要不要履約，換言之，麵

粉廠可選擇履約，也可選擇不履約，也就是，買方（麵粉廠）有權利「選擇」，故稱呼選擇權，這與遠期契約及期貨不同，也就是在遠期契約及期貨的情況下，麵粉廠無此權利。也因為這樣，麵粉廠這項**買入買權**（Long Call）的報酬線，與圖 15-3 遠期契約的報酬線不同，參閱圖 15-8。

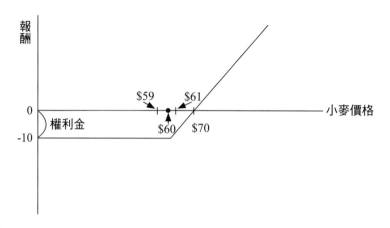

圖 15-8 買入買權報酬線

從圖 15-8 中可得知，當小麥每單位實際價格上漲超過 $60，麵粉廠會選擇履約，而在單位價格未漲至 $70 前雖有損失，但因履約每單位損失會少於 $10，如不履約，則每單位會損失 $10，因此，麵粉廠自然會選擇履約。在每單位價格上漲超過 $70 時，買方麵粉廠不僅無損失，而且隨價格越漲，獲利是無限的。如果小麥價格跌，買方不會履約，頂多每單位損失 $10 權利金。買入買權的報酬，顯示五種訊息，值得留意，參閱表 15-2。

這項買入買權可使麵粉廠，避掉價格波動的財務風險。吾人也可從表 15-3 的麵粉廠損益表，觀察買入買權前後，對損益表的影響。

表 15-2 買入買權

最大獲利	無限
最大風險	權利金
交易時機	認為價格或指數將大幅上揚
成本	權利金
損益兩平點	權利金＋履約價格

表 15-3 麵粉廠買入買權前後損益表

每單位小麥	沒有買入買權		有買入買權	
價格跌至 $59				
銷貨（麵粉）	$700,000		$700,000	
買權報酬	0		0	（不履約）
其他收入	3,000		3,000	
合計	$703,000		703,000	
費用成本				
小麥（原料）	$590,000	（10,000 單位）	$590,000	（10,000 單位）
買權權利金	0		100,000	
其他費用	1,000		1,000	
合計	$591,000		$691,000	
淨利	$112,000		$12,000	

每單位小麥	沒有買入買權		有買入買權	
價格漲至 $61				
銷貨（麵粉）	$700,000		$700,000	
買權報酬	0		10,000	（履約）
其他收入	3,000		3,000	
	$703,000		$713,000	
費用成本				
小麥（原料）	$610,000	（10,000單位）	$600,000	（10,000單位）
買權權利金	0		100,000	
其他費用	1,000		1,000	
	$611,000		$701,000	
淨利	$102,000		$12,000	

　　從表中得知，在麵粉售價不變之情況下，每單位小麥價格各漲跌 $1，在沒有簽訂買權契約時，麵粉廠的損益波動為 $10,000，但如簽訂買權契約，則損益不變，顯然買權契約穩定了損益波動。當每單位小麥價格漲至 $70 以上時，沒有簽訂買入買權契約，從表中，很顯然可發現麵粉廠的損益波動更大。

　　相反的，對麥農來說，是簽訂了一項**賣出買權**（Short Call）的合約，其報酬線，如圖 15-9。

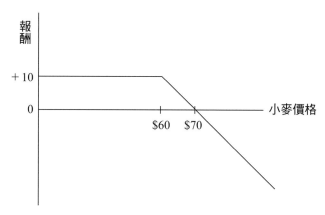

圖 15-9 賣出買權報酬線

從圖中，亦可得知，賣出買權的報酬，顯示五種訊息，參閱表 15-4。

表 15-4 賣出買權

最大權利	權利金
最大風險	無限
交易時機	認為價格或指數將小幅下跌
成本	保證金
損益兩平點	權利金＋履約價格

同樣，這項賣出買權可使麥農，避掉小麥價格波動的財務風險。

(2) 賣權

另一方面，麥農也可以主動找麵粉廠，簽訂賣權契約。所謂**賣權**是指買方有權於到期時，依契約所定之規格、數量與價格將標的物賣給賣方。此時，對麥農言，是**買入賣權**（Long Put），對麵粉廠言，是**賣出賣權**（Short Put）。設想這項賣權合約每單位的履約價格仍為 60 元，麥農要付的權利金，每單位仍為 10 元，那麼，買入賣權與賣出賣權的報酬線，分別參閱圖 15-10 與圖 15-11。其報酬線，同樣顯示五種重要訊息，參閱表 15-5 與表 15-6。

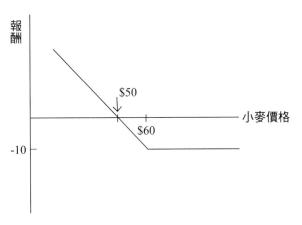

圖 **15-10** 　買入賣權報酬線

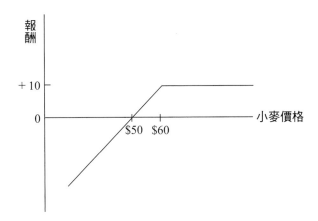

圖 **15-11** 　賣出賣權報酬線

表 **15-5** 　買入賣權

最大權利	無限
最大風險	權利金
交易時機	認為價格或指數將大幅下跌
成本	權利金
損益兩平點	履約價格－權利金

表 15-6	賣出賣權
最大權利	權利金
最大風險	無限
交易時機	認為價格或指數將小幅上揚
成本	保證金
損益兩平點	履約價格－權利金

綜合上述，選擇權有幾項基本特性值得留意（廖四郎與王昭文，2005）：第一，它有固定的交易場所；第二，它不一定是標準化契約；第三，只有買方有選擇的權利，賣方擔義務；第四，因賣方擔義務，故只有賣方需繳保證金，買方則支付權利金；第五，與期貨相同，無違約風險。

2. 選擇權的類別

選擇權的類別，大致上可依履約時間與標的資產的不同，分成許多種類（廖四郎與王昭文，2005）。首先，從履約時間來說，選擇權可分美式選擇權（American Option）與歐式選擇權（European Option）。**美式選擇權**可在到期日與到期日前任何一天，進行履約，例如，在台灣證券交易所交易的認購權證，就是美式選擇權的買權。**歐式選擇權**則只能在到期日當天，進行履約，例如，在台灣期貨交易所交易的台指選擇權，就是歐式選擇權。

其次，選擇權依標的資產或其價格，可分為**亞式選擇權**（Asian Option）與以標的資產命名的各種選擇權。美式選擇權與歐式選擇權，在履約時，標的資產價格就是履約時的價格，但亞式選擇權在履約時，標的資產價格是由過去一段時間的平均價格決定。以標的資產命名的各種選擇權，例如，利率選擇權與債券選擇權等。

利率選擇權（Interest Rate Option），例如，某公司現行利率風險，是利率（Δi）上升時，公司的價值（ΔV）下降。那麼購買，利率上限（Interest Rate Cap）買權，在利率上升時，投資人有利可圖，故抵銷了下方／負向風險（Downside Risk），參閱圖 15-12。**債券選擇權**（Bond Option），參閱圖 15-13，該圖顯示，債券最適的避險策略，為購買債券的賣權。債券價格（ΔP）下跌，相當於利率上漲，使公司價值下跌，為了銷除下方／負向風險，購買債券的賣權，在債券價格下跌時，投資人有利可圖，故而抵銷了下方／負向風險。由此可知，利率的買權相當於債券的賣權。

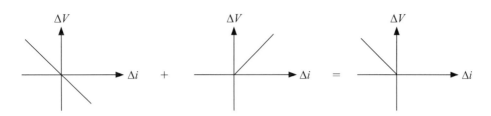

圖 15-12　利率選擇權

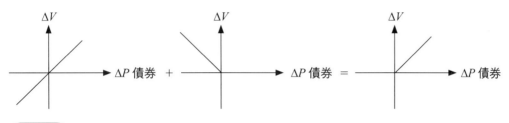

圖 15-13　債券選擇權

3. 權利金與選擇權價值

選擇權的買方，要付權利金給賣方，這項權利金就是選擇權的價格[4]。至於選擇權的價值，是指選擇權在任何履約時點可能展現的損益，即代表選擇權價值的高低。權利金價格由市場供需決定，影響供需的變數總共六項（廖四郎與王昭文，2005）：

(1) 標的資產價格

在其他變數不考慮情況下，由於履約價格是固定的，所以對買權價值言，標的資產價格越高，履約時獲利越大，買權的價值越高，反之，買權越沒價值。對賣權價值言，情況剛好相反。

(2) 履約價格

履約價格對買權的買方是買價，對賣權買方是賣價，買價越低，買權越有價值，賣價越高，賣權越有價值。

---

[4] 選擇權價格的計算，可用傳統的淨現值法，但以該法計算，無法找出適當的折現率，然而在 1973 年時，由 Fischer Black 與 Myron Scholes 共同在第 81 期的 Journal of Political Economy 中，發表了著名的 Black&Scholes 歐式選擇權公式，簡稱 B-S 公式，解決了選擇權價格計算問題，此後，也促使財務工程（Financial Engineering）學門的發展。

(3) 距到期日時間

距到期日時間與選擇權價值的關聯如何？答案很簡單，請問你（妳）終身的高爾夫球會員證與一年期的高爾夫球會員證，你（妳）的選擇是什麼？顯然是終身的高爾夫球會員證，換言之，距到期日時間越長，不論買權或賣權均越有價值。

(4) 標的資產報酬率的波動率

對選擇權的需求，來自想規避標的資產價格波動的風險，因此，波動率低，需求也低，不論買權或賣權價值均低，反之，需求高，不論買權或賣權價值也均高。

(5) 無風險利率

買權買方未來履約時，需支付履約價格，獲取標的資產，因此，透過無風險利率的折現，如履約價格現值低，買權價值就高，換言之，無風險利率高，履約價格現值低，買權價值就高，反之，買權價值就低。賣權買方並非要支付履約價格的一方，而是在未來履約時，收取履約價的一方，因此，情況與買權相反，換言之，無風險利率高，履約價格現值低，賣權價值就低，反之，賣權價值就高。

(6) 股利

從前面第一項變項標的資產價格的說明中得知，標的資產價格越高，買權價值越高，然而股利的發放，會使標的資產價格下降，因此將使買權價值下降，換言之，股利越多，買權價值越低。對賣權價值剛好相反，因標的資產價格越高，賣權價值越低，股利的發放會使標的資產價格下降，因此，將使賣權價值上揚，換言之，股利越多，賣權價值越高。

其次，從前述說明中，在其他變數不考慮情況下，由於履約價格是固定的，對買權價值言，標的資產價格越高，履約時獲利越大，對賣權價值言，標的資產價格越高，履約時獲利越低。換言之，標的資產價格與履約價格間的價差絕對值，亦即**內含價值**（Intrinsic Value），會影響選擇權的價值。當選擇權買方依目前標的資產價格，立即履約會產生獲利時，則該選擇權稱為**價內選擇權**（In-the-money Option），立即履約無任何損益時，稱為**價平選擇權**（At-the-money Option），立即履約會產生虧損時，稱為**價外選擇權**（Out-of-the-money Option）。因此，價內選擇權的內含價值會大於零，價平與價外選擇權的內含價值則等於零。

此外，選擇權的價值不只來自內含價值，也來自距到期日時間長短的時間價值（Time Value），時間越長，選擇權價值越高。因此，選擇權的價值＝內含價值＋

時間價值，也可以說選擇權權利金＝內含價值＋時間價值。價內選擇權權利金＝內含價值＋時間價值，價平與價外選擇權權利金＝時間價值。值得注意的是，選擇權如已到期，則選擇權的價值＝內含價值（廖四郎與王昭文，2005）。至於選擇權的風險，不是來自交易對手的違約風險，而是選擇權價值的變動對於背後標的資產相關市場行情變動之敏感性，這種敏感性，屬高度風險，依照敏感性的不同，分別以希臘字母稱呼這類風險，這包括 γ（Gamma）、ν（Vega）、θ（Theta）、ρ（Rho）、基差與價差等風險。

4. 選擇權的交易策略

選擇權的交易策略，共分四大類（廖四郎與王昭文，2005）：

(1) 單一策略

前述麥農與麵粉廠的例子，就是屬於單一策略，也就是買買權、買賣權、賣買權與賣賣權，這些都屬於單一方向的交易。

(2) 避險策略

當避險者為了規避持有的現貨或是融券放空現貨價格波動的風險，可透過現貨與選擇權之搭配達成避險目的，例如，保護性賣權等。

(3) 組合策略

該策略同時包含買權與賣權的買入或賣出，例如，賣出跨式（Sell Straddles）[5]與勒式（Sell Strangles）[6]策略等。

(4) 價差策略

該策略只包含買權價差或賣權價差，它是利用履約價格的不同或是到期日的不同，達到價差策略的目的，例如，賣出蝴蝶[7]與禿鷹[8]價差等。

各類不同的策略，均有其使用時機，例如你（妳）持有股票，但已被套牢，又

---

[5] 賣出跨式，是同時賣出到期日與履約價格均相同的買權與賣權的策略。

[6] 賣出勒式，是同時賣出到期日相同，但履約價格相對高的買權與履約價格相對低的賣權的策略。

[7] 全由買權或賣權組合的價差策略，就是蝴蝶價差，若由買權與賣權混合的價差策略，稱為蝴蝶組合策略。由於其損益圖像蝴蝶，故稱之。賣出蝴蝶價差與買進蝴蝶價差，同樣有四種建構方法，賣出蝴蝶價差，例如，賣出不同履約價格不同的買權各一口，並同時買進履約價格不同於賣出價格的買權兩口。

[8] 禿鷹價差與蝴蝶價差策略相同，但其損益圖形像禿鷹，故稱之。

不甘心賣掉，這時可採用保護性賣權的策略，未來股票真下跌，賣權的獲利可補股票的損失，這叫保護性賣權，未來股票真漲，那最好，此時損失的只有權利金，但股票獲利。這就是透過現貨與選擇權之搭配達成避險的策略。

（五）衍生品避險的成本與效益

前提的四種衍生品，均對財務風險（例如，利率與匯率變動的雙率風險等）的避險，各有其功效，也就是各有其避險效益，例如，買買權與買賣權的避險效益，可能獲利無限大。然而，使用這些衍生品避險時，也需付出代價，這就是避險成本，正如買保險也要支付保險費一樣。避險成本，有不同名稱，例如，選擇權買方的權利金（Premium）或外匯避險的融資費用（Financing Fee）。公司實施避險策略時，例如，實施外匯避險，除需考量避險成本外，尚需考量可能的匯兌損益、風險部位、幣別比例、商品特性與期間等因素，才能擬訂適當的外匯避險策略，而外匯避險成本的高低，主要取決於兩種貨幣的利率差異，例如，美元利率5%，台幣利率3%，那麼避險成本，至少會有2%。其次，常見的外匯避險方法，有外匯換匯法 [9]（FX Swap）、自然避險法 [10]（Natural Hedging）與一籃子貨幣法 [11]（A Basket of Currencies）等三種，每種避險方法的避險成本，高低不同，通常外匯換匯法的避險成本比其他方式高，但也不一定要放棄該法，因還有其他考慮因素，例如，如採用一籃子貨幣法避險，若這些一籃子貨幣走勢與新台幣走勢脫鉤時，反而會產生更多的匯兌損失，此時，可採用避險成本高的外匯換匯法（王馨逸，2006 / 07 / 15；李麗，1993）。

三、本章小結

基本衍生性商品非新商品，其起源甚早，例如，早在十七世紀時，荷蘭就有鬱金香選擇權（Bernstein, 1996）。近年來，拜財經科技之賜，尤其財務工程學（Financial Engineering）領域，使得創新或變種衍生品蓬勃發展，但吾人需留意的是，越複雜的商品，可能商品本身就隱藏極大風險，公司管理風險上，對越不了解的商品，最好不考慮。

---

9 就是公司與銀行簽訂交換合約，同意依即期價格買入（賣出）外匯，同時於未來約定時日，依遠期價格賣回（買回）外匯的作法。

10 公司藉持有相當的同一種貨幣的債務與資產的作法，自然能迴避匯兌風險。

11 就是同時持有各種貨幣，由於分散了貨幣資產，因而分散了匯兌風險的作法。

思 考 題

❖ 有人說，公司股本可看成資產的買入買權，債務可看成賣出賣權，思考一下，依選擇
權理論，此話怎說？

❖ 舉三種生活中，像衍生品概念的商業活動，並解釋。

❖ 股票被套牢，該怎麼辦？

參考文獻

1. 王馨逸（2006 / 07 / 15）。保險業如何面對外匯風險。*風險與保險雜誌*。No.10。pp.30-34。台北：中央再保險公司。

2. 李麗（1993）。*外匯投資理財與風險──外匯操作的理論與實務*。台北：三民書局。

3. 廖四郎與王昭文（2005）。*期貨與選擇權──策略型交易與套利實務*。台北：新陸書局。

4. Bernstein, P. L. (1996). *Against the Gods-the remarkable story of risk.* New York: John Wiley & Sons, Inc.

5. Black, F. and Scholes, M. (1973). The pricing of options and corporate liabilities. *Journal of political economy.* 81. No.3. pp.637.

6. Chew, L. (1996). *Managing derivative risks-the use and abuse of leverage.* New York: John Wiley & Sons, Inc.

7. Smithson, C.W. *et al.* (1995). *Managing financial risk-a guide to derivative products, financial engineering, and value maximization.* London: Irwin Professional Publishing.

第 **16** 章

風險回應（四）——
另類風險理財

窮則變，變則通，這就是另類風險理財商品的本質。

　　針對風險的回應，除可採前三章傳統的方式外，亦可採另類量身訂作，極具彈性的理財方式，換言之，就是採用**另類 [1] 風險理財**（Alternative Risk Financing），也就是英文習稱的 ART（Alternative Risk Transfer）。屬於這類的理財工具，有些由來已久，有些屬於創新的工具。公司管理風險，首需考慮風險控制措施，剩餘的風險（Remaining Risks），才採用保險、衍生品與 ART 管道分散與轉嫁，參閱圖16-1

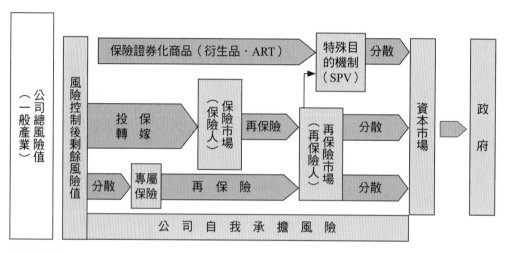

圖 16-1 風險分散與轉嫁的管道

　　圖最左邊，是公司所面臨的總風險值，經由風險控制後，總風險值降低，之後，才分別透過保險、衍生品與 ART，分散與轉嫁至保險／再保險市場與資本市場，如果極端災難損失過於巨大，最後由全民買單，也就是由政府負最終責任。本章就 ART 市場風貌及主要常見的機制與商品，擇要說明，須留意的是，一般企業管理風險，不論是否有使用 ART 機制或商品避險，認識這些商品是有必要。同時，本章也說明分散風險時可使用的銀行證券化商品，雖然該類商品，不歸類在ART 市場裡（Banks, 2004)。

---

[1] 有論者，將 ART 譯稱新興風險移轉，其所持理由，無非是 ART 讓傳統保險有了新風貌與新興發展的領域，參閱陳繼堯（2001）。《再保險——理論與實務》。台北：智勝文化。然而，著者以另類風險轉嫁當作譯名，主要是因 ART 市場中，有些商品與機制由來已久，例如專屬保險（Captive Insurance），故不譯稱新興，而譯稱「另類」或本書前版譯稱「替代性」，以其有別於傳統之意。

 一、ART 市場概說

ART（Alternative Risk Transfer）一詞，源自美國（Swiss Re, 1999）。近年來，ART在管理風險上備受矚目，就以稍早前的統計資料顯示（Dowding, 1997），在一九九五年，全球風險理財市場中，ART即佔市場的四分之一，傳統保險理財僅佔其餘的四分之三。一般而言，保險市場較為艱困[2]（Hard）時，ART較易成長，在疲軟[3]的（Soft）保險市場中，ART可能萎縮。

（一）ART 市場的涵義與其效益

ART 市場是結合保險市場與資本市場於一爐的市場，同時，為了完成風險管理的目標，ART 是尋求保險市場與資本市場間，風險分散與轉嫁的市場（Banks, 2004）。進一步說，ART 商品融合（Convergence）了保險市場與資本市場商品的特徵，是尋求保險市場與資本市場間風險流通機制整合（Integration）的市場。

其次，這種市場之所以出現，主要是因這種市場，在保險／再保險市場極為艱困時，對一般企業公司或保險公司管理風險上，至少可提供如下的效益（Neuhaus, 2004）：第一，它可轉嫁無法增加公司價值的風險，例如，賠款責任準備的移轉（LPTs: Loss Portfolio Transfers）；第二，它可承擔如果投保勢必無成本效能的風險，例如，頻率高，嚴重性極低的風險；第三，它可承擔長期可獲利的風險，例如，權益風險（Equity Risk）；第四，它可使再保能量，獲得充分的利用；第五，它可填補再保計畫的缺口；第六，它可擴增提供風險資本／經濟資本的新管道，例如，巨災債券的發行，可透過資本市場資金融通風險；第七，它可降低損益的波動與改善清償能力，例如，分散損失合約（SLTs: Spread Loss Transfers）。

---

2 所謂艱困市場，是與疲軟市場間相對的稱呼，艱困意即保險／再保險市場對風險吸收的能量不足，也就是市場的供給減少，以經濟學供需理論來說，在其他條件不變的情況下，供給線會往左移動，其結果造成保險費率拉高，導致投保人可能負擔不起，轉而以ART市場分散與轉嫁風險，同時，在艱困市場裡，可買的保險商品種類也減少，保險人／再保險人的承保條件也會趨嚴。

3 疲軟市場，恰與艱困市場的情形相反，疲軟意即保險／再保險市場對風險吸收的能量充足，也就是市場的供給增加，以經濟學供需理論來說，在其他條件不變的情況下，供給線會往右移動，其結果造成保險費率降低，導致投保人負擔較輕，轉而以傳統保險／再保險市場分散與轉嫁風險，同時，在疲軟市場，可買的保險商品種類也增加，保險人／再保險人的承保條件也會趨向寬鬆。

（二）ART 創新概念的來源

透過傳統定型化保險／再保，或定型化衍生品轉嫁風險或避險，就保戶或避險者，均會面臨基差風險（Basis Risk），因此，如果採量身訂作，不採定型化方式，應可降低基差風險，這是ART 另類想法的來源之一。其次，透過傳統定型化保險／再保，就保戶言，是可享有資本保障（Capital Protection）的好處，但傳統定型化商品，無法提供現金流量保障（Cash Flow Protection），因此，如何透過特殊的安排，提昇現金流量保障的功能，是為ART 另類想法的來源之二。最後，零散式的轉嫁風險，成本效能值得商榷，換言之，單獨透過保險／再保市場轉嫁風險，或單獨透過資本市場分散風險，成本效能可能低。因此，轉嫁風險或避險，如能結合這兩種市場，或許可提昇成本效能，這是ART 另類想法的來源之三。

（三）ART 的分類

根據文獻（Banks, 2004) 顯示，ART 可依三種觀點作為分類基礎。首先，以另類商品的觀點，為分類基礎，換言之，即以有別於傳統定型化的保險與衍生品來分類。此時所謂「Alternative」，即指透過這些另類商品轉嫁風險或避險而言。其次，以風險流通機制的改變為分類基礎，例如，專屬保險機制改變了公司承擔風險的方式。此時，所謂「Alternative」即指這項另類機制。最後，以回應風險方案的不同為分類基礎，例如，ERM 以整合的方式，設計回應風險的方案，此種作法，有別於 TRM 的零散式。此時所謂「Alternative」，即指這項另類整合式方案。

就第一種分類基礎言，ART 商品可分為五類：第一類商品，是屬於保險市場或再保市場中特殊另類的商品，它有別於傳統定型化的保險商品，例如損失敏感合約（Loss Sensitivity Contracts）；第二類商品，是屬於承保多元風險的商品（Multi-Risk Products），例如雙重啟動保單（Dual Trigger Policy）；第三類商品，是屬於保險連結型證券（ILS: Insurance-Linked Securities）商品，例如巨災債券；第四類商品，是屬於或有資本（Contingent Capital）的商品，例如或有資本票據；第五類商品，是屬於保險衍生品（Insurance Derivatives），例如巨災選擇權（Catastrophe Option）。其次，就第二種分類基礎言，ART 可分為四類，包括專屬保險機制、特殊目的機制（SPV: Special Purpose Vehicle）、百慕達轉換機制（Bermuda Transformer）與在資本市場中保險人／再保人的子公司。最後，就第三種分類基礎言，ART 指的就是 ERM。

（四）ART 市場的參與者

ART市場的參與者，包括保險人／再保人、金融機構、一般企業公司、法人投資機構與保險代理人／經紀人等五類參與者，這五類參與者在 ART 市場中，各有不同的功能。保險人／再保人負責商品研發，扮演風險管理顧問，提供風險能量，也同時是ART的使用者。金融機構在 ART 市場中，扮演與保險人／再保人完全相同的功能，也就是同樣負責商品研發，扮演風險管理顧問，提供風險能量，使用ART。一般企業公司在 ART 市場中，只扮演 ART 使用者的角色。法人投資機構在ART 市場中，只扮演提供風險能量的角色。最後，保險代理人／經紀人則主要扮演商品研發與風險管理顧問的角色，參閱表 16-1。

表 16-1 ART 市場參與者與其角色

參與者 角色功能	保險人／ 再保險人	金融機構	一般企業 公司	法人投資 機構	保險代理人 與經紀人
商品研發	∨	∨			∨
風險管理顧問	∨	∨			∨
風險能量提供者	∨	∨		∨	
ART 商品使用者	∨	∨	∨		

二、風險的承擔與轉嫁

第十四章曾提及，風險理財可分成風險承擔與轉嫁兩大類。由於 ART 商品，有許多是屬於風險承擔與轉嫁混合的變種商品，而該變種商品是否構成風險顯著的移轉，常是政府課稅與監理上有所爭論的議題，因此，本節先進一步說明風險承擔與風險轉嫁的性質及內涵，至於風險顯著轉嫁的判定標準，參閱本章第四節。

（一）為何承擔風險？

公司經營上，一昧轉嫁風險本就不是經營之道，不承擔風險無法獲利，只是承擔風險，應訂合理的風險胃納，超過胃納的風險，務必轉嫁，如此公司經營才能永續與安全。一般來說，本業的核心風險，以承擔為宜，非本業的附屬風險，以轉嫁為宜。其次，前也曾提及，風險承擔意指彌補損失的資金來自公司內部，

換言之，公司針對損失應自我籌資，至於籌資管道或機制，有些完全屬公司內部的機制，有些需透過銀行或保險公司，不管何種，均需事先進一步分析。這些風險承擔的機制，又可分為**主動的承擔**（Active Retention），與被動的承擔（Passive Retention），也就是**計畫性的承擔**（Planned Retention），與非計畫性的承擔（Unplanned Retention）。風險管理中，所稱的風險承擔均指前者。

公司承擔風險的理由，除獲利是主要動機外，從理財技術觀點言，至少有五點理由（Tiller, *et al*, 1988）：第一，與購買保險比較，保險各類服務不是那麼有效時，自我承擔風險所省卻的附加保費是值得的；第二，公司需要的保險或衍生性商品，在現有的保險市場或資本市場中買不到；第三，風險程度遠超過保險人願意承擔的額度時；第四，為了因應保險人的規定與要求，例如自負額；第五，風險無從辨識時，只好承擔可能的風險。

另一方面，風險自我承擔，第一項好處，是公司可省卻許多費用。例如，保險仲介人的佣金、稅捐、保險人的利潤與相關經營費用等；第二項好處，是因風險自我承受，將有助於損失控制效能的提昇；第三項好處，是針對責任風險承擔而言，責任風險如果自我承擔，理賠的處理，有時比購買保險時由保險人代為處理，更具有彈性。其次，風險承擔也有負面效應：第一，風險承擔時，可能無法享有賦稅的優惠；第二，高度舉債的公司，如承擔風險將影響經營安全；第三，風險承擔固然可掌控獲利的機會，但如承擔過高，反而有反效果；第四，風險承擔成本的波動性，有時比保險成本的波動還劇烈；第五，不購買保險而承擔風險，可能喪失購買保險產生的相關利益（Tiller, *et al*, 1988）。

（二）風險轉嫁──理財型

風險轉嫁意指損失發生時，彌補損失的資金，由合約的另一方挹注資金或承擔法律責任。風險轉嫁依轉嫁的標的，可分為控制型的風險轉嫁與理財型風險轉嫁（Risk Transfer-Financing Type），前者是將法律責任的承擔轉移給另一方，後者是將財務負擔轉移給另一方。其次，如依轉移對象的不同，可分為保險的風險轉嫁與非保險的風險轉嫁。顯然，風險轉嫁合約，不限於保險，它常見於各類商業活動中，也常散見各類投資活動裡。此處，說明非保險的風險轉嫁──理財型。

非保險轉嫁──理財型，係指轉嫁者將風險可能導致的財務損失負擔，轉嫁給非保險人而言。承受者有補償轉嫁者財務損失的義務，此種契約與保險契約同屬補償契約（Indemnity Contract）。但補償者的身份有別，一為保險人，另一為非保險

人。就保障安全性言，保險契約比非保險契約的轉嫁安全性高。理由有四（Tiller, *et al*, 1988）：第一，保險人的財力，較為雄厚；第二，公司形象與理賠聲譽，對保險人特別重要；第三，保險人對保險契約中文句性質及正確程度，特別重視；第四，保險人受到政府監理的程度較強。是故，就契約安全度言，保險契約實優於非保險契約。非保險的風險轉嫁──理財型，較常見的，例如服務保證書等是。

　　其次，轉嫁風險的策略有兩種型態（Tiller, *et al*, 1988）：一為防衛性策略（Defensive Strategy），此一策略，係指轉嫁者應設法避免成為轉嫁契約的受害者，這是一種消極性的策略；另一種策略是侵略性策略（Aggressive Strategy），它係指轉嫁者應以經濟實力，迫使承受者接受財務損失負擔的轉嫁。風險管理上，最好軟硬兼施，採取折衷策略。其次，對契約的洽訂，風險管理人員應採取如下兩大步驟（Tiller, *et al*, 1988）：第一，應先了解清楚影響風險轉嫁的各項因素，這些因素包括：(1) 契約在法律上的有效性如何？(2) 承受者的賠償能力如何？(3) 轉嫁風險所付的代價，是否合理？第二，了解清楚後，風險管理人員在訂約時應堅守幾個原則，例如，要避免契約文義的含糊不清，再如，要求承受者投保責任保險等。

三、LRRA 法案與責任風險理財

　　一九八六年，美國通過的責任風險承擔法案（LRRA: Liability Risk Retention Act）對責任風險理財市場影響極為深遠。美國在一九七〇與八〇年代時，責任保險市場，出現了兩次保險危機（金光良美，1994），尤其在產品責任、專業責任、自治體責任、公司董事經理人責任、環境污染責任、酒類銷售人責任、托兒所責任、石綿撤除人責任等市場。所謂**責任保險危機**（Liability Insurance Crisis），係指責任保險買不到或條件嚴苛或企業負擔不起。具體言之即：(1) 保險供給出問題（Insurance Unavailability），所以企業買不到想要的保險；(2) 買得到保險，但賠償限額極為有限，承保條件極為嚴苛，此屬適當性（Adequacy）問題；(3) 買得到保險，但保險費負擔能力（Affordability）有問題。這些現象最後促成了，影響責任保險與另類風險理財市場極為深遠的責任風險承擔法案（1986 Liability Risk Rention Act）（Warren and McIntosh, 1987）。該法案允許兩個特殊團體成立：一為**風險承擔團體**（RRGs: Risk Retention Groups）與**保險購買團體**（PGs: Purchasing Groups）。兩個團體均被允許免除某些法令的要求。例如，證券交易的規定與保險安定基金的規定等。風險承擔團體極類似相互保險或團體專屬保險。該團體可提供

責任保險業務予其成員。它也可提供再保險給其它團體。保險購買團體與風險承擔團體，均由遭受類似風險的團體所組成。設立保險購買團體者，可藉團體交涉的力量，獲取優惠的保險費率與條件，這包括風險承擔團體提供的保險。風險承擔團體是特許的公司組織，但保險購買團體不必要是公司組織。

四、顯著轉嫁與變種保險／再保險商品

　　一般企業公司購買傳統保險，與保險公司購買傳統再保險，無庸置疑，均是屬於風險轉嫁契約，但在 ART 市場中，有許多風險承擔與轉嫁混合的變種保險／再保險商品（參閱後述），這類變種的保險／再保險商品，是否構成風險顯著的移轉，常是政府課稅與監理上有所爭論的議題，例如，財務再保（Financial Reinsurance）就有爭議，再如，投資型保險，是投資抑或是保險，保險業者與政府課稅或監理機關間，亦常有爭議。

　　國際上，英美保險監理機關，對風險顯著移轉的判定，均針對再保險交易，這主要有，英國的財務報告標準第五號指令（FRS 5: Financial Reporting Standard 5），與美國的10-10規則（10-10 Rule），再保人期望損失法（ERD: Expected Reinsurer Deficit）以及風險移轉比例法（PRT: Percentage of Risk Transfer）。前列這些判定原則，基本上，也應可適用於原保險交易。

（一）英國 FRS 5

　　英國 FRS 5 是由英格蘭及威爾斯會計師協會（ICAEW: Institute of Chartered Accountants in England and Wales）所發佈的指令，該指令是產險業申辦再保險交易時應遵循的會計準則。該指令主要內容，節列四項（唐明曦與卓俊雄，2008／04；Mathers, 1998; IAIS, 2005）如下：

　　第一，再保險交易的經濟本質應反映在該年度的資產負債表上；第二，再保險之主要特徵乃在於顯著保險風險之移轉與承擔；第三，考量是否有無顯著保險風險移轉，其步驟如下：(1) 再保險人須了解，簽訂再保險契約後，有合理的可能性會造成顯著虧損；(2) 再保險契約有合理的可能性，會呈現顯著差異範圍。以上兩條件，如果沒有同時存在，就無顯著保險風險之移轉；第四，顯著性的判斷主要考慮的因素有：(1) 契約的商業本質；(2) 全部契約的評估；(3) 結果的差異範圍，在實際執行時合理發生的可能性；(4) 契約訂立時的預期結果；(5) 契約期間，會計方法

的一致性；(6) 契約變更時，應重新評估與判斷。

最後，綜合英國 FRS 5 的內容，該指令對顯著移轉的測試，不若美國詳細與嚴格，英國的判定重簽訂契約的動機，其動機如屬窗飾財務報表則不被允許。英國 FRS 5 對顯著移轉的判定，較為寬鬆，主要是認為「魔鬼常藏在細節中」。

（二）美國 10-10 規則、ERD 與 PRT

所謂 **10-10 規則**係指，再保險人會因簽訂再保險契約承擔風險，而造成 10% 以上損失的機率，或至少等於 10% 時，則該再保險契約即符合風險顯著移轉的要件。10% 以上的損失，即再保險人的綜合比率（Combined Ratio）≧110%。簡單說，綜合比率就是再保險賠款加費用除以再保險費，很顯然，10% 以上的損失，就與賠款及保費高低有關。此外，根據此精神，10-10 規則不是唯一標準，實務上也採 5-20 或 20-5 規則。根據文獻（Aquino, 2005）顯示，由於 10-10 規則，只考慮 10% 以上的損失，也就是只考慮損失分佈90百分位數位置的比值，不是考慮所有損失的分佈，這對檢測整體保險業或許恰當，但如檢測單一再保險契約，則其結果不甚合理，因而，另外產生了 ERD 與 PRT 法。

ERD 法，全稱為**再保人期望損失法**，該法考慮所有損失的分佈，同時，以期望損失概念計算再保險費，也就是將損失機率／頻率與損失幅度，整合成單一數據，當期望損失超過某一標準時，即判定有風險的顯著移轉，超過標準越高，風險的移轉越明顯。在該法下，美國產險精算學會（CAS: Casulty Actuaries Society）建議，ERD＞1%，也就是 99 百分位數位置的比值（這比值，是指賠款除以保費的比），同時，要滿足最大可能損失大於再保險費的 20%，始稱為有顯著的風險移轉。

最後，**風險移轉比例法**，即 **PRT 法**，但該法仍在發展中。PRT 法的概念，是評估簽訂再保險契約後，對當事人兩造，現金流量的影響，尤其對保險人的負面影響，來作判定標準，此概念與 10-10 規則及 ERD 法最大不同處，在於再保險費的高低與風險移轉間無直接關聯。根據該法的概念，則要計算再保險契約的風險移轉，佔兩造整體風險的比例，而根據該比例來決定顯著移轉的標準。

五、保險證券化與 ART 市場

企業購買保險，是透過保險／再保險市場，進行第一次與第二次之後多次的風

險轉嫁，也就是風險分散（參閱圖 16-1），但這種分散管道，在政府對資本市場與保險／再保險市場壁壘分明的監理與學理限制下，有其條件與極限，這些條件與極限，可基於風險類別與性質的不同，例如，財務風險與不可保的風險等，同時，也可基於保險／再保險市場對風險的吸納容量的極限。因此，過於重大的災難損失與屬於價格波動的財務風險，要從保險／再保險的管道完全分散出去，極度困難，**保險證券化／風險證券化**（Insurance Securitization / Risk Securitization）概念於焉興起，但要留意的是，純金融證券化商品，例如不涉及保險的抵押債券憑證（CDOs: Collateralized Debt Obligations）商品，通常被認為不屬於 ART 市場。

風險證券化，會涉及全球的資本市場，它著眼於企業公司資產與負債的現金流量，透過證券的設計與資本市場，將相關風險轉換由投資人承擔的一種過程（Banks, 2004）。這整個過程，在細節上，或因 ART 商品而異，但基本上有三項是共通的特徵，那就是，第一，在過程裡，需要特殊目的機制平台，也就是SPV（Special Purpose Vehicle）；第二，在商品設計上，需考慮賠付時的啟動門檻（Triggers）；第三，在商品設計與包裝上，也需考慮商品各夾層（Tranches）風險與信用等級。

（一）SPV、商品夾層與啟動門檻

透過資本市場分散風險的證券化商品，需要一個發行證券的機構當平台，也就是**特殊目的機制**（SPV: Special Purpose Vehicle），因政府監理的關係，通常保險／再保險公司無法擔任證券發行的角色，而一般委由投資銀行（Investment Bank）擔任或自行另外設立。該機構除在資本市場發行證券、募集資金外，也扮演信託基金委託人的角色，並從事資金的避險操作，這些交易架構與現金流量，參閱圖 16-2 與圖 16-3。

圖中特殊目的機制扮演交易中介角色，也就是擔任保險公司（或再保險公司）與債券發行的雙重角色。一方面接受投保或分入再保或轉再保，另一方面則於公開市場上發行債券募集資金。債券發行時，債權人必須先支付債券價款（本金），由 SPV 將所募得之部份價款（本金）繳存於信託基金（Trust Fund）內。一旦約定的巨災損失事件發生，才能動用信託基金內之資金以支付巨災損失賠款。至於圖中的短期投資，SPV 通常對所承諾利率（通常包括倫敦銀行同業拆款利率—LIBOR 加上風險利差—Risk Spread）中的 LIBOR，會進行利率交換（Interest Rate Swaps）交易，以鎖定 LIBOR，避免短期投資組合報酬低於 LIBOR 之風險。至於過程中的

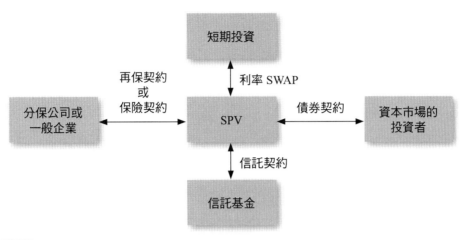

圖 16-2 保險證券化／風險證券化一般交易架構

現金流量，參閱圖 16-3。

其次，風險證券化商品的設計，需考量賠付啟動門檻，就像傳統保險商品，風險事件發生時，要該事件或損失符合保險契約的規定，保險公司才會賠付，這就是一種啟動門檻的概念。風險證券化商品，雖然彈性大，設計上為需求者（通常是企業公司或保險公司）量身訂作，但對需求者或資本市場的投資人而言，還是會存在程度不同的基差風險，這些程度不同的基差風險，則與賠付啟動門檻的類型有關，需求者為降低基差風險，可事先選擇所需啟動門檻的類型。常見的啟動門檻，有四種如下（Hagedorn *et al*, 2009; Ross and Williams, 2009），這不同於多重啟動保險

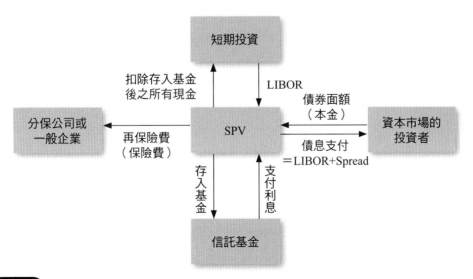

圖 16-3 證券化商品現金流量

（Multiple-Triggers Insurance）的啟動門檻（參閱本章第六節）：

(1) 補償型啟動門檻（Indemnity Trigger）

該啟動門檻，就是傳統保險／再保險的啟動門檻，依照實際損失賠付補償。

(2) 模型損失型啟動門檻（Modelled Loss Trigger）

該啟動門檻，是以客觀歷史數據，以巨災理論模型，計算預期損失，當損失超過預先設定的損失時，即啟動賠付。

(3) 產業損失指數型啟動門檻（Indexed to Industry Loss Trigger）

該啟動門檻，是當由第三者獨立機構（例如，PCS）所計算決定的整體產業損失，超過某一固定標準時，即啟動賠付。

(4) 參數型啟動門檻（Parametric Trigger）

該啟動門檻，是以巨災的某種參數，例如，颶風風速達到幾級或地震達到芮式規模第幾級等，才啟動賠付，這有別於前三者以損失金額為基礎的啟動門檻類型。

就上述四種類型的啟動門檻，依需求者面臨的基差風險高低、監理與信評機構的接受度、解決賠案所需時間的多寡、資本市場投資人道德危險因素的存在與對投資人透明的程度等五項標準，比較四種啟動門檻的優劣如下圖 16-4。

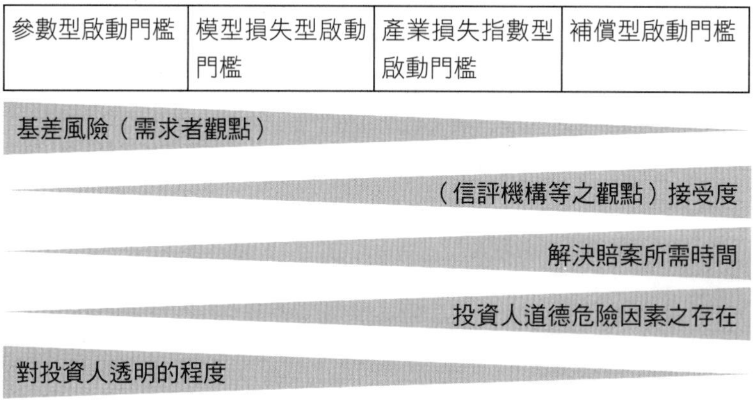

參數型啟動門檻	模型損失型啟動門檻	產業損失指數型啟動門檻	補償型啟動門檻

基差風險（需求者觀點）

（信評機構等之觀點）接受度

解決賠案所需時間

投資人道德危險因素之存在

對投資人透明的程度

圖 16-4 四種啟動門檻的優劣

　　就圖 16-4 言，依需求者面臨的基差風險高低來觀察，以參數型啟動門檻，對需求者面臨的基差風險最高，以補償型啟動門檻最低。其次，就監理與信評機構的接受度來說，以補償型啟動門檻接受度最高，以參數型啟動門檻接受度最低。依解決賠案所需時間來說，以補償型啟動門檻所花時間最多，以參數型啟動門檻所花時間最少。依資本市場投資人道德危險因素的存在言，以補償型啟動門檻，存在最多的道德危險因素，以參數型啟動門檻，存在的道德危險因素最少。最後，就對投資人透明的程度言，以補償型啟動門檻透明度最低，以參數型啟動門檻透明度最高。

　　最後，保險證券化商品，可仿純金融證券化商品（這類商品，不屬於 ART 市場）的包裝，以結構型商品（Structured Products）設計出不同的類型，供資本市場投資人作自由的選擇。例如，抵押債券憑證（CDOs: Collteral Debt Obligations）是將各原始基礎資產，例如房屋抵押支持證券（MBS）、信用違約交換（CDS）等，集合起來、重新分層（Tranches），通常分成三部份，其中一個是沒有信評等級的股本層，一個AAA評級的優先層，以及一個信評較低的夾層。一旦發生違約，損失首先由股本層吸收，次為信評較低的夾層，最後，才是 AAA 評級的優先層。為了進一步提高產品 AAA 評級的比例，設計者可將信評較低的夾層部份，拿出來組合另一個 CDO，通過 CDS 的信用增強，又可能有約七成達到 AAA 評級，如此再往上重新組合包裝另一個 CDO，最後，整個商品變成高等級的結構型商品出售給投資人。這種結構型商品，涉及不同的信評等級，常見的結構型商品各層的信評等級，如下表 16-2。

表 16-2　結構型商品各層的信評等級

分層	風險	信評等級
A	本息支付均無問題	最高級
B	利息支付有問題	高級
C	利息支付有問題，但本金償還遞延	中級
D	利息支付有問題，本金部份償還	低級
E	本息支付均有問題	最低級
殘層	殘餘權益風險，本息支付均有問題	不評等

（二）百慕達轉換機構與資本市場的保險子公司

傳統上，因政府監理的關係，保險／再保險公司無法從事商業或投資銀行可進行的衍生品與結構性商品的業務，因此，產生許多註冊在百慕達的風險轉換公司，就稱為**百慕達轉換者**（Bermuda Transformers）。這些公司，可以把保險／再保險商品，轉換成衍生品與結構性商品，也可以把衍生品與結構性商品，轉換成保險／再保險商品，換言之，這些公司可與保險／再保險公司進行交易，也可與銀行進行交易，例如圖 16-5 的信用轉換業務。

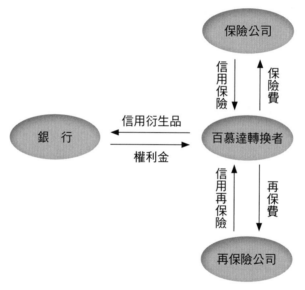

圖 16-5 百慕達轉換機構與信用轉換業務

根據該圖，轉換公司可賣信用衍生品給銀行，銀行支付權利金給轉換公司，為增強信用保障，轉換公司可向保險／再保險公司購買保險／再保險商品。為了躲避政府的監理，除了採用轉換公司的方法外，保險／再保險公司也可在資本市場中設立子公司，與銀行間進行衍生品與結構性商品的業務 ，這也是另一種轉換者，參閱圖 16-6。

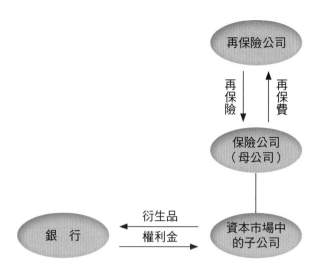

圖 16-6　保險／再保險公司與資本市場的子公司

六、保險市場──變種保險／再保險商品與機制

（一）自我保險基金

公司內部事先有計畫的提存基金，承擔可能的風險，此基金謂為**自我保險基金**（簡稱自保基金）（Self-Insurance Fund）。公司經由適切性分析（Feasibility Analysis）與損失的推估，可決定每年提撥額度與基金總額度。適切性分析的步驟包括（Smith and Pearce, 1985）：第一，收集三至五年的相關損失紀錄，並做適當的分類；第二，推估未來年度累積損失的預期值與變異數；第三，預估自保基金的行政管理費；第四，假如不設自保基金，購買保險的保費負擔有多少；第五，比較計畫期內，每年的自保成本與保險成本；第六，比較自保計畫與保險計畫的稅後淨現值。

自我保險基金的運作方式，因類似保險故名之。它與保險的不同是：第一，保險可組合許多風險，但自我保險基金是公司內部的特種基金，規模大的公司集團，風險組合效應才會明顯；第二，保險在特定期間內，隨時可應付損失的資金需求，但自我保險基金，在累積足額前有無法應付之虞；第三，保險在一定條件下，才可請求退還部份款項，但自我保險基金是為公司所有，無退還的問題。另外，依政府的監理規定，會計處理方式、交易成本、機會成本與基金報酬，均會影響自我保險

基金的設立,與對公司價值的貢獻。廣義言,自我保險基金的設立,也是現金管理決策(Cash Management Decision)的一部份。

(二)專屬保險

專屬保險的歷史,至少可追溯至一百多年前。今日所稱的組合專屬保險(Association Captive Insurance),類似西元七七九年的商業基爾特(Trade Guild)的互保組織(Bawcutt, 1991)。現今專屬保險的型態複雜。有的,含有風險轉嫁與承擔的成份,有的,只有風險承擔的成份。專屬保險型態是否有風險轉嫁的成份,深深影響賦稅的課徵。

其次,專屬保險最原始的定義,是承保股東們風險的封閉型保險公司(A closely held insurance compnay whose original purpose is / was to insure its shareholders' risks)。原文中是「Shareholders'」而不是「Shareholder's」。因此,最原始的定義,係指現今多重母公司的專屬保險(Multi-Parent Captive Insurance)而言,性質類似相互保險的特質。下述定義應可含括各類型的專屬保險:

專屬保險係指為了承保母公司的風險,由一個或一個以上的母公司擁有的保險公司而言。此定義後半部與所有權有關,它可以是一個所有者,也可以是多個。此定義前半部與業務比例有關,來自母公司的業務比例,至少也要有百分之五十,才能謂該保險公司主要目的是承保母公司的風險,也才能視該保險公司專屬於母公司。換言之,一家保險公司是否為母公司專屬,不是只依據所有權關係來判斷,也要依據業務比例。

專屬保險的分類基礎相當多。茲就六種主要的分類基礎,說明如後:

1. 依業務範圍分

專屬保險可分為:(1) **純專屬保險**(Pure Captive Insurance)與 (2) **開放式專屬保險**(Open or Broad Captive Insurance),參閱圖 16-7 與圖 16-8。前者,全部業務均來自母公司;後者,至少百分之五十的業務,來自母公司。換言之,開放式專屬保險來自一般社會大眾的業務,最多不能超過百分之五十[4]。此種來自社會大眾的業務稱之為非相關業務(Unrelated Business)。

---

4 這項比率並未成為稅法認定的標準。

圖 16-7　純專屬保險

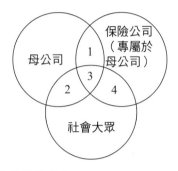

圖 16-8　開放式專屬保險

2. 依贊助者（Sponsors）分

專屬保險可分為：(1) 純專屬保險（Pure Captive Insurance）；(2) 組合專屬保險（Association Captive Insurance）；(3) 團體專屬保險（Group Captive Insurance）；(4) 風險承擔或保險購買團體專屬保險（Risk Retention / Purchasing Group Captive Insurance）；與 (5) 租借式專屬保險（RAC: Rent-A-Captive Insurance）五種。依此分類，值得留意的有下列幾點：(1) 此分類下的純專屬保險，僅指單一母公司的純專屬保險（Tiller *et al*, 1988）。前一分類下的純專屬保險，則擴大含括了多重母公司的純專屬保險（Porat, 1987）；(2) 組合專屬保險與團體專屬保險類似，主要差異是贊助者的型態不同；(3) 風險承擔或保險購買團體專屬保險，與美國責任風險承擔法案（LRRA: Liability Risk Retention Act）有關（參閱本章第三節）；(4) 對不想成立或無法成立專屬保險機制的公司或團體言，透過專屬保險公司優先股合約的安排（Preference Share Agreement），也可享有來自專屬保險機制帶來的好處。這種方式，謂之**租借式專屬保險**，參閱圖 16-9。

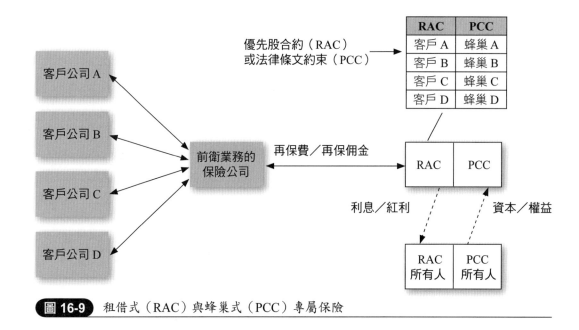

圖 16-9 租借式（RAC）與蜂巢式（PCC）專屬保險

　　租借式專屬保險與客戶間，是靠合約約束，效力較弱，另一與租借式專屬保險，極為相近的專屬保險，就是**蜂巢式專屬保險**（PCC: Protected Cell Captive Insurance），也參閱圖 16-9，這 PCC 也是出租使用，不同的是 PCC 與客戶間，是以法律條文約束，因而效力強。

3. 依規模大小分

　　專屬保險可分為：(1) 空殼（或紙上）的專屬保險（Paper or Toy Captive Insurance），(2) 小規模專屬保險（Small Scale Captive Insurance）與 (3) 規模完整的專屬保險（Full Scale Captive Insurance）。空殼的專屬保險可以是只為了避稅或資金調度方便而設，並不真正為了管理風險。它可以委由律師或會計師事務所或其他管理顧問公司負責，母公司並不派員經營管理。小規模與規模完整的專屬保險是真正為了管理風險，其差異只在母公司企圖心的強度與專屬保險公司發展階段的不同。

4. 依所有人的多寡分

　　專屬保險可分為：(1) 單一母公司專屬保險（Single-Parent Captive Insurance）與 (2) 多重母公司專屬保險（Multi-Parent Captive Insurance）。原始的專屬保險以後者為主。

5. 依角色功能

專屬保險可分為：(1) 以直接簽單為主的專屬保險（Direct-Writing Captive Insurance）與 (2) 以再保為主的專屬保險（Reinsurance Captive Insurance）。後者與所謂的前衛業務（Fronting Business）有關。

6. 依所在國境內外分

專屬保險可分為：(1) 與母公司同一國境的境內專屬保險（Domestic or Onshore Captive Insurance）以及 (2) 與母公司不同國境的境外專屬保險（Offshore Captive Insurance）。最後，專屬保險面對未來賦稅與風險基礎資本制度（RBC: Risk-Based Captial System）的威脅，慎選專屬保險的類型，是設立前要仔細思考的課題。

（三）其他承擔風險的措施

風險承擔的其他措施，大體上，屬於損失後的理財措施。前述兩項都是屬於損失前的理財措施。理財措施間的選擇，最低的平均加權資金成本（WACC: Weighted Average Cost of Capital）是考慮的依據之一。 風險承擔的其他措施主要包括：第一，當期費用法。此法係將損失，列計當期費用，而以當期收益，吸納損失的一種方式，故又稱為隨收隨付方式（Pay-As-You-Go）；第二，未提存準備基金方式。此一方式，並非提存特定現金或其他資產來吸納所承擔的損失。它僅是在會計帳上予以顯示。就此點言，與前一方式相當。所不同處在於兩者對會計處理方式不同；第三，借款。借款在表面上看，似乎屬風險轉嫁。因為，彌補損失的資金，係從企業外界團體而來的。然而，不論是損失發生前或損失發生後為之，借款均依企業本身信用能力的高低而定。損失前借款，自然所得款項會比損失後才借來得多。其次，償還借款，終極動用的是公司內部資源，非源自外界貸款組織。是故，將借款視為風險承擔，較視為風險轉嫁來得妥切。這種方式包括銀行借款、透支限額的使用與發行公司債等。透支限額的使用，可與損失敏感計畫（Loss Sensitivity Plan）組合成許多不同的理財方式； 第四，出售有價證券與運用庫存現金；第五，增資。增資與借款有類似處，也有相異處。相異處是增資會稀釋未來的利潤。

（四）有限風險計畫

1. 特性與效益

公司購買傳統定型化保險／再保，是可享有資本保障（Capital Protection）的

好處，但也希望能掌控現金流量，獲得現金流量保障（Cash Flow Protection），因此，混合資金融通與保險轉嫁特性的多年期**有限風險計畫**（Finite Risk Plans）乃因應而生。有限風險計畫最早源自一九八〇年代的時間與距離保單（Time and Distance Policy）。產生有限風險計畫背後的概念，也與總報酬交換合約（TRSs: Total Return Swaps）極為雷同。有限風險計畫的主要目的，是管理現金流量的時間風險（Timing Risk），並非風險轉嫁，除非滿足顯著標準，該計畫才有風險轉嫁的成份，參閱圖 16-10。

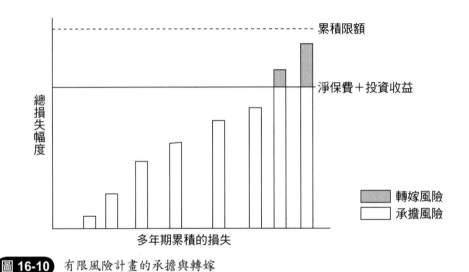

圖 16-10 有限風險計畫的承擔與轉嫁

圖中損失如超過淨保費加上投資收益，則轉嫁給保險公司，但有累積限額的限制，否則，絕大部份損失是由經驗帳戶（Experience Fund）支應，因其目的不在轉嫁風險，此部份為風險承擔的特性。該計畫在原保險的情境，又稱為**財務保險**（Financial Insurance），在再保險的情境時，就稱**財務再保險**（Financial Reinsurance）。

最後，該計畫提供的主要效益有：第一，可穩定現金流量的波動；第二，可減少負債，增強股東權益，提昇舉債或承保能力；第三，降低資金成本，改善財務困境。茲以在再保險的情境下，比較傳統再保險與財務再保險的不同，如表 16-3。

2. 主要類別

有限風險計畫可分兩大類，追溯式有限風險計畫（Retrospective Finite Risk

表 16-3　傳統再保險與財務再保險的比較

	傳統再保險	財務再保險
合約期間	一年	一年或多年
承保之風險	保險風險	保險風險或非保險風險
時間介面	僅承受未來責任	承受過去或未來責任
合約內容	標準化條款	量身訂製
再保險人	多個再保險人參與同一合約	僅一再保險人全部負責
訂約目的	移轉風險	移轉風險、減緩核保循環及改善財務結構等
再保費計算	依承保風險而定	承擔風險加上投資收益
合約性質	傳統再保險合約	傳統再保險與自我保險之混合運用

Plans）與預期式有限風險計畫 [5]（Prospective Finite Risk Plans）。追溯式有限風險計畫涉及舊保單，它包括賠款責任移轉合約（LPTs: Loss Portfolio Transfers）、回溯累積合約（ADCs: Adverse Development Covers）與追溯累積賠款合約（RALC: Retrospective Aggregate Loss Cover）。茲僅就追溯式有限風險計畫的類別說明如下：

(1) 賠款責任移轉合約

賠款責任移轉合約（LPTs），顧名思義，即保險人將過去舊保單已發生但未結案的賠款，移轉全部或部份給再保險人的有限風險計畫。這種合約旨在轉移未結賠案，重新評估等待結案，冗長的時間風險，對保險人言，可改善財務狀況，因可增強股東權益，對再保險人言，可減少稅負，因需提存未決賠款準備，同時，只要再保險人可以精準預估結案時間，利用時差投資，可獲得利益。

(2) 回溯累積合約

回溯累積合約（ADCs），是賠款責任移轉合約擴增型，兩者均處理未結賠款，賠款責任移轉合約，處理的是針對該未結賠款所提存的賠款準備金，而回溯累積合約，處理的是賠款準備金可能不足支付實際賠款的損失，因此，ADCs 旨在移轉可能的損失給再保險人，而造成賠款準備金，可能不足的原因有：(1) IBNR

5　預期式有限風險計畫涉及未來的新保單，常見的有，分散損失合約（SLTs: Spread Loss Transfers）與有限比例合約（FQSs: Finite Quota Shares）。

341

（Incurred But Not Reported）；(2) IBNER（Incurred But Not Enough Reported）；(3) 賠款準備金低估。

(3) 追溯累積賠款合約

追溯累積賠款合約（RALC），類似 LPTs，但對未結賠款，則以固定金額替代，無需等待至真正結案時。但真正實際賠款超過固定金額時，保險人就需支付該損失，因此，追溯累積賠款合約，是移轉可能的損失與時間風險給再保險人。

最後，綜合三種追溯式有限風險計畫，以時間風險為橫軸，以核保風險為縱軸，比較這三種合約轉嫁風險的情形（Banks, 2004），如下圖 16-11。

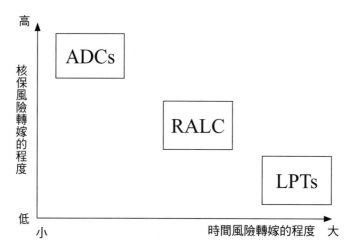

圖 16-11 LPTs、ADCs 與 RALC 風險轉嫁的比較

（五）損失敏感合約

損失敏感合約，顧名思義，就是依特定期間的實際損失經驗，決定實際負擔的保險費，對保險人來說，實際負擔的保費，是在期間結束後，通常約半年，再依一定公式與損失經驗，結算被保險人實際保費。這類合約包括（Banks, 2004）：經驗費率保單（ERP: Experience-Rated Policy）、大型自負額保單（LDP: Large Deductible Policy）、追溯費率計畫（RRP: Retrospective Rating Plan）與投資課抵計畫（Investment Credit Plan）。茲僅就 RRP 說明如後。

追溯費率計畫是相當典型的現金流量計畫，它是依照保險期間，投保人的實際

損失經驗決定當期費率的一種方式。追溯費率有別於表定費率（Schedule Rating）與經驗費率（Experience Rating）。此一計畫，依損失經驗的計算基礎，可分兩種：一為已發生損失（Losses Incurred）追溯費率計畫；另一為已付損失（Losses Paid）追溯費率計畫。追溯費率計畫，風險承擔與轉嫁的成份，閱圖 16-12，而其損失與保費間的關係，閱圖 16-13。此計畫行政處理上與銀行無關，有別於補償餘額計畫（Compensating Balances Plan）（閱圖 16-17）。

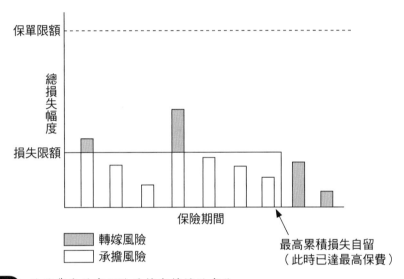

圖 16-12　追溯費率計畫風險承擔與轉嫁的成份

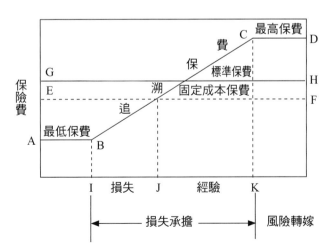

圖 16-13　追溯費率計畫損失與保費間的關係

圖中，陰影部份是為風險轉嫁，其他部份則為風險承擔。至於圖 16-13 中，顯然，保費是隨損失增加而增加，但受限於最高與最低保費，同時，超過最高保費後的損失，則轉嫁給保險人，在最高與最低保費間的損失，是風險承擔。

(1) 已發生損失追溯費率計畫

已發生損失追溯費率計畫，最後的追溯保險費（Retrospective Premium）係透過下列公式「**追溯保險費＝（基本保險費＋轉換損失＋超額損失保險費）×租稅乘數**」計算而得，並受限於最高（Maximum）及最低（Minimum）保費。前列公式中，每一項目（又稱追溯因子Retro Factors）的涵義如後（Tiller, *et al.*1988）：

第一，基本保險費（Basic Premium）：所謂基本保費，它具有兩種特性：（1）它提供了保險人經營上必要的費用、利潤和意外損失準備，但不包含損失理賠費用和稅捐；（2）它也包括超過最高和最低保費差額的保險保障費用。基本保險費，經由下述公式計算而得：「基本保險費＝標準保險費×基本保費因子」。其中標準保費（Standard Premium）係由分類手冊保費乘以經驗調整數（Experience Modifier）而得。圖 16-13 中，標準保費與固定成本保費的差額 GE 代表保費折扣（Premium Discount）。

第二，轉換損失（Converted Losses）：一旦保險人和要保人間，達成追溯費率計畫的共識，已發生損失是唯一的獨立變數。所謂已發生損失，包括已付損失加上損失準備。轉換損失乃由下列公式計算而得：「轉換損失＝已發生損失×損失轉換因子（Loss Conversion Factor）」。

第三，超額損失保險費（Excess Loss Premium）：損失限額（Loss Limitation），限制每次發生的單一個別損失，以降低單一巨災損失對追溯保費的影響。超額損失保險費係由標準保費乘以損失限額因子（Loss Limitations Factor）再乘以損失轉換因子而得。

第四，租稅乘數（Tax Multiplier）：此乘數因不同的業務和地區而異。它是保費稅和其他稅捐的來源，表 16-4 為一年期已發生損失追溯費率計畫的計算內容。

設最低保費因子為 0.526，最高保費因子為 1.164，則最低及最高保費分別為：

最低保費		最高保費	
標準保費	$90,000	標準保費	$90,000
最低保費因子	×0.526	最高保費因子	×1.164
最低保費	$47,340	最高保費	$104,760

表 16-4　一年期（有損失限額：美金 $25,000）追溯費率計畫

分類手冊保費	$100,000（U.S）	
經驗調整數（10% 之可靠度）	×0.9	
標準保費	$90,000	
基本保費因子（設為 0.262）	×0.262	
基本保險費		$23,580
標準保費	$90,000	
損失限額因子（US $25,000）	×0.125	
	11,250	
損失轉換因子	×1.125	
超額損失保費		$12,656
已發生損失	$45,000	
損失轉換因子	×1.125	
轉換損失		$50,625
總　　計		$86,861
租稅乘數		×1.064
追溯保費		$92,420
已付保費（以標準保費預付）		90,000
另外應加繳保費		$2,420

　　最後，RRP 均於保單期間結束後，結算實際保費，此時保費會有增減，依損失而定。這已發生損失與期間結束後保費調整間的關係，參閱圖 16-14，而累積損失與累積保費間的關係，則參閱圖 16-15。

　　圖 16-14 中顯示保單期間結束後進行結算實際保費，依損失發展進程，在第一結算日，退還保費，如進入第二結算日，投保人則增交保費。

(2) 已付損失追溯費率計畫

　　已付損失與已發生損失追溯費率計畫，最大區別在於：第一，已發生損失追溯費率計畫，投保人預繳標準保費金額，保險人真正賺取的保費，則定期計算；第二，已付損失追溯率計畫，投保人僅預付標準保費金額之一部份，亦即原在已發生損失追溯費率計畫中，由保險人掌控的已發生未付損失準備（IBNR: Incurred But Not Reported）及未付之差額標準保費，則由投保人控制及管理，故在控制現金流量之程度上，較已發生損失還高。最後，已付累積損失與累積保費間的關係，參閱圖 16-16。

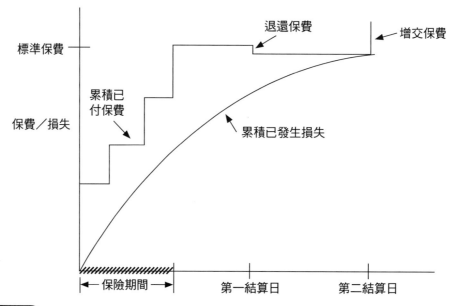

圖 16-14 已發生累積損失與期間結束後保費調整間的關係

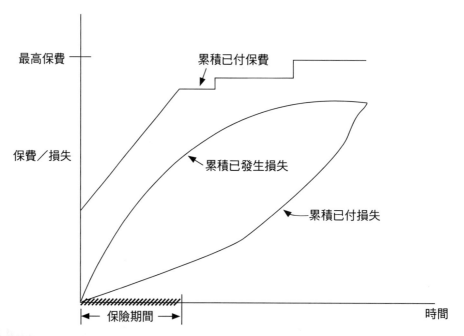

圖 16-15 累積損失與累積保費間的關係——已發生損失追溯費率計畫

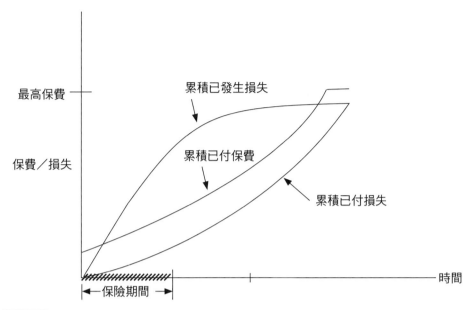

圖 16-16　累積損失與累積保費間的關係——已付損失追溯費率計畫

（六）其他現金流量計畫

除追溯費率計畫外，其他現金流量計畫，亦具有風險承擔和轉移的混合特性，例如，遞延保費計畫（Deferred Premium）、間歇式保費支付計畫（Lagged Premium Payments）與補償餘額計畫等。以補償餘額計畫為例，參閱圖 16-17。

補償餘額計畫下（Davis, 1983），為被保公司支付標準保費給保險公司，保險公司扣除相關必要費用後，將餘額存入被保公司指定的銀行帳戶，同時簽發追溯費

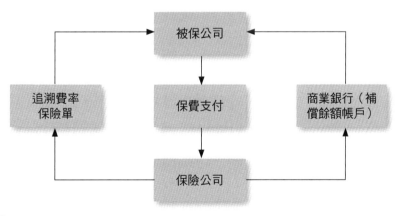

圖 16-17　補償餘額計畫

率保險單予被保公司。損失發生前，被保公司為了資金周轉的需要，可自該帳戶提領應急。該帳戶有最低餘額的限制。損失實際發生後，保險公司依被保公司的實際損失經驗，核算當年度實際保費。實際保費與標準保費比較後，多退少補。被保公司透過銀行辦理多退少補的結算。

（七）多重啟動保險

多重啟動保險（Multiple Trigger Insurance），是變種保險，既不同於多重事故保單（Multiple Peril Policy），也不同於傳統單一起動保單（Single Trigger Policy）。多重事故保單意即保單承保多種事故，只要其中一種保險事故發生，保險人就要啟動賠償，它也是屬於單一起動保單，例如台灣的住宅綜合火災保單就是，但如多重啟動保險，是要這些承保事故都發生，且達啟動門檻，保險人才要負責，如雙重起動（Dual Trigger）保險，參閱圖 16-18。

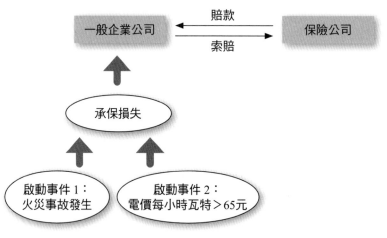

圖 16-18 雙重啟動保險

圖中顯示某電廠失火，引起電力供應短缺，電價引發波動，達每小時瓦特超過 65 元的事先約定門檻，那麼保險人要啟動賠償，這是雙重啟動保險，且這張保單含括了火災危害風險與電價波動的財務風險，這種保險，通常保費較便宜，因考慮的是條件機率。

其次，類似這種保單當然理論上，就可有三重啟動、四種啟動等多種保單。這種變種保險通常是多年期保險，而且其啟動方式，每年續保時可作變更，通常至少有兩種不同的啟動方式，供投保人選擇（Banks, 2004）：第一種，稱作固定型啟動

方式（Fixed Trigger），就是將啟動賠償的事故，事先決定不得變動；第二種，稱作變動型啟動方式（Variable Trigger），就是事故與啟動門檻採連動關係決定是否賠償，例如前例中，失火牽動電價波動達約定門檻，就需賠償。

七、資本市場——產險證券化商品

（一）巨災債券

巨災債券（CAT Bond: Catastrophe Bond），是種保險連結型證券商品，其SPV與啟動門檻的概念，可參閱本章第五節。所謂巨災債券，是指債券發行後，未來債券本金（Principal）及債息（Coupon）的償還與否，完全視巨災損失發生的情況而定，換言之，也就是買賣雙方透過資本市場債券發行的方式，一方支付債券本金作為債券發行之承購，另一方則約定按期支付高額的債息予另一方，並依未來巨災發生與否，作為後續付息及期末債券清償與否的依據。巨災債券交易架構與現金流量，均可參閱圖 16-2 與圖 16-3。其次，台灣針對地震巨災，發行過一億美金的巨災債券，其風險層次的安排架構，參閱圖 16-19。

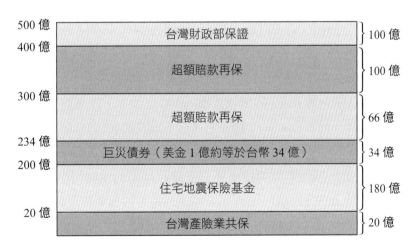

圖 16-19 台灣地震巨災安排架構

從圖中，清楚得知，針對這項巨災，每一事件限額新台幣 500 億，由台灣住宅地震保險基金、產險同業、傳統再保險、巨災債券與政府共同分層承擔地震巨災的賠付，以保障民眾財務安全。

最後，巨災債券，通常有兩種：一為本金保證償還型（Principal Protected）；另一為本金沒收型（Principal at Risk）。前者約定期間內，不論有無巨災損失發生，都必須償還債券本金予投資者；後者當巨災損失額度超過債券所約定的門檻額度時，所超過的巨災損失直接從本金中扣除，以賠付SPV，直到債券本金賠付巨災損失殆盡。巨災債券有其優缺點，其優點，例如基差風險低且無信用風險等，其缺點，例如交易成本太高等。

（二）巨災選擇權

巨災選擇權（Cat Option: Catastrophe Option），是保險衍生品，通常可在集中或臨櫃市場交易，無需藉助 SPV 機制，可能的需要是百慕達轉換機制。茲以美國芝加哥期貨交易所（CBOT: Chicago Board of Trade）的巨災選擇權（簡稱 PCS CAT Options）擇要說明。PCS Option 係以美國產險理賠服務公司（PCS: Property Claim Services）所採用的巨災損失指數（PCS Index）為其交易之標的。巨災損失指數，是以美國各地理區內，每季或每年已發生巨災損失[6] 總額除以一億美金而得，該指數價值，每點是美金兩百元，換言之，交易標的物價值是：$200×（每季或每年已發生巨災損失總額／一億美金）。

其次，PCS 之商品型態，可分為 Call／Put、Small Cap 以及 Large Cap 等，目前較為常見的，是 Small Cap 與 Large Cap。所謂 Small Cap 與 Large Cap，基本上，就是一種價差交易（Call Spread）。根據巨災損失幅度大小之不同有所區分，Small Cap 是指 PCS Index 的價差在 0-200 之間，也就是巨災損失在 0-200 億美元之間，而 Large Cap 則是指 PCS Index 的價差在 200-500 之間，也就是巨災損失在 200-500 億美元之間。此外，PCS Option 又依交易月份，以及損失延展期間之不同，而有不同的型態。

最後，保險衍生品除巨災選擇權外，還有非巨災的保險衍生品，例如，芝加哥商品交易所（CME: Chicago Mercantile Exchange）推出的高溫氣候期貨與選擇權（HDD: Heating Degree Day Futures and Options）與低溫氣候期貨與選擇權（CDD: Cooling Degree Day Futures and Options）等（Banks, 2004）。

---

[6] 在 1997 年以前，巨災損失的定義是以500萬美金以上的可保損失，但在 1998 年後，巨災損失的定義則以 2500 萬美金以上的可保損失為之。

（三）其他證券化商品

證券化商品多元，此處擇要說明其他幾種。首先，是巨災交換合約（Catastrophe Swaps），這項合約，是指用一連串事先約定的固定給付，與取決於損失事件發生與否的一連串浮動給付交換。其次，整體產業損失保證（ILW: Industry Loss Warranties），整體產業損失保證與巨災交換合約相似，但通常屬再保險交易，其風險轉移係採雙重啟動，換言之，即保險業整體損失以及整體產業損失保證之購買者本身之實際損失，兩者均超過事先約定的門檻時，才移轉風險。最後，或有資本（Contingent Capital）。或有資本分或有債務資本（Contingent Debt Capital）與或有權益資本（Contingent Equity Capital）兩類（Banks, 2004）。這是依約定的事件發生時，或有資本工具之買方，有權在固定期間以固定價格發行，並出售有價證券。例如，保險公司可以購買這種權利，在巨災損失超過某一門檻時，就可依預先約定的價格向投資人發行證券，其目的可稀釋其業主權益或必須償還的資本。

八、資本市場──壽險證券化商品

壽險證券化商品（Life ILS），可分三類（McKie, 2009）：第一類，是災難性死亡[7]債券（Catastrophe Mortality Bond）與長壽風險（Longevity Risk）[8]生存債券及衍生品，例如，歐洲投資銀行（EIB: European Investment Bank）發行的生存債券，瑞士再保險公司（Swiss Re）透過其設立的 Vita Capital 特殊目的機制，發行的死亡（或生存）債券，AXA[9]透過其設立的OSIRIS Capital特殊目的機制，發行的死亡（或生存）債券與生死衍生品（例如 q[10]-Forward, S[11]-Forward, S-Swap）等；

---

[7] 重大傳染病在同時間會造成大量人們死亡，是為災難性死亡事件，例如，過去黑死病的流行或近期的 H1N1 或 SARS 等。

[8] 21 世紀是老年人的世紀，目前台灣正處於加速邁入超級老人社會的階段，根據聯合國世界衛生組織定義：六十五歲以上人口佔整個社會人口超過百分之七就是高齡化社會，當老年人口更進一步超過百分之十四時，就邁進老化型的高齡化社會，也就是超級老人社會。依此定義，台灣在 1993 年即成為高齡化社會。其次，從扶養比與老化指數來看，少子化使得台灣人口老年化的速度堪稱世界第一，不到十年，台灣即跨入超級老人社會，也就是超高齡社會。實際壽命超過平均壽命時，即面臨長壽風險。

[9] AXA 是國際著名的保險業者，它是 ILS 商品的先驅，發行過 AURA RE (2005)，OSIRIS (2006)，與 SPARC EUROPE (2007) 等商品。

[10] 「q」表死亡率。

[11] 「S」表生存者（Survior）。

第二類，是壽險公司隱含價值 [12]（EV: Embedded Value）證券化商品，例如，Swiss Re 透過 ALPS Capital 特殊目的機制發行的商品等；第三類，是為使壽險準備金投資更具效能的金融交易（Financing Transactions）商品，這類商品目的不在分散保險風險 [13]（Insurance Risk）。這三類證券化商品，也均是由保險業或投資銀行或退休基金，透過特殊目的機制發行，其中較直接連動分散一般企業公司風險的商品，是第一類商品。

茲以 Swiss Re Vita 生存債券發行為例，擇要說明其內容，至於交易架構與相關現金流量，與本章第五節中圖 16-2 與圖 16-3 雷同。Swiss Re 在 2003 年 12 月，透過 Vita 特殊目的機制，發行了面值 400 m（「m」表百萬元）的死亡債券，到期日 2007 年 1 月 1 日，投資人收到的息票利率為三個月美金 LIBOR 加風險利差（Risk Spread），投資人的本金返還，依賴死亡率指數的變動，當實際死亡率指數低於約定死亡率指數的 130% 時，本金全部返還，當高於約定死亡率指數的 130% 時，本金按比例返還，但當實際死亡率指數高於約定死亡率指數的 150% 時，本金返還為零。特殊目的機制，是 Vita Capital Limited，該公司將債券發行所得本金 400m 投資於高級債券，並進行利率交換，該公司的收支均與 Swiss Re 的資產負債表分離，從而降低了信用風險。最後，壽險證券化商品基本的想法、發行過程與架構，均與產險證券化商品雷同，不同的是，商品計價考慮死亡率指數與災難性死亡風險模型（Modelling Catastrophic Mortality）[14] 的建構。

九、ART 市場展望

（一）保險、衍生品與 ILS 商品的比較

雖然證券化商品由金融保險機構利用特殊目的機制發行，但一般企業公司在作風險分散安排時，ART 市場的這類商品對其是重要的風險轉嫁手段，也因此，這類商品與傳統商品在基差風險與財務安全的特性（Berthelsen *et al*, 2006），公司 CRO

---

[12] 壽險公司價值的隱含價值，計算式是：調整後資產淨值+有效契約價值-符合資本適足率所要求的金額，參閱本書第七章。

[13] 保險風險是保險業獨特風險，參閱本書第二十三章。

[14] 此模型的建構，可詳閱 Schreiber (2009). Life securitization: risk modeling. In: Barrieu, P. and Albertini, L. ed. The handbook of insurance-linked securities. Pp.213-217. Chichester: John Wiley & Sons Ltd.

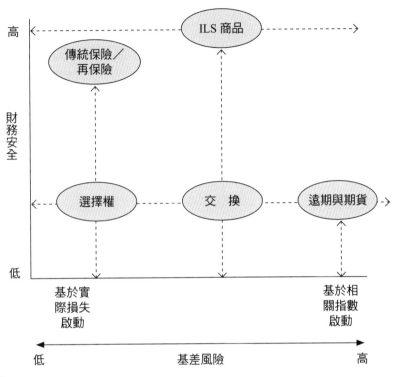

圖 16-20 保險、衍生品與 ILS 商品的比較

就應特別留意，茲就傳統保險、衍生品與 ILS 商品比較如圖 16-20。

很顯然，傳統保險，財務安全高，且基差風險低。各類傳統衍生品，財務安全上則均相對偏低，基差風險則有高有低，端視其啟動基礎，是依實際損失抑或是依相關指數而定。ILS 商品，一般均有多重安全防護機制，財務安全性反而顯現得高，但基差風險則屬中度風險。

（二）ART 市場的障礙

ART 市場的未來性，將受制於誘因與障礙兩項因子，誘因部份，參閱本章前述，至於障礙部份（Banks, 2004），主要包括：(1) 公司組織過於複雜，無法有效整合；(2) ART 教育訓練困難；(3) ART 商品計價難度高；(4) 風險能量難擴張；(5) ART 商品條款差異大。這五項因子如無法克服，將阻礙未來的發展，雖然 ART 市場的機制與商品，可降低道德危險因素，可擴大承擔風險，能替代傳統理財商品以及可降低保險循環的不利衝擊。

（三）極端風險與 ART

ART 市場由於在因應傳統市場無法分散的風險，且有些屬較極端的巨災風險，因此，影響 ART 未來的變項，除前提的障礙外，就是建構巨災模型的思維。根據雷（Ray, C.）（2010）的說法，傳統建構模型的思維，在面對極端巨災風險時需徹底改變，也就是要從機會頻率主義者（Frequentist）的想法，轉換成因果聯結主義者（Connectivist）的想法，重因果（Causality），非重相關（Correlation），事件是否會發生，要聚焦在判斷合理性（Plausibility）與可能性（Possibility）上，而非機率（Probability）。

十、金融證券化商品

金融證券化商品，例如，抵押債券憑證（CDOs）、不動產金融證券化商品與不動產證券化商品等，雖然不屬於 ART 市場的商品，但一般企業公司仍可使用這類商品，分散相關風險或作融資。此處簡要說明不動產金融證券化與不動產證券化商品。不動產證券化，是有別於風險證券化，主要還是在於證券化的對象與發行架構過程，不動產證券化，是將投資者與不動產標的間的物權關係，轉化成具有債權性質且具流通性的證券。不動產證券化主要有兩種型態（張金鶚與白金安，1999）：一為不動產投資信託（REITs: Real Estate Investment Trusts）；另一為不動產有限合夥（RELP: Real Estate Limited Partnership）。不動產金融證券化商品則由銀行為經營主體，透過銀行的信用創造，將不動產抵押權證券化，如抵押證券或不動產債券等。不動產證券化商品則由不動產投資經營機構發行，銀行也可參與。

十一、本章小結

ART 市場中，風險分散機制與商品極為多元，性質上，有些偏風險轉嫁，有些偏風險承擔，有些在保險市場，有些在資本市場，茲就主要的機制與商品，以光譜圖顯示如圖 16-21。

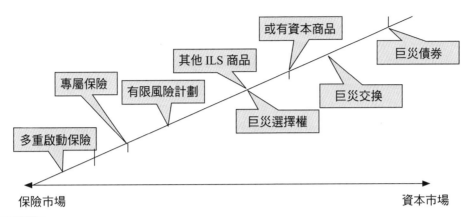

圖 16-21　ART 機制與商品位階光譜

思考題

❖ 如果你（妳）是公司 CRO，你（妳）認為目前在台灣，哪些 ART 商品可作為分散風險之用？

❖ 資本市場既然有助於風險的分散，那為何政府在監理上要把它與保險市場隔開監理？

❖ ART 很多特殊商品，其商品設計與學習財務工程（Financial Engineering）有何關聯？為何？

參考文獻

1. 金光良美（1994）。*美國的保險危機*。台北：財團法人保險事業發展中心。

2. 唐明曦與卓俊雄（2008／04）。論再保險契約中保險危險移轉顯著性之檢測。*朝陽商管評論*。第七卷第二期。第 1 至 24 頁。台中：朝陽科技大學管理學院。

3. 張金鶚與白金安（1999）。*不動產證券化*。台北：永然文化出版公司。

4. Aquino, J. (2005). *Risk transfer-presentation to the NAIC property casualty reinsurance study group.*

5. Banks, E. (2004). *Alternative risk transfer-integrated risk management through insurance, reinsurance, and the capital markets.* Chichester: John Wiley & Sons Ltd.

6. Bawcutt, P. A. (1991). Captive *insurance companies-establishment, operation and management.* Cambridge: Woodhead-Faulkner.

7. Berthelsen, R. G. *et al* (2006). *Risk financing.* Pennsylvania: IIA.

8. Davis, J. V. (1983). Controlling cash flow-how and when to pay for losses. In: IIA, *Readings on risk financing.* Pennsylvania: IIA. pp.227-232.

9. Dowding, T. (1997). *Global developments in captive insurance.* London: FT Financial Publishing.

10. Hagedorn, D. *et al* (2009). Choice of triggers. In: Barrieu, P. and Albertini, L. ed. *The handbook of insurance-linked securities.* Pp.37-47. Chichester: John Wiley & Sons.

11. IAIS (2005). *Guidance paper on finite reinsurance, disclosure and analysis of finite reinsurance.*

12. Mathers, I. (1998). *Financial reinsurance: United Kingdom regulatory implications.* Int. I. L. R. 1998. pp.247-251.

13. Mckie, A. (2009). A cedant's perspective on life securitization. In: Barrieu, P. and Albertini, L. ed. *The handbook of insurance-linked securities.* Pp.191-198. Chichester: John Wiley & Sons.

14. Neuhaus, W. (2004). Alternative risk transfer. In: Teugels, J. L. and Sundt, B. ed. *Encyclopedia of actuarial science.* Vol.1. pp.54-60. Chichester: John Wiley & Sons Ltd.

15. Porat, M. M. (1987). Captive insurance industry cycles and the future. *CPCU Journal.* March, 1987. pp.39-45.

16. Ray, C. (2010). *Extreme risk management-revolutionary approaches to evaluating and measuring risk.* New York: McGraw-Hill.

17. Ross, D. and Williams, J. (2009). Basis risk from the cedant's perspective. In: Barrieu, P. and Albertini, L. ed. *The handbook of insurance-linked securities.* Pp.49-64. Chichester: John Wiley & Sons.

18. Schreiber, S (2009). Life securitization: risk modeling. In: Barrieu, P. and Albertini, L. ed. *The handbook of insurance-linked securities.* Pp.213-217. Chichester: John Wiley & Sons.

19. Smith, J. B. and Pearce, A. M. (1985). *Practical self-insurance-an executive guide to self-insurance for business.* San Francisco: Risk Management Press.

20. Swiss Re. (1999). *ART for corporations: a passing fashing or risk management for the 21st century?* Zurich: Swiss Re Sigma Research.

21. Tiller, M. W. *et al* (1988). *Essentials of risk financing.* Vol.2. Pennsylvania: IIA.

22. Warren, D. and Mclntosh, R. (1987). *Practical risk management.* California: Practical Risk Management, Inc.

第 **17** 章

風險回應（五）——
風險溝通

人與人間，會爭吵，有特來自誤會，
能否冰釋前嫌，靠溝通。

　　針對知覺／感知風險，最重要的回應工具，就是風險溝通（Risk Communication），它有別於風險控制與風險理財，它是以人為本的風險回應工具。當公司面臨外部化風險，而涉及民眾健康安全時，或員工或客戶其對風險的知覺與公司風險管理人員有所不同時，就需風險溝通。根據風險分析學會（SRA: The Society for Risk Analysis）的一份統計（Golding, 1992），1980 年代開始，以人為本的風險分析論文，日益增加，至今已然形成另類的風險研究區塊。

　　風險溝通應運用在風險管理過程中的每一環節，它適用於任何決策位階（包括個人、家庭、公司、政府機構、總體社會與國際組織）。公司風險管理人員為完成工作績效，對內部員工與公司決策者，需要做風險溝通，以及涉外時，對客戶、公眾與政府相關單位，也要做風險溝通。其次，根據文獻（Lundgren and McMakin, 1998），風險溝通包括保護溝通（Care Communication）、共識溝通（Consensus Communication）與危機溝通（Crisis Communication）。本章以保護溝通為主，保護溝通著眼於風險訊息的傳遞與流通，達成改變個人風險態度、保護健康安全為目的。至於共識溝通與危機溝通，參閱第二十一章。

一、風險溝通的意義、目標、理由與類型

　　如果沒有明天，風險就不存在；未來是風險的遊樂場；時間與風險，是銅板的兩面（Bernstein, 1996）。今天的決策，影響明天，明天到時，風險又變了。時間影響決策，塑造風險。風險之所以存在，是吾人沒有充分的時間做決策，是人類無法完全掌控一切，是吾人下決策時資訊不足（MacCrimmon & Wehrung, 1986）。風險溝通需要時間，也要時機，風險溝通以充分且正確的資訊為基礎，藉著風險溝通，吾人更能掌控風險，因此，風險溝通在風險管理上扮演了重要角色。

（一）風險溝通的意義

　　廣義言，風險溝通泛指所有風險資訊（Risk Information），在來源與去處間流通的過程，所有的風險資訊應包括策略風險、財務風險、作業風險與危害風險資訊。

　　風險資訊流通的範圍，在公共風險管理（參閱第七篇）領域中最為廣泛，個人與公司風險管理領域中較為狹隘。圖 17-1 顯示風險資訊流通的最大範圍。該圖左半部的公司、研究機構與政府機構，通常為風險資訊的擁有者，也是需負責對外的

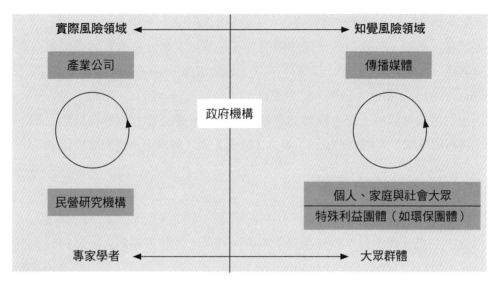

圖 17-1　風險資訊的流通

溝通者；右半部通常為風險資訊的接收者。以公司風險溝通為例，當發生重大產品責任危機事件時，擁有產品風險相關資訊的公司風險管理人員，應實施適當的風險溝通策略，溝通對象涉及內部員工、傳播媒體、政府監理機構與社會大眾，平常，公司的風險溝通以內部居多。政府機構對社會民眾的風險溝通，涉及更廣泛，政府不僅是風險資訊的擁有者，也是風險監控者，因而，風險溝通策略更形重要。舉凡政府對瘦肉精、漢他病毒、豬口蹄疫等的監控過程中，均不能忽視風險溝通策略的運用。

　　狹義的**風險溝通**，僅指健康或環境風險資訊，在利害關係團體間，有目的的一種資訊流通過程而言（Covello *et al*, 1986）。此定義將溝通的標的縮小，只將影響人們健康與損害環境的風險包括在內。同時，認為以改變人們風險知覺與態度為目的的資訊流通，才能視為風險溝通，漫無目的的風險資訊流通，並不能視為風險溝通，此點極為重要。利害關係團體中，以政府機構對社會民眾做風險溝通時，涉及的數目最多。例如，核能風險溝通上，就涉及了圖 17-1 中所有的團體。

（二）風險溝通的目標與理由

　　風險溝通的具體理由有四（Stallen, 1991）：第一，對曝露於各類風險中的人們，為能使他（她）們實際掌控風險，風險相關資訊有必須要讓他（她）們知道；第二，基於人權道德的考量，人們有權利獲知風險相關資訊，主宰自我，保護自

身安全;第三,風險帶來恐懼與威脅,風險資訊的流通,有助於克服人們心理上的恐懼威脅;第四,公司與政府監理機構為了保障員工與社會大眾的健康與安全,風險溝通,有助於履行其責任義務。其次,風險溝通所要完成的目標有(Renn and Levine, 1991):第一,改變人們對風險的態度與行為;第二,降低風險水平;第三,重大危機來臨前,緊急應變的準備;第四,鼓勵社會大眾參與風險決策;第五,履行法律賦予人們知的權利;第六,教導人們了解風險,進而掌控風險。

(三)風險溝通的類型

風險溝通,有四種類型:第一,單向溝通,單向溝通即上對下的溝通方式。換言之,它是一種由專家對外部民眾或客戶或員工等利害關係人,單向的資訊流通,它又稱為資訊流程模式(Information Flow Model);第二,雙向溝通,它涉及了風險的多重訊息,此種類型與風險溝通的訊息(Messages)、來源(Source)、管道(Channel)與接收者(Receiver)有關,它又稱為訊息轉換模式(Message-Transmission Model);第三,溝通過程模式(The Communication Processes Model),此模式不僅強調風險資訊在各利害關係人間的流通,也留意訊息形成的社會文化因子;第四,視風險溝通是項政治過程,即政治模式。

二、風險溝通哲學與法律

風險資訊是否要流通,哪些資訊可流通,與如何流通,才能完成風險溝通的目的與各國或公司的社會文化政治背景及管理哲學有關,不同的社會文化政治背景與管理哲學,風險溝通的法律基礎也不同。

以英美兩國為例。英國是社會福利國家,父權主義思想是政府監理風險的哲學基礎。因此,風險溝通以「知的需要」(Need to Know)為其法律基礎。此種法律基礎亦為歐盟國家「洗沃索」指令(Post-Seveso Directive)的基礎。「洗沃索」指令是一九七六年,瑞士一家著名製藥公司所屬子公司,在意大利的化學工場,發生爆炸,引發有毒物質外洩侵襲洗沃索(Seveso)地區,造成居民重大傷害後,歐盟委員會(The Council of the European Communities)於一九八二年頒布此指令。這個指令,要求歐盟各國在重大災難發生時,各國政府有必要讓災區民眾知道,如何防範以減輕傷亡。另一方面,美國風險溝通的法律基礎與歐盟國家,則有所不同。「知的權利」(RTK: Right to Know)是美國風險溝通的法律基礎。美國是

資本主義國家，民族的大熔爐，政治社會文化環境與英國不同。一九八四年，美國聯合碳化物公司（Union Carbide）在印度的波帕爾（Bhopal）農藥廠，發生毒氣外洩事件後，一九八六年國會通過超級基金修訂與重新授權法案（SARA: The Superfund Amendments and Reauthorization Act）。該法案第三章（Title III）即「緊急應變與社區知的權利法案」（The Emergency Response and Community Right to Know Act），這一章的規定是以「知的權利」為法律基礎，社會大眾可根據該章的規定，取得必要的風險資訊，但此種「知的權利」（RTK）則有程度上的不同。哈敦（Hadden, 1989）歸納了四種類型：第一，基本型的 RTK，此型目的，旨在確保公眾對化學物質有發覺的權利，政府只負責確保有相關資訊可供取得；第二，風險降低型的 RTK，此型目的，旨在透過產業或政府的自願行為，降低化學物質的風險，政府負責制定新的標準並嚴格執行；第三，改善決策品質型的 RTK，此型目的，鼓勵民眾在適當時機參與風險決策，政府負責提供分析、詮釋風險數據的方法；第四，權利平衡型 RTK，此型目的，在使民眾、政府與企業間，取得權利的平衡，政府負責提供民眾分析資訊與參予決策的途徑。

三、風險溝通中風險對比的方式

風險對比（Risk Comparison）是重要的風險溝通工具，對比的表現方式與對比的基礎很多。大體上，風險對比可分兩類：第一類，是不同風險間的對比；第二類，是類似風險間的對比。這些風險對比中，常見的尺規至少包括：年度死亡機率（Annual Probability of Death）、每小時曝險的風險（Risk Per Hour of Exposure）以及預期生命損失（Overall Loss in Life Expectancy）等三種，其訊息呈現的方式也有多種，例如，以年度死亡機率為尺規常見的表現方式，如表 17-1 與圖 17-2。

表 17-1　風險對比──人年死亡機率

原因	死亡風險／人／年
流行性感冒	1／5000
血癌	1／12,500
車禍（美國地區）	1／20,000

資料來源：Dinman（1980）

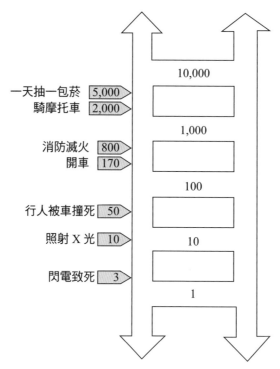

資料來源：Schultz *et al.*（1986）

圖 17-2　健康風險階梯（每百萬人口年度死亡人數）

再如，以預期生命損失為尺規，如表 17-2。

表 17-2　預期生命損失

原因	預期生命損失
單身未婚（男性）	3500 天
抽菸（男性）	2250 天
單身未婚（女性）	1600 天
抽菸（女性）	800 天
抽雪茄	330 天

資料來源：Cohen and Lee（1979）

　　表17-2 是以預期生命損失為風險對比的基礎，它以壽命減短的天數為表現方式。其他風險對比的基礎，也可採拯救一條人命花多少成本 [1]（Cost of Per Life Saved）與風險接受性（Risk Acceptability）等為基礎，訊息呈現的方式，也可採FN曲線（參閱第九章）或真實的圖片（例如，香菸包裝上的圖片）等。風險對比最好是簡單易懂，圖 17-2 與表 17-1 與表 17-2 的缺點，是缺乏年齡層的考慮。最後，以一般游離輻射劑量與其曝險劑量效應，以類似階梯圖呈現，如圖 17-3 與圖 17-4。

---

[1] 在既定社會資源下，拯救人命計畫的成本，有數量模型如下：$\Sigma\Sigma\Sigma$ LD ＝ Z，L 代表每年因計畫可拯救的人命數，D 表決策變數，在既定社會資源下，極大化上式，詳閱 Tengs and Graham (1996). The opportunity costs of haphazard social investments in life-saving. In: Hahn, R.W. ed. Risks, costs, and lives saved-getting better results from regulation. Pp.167-182. New York: The AEI Press.

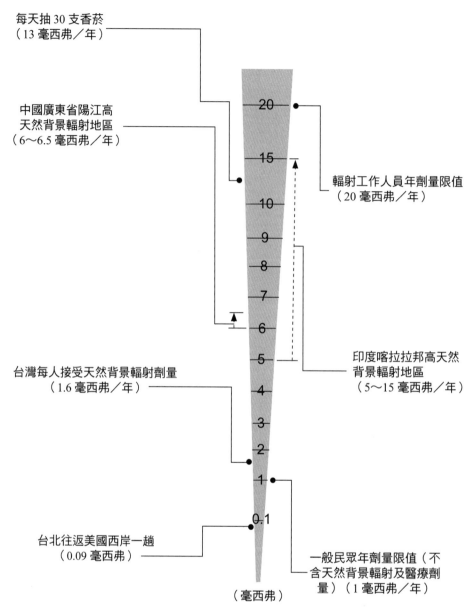

每天抽 30 支香菸
（13 毫西弗／年）

中國廣東省陽江高
天然背景輻射地區
（6〜6.5 毫西弗／年）

輻射工作人員年劑量限值
（20 毫西弗／年）

台灣每人接受天然背景輻射劑量
（1.6 毫西弗／年）

印度喀拉拉邦高天然
背景輻射地區
（5〜15 毫西弗／年）

台北往返美國西岸一趟
（0.09 毫西弗）

一般民眾年劑量限值（不
含天然背景輻射及醫療劑
量）（1 毫西弗／年）

20
15
10
9
8
7
6
5
4
3
2
1
0.1

（毫西弗）

資料來源：核能資訊中心（2011/04），核能簡訊，第 129 期封底

曝險來源與輻射劑量（輻射劑量單位：1 西弗＝1000 毫西弗；1 毫西弗
＝1000 微西弗）

圖 17-3

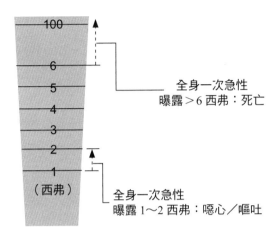

資料來源：同圖 17-3。

圖 17-4　輻射劑量與健康危害（輻射劑量單位，同圖 17-3）

四、風險溝通手冊的制定

　　就如何設計與制定風險溝通手冊言，目前風險溝通最新的理論，是採用人們心智模型法（A Mental Models Approach）來設計與制定其內容。心智模型法共分五項步驟（Morgan *et al*, 2002）：第一，運用影響圖[2]（IDs: The Influence Diagrams）產生風險科學家們的心智模型，參閱第十章圖 10-6。影響圖的繪製方式有四種，分別是組合法（The Assembly Method）、能量平衡法（The Energy Balance Method）、情境法（The Scenario Method）與模組法（The Template Method）；第二，利用訪談與問卷，導引出人們對風險的想法與看法，也就是人們的風險知覺。比較本步驟的結果與第一步驟的結果，並分析兩者的吻合度多高，找出風險科學家與一般人們對風險想法與看法間的差異事項；第三，根據比較分析的結果，就有差異事項設計結構式問卷；第四，根據結構式問卷的分析結果，草擬風險溝通策略的內容；第五，利用焦點團體等研究法，測試與評估風險溝通草案的有效性。重複本步驟，直至滿意為止，最後版本的風險溝通內容就是製作某種風險簡介或手冊的依據。前述制定過程，對一般產業公司言，主要可用在對外部化風險的溝通上，此外，對保險

---

[2] 當決策問題極為對稱時，IDs 是有用的決策工具，詳閱 Smith and Thwaites (2008). Influence diagrams. In: Melnick. E. L. and Everitt, B. S. ed. Encyclopedia of quantitative risk analysis and assessment. Vol.2. pp.897-910 Chichester: John Wiley & Sons Ltd.

業也極合適，尤其可應用在保險商品簡介的製作上，因保險商品涉及風險的揭露與表達。

五、 影響風險溝通成效的因子

影響風險溝通成效的因子，除法律基礎外，尚有眾多因子會影響風險溝通的成效：第一，傳播媒體。所謂風險的真相，透過媒體報導，能被塑造再塑造。媒體對風險資訊的報導會影響社會大眾的認知，進而影響溝通的效果；第二，緊急警告與風險教育。風險溝通常涉及緊急時的警告發布與風險的教育兩種重要活動。許多風險溝通失敗的原因與此兩種活動有關。警告發布太遲、內容不明確、人為疏失等均為風險溝通失敗的原因。以警告效果而言，能吸引一般人留意的比例最高，人們留意後，會認真閱讀的比例次之，真正會遵守警告的比例最低（HSE, 1999）；第三，固有的知識與信念。人們過去固有的知識與信念，如果不正確也是風險溝通會失敗的原因。缺乏正確的知識與莫須有的恐懼有相當的關聯。這些均能影響風險溝通的效果；第四，信賴程度。風險溝通會涉及對人及對訊息的信賴問題。接受訊息者對發布訊息的人或機構如缺乏信賴，溝通失敗是必然的；第五，時機。溝通的時機，對溝通的成效俱有相當的影響。時機不對，溝通效果必打折扣。

六、 有效風險溝通必備的條件與障礙

風險溝通策略要能有效，至少三個條件要俱備：第一，風險事實資訊的準備與顯示必須謹慎；第二，風險溝通上應盡可能與利害關係人產生對話；第三，風險評估與管理的規劃，要能取得利害關係人的信賴。除此之外，風險溝通策略的制定，要遵守如下幾個原則（Renn, 1991）：第一，意圖與目標要特定且明確；第二，風險數據的引用要謹慎，數據的顯示最好通俗易懂；第三，溝通前，專家對風險相關問題要有共識。溝通時，說法要一致；第四，對方的焦慮要能與其分憂且溝通時，要強調與對方利害相關的所在處。事實上，風險溝通充滿困難。這些困難主要來自各類矛盾性與挑戰。前者如，風險資訊取得與風險資訊提供機構間的矛盾。後者如，如何使風險專家們體認到影響風險評估背後人文社會科學的重要性。幾乎所有的困難與挑戰均環繞在一個主題上，那就是如何打破專家們與社會公眾風險認知的心向作用（Perceptual Set）。

七、本章小結

　　事實上，一般人們對風險的了解，大部份是一知半解，對風險訊息的解讀，不但與專家的解讀落差大，每個人間也可能不同，因此，公司風險管理人員，有必要與內部員工以及外部利害關係人，以適當的表現方式，進行風險的雙向溝通，完成風險管理的目標。

思考題

❖ 用數據呈現風險訊息或用真實圖片或兩者兼具，哪種方式更令你（妳）震撼？
❖ 風險溝通對哪種人沒用？為何？

參考文獻

1. 核能資訊中心（2011 / 04）。*核能簡訊*。第 129 期封底。

2. Bernstein, P. L. (1996). *Against the Gods-the remarkable story of risk.* Chichester: John Wiley and Sons.

3. Cohen, B. L. and Lee, I. (1979). A catalog of risks. *Health physics.* 36. pp.707-722.

4. Covello, V. T. *et al* (1986). Risk communication: a review of the literature. *Risk abstracts.* 3(4). pp.171-182.

5. Dinman, B. D. (1980). The reality and acceptance of risk. *Journal of the American Medical Association.* Vol.244(11). Pp.1126-1128.

6. Golding, D. (1992). A social and programmatic history of risk research. In: Krimsky, S. and Golding, D. ed. *Social theories of risk.* Pp.23-52. Westport: Praeger.

7. Hadden, S. G. (1989). *A citizen's right to know-risk communication and public policy.* Boulder: Westview Press.

8. HSE (1999). *Reducing error and influencing behaviour.* Norwich: HSE.

9. Lundgren, R. E. and mcMakin, A. H. (1998). *Risk communication: a handbook for communicating environmental safety and health risks.* Columbus: Battelle.

10. MacCrimmon, K. R. and Wehrung, D. A. (1986). *Taking risks: the management of uncertainty.* New York: The Free Press.

11. Morgan, M. G. *et al* (2002). *Risk communication-a mental models approach.* Cambridge: Cambridge University Press.

12. Renn, O. (1991). Strategies of risk communication: observations from two participatory experiments. In: Kasperson, R. E. and Stallen, P. J. M. ed. *Communicating risks to the public-international perspectives.* Dordrecht: Kluwer Academic Publisher. pp.457-481.

13. Renn, O. and Levine, D. (1991). Credibility and trust in risk communication. In: Kasperson, R. E. and Stallen, P. J. M. ed. *Communicating risks to the public-international perspectives.* Dordrecht: Kluwer Academic Publisher. pp.175-218.

14. Schultz, W.G. *et al* (1986). *Improving accuracy and reducing costs of environmental benefits assessment.* Vol.IV. Boulder: University of Colorado, Center for Economic Analysis.

15. Smith, J. Q. and Thwaites, P. (2008). Influence diagrams. In: Melnick. E. L. and Everitt, B. S. ed. *Encyclopedia of quantitative risk analysis and assessment.* Vol.2. pp.897-910. Chichester: John Wiley & Sons Ltd.

16. Stallen, P. J. M. (1991). Developing communications about risks of major industrial accidents in the Netherlands. In: Kasperson, R. E. and Stallen, P. J. M. ed. *Communicating risks to the public-international perspectives.* Dordrecht: Kluwer Academic Publisher. pp.55-66.

17. Tengs, T. O. and Graham, J. D. (1996). The opportunity costs of haphazard social investments in life-saving. In: Hahn, R. W. ed. *Risks, costs, and lives saved-getting better results from regulation.* Pp.167-182. New York: The AEI Press.

第 18 章

風險回應（六）——
BCM 等特殊管理

學習啟示錄

　　碰到任何糟糕的事情發生，冷靜，還是冷靜。

索賠管理（Claim Management）、危機管理（Crisis Management）與營運持續管理／計畫（BCM／BCP: Business Continuing Management／Plan），均可看成回應風險的特定專案管理（Specific Project Management），雖然有論者認為危機管理與營運持續管理／計畫，是獨立的管理領域，但著者認為，均可屬於風險管理的一環。索賠管理與危機管理，屬於風險控制回應工具的延伸，營運持續管理／計畫，則涉及風險控制與風險理財的特殊安排。本章先觸及索賠管理，次說明危機管理，最後以營運持續管理／計畫作結束。

一、索賠管理

（一）索賠管理的範圍

　　索賠 [1] 管理包含三方面（Tiller, *et al*, 1988）：第一，公司組織行為的失誤，導致他人遭受損失，公司應負的法律賠償責任。如果，公司將此種可能的賠償責任或引發的財務負擔轉嫁他人時，那麼賠償的處理涉及公司、受害者和風險承受者三方面。例如，透過責任保險轉嫁者是。其次，如果公司自我承擔責任，那麼所涉及的僅是公司與受害者。此時，公司負責提供賠償金予受害者。換言之，前列兩種情形，均屬公司責任理賠業務；第二，公司將各類財務損失轉嫁他人，當公司蒙受損失時的索賠活動。此時，公司為賠償金的接受者（或稱索賠者），亦即賠償請求權人。例如投保火災保險等；第三，公司自我承擔財產損失，當公司蒙受損失時的理賠處理。此時，公司既是賠償金的提供者，亦是接受者。換言之，即以自身的資源補償自身的損失。例如自負額範圍內的損失是。

（二）索賠處理的過程與步驟

　　任何損失的基本處理過程，包括下列六項基本步驟（Tiller, *et al*, 1988）：第一，損失真相的調查與賠償責任的確定；第二，所有涉及損失的相關單位和人員，對損失金額的評估；第三，各相關單位和人員間，對損失賠償金額和支付時間的磋商；第四，透過法律和其他程序解決爭議；第五，賠償金額的支付；第六，上述各項步驟，執行績效的評估。茲分項說明如後。

---

[1] 英文「Claim Management」，涉及求償方時，著者稱索賠管理，涉及賠償方時，著者用理賠管理，其實只是一體兩面，為求分辨，採用不同詞彙。

1. 損失的查勘

查勘（Investigation）是獲取相關損失處理資訊的過程。此一過程是損失處理能否圓滿的重要關鍵。此一過程所獲得的資訊正確否？關係到損失賠償責任的確定。獲取資訊是否快速？則關係到損失真相的了解程度。不管何種損失，投了保或未投保，損失發生時能立即趕到現場或立即獲得資訊，可避免日後可能產生糾紛。對於投保的損失，公司風險管理人員應儘速通知保險人，以符合保險人對損失通知（Notice of Loss）義務的要求。對於未投保的損失，風險管理人員最好能在各地工廠或分支機構，建立良好的風險管理資訊系統，裨利於迅速獲取情報。風險管理人員知悉損失發生後，應立即著手收集損失處理上所需的資訊。

至於所需資訊的型態，會因財產、責任和人身損失而異，例如以一場火災損失為例，損失查勘上應獲取的資訊，至少應包括如下幾項資料：第一，目擊證人的證詞和姓名；第二，損失情形的照片；第三，損失現場繪製圖；第四，傷亡人員病歷證明授權書；第五，其他有助於確定損失責任的文件資料。

所有資料收集完整後，應確定兩項基本事項：第一，需要負責賠償損失的關係人有哪些？公司本身是否涉及？第二，公司賠償基金應付的額度多少？就第一項言，如果沒有需負責賠償損失的其他關係人，則此項損失，只有公司自己承受，亦即公司本身是損失賠償金的提供者。如果損失是承保損失，此時風險管理人員應履行保單中所規定的各項義務，以便順利取得保險賠款。如果損失應由風險承受者（非保險人）負責，則風險管理人員應確定承受者的賠償能力。如果公司對損失有法律賠償責任時，則風險管理人員應收集有利於賠償責任減低的證明資料，以使責任降到最低程度。其次，就第二項言，公司賠償基金應付的額度與實際損失程度及評價基礎有關。

損失查勘是首要且亦為最重要的步驟。誰對損失發生應負責任？端賴查勘是否詳實？查勘過程中，所涉及的相關人員為降低其責任，通常會儘量隱瞞實情，故負責處理損失的人員，必須特別提高專業注意力，以獲取正確的查勘情報，進而完成圓滿處理損失的目標。對一個內部實施風險管理成本分攤制度（Risk Management Cost Allocation System）的公司言，獲取正確的查勘情報，更為重要。蓋因，在此制度下，公司內部各單位部門的損失經驗（Loss Experience）為分攤成本的基礎，無論被保損失或未保損失發生，這些單位部門的人員為降低其損失責任，可能隱瞞損失真相。

2. 損失金額評估

損失查勘完畢後,所有涉及損失的相關單位和人員對損失金額應進行評估。進行此項估計所需的資料,會因損失型態的不同而異。其正確性,則影響理賠成本的高低。是故,估計工作應儘量確實。例如,針對人員的體傷損失,應收集其家庭醫生或診斷醫院的病歷資料。再如,財產損失方面,應收集的基本資料,包括兩方面:第一,意外損失發生前,財產本身狀況的資料;第二,修理或重置財產所需經費的估價。後者,對未投保車輛損失估計方面,尤其重要。車輛損失的理賠控制,對風險管理人員而言,最大的困難,是大部份車輛損失係屬小額損失,少部份為大額損失。

是故,如係自行承擔這些損失,在理賠成本控制上,由於可能涉及第三者,同時處理小額損失,處理成本可能高於損失金額,或者可能由於車輛駕駛人員對機械常識不足,無法對損失當時的情況有深入的了解,或對損失估計的重要性認識不夠,從而有可能虛報損失等等複雜因素,使得此種損失理賠成本控制,倍感困難。因此,風險管理人員應多方獲取有關該類損失的評估資料,以便能降低理賠成本。例如,在美國可向大眾理算局(General Adjustment Bureau)獲取資料或其他獨立的理賠服務機構索取。最後,如估計淨收益損失,風險管理人員應收集: 第一,損失發生前的收益狀況; 第二,預計收益多少?第三,收益中斷期間有多久?第四,可彌補淨收益損失的其他來源資金有多少?又可彌補至何種程度?總而言之,損失估計所應收集的資料及其正確性,要能影響理賠成本之控制。是故,風險管理人員多方收集有關資料,對評估損失是相當重要的。

3. 損失賠償的磋商

損失賠償的磋商,如果成功,就從事具結。否則,經仲裁、公斷或循法律解決。任何磋商,基本上包括四項步驟:第一,準備資料(Preparation),它包括: (1) 損失真相資料;(2) 對方有利和不利的資料;(3) 對方的意願和能力;(4) 磋商者的個性及希望等; 第二,討論與重新了解資料(Exploration); 第三,反覆討價還價(Exchange of Offers / Counter Offers)。在此階段中,應做一些摘要記錄。例如,(1) 雙方同意的事項有哪些?(2) 雙方仍有爭議的事項,又有哪些?(3) 未討論的事項,又有哪些?反覆經過此三階段,直至全部雙方取得共識一致時,則進入最後一階段。否則,進入爭議訴訟仲裁階段;第四,磋商成功,填寫切結書(Closure / Settlement)。

4. 損失具結和爭議處理

當一個損失賠案經過磋商，雙方均對應賠付的金額和賠付的時間，取得一致同意時，則損失賠案達成和解（Settled）。和解時，應出具切結書，雙方具結（Closure）之。切結書分兩種：一為一般切結書（General Releases）；另一為特種切結書（Special Releases）。切結書約束雙方及其他關係人的權利義務。特種切結書則適合特殊複雜的損失賠案。如果損失賠案未能達成和解，則先訴諸，兩種爭議處理手段：一為調停手段（Mediation），雙方各推一中介人，再另行磋商；另一為仲裁公斷手段（Arbitration）。雙方交由公正客觀的第三者公斷之。經過以上程序仍未解決，最後才以法律訴訟途徑解決之。

5. 支付賠償金額

在損失達成具結後，賠償者應一次或分期支付予受害者。當受害者收到此項金額時，整個損失賠案始算完全結案（Closed）。在財產損失方面，有時亦可以實物替代現金支付。

6. 損失處理過程績效評估

評估損失處理績效的目的，係在確保損失賠償的適當性與損失金額支付時間的適切性。要達成此目的，首先要建立理賠資訊系統（Claims Information System），理賠資訊系統的建立，有助於提供正確及時的損失經驗報告，如此可使決策者了解損失未來發展的型態和軌跡。透過此一系統，可以每月或每週提出理賠經驗報告書（Claims Experience Report）供損失處理人員參考，從而降低行政失誤程度。此種報告書內容，可包括個別的賠案資訊和所有賠案經驗的資訊。

就個別的賠案資訊言，以財產損失為例， 這項報告書，應提供的資料如下：(1) 損失發生的日期或通知日期；(2) 涉及的財產種類和危險事故；(3) 損失發生的部門或單位；(4) 理賠支付的日期；(5) 總損失的估計；(6) 損失準備金金額；(7) 理賠行政費用；(8) 損失理賠人員。

就所有賠案經驗的資訊言，這項報告書，應提供的資料有：(1) 每一賠案的平均損失；(2) 每一賠案平均的行政處理費用；(3) 未決和已結賠案的件數；(4) 每一部門或單位賠案件數；(5) 爭議性賠案件數所佔的百分比；(6) 每一理賠人員未決賠案的平均件數。藉著以上理賠資訊，風險管理人員可做出適切的比較分析，採取適切的行動來處理損失。

其次，定期審查賠案紀錄（Claims Audit）。理賠資訊系統是可提供有用的資

訊，但要能達成評估理賠績效的目的，還需要能定期審查賠案記錄，始能克竟全功。審查人員可以是組織內人員，亦可藉助外界顧問或服務性組織。審查賠案記錄時，要留意下列幾點：(1) 損失通知是否迅速確實？(2) 對特殊賠案，損失處理人員是否有能力提供明確合理的答覆？(3) 損失準備金的變動是否有明確的解釋？(4) 爭議性賠案件數是否突然激增？(5) 未決賠案件數和金額是否穩定增加？等。審查賠案的工作，亦可藉助理賠顧問，理賠顧問最後應提出審查報告。這項報告可提供作為同業間績效比較的基礎，亦可為未來處理損失時的參考。

（三）理算組織團體

損失處理過程中，風險管理人員了解相關理算組織團體是有需要的。財產責任保險理算較人身保險複雜，因此理算組織團體較多。一般而言，損失理算人（Loss Adjusters）可分為四種（Tiller, *et al*, 1988）：第一，保險人的理算職員（Staff Adjusters），此種理算人是保險人支薪的職員； 第二，**獨立理算師**（Independent Adjusters）。此種理算人是收取服務費，獨立營業的理算人員。通常係代表保險人的立場與被保人進行損失理賠工作。它可以個人名義單獨營業，亦可以合組公司共同營業。例如，美國的獨立理算公司、GAB 公司（General Adjustment Bureau, Inc.）即是。獨立理算師的全國性組織，謂為全國獨立理算師協會（NAIIA: National Association of Independent Insurance Adjusters）；第三，損失理算局（Adjustment Bureaus），它為地位超然的損失理算機構；第四，**公共理算師**（Public Adjusters），此種理算人亦為收取服務費，獨立營業的理算人員。它與獨立理算師不同。它是代表被保人的立場與保險人進行損失索賠處理工作。美國全國性的組織團體，謂為全美公共理算師協會（NAPIA: National Association of Public Insurance Adjusters）。另外，風險管理人員於處理損失時，與相關團體合作至少可獲得下列幾種好處：(1) 可獲得保險理賠專業的服務；(2) 有助於索賠工作確實迅速；(3) 有助於損失談判；(4) 可獲取承保範圍的建議。

（四）理賠成本控制

損失發生後，處理損失需要花一些費用。然而，處理失當，可能使損失擴大、費用加劇。這些額外增加的成本，如是自我承擔的損失，則會反映在損益表上。如是被保損失，最終亦可能影響追溯費率的波動。是故，損失發生後，不管被保或未保損失，控制理賠成本是風險管理人員的工作職責。理賠成本的控制，

可視為風險控制的一環。經驗法則告訴我們，在處理損失時，最好視損失均未投保。如此，對理賠成本的控制是有幫助的。控制理賠成本的方法，主要有四種（Tiller, *et al.* 1988）：第一種是預付賠款（Advance Payment）；第二種是代位求償（Subrogation）的行使；第三種是**復健計畫管理**（Rehabilitation Management）；第四種是特殊架構給付（Structured Settlements）。

1. 預付賠款

　　風險管理損失發生後的目標，係使損失有滿意的復原。復原損失必須花一筆費用。例如，將傷亡人員送醫急救，需花醫療費用。修理毀損的財產，保護未損的財產亦需一筆費用。為了加速恢復正常營業，亦需支付加速費用（Expediting Expense）等。這些費用所需的資金，如能迅速適切的獲得，不但有助於降低損失，亦可使營業儘快恢復。是故，如果賠償者能預先支付部份賠款予受害人，不但可能有助於最後賠款的減少，亦有助於受害者儘快恢復營業。基此，預付賠款是對賠償者和受害者，均有利的一種理賠成本控制方法。

2. 代位求償

　　代位求償在一般公司（非保險公司）理賠成本控制上，有三層含意：第一，損失是由他（她）人導致者，在與保險索賠競合時，最好讓渡對他人要求賠償的權利，事先獲得保險公司的賠償，對公司是有利的。茲舉一例說明如下：某公司投保房屋火險，保額六萬元。因某乙過失，使其房屋失火。實際損失十萬元。保險公司賠付某甲六萬元後，取得代位求償權，並對乙進行控訴。最後，法院判決某乙應賠償某甲七萬元。那麼此七萬元，一般處理的方式，某公司應分得四萬元補足其損失十萬元，另三萬元則歸保險人所得。是故，真正保險人賠付某公司的只有三萬元，即六萬元扣除三萬元。顯然，保險人的賠款成本，因代位求償權的行使而降低，而被保公司亦獲得了十足的補償；第二，公司如為抵押權人，當抵押物滅失，公司要能實施物上代位，向抵押人求償。如此，可降低公司的損失；第三，如果公司是非保險轉嫁──理財型合約的賠償者身份，轉嫁者的損失係由第三人造成時，公司依情況，得行使代位求償權，以圖降低成本。

3. 復健計畫管理

　　復健管理，是控制人身風險成本的一種特殊手段。由於復健係在公司員工喪失生產力之後，控制其因而產生的直接間接成本，故視為理賠成本控制的一種方法。

所謂復健係指針對受傷和殘廢之人員，以身心輔導和職業輔導的方式，使其恢復傷殘前，原有的自信、能力和獨立性。復健有三種方式（Head, 1986）：一為物理復健（Physical Rehabilitation）；二為心理復健（Psychological Rehabilitation）；三為職業復健（Vocational Rehabilitation）。所謂物理復健的目的，係在回復傷殘者身體的各項物理機能。心理復健，係恢復傷殘者原有的自信心和獨立自主。**職業復健**，係使傷殘者重新就業工作。新的工作可以是原來的工作，也可以是類似的工作。三種復健的方式，並非獨立無關的，而是密切相關，相輔相成。其次，**復健訓練**（Rehabilitation Training）係指訓練與教育傷殘者有關各種復健方式的知識和訊息。這些通常屬心理專家、醫療人員、職業復健人員的主要職能。最後，復健管理係指透過與有關人員的溝通、磋商與控制，執行管理所擬的復健計畫而言。傷殘人員如係公司員工，那麼復健管理必須透過風險管理人員、人事部門人員、傷殘員工所屬單位主管、醫療人員、工會代表和保險理賠人員等等，共同努力使其於最短時間內，重新恢復工作。如果傷殘人員並非公司員工，而公司對傷殘人員有法律責任時，亦同樣需與外界有關人員合作執行復健計畫，使傷殘人員恢復工作。實施復健管理，公司必須要有準備金預算，始可維持理賠成本的控制。換言之，復健管理可控制醫療成本，消除不必要的身體機能障礙，從而縮短恢復工作前所花的時間。為達此目的，復健管理工作的重點有四：(1) 儘量避免爭訟的發生；(2) 注意醫療品質；(3) 回復工作過程，應妥為安排；(4) 著重職業復健。

4. 特殊架構給付

傳統上，對人員的傷殘死亡，實施一次的現金給付。但就理賠成本的控制觀點言，不見得此種方式是有利的。簡略言之，一次現金給付的缺點有三：(1) 未考慮金錢的時間價值；(2) 忽略了免稅的有利因素；(3) 對社會整體言，一次給付現金對缺乏理財專業的人民言，不見得有利。風險管理人員如能實施定期金額支付計畫，將有利於費用成本的控制。此種定期金額支付計畫是屬特殊架構給付（Structured Settlement）方式之一。它可以年金方式為之，亦可以信託和投資組合計畫方式為之。此種方式，就理賠成本控制上，所帶來的優點至少有四點：(1) 獲得金錢的時間價值所帶來的好處；(2) 可有免稅的優惠；(3) 提供請求賠償人員穩定的現金流量；(4) 提昇整體社會福利水準。

二、危機管理

公司風險管理人員對危機管理的基本責任是：第一，完成危機來臨前，人員及任務的編組；第二，指揮所屬及有關人員執行對危機發生時的所有應變工作。危機管理（Crisis Management）又稱之為緊急應變計畫（Emergency Planning）。近年來，不論國內外，不論政府或公司，面臨危機的情況時有所聞。例如，台灣超群證券公司的財務危機與政府面對的中國飛彈試射危機等是。再如，美國三浬島（TMI: Three Mile Island, 1979）核能外洩事件與美國政府面對的古巴飛彈危機等是。由於危機來臨時幾乎一瞬間，公司平時如無準備，危機來臨時將措手不及，損失嚴重是可預期的。另一方面，危機也是轉機，危機通常均有事先徵兆。因此，公司平時做好完善的危機管理規劃，將可使其損失程度降至最低。

（一）危機、危機管理及其目標

簡言之，**危機**（Crisis）就是「危險與轉機」，換言之，就是生死存亡的關頭。生死間，機率可看成各半，處理危機得宜公司得以存活。否則，可能萬劫不復。危機管理就是針對危機事件的一種管理過程。危機可分為四個不同的階段（Fink, 1986）：第一個階段稱為潛伏期（Prodromal Crisis Stage），亦即警告期，這段期間會有某些徵兆出現；第二個階段稱為爆發期（Acuate Crisis Stage）。此一時期危機已發生；第三個階段為後遺症期（Chronic Crisis Stage）；最後階段稱為解決期（Crisis Resolution Stage）。上述四個階段，只是解說的方便，事實上，每個階段並不一定有時間先後之分。閱圖 18-1。如果您是一位有先見之明的人，發生警兆即解決了問題，那危機就不至於爆發，產生後遺症了。

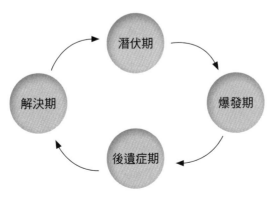

圖 18-1 危機走向圖

　　危機管理可規範為經濟個體如何利用有限資源，透過危機的辨認分析及評估，而使危機轉化為轉機的一種管理過程。上述定義，明顯地顯示了危機管理的目標，就是求生存。此目標其實與風險管理損失後的目標是一致的。進一步言，危機管理的主要目標即為生存。

（二）危機管理過程

　　危機管理過程，可以分為五個步驟（張加恩，1989）：第一是危機的辨認。危機的發生前的徵兆，常為吾人所忽略。「後見之明」（Hindsight）正說明了人們的通病。危機發生是一瞬間，令人難預料的。因此，危機的認定，必須保持警覺，正確判斷各類徵兆。另外，邀集公司各部門的主管，以腦力激盪思考的方式，假設各種可能的危機。用這個方法，吾人可列出一張冗長的清單，然後過濾評比可能性；第二是危機管理小組的成立，閱表 18-1。該小組成員的權責要明確，避免混淆；第三是資源的調查。公司內外，各有哪些資源可以運用，要加以調查。調查後發現某些弱點，則需事先補強；第四是危機處理計畫的制訂；第五是危機處理的演練與執行。配合危機發生的階段，危機管理的動態模式，閱圖 18-2。

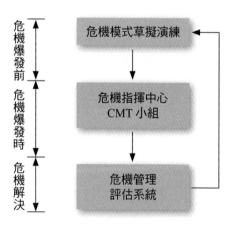

圖 18-2　危機管理的動態模式

表 18-1　CMT 小組成員的權責

CMT 組織成員 ××公司的員工部分	
CMT 成員及原有職責	**成為 CMT 成員的職責**
風險管理主管 管理及協調風險管理部門。	CMT 的協調者和管理者 當接到危機通知時，決定受損範圍及評估所需的反應，通常此種評估是詢問當地主管來決定的（例如，商店經理和城市領導），聯絡 CMT 成員盡快地到達偶發事件現場，在偶發事件現場以廣播通訊與領導聯絡，可以用來評估在 CMT 成員到達前危機狀況。
索賠經理 向風險管理部門主管提出報告，負責員工補償、汽車、一般責任及財產損失的理賠。	負責督導搶救工作及評估損失的範圍，此評估包括對於受損財產的拍照，對於可以搶救的產品做適當的安排，與搶救人員聯繫，並登錄存貨清單。
損失控制服務經理 向風險管理部門主管提出報告，負責維修火災防護及偵測設備，維護風險管理資訊系統的資料檔案。	詢問地方領導，評估、調查導致危機事件的一連串原因（例如，火災的原因），撰寫可能發生的原因及尋求可以用來減少再度發生相同意外事件對策的書面報告。
安全部經理 向風險管理部門主管提出報告，運用來自損失控制服務部經理的資訊，盡量減少顧客及員工的傷害。	建立防護系統以減少在意外事故現場工作人員的傷害程度，同時協助索賠經理及 CMT 協調者督導的工作。
公共衛生主管（區域性） 公共衛生人員（地方性） 把食品的適當處置及衛生方法提供給商店經理（如維持溫度和避免受鼠咬侵襲及感染的方法）。	與地方衛生安全領導及商店經理評估，決定食品的情形及其對消費人們的適合性。
工程部主管（區域性） 工程人員（地方性） 負責設備的維護，督導新工程及增建物。	督導在意外現場所需工程及修護工作，如有必要，安排殘餘物的處理及投運。
區域性副代表（區域性） 地方經理（地方性） 負責一區域中商店的營運，訂購商品及分配人員給各商店。	督導受毀損的商店員工進行清除工作並採用適當的方法處理毀損的設備，同時也決定回復設備所需的人力資源水準，如有必要，不需要的人員可以暫時指派至其他地方，或可從其他分店借調其他員工至受損處支援，至受損分店全部恢復為止，向公共媒體發布消息。

危機不同，危機管理計畫也不同，閱表 18-2。它可大別為如下幾類：(1) 火災和爆炸應變計畫；(2) 洪水應變計畫；(3) 颱風應變計畫；(4) 地震應變計畫；(5) 有毒物質外洩應變計畫；(6) 工業意外應變計畫；(7) 暴動騷擾應變計畫；(8) 戰爭應變計畫；(9) 綁架勒索應變計畫；(10) 其他重大應變計畫等。綜合可歸納為四類：一為與生產科技瑕疵有關的；二為大自然造成的；三為經營環境造成的；四為人為破壞造成的。一般危機管理計畫要點，包括：(1) 指揮系統和權責的釐清；(2) 對

表 18-2 危機管理計畫樣本

×× 公司危機管理計畫
1.一般的通知及報告事項
當接到損失通知時，風險管理部主管：
(1) 取得足夠資訊，以決定損失的嚴重性。
(2) 評估災難場地管理人員。
(3) 通知 CMT 成員及建立行動計畫。
(4) 通知公司管理人員。
2. 與危機有關的行動
A. 非嚴重的損失（為在 24 小時內，設備可以恢復運作）。
(1) 通知房產主（若房產主對建築物有修復的責任）。
(2) 與監理官員聯絡（如衛生安全官員），此項需要由衛生部門主管決定。
(3) 安排運走殘餘物的器具。
(4) 如果是火災，安排去除臭味的設備，此種設備的利用可來自地區辦公室或地方火災部門，在受損商店裡以過濾設備清除污染的空氣。
(5) 若是公司的責任，通知公司有關修護的工程人員。
(6) 登錄受損商品的清單。
(7) 如果需要的話，為受損設備安排安全系統。
B. 嚴重損失（在 24 小時內，設備無法恢復正常運作）。
(1) 通知房產主（若房產主對建築物有修復責任）。
(2) 與監理官員聯絡（如衛生安全官員），此項需要是由衛生部門主管決定。
(3) 在受損設備處建立通訊中心。
(4) 派遣公司工程師到受損設備處。
(5) 停止運送商品至毀損處。
(6) 對現金及有價項目提供安全系統。
(7) 如果需要，安排施救作業。
(8) 通知員工受損設備的情形及責任。
(9) 準備發布消息。
(10) 決定天氣狀況是否會影響計畫。

表 18-2 危機管理計畫樣本（續）

×× 公司危機管理計畫

3. 通訊中心（只限於嚴重的損失）

受損設備處的員工與其他員工間的通訊，可通過通訊中心加以整合，在設備附近的公用電話或緊急電話可與通訊中心聯繫，此通訊中心必須配備收音機與電話，所有設備及供給的要求皆可通過通訊中心整合，所有要求必須如實記錄，為避免重複，需謹慎評估需求。

4. 商店員工

受損處的員工，以正常程序提出報告及負責清掃、施救的行動，發給員工防護手套及要求其穿厚重的衣物及靴子，盡快開始施救的運作，所有全職或兼職職員必須參加，一般而言，員工按照正常工作時間工作而不必加班。

工作安排的變化，僅在正常的工作時間中，避免影響施救的進行，適當地運用全職、兼職及夜間人員可以加速施救運作而無需加班運作。

5. 工作小組

每個員工被指派到某一小組，肉類、零售商及生產員工需指派到他原部門的小組，5 或 6 個組員的小組通常是最具效率的，每個小組中指定一組員為組長，並向商店主管負責，對每一小組的指示必須盡可能具體明確。

必須依據清潔及衛生要求清理所有的地板、棚架及設備，所有的金屬表面（如棚架及收銀櫃台）必須立刻清洗，以避免留下污痕；所有與食物接觸的表面，必須以塑料布覆蓋，以減少水及灰塵的損害。

6. 清除煙熏及臭味

如果火災發生於通風口，此設備的通風系統就必須停止運作，但如果通風系統能夠用於排盡臭氣，則此系統就必須讓它繼續運作；如有可能，地方的火災部門的風扇，也可來清除商店的煙霧。

通風設備的過濾器必須更換，通風系統須用清潔劑（非松油）清洗，除臭化學藥品及設備須用於通風系統及煙臭區，食物接觸的表面須用消毒水清洗，所有其他的表面以清潔劑清洗，聯絡專家協助解決嚴重的煙熏問題。

7. 商品處理

所有的商品處理，由衛生部門主管與監理官員合作監督，廢物承包商可以作為簽約卡車的來源，如果損害是嚴重的，用卡車或大型垃圾車是必須的，通常是就地處置，如果滿載的卡車需要過夜，則必須在附近住宿，安全防護以免被掠奪。

被焚及受水浸泡而無法施救的商品，必須在監理官的監督下，盡快地處理掉。

8. 登錄存貨清單

受損商品處理後及賣給施救者前，應打包運出商店，存貨清單必須在監理官員到達後數小時內完成，但需在商品包裝前。

銷售或移轉給其他公司分店的商品，必須分別登錄，並計算被接受的合計數。

表 18-2 危機管理計畫樣本（續）

×× 公司危機管理計畫

9. 救護

A. 救護原則

(1) 由公司再銷售一些沒有受水浸泡、煙熏或損害的商品，可以考慮由公司零售商再次銷售，這種商品在銷售給大眾之前，必須由監理官員及衛生部門主管檢驗及批准。

(2) 銷售給施救承包商任何與煙或水接觸的商品，或其他認為不適合賣給施救承包商的商品須先由適當的監理官員及衛生部門主管加以檢視及批准。

(3) 設備或商品的施救是索賠經理及風險管理部主管的責任。

14. 發布消息

一般而言，發布消息無須提供有關受損金額、員工數、重新營業的特別日期，或甚至公司是否重新使用設備等特殊資訊。消息中可包括下列資訊：

(1) 火災地點。

(2) 火災發現時間。

(3) 遭受火災的公司名稱。

(4) 受損公司負責主管，即消防部門主管名稱。

(5) 陳述公司對於提供社區服務的關心。

(6) 公司對員工的關係。

(7) 對於在現場協助的地方警察、消防人員及救助單位的感謝。

(8) 最近一家商店的位置。

15. 設備的核對

箱子及膠帶與膠帶機；掃帚；除臭劑；電風扇；堆高機與充電器及移動運送台；發電機（如電力中斷）；長柄拖把、水桶及絞扭機器；拖把；移動輸送台；收音機通訊設備；安全設備；鏟子；真空清潔器（清除煙霧）；橡膠清潔器；高壓或蒸氣清潔器；冷藏或冷凍卡車及拖車；水管及水管管口；獨輪手推車；暖氣加壓；其他卡車。

16. 對管理階層的報告

風險管理主管以摘要式的書面報告說明危機處理小組（CMT）處理的情況。此報告包括反映 CMT 處理危機效率的評估，介紹防止類似損失的方法及用來改進 CMT 效率的任何步驟。此報告也包括損失的日期、時間、損害原因及總金額的估計，及對公司最終成本的估計等資訊。

外發言人的設置（這涉及危機溝通，參閱第二十一章）；(3) 危機處理中心的所在地；(4) 救災計畫；(5) 送醫計畫；(6) 受害人家屬之通知程序；(7) 災後重建要點。

（三）商譽危機與信任雷達

前提及的各類危機，公司如處理不當，最終均將嚴重影響公司商譽，近年，商

譽已漸成為經濟學界 **2** 與管理學界獨立研究的議題，任何公司執行長，最掛心的兩件事，就是人與商譽，顯然，商譽危機管理，應是所有危機管理之首。商譽風險的評估與衝擊，可參閱第十章。下圖 18-3 則以時間為橫軸，觀察風險轉化為危機時的動態變化（Diermeier, 2011），同時，該圖也顯示商譽危機處理的最佳時機。

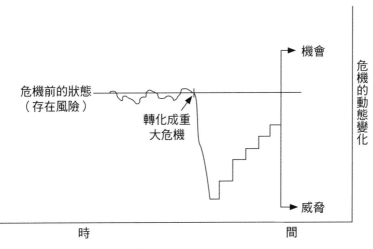

圖 18-3　風險轉化為危機時的動態圖

　　商譽危機也好，其它各類危機也好，所有利害關係人對公司的信任，是所有危機化為轉機的首要變項。影響公司的信任程度，有四種變項（Diermeier，2011），參閱圖 18-4。

　　從圖中的透明度（Transparency）開始，透明度，不是完全揭露（Full Disclosur）的概念，但揭露的部份，一定要作到完全透明，才能贏得信任，換言之，危機真相可只吐露部份，但吐露的部份，一定是透明，如此，才可增強信任程度。其次，說明專業度（Expertise）。專業度也是贏得信任的重要變項，公司本身如無對各種危機處理的專業團隊，那麼，可引進外部第三者專家團隊，提昇專業度，獲得信任。接下來，是承諾保證（Commitment）。對外承諾保證人，一定是要公司有完全決定權且應負責任的人，如此，承諾保證才會被相信是有效的。最後，就是需要同理心（Empathy）。這變項應是最重要，但也容易被忽略的。道歉固可表達同理心，但同理心，不等同道歉，沒有誠意的道歉更糟。危機處理過程

2　世界經濟論壇（World Economic Forum）於 2004 年即發布，商譽管理已遠超越財務績效管理，成為成功企業首要課題，閱 Power (2007). Organized uncertainty-designing a world of risk management. New York: Oxford University Press.

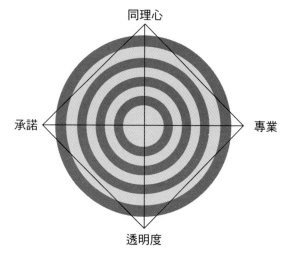

同理心

承諾

專業

透明度

圖 18-4 信任雷達

中，如能作到以上四項，那麼，公司不但能獲得信任，也才有機會化危機為轉機。

（四）危機管理成本與效益

危機管理成本，可分為易確認的成本與不易確認的成本。易確認的成本，大致上包括處理危機所需的交通費、暫宿費、設備耗損、處理危機時員工可能遭致的傷害與危機訓鍊成本等。不易確認的成本則是員工於危機期間，工作無效率的成本。危機管理效益，大致包括毀損財產得以快速復原、消除可能的重複浪費、維修人員可能因危機反而更熟悉如何改善維修效率、公共關係得以改善、可能獲得保險優惠有助於索賠管理與危機處理經驗的獲得等。

三、營運持續管理／計畫

營運持續管理／計畫，是公司治理的一部份，根據文獻顯示（Hiles, 2010），在過去，管理極為良好的公司，有八成重大風險事件，造成公司利潤降低 20%。這些重大的風險事件，例如重大火災、恐怖攻擊等，傷害了公司商譽名聲，造成商品或服務市佔率降低。很顯然，不論是危機管理、營運持續管理／計畫與風險管理，其管理對象沒甚不同，但三者目的與啟動時機，是有區別的，參閱後述。

（一）復原力的意涵

　　營運持續管理／計畫，以完成**企業復原力**（ER: Enterprise Resilience）為目標，所謂「復原力」（Resilience）一詞，主要來自材料科學，其意指材料受外力變形時，回復原始形狀的能力而言。因此，企業復原力，係指企業從重大風險事件中，回復正常營運績效水準的速度與能力（Sheffi, 2005）。國際知名的IBM公司，對企業復原力，作如下的定義：為了持續維持營運，成為可靠信賴的商業夥伴，並促進事業成長，企業快速調整及回應風險與機會的能力（Cocchiara, 2005）。

（二）營運持續管理／計畫意義與性質

　　營運持續管理／計畫，是一種整合性的管理過程，它是為了保障重要關係人利益，公司商譽名聲，品牌與創造價值的各類活動，整合**營業衝擊評估**（BIA: Business Impact Assessment），提供建立企業復原力的架構與有效反應風險的能力（Hiles, 2010）。其管理對象，前提及與危機管理及風險管理沒甚不同，但目的與啟動時機不同。危機管理重危機的立即解決，有時間緊迫性，主要實施於危機發生期間。營運持續管理／計畫，其目的是在公司遭受重大風險事件後，如何有效達成企業復原力，持續維持營運提昇長期競爭力。風險管理則主要是在提昇公司價值。

（三）營運持續管理／計畫的建置

　　營運持續管理／計畫的建置，一如專案計畫，啟動與運作之後，就需定期評估與持續檢討改善。參閱圖 18-5。

1. 營運持續管理／計畫的基礎

　　依圖 18-5 的最底層，即是開始建置時的基礎層，開始建置時，要先了解各利害關係人的利益，制定營運持續管理政策，組成營運持續管理小組，擬訂計畫與編製預算等。員工對營運持續管理的自覺與教育訓練，是啟動前的前置作業。這最底層的各個工作項目，都是營運持續管理／計畫是否成功的基石，亦即圖中，箭頭往上的概念。

2. 營運持續管理／計畫的了解層

　　完成基礎的奠定之後，則往上發展到了解組織層。在這層中，需作事先的營業衝擊評估（BIA: Business Impact Assessment），這可依據第十章，公司風險圖像為

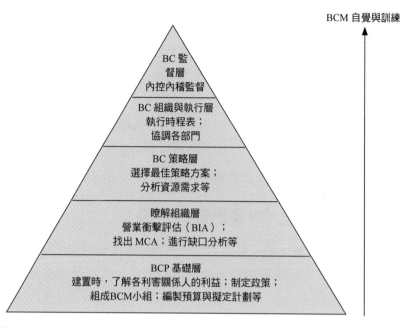

BCM 自覺與訓練

BC 監
督層
內控內稽監督

BC 組織與執行層
執行時程表；
協調各部門

BC 策略層
選擇最佳策略方案；
分析資源需求等

瞭解組織層
營業衝擊評估（BIA）；
找出 MCA；進行缺口分析等

BCP 基礎層
建置時，了解各利害關係人的利益；制定政策；
組成BCM小組；編製預算與擬定計劃等

圖 18-5 營運持續專案計畫的建置

基礎，進行重大風險事件發生時對整體營運的評估，這包括對公司目標、衝擊面、財務與產能的衝擊評估以及組織依存度的評估。最後評估，為維持營運所需基本資源準備與應有的備援及緊急應變計畫。其次，找出**關鍵活動點**（MCA: Mission-Critical Activities），了解風險胃納與重要資源準備，最後，設計回復正常營運時程圖，包括回復時間的目標（RTO: Recovery Time Objective）與回復點的目標（RPO: Recovery Point Objective）的考量，前者，例如訂三個月內回復，後者，例如回復多少交易或多少資料等。此外，更需留意缺口分析（Gap Analysis），亦即回復進程與正常營運水準間的落差。

3. 營運持續管理／計畫的策略層

　　了解組織現況，與在建置營運持續管理／計畫時所需相關資訊後，嗣後，即需擬訂各種方案策略，以成本效益分析法分析各方案的優劣，選擇與執行最佳化方案，此即策略層主要的內容。最佳營運持續計畫方案，會涉及風險控制與風險理財的相關措施，該計畫方案，至少需包括下列八項內容（Hiles, 2010）：

　　第一，關鍵活動點（MCAs）與在 RTO 與 RPO 目標下，最可靠回復行動計畫的優先排序。這些回復行動計畫，應考量關鍵活動的備援計畫（屬於風險控制中的

儲備手段）、營運的彈性計畫、企業文化的改善與相關的保險計畫（屬於風險理財措施）等。

第二，營運持續管理小組（BCMT: Business Continuity Management Team）的成員組成、代理人員，與其扮演的角色以及協調報告的對象。

第三，相關所需的資源，何時可獲得與如何取得。

第四，內外部協調報告對象的詳情。

第五，相關契約訊息與保險。營運持續計畫中，很需要的保險當推營業中斷保險與責任保險，安排營業中斷保險時，留意保障期間是否足夠？有否附加工作成本增加條款（ICOW: Increase Cost of Working）？以及兩種保險的除外與限制條款。

第六，營運持續管理報告的要求。

第七，如何處理與新聞媒體的關係。

第八，任何可幫助回復營運的任何資源，例如本章第一節的索賠管理等。

4. 營運持續管理／計畫的組織與執行層

策略方案選定後，當然要有人負責推展與執行，以角色功能編組，成立營運持續管理小組。該小組成員與角色，參閱表 18-3。

表 18-3　營運持續管理小組

營運持續管理小組	資訊技術小組	基層復原小組
設置負責的組長（預留備援人選）	設置負責的組長（預留備援人員）	設置負責的組長（預留備援人選）
成員： 財務長、行銷經理等。 角色功能： 對組織衝擊、制定執行策略等。	成員： 資訊工程師、數據分析員等。 角色功能： 與營運持續有關的資訊系統處理等。	成員： 部門經理、基層員工等。 角色功能： 執行救援、進行復原行動等。

5. 營運持續管理／計畫的績效監督層

最後，營運持續管理，需內部控制與內部稽核持續監控，營運持續管理過程中，也需隨時學習與訓練，其績效結果需提董事會報告，成為公司治理的重要部份，檢討改進，為往後營運持續管理奠定更良好的基礎。

四、本章小結

不論是索賠管理、危機管理與營運持續管理，時間都是重要變項，而且這三者可能是連動的，例如，索賠管理中，要求保險公司預付賠款，就是爭取時效，儘快獲取資源，不但可控制索賠成本，也可增加處理危機的資源，更可加速提昇企業復原力，回復正常營運。

思考題

❖ 你（妳）是公司總經理，會如何處理科技創新產品？如馬上替換掉自己公司產品，所產生的危機為何？

❖ 索賠管理、危機管理與 BCM 間，有何關聯？為何？

❖ 為何有人會說，危機就是危險與轉機？自己子女被綁架的危機，你（妳）會如何處理？

參考文獻

1. 張加恩（民國 78 年）。*風險管理簡論*。台北：財團法人保險事業發展中心。

2. Cocchiara, R. (2005 / 10). *Beyond disaster recovery: becoming a resilient business.* IBM.

3. Diermeier, D. (2011). *Reputation rules: strategies for building your company's most valuable asset.* Singapore: McGraw-Hill.

4. Fink, S. (1986). *Crisis management-planning for the inevitable.* Commonwealth Publishing Co., Ltd.

5. Head, G. L. (1986). *Essentials of risk control.* Vol.1. Pennsylvania: IIA.

6. Hiles, A. (2010). Business continuity management: how to prepare the worst. In: *Approaches to enterprise risk management.* Pp.85-89. London: Bloomsbury Information Ltd.

7. Power, M. (2007). *Organized uncertainty-designing a world of risk management.* New York: Oxford University Press.

8. Sheffi, Y. (2005 / 10). Building a resilient supply chain. *Harvard business review.* Vol.1. No.8

9. Tiller, M. W. *et al.* (1988). *Essentials of risk financing.* Vol.2. Pennsylvania: IIA.

第 19 章

風險回應（七）——
個別型決策

學習啟示錄

　　今天當下的決策，決定明天的命運，
當作完選擇的同時，也面臨了問題。

　　風險回應，除需對各類型回應工具的性質（參閱第十三至第十八章），以及其成本和效益有所了解外，就需對各相關回應方案，作出適切的判斷與決策。風險回應裡的決策問題類型，極為廣泛多元[1]，限於篇幅舉其要者，在本章與下一章中說明。至於，決策相關的理論，已在第七章提及。本章開始，主要運用風險回應中常見的決策分析工具[2]，分別對不同類型的問題，說明相關決策，這些相關決策過程中，如只涉及同類型風險回應工具的，稱為個別型決策（Single-Type Decision），例如，只涉及保險，或只涉及風險控制等，而會涉及需混合好幾類型風險回應工具的，稱為組合型決策（Composite-Type Decision）。個別型決策，在本章說明，至於組合型決策，則列入下一章。

　　決策，可分為確定情況下的決策（Bell and Schleifer, Jr. 1995）與不確定情況下的決策（Bell and Schleifer, Jr. 1995），顯然，風險管理中的決策屬於後者。其次，決策問題，有簡單的個別或個人決策問題，也有涉及極為複雜的團體或社會決策問題。決策問題，也可分成策略層次的決策與經營層次的決策，同時，決策者是單一個人，抑或是群體，其結果也會不盡相同。最後，風險管理決策，可分投資決策（Investment Decision）與財務決策（Financial Decision）兩大類，根據財務理論，在沒有交易成本情況下，只有投資決策可以增進公司價值，但真實世界裡，存在交易成本，因此，財務決策同等重要。

一、策略層投資決策——真實選擇權

　　採用真實選擇權（Real Option）作策略投資決策，比只用傳統投資決策分析工具，例如，現金流量折現法（DCF: Discounted Cash Flow）、敏感度分析（Sensitivity Analysis）、情境分析（Scenario Analysis）等，更可增加公司策略投資決策的彈性。運用真實選擇權作策略投資決策工具時，其具體執行的詳細過程，可使用蒙（Mun, J.）的風險模擬（Risk Simulator）軟體[3]，此處，僅簡要說明其決策

---

[1]　除了本章與下一章所提的問題類型外，交叉避險、多年期風險、多人風險等不確定情況下的各種問題，實在太多元，參閱 Bell and Schleifer, Jr (1995) Risk Management. Course Technology Inc.

[2]　決策分析工具也很多，各應用不同的問題類型，除本章與下一章所提及的工具之外，還有例如 PERT 分析或敏感度分析等。

[3]　該軟體均附於 Mun, J. (2006). *Real options analysis-tools and techniques for valuing strategic investments and decisions.* John Wiley & Sons, Inc. 一書中的 CD-ROM。

過程如下（Mun, 2006）：

1. 質化檢視哪些策略，在未來值得進行（Qualitative Management Scree-ning）

在追求公司願景與目標（MGO: Mission, Goals and Objectives）的情況下，檢視哪些策略，在未來值得進行，例如，可能有甲、乙、丙、丁等四項策略，經初步的檢視，在未來值得進行。

2. 進行時間序列與迴歸預測（Time-Series and Regression Forecasting）

針對通過第一步驟的每一專案策略，未來可能產生的成本與收入，利用歷史數據，進行時間序列與迴歸預測，或搭配質化判斷法預測，例如達爾菲法（Delphi Method）。

3. 基礎專案淨現值分析（Base Case Net Present Value Analysis）

將完成前兩項步驟的專案策略，當作基礎的專案（Base Case），使用靜態的現金流量折現法，檢測這些專案策略的淨現值，這過程還需經由以基礎專案，為對照組的敏感度分析、情境分析與龍捲風[4]的圖形（Tornado Diagram）分析，撿選出能驅動未來策略成功的關鍵因子（Critical Success Drivers）。

4. 進行蒙地卡羅模擬（Monte Carlo Simulation）

將第三步撿選出的驅動未來策略成功的關鍵因子，投入動態的蒙地卡羅模擬，找出這些關鍵因子的相關性，使分析更接近未來真實的情況。

5. 構思真實選擇的問題（Real Options Problem Framing）

經由前四項步驟後，每一專案策略成功的景像，會越明顯，此時即可開始以決策樹分析法（參閱後述），構思各種可選擇的策略機會，這些選擇，可包括擴張策略（Expansion Option）、延後策略（Deferral Option）、放棄策略（Abandonment Option）或轉換策略（Switching Option）等。

6. 真實選擇權模型化與分析（Real Options Modelling and Analysis）

透過蒙地卡羅模擬，計算分析真實選擇權的價值。

---

4 所謂龍捲風，是因在作 DCF 敏感度分析時，因不同折現率，與未來策略專案每年可能的成本與收入的變化，會造成每年淨現值有波動的上限與下限，將下限區段置左，上限區段置右，依每年上下限間的間距大小，小的置下，大的置上，劃出的圖形像龍捲風，故得名。

7. 組合與資源的適切性（Portfolio and Resource Optimization）

在既有預算限制下，尋求風險與報酬間最佳的策略投資組合。

8. 報告與更新分析（Reporting and Update Analysis）

最後，產生報告表，作判斷與決策，同時，隨著策略環境的變動，重新更替資訊，重新進行每一步驟的分析與調整。

綜合以上，真實選擇權的決策過程，由於更具彈性且計量特性較 DCF 強（Mun, 2006），因此，分析策略投資所顯示的風險與報酬更精確，參閱圖 19-1。從圖中，可得知採用 DCF 法所得結果顯示，風險（σ1）高，報酬（μ1）低，但採用真實選擇權時所得結果顯示，風險（σ2）低，報酬 （μ2）高。

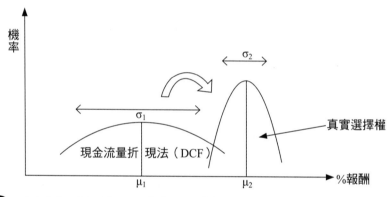

圖 19-1　風險與報酬的比較──真實選擇權與 DCF

二、經營層投資決策──實體安全設備

（一）替換搖伴桶的投資決策──資本預算術

投資購置實體安全設備，對風險的控制，是會直接改變風險分配的預期值與標準差（參閱第十三章）。依會計的觀點，實體安全設備的投資，是屬於投資性的資本支出，而非消耗性的收益支出。是故，傳統資本預算術（Capital Budgeting Technique）決策工具（Baranoff *et al*, 2005；謝劍平，2002），適合實體安全設備的投資決策。

茲舉一例說明如後，假設某一公司用 A 和 B 兩種化學原料，混合製造一種工業用清潔劑。嗣後，根據工業安全師的檢驗發現，當員工將化學原料 A，倒入 B 原

料的桶子混合搖伴時，A 原料會因濃度關係，散發出有害人體的氣味。公司風險管理人員對此提出兩種建議方案：第一方案，以 X 原料替代 A 原料，但需購買新式搖伴桶，如此始能適合 X 原料；第二方案，命令員工操作時帶上防護罩，避免吸入毒氣，並且在原搖伴桶中加裝毒氣過濾裝置，降低吸入機會。上述兩種方案，何者有利？

　　其次，第一方案中，購置新式搖伴桶，需花 $5,000，購入 X 原料，每年需另花費 500 元的維護費。該案預期的效益是，可使員工年平均傷害損失，從 $2,000 降為零。第二方案中，加裝毒氣過濾裝置，需花費 $7,500，且需另花 $200 購買防護罩，防護罩每年的維護費，需 $300。該案的預期效益與第一方案相同。此外，第一方案中的新式搖伴桶，使用壽命十年，第二方案中的毒氣過濾裝置及防護罩，使用壽命亦各為十年。假設稅率為 50%，採用傳統資本預算中的內部報酬率法（IRR: Internal Rate of Return）計算，內部報酬率法公式為：〔每年稅後淨現金流量／（1＋內部報酬率）〕＝原始投資額，表 19-1 顯示，第一方案，現值因子「5」，低於第二方案，現值因子「6.23」，藉由插補法計算，顯然可以得知，第一方案的

表 19-1　內部報酬率法

項　目	第一方案	第二方案
因素：		
投資支出	5000 元	7700 元
壽　命	10 年	10 年
殘　值	0	0
稅　率	50%	50%
淨現金流量分析：		
預期現金流入	2000 元	2000 元
減：維護費	500 元	300 元
稅前 NCF	1500 元	1700 元
減：稅負		
稅前 NCF	1500 元	1700 元
折舊	500 元	770 元
可稅所得	1000 元	930 元
所得稅（50%）	500 元	465 元
稅後 NCF	1000 元	1235 元
∵5000/1000 = 5 IRR 較大	∵7700/1235 = 6.23 IRR 較小	

IRR 勢必高於第二方案的 IRR。是故，選擇第一方案較為有利。

最後需留意，傳統資本預算決策法，通常不考慮投資計畫涉及的風險因子。此外，傳統資本預算決策法，除使用內部報酬率法外，**還本期限法**（Payback Period Approach）與**淨現值法**（NPV: Net Present Value Approach）也是常見的方法。其中，淨現值法特別值得留意，NPV ＝∑〔每年稅後淨現金流量／（1＋折現率）〕－原始投資額。淨現值高於零，表值得投資，而在做不同方案比較時，則淨現值越高，越有利。

上列 NPV 計算公式中的折現率，是指加權平均資金成本（WACC: Weighted Average Cost of Capital），而 NPV 考慮的是，投資計畫的現金總流量（Total Cash Flow），而不是現金流量的增量。其次，採用 WACC 為折現率，無法適當反映投資計畫的風險。是故，**調整現值法**（APV: Adjusted Present Value）乃因應而生。APV法，考慮投資計畫涉及的不同風險，並加以調整，而較佳的調整方式是，針對非系統風險（Unsystematic Risk）以調整現金流量處理，對系統風險（Systematic Risk）則調整折現率，尤其公司作海外實體安全設備投資時，調整現值法是值得正視的新方法（李文瑞等，2000）。

（二）自動灑水系統的投資決策——決策樹分析

決策樹（Decision Trees）是最古老的決策工具之一，性質上，它與貝式理念網（BBNs: Bayesian Belief Networks）[5] 及影響圖（Influence Diagrams）[6]，均與貝氏決策準則（Bayes Decision Rule）有關。基本上，它以期望值最大化為決策標準，是依時間順序，作思考邏輯的決策分析。決策樹有三種類型（Smith and Thwaites, 2008），一為常態形狀樹（Normal Form Tree），二為因果樹（Causal Tree），三為動態規劃樹（Dynamic Programming Tree）。此處，說明常見的動態規劃樹，動態規劃樹，由四方形的決策結點（Decision Node）與圓形的機會結點（Chance Node）繪製而成，由於其形如樹，故稱呼為決策樹。

設想風險管理人員，正考慮要不要裝置自動灑水系統，非常猶豫不決，如裝置自動灑水系統，需花費兩萬，同時，風險管理人員分析可能發生的結果有三種：第一，就是不發生火災（假設機率為 0.7）；第二，是發生火災且自動灑水系統完全發揮功能，那麼遭受的損失只有兩萬元（假設機率為 0.2）；第三，是發生火災

---

[5] 貝氏理念網，可參閱第十章。

[6] 影響圖可參閱第十章圖10-6。

但自動灑水系統沒有完全發揮功能，那麼遭受的損失就會有八萬元（假設機率為0.1）。相反的，如果不安裝自動灑水系統，其可能發生的結果只有兩種：第一，就是不發生火災（假設機率為 0.7）；第二，是發生火災，損失八萬元（假設機率為 0.3）。這時風險管理人員就可畫出簡單的決策樹，如圖 19-2。

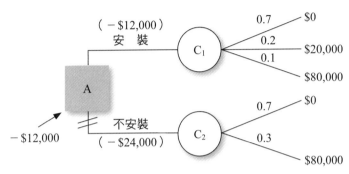

圖 19-2　決策樹

根據圖 19-2 分別計算每種結果期望值的大小，並以反推（Rollback）方式決定最佳結果。在機會結點 C_1 的期望值總計是負 12,000元，在機會結點 C_2 的期望值總計是負 24,000 元。因此，風險管理人員的決策，是安裝自動灑水系統。

（三）損失控制專案的投資決策──成本效益分析

假設某公司要進行損失控制的五年專案投資，改善公司風險分配的情況，原始投資額是 $55,000，以後每年維護成本 $5,000，該專案實施後的第二年開始，就可每年減少意外損失成本 $20,000。茲運用成本效益分析（CBA: Cost-Benefit Analysis）（Downing, 1984; Fone and Young, 2000），分別以無風險年利率 5% 與年市場報酬率 16.5% 計算淨現值，如表 19-2 與表 19-3。

下兩張表，雖然採用不同的折現率，但淨現值結果均是正值，但表 19-2 的 NPV 較大。從計算過程中可清楚知道，採用不同的折現率，對結果會有影響，因此，運用 CBA 作決策時，採用何種折現率甚為重要，還有，關於成本與效益要包括哪些的問題，本例簡單明確，故沒問題，但遇到更複雜的環境風險問題時，成本與效益就可能引發高度爭議（Downing, 1984）。

表 19-2 成本效益分析（無風險年利率 5%）

年度底	原始投資	效益	維護成本	成本與效益間的差額	折現因子	淨現值
0	55,000			（55,000）	1.00	（55,000）
1			5,000	（5,000）	0.95	（4,750）
2		20,000	5,000	15,000	0.91	13,650
3		20,000	5,000	15,000	0.86	12,900
4		20,000	5,000	15,000	0.82	12,300
5		20,000	5,000	15,000	0.78	11,700

表 19-3 成本效益分析（年市場報酬率 16.5%）

年度底	原始投資	效益	維護成本	成本與效益間的差額	折現因子	淨現值
0	55,000			（55,000）	1.00	（55,000）
1			5,000	（5,000）	0.86	（4,292）
2		20,000	5,000	15,000	0.74	11,052
3		20,000	5,000	15,000	0.63	9,487
4		20,000	5,000	15,000	0.54	8,143
5		20,000	5,000	15,000	0.47	6,990

（四）損失後的再投資決策

公司價值極大化為風險管理的目標，前已提及，權益市值損失是評估意外損失對公司價值影響的最佳方法，意外損失發生將影響公司生產規模。假如，損失前生產規模，符合價值極大化目標的要求，損失後是否再投資，使公司生產規模恢復損失前的水準，在完全市場的情況下，則依報酬率是否超過資金成本而定。實際上，損失後是否再投資，尚需考慮營業中斷期間的長短財產的殘餘價值與處理成本等的影響。理論上，有一簡單的值可供參考，這個值稱為托賓（Tobin, J.）值，以符號「q」表示。托賓的 q 值（Tobin, 1969）是公司價值與資產重置價值（Replacement Value of Assets）的比例。托賓值如高於、或等於一，損失後可進行再投資，否則應放棄。然而，公司托賓值低於一，是很平常的，放棄再投資，似乎與風險管理中損

失後繼續營業目標的要求有所抵觸。是故，托賓值當作再投資的決策標準，並非沒有爭議（Doherty, 1985）。

三、經營層財務決策——保險理財

（一）保險理財決策的基本考量

保險賠款，可提供損失後再投資的資金來源。同時，保險亦有穩定公司未來收益來源的功效，是故，保險的購買是重要的理財決策之一。購買保險旨在轉嫁風險，公司在決定購買保險與否間，需考慮三個基本因素：第一個因素，是保險費率，此點需依費率結構項目分別考慮。首先，需考慮純保費部份，公司規模夠大，例如跨國公司，損失資料夠充分，計得的損失期望值如果低於純保費，此時可傾向不買保險。其次，需考慮附加保費中各個費用項目，例如，損失控制服務品質與行銷人員佣金的合理性等，其實附加保費，才是購買保險的實質代價。換言之，不買保險，實質的節省，才是來自附加保費。蓋因，純保費部份，不會因不買保險獲得節省，第二個因素，是公司對風險的承受力，風險承受力涉及公司財力，公司如果傾向不買保險，那麼，自我承擔風險的能力有多強，以及自我承擔的花費需多大，均需思考；第三個因素，是機會成本。

（二）購買保險的決策模式

休斯頓（Houston, 1964）建構了兩種檢測購買保險與否的簡單模式。第一種以機會成本觀點建構，閱表 19-4。第二種以公司淨值觀點建構，閱表 19-5。

表 19-4　購買保險與否的檢測模式——機會成本觀點

(1) 購買保險的機會成本	$I = P(1+r)^t$	P＝保費	t＝期間數
		r＝投資報酬率	I＝保險
(2) 不買保險的機會成本	$R = [L + S + X](1 + r)^t - X(1 + i)^t$		
	R＝承擔風險	L＝平均損失	
	S＝行政費用	X＝因承擔風險提列的基金	
	i＝利率	t＝期間數	
(3) 如 I＞R 則承擔風險	如 I＜R 則購買保險		

表 **19-5** 購買保險與否的檢測模式──公司淨值觀點

（一）購買保險後，公司年底財務報表淨值 $FPb = NW - P + r(NW - P)$

　　　FPb　表購買保險後，年底報表淨值

　　　NW　表年初報表淨值

　　　P　　表保險費

　　　r　　表資金運用的投資報酬率

（二）完全承擔損失，公司年底財務報表淨值 $FPnb = NW - L + r(NW - F - L) + iF$

　　　FPnb　表不買保險時，年底報表淨值

　　　F　　表不買保險時，提存的基金

　　　L　　表平均損失

　　　i　　表基金存放於銀行或購買短期債券的利率

　　FPb＞FPnb 時，購買保險，有利；反之，則否。

（三）保險規劃的基本準則

1. 彈性運用準則

　　規劃保險，需了解保險市場，有時市場疲軟，這時可深度運用保險，有時市場艱困，此時無需太依賴保險，每個險種市場的疲軟或艱困，會因時而異。是故，風險控制及另類風險理財，應適時與保險，彈性搭配。以公司風險預算圖來看，每年在一定的預算下，依市場環境的改變，需適度調整保險、風險控制與另類風險理財間的預算分配，閱圖 19-3。

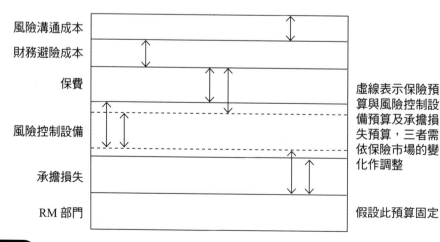

圖 **19-3**　風險預算分配

2. 分層負責準則

在彌補損失資金來源方面，保險衍生品與另類風險理財，應分層負責。在風險值位於低層者，發生機會較高，一般由另類風險理財負責。在風險值較高的一層，發生機會較低，保險與衍生品通常負責該層。閱圖 19-4。

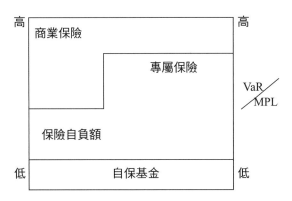

風險理財分層負責

3. 適切險種準則

在一定的監理水準下，各保險公司推出的各類險種間有共通部份，聚焦差異部份的比較分析，且能滿足公司需求條件的保單，即為適切的保單。比較各類險種時，也需留意比較基礎的一致性，比較的項目包括費率、承保條件範圍與理賠計算基礎。

4. 保險需求分層準則

公司保險的需求層次，可依法令與契約的要求，作如下的劃分：第一個層次，是非買不可（Should Have）的層次，此種需求，通常係基於法令的強制性產生，例如，勞保等。另外，此種需求也可能與契約的強制要求有關，例如，以財產為抵押向銀行借款，銀行會要求抵押人投保火險等；第二個層次，是必須買的（Must Have）層次，此種需求通常基於公司的合理分析，認為必須買而產生的；第三個層次，是也許需要買的（May Want to Have）層次，此種需求可能基於人情關係而來的，買或不買均無妨。其次，需買多少保險金額，理論上依相關風險值高低而定。

5. 信譽良好準則

保險是最高誠信（Utmost Good Faith）的事業，選擇良好信譽的保險公司或保

險輔助人是極其重要的。選擇保險公司，應考慮三個要素：第一，保險公司的財務安全性。蓋因，保險公司的財務結構是否健全，能影響對保戶的清償能力；第二，保險公司的售後服務，保險公司的售後服務品質，關係各項保險權益；第三，保險公司的信用。

6. 保單條款準則

保單條款準則，是錄自本書附錄 101 風險管理準則的技巧準則部份，該部份準則，是針對商業財產保險單條款，在可磋商的情況下公司在條款安排上該留意的原則。至於制式條款的個人保險 [7]（Personal Line Insurance），通常無磋商空間。這些準則包括：第一，保單條款中有關記名被保人、通知和註銷條款、投保區域的規定等，應求取一致（Insurance policy provisions should be uniform as to named insured, notice and cancellation clauses, territory, etc.）；第二，所有保單中的「通知」條款，應被修訂成通知特定單位或個人的通知條款（The "notice" provision in all insurance policies should be modified to mean notice to a specific individual.）；第三，年度累積式基本保單的期間應與超額保單期間一致（Primary policies with annual aggregates should have policy periods which coincide with excess policies.）；第四，應取得火災和鍋爐機械保險的聯合共同損失協議條款。（Joint loss agreements should be obtained from fire and boiler and machinery insurers.）；第五，公司的汽車保險方案中，應加入「駕駛他車」的保障條款。（Add "drive other car" protection to your corporate automobile insurance.）；第六，應消除共保條款（Eliminate coinsurance clauses）；第七，應該認識清楚「請求索賠」責任保單和「代被保人賠償」責任保單的涵義和其間的區別（Know the implications of and difference between "claims made" and "pay on behalf of" liability contracts）；第八，透過契約而承受的風險，不一定需由契約責任保險來承保（Risks accepted under contracts are not necessarily cover under contractual liability coverage）；第九，應將員工納入責任保險的被保人中，並採用較為廣義彈性的用語，以避免並防範懷有惡意的他人（Add employees as insureds liability contracts. Use discretionary language to avoid defending hostile persons.）。

---

[7] 個人保險，是商業保險 （Commercial Line Insurance）的相對名詞，前者是指個人投保的保單，例如個人終身險或住宅火險等，後者是團體投保的保單，例如團體保險或商業火險等。

（四）損失後理財決策

損失後理財，是風險承擔的特質，其交易成本、時效性與自主性均應妥善考慮。每一理財措施應以加權平均資金成本的高低為決策標準。現金除外，所有的損失後理財均有交易成本，例如，證券出售，有證券交易費。再如，公司債發行，會有發行、承銷、法律與會計費用。現金與出售有價證券較有自主權，因而時效性高。增資與借款需動用外部資金，自主性弱，因而時效性低。最後，採用不同的損失後理財，對公司價值亦會有不同的影響（Doherty, 1985）。

（五）決定風險承擔水平的經驗法則

經驗法則（Rules of Thumbs）在風險管理上，有時極為管用，蓋因，不是所有風險均能客觀計量，進而以較科學的方式回應風險。決定風險承擔水平，可參考下列各種經驗法則：

1. 運用資本法

以當期運用資本（流動資產－流動負債）的 1% 至 5% 為承擔水準的合理範圍。

2. 盈餘／收益法

以當期盈餘和前五年稅前平均收益總計的 1% 為承擔水準；

3. 股東權益法

以最近一年股東權益的 0.1% 為承擔水準。

4. 銷貨額法

以當期銷貨額的 1% 為承擔水準。

5. 每股收益法

以每股收益的 10% 為承擔水準。

6. 資產負債表法（Dwonczyk *et al* 1989）

從資產負債表中，決定承擔水準，其過程如下：

符號「A1」表示「運用資本＝（流動資產－流動負債）」。

符號「A2」表示「現金＝（銀行存款＋庫存現金）」。

符號「B1」表示「淨值＝（股本權益＋各項準備）」。

符號「B2」表示「有形資產＝（總資產－無形資產）」。

符號「B3」表示「銷貨毛額」。

符號「C1」表示「未來一年預計收益」。

符號「C2」表示「前三年收益，經通貨膨脹調整後的平均值」。

依經驗法則，F1＝A1×3％；F2＝A2×25％；F3＝B1×2％；F4＝B2×2％；F5＝B3×1.25％；F6＝C1×5％；F7＝C2×5％。

平均值為 $\sum Fi / 7 = AVE$；標準差為 $\sqrt{\sum(Fi - AVE)^2 / 7} = SD$。

承擔水準則設定為 AVE－（SD/2）。

四、經營層財務決策──衍生品避險

此處，衍生品避險的個別型決策，事實上在第十五章，曾說明每一衍生品之意義時，也同時說明了這類個別型的決策。在本節中，基於企業國際化的重要性，選擇跨國公司面對的外匯風險為例，說明如何使用外匯選擇權避險的過程。

設想某甲為某跨國公司經理，假設在六月時，向法國進口一批貨物，約定三個月後，以歐元付款，總額為 625,000 歐元。已知目前市場上，履約價格為 130 美分的九月歐式歐元買權的權利金為 0.04 美分，此情況下，某甲如何迴避三個月後，因看漲歐元，可能相對於美元升值的風險。此時，他可買入歐元外匯選擇權[8]，假設該選擇權一口契約大小為 62,500 歐元，那麼甲需買十口，這項買權成本（權利金），是 250 美元（62,500×10×0.04÷100）。其次，假設三個月後，歐元是升值，其即期匯率為 1.3050 高於履約價格的1.3000，那麼甲執行歐元買權的結果，公司只要付出 812,500 美元（1.3000×625,000）即可，迴避了歐元升值的風險，蓋因，甲如沒買歐元外匯選擇權，公司需付出 815,625 美元（1.3050×625,000），會多付 3,125 美元（815,625 美元－812,500 美元）。

---

[8] 此處的歐元外匯選擇權，是 PHLX 歐元外匯選擇權，其主要內容有：契約大小是 62,500 歐元；權利金報價為每單位多少美分；最小變動單位為每單位 0.01 美分；部位限制，200,000 口等。本例中，為方便計，數字直接節錄自廖四郎與王昭文（2005）。《期貨與選擇權》。第544 至 546 頁。台北：新陸書局。

五、本章小結

　　個別型決策，雖較為簡單，但對公司價值的影響，與組合型決策對公司價值的影響同樣重要。舉凡真實選擇權、實體安全設備投資、保險與衍生品以及損失後理財，在回應風險議題時，均需公司風險管理人員作出適當的判斷與決定。

思考題

❖ 以個人立場設想，使用決策樹，分析購買保險與否的決策。

❖ 有筆閒置資金，假如只能選一種，買保險還是買選擇權？為何？

參考文獻

1. 李文瑞等（2000／12）。海外直接投資之資本預算決策。*華信金融季刊*。第十二期。第 135 至 155 頁。

2. 廖四郎與王昭文（2005）。*期貨與選擇權*。台北：新陸書局。

3. 謝劍平（2002）。*財務管理-新觀念與本土化*。台北：智勝文化。

4. Baranoff, E. G. *et al* (2005). *Risk assessment.* Pennsylvania: IIA, USA.

5. Bell and Schleifer, Jr (1995) *Risk Management.* Course Technology Inc.

6. Bell, D. E. and Schleifer Jr., A. (1995). *Decision making under certainty.* Course Technology Inc.

7. Bell, D. E. and Schleifer Jr., A. (1995). *Decision making under uncertainty.* Course Technology Inc.

8. Doherty, N. A. (1985). *Corporate risk management-a financial exposition.* New York: McGraw-Hill Book Company.

9. Downing, P. B. (1984). *Environmental economics and policy.* Boston / Toronto: Little, Brown and Company.

10. Dwonczyk, D. *et al.*(1989). The corporate balance sheet-a critical financial risk management programme indicator. *Captive insurance company review.* Dec. 1989. London: RIRG. Pp.11-17.

11. Fone, M. and Young, P. C. (2000). *Public sector risk management.* Oxford: Butterworth / Heinemann.

12. Houston, D. B. (1964). Risk, insurance and sampling. *Journal of risk and insurance.*

December.

13. Mun, J. (2006). *Real options analysis-tools and techniques for valuing strategic investments and decisions.* John Wiley & Sons, Inc.

14. Smith, J. Q. and Thwaites, P. (2008). Decision trees. In: Melnick, E. L. and Everitt, B. S. ed. *Encyclopedia of quantitative risk analysis and assessment.* Vol.2. pp.462-470.

15. Tobin, J. (1969). A general equilibrium approach to monetary theory. *Journal of money credit and banking.* Vol.1. 1969. pp.15-29.

第 20 章

風險回應（八）——
組合型決策

學習啟示錄

對付頑皮小孩，往往要雙管，甚或多管齊下，
最好是，一手拿棍棒，另手拿糖果。

根據文獻（Doherty, 2000）公司交易成本（參閱第七章），會降低公司現金流量的預期值，進而影響公司價值，因此，本章先說明降低交易成本所需採取的雙元策略（Doherty, 2000）。其次，針對各類型風險回應工具的混合進行說明。最後，說明風險管理與資本管理的整合概念。

一、降低交易成本的雙元策略

公司經營本就存在風險，但如無交易成本，對股東言，就無需風險管理（參閱第七章），因此對股東言，風險本身不是重點，重點是，它會引發各種交易成本，間接降低股東平均報酬，這些交易成本包括：(1) 來自風險性現金流量所增加的租稅負擔；(2) 來自公司可能破產，所增加的預期成本；(3) 來自公司財務困境的代理成本，可能導致的無效率投資；(4) 可能因沒有避險，排擠掉新的投資機會；(5) 可能因管理人員的風險迴避，造成管理的無效率；(6) 可能因利害關係人的風險迴避，簽訂不適當的契約。為了減輕這些成本，需要雙元策略（Dual Strategy），一個就是移除產生問題的原因，風險即可迴避，是為迴避[1]策略（Hedging Strategy），另一個策略就是調適策略（Accommodation Strategy），也就是重新組織或重新設計，改變風險結構，使其引發的交易成本降低。在此留意，此一雙元策略，是針對交易成本，並非針對公司面對的各類風險所採用的風險控制與風險理財的雙元策略。降低這些交易成本，就是想提昇股東的平均報酬，每一不同策略，對這些報酬均會有影響（Doherty, 2000）。例如，針對一項每年產生不確定現金收益（例如，100 萬或 200 萬收益，各佔一半機會）的資本性投資，在作決策時，要考慮租稅問題，如果對這類不確定收益的風險，可以透過購買保險轉嫁的話，也就是採用迴避策略，那麼可降低租稅負擔。如果針對該項資本性投資，改為買後又出租給別家公司，那麼就是採取調適策略，從而改變了風險結構，也同樣可降低租稅的負擔。

---

[1] 根據文獻（Doherty, 2000）中所述，Doherty, N. A. 所言「避險」，是採廣義通俗的說法，其所言英文的 Hedging 包括了購買保險、風險控制中的迴避與衍生品中的避險、風險中和、對沖、套利等概念，但本書對「避險」一詞，是用在衍生品領域。購買保險則稱為轉嫁，風險控制中的 Avoidance 則稱呼迴避。換言之，本書避險一詞，是採狹義嚴謹的用法。因此，Doherty, N. A. 所言英文的 Hedging，在此著者不譯成避險，而依其義，譯成迴避。

二、組合型決策──保險與承擔

　　承擔與轉嫁的混合型態，有三種類型：第一種類型，是保險不足型（Inadequate Insurance），亦即不足額保險契約（Under Insurance Contract），這種型態，當損失發生時，財產實際現金價值會高於投保金額。因此，公司需負擔保險賠款不足部份，該類型在管理風險上並不鼓勵；第二種類型，是自負額保險型（Deductible Insurance），保險自負額，是承擔與保險的組合，損失發生時，公司先承擔一部份，至於承擔多少，依自負額種類而定，其餘損失則由保險人負責；第三種類型，是**超額保險**（Excess Insurance）與 ART 中的相關商品。超額保險，可被視為自我保險與巨額保險的組合，公司以自我保險承擔風險，然為恐巨額損失發生，購買巨額保險，保障風險值高層次部份，換言之，損失底層由自我保險負責，高層的額度由保險負責，此類型的保險，又稱為限制損失保險（Stop-Loss Insurance）或也可說是，大自負額保單（LDP: Large Deductible Policy）。至於 ART 中的相關商品，例如，有限風險保險／再保險、追溯費率計畫等。第二與第三種類型，可聯結第十九章中的圖 19-4，一起思考。以上三種類型，可表示如圖 20-1，本節旨在說明第二種類型。

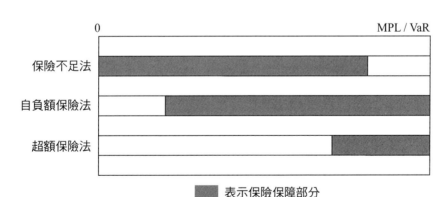

圖 20-1 承擔與轉嫁混合的三種類型

（一）保險自負額的種類

　　自負額種類相當多，不同險種所採用的自負額不盡相同，例如，健康保險中，採用等待期間為自負額，汽車損失保險中，採用固定金額為自負額等，此處，說明商業保險（Commercial Line Insurance）中常見的四種自負額如下（Trieschmann and

Gustavson, 1998）：

1. 固定式自負額（Straight Deductible）

　　這是既簡單又普遍的自負額，此種自負額以每次損失（Per-Loss）為基礎。是故，它又稱為每次損失自負額（Per Loss Deductible），通常以固定金額，例如，兩千元、四千元不等的金額表示。假設，實際損失二萬元，自負額兩千元，則公司承擔兩千元，其餘一萬八千元，由保險人負責。

2. 起賠式自負額（Franchise Deductible）

　　起賠式自負額，以損失佔標的物實值的百分比表示，起賠意即損失如低於自負額的百分比，一律不賠償，反之，如超過自負額的百分比，則如數賠償。此點與固定自負額有所不同，此種自負額，通常用於海上貨物保險。以 3% 起賠額為例。假設，某貨物價值三千元，保險自負額為 3% 起賠額，起賠點為九十元（$3,000×3% = $90），損失低於九十元，不賠，高於九十元，全賠。

3. 消失式自負額（Disappearing Deductible）

　　此種自負額，是固定式自負額與起賠式自負額的混合變種，自負額會隨損失金額的增加而消失，故稱消失式自負額。此種自負額，除了有類似固定式自負額金額的設定外，還有所謂「消失點」（Disappearing Point）金額的訂定。消失點的金額，必高於固定式自負額，因此，如果損失低於固定式自負額，則不予賠償，如果損失，落在固定式自負額和消失點金額間，則公司獲得賠償的金額，是損失扣除固定式自負額後的某一百分比，百分比通常為 111% 或 125%，依契約而定。此百分比又稱為「損失轉換因子」。（Loss Conversion Factor）例如，契約約定，消失點金額為 10,000 元，固定式自負額 1,000 元，那麼，損失轉換因子 = 消失點金額／（消失點金額減固定式自負額）。亦即 10,000 ÷（10,000 － 1,000）= 1.11 = 111%。如果，損失超過消失點金額，則保險人如數賠償。其賠償公式為：賠款 =（損失金額－固定式自負額）×損失轉換因子。是故，當損失900元時，保險人不賠，當損失 8000 元時，保險人賠7,770元（$8,000 － $1,000）× 1.11），當損失 12,000 元，保險人全賠，很顯然，自負額隨著損失金額的增加而消失。

4. 累積式自負額（Aggregate or Stop Loss Deductible）

　　此自負額，以期間為基礎，這不同於固定式自負額，以每次損失發生為基礎，因此，在保險期間內，每次損失金額，均由累積自負額中扣除，當累積自負額用盡

時，始由保險人賠償的一種自負額。假如，一次的損失金額就超過累積自負額，除餘額由保險人賠償外，往後的損失亦由保險人負責。

（二）現金流量與自負額

上列四種自負額，對公司現金流量的影響，均不盡相同，以固定式自負額與累積式自負額對現金流量的影響為例，說明如後，參閱表 20-1 與表 20-2。

表 20-1 某公司某年火災損失分配表

(1) 損失金額	(2) 損失次數	(3) 組中點	(4) = (3)×(2) 總計
0	0	0	0
1＜5,000	90	2,500	225,000
5,000＜10,000	6	7,500	45,000
10,000＜15,000	3	12,500	37,500
15,000＜20,000	1	17,500	17,500
	100		325,000

表 20-2 某公司某年火災損失負擔金額的計算

損失金額在五千元以下者（公司自己負擔）	90 次	平均損失總計	$225,000
損失金額超過五千元者（公司每次負擔五千元,其餘保險公司賠償）	10 次（6＋3＋1 次）	公司負擔的損失總計	$50,000（$5,000×10 次）
			$275,000（公司負擔之總數）

表 20-2，是根據表 20-1 與固定式自負額五千元的條件下編製而成。根據表 20-2 得知，公司需負擔全部損失的 87%（$275,000 / $325,000）。同時，約定固定式自負額與否，對損失分配有不同的影響，參閱圖 20-2 與圖 20-3。

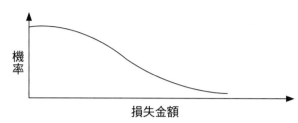

圖 20-2 不約定自負額時的損失分配

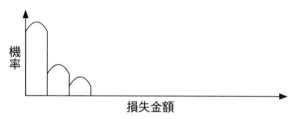

圖 20-3 約定固定式自負額時的損失分配

其次，購買保險時，約定自負額代表公司需承擔部份風險，因此，公司需考慮是否有財力負擔？即使有能力負擔，資金哪裡來？時間可否配合？均是現金流量上的重要問題。

另一方面，同上述情況，如果公司約定的是累積式自負額，則對公司現金流量的壓力，就會減緩。例如，保單自負額如此約定，累積自負額十萬元，每次損失自負額五千元，則很顯然，累積自負額頂多在發生二十次損失（每次損失均等於五千元的話）後即用盡，而往後發生的損失，只要在保單期間內，均可獲得保險賠償。累積自負額為十萬，公司只需負擔全部損失的 30% 左右（$100,000 \div $325,000），此種損失負擔，對公司現金流量的需求減緩很多，除此之外，相較於固定式自負額，風險管理人員在做財務預算及資金調配時，負擔範圍明確，有助於財務規劃。是故採累積式自負額，就財務資金規劃上，是較固定式自負額，也就是每次損失自負額為佳。採累積式自負額，在財務資金預算上，相當明確且可從容籌謀，固定式自負額，則相反（因損失次數不容易控制，應負擔的損失金額，難事先精確預估）。改採累積式自負額後，損失分配參閱圖 20-4。

圖 20-4 約定累積式自負額時的損失分配

　　綜合以上，保單自負額對公司財務上的功用，雖因種類而異，但可歸納為兩種（Valsamakis, A. C. *et al*, 2002）：一為，可獲取現金流入的效益（Cash Inflow Benefit），大部份的自負額均有如此功效，因保費可減少；另一為，可使公司現金流量獲得較安全的保障（Cash Flow Protection），累積自負額在此方面，就較固定式自負額為佳。

（三）自負額的決定

　　自負額的決定，有經濟分析法、模式計算法、經驗判斷法與統計分析法等四種（Dickson, *et al*, 1991），依序說明如後。

1. 經濟分析法

　　首先，參閱圖 20-5。

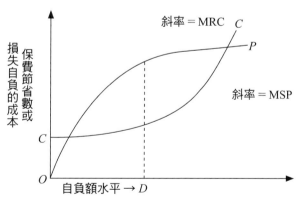

圖 20-5 經濟分析法下最適自負額的決定

極大化　　S－C

限制條件　D＜FC（1＋R）

　　　　　D＝最適切自負額

　　　　　FC＝公司吸納損失的能力

　　　　　S＝保費節省數

　　　　　R＝可接受的波動範圍

　　　　　C＝損失自負的預期成本　　　（O＜R＜1）

圖 20-5 中，OP 代表保費節省數曲線。無自負額時，保費節省數為零。是故，OP 線從原點開始，隨著選擇的自負額愈大，保費節省數也愈增加，但會愈來愈緩慢。CC 代表自負額下的預期成本曲線。此成本線含括固定成本 OC，而其他變動成本，則隨自負額的增加而變動，如自負額愈大，管理上愈困難，亦即成本會增加。是故，CC 曲線係向上揚升的，此曲線不從原點開始，乃因即使不約定自負額，固定成本仍存在，例如，被保人與保險公司的磋商成本。OP 線的斜率是為邊際保費節省（MSP: Marginal Saving in Premium），CC 線的斜率是為邊際承擔成本（MRC: Marginal Retention Cost）。依經濟分析的觀念是 MSP＝MRC 下的保費節省數最大。是故，選擇 OD 為自負額。如果公司的財務能力，可以吸收 OD 水準下的損失，且預期成本線 CC 與未來實際成本相符，那麼 OD 當然是最佳選擇。

2. 模式計算法

　　模式計算法有兩種：一為總預期成本公式，二為休斯頓（Houston, D. B.）模式。首先說明總預期成本公式，其公式如下：

$\boxed{\text{TEC}＝P＋D×Q}$ TEC＝總預期成本　P＝保險費　D＝自負額　Q＝平均損失頻率

此公式，通常用來決定固定式自負額，參閱下表 20-3 與表 20-4。

表 20-3　營業小客車保險費與損失統計記錄

營業小客車保險費			損失統計			
自負額	保險費		年度	車輛數	車禍次數	總損失成本
0	400					
100	290		1	2000	320	82,000
250	240.5		2	1700	200	70,000
500	191.75		3	2100	480	110,400
5,000	137.5		4	2200	640	163,850
10,000	65		5	2000	360	87,500

依據資料顯示車禍總次數，五年間，總計 2,000 次，車輛數總計 10,000 輛，因此，平均損失頻率 Q = 0.2 = 2,000／10,000或 = 400／2,000

表 20-4　固定式自負額總預期成本法

TEC	=	P	+	D	×	Q
400		400		—		0.2
310		290		100		0.2
290.5		240.5		250		0.2
291.5		191.75		500		0.2
1,137.5		137.5		5,000		0.2
2,065		65		10,000		0.2

將相關數據，代入總預期成本公式中，得出金額最低的 TEC，所對應的自負額為 250。

其次，說明休斯頓（Houston, D. B.）模式，依休斯頓（Houston, 1964）建構模式的原理（參閱第十九章），可導出決定累積式自負額的模式，參閱表 20-5。

綜合第十九章休斯頓（Houston, D. B.）的兩個公式與表 20-5 的公式，以某公司情況加以說明。某公司年初財務淨值一億二千萬。預期投資報酬率百分之十六。不考慮風險，年底可預期的財務淨值為一億三千九百二十萬。然而，公司經營必有風險，為了管理，公司為三千萬價值的廠房，購買火險共花保費六十萬。年底淨值，依休斯頓（Houston, D. B.）公式的計算，變為一億三千八百五十萬四千元【138,504,000 = 120,000,000 − 600,000 + 0.16（120,000,000 − 600,000）】。

表 20-5 累積式自負額對公司淨值的影響

累積式自負額對公司年底財務淨值之影響公式：

$$FP_D = NW - Pd - KD + (NW - Pd - KD - F) + iF$$

FP_D　表採累積式自負額時年底報表的淨值

Pd　　表累積式自負額水平下對應的保費

KD　　表累積式自負額水平下的平均損失

i，F，NW　含義與前同（參閱第十九章）

另一方面，不購買保險，但依財產價值的百分之十五提列損失彌補基金，共四百五十萬。此基金存放銀行，利率為百分之十。依過去經驗，三千萬財產的平均損失為五十萬。依休斯頓（Houston, D. B.）公式的計算，年底公司財務淨值變為一億三千八百三十五萬元【$138,350,000 = 120,000,000 - 500,000 + 0.16$（$120,000,000 - 500,000 - 4,500,000$）$+ 0.1$（$4,500,000$）】。

公司風險管理人員提出第三方案，改採累積式自負額保險。累積式自負額訂為一百萬。同時，提列一百萬的基金，存放銀行，利率仍為百分之十。一百萬累積式自負額，對應的保費為三十五萬。依表 20-5 公式，計算年底淨值影響前，應由保險費率資料中計算 KD 值。

設保險費中，附加保費佔總保費的百分之二十五。顯然，無自負額時，總保費中的純保費為四十五萬（$600,000 \times 0.75$）。保險人對自負額保險，允許保費折扣。此例中保費折扣率為百分之四十二（$600,000 - 350,000 / 600,000$）。是故，累積自負額一百萬元下的平均損失，即 KD 值為十八萬九千元（$450,000 \times 0.42$）。計得此數後，依表20-5 公式，計算公司年底的淨值為一億三千八百六十九萬五千元【$138,695,000 = 120,000,000 - 350,000 - 189,000 + 0.16$（$120,000,000 - 350,000 - 189,000 - 1,000,000$）$+ 0.1$（$1,000,000$）】。

此外，前述說明中，公司係先決定累積式自負額水平，再計算其對公司淨值的影響。如果反向運算，風險管理人員可得知，該訂定多高的累積式自負額。要解答此一問題，可令 $FPb = FPD$ 求出 Pd 值。Pd 值對應的累積自負額水平，就是答案。根據前例，計得 Pd 值為保費三十五萬八千六百二十元。計算過程如下：

$$138,504,000 = 120,000,000 - 189,000 - Pd + 0.16（120,000,000 -$$

$$Pd - 189,000 - 1,000,000）+ 0.1（1,000,000）$$

$$\therefore Pd =（138,920,000 - 138,504,000）／ 1.16 = 358,620（小數點去除）$$

3. 經驗判斷法

　　經驗判斷法，是採用對比法則（Paired Comparison），該法則係將每一不同水平的自負額的差額，與其對應的保費節省間，一一對比，判斷決定的一種經驗法則，參閱表 20-6。

表 20-6　對比法的過程

保　費	自負額	保費節省數	自負額間的差額 （亦即多承擔的風險）
400	0	—	—
290	100	110	100
240.5	250	49.5	150
191.75	500	48.75	250
137.5	5,000	54.25	4,500
65	10,000	72.5	5,000

　　此法對自負額的決定，完全依決策者的主觀經驗判定。例如，自負額一百元的情況，比無自負額，節省了一百一十元的保費，但需多承擔一百元的損失，比較之下，是划算的，但還不做最後決定，繼續對比下去，直至無法接受的程度，再決定自負額。

4. 統計分析法

　　統計分析法，即依統計數據分析，決定自負額的過程。設想某公司 19A 至 19C 年三年間，每年損失金額，如後，同時這三年間，發生大小損失金額不等的次數，總計 180 次。

年　份	損　失
19A	182,250
19B	159,250
19C	296,500

根據前述資料，依統計方法做適當的分組，同時分層（Layer）計算，每一層次的平均次數平均損失及平均總損失，其結果，參閱表 20-7。

表 20-7 每一損失組別的平均次數，平均損失及平均總損失

(1) 損失分組	(2) 每組次數	(3) 平均次數	(4) 平均損失【以每組實際損失總計除以(2)】	(5) = (4) × (3) 平均總損失
0	148	49.33	0	0
1－10,000	19	6.33	3,996	25,295
10,001－20,000	5	1.67	13,840	22,113
20,001－40,000	4	1.33	27,473	36,540
40,001－80,000	1	0.33	53,784	17,749
80,001－120,000	2	0.67	121,470	81,385
120,001 以上	1	0.33	267,272	88,200
	180 次	59.99≒60		

表 20-8 中，第 (3) 欄數據，計算在表 20-9 中。表 20-8 中，第 (6) 欄數據，為不同水平自負額下，總成本節省數的累計，括弧者為提高自負額，不但不節省成本，反而將低水平自負額下的成本節省數耗盡。第 (4) 欄在此為假設數據，提昇自負額，管理成本會愈揚升。綜合以上分析，成本節省數，累計至二萬元自負額水平時，最大。是故，選取二萬元自負額最為適切。

表 20-8 不同自負額下的總成本

(1) 保費	(2) 自負額	(3) 承擔損失成本	(4) 行政處理成本	(5) = (1) + (3) + (4) 總成本	(6) 累計成本節省數
200,000	0	0	0	200,000	0
100,000	10,000	68,595	2500	171,095	28,905
60,000	20,000	100,608	3500	164,108	35,892
35,000	40,000	137,148	5000	177,148	22,852
29,000	80,000	181,697	7500	218,197	（18,197）
24,000	120,000	222,682	11000	257,682	（57,692）
15,000	160,000	271,282	15000	301,282	（101,292）

表 20-9	不同自負額下承擔損失成本的計算過程

表 20-8 中，第 (3) 欄的計算過程：

自負額一萬元時	損失　　　0	平均總損失	0
	損失　0－10,000		25,295
	損失超過　10,000		43,300（4.33×10,000）
			68,595

自負額二萬元時	損失　1－10,000	平均總損失	25,295
	損失　10,001－20,000		22,113
	損失超過　20,000		53,200（2.66×20,000）
			100,608

其餘類推。

三、組合型決策──風險控制與理財

　　以實體安全設備作為風險控制的手段，再搭配購買保險或自我承擔風險，是常見的組合決策，本節說明，最簡便的損失金額基礎法與反效用（DU: Disutility）基礎法（Denenberg, 1974）。然而，兩者均有其限制。是故，進一步說明憂慮因素模式（Worry Factor Model）（Williams, Jr., and Heins, 1981）。

（一）損失金額基礎法

　　損失金額基礎法，是以損失的金額為決策數據，它可分為四種：第一種，是大中取小法（Minmax Approach），換言之，在各類可能最壞的狀況下，選擇傷害最低的方案；第二種，是小中取小法（Minmin Approach），換言之，在各類可能最佳的狀況下，選擇成本最低的方案。風險情況下，所謂最壞的狀況，無非指災害發生而言。所謂最佳的狀況，無非指災害不發生言；第三種，是損失期望值（Expected Loss）最小化法；第四種，是**後悔期望值**（Expected Regret）最小化法，所謂後悔係指該選的方案並沒選，已選方案與該選方案間，金額的差異。

　　四種方法均以下列例子說明。某公司擁有一棟建築物，價值二千萬元。其中，稅前可保價值（Insurable Value），僅一千五百萬元（扣除土地價格後的餘額）。

為簡化計，吾人只觀察火災風險及其可能導致的結果，可能的結果，只分為全損（Total Loss）（火災發生時）與沒有損失（No Loss）（火災不發生）。同時，假設火災可能發生的機率為百分之五。

　　針對該建築物的火災風險，風險管理人員可能採取四種行動方案：第一，承擔風險；第二，購買保險；第三，購買自負額五萬元的保險；第四，承擔風險但安裝損失預防設備。為此，風險管理人員，進一步收集其它相關的決策資訊：火災發生，可能引發的間接損失為六百萬元，但如有安裝預防設備的話，間接損失可降為五百萬元。預防設備成本為兩百萬元，使用年限為十年。火災保險費為十二萬元，但如自負五萬元，則火災保險費降為九萬元。火災發生機率，原為百分之五，但如有安裝預防設備，則降為百分之三。其他因素不考量下運用該法時，首先吾人應將決策相關資訊，作成損失矩陣（Loss Matrix）表，參閱表 20-10。

表 20-10　稅前損失矩陣表

可能發生的情況	可能出現的結果		備　註
機率	發生火災（全損）	不發生火災（無損失）	(a) 安裝損失預防設備後，可保損失較無安裝時，為小。
	5%（不安裝預防設備）	95%	
行動方案	3%（安裝預防設備）	97%	
1. 承擔風險	可保損失　　$15,000,000 不可保損失　　6,000,000 $21,000,000	- $ 0 -	(b) 發生火災時，預防設備全毀，不發生火災時，則需每年攤提折舊。
2. 承擔風險，但安裝損失預防設備	可保損失　　$11,000,000(a) 不可保損失　　5,000,000 預防設備損失　2,000,000 $18,000,000	預防設備折舊 　　$ 200,000(b) $ 200,000	
3. 購買保險	保險費　　　$　120,000 不可保損失　　6,000,000 $6,120,000	保險費　　$ 120,000 $ 120,000	
4. 購買自負額五萬元的保險	可保損失　　$　　50,000 不可保損失　　6,000,000 保險費　　　　　90,000 $ 6,140,000	保險費　　$ 90,000 $ 90,000	

根據表 20-10，依大中取小法，應選方案三，購買保險。依小中取小法，應選方案一，承擔風險。依損失期望值（Expected Loss）最小化法，應進一步，計算各方案的期望值。如表 20-11。

表 20-11 不同方案的損失期望值

行動方案一：承擔

$$\$21,000,000 \times 0.05 + \$0 \times 0.95 = \$1,050,000$$

行動方案二：承擔但安裝預防設備

$$\$18,000,000 \times 0.03 + \$200,000 \times 0.97 = \$734,000$$

行動方案三：購買保險

$$\$6,120,000 \times 0.05 + \$120,000 \times 0.95 = \$420,000$$

行動方案四：購買自負額五萬元的保險

$$\$6,140,000 \times 0.05 + \$90,000 \times 0.95 = \$392,500$$

顯然，吾人應選擇方案四，購買自負額五萬元的保險。依後悔期望值最小化法，吾人知在大中取小法下，該選的方案為購買保險，但實際上卻選別的方案。是故，決策後就難免後悔。計算每一方案後悔期望值，如表 20-12。

顯然就長期觀察，依後悔期望值最小化法，吾人應選方案四，購買自負額五萬

表 20-12 不同方案的後悔期望值

行動方案一：承擔

$$-14,880,000 \times 0.05 + 0 \times 0.95 = -744,000$$

行動方案二：承擔但安裝預防設備

$$-11,880,000 \times 0.03 + (-200,000) \times 0.97 = -550,400$$

行動方案三：購買保險

$$0 \times 0.05 + (-120,000) \times 0.95 = -114,000$$

行動方案四：購買自負額五萬元的保險

$$-20,000 \times 0.05 + (-90,000) \times 0.95 = -86,500$$

元的保險。

（二）反效用基礎法

反效用基礎法是以損失對應的效用值為決策數據。依表 20-10 稅前損失矩陣表，吾人可建構反效用值，如表 20-13。

表 12-13 反效用值

損失金額	反效用值 (DU)	損失金額	反效用值 (DU)
0	0	6,120,000	51,000
90,000	10,000	6,140,000	54,000
120,000	14,000	18,000,000	200,000
200,000	100,000	21,000,000	250,000

假設決策者對確定損失 $90,000 與有 10% 可能，損失 $200,000 的狀況，不認為有任何不同，那麼，吾人任意設定損失 $90,000 時，反效用值為 10,000。損失 $200,000 時的反效用值為 100,000[DU($-90,000$) $=0$。9DU(0) $+0.1$DU($-200,000$) or $-10,000=0.1$DU($-200,000$)]。這項原理概念下，損失對應的反效用值，均可求得。

表 20-14 不同方案的反效用期望值

> 行動方案一：承擔
>
> $$-250,000 \times 0.05 + 0 \times 0.95 = -125,000$$
>
> 行動方案二：承擔但安裝預防設備
>
> $$-200,000 \times 0.03 + (-100,000) \times 0.97 = -103,000$$
>
> 行動方案三：購買保險
>
> $$-51,000 \times 0.05 + (-14,000) \times 0.95 = -15,850$$
>
> 行動方案四：購買自負額五萬元的保險
>
> $$-54,000 \times 0.05 + (-10,000) \times 0.95 = -12,400$$

依反效用基礎法，應選擇方案四，購買自負額五萬元的保險。

（三）憂慮因素模式

　　此法，係將損失期望值最小化法，稍加調整而成，因考量決策者的憂慮因素，是故稱為**憂慮因素模式**（Worry Factor Model）。

　　設想，某公司資產負債表所列資產值為 $500,000，負債值為 $300,000，淨值為 $200,000。損益表所列銷貨額為 $400,000，費用 $350,000，稅前淨利 $50,000。風險管理人員針對建物可能面臨火災損失，得知的相關損失機率分配資訊，如下表20-15。

表 20-15 火災損失機率分配

損失金額	機率	
	沒有自動灑水系統	裝有自動灑水系統
$ 0	0.700	0.700
500	0.150	0.150
1,000	0.100	0.100
10,000	0.040	0.040
50,000	0.007	0.009
100,000	0.002	0.001
200,000	0.001	0.000

　　風險管理人員採取八種可能的方案如下：(1) 完全承擔風險；(2) 承擔風險但裝設自動灑水系統；(3) 購買五萬元的保險；(4) 購買五萬元的保險但亦裝設自動灑水系統；(5) 購買自負額一千元的保險二十萬元；(6) 購買自負額一千元的保險二十萬元，同時亦裝設自動灑水系統；(7) 購買保險二十萬元；(8) 購買保險二十萬元，同時亦裝設自動灑水系統。

　　其他決策有關資料如下：

(1) 自動灑水系統裝設成本為$9,000，每年維持費$100，使用年限三十年，每年折舊$300。

(2) 各種保險費的資料如下：

保險金額	沒有自動灑水系統	裝有自動灑水系統
$ 50,000	$ 1,620	$ 1,620
200,000	1,650	1,350
（自負額 1,000 元）		
200,000	1,990	1,690

上述保費，是假設保險人使用表 20-15 的損失機率分配來計算純保費，且以總保費的三分之二，賠付損失而得。

(3) 假如建物損失達 $100,000 或 $200,000 時，自動灑水系統亦為全毀。

(4) 不可保的意外損失（Noninsurable Accidental Losses）為公司承擔風險而發生火災時，可能遭遇的其他間接損失。但此種間接損失，如公司不承擔風險而改採購買保險時，則不會發生。此例中不考慮不管投保與否，公司均會面臨的間接損失。不可保的意外損失資料如下：不保的建物火災損失為 $50,000時，為$2,000；不保的建物火災損失為 $100,000 時，為 $4,000；不保的建物火災損失為 $150,000 時，為 $6,000；不保的建物火災損失為 $200,000 時，為 $8,000。

(5) 假如公司承擔風險，需另行支付安全檢查人員的服務費 $100。

(6) 假如可保損失的可稅所得（Taxable Income）為可保損失的百分之八十。其他不可保損失，自動灑水系統成本，保險費的可稅所得，均為其金額之百分之一百。稅率設為百分之五十。

(7) 資本利得和損失以及購買保險所花的機會成本因素，均予忽略。

綜合以上資料，每一行動方案，在每一可能發生情況下的全部損失，包括如下幾個項目：

(1)（可保損失）【$1 - (0.80 \times 0.50)$】

(2)（不可保意外損失）$(1 - 0.50)$

(3) 憂慮因素價值（為任一設定者）

(4)【採行各項風險管理方法所花之實際成本（包括保費，自動灑水系統之折舊和維護費，安全檢查費用）】$(1 - 0.50)$

上列 (1) + (2) + (3) + (4) = 全部損失

其中自動灑水系統裝設成本 $9,000 於遭受全毀時，應扣除百分之五的免稅額後，加入可保損失之內。根據所有資訊，決策前做成損失矩陣表，參閱表 20-16。

表 20-16 損失矩陣表

項　目	可能出現的結果						單位：元
可能的損失情況概率：	0	500	1000	10000	50000	100000	200000
沒有自動灑水系統	0.700	0.150	0.100	0.040	0.007	0.002	0.001
裝有自動灑水系統	0.700	0.150	0.100	0.040	0.009	0.001	0.000
行動方案							
1. 承擔風險							
可保損失	0	300[500×(1−0.80×0.5)]	600	6000	30000	60000	120000
不可保損失	0	0	0	0	1000 (2000×0.5)	2000	4000
憂慮因素介質	1000	1000	1000	1000	1000	1000	1000
採用承租的成本（僅有安全檢查費用 100 元）	50 (100×0.5)	50	50	50	50	50	50
	1050	1350	1650	7050	32050	63050	125050
2. 承擔風險但裝設自動灑水系統							
可保損失	0	300	600	6000	30000	64500(6000＋9000×0.5	124500
不可保損失	0	0	0	0	1000	2000	4000
憂慮價值因素（因有自動灑水系統憂慮減半）	500	500	500	500	500	500	500
採用承擔的成本（包括自動灑水系統的每年維護費 100 元、折舊費 300 元、安全檢查費 100 元）	250 (500×0.5)	250	250	250	250	250	250
	750	1050	1350	6750	31750	67250	129250

表 20-16 損失矩陣表（續）

單位：元

項　目	可能出現的結果						
3. 購買 5 萬元保險							
可保損失	0	0 （損失 500 可獲賠）	0	0	0	30000 [(100000 − 50000)] × [(1 − (0.8 × 0.5)]	90000
不可保損失	0	0	0	0	0	1000	3000 (6000× 0.5)
憂慮因素價值（風險移 轉，憂慮降低）	200	200	200	200	200	200	200
保險成本	810 (1620×0.5)	810	810	810	810	810	810
	1010	1010	1010	1010	1010	32010	94010
4. 購買 5 萬元保險，並裝有自動灑水系統							
可保損失	0	0	0	0	0	34500	94500
不可保損失	0	0	0	0	0	1000	3000
憂慮因素價值（風險移 轉，又沒有安全設備憂 慮因素更降低）	50	50	50	50	50	50	50
保險及自動灑水系統成 本	1010 [(1620 + 400)×0.5]	1010	1010	1010	1010	1010	1010
	1060	1060	1060	1060	1060	36560	98560
5. 購買自負額 1000 元保險 200000 元							
可保損失	0	300 因 1000 元 以下損失 自負之故	600	600	600	600	600
不可保損失	0	0	0	0	0	0	0
憂慮因素價值（保額較 大憂慮降低）	20	20	20	20	20	20	20
保險成本	825 (1650×0.5)	825	825	825	825	825	825
	845	1145	1445	1445	1445	1445	1445

表 20-16 損失矩陣表（續）

單位：元

項　目	可能出現的結果						
6. 購買自負額 1000 元保險 200000 元，並裝有自動灑水系統							
可保損失	0	300	600	600	600	600	4500
不可保損失	0	0	0	0	0	0	0
憂慮因素價值	20	20	20	20	20	20	20
保險及自動灑水系統成本	875 [(1350 + 400)×0.5]	875	875	875	875	875	875
	895	1195	1495	1495	1495	1495	5395
7. 購買保險 200000 元							
可保損失	0	0	0	0	0	0	0
不可保損失	0	0	0	0	0	0	0
憂慮因素價值（全部風險移轉）	0	0	0	0	0	0	0
保險成本	995 (1990×0.5)	995	995	995	995	995	995
	995	995	995	995	995	995	995
8. 購買保險 200000 元，並裝有自動灑水系統							
可保損失	0	0	0	0	0	0	4500
不可保損失	0	0	0	0	0	0	0
憂慮因素價值	0	0	0	0	0	0	0
保險和自動灑水系統成本	1045 (1690 + 400)×0.5	1045	1045	1045	1045	1045	1045
（保費、維護費、折舊費）	1045	1045	1045	1045	1045	1045	5545

　　依表 20-17 期望值計算，風險管理人員應選擇行動方案五，購買自負額一千元的保險二十萬元，始為最佳決策。然而，吾人知道憂慮因素價值的設定極為主觀。是故，吾人如把損失矩陣表中，每一行動方案所設定的憂慮因素價值略去，改以英文字母「W」代表該方案的憂慮因素價值，則每一行動方案的期望值，可表列如下：

表 **20-17** 每一方案損失期望值

1. 承擔風險

$1,050 \times 0.7 + $1,350 \times 0.15 + $1,650 \times 0.1 + $7,050 \times 0.04 + $32,050 \times 0.007 + $63,050 \times 0.002 + $125,050 \times 0.001 = $735 + $202.5 + $165 + $282 + $224.4 + $126.1 + $125 = \underline{$1,860}$

2. 承擔風險但有自動灑水系統

$750 \times 0.7 + $1,050 \times 0.15 + $1,350 \times 0.1 + $6,750 \times 0.04 + 31,750 \times $0.009 + $67,250 \times 0.001 + $129,250 \times 0 = \underline{$1,440}$

3. 購買五萬元保險

$1,010 \times 0.7 + $1,010 \times 0.15 + $1,010 \times 0.1 + $1,010 \times 0.04 + $1,010 \times 0.007 + $32,010 \times 0.002 + 94,010 \times 0.001 = \underline{$1,165}$

4. 購買五萬元保險並設有自動灑水系統

$1,060 \times 0.7 + $1,060 \times 0.15 + $1,060 \times 0.1 + $1,060 \times 0.04 + $1,060 \times 0.009 + $36,560 \times 0.001 + $98,560 \times 0 = \underline{$1,096}$

5. 購買自負額 $1,000，保險 $200,000

$845 \times 0.7 + $1,145 \times 0.15 + $1,445 \times 0.1 + $1,445 \times 0.04 + $1,445 \times 0.007 + $1,445 \times 0.002 + $1,445 \times 0.001 = \underline{$980}$

6. 購買自負額$1,000，保險$200,000，並裝有自動灑水系統

$895 \times 0.7 + $1,195 \times 0.15 + $1,495 \times 0.1 + $1,495 \times 0.04 + $1,495 \times 0.009 + $1,495 \times 0.001 + $5,395 \times 0 = \underline{$1,030}$

7. 購買保險$200,000

$995 \times 0.7 + $995 \times 0.15 + $995 \times 0.1 + $995 \times 0.04 + $995 \times 0.007 + $995 \times 0.002 + $995 \times 0.001 = \underline{$995}$

8. 購買保險$200,000，並裝有自動灑水系統

$1,045 \times 0.7 + $1,045 \times 0.15 + $1,045 \times 0.1 + $1,045 \times 0.04 + $1,045 \times 0.009 + $1,045 \times 0.001 + $1,045 \times 0 = \underline{$1,045}$

1. 承擔風險

$860 + W1（$1,860 - 設定之憂慮因素價值 $1,000）

2. 承擔風險但裝有自動灑水系統

$940 + W2（$1,440 - $500）

3. 購買五萬元之保險

$965 + W3（$1,165 - $200）

4. 購買五萬元之保險，並裝有自動灑水系統

$\$1,046 + W4\ (\$1,096 - \$50)$

5. 購買自負額一千元保險二十萬元

$\$960 + W5\ (\$980 - \$20)$

6. 購買自負額一千元保險二十萬元並裝有自動灑水系統

$\$1,010 + W6\ (\$1,030 - \$20)$

7. 購買二十萬元保險

$\$995 + 0\ (\$995 - \$0)$

8. 購買二十萬元保險，並裝有自動灑水系統

$\$1,045 + 0\ (\$1,045 - \$0)$

　　從上列期望值可知，行動方案五定比行動方案三、四和六為佳。除非，行動方案五的憂慮因素價值 W_5 大於$W_3 +$（$\$965 - \$960$），或大於 $W_4 +$（$\$1,046 - \$960$）， 或大於 $W_6 +$（$\$1,010 - \$960$）。但此種情況似乎不可能發生。行動方案七，因期望值較低，故比行動方案八為佳。現僅剩行動方案一、二、五及七，加以比較即可。行動方案五如為最佳決策，則必須：

$$W_1 - W_5 > \$960 - \$860 = \$100$$
$$W_2 - W_5 > \$960 - \$940 = \$20$$
$$W_5 - W_7 > \$995 - \$960 = \$35$$

很顯然，依表 20-17 損失矩陣表中，所設定的每一行動方案的憂慮因素價值可知：

$$W_1 - W_5 = \$1,000 - \$20 = \$980 > \$100$$
$$W_2 - W_5 = \$500 - \$20 = \$480 > \$20$$
$$W_5 - W_7 = \$20 - \$0 = \$20 < \$35$$

故行動方案五為最佳決策。

四、組合型決策──資本預算術

　　運用資本預算術，針對不同回應工具組合的方案作決策，同樣可如前一章所說的決策過程，也就是，找出資本預算術所需數據，同樣的求算過程，求出每一組

合方案的 NPV 與 IRR 之後，將各組合方案，依各該方案的 NPV 與 IRR，大小排序，選出最佳方案即可。例如，就前一章第二節第(一)項，第一方案中，除購置新搖伴桶外，另就該搖伴桶購買保險，保費支出每年 100 元，這時就成為組合型決策議題，換言之，針對員工健康風險，這時在第一方案中，同時採用了風險控制與保險混合的回應方式，同樣運用資本預算術，將保費計入維護費項下，增加保險費一項，金額 100 元，其他數據相同，此時，計算結果，稅後的 NCF 變成 900 元，現值因子變成 5000 / 900 = 5.6，該方案的 IRR 就會比只是購置新搖伴桶的回應方式為低。同樣的道理，針對員工健康風險，可建議許多回應工具組合的建議案，例如，除新搖伴桶購置與保險的組合外，另可建議自我保險與保險的混合或另行建議新搖伴桶購置與自我保險的混合等。在計算時，將各組合方案的成本與效益，也就是現金流出與現金流入，計入相關項目欄位，即可求得稅後 NCF 的新數據，同樣的方式，可求得新現值因子的數據，從而可進一步將各組合方案的 IRR 作大小排序，最後選取最佳組合方案。

五、組合型決策──財務分層組合

針對作業與危害風險，管理上，如採傳統保險、發行公司債與建立自保基金的方式，進行風險理財，則根據風險值的層次，在運用上，要依這三種理財方式的成本與性質，配置到不同的層次，這即是財務分層（Financial Layering）的作業。當然這種作業概念，不限作業與危害風險，也不限上述三種理財工具，它可包括所有風險、所有風險回應工具，例如，巨災風險，也可利用財務分層的作業，分層配置不同的回應工具。

首先，簡單比較傳統保險、發行公司債與自保基金的理財成本，參閱表 20-18 與圖 20-6。

表 20-18 傳統保險、公司債與自保基金的理財成本

風險理財方式	實際成本	預期現值
傳統保險	$(1+a)E(L)$	$(1+a)E(L)$
公司債	$b+(1+c)L$	$[PLAb+(1+c)E(L)]/(1+k1)$
自保基金	L	$E(L)/(1+k2)$

根據表 20-18，傳統保險的成本，就是保險費，保險費由純保費與附加保費構成。純保費，就是預期損失 E(L)，假設附加保費，是根據預期損失的固定比例 a 加成，所以表中的保險費，就是 $(1+a)E(L)$，同時，由於簽約時即需支付保險費，所以表中的預期現值，也是 $(1+a)E(L)$。其次，發行公司債則不同，發行公司債有固定的發行成本 b，之後，隨著損失的增加，成本增加，但增幅隨著損失的增加縮小，所以表中成本是，$b+(1+c)L$，b 是固定成本，$(1+c)L$ 是變動成本，這其中 c＜a。至於公司債的預期現值，損失超過固定發行成本的機率，以 PLA 表示，LA 就是損失超過固定發行成本的意思，A 表固定發行成本的門檻，所以表中 PLA b 是預期發行成本，損失超過固定發行成本的門檻時，成本也增加，但增幅隨著損失的增加縮小，同時，以一年期公司債觀察（配合保險期間一年期），則其成本現值，如表中 $[PLA\ b+(1+c)E(L)]\ /\ (1+k1)$ 所示，其中 k1 是風險調整折現率。最後，自保基金，成本就是實際損失，所以未來一年預期損失現值，就是 $E(L)\ /\ (1+k2)$，其中 k2 也是風險調整折現率（Doherty, 1985）。根據以上說明，可繪製各理財方式的圖形，如圖 20-6。

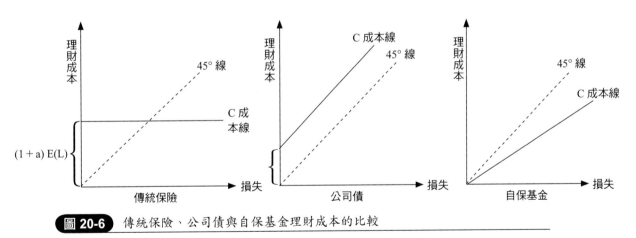

圖 20-6 傳統保險、公司債與自保基金理財成本的比較

上圖中，自保基金的成本線，偏向 45 度線的右方，45 度線是代表，損失增加等於成本增加，但自保基金的行政成本，會隨損失增加降低，因此，才偏向 45 度線的右方。其他兩種理財方式的成本線，不說自明。根據自保基金，屬於風險承擔的性質，所以它應配置在低風險層，高風險層，則需靠外力幫忙，不是購買保險，就是發行公司債，參閱圖 20-7。

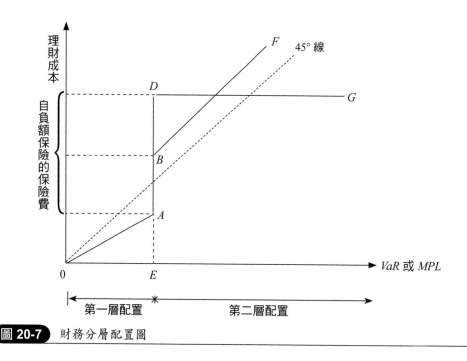

圖 20-7 財務分層配置圖

根據上圖，橫軸代表風險值大小，縱軸代表理財成本，橫軸 OE 線段，屬於第一層配置，E 點之後的風險越高，這屬於第二層配置，如有需要，可進行第三或四層配置，例如巨災風險。圖中 OABF 就是公司債與自保基金的組合方案；OADG 就是自保基金與傳統保險的組合方案，但留意該保險有自負額 OE，其實 OE 藉由自保基金理財，圖中 AD 線段，則是保險費（Doherty, 1985）。

六、組合型決策——保險與衍生品

保險與財務風險避險工具的適當搭配，是降低公司總體風險水平的重要手段。兩者如不互相搭配，公司總體風險水平不但無法減少，而且兩者如各自獨立分開決策，可能並非最適決策。都郝狄（Doherty, 2000）以某石油公司為例，說明前述情況。為簡化計，此例不考慮交易成本。該公司面臨油價波動與油污染責任訴訟可能的風險，如表 20-19。

如果公司的財務部門負責油價波動風險避險，風險管理部門只負責油污訴訟責任保險。各部門分別計算油價波動風險與油污訴訟責任風險對未來收益的影響。油價波動風險可能導致的未來平均收益分別是 750 或 500（依油污訴訟是否發生），

表 20-19　油價波動與油污訴訟可能的風險矩陣

	低油價（機率 0.5）	高油價（機率 0.5）
油污訴訟不發生 （機率0.5）	500	1,000
油污訴訟發生 （機率 0.5）	250	750

標準差是 250。油污訴訟責任風險可能導致的未來平均收益分別是 375 或 875，標準差是 125。同時考慮兩種風險可能導致的未來平均收益是 625，標準差是 279.5。公司總體風險水平，並非 375（125+250），而是 279.5。遠小於各別風險的合計。是故，兩個部門的業務不加整合搭配，各別作出的風險管理決策，將是不適切的決策。透過適當的避險比例（Hedge Ratio）與投保比例（Insurance Ratio）的組合，可產生適切的組合決策。

其次，風險理財工具的組合，不論是哪種組合類型的決策，無非是想求取效率前緣（Efficient Frontier）。如果以承擔風險的成本為橫軸，以保險或衍生品的成本為縱軸，那麼風險理財的效率前緣，參閱圖 20-8，圖中切點 A，代表風險轉嫁或避險與風險承擔間的最適組合。

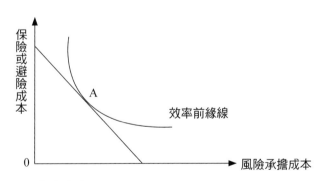

圖 20-8　風險理財效率前緣線

七、組合型決策──衍生品混合

第十五章提及，選擇權有四種交易策略，其中的單一策略，是指投資人只是單純買買權、賣買權、買賣權或賣賣權的單一方向交易，這種交易，投資人只是預期

選擇權標的資產價格的漲跌，可能對投資人有不利影響，所作的交易，其實投資人，並無擁有該標的資產，這種交易策略，已在第十五章與第十九章第四節，有所說明。其餘三種的選擇權交易策略，除價差策略，只涉及同是買權或同是賣權價差外，組合策略與避險策略，均是買權與賣權混合或買權及賣權與現貨混合的策略。本節只進一步說明賣權與現貨的混合，以及買權與賣權的混合。賣權與現貨的混合，是為選擇權的避險策略，買權與賣權的混合，是為選擇權的組合策略（廖四郎與王昭文，2005）。

（一）賣權與現貨的混合

當投資人持有現貨，擔心現貨價格波動的風險，則可採取現貨與選擇權搭配組合，達成避險的目的，這項避險策略，其實就是投資組合保險 [2]（Investment Portfolio Insurance），正如第十五章所提的，這種避險策略，總共有保護性賣權（Protective Put）、掩護性買權（Covered Call）、反 [3] 保護性賣權（Reverse Protective Put）與反掩護性買權（Reverse Covered Call）等四種策略。茲舉保護性賣權為例，說明其避險效應。

所謂**保護性賣權**，是指投資人持有現貨，而在避險交易策略中，涉及到賣權時，即稱為保護性賣權，如涉及買權，即稱為掩護性買權。假設投資人持有股票現貨，但股票被套牢，又不甘心賣出，此時可買入該股票的賣權避險，這就是保護性賣權避險策略，參閱圖 20-9。

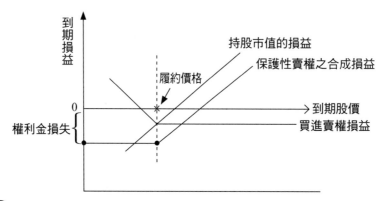

圖 20-9 保護性賣權損益圖

---

[2] 根據文獻（林丙輝，1995）顯示，投資組合保險，是支付代價使證券投資得到保障，避免投資組合因股價下跌而遭受損失，同時，又不喪失股價上漲的利益的避險策略。顯然，雖名為保險，但並非保險，而是選擇權交易策略中的避險策略。

[3] 反保護性賣權或反掩護性買權，是當現貨部位是遭放空或融券賣出時，則在命名前，加個「反」字，若為多部位則無。

從圖 20-9 中，很清楚可看出，即使股價下跌有所損失 [4]，但賣權的獲利，可彌補該損失，即使股價漲，投資人因股價漲而獲利，此時所損失的，也只是賣權權利金而已。

（二）買權與賣權的混合

買權與賣權的混合交易策略，是選擇權的組合交易策略，亦即在投資組合中，同時包括買權與賣權的買入或賣出部位，由於是混合兩者，故又稱混合策略。這種交易策略，包括賣出跨式（Sell Straddles）、買進跨式（Buy Straddles）、賣出勒式（Sell Strangles）、買進勒式（Buy Strangles）、逆轉換組合（Reversal）、轉換組合（Conversion）、買進區間緩衝模擬未來現貨、賣出區間緩衝模擬未來現貨、買進區間加倍模擬未來現貨與賣出區間加倍模擬未來現貨等策略。茲以買進跨式組合為例，說明組合／混合策略的效應，參閱圖 20-10。

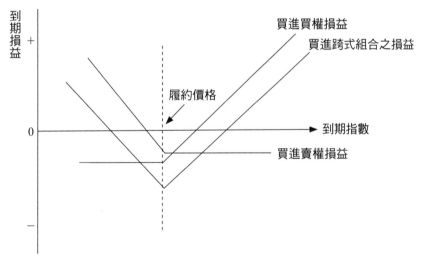

圖 20-10　買進跨式組合損益圖

買進跨式組合（Buy Straddles），又稱下跨，它是指同時買進相同到期日且相同履約價格的買權與賣權，此策略用在投資人預期標的資產會大漲或大跌的情況，也就是預期到期日前，可能爆發重大事件，例如購併案等，使得標的資產價格大漲或大跌。根據上圖很清楚得知，當大漲時，買權獲利，當大跌時，賣權獲利，這種策略穩賺不賠，唯一的風險或損失，就是買進買權與賣權的權利金。

---

[4] 股價報酬完全依其價格變動而定，其風險亦等於股價變動之風險。持有股票時，股價與損益報酬間，是呈正向關係，如放空股票，則成反向關係。

八、風險管理與資本管理的整合

　　傳統上，風險管理與資本管理獨立分開，風險管理由風險長負責，目的是藉由管理風險，增進公司價值，而資本管理則由財務長負責，目的在舉債或發行新股間或組合間，降低資金成本，提昇股東報酬，其實風險管理與資本管理兩者間，是一體的兩面。經濟資本（Economic Capital），就是代表這兩種管理，融合一起的概念。

（一）保險資本化模型架構

　　保險資本化模型（Insurative Model）可說明，風險管理與資本管理的整合（Tierny, 2003）。首先，觀察圖 20-11 標準／傳統資本模型與保險資本化模型下，企業安排保險後資本結構的變化。

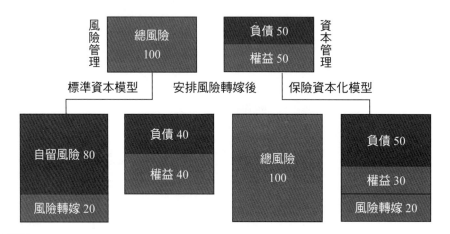

圖 20-11 標準／傳統資本模型與保險資本化模型資本結構的變化

　　上圖假設，公司未安排保險，轉移風險前的總風險值為 100 元，在財務槓桿 1:1 的情況下，實收資本（Paid-Up Capital）中，負債與權益各為 50 元。安排 20 元保額的保險，轉移風險，自留 80 元，在標準／傳統資本模型裡，保險不被視為資本的一部份，而被視為減項，因此，在原有 1:1 的財務槓桿下，負債與權益，變成各為 40 元，但在保險資本化模型下，保險被視為或有資本（Contingent Capital）之一，這或有資本，可包括衍生品與各類 ART 商品，參閱圖 20-12。在或有資本考慮下，負債仍維持 50 元不變，但權益需求，卻可降至 30 元。

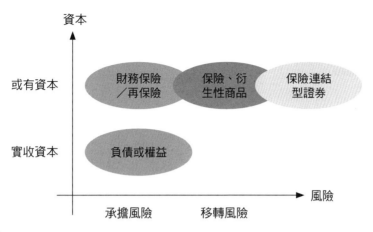

圖 20-12　實收與或有資本支應風險的情況

　　圖 20-12，實收資本的負債與權益，主要用來支應公司自留下來的風險，而或有資本，可被視為支應公司所有風險的資金來源。

（二）保險資本化模型的功用

　　納入保險資本化模型後，公司資本，可以用數學函數關係，以文字表達為：公司資本＝支應公司所有風險的資金＝f（公司所有風險），這也就是公司資本＝實收資本（資產負債表所表列的資本）＋或有資本（非資產負債表所表列的資本）＝f（公司自留風險）＋f（公司轉移的風險）。這項關係可參照圖 20-12。將或有資本納入傳統架構後，保險資本化模型可提供的功用：第一，公司可用來支應風險的資源增加；第二，當實收資本不足以支應自留風險時，也可不急於舉債或發行新股籌資，公司外部有許多替代來源，經由計算後，或許更可降低資金成本，獲取最高報酬。保險資本化模型，突破了傳統資本管理的盲點，那就是傳統，忽視或有資本的作法，其實不一定會真正降低公司總平均資金成本（TACC: Total Average Capital Cost）。

（三）TACC 的變化

　　傳統資本管理，因只考慮實收資本的負債與權益，可能使資金成本與股東報酬失真。首先觀察，保險資本化模型中的 TACC，保險資本化後的 TACC＝負債成本×（負債價值／公司價值）＋權益成本×（權益價值／公司價值）＋保險成本×（保險價值／公司價值）。前列 TACC 公式中，前兩項是實收資本，最後一項是

或有資本，傳統資本管理，因只考慮實收資本，計算加權平均資金成本（WACC: Weighted Average Capital Cost）時，分母考慮的是帳面淨值，但在保險資本化模型中，WACC 是 TACC 的一部份，且計算時，分母考慮的是公司價值，因而，即使極小化 WACC，也不盡然會降低 TACC。

九、本章小結

決策中，涉及需組合各類風險回應工具時，仍需考慮其成本與效益，不同的組合，適用不同的風險議題，最終目的是為了達成風險管理的效率前緣，進一步提昇公司價值。其次，在 ERM 架構下，能同時整合風險管理與資本管理，將更有助於資金的有效運用，從而獲取最高報酬。最後，從組合型決策中，亦可了解公司內部各部門間之協調與團隊工作的重要與必要性。

思考題

❖ 公司面對 1000 萬元的風險值，請問你（妳）會如何配置風險回應工具？為何？

❖ 風險承擔與轉嫁的決策，與風險胃納間，有何關聯？

❖ 有項決策會影響五年，有項決策只影響一年，請問你（妳）會如何配置風險回應工具？為何？

參考文獻

1. 林丙輝（1995）。*投資組合保險*。台北：華泰書局。
2. 廖四郎與王昭文（2005）。*期貨與選擇權*。台北：新陸書局。
3. Denenberg, H. S. *et al* (1974). *Risk and insurance.* Englewood Cliffs: Prentice-Hall Inc.
4. Dickson, G. C.A. *et al* (1991). *Risk management.* London: CII.
5. Doherty, N. A. (1985). *Corporate risk management-a financial exposition.* New York: McGraw-Hill Book Company.
6. Doherty, N. A. (2000). *Integrated risk management-techniques and strategies for managing corporate risk.* New York: McGraw-Hill.
7. Houston, D. B. (1964). Risk, insurance and sampling. *Journal of risk and insurance.* December.

8. Tierny, J. *et al* (2003 / Fall). Implementing economic capital in an industrial company: the case of Michelin. *Journal of applied corporate finance.* Vol.15. No.4. pp.81-94.

9. Trieschmann, J. S. and Gustavson, S. G. (1998). *Risk management and insurance.* Cincinnati: South-Western College publishing.

10. Valsamakis, A. C. *et al* (2002). *Risk management: strategy, theory and practice.* London: RIRG.

11. Williams, Jr. C. A. and Heins, R. M. (1981). *Risk management and insurance.* New York: McGraw-Hill.

控制活動與資訊及溝通

本章說明 ERM 的兩項要素，一為控制活動（Control Activities），另一為資訊與溝通（Information and Communication）。ERM 要達成目標的設定，不能僅靠風險事件的辨識、評估風險高低與回應風險，最重要的，必須透過一套管理控制（Management Control）機制，影響所屬人員，進而完成公司目標。其次，整體 ERM 過程中，從內部環境考量開始，資訊的正確與有效溝通，也是完成 ERM 目標的重要條件。

一、 管理控制

（一）管理控制的涵義

ERM 要素所稱的控制活動，就是管理控制。這個概念，有廣狹之分，廣義的管理控制，是指為影響所屬人員完成風險管理與公司組織目標，所採取的任何管理措施與活動而言，此種觀點的管理控制，參閱圖 21-1。

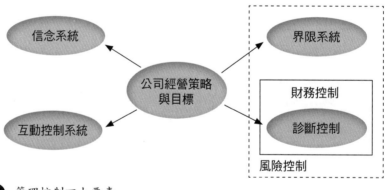

圖 21-1 管理控制四大要素

圖中間的公司經營策略與目標，可由四個方向或方法達成，這四個方向或方法，就是廣義的管理控制概念中所採用的四大類控制措施（Doff, 2007），事實上，這四大類控制措施，也都涉及 ERM 所有其他要素，換言之，廣義的管理控制，就是在控制 ERM 所有要素。

首先，圖左上方的信念系統（Belief Systems），代表公司的核心價值，應呈現在公司的宗旨與目標（MGO）上，且應進一步展現在公司治理、風險管理哲學、風險胃納的制定與人事規範上，形塑或牽制所有員工的風險態度與風險行

為，從而完成公司經營策略與目標。其次，圖左下方的互動控制系統（Interactive Controls），主要針對公司策略上可能存在不確定性，所採用的控制方式，例如，公司為擴大規模擬購併別家公司，為完成該策略，購併過程中，隨時留意控制與被購公司互動過程中，可能存在的不確定性。圖右上方的界限系統（Boundary Systems），是指在公司的策略目標下，風險胃納的極限或行為規範辦法，依據該極限，某些風險或行為要排除，某些風險或行為可接受，換言之，界限系統是風險回應中的風險控制措施。最後，圖右下方的診斷控制（Diagnostic Controls），是採用績效評估指標或其他監督方式，診斷風險管理的實施績效，這涉及財務診斷與控制，也與各類風險理財措施有關。

其次，管理控制也可採狹義的觀點，狹義的管理控制，就是上圖 21-1 右半部中的界限系統與診斷控制，具體的包括風險控制與財務控制，進一步具體的手段，包括年度預算、關鍵指標（例如，KPI 與 KRI 等）、績效指標（例如，RAROC 等）、風險限額（Risk Limit）、內部控制等。這些手段，可透過資訊的收集、累積、解讀與報告完成。這種資訊的收集、累積、解讀與報告的過程，可展現在管理控制的循環（Management Control Cycle）中。

管理控制循環（Management Control Cycle），是由四項步驟構成（Doff, 2007），也就是從設定最低門檻的目標開始（Setting Objectives），歷經績效的衡量（Performance Measurement）、績效的評估（Performance Evaluation）與利用資本配置，採取激勵業務手段（Taking Measures）完成目標。隨著環境的改變，又從調整目標開始，循環不息。該循環閱圖 21-2。

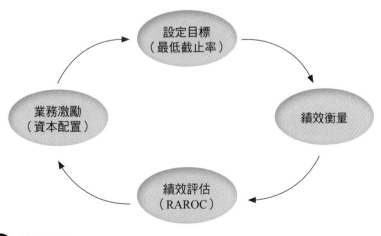

圖 21-2 管理控制循環

（二）管理控制與經濟資本

　　ERM 與資本管理的整合，不僅可增進公司價值（參閱第八章圖 8-2 與第二十章第八節），也應該是說最好的管理控制手段，經濟資本模型的計算與用途，參閱第十一章。其實，嚴格言，經濟資本與風險資本有所不同，經濟資本是公司商譽與風險資本的總合（Matten, 1999），概念上著重公司在商業經濟與投資上的意涵，風險資本，主要是風險管理上非預期損失（UL）的意涵，非預期損失常見於資本管理中。不論是，經濟資本或風險資本（這兩項名詞，可寬鬆地交換使用），均與會計帳面資本與監理法定資本，概念上有所差異[1]。經濟資本，在管理控制上主要有四種目的（Doff, 2007）：第一，作為風險計量的工具，方便不同風險間的比較與控制；第二，作為訂定風險限額的依據；第三，作為績效衡量指標的計算基礎，例如 RAROC 等，參閱後述；第四，作為公司各單位／部門資本配置的基礎，進一步，編製風險基礎的年度預算（Risk-Based Annual Budget）（編製過程可參閱第二十三章第三節）。

1. RAROC

　　RAROC，是管理控制中重要的績效評估指標，**RAROC**（Risk-Adjusted Return on Capital）稱呼為**資本的風險調整報酬**，它是**風險調整績效衡量**（RAPM: Risk-Adjusted Performance Measurement）中的一個重要指標，RAPM 是根據報酬中所承受的風險，調整報酬的通稱。RAROC 是由 ROC（Return on Capital）變形而成，ROC 是會計報酬或利潤與會計帳面資本的比率，但 RAROC 分子則從報酬中扣除風險因素（也就是預期損失）來調整報酬，是為公平價值報酬，分母則可用會計帳面資本，以表其原意，但績效衡量上，也常以經濟資本取代會計帳面資本，因此，RAROC 公式為：RAROC[2]＝公平價值報酬／經濟資本，其他三種常見的 RAPM，參閱第二十二章。

　　其次，RAROC 有四項假設前提，使用時需留意（Doff, 2007）：第一，所有報酬／損失的可能變異，至少必須能以一種很清楚的風險來解釋。如果，可能的變異

---

[1] 會計帳面資本，就是資產帳面值扣除負債帳面值後，所顯示的資本額，而監理法定資本，是監理單位從監理的觀點，所要求的資本額，可分第一類資本（Tier 1）、第二類資本（Tier 2）與第三類資本（Tier 3）。

[2] RAROC 的計算有兩種版本，一則是會計利潤扣除預期損失後除以會計上的資本，分子也可以進一步考慮扣除不同市場的資金成本（CoC），以顯示真實的經營績效。另一版本就是分子與分母均經過風險調整，也就是 RARORAC。

無法用一種很清楚的風險來解釋時，那麼就容易存在不清楚的新風險。這項假設，也提示我們在解讀 RAROC 數據時，別忘了，報酬／損失的變異來源很多；第二，所有的風險必須要能計價。這項假設，提示我們有些風險計價極度困難，例如，沒有一位客戶，願意支付公司因作業失誤引發的成本；第三，所有已知風險的計量，必須以客觀的統計模型為基礎。這項假設與第二項假設有些關聯，風險如無法計量，就很難計價。這項假設，也另外提示我們，不是所有風險的效應均能很客觀的計量，例如，風險事件發生，引發的公司形象名聲的損失；第四，經濟資本與未來可能發生的損失間，是有因果關聯的，但這項假設，針對有充分損失記錄的風險可成立，但對不易有損失資料的風險爭議大。

2. 截止率與資本配置

截止率（Hurdle Rate）常被用來調整經濟資本資金的報酬，經由此調整後的經濟利潤，才是增減公司價值的變數，換言之，截止率是 RAROC 為彌補經濟資本資金成本的最低要求，當 RAROC 超過截止率，對公司價值就有貢獻，這概念就是經濟價值加成（EVA: Economic Value Added）或稱經濟利潤（EP: Economic Profit），其算式如下：

$$EP = 經濟資本 \times （RAROC - 截止率）$$

EP 如為正值，公司價值增加，反之，則否，這是管理控制上重要的手段。

其次，資本配置（Capital Allocation），是指將經濟資本分配至公司各單位／部門的紙上作業過程，不必然涉及實質資本的投資。這項配置，依據各單位／部門營運目標、RAROC 截止率、風險限額等因素配置，這即是風險基礎年度預算編製的基礎。至於資本配置的方式，主要有三種（Doff, 2007）：第一，基於公司最上層策略的考量，進行由上而下的資本配置，此時，並不考慮資本配置對各單位／部門的影響；第二，由公司各單位／部門間，為完成長期目標，自行討論調整最適當的資本配置；第三，就是前兩種方式的混合。

最後，資本配置過程中，要留意風險間的分散效應，分散效應的計算方式，可參閱第十一章，其分散情形有三種，參閱圖 21-3。

	營運單位 A	營運單位 B	營運單位 C	總計
危害風險				
匯率風險				
利率風險				
信用風險				
作業風險				
策略風險				
總　　計				

第二種風險分散

第一種風險分散　　　第三種風險分散

圖 21-3　風險分散的三種情形

　　依上圖，第一種風險分散，是公司各單位／部門的同一類風險內的分散，例如，作業風險，第二種風險分散，是所有單位／部門，同一類風險內的分散，第三種風險分散，是在同一單位／部門，所有風險間的分散。這三種風險分散效應，均會影響經濟資本的計算，原則上計算經濟資本時，均先考慮第一種情形的風險分散，再來才考慮第二種風險分散，最後，考慮的是第三種風險分散。

（三）內部控制、COSO 模式與非財務控制

　　前項所說明的，主要是預算、資本與財務比率的管理控制，本項主要針對內部控制與非財務控制的說明。

　　內部控制與內部稽核，是一體的兩面，在第十三章中，已有簡要的定義，此處，再根據英國管理會計人員學會（CIMA: Chartered Institute of Management Accountants）的定義（CIMA, 2005）具體說明，該學會認為，**內部控制**是指公司管理層為協助確保目標的達成，所採取的所有政策與程序，這些政策與程序，盡可能以實際可行方式，有效率與有次序地執行控制資產的安全、報表的完整、及時與可靠、詐欺與失誤的偵測等。公司內部控制機制，由控制環境（Control Environment）與控制程序（Control Procedures）構成。控制程序的制訂，則仰賴控制環境的優劣，控制環境則包括：正直與倫理的價值觀（Integrity and Ethical Values）、管理哲學與經營風格（Management's Philosophy and Operating Style）、組織結構（Organizational Structure）、權責分攤與授權（Assignment of Authority and Responsibility）、人力資源政策與實務（Human Resource Policies and Practices）

與員工的能力（Competence of Personnel）等（IIA: The Institute of Internal Auditors, Inc., 2008）

其次，內部控制除採各類財務比率指標控制外，亦採用非財務方式作為內部控制的手段，例如，關鍵風險指標（KRI）、關鍵績效指標（KPI）、品質管制，獎懲辦法、實體監控設備與組織文化等。

最後，美國 COSO 委員會出版的內部控制-整合架構（Internal Control-Integrated Framework）（COSO, 1992）中，認為內部控制是 ERM 的核心部份。COSO 內部控制模式，包括五要素：第一，控制環境（Control Environment），如前所提；第二，風險評估（Risk Assessment），主要辨識無法滿足財務報告、法令遵循與經營目標的風險；第三，控制活動（Control Activities），主要指為完成目標所採取的政策與程序；第四，監督評估（ Monitoring ），以各種評價方式，評估內部控制績效；第五，資訊及溝通（Information and Communication），內部控制應透過方法，掌握內外部競爭、經濟、監理與策略訊息並進行內外溝通。

（四）管理控制的組織與文書

本項依序說明，管理控制上所需建置的風險管理組織，行政溝通所需的各重要風險報告文書，與風險管理年度績效報告。

1. 風險管理組織架構與職責

(1) 風險管理單位設置方式與成本

在公司組織架構中，風險管理單位，集中單獨設置，抑或是分散至各分支機構或公司各部門內，主要視公司面臨的風險複雜度與風險間的互動程度（Andersen and Schroder, 2010）而定，尤其對跨國公司集團風險管理單位的設置，更需檢視這兩項因素，參閱圖 21-4。

		風險簡單或複雜的程度	
		低	高
互動程度	強	集中	集中或分散設置已非重點
	弱	集中或分散均宜	分散

圖 21-4　風險管理單位設置方式——集中或分散

依圖 21-4，當風險簡單、易預測，但互動程度強時，宜集中單獨設置。當風險複雜、難預測，但互動程度弱時，宜分散設置。當風險複雜且互動程度又強時，單一思考選擇集中或分散設置，已不足以解決問題，此時，需要的是對風險更專業的反應，且更需整合所有資源解決。當風險簡單、易預測，但互動程度弱時，集中或分散設置，均可。其次，不管設置方式如何，公司對風險的掌控與反應方式，對風險有效的管理也很重要。對風險的掌控與反應方式，決定於兩個變項，那就是風險間的相關性（Risk interrelatedness）與風險事件是否發生的不可知性（Degree of unknowns）（Andersen and Schroder, 2010）。如果這兩個變項的程度很高，宜採集中掌控規劃，分散彈性反應的方式，如果風險間的相關性高，但風險事件是否發生的不可知性低，就宜採完全集中反應方式，如果風險間的相關性低，但風險事件是否發生的不可知性高，那麼採完全分散反應的方式，最後，兩者都很低時，集中或分散的反應，均無妨。根據一份調查研究分析顯示 [3]，由公司集中掌控規劃，各地分支機構因地制宜的彈性反應風險的方式（也就是前兩個變項程度均極高時，採用的方式），最具風險管理效率，此時獲得的**夏普比率**（Sharpe Ratio）最高，換言之，績效最佳，該夏普比率，是報酬績效的平均數（也就是 Return）與標準差（也就是風險 Risk）的比，換言之，就是 R / R 指標。

另一方面，風險管理單位的相關成本，依過去經驗顯示（Warren and McIntosh, 1990），一個風險管理單位的行政事務預算（不含人員薪資預算）約為保險費支出，外加被保損失與未保損失的總計數，乘以百分之十後，再被二除，以此編制即可。其次，如果專人專職負責風險管理單位，依過去經驗顯示（Warren and McIntosh, 1990），約可節省百分之十的風險管理成本。

(2) 風險管理部門組織

獨立設置的風險管理部門，過去，通常隸屬於財務系統，由公司最高財務負責人，也就是 CFO 兼管或指揮，現在由於公司治理與 ERM 的要求，獨立的風險管理部門由 CRO 掌管，其位階也提昇，直屬董事會，其組織可參考圖 21-5。

---

[3] 這份調查樣本總計有 185 家企業體參加，其分析結果詳閱 Andersen, T. J. and Schroder, P. W. (2010). *Strategic risk management practices-how to deal effectively with major corporate exposures.* Pp.206-208. Cambridge: Cambridge University Press.

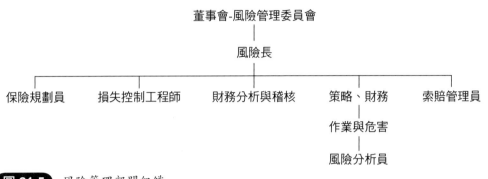

圖 21-5　風險管理部門組織

(3) 風險管理的職責

公司董事會對風險管理的職責，主要有三：第一，應認知公司營運所需面對的風險，確保風險管理的有效性並負最終責任；第二，必須建立風險管理機制與文化，核定適當的風險管理政策且定期審視，並將資源做最有效的配置；第三，除應注意公司各單位面臨的風險外，更應從整體考量風險管理的效益以及資本配置對財務業務的影響。

其次，董事會的風險管理委員會，其主要職責有五：第一，擬訂風險管理政策、架構、組織功能，建立質化與量化的管理標準，定期向董事會提出報告並適時向董事會反映風險管理執行情形，提出必要的改善建議；第二，執行董事會風險管理決策，並定期檢視整體風險管理機制之發展、建置及執行效能；第三，協助與監督各部門進行風險管理活動；第四，視環境改變調整風險類別、風險限額配置與承擔方式；第五，協調風險管理功能跨部門的互動與溝通。

公司風險管理部門的主要職責，可分三大類：第一類，是負責日常風險之監控、衡量及評估等執行層面的事務，且應獨立於業務單位外行使職權；第二類，是依業務種類執行下列職權：(1) 協助擬訂並執行董事會所核定的風險管理政策；(2) 依據風險胃納，協助擬訂風險限額；(3) 彙集各單位所提供的風險資訊，協調及溝通各單位之執行政策與限額；(4) 定期提出風險管理相關報告；(5) 定期監控各業務單位之風險限額及運用狀況；(6) 協助進行壓力測試；(7) 必要時進行回溯測試；(8) 其他風險管理相關事項；第三類，是應董事會或風險管理委員會的授權，負責處理其他單位違反風險限額時之事宜。

最後，由於風險管理非僅是風險管理部門的職責，公司各業務單位也有其相對應的職責，主要包括：第一，應在單位內設置負責風險管理業務的人員，執行單位

間訊息的聯結與傳遞;第二,單位主管負責所屬風險管理的執行與報告,並督導與採行必要的因應措施;第三,依風險辨識、評估、回應與績效評估程序,實際執行日常風險管理相關業務。

2. 風險報告文書

公司風險管理機制應書面化,以協助管控與溝通,這些書面文件至少包括:風險管理政策說明書(Policy Statement)(政策說明書,參閱第八章)、風險管理組織架構與職責(參閱本節前述)、風險管理手冊(Risk Management Manual)、保險單登記簿(Insurance Policy Register)、偶發事件報告(Incident Reports)、年度風險成本報告(Annual Cost of Risk Report)、風險預算書(Risk Budget)等。

(1) 風險管理手冊

風險管理手冊與風險管理政策說明書目的不同。後者,是公司風險管理目標與方向的宣達,不宜隨時更動。前者,則是針對風險管理工作細節部份的陳述,可依需要隨時調整。風險管理手冊的目的有:第一,對所有的員工,進一步闡述公司風險管理的政策;第二,進一步詳實規範風險管理工作人員的權限與義務;第三,讓所有員工知道,公司可能遭受的風險類別;第四,讓所有員工清楚自己在風險管理工作上的權利義務;第五,便於其他相關人員參考。典型風險管理手冊的內容,至少包括十一個要項:(1) 風險管理政策簡要的陳述;(2) 風險理財方法的摘要敘述;(3) 詳細列出損失發生時,應採取的步驟;(4) 資產價值重大變更的通知;(5) 重大風險變動的通知;(6) 風險成本分攤的會計程序;(7) 保險注意事項;(8) 風險管理守則;(9) 損害防阻的權責單位;(10) 損害防阻守則與相關資訊;(11) 風險管理各相關負責人的姓名、住址、電話。

(2) 保險單登記簿

保險單登記簿的目的,是用來記載公司各保單的重要事項,以便能順利查閱與續保,免除因遲延導致的保障缺口,記錄的要項包括:(1) 保單內容概述;(2) 被保險人;(3) 保險公司;(4) 保單號碼;(5) 保險期間;(6) 保險費;(7) 保費支付期間;(8) 費率;(9) 保險金額;(10) 除外事項;(11) 批單內容。

(3) 偶發事件報告

偶發事件(Incident)與意外事故(Accident)不同。意外事故有可能由許多小的偶發事件累積而成,偶發事件是脫離常軌,但不引發損失的事件,它可被視為意

外事故的先兆，偶發事件報告是風險管理人員獲知預警的重要文書。其格式參閱表
21-1。

表 21-1　偶發事件報告書

武漢光谷科技公司
偶發事件報告書

致：＿＿＿＿＿＿＿＿＿＿　　　　日期：＿＿＿＿＿＿＿＿＿＿＿＿
來自於：＿＿＿＿＿＿＿＿＿　　偶發事件日：＿＿＿＿＿＿＿＿＿
地點：＿＿＿＿＿＿＿＿＿＿　　偶發事件發生地：＿＿＿＿＿＿＿
項目內容：＿＿＿＿＿＿＿＿
....

＿＿＿ 員工傷害　　　＿＿＿ 機械設備失效　　　＿＿＿ 環境污染
＿＿＿ 人員異常　　　＿＿＿ 產品異常　　　　　＿＿＿ 財產損失
＿＿＿ 收入中斷　　　＿＿＿ 額外費用
....

偶發事件定義

....

偶發事件描述

....

可能的原因

....

建議採取的措施

....

目擊者姓名與地址

....

(4) 年度風險成本報告

　　年度風險成本報告，是對公司年度內管理風險的開銷，除對管理階層提供完整
報告外，並做為各年風險成本的比較基礎，其格式參閱表 21-2。

表 21-2　年度風險成本報告書

武漢光谷科技公司 **年度風險成本報告書**			
風險成本	當年度	上年度	過去五年平均
1. 第一人風險成本 　未保損失 　自保損失 　保險費	＿＿＿＿＿＿	＿＿＿＿＿＿	＿＿＿＿＿＿
2. 第三人風險成本 　未保損失 　自保損失 　保險費	＿＿＿＿＿＿	＿＿＿＿＿＿	＿＿＿＿＿＿
3. 損失控制成本	＿＿＿＿＿＿	＿＿＿＿＿＿	＿＿＿＿＿＿
4. 行政費用	＿＿＿＿＿＿	＿＿＿＿＿＿	＿＿＿＿＿＿
5. 避險成本	＿＿＿＿＿＿	＿＿＿＿＿＿	＿＿＿＿＿＿
6. 風險溝通成本	＿＿＿＿＿＿	＿＿＿＿＿＿	＿＿＿＿＿＿
風險成本總計 （營收／預算的百分比）	％	％	％

(5) 風險預算書

　　風險管理人員為了透過預算提昇管理績效，於每一會計年度初，爭取預算的編列需使用風險預算書，其格式參閱表 21-3。

表 **21-3**　風險預算書

<table>
<tr><td colspan="4" align="center">武漢光谷科技公司
風險預算書</td></tr>
</table>

單位：_____

預算期間：_____

預算數：

	前年度預算	當年度預算	每月預算
1. 曝險值			
資產價值	_____	_____	_____
營業額	_____	_____	_____
薪資	_____	_____	_____
2. 固定風險費用			
保險費	_____	_____	_____
自保基金保費	_____	_____	_____
行政費用	_____	_____	_____
小　　計	_____	_____	_____
3. 變動風險費用			
第一人風險	_____	_____	_____
第三人風險	_____	_____	_____
避險成本	_____	_____	_____
風險溝通成本	_____	_____	_____
小　　計			
總　　計	_____	_____	_____

(6) 風險管理年度績效報告

公司風險管理人員年度內對董事會要做的報告相當多，但其中最重要的莫過於每年度末，應就一年來的工作績效，提出報告與檢討，以便籌劃未來年度工作方針，即為風險管理年度績效報告書，其格式參閱表 21-4。

表 21-4 風險管理年度績效報告

武漢光谷科技公司
風險管理年度績效報告

導言

風險控制策略

風險理財策略

保險

衍生品

另類風險理財

損失記錄

危機處理與 BCM

風險溝通

風險管理成本分析

檢討與建議

二、資訊與溝通

（一）資訊與 RMIS

　　資訊科技（IT: Information Technology）系統的良窳與其安全的保護，對 ERM 是否成功言是極為重要的條件，風險管理的本質，也可說成是資訊的管理。資訊的管理，不是僅消極的收集、儲存資訊，也是為了完成風險管理或營運的需要，對資訊的積極運用與分析。因此，公司除要有良好且安全的資訊系統外，也需更重視建置極優也極安全的**風險管理資訊系統**（RMIS: Risk Management Information System），RMIS 的目的有：第一，提供風險管理成本分攤所需的資訊；第二，便於風險預算書的編製；第三，便於持續分析風險與損失記錄，了解公司未來損失趨勢，有助於各類風險理財方案與風險控制的規劃；第四，可及時提供磋商談判的資訊；第五，可及時滿足政府相關法令所需。

其次，風險管理資訊系統在架構上，應涵蓋應用面、資料面與技術面三部份。應用面應提供風險管理所需相關功能。資料面應定義應用系統所需資料及存取介面，並考慮資料庫的建置與資料的完整性與精確性，這主要包括：法律資訊、風險管理成本資訊、損失數據資訊、財務記錄資訊、保險記錄資訊等。技術面應定義系統運作之軟硬體環境，並注意系統安全性，這安全性方面應注意系統及模型的安全，系統備份、回復與緊急應變，以及新技術的開發。最後，風險管理資訊系統功能應能提供目前與未來的需求，且宜考量不同風險報告揭露之頻率、對象與格式。

（二）資訊安全

公司資訊系統的安全，旨在保護訊息的來源。國際上，資訊安全的標準，例如 ISO 27001，都是以風險為基礎，提供資訊安全上，最完整的指引。要達成所謂的資訊安全，主要包括下列十項要素：(1) 要建立資訊安全政策；(2) 要有資訊安全組織；(3) 要建置資訊軟硬體的記錄與資料庫所有人的目錄；(4) 資訊安全人員應負責任，確保系統的安全運作，並降低作業風險；(5) 注意電腦設備的實體安全防護；(6) 注意網路駭客與病毒的入侵，並採安全措施；(7) 注意進入系統密碼與終端機的安全管理；(8) 注意系統發展、測試與使用期間的隔離措施；(9) 注意營運持續計畫、重大危機管理與適當保險的安排；(10) 遵守資訊安全的相關法令，例如資料保護法與電腦誤用法等。

（三）IT 治理與 CobiT

IT 治理，就是將公司治理的概念應用到資訊安全管理中，這包括資訊策略資訊科技與資訊管理。資訊系統稽核與控制協會（ISACA: Information Systems Audit and Control Association）下的研究單位，IT 治理學會[4]（IT Governance Institute）已出版《沙賓奧斯雷法案 IT 控制目標》（*IT Control Objectives for Sarbanes-Oxley*）一書，該書旨在彌補營業風險、績效衡量、內部控制與技術議題間的缺口，強調資訊科技在資訊揭露與財務報告系統的設計與執行。

其次，IT 治理的重要手段，是 CobiT（Control Objectives for Information and Related Technology）。CobiT 是由 ISACA 發展而成，幫助管理層在不可預測的IT環境中，平衡風險與控制投資，同時，CobiT 也關注績效衡量、IT 控制、IT 自覺與標

4　網址：http://www.itgovernance.co.uk/ 與 http://www.itgi.org/.

竿。公司管理層、IT 使用者與稽核人員，均可運用 CobiT，CobiT 將 IT 過程分成四個階段，那就是資訊的計畫與組織（Planning and Organization），資訊的獲得與執行（Acquisition and Implementation），資訊的傳輸與支援（Delivery and Support）與資訊的監督評估（Monitoring），其架構參閱圖 21-6。

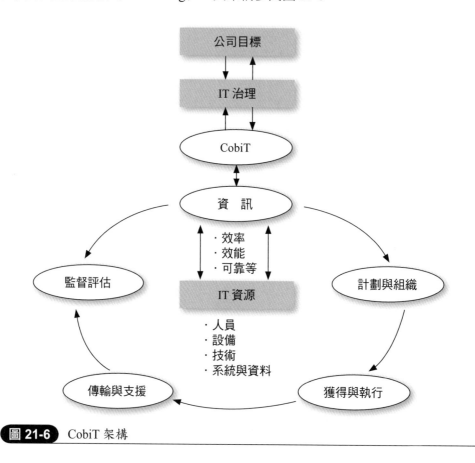

圖 21-6 CobiT 架構

（四）SAC 與 eSAC

內部稽核研究基金學會（Institute of Internal Auditors Research Foundation）結合資訊系統稽核與控制（SAC: Systems Auditability and Control）以及電子商務，發展成**電子系統的確保與控制**（eSAC: Electronic Systems Assurance and Control），其目的是在了解、監督、評估與減緩資訊科技風險，同時，強調內部控制，是人員、系統、次系統與一組功能間的聯結。eSAC 中的風險，包括詐欺、失誤、營運中斷與資源無效率無效能的使用。eSAC 控制的目標，則在於降低這些風險，並確保資訊

的正確、資訊安全與各項標準的遵循。

（五）溝通

ERM 要素所指的溝通，應是風險溝通，這會涉及 ERM 過程的所有環節，風險溝通中的保護溝通，已於第十七章詳述，此處，說明危機溝通與共識溝通。此外，也說明公司財務報告的揭露，這也是對外溝通的一種方式。

1. 財務報告的揭露與對外溝通

財務報告是公司所有經營活動成果的縮影，常見的有資產負債表與損益表。第八章曾提及，公司訊息的揭露與經營績效有所關聯，訊息揭露中的風險揭露，更是公司所有利害關係人近年來關注的焦點。

(1) 國際財務報告標準

國際上，各國有各國的財務會計標準，但美國的一般公認會計準則（GAAP: Generally Accepted Accounting Principles）一直是各國遵循的主要對象。另一方面，國際會計標準委員會（IASB: International Accounting Standard Board）則一直致力於國際間標準的一致性，以滿足全球資本市場投資人的需求，換言之，全球投資人需要各國財務報告間能有共同的標準，可以便於比較，利於選擇投資，因此，IASB 公佈出版國際財務報告標準（IFRSs: International Financial Reporting Standards），IFRSs 的前身，稱為國際會計標準（IASs: International Accounting Standards），現稱的IFRSs，事實上，指的是新公佈的 IFRSs 與舊有的 IASs。

其次，美國在 2002 年通過沙賓奧斯雷法案（SOX: Sarbanes-Oxley Act）後，對上市公司財務報告揭露與內稽內控，影響深遠。美國財務會計標準委員會（FASB：Financial Accounting Standards Board）與 IASB 原則上同意財務報告應用共同標準，雖然 FASB 尚未完全採用 IFRSs，此時，美國證交會（SEC: Securities and Exchange Commission）傾向各公司法說會，可彈性使用 IFRSs。其次，IFRSs 與GAAP 間，兩者最大不同處，在於 GAAP 是以規則為基礎（Rule-Based）的會計標準，會計處理人員有規避責任的空間，但 IFRSs 是以原則為基礎（Principle-Based）的會計標準，會計處理人員難以避責。最後，財務報告的資訊揭露，主要規定於 IAS1：財務報表表達（Presentation of Financial Statements）與IFRS 7：金融工具（Financial Instruments）（Collier, 2009）。

(2) 英國 OFR 與風險揭露

英國會計標準委員會，在 2006 年發佈一份報告書：營運與財務評論（OFR）（Reporting Statement: Operating and Financial Review），OFR 是提供給上市公司願意以最佳實務原則報告財務的準則，這主要用來作為正式財務報表的補充報告。OFR應該提供有助於股東評估公司經營策略與評估該策略成功的可能性。具體說，OFR應包括：(1) 公司目標、經營策略、市場競爭與監理環境的說明，以及業務性質；(2) 前一年度與未來業務的發展與績效；(3) 長期言，也許會影響公司價值的資源、關係與主要風險及不確定性；(4) 前一年度與未來資本結構的說明、公司財務政策與目標以及業務的流通性（Collier, 2009）。

其次，根據研究（Solomon *et al*, 2000）顯示，OFR 公佈前，在英國，幾乎很少規範財務報表中有風險的揭露，該項研究，建議公司的風險揭露應包括：(1) 訊息揭露是基於公司自願，抑或是來自監理機關的強制要求；(2) 投資人對風險揭露的態度；(3) 風險揭露，是採個別揭露，抑或是綜合揭露；(4) 所有風險訊息都揭露，抑或是選擇性揭露；(5) 在 OFR 報告中的何處揭露；(6) 風險揭露的程度，是否能幫助投資人作決策。該項研究，在 1999 年調查發現，三分之一的法人投資機構，認為增加風險揭露有助於它們的投資組合決策，這項研究，也認為公司治理的改革與風險揭露間，有顯著的關聯。另一項研究（Linsley and Shrives, 2006）也發現，風險訊息揭露量的多寡與公司規模大小間，有顯著相關。然而，該項研究也顯示，風險揭露與使用財務比率表達風險高低間，並無關聯。同時，該項研究認為風險描述與風險管理政策，如均缺乏一致性，那麼，公司利害關係人，很難評估風險。

(3) SOX 與金融工具的風險揭露

美國 SOX 法案，主要目的在處理金融市場監督、正直與透明度等核心議題，該法案要求表外資產負債重大事項的揭露，同時，也要求上市註冊與因造假受犯罪處罰的所有公司的執行長、財務長，均應對公司年報與季報，進行確認。特別是 SOX 302 與 404 項的條款，要求執行長、財務長必須確保公司內部控制的有效性，這些相關要求，大幅增加了上市公司的法令遵循與稽核成本。同時，COSO 公佈內部控制指引，該指引提供二十項原則，以供執行長與財務長能夠確保公司內部控制程序的適當性，滿足 SOX 的要求。其次，SOX 法案加重審計委員會的責任，雖然並無相關條文規定內部稽核在風險管理與內部控制的角色與功能。然而，美國獨

立的上市公司會計監督委員會（Independent Public Companies Accounting Oversight Board）則制訂了一套稽核、品質控制與獨立性的標準。SOX法案下，外部稽核人員被要求要出具被稽核公司的管理評估報告，相對的，在英國，並無相關要求（Collier, 2009）。

　　另一方面，IFRS 7 要求公司財務報表揭露金融工具的訊息，其目的，是要使財務報表使用者，能夠用來評估這些金融工具對公司財務績效的貢獻，以及來自這些金融工具風險的性質及程度，同時，用來評估公司如何管理這些風險。 IFRS 7 的訊息揭露，可以量化與質化表示，質化主要表示公司管理金融工具風險的政策、目標與過程，量化主要表示風險的程度與管理風險的主要負責人。其次，IAS 39 要求金融工具與負債，均要以公平市價顯示，這些公平市價的改變，則要揭露於損益表，IAS 39 也允許這些金融工具，為避險或為交易，可以有不同的會計處理方式。至於海外資產與負債的交易與計價單位轉換的損益風險，也需揭露於財務報表中，雖然計價單位轉換的風險，不影響公司現金流量，但在編製資產負債表時，仍要將依外幣計價的資產與負債，轉換成依公司註冊地的貨幣單位表示（Collier, 2009）。

2. 風險溝通——危機與共識溝通

　　第十七章提及，風險溝通中的保護式溝通，這主要是在傳遞風險訊息，告知民眾如何保護自己，改變認知或知覺，免受或降低風險對健康安全的威脅，這是對風險回應的新取向。此處，說明風險溝通中的危機與共識溝通。

　　危機溝通，此與對外發言人息息相關，它主要適用於危機期間，其重點是聚焦在，因風險事件發生，引發公司重大危機，在危機期間，如何對所有利害關係人進行溝通，化危機為轉機。根據文獻（Lerbinger, 1997）顯示，危機溝通時，要留意如下幾項原則：第一，要查明危機發生的真相並勇於面對； 第二，危機管理小組應積極，高階主管應保持警覺；第三，要成立危機新聞中心；第四，所有對外發言口徑要一致；第五，危機發生時，儘速召開記者會，公開、坦誠與準確地告訴大眾實情；第六，與所有利害關係人，進行直接溝通。至於對外發言人，面對媒體時的對外發言，也要遵守幾項規則：第一，從利害關係人的利益出發，而非公司利益；第二，儘可能使用人性化的語氣與措詞；第三，別與媒體記者爭辯，保持冷靜；第四，回答問題時，直截了當，別拐彎抹角；第五，說實話，即使後果不堪想像。

　　最後，關於**共識溝通**，其目的是促成多數人對風險議題與行動，形成共識，降

低風險，例如，衛生署對性行為帶保險套的宣導，即是風險溝通中的共識溝通。

三、本章小結

管理控制與溝通，看似兩項獨立的要素，其實兩者間還是有連動關係，溝通良好，有助於管理控制績效，事實上，要達成 ERM 的良好績效，非有良好且有效的溝通策略不可。

思考題

❖ 人是最難管理的，風險是永不磨滅的，你（妳）認為為何人在管理風險時，要有控制與溝通的手段？

❖ 基本價值觀的落實，為何是管理控制的手段？

參考文獻

1. Andersen, T. J. and Schroder, P. W. (2010). *Strategic risk management practices-how to deal effectively with major corporate exposures.* Cambridge: Cambridge University Press.

2. Chartered Institute of Management Accountants (CIMA . (2005). *CIMA official terminology: 2005 edition.* Oxford: Elsevier.

3. Collier, P. M. (2009). *Fundamentals of risk management for accountants and managers-tools & techniques.* London: Elsevier.

4. Committee of Sponsoring Organizations of the Treadway Commission (COSO). (1992). *Internal control-integrated framework.*

5. Doff, R. (2007). *Risk management for insurers-risk control, economic capital and Solvency II.* London: Risk Books.

6. Lerbinger, O. (1997). *The crisis manager-facing risk and responsibility.* Published by Lawrence Erlbaum Associates, Inc.

7. Linsley, P. M. and Shrives, P. J. (2006). Risk reporting: a study of risk disclosures in the annual reports of UK companies. *British Accounting Review.* 38. PP.387-404.

8. Matten, C. (1999). *Managing bank capital: capital allocation and performance measurement.*

9. Solomon, JF. *et al* (2000). A conceptual framework for corporate risk disclosure emerging from the agenda for corporate governance reform. *British Accounting Review.* 32. pp.447-478.

10. The Institute of Internal Auditors, Inc. (IIA). (2008). *The definition of internal auditing, 2008.* The international standards for the professional practice of internal auditing.

11. Warren, D. and McIntosh, R. (1988). *Practical risk management.* California: Practical risk management, Inc.

網站

網址：http://www.itgovernance.co.uk/ 與 http://www.itgi.org/

第 **22** 章

績效評估與監督

人有惰性，故需監督，但機器人，
常態下，則無需監督。

ERM 最後的要素，是監督與績效評估，這要素是 ERM 循環的最後，也是起頭。意指公司即使完備了 ERM 前七要素，也運作順暢，仍無法保證會有良好的績效，這還需來自公司內外部的稽核（External and Internal Auditing）監督，始可能克竟其功。

根據文獻（許士軍，2000）顯示，所謂績效評估，即指管理活動中的控制功能，在其積極意義方面，指的是管理成果，應與公司目標一致，消極上，則是在管理過程中，修正差異。根據這項定義，績效評估的功能，與前一章所提的管理控制，緊密關聯。本章首先，聚焦在風險-資本-價值（RCV）的關聯、績效評估的衡量指標／效標與風險成本的分攤。其次，一般企業管理的績效評估概念，同樣，可適用於風險管理的績效評估，稍有不同的是，風險管理的標的是風險，績效評估時，責任的歸屬與評估期間，更需力求公平合理，同時，也需根據績效的良窳，給予獎懲。最後，本章聚焦說明，ERM 這項要素中的稽核監督。ERM的獨立稽核監督，有賴公司內外部稽核人員（External and Internal Auditor）與董事會審計委員會（Audit Committee）來完成，這項獨立稽核監督的機制，是ERM成功的要素之一。

一、風險、資本與價值的關聯

公司經營活動上，面臨一塊錢的風險，應該對應配置一塊錢的資本，否則，視同補貼顧客，無法創造公司價值，而風險管理績效，也會大打折扣。因此，如何平衡風險與資本配置的效能，進而創造公司價值，是評估風險與業務活動績效的重要議題。進一步說，風險管理決策，必須與資本管理決策相聯結，藉由風險與資本間的合適槓桿，產生報酬，當報酬超過資金成本時，就能創造公司價值。風險、資本與價值的關聯，可參閱第八章圖 8-2。

其次，傳統上，風險管理與資本管理的職能分開，資本管理是公司財務長的職責，負責公司負債與權益資本的財務槓桿操作，提昇 ROA 或 ROE 的報酬率，風險管理則是風險管理人員的職責，負責將風險透過保險市場與資本市場，分散轉移。然而，事實上，風險管理與資本管理是一體的兩面，兩者的整合，更有助提昇公司價值，兩者除可在資本配置上加以整合外，如果把風險理財相關的措施，視為或有資本的來源，而與傳統實收資本整合，這對公司資金成本的降低與公司價值的提昇，極有幫助，可參閱第二十章第八節。

最後，傳統的資本管理，只注重負債與權益，忽略替代性的或有資本，使得真

正的資金成本與報酬失真，如能將或有資本納入考慮，公司在採用各類風險回應工具後的風險結構變化，相對應產生的權益變化與或有資本，不但在財務管理上更靈活，資金成本也更能降低，完成增進公司價值的目標，風險管理與資本管理整合的重要性，也就不言可喻。

二、風險管理績效評估

（一）績效評估的必要性

　　風險隨著時間會產生變化，評估它的管理績效，難度也高，然而，仍有規則可循。其次，風險管理績效評估的必要性，主要來自於評估的目的，首先第一個目的，是為了控制績效（Control Performance），這是評估工作上最積極的目的，蓋因管理績效要與年度目標一致，非嚴密控制不可。為了控制績效，除需建立一套績效標準與激勵員工的辦法外，更需根據這些標準，於管理過程中作適當的修正。其次，評估工作第二個積極目的，要能兼顧與因應未來內外部環境的變局（Adapt to Change），其理由主要有四（Head, 1988）：第一，公司面臨的風險是多變的；第二，有關法令規定，可能已過時；第三，公司可用的資源，可能已產生變化；第四，風險管理的成本和效益，亦可能產生變化。基於以上四種理由，定期評估風險管理績效，進而調整既定的決策，以適應新的環境，是相當重要且必要的。

（二）評估的依據與標準

1. 評估的依據

　　風險管理績效評估，必須依據公司風險管理目標與風險管理政策。公司風險管理總目標是在提昇公司價值，進一步分，還包括策略目標、經營的效率目標、報告可靠的目標、遵循法令的目標與損失前後的特定目標。此外，公司風險管理政策說明書所揭露的政策內容，也是評估的重要依據。最後，根據績效評估的結果，回饋到來年風險管理目標與政策的擬訂。

2. 評估的標準

　　績效評估，最積極的意義是在控制績效，為完成該目的，需一套標竿。首先，建立評估標準，針對風險管理的特性，評估標準有二（Head，1988）：一為**行動**

標準（Activity Standards），例如，KRI 指標、風險限額標準、每個月規定召開一次安全會報、一年檢查一次消防系統、詳細閱讀與檢視保險單的每一條款，或定期監控每一作業風險監控點等；另一為**結果標準**（Result Standards），例如，KPI 指標，員工可能遭受殘廢的機會，應由 5% 降為 2%，火災損失金額今年應縮小為五十萬，RAROC 報酬率要提昇至 13% 等。 所有的評估標準，應明確且具體，避免抽象。如此，始有助於績效評估和責任歸屬。訂立這些標準時應考慮（Head, 1988）：(1) 法令環境；(2) 同一產業的環境；(3) 公司整體目標；(4) 管理人員與員工態度等因素，始可制定出一套良好的評估標準。良好的評估標準，則應具備下列幾點特性（Head, 1988）：(1) 客觀性（Objective）；(2) 彈性 （Flexibility）；(3) 經濟效益性（Economical）；(4) 能顯示異常性（Highlight Significant Exceptions）；(5) 能引導改善行動（Pointing to Correction Action）。

3. 修正與調整差異

有了評估標準，需修正與調整實際績效與評估標準間的差異。要完成此一步驟，首先，應注意以下四點（Head, 1988）：(1) 實際績效本身，應能客觀地測度；(2) 測度出來的實際績效，要能被人所接受；(3) 衡量的尺度標準，需具代表性；(4) 差異程度應具顯著性。其次，才進行差異程度的調整，一般調整差異的步驟是（Head, 1988）：(1) 先正確地辨認發生差異的原因；(2) 了解差異原因的根源；(3) 與相關人員進行討論；(4) 執行適切的調整計畫；(5) 繼續評估回復標準所需採取的調整行動。

（三）激勵理論

要完成控制績效的積極目的，除需建立評估標準外，就是要有一套風險管理的激勵措施。從理論上來看，激勵的理論基礎，主要有三種（Head, 1986）：第一種是馬斯羅的需求論（Maslow's Hierarchy of Needs）；第二種是赫茲柏的兩項因素論（Herzberg's Two-Factor Theory）；第三種是史基尼的條件反應論（Skinner's Conditioned Response Theory）。每種理論的立論觀點有別，但均提供了激勵理論的基礎。其次，風險管理人員在制定激勵措施時，應考慮下列兩項因素（Head, 1986）：第一，要考慮個人個性上的差異，此種差異又分兩類：一為個別員工間的差異；另一為主管人員間，領導風格上的差異。領導風格的差異，乃導源於主管對部屬工作態度有不同的看法，理論上，這看法可分為 **X 理論**（X Theory）與 **Y 理**

論（Y Theory）。X 論者，認為人均是被動的、偷懶的、很難接受新事物。是故，持此看法的主管，容易產生壓制或威權的領導風格。Y 論者，認為人均是主動的、積極創新的、且願接受新事物的挑戰。是故，持此看法的主管，容易產生人性化管理和民主式的領導風格；第二，要考慮個人個性會隨著時間而改變。綜合考慮後，必可制定一套實際可行的激勵辦法。其次，該激勵辦法的制定，最好配合未來風險調整後的獲利（例如，RAROC），以及各部門風險管理的成熟度，並以長期績效作為評量獎酬的依據，這對 ERM 的落實助益甚大，但需注意公平合理與溝通。

三、風險管理績效衡量指標

　　績效衡量指標，需質化與量化指標並重，量化指標主要包括資產報酬率（ROA: Return on Asset）、股東權益報酬率（ROE: Return on Equity / ROC: Return on Capital）、各種風險調整績效衡量（RAPM: Risk-Adjusted Performance Measurement）指標、風險管理效能（RME: Risk Management Effectiveness）指標與 COR / Sale 的比例指標，質化指標則指管理過程中的各類效標而言。

（一）量化指標

1. ROA 與 ROE

　　傳統上，公司經營績效衡量的指標，採用的是 ROA 與 ROE / ROC，風險管理是經營管理的一環，也因此，這兩項指標常被投資人用來觀察公司風險管理的績效。然而，這兩項指標從風險管理的觀點言，有極大缺失，容易誤導投資大眾，因此，風險管理績效上，採用 RAPM 已漸受重視。ROA 與 ROE / ROC 的計算公式如下：

$$\text{ROA} = \text{會計利潤／資產} \qquad \text{ROE / ROC} = \text{會計利潤／權益資本}$$

　　這兩項公式的分子，均是會計利潤，但會計利潤，不是很好的風險管理績效衡量工具，因會計利潤無法表達未來風險的變動。至於 ROC 分母的權益資本，是屬會計帳面資本，它並非以風險為考量所需的資本，基於風險考量所需的資本，也就是風險資本或經濟資本。因此，從風險管理觀點言，ROA 與 ROE / ROC 指標，有必要被 RAPM 取代。

2. RAPM

風險調整績效衡量 RAPM，是根據報酬中所承受的風險，調整報酬的通稱。RAPM 共有六種變形，分別由 ROA 與 ROC 變形而來，但常見的 RAPM 有四種，這四種 RAPM 又可分兩組，每組各配兩個 RAPM：第一組屬於 ROA 變形的 RAPM，有 RORAA 與 RAROA；第二組屬於 ROC 變形的 RAPM，有 RAROC 與 RORAC。這四個指標，均為資產價值波動法。其中，最常用的 RAPM 就是 RAROC，這項指標常被用來作資本的配置，也用來決定事業單位的取捨，與事業單位的經濟價值（EVA / EP: Economic Value Added / Economic Profit）（Doff, 2007）。在此，除 RAROC 已於第 21 章說明外，其餘常見的三種 RAPM，分別說明如下（Matten, 1999）：

第一，RORAA（Return on Risk-Adjusted Assets）稱為風險調整資產報酬，它是ROA的變種。分子與ROA同，但分母則依資產項目的相對風險程度調整。

第二，RAROA（Risk-Adjusted Return on Assets）稱為資產的風險調整報酬，它也是 ROA 的變種。分母與 ROA 同，但分子則從報酬中扣除風險因素來調整報酬。

第三，RORAC（Return on Risk-Adjusted Capital）稱為風險調整資本的報酬，它是 ROC 的變種。分子與 ROC 相同，但分母以經濟資本取代會計上的權益資本。

最後，很顯然的，分子與分母均會產生變形的 RAPM 是 RARORAC 與 RARORAA，但很少用此種變形指標。

3. RME

此指各類風險因子的變動，例如，消費者嗜好的改變、供應鏈的改變與利率的變動等，均會影響產品銷售獲利的機會，因此，公司如能有效回應這些風險因子的變動，將可使公司獲利穩定，其結果就是公司報酬的變異降低，而風險管理效能（RME: Risk Management Effectiveness）指標，適合這類績效的衡量，其公式以符號表示如下（Andersen and Schroder, 2010）：

$$RME \ t, j = SD \ (\ Sales \ t.j \ ) \ / \ SD \ (\ Return \ t, j \ )$$

RME t, j 代表 j 公司在 t 期間的風險管理效能。
SD (Sales t. j) 代表 j 公司在 t 期間銷售額的標準差。
SD (Return t, j) 代表 j 公司在 t 期間 ROA 報酬的標準差。

RME 值越高，代表公司風險管理上，針對風險因子變動引發的銷售環境變動，有極佳的回應力，進而越能穩定公司報酬。

4. COR / Sale 的比例

風險成本（COR）與銷售額（Sale）的比例（Proportion of COR over Sale），是用來衡量公司風險管理成本的效能（Risk Management Cost Effectiveness），這項指標，由美國風險與保險管理學會（RIMS: Risk and Insurance Management Society）所發展，並定期作產業調查，公佈結果。公司風險管理上，如果 COR / Sale 的比例值較同業為低，代表公司風險管理成本的效能高過同業，其他因素不考慮，也可代表公司風險管理績效較同業為佳。

（二）質化效標

ERM 績效的好壞，除量化指標外，還需觀察質化的各類效標。在此，依國際信評機構標準普爾 [1]（S&P: Standard and Poor's）於 2006 年採用的效標，簡要說明，雖然這些效標針對保險業而制訂，但經由適度調整後，極適用於一般產業。

標準普爾主要採用五大類效標，評估 ERM 的良窳，它們分別是風險管理文化、風險控制、極端事件管理、風險與經濟資本模型以及策略風險管理等五大類，每一類再細分成各種不同的效標，各類各效標，除風險管理文化各效標，已在第八章說明外，此處說明標準普爾的其他四類效標，分別陳列如後：

1. 風險控制效標

共 6 項，分別為：(1) 貴公司對曝險額與其種類的辨認程度為何？(2) 貴公司對風險稽核與監控的情形為何？(3) 貴公司對風險的程度與管理風險，是否均有明確書面化的限額與標準？(4) 貴公司風險管理過程，是否有預算等管理控制工具？(5) 貴公司風險學習與訓練過程，是否有明確的制度與改善措施？

2. 極端事件管理效標

分別為：(1) 貴公司認為極端事件的管理對實施風險管理之重要程度為何？(2) 貴公司在實施風險管理上，有無單獨針對極端事件做情境分析？(3) 貴公司在進行極端事件管理上，有無採用壓力測試？

---

[1] Standard and Poor's 網站 http://www.standardandpoors.com/ratingsdirect.

3. 風險與經濟資本模型效標

分別為：(1) 貴公司採用指標型 [2] 風險評估方法時，以最大可能損失、資產價值、員工流動率、審核異常報告或其他方法的哪幾項為參考因素？(2) 貴公司採用預測型 [3] 風險評估方法時，以隨機模擬與單一情境分析的哪幾項為參考因素？(3) 貴公司採用敏感型 [4] 風險評估法時，以存續期間、凸性程度、Gamma、Vega、Delta and Rho 的哪幾項為參考因素？(4) 貴公司採用的經濟資本模型，是否有配合公司的需求作必要的調整？

4. 策略風險管理效標

貴公司策略風險管理上，以自留風險、資產配置、風險／報酬、風險調整後績效、風險調整後紅利與資本預算的哪幾項為參考因素？

四、風險管理成本分攤制度

根據專業估計，投資一塊錢作風險管理，可以節省二十塊經營成本（周詳東，2002／7），所以風險管理的投資成本極為重要。其次，這些成本合理的分攤至公司各單位部門間，在以利潤中心管理為主的公司更形重要，尤其在績效評估的責任歸屬上，更不容漠視。有鑑於此，分攤基礎是否適切，對績效及責任歸屬的客觀公平性，均有莫大的影響。同理，風險成本分攤基礎和方法，是否公平合理，必然影響風險管理績效。本節擇要說明，風險成本分攤的目的、傳統分攤基礎和方法，以及新的分攤基礎和方法。

（一）風險成本分攤的目的

分攤風險成本，主要係為了滿足下列四種目的（Head, 1988）：第一，為了激勵管理人員，提昇風險控制績效；第二，為了求取風險承受（Risk-Bearing）與風險分攤（Risk-Sharing）間的平衡。換言之，求取損失責任在各單位間的公平合理的歸屬；第三，為了提供管理人員風險成本的相關資訊；第四，為了幫助風險承擔（Retention）的規劃與執行。風險成本分攤制度本身，應具備兩項特性：第一，制

---

[2] 針對公司風險管理的成熟度，不同的風險，可用不同的風險評估方式，指標型風險評估，通常以某百分比乘以相關因子計算風險資本，適用於風險管理尚未成熟的公司。

[3] 預測型風險評估，則利用內部模型法估計風險資本，適用於有充分資料庫且風險管理相當成熟的公司。

[4] 敏感型風險評估，適用於市場與信用風險以及持有衍生品的公司。

度需簡明易懂；第二，制度應能免除人為的捏造（Manipulation），尤其是謊報損失。

（二）傳統的分攤方法

風險成本分攤，傳統上有三種方式（Head, 1988）：第一種方式是均等攤之於各單位部門間；第二種方式是以相關的損失暴露單位數（e.g. 產品責任風險成本分攤，以銷貨額為基礎。此銷貨額即為損失暴露單位數。）為基礎分攤之；第三種方式是以各單位實際遭受的損失金額，決定分攤數。以上三種方式均有缺點，且不能讓單位主管信服。第一種方式，表面上公平，實質上最不公平。蓋因，眾多因素並未考慮。第二種方式是一般成本會計中，分攤的方式。雖比前一種方式進步，但對損失控制績效，無法適當反應。第三種方式，缺乏考慮，有些並非各單位所能控制的損失，但歸屬於該單位。此方式亦有欠公平，亦違反風險成本分攤第二個目的。基此，新的分攤方法乃因應而生。

（三）分攤風險成本的新方法

良好的風險成本分攤制度，除了應具備前述的簡明易懂，並能免除捏造，兩項基本特性外，尚應符合下列三種條件：第一，要有激勵管理人員降低損失的作用；第二，要能使管理人員易懂且具公平性；第三，應能便於編製風險成本預算書。為了符合上述標準，李佛雷（Leverett Jr. E. J.）與馬基昂（Mckeown, P. G.）共同發展出一套新的風險成本分攤方法（Leverett，Jr and Mckeown, 1983）。此法以保險費分攤為主。

他們的新方法，首先明確規範，什麼是「良好的損失經驗」（Good Loss Experience），什麼是「不好的損失經驗」（Bad Loss Experience）。根據他們的看法，所謂良好或不好的損失經驗，是下列兩項因素之差是否為正或為負來決定的。如果是正數，則為良好的損失經驗。反之，負數即為不好的損失經驗。前者，應受鼓勵。後者，應予懲罰。這兩項因素是：第一，各單位部門實際損失佔全部損失的百分比，以「% Loss」表示之；第二，各單位部門損失暴露單位數佔全部損失暴露單位數的百分比，以「% Base」表之。兩項因素之差，以符號表示如：DIFF = %Base－%Loss。如 DIFF 大於零，則為良好的損失經驗。如小於零，則為不好的損失經驗。其次，將原有保費分攤額，透過下列計算式調整為新的保費分攤額，閱表 22-1。

表 22-1 分攤保險費新的計算公式

(1) 不良損失經驗部門的算式：New ＝ Old ＋ [(DIEF / Worst)×Increase×Old]

New ＝ 新的保費分攤額　　　　　　　Old ＝ 舊的保費分攤額

DIEF ＝ %Base － %Loss　　　　　　　Worst ＝ DIEF的最大負數值

Increase ＝ 管理階層允許保費調高的最高調幅

(2) 良好損失經驗部門的算式：New ＝ Old － [(DIEF / Best)×Decrease×Old]

New ＝ 新的保費分攤額　　　　　　　Old ＝ 舊的保費分攤額

DIEF ＝ %Base － %Loss　　　　　　　Best ＝ DIEF 的最大正數值

Decrease ＝ 管理階層允許保費調低的最大調幅

　　初期，為了公平起見，公司風險管理人員對保費調高與調低幅度均以相同幅度試算。試算結果，各部門新的保費分攤額加總等於原有保費總數時，則無需進一步試算。通常以相同幅度試算時，不會達成滿意的結果。進一步試算有必要。為了懲罰不良損失經驗的部門，管理人員需維持調高的幅度。是故，良好損失經驗的部門調低的幅度會下降。維持調低的幅度，如不良損失經驗的部門產生超過原先所允許的保費最高調幅時，亦有欠合理。

　　茲舉一例，說明新的分攤方法。公司五個單位部門，各單位部門的銷貨額、實際損失和原有保費分攤額，閱表 22-2。調整初期，風險管理人員均以百分之三十為調高與調低的幅度。

　　根據表 22-2 計算 %Base，%Loss，DIEF及原有保費百分比，如表 22-3。

表 22-2 某公司各部門銷貨額、實際損失和原有保費分攤額

單位部門	銷貨額	實際損失	保費分攤數
1	$4,000,000	$20,000	$40,000
2	1,000,000	30,000	10,000
3	1,000,000	20,000	10,000
4	1,000,000	10,000	10,000
5	3,000,000	20,000	30,000

表 22-3　某公司各部門 %Base，%Loss，DIEF 及原有保費分攤百分比

單位部門	%Base	%Loss	DIEF	Old (%)
1	40%	20%	20%	40%
2	10	30	-20	10
3	10	20	-10	10
4	10	10	0	10
5	30	20	10	30

首先，以百分之三十為調高與調低的幅度試算一次。 結果如表 22-4。

表 22-4　新保費分攤百分比試算結果

單位部門	Old (%)	DIEF	試算結果 New (%)
1	40%	20%	28%
2	10%	-20	13%
3	10%	-10	11.5%
4	10%	0	10%
5	30%	10%	25.5%
總　　計			88%

顯然，表 22-4 最右一欄加總百分比為百分之八十八。此數不等於百分之百。是故，管理人員維持調高幅度為百分之三十，進一步試算到最後，調低幅度會降為百分之八點一八。

「因為 $1 = [0.4 - (0.2 / 0.2) \times X \times 0.4] + [0.1 + (0.2 / 0.2) \times 0.3 \times 0.1] + [0.1 + (0.1 / 0.2) \times 0.3 \times 0.1] + 0.1 + [0.3 - (0.1 / 0.2) \times X \times 0.3]$.

所以　$X = 0.0818 = 8.18\%$」

以調高幅度為百分之三十，調低幅度降為百分之八點一八， 計算最後結果，如表 22-5。

表 22-5 某公司各部門新的保費分攤額

單位部門	原有保費分攤	計算過程	新的保費分攤數
1	40% (40,000)	$[40\% - [(20\% / 20\%) \times 8.18\% \times 40\%]$ $= 0.36728 = 36.73\%$	$36,730
2	10% (10,000)	$[10\% + [(20\% / 20\%) \times 30\% \times 10\%]$ $= 0.13 = 13\%$	13,000
3	10% (10,000)	$[10\% + [(10\% / 20\%) \times 30\% \times 10\%]$ $= 0.115 = 11.5\%$	11,500
4	10% (10,000)	不變	10,000
5	30% (30,000)	$[30\% - [(10\% / 20\%) \times 8.18\% \times 30\%]$ $= 0.28773 = 28.77\%$	28,770

綜合以上，新的風險成本分攤法，唯一缺憾是所謂調高與調低幅度的設定，多少具主觀成份。除此之外，其精神意旨均能滿足良好的分攤制度應具備的條件。

五、審計委員會、內外部稽核與 ERM 的監督

ERM 的監督，可來自外部，例如，外部稽核人員、國際信評機構與政府的監理；也可來自公司內部，也就是董事會的審計委員會與內部稽核人員。傳統內部稽核的對象，是內部控制，也就是第二十一章的管理控制，然而，當代內部稽核的對象，已轉換為公司 ERM 過程，這可由國際內部稽核協會（IIA: The Institute of Internal Auditors）對內部稽核的新定義得知，閱後述。

（一）審計委員會與外部稽核

在公司治理的概念下，董事會負公司風險管理成敗的最終責任，因此，董事會除設置風險管理委員會外，需設置監察人制度或設置審計委員會，獨立監督公司 ERM 過程。根據沙賓奧斯雷法案，審計委員會主要的功能，就是在監督公司稽核策略與政策，以及監督財務報表與內外部稽核報告的可靠與正確性（Collier, 2009）。其次，根據史密斯指引（Smith Guidance）（Financial Reporting Council,

2005），審計委員會也有責任監督公司內部控制的效率與效能，審計委員會可藉由對內部控制人員的詢問方式進行監督，例如，詢問公司是否發生過風險事件，從該事件內部控制上有何缺失，學到何種教訓，對公司內部控制環境與內部控制程序有何影響。

其次，外部稽核人員負責提稽核報告給公司股東，這項外部稽核報告，需特別留意報告兩點：第一，外部稽核報告書，必須報告公司是否有適切的會計處理程序與記錄，以及假如外部稽核人員，沒有收到所有的資訊時，在外部稽核報告書中，必須解釋，或者必須報告，特定法律要求需揭露的事項並未揭露的原因；第二，外部稽核人員報告書中，可不用報告董事會或內部稽核人員對風險管理與內部控制的相關意見（Collier, 2009）。

（二）IIA 內部稽核的新定義

IIA 對*內部稽核*作如下的定義（Pickett, 2005）：內部稽核是種獨立的、具備客觀的與諮詢的活動，這些活動旨在增進組織價值與改善組織的營運。它藉由系統化與組織化的方法，協助組織評估與改善風險管理、控制與治理過程的效能，以達成組織目標（Internal auditing is an independent, objective assurance and consulting activity designed to add value and improve an organization's operations. It helps an organization accomplish its objectives by bringing a systematic, disciplined approach to evaluate and improve the effectiveness of risk management, control, and governance processes.）。從該定義中，有兩點值得留意：第一，內部稽核作業，必須具備獨立性、客觀性與諮詢性；第二，內部稽核的對象，是風險管理、控制與治理的過程，也就是所有 ERM 要素，這有別於傳統只著重內部控制過程的稽核。

（三）稽核風險與內部稽核的新職能

內部稽核的新職能的內容，與傳統的職能差別甚大。傳統的工作程序，起自風險評估，歷經選擇受查者、稽核準備、初步調查、評估內部控制、擴大測試、稽核發現與建議、稽核結束會議、稽核報告、追蹤與稽核工作績效評量等十一項步驟，完成內部稽核的職能。然而，內部稽核新職能的工作程序，首先，檢視公司風險管理程序是否有效？如果無效，則內部稽核人員，應重新檢視公司目標、協助辨識公司風險與協助檢視營運活動易發生的風險，相反的，如果檢視公司風險管理程序是有效的，那麼，內部稽核人員應儘可能以公司的風險觀點，檢視風險的範圍，決定

稽核工作範圍及重點，進而依風險高低執行分析性覆核，其次，針對個別風險，覆核風險管理程序是否滿足適足性？如程序不適足，重新協助評估及辨識風險，如程序適足，則要確保風險管理的執行，最後，再次確認所有的程序皆如期執行並持續改進。上述風險基礎的內部稽核（RBIA: Risk-Based Internal Auditing）新職能（Collier, 2009），其工作程序參閱圖 22-1。同時，留意內部稽核人員需依公司組織風險管理成熟度之情況，負責制訂稽核策略（Audit Strategies），但並不擔負風險管理的責任、風險胃納的制定與管理風險以及風險回應的決策。

最後，內部稽核工作本身，也可能存在**稽核風險**（AR: Audit Risk），所謂稽核風險，是指稽核人員在不知情的情況，對財務報表中重大誤告事項，並未作適時修正的風險（Audit risk is defined as the risk that the auditor may unknowingly fail to appropriately modify his opinion on financial statements that are materially misstated.）

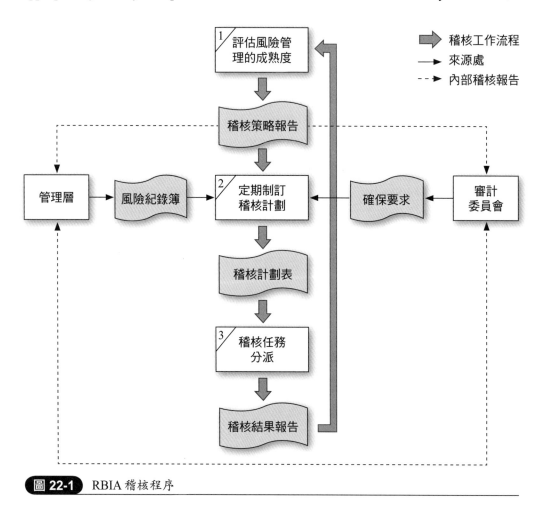

圖 22-1 RBIA 稽核程序

（van de Ven, 2010）。這稽核風險，則可分成三種，而其間均有連動關係，也就是 $AR = IR \times CR \times DR$。這項公式之意涵，係指稽核數量決定於稽核人員所面臨的風險水準，這項風險則由 $IR \times CR \times DR$ 所決定。IR（Inherent Risk）是固有風險，其意係指沒有內部控制情況下，實施稽核固定會存在的重大誤告事項的風險。CR（Control Risk）是控制風險，其意係指內部控制可能未能及時偵測到的重大誤告事項的風險。DR（Detection Risk）是偵測風險，其意係指未能稽核出的重大誤告事項的可能性。

（四）ERM 過程的稽核項目

依據內部稽核的新職能，IIA 提供了評估 ERM 的檢核表（Pickett, 2005）（詳細內容，參閱附錄八），該檢核表，主要由稽核人員執行，此表共十一大項，150 項問題，每項問題均由稽核人員加以計分，如完全滿足標準的項目，得 10 分，完全不滿足者，得 1 分，部份滿足標準的項目，依程度計分。此外，每一項目均需填明佐證資料，以及對該項目所建議的行動。茲就每一大項的項目內容，說明如下，並就每大項，各列示兩個問題：

A 項 利害關係人的稽核，共 11 項問題：這項旨在稽核公司所有利害關係人的利益，是否呈現在管理風險與確認風險的工作上。例如，A.1 問題：辨識對公司有直接影響的利害關係人與評估利害關係人對公司的期望及其改變，公司是否存在一套有效的工作程序？（Is an effective procedure in place to identify stakeholders who have, or may have, a direct influence on the organization and to assess their expectations and any changes in these expectations over time?） A.2 問題：這套有效的工作程序，有真正落實在辨識利害係人與評估利害關係人對公司的期望及其改變上嗎？（Is an effective procedure in place through which to identify stakeholders who have or may have an interest in the organization and to assess their expectations and any changes in these expectations over time?）

B 項 策略風險的稽核，共 11 項問題：這項旨在稽核公司對起因於內外部環境變動的風險，是否清楚了解，同時，這些風險訊息，是否以適當有效的方式，回饋至 ERM 的過程中。例如 ，B.1 問題：公司能夠辨識，起因於國際市場變動與經濟情勢改變，對其業務引發的全球風險嗎？（Is the organization able to identify global risks to its business resulting from changes in international market conditions and economic shifts?）。B.2 問題：公司能夠辨識，起因於產品改變、就業政策改變、

公司擴張策略改變與其他策略要素改變，對其業務引發的重大環境風險嗎？（Is the organization able to identify all significant environmental risks to its business resulting from the implications of its product, employment policies, expansion plans, and other strategic factors?）。

　　C 項　監理風險的稽核，共 11 項問題：這項旨在稽核公司對監理機關的要求與期望以及相關的法律，是否清楚了解，同時，公司是否採取適當的反應措施。例如，C.1 問題：公司是否有法令遵循的政策，這項政策的形成，是以積極動態與接受制約的態度呈現法令要求的精神意旨，而不是將法令當最低的要求，甚或鑽法律漏洞的態度形成政策？（Does the organization have a policy in place that embraces the spirit of regulatory / legal requirements in terms of responding in a dynamic and committed manner rather than a perception that rules should be seen as a matter for minimal legal compliance, that takes advantage of loopholes wherever possible?）C.2 問題：公司是否存在一套有效的程序，用以確保公司能夠負起聯邦與州法所規定的責任，同時，這套程序，是否可將可能影響公司的立法議題，不論是新的或草擬中的議題，交付董事會討論？（Is an effective procedure in place that ensures the organization is able to assume full responsibility for adhering to federal and state legislation and take on board new and tentative issues that arising from ongoing legal proceedings on matters that may affect the organization in question?）。

　　D 項　公司策略的稽核，共 12 項問題：這項旨在稽核公司策略是否由來自利害關係人期望的改變、業務問題與監理變數，導致公司應變不及而無法完成目標與搶佔市場的風險所驅動。例如，D.1 問題：公司策略的制訂，有考慮董事會所辨識與確認的風險嗎？（Does the coporate strategy take into account risks that have been identified at the board level?）。D.2 問題：公司策略是否跟董事會依據界定、辨識風險的方式，所制定的風險管理政策一致，以及該策略是否融入決策執行過程中？（Is the strategy aligned to the risk policy in terms of taking on board the way risk is defined, identified, and incorporated into the way decisions are made and implemented?）。

　　E 項　風險管理成熟度的稽核，共 15 項問題：這項旨在稽核公司是否已建置完成一份依風險管理成熟程度所作的工作劃分，這階段性工作是否呈現在營運過程中，且所有員工都能清楚了解，同時，公司為了達成風險管理的成熟度，在充分考慮主要利害關係人的期望後，是否有發展出一套完成成熟度的策略。例如，

E.1 問題：藉由所有書面文件，透過 ERM 過程，公司是否已經設計好完成目標的計畫？（Has the organization set out what it hopes to achieve through the use of an ERM framework in terms of an overall documented mission?）。E.2 問題：公司是否有一套過程，檢視風險管理成熟度在配合標準的情形下，進展至何種程度，且公司是否對風險管理成熟度配合標準的狀況，從事過正式調查？（Does the organization have a process in place through which it can establish where it stands in terms of the level of risk maturity that it has achieved in line with a set criteria and a formal survey of its position in conjunction with this criteria?）。

　　F 項　董事會的稽核，共 14 項問題：這項旨在稽核公司董事會是否制訂含 ERM 要素且吻合公司特質的 ERM 政策。例如，F.1 問題：公司是否有經董事會核准的風險管理政策，且政策中是否揭示公司如何發展與執行 ERM 過程，這些過程中，是否根據公司特質，揭露內外部稽核人員的觀點、管理指引與 ERM 最佳實務操作？（Has a formal ERM policy been adopted by the board that sets out how the organization will develop and implement its ERM process, which takes on board all aspects of best practice, published guidance, external and internal auditors' views, but is set to fit the context of the organization in question?）F.2 問題：公司風險管理政策中，是否使用一致且共同的風險語言，這個共同的語言，是否涵蓋公司文化、營運過程與工作職場的特性？（Does the risk policy use a definition of risk and a common language that captures the relevant issues in a way that best suits the organizational cultures in place and the way the business processes and workforce operate?）。

　　G 項　平台建置的稽核，共 16 項問題：這項旨在稽核公司是否有個合適的平台，用來建置、支持、激勵與維持有效的 ERM 過程。例如，G.1 問題：支持公司內部的重大決策報告是否有明確的風險概念，且該報告是否能確保該重大決策是奠基在公司的風險胃納上？（Do reports that support major decisions within the organization acknowledge the concept of risk and seek to ensure that such decisions are made with regard to the risk appetite that is applied in the organization?）。G.2 問題：公司風險管理政策是否與其他政策密切關聯、相容且可相互參考觀察，形成公司整體的圖像且吻合 ERM 的整合概念？（Is the risk policy interlinked with other corporate policies in a way that means each is properly cross-referenced and made compatible with others to form a whole picture of the organization that fits with the holistic ERM concept?）。

　　H 項　審計委員會的稽核，共 12 項問題：這項旨在稽核公司內部審計委員會是否扮演很明確的監督角色，透過該角色的扮演，要能確保公司在滿足主要利害關係人的期望與目標的設定上，ERM 的發展與使用，極具意義。例如，H.1 問題：審計委員會的稽核標準，有包含 ERM 過程的清楚定位嗎？同時，有清楚包含為報告而報告，而不用為風險管理的可靠性，偏離監督標準負責任的情事嗎？（Do the terms of reference of the audit committee include a clear position regarding the organization's ERM process and make clear that it holds no responsibility for the reliability of risk management apart from providing an oversight of the process so as to report any concerns to the main board?）。H.2 問題：審計委員會的成員對ERM 均清楚了解嗎？也清楚公司內部對 ERM 的發展與執行方式嗎？同時，審計委員會的成員也清楚公司 ERM 能滿足內部變化與外部專業論壇的要求嗎？（Do the audit committee members possess a good understanding of ERM and ways that it can be developed and implemented within an organization that is supported by adequate orientation and ongoing update seminars both internally and through professional forums outside of the organization?）。

　　I 項　風險管理工作超量的稽核，共 12 項問題：這項旨在稽核公司董事會是否有防範機制，防範風險管理工作超量的現象，由於 ERM 過程與營運活動結合，可能引發許多與實質工作無關的瑣碎工作。例如，I.1 問題：公司董事會是否有防範風險管理工作超量的機制，這種工作的超量，將造成業務過重，引發員工抱怨，例如，員工參與風險論壇次數過量。（Is the board on guard for signs that risk management activities, such as an excessive number of drawn-out risk workshops, are overloading the business agenda and causing a noted amount resentment among staff?）。I.2 問題：公司董事會是否有防範管理人員與工作團隊人員只是口頭應付 ERM 要求的機制？同時，是否有防範過多文件處理的機制？例如，沒有記錄真正優先工作次序的風險記錄簿。（Is the board on guard for signs that managers and work teams are paying lip service to ERM and creating detailed documentation such as risk registers that do not filter into their real work priorities?）。

　　J 項　整合工作的稽核，共 24 項問題：這項旨在稽核公司董事會是否確保ERM所有過程，均完全融入公司經營上所有的環節與所有的業務中。例如，J.1 問題：有一套指引與資訊系統協助管理人員處理 ERM 嗎？同時，ERM 與其相關事務的呈現，有架設合適的內部網路與協助系統嗎？（Is there a central source of

information and guidance to assist managers in dealing with ERM that also incorporates a help line and suitable intranet presentations on ERM and related matters？）。 J.2 問題：ERM 有融入策略規劃機制中嗎？同時，董事會在發展與執行 ERM 所有計畫時，有考慮與風險事件、偶發事件與作業風險議題相關的統計資訊嗎？（Is ERM built into business planning mechanisms, and does it take on board statistical information relating to risks, near misses, and operational issues that should be considered in developing and implementing plans at all levels in the organization?）。

K 項　風險胃納的稽核，共 13 項問題：這項旨在稽核公司是否制訂與溝通，能反應主要利害關係人期望的風險胃納，同時，是否將其用在，驅動制定重要過程的風險容忍度、專案計畫的風險容忍度與所有業務績效制度的風險容忍度上。例如，K.1 問題：當設定風險胃納時，董事會有藉由可接受行為的界定與需要反應主要利害關係人期望的方式，將公司核心價值，納入考量嗎？（When setting the risk appetite, does the board take into consideration the core values of the business in terms of what is seen as acceptable behavior and the need to respond to the expectations of key stakeholders?）。K.2 問題：當設定風險胃納時，董事會有考慮公司文化嗎？同時，有考慮能確保員工工作方式符合可接受行為標準與績效的需求嗎？也有考慮能確保員工與內外部利害關係人間互動，需滿足可接受行為標準與績效的需求嗎？（When setting the risk appetite, does the board take into consideration the culture in the organization and the need to ensure that the way people work and relate to each other and their internal and external stakeholders fits with the definition of acceptable behavior and performance?）。

（五）資本適足性查核

各國監理機關，通常對一般企業公司的資本適足性，並不像對特許的金融保險業有法定的要求，話雖如此，一般企業公司仍應基於提昇公司價值與保障股東權益為由，仿照金融保險業發展經濟資本模型，並調整與建置一套自我風險及清償能力評估系統（ORSA：Own Risk and Solvency Assessment）。根據公司自有資本與經濟資本的比率，參照可獲得的同業或其他相關資訊，自我評估公司資本的適足性，或委由外部稽核評估。

六、本章小結

　　從董事會的審計委員會至公司內部的稽核系統，均是在監督 ERM 績效，而 ERM 的績效評估，則需各種量化與質化指標以資配合，這其中，也包括風險成本的合理分攤，同時，如能將風險管理與資本管理作整合，以及績效能與員工薪酬掛勾連動，那麼 ERM 更容易完成績效目標，如此，公司即使遭受重大風險事件的威脅，固然公司股價與收益，會下跌或虧損，但存活機會會比 ERM 差的公司為高，這就是建置 ERM 所獲得的價值，也是 CRO 最重要的使命。

思考題

❖ 美國安隆風暴，以及與引發金融海嘯有關的 AIG 保險集團，其企業體內部均有良好的風險管理機制，因此，你（妳）認為評估風險管理績效，有用？還是沒用？為何？

❖ 觀察公司的經營績效，只用財務指標就可以嗎？為何？

參考文獻

1. 許士軍（2000）。走向創新時代的組織績效評估。高翠霜譯／ Drucker, P. F. *et al* 原著。*績效評估*。Pp.3-9. 台北：天下遠見出版公司。

2. 周詳東（2002／7）。專案風險管理。*風險管理雜誌*。第 11 期。第 43 至 62 頁。台北：台灣風險管理學會。

3. Andersen, T. J. and Schroder, P. W. (2010). *Strategic risk management practice-how to deal effectively with major corporate exposures.* Cambridge: Cambridge University Press.

4. Collier, P. M. (2009). *Fundamentals of risk management for accountants and managers-tools&techniques.* London: Elsevier.

5. Financial Reporting Council (2005). *Guidance on Audit Committees (The Smith Guidance).* Financial Reporting Council, London.

6. Head, G. L. (1986). *Essentials of risk control.* Vol.2. Pennsylvania: IIA.

7. Head, G. L. (1988). *Essentials of risk financing.* Vol.2. Pennsylvania: IIA.

8. Leverett, Jr. E. J. and McKeown, P.G. (1983). An incentive approach to premium allocation. In: Head, G. L .ed. *Readings on risk financing.* Pennsylvania: IIA.

9. Matten, C. (1999). *Managing bank capital: capital allocation and performance measurement.*

10. Pickett, K. H. S. (2005). *Auditing the risk management process.* New Jersey: John Wiley & Sons, Inc.

11. Van de Ven, A. (2010). Risk management from an accounting perspective. In: van Dalen, M. and Van der Elst, C. ed. *Risk management and corporate governance-interconnections in law, accounting and tax.* Pp.7-55. Cheltenham: Edward Elger.

網站

網址: http://www.standardandpoors.com/ratingsdirect

第五篇

專題與公司風險管理

本篇看待風險的方式，仍採實證論為風險的本體論。其次，公司風險管理，會因產業性質不同，管理的重點也不同，蓋因，企業異質，其風險結構與比重也有別。再者，公司是跨國公司，抑或是單國公司，其各自面對的風險，亦有範圍與程度的差異，最後，風險多元面向的觀察，在 ERM 架構下，已不能如往昔被忽視，基於以上理由，本篇進一步聚焦說明九大專題：第一，銀行業 Basel 協定與保險業 Solvency II；第二，IFRSs 與 企業會計；第三，專屬保險公司的設立；第四，員工福利問題；第五，企業購併問題；第六，跨國公司策略與經營風險管理；第七，環境污染風險管理；第八，風險均衡理論與決策心理；九，人因與公司安全文化。

第 23 章

銀行業 Basel 協定與
保險業 Solvency II

興利又兼除弊，完美；錦上添花，
又能雪中送炭，幸福。

　　銀行與保險業是政府特許的行業，在風險管理上的要求，自然與一般產業公司不同，但 ERM 八大要素架構，對任何產業均相同。以產業的風險結構言，銀行業市場與信用風險比重高，壽險業市場風險比重大，產險業以保險／核保風險（Insurance / Underwriting Risk）為主，銀行與保險業間，市場風險與信用風險極為雷同，但保險／核保風險是銀行業所沒有的獨特風險。由於銀行與保險業是政府特許的行業，也因此，國際上各國政府對其經營風險的監理，在要求上特別嚴謹，銀行業 Basel 資本協定與保險業 Solvency II 也均是著眼於銀行與保險業邊際清償（Solvency Margin）能力的維持，並以 ERM 架構精神，監督銀行與保險業的風險管理。本章旨在簡要說明，銀行業 Basel 協定與保險業 Solvency II 的內容，並比較其異同，同時，以保險業為例，說明金融機構風險管理實務。

一、銀行業 Basel 資本協定

　　銀行**巴塞爾（Basel）**[1] **資本協定**，有新舊之分，新協定是 Basel II 與 III，自 2004 年開始，舊協定是 Basel I，自 1988 年開始。Basel I 在監理上，只有一個支柱（Pillar），那就是對銀行的最低資本要求，然而，Basel II，則採三大支柱，第一支柱是最低資本要求，第二支柱是監理覆審，而第三支柱是市場紀律。Basel II 三大支柱，參閱圖 23-1，而 Basel II 與 Basel I 間的比較，參閱表 23-1。

　　至於金融海嘯（2008-2009）後，2010 年 9 月開始發展的 Basel III 目前部份定案，但比 Basel II 更嚴格，例如，對第一類資本（Tier 1）適足率的要求，Basel III 需 8.5%，整體資本適足率[2] 10.5%，但 Basel II 相對的只需 4% 與 8%，同時，在 Basel III 中剔除第三類資本（Tier 3），這些要求，預計於 2015 年 1 月 1 日開始實施（Grier, 2011）。Basel III 仍採與 Basel II 相同的三支柱架構，但相對於 Basel II 要求門檻更高，且更強調銀行的內部控制與管理、監理覆審與市場紀律，Basel III 與 Basel II 間的比較，參閱附錄九（Grier, 2011）。本節旨在摘要說明 Basel II 的內容。

---

[1] 巴塞爾是瑞士的城鎮，瑞士官方，德文拼法 是 Basel，此處採用瑞士官方的德文拼法，而不用英文拼法 Basle。

[2] 根據 2012 年 3 月 21 日《台灣經濟日報》A17 版報載，台灣金管會要求台灣的銀行資本，需第一類資本適足率達 10.5% 整體資本適足率需達 12.5%，這項要求比 Basel III 的要求更嚴，且預計在 2012 年 5 月實施。

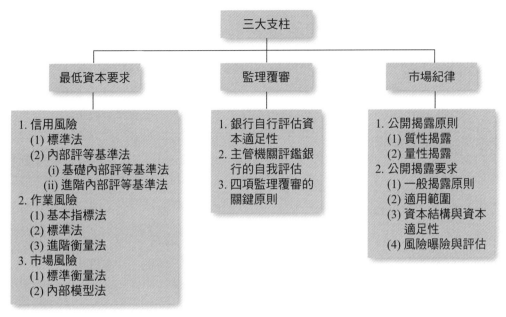

資料來源：曾令寧與黃仁德編著（2004）《風險基準資本指南──新巴塞爾資本協定》。台北：台灣金融研訓院。

圖 23-1 Basel II 三大支柱

表 23-1 Basel I 與 Basel II 間的比較

項目（1至8項屬第1支柱；9項屬第2支柱；10項屬第3支柱）	Basel II（新）	Basel I（舊）
1. 風險類別 2. 信用風險資本計提	信用、市場與作業風險 標準法、內部評等基準法、基礎內部評等基準法、進階內部評等基準法	信用與市場風險 標準法
3. 風險權數 4. 外部信評機構	至少五類：0%、20%、50%、100%、150% 允許	僅四類：0%、20%、50%、100% 無
5. 資產證券化	需計提資本	無
6. 信用風險減輕技術 7. 市場風險資本計提	允許 與 Basel I 相同	少數允許 標準衡量法、內部模型法
8. 作業風險資本計提	基本指標、標準與進階衡量法	無
9. 監理覆審	銀行自我評估，再由主管機關覆審	無
10. 市場紀律	要求重大事項公開揭露	無

資料來源：曾令寧與黃仁德編著（2004）《風險基準資本指南──新巴塞爾資本協定》。台北：台灣金融研訓院。

（一）第一支柱──最低資本要求

1970 年代結束前，可說是銀行業 3-6-3 的黃金時代 [3]，蓋因，銀行業與監理機構，均幾乎無需擔心資本不足的問題，但隨著時空的演變，布列敦森林 [4] 協定（the Bretton Woods agreement）解除、經營法規鬆綁、市場改變、科技神速進展等因素，銀行價值（Bank's Value）[5] 的創造難度增高，同業競爭的程度增強，此時銀行的資本要求，成為銀行業與監理機構迫切需關注的議題。其次，過去政府對銀行最低資本的要求，係採固定資本 [6] 制度，因此，銀行業者所面臨的現金增資壓力比現代弱，而現代政府在監理上，改採風險基礎資本（RBC：Risk-Based Capital）制度，換言之，銀行巴塞爾協定關於資本最低的要求，是採依風險未來變化與規模大小的風險基礎資本制度，此種制度下，業者的**資本適足率**（Capital Adequacy Ratio）未達要求時，就隨時會有現金增資的壓力。Basel I, II 與 III 間，不只對銀行整體的資本計提的要求有所不同，也對各類風險資本的計提要求不同。

1. 銀行整體的資本計提

首先，要了解資本是什麼。其實資本有許多定義與觀點，進而衍生出不同的名詞。根據馬坦（Matten, C.）（Matten, 1999）的定義，資本對銀行來說，係指一個金融機構用來支撐其因曝險、業務等所產生之價值損失的一筆資金，其目的用來保障存款人及一般債權人的權益。然而，從管理的觀點，其資本的涵義，則有些許的差異，這些觀點，包括財務主管的觀點、監理者的觀點、風險管理者的觀點與股東的觀點：財務主管的觀點，著重可用資本（Available Capital），與如何降低資金成本；監理者的觀點，著重法定最低資本（Regulatory Minimum Capital）能否保障存款人及一般債權人的權益；風險管理者的觀點，聚焦銀行持有部位的風險以及

---

[3] 銀行 3-6-3 時代，意指以 3% 的資金成本，進行利率 6% 的貸放業務，及下午三點打高爾夫的經營年代。

[4] 1944 年，布列敦森林協定建立，此提供固定穩定的匯率與利率環境，且政府嚴格發照與監理的情況下，銀行間想互相競爭也不太可能，及至二次大戰後，1970 年代初，該協定瓦解，外加監理鬆綁以及資訊科技突飛猛進，使銀行間競爭極為激烈。

[5] 依據 Grier(2011). Valuing a Bank-under IFRS and Basel III. London: Euromoney Institutional Investor PLC. 一書所載，銀行價值評價方法有市場價值法（Market Value Approach）與權益價值法（Equity Value Approach）兩種。很顯然，由於產業特質關係，銀行價值與保險公司價值的評價，兩者有別。

[6] 固定資本制度，是對自有資本要求規定一個固定金額，例如一百億或二十億，這種監理要求，只考慮目前所需，是過去各國監理的作法，此作法不考慮未來的風險與未來規模的大小，很顯然，有別於風險資本制度。

潛在損失多大，也就是需多少風險資本（或經濟資本）（Risk Capital / or Economic Capital）；股東的觀點，著重投資報酬，關注的是股權、保留盈餘及資本盈餘等技術項目。

其次，就銀行整體而言，政府對銀行法定最低資本要求，Basel I 與 II 都是法定自有資本除以**風險加權資產總額**（TRWA: Total Risk-Weighted Assets），其比率不得低於 8%，至於 Basel III，對整體資本適足率則有 10.5% 的最低要求。銀行資本可分三類：第一類（Tier 1）資本是指股票資本與揭露的準備等；第二類（Tier 2）是指隱藏性準備、證券投資的未實現利得及中長期次順位債券等；第三類（Tier 3）是指短期次順位債券等。Basel II 對銀行資本最低 8% 的要求，計算式如下（曾令寧與黃仁德，2004）：

法定資本（應是指法定自有資本）／風險加權資產總額＝法定資本／
[信用風險之風險加權資產＋12.5×（承擔市場及作業風險所需資本）[7]。

2. 信用風險資本計提

Basel I 初期計算銀行整體資本計提，只考慮銀行的信用風險，並只使用標準法計提信用風險資本。茲以甲銀行為例，簡要說明。

甲銀行表內資產負債項目（金額單位：台幣億元）：

資產項目 總計 100：　1. 現金 6　　　　　負債與權益總計 100：　1. 存款　60
　　　　　　　　　　　2. 國庫券 5　　　　　　　　　　　　　　2. 借款　25
　　　　　　　　　　　3. 政府債券 10
　　　　　　　　　　　4. 抵押放款 10　　　　　　　　　　　　3. 次順位債 5
　　　　　　　　　　　5. 商業放款淨額 69 [8]（70-1）　　　　4. 權益資本 10

表外資產負債項目：保證信用狀 100

根據上述表內表外資料，依標準法計算如下：

(1) 表內信用風險加權資產＝6×0%＋5×0%＋10×20%＋10×50%＋69×100%＝76

---

[7] 此處 12.5 即 8% 的倒數，如此可求得作業與市場風險的 TRWA。

[8] 商業放款總額 70 扣除備抵放款損失 1 而得。

(2) 表外信用風險加權資產 = 100 × 100%（信用轉換因子）

                     = 100（信用約當量）100（信用約當量）

                     × 100%（風險權數）= 100

(3) 信用風險加權資產總計 = 176

(4) 第一類風險資本比率 = 10 / 176 = 5.6%

(5) 總風險資本比率 = [10 + (5 + 1)] / 176 = 9.1%

    依據上述計算結果，首先說明風險權數。Basel I 的風險權數，依資產風險大小，分四級，也就是 0%、20%、50%、100%。其次，說明**信用轉換因子**（Credit Conversion Factor），此因子主要將表外項目，依信用風險大小，轉換成資產的相當估計值，該因子也分成0%、20%、50%、100%等四級，表外資產乘以信用轉換因子後，得出**信用約當量**（Credit Equivalent Amount），再乘以風險權數，即得出表外信用風險加權資產。至於表內信用風險加權資產，則無需經由轉換，直接乘以相關風險權數即可。最後，總風險資本是第一類與第二類風險資本之合，再經資本減項調整而得，所以上述第 (5) 點的數據是 10 + (5 + 1) = 16。

    之後，Basel II 的信用風險資本計提，除大幅修改風險加權資產的計算外，並增加內部評等基準法（IRB: Internal Ratings-Based Approach）、基礎內部評等基準法（F-IRB: Foundation IRB Approach）、進階內部評等基準法[9]（A-IRB: Advanced IRB Approach）等計算方法，在一定要求下，允許採用風險值模型，可參閱第十一章，限於篇幅，內部評等基準法、基礎內部評等基準法、進階內部評等基準法等的詳細計算，可參閱許多相關文獻（例如，曾令寧與黃仁德，2004；Matten, 1999；Ong, 1999）。

3. 市場風險資本計提

    Basel I 與 Basel II 的市場風險資本計提，採用的方法相同，也就是標準衡量法與內部模型法。市場風險的標準衡量法，考慮債券、股票、外匯、商品交易與選擇權的市場風險。其中，債券市場風險可分一般與特定風險，後者與發行者有關。債券的一般市場衡量，分為**到期期限法**（Maturity Approach）與**存續期限法**（Duration Approach）兩種。債券的特定風險衡量，則依發行人別，分為政府債券、合格債券與其他債券三類。合格債券又依剩餘到期期限分為六個月以下、 六至二十四個

---

[9] F-IRB 與 A-IRB 的差異在，風險因子估計值是銀行提供，還是政府監理機構提供，風險因子包括 PD、LGD、EAD 與 M。

月與二十四個月以上（含二十四個月）三個時段，之後，各別乘上加權因子，即得債券特定風險，也就是，政府債券部位×0%＋合格債券部位（六個月以下）×0.25%＋合格債券部位（六至二十四個月）×1%＋合格債券部位（二十四個月以上）×1.6%＋其他債券部位×8%。債券特定風險加上一般市場風險，就是標準衡量法下的債券市場風險資本。

外匯（含黃金）市場風險資本，首先，計算單一外幣外匯風險，其次，計算外幣組合的外幣風險，這項計算，可選擇速成法或內部模型法計算。速成法是對所有外幣均等看待，內部模型法則將不同外幣看成不同的風險。茲就速成法，說明如下，參閱表 23-2：

表 23-2　速成法下的外匯風險

外幣組合	日圓	歐元	英磅	瑞士法郎	美元	黃金
報告通貨（美元）部位	＋$40	＋$100	＋$200	－$30	－$100	－$35
正或負部位總合	＋$340			－$130		－$35

首先，依每一外幣淨部位，以即期匯率轉換成報告通貨（在此以美元為報告通貨）。其次，計算全部淨開放部位，此為下列兩者之和：一為就淨負部位總合與淨正部位總合中，取其絕對值最大者，此例為 $340；二為淨黃金部位，不管正或負，此例為 $35。因此，全部淨開放部位為 $375（$340＋$35），那麼，外匯風險依速成法計算，其最低資本要求是，$375×8%＝$30。

股票市場風險，在標準衡量法下，也如同債券，包括一般市場風險衡量與特定市場風險衡量，前者以全面淨部位來衡量，後者以總股票部位來衡量，參閱表 23-3。

表 23-3　股票市場風險的資本要求

正部位 (1)	負部位 (2)	總部位 (3)	特定市場所需資本 (4)	淨部位 (5)	一般市場所需資本 (6)	所需總資本 (7)
100	0	100	4	100	8	12
100	25	125	5	75	6	11
100	50	150	6	50	4	10

特定市場風險最低資本要求為 8%，但流動性高的股票組合，可降為 4%，一般市場風險最低資本要求均為 8%，因此，第 (4) 欄＝第 (3) 欄×4%，第 (6) 欄＝第 (5) 欄×8%。第 (7) 欄＝第 (4)＋第 (6) 欄。其次，股票衍生品除股票選擇權外，其餘受股價影響的衍生品及資產負債表外部位，也均包括在標準衡量法中。

最後，商品與選擇權的市場風險衡量，前者的市場風險包括方向風險[10]（Directional Risk）、基差風險（Basis Risk）與利率及遠期缺口風險[11]（Gap Risk），其計算方式有標準法與簡化法，至於後者的計算，則有簡化法、Delta 附加法與情境分析法。此外，市場風險資本的計提，除採用標準衡量法外，尚可在一定條件下，採用風險值的內部模型法，參閱第十一章。

4. 作業風險資本計提

作業風險資本計提，為 Basel II 新增的風險項目，其資本計提的方式，包括**基本指標法**（Basic Indicator Approach）、**標準法**（Standardized Approach）與進階衡量法（AMA: Advanced Measurement Approach）三種，其中進階衡量法，在一定要求下，銀行可採用風險值模型，參閱第十一章。此處說明基本指標法與標準法。基本指標法計算公式為：$K_{BIA} = GI \times \alpha$。該式中，$K_{BIA}$ 是根據基本指標法（BIA: Basic Indicator Approach）所計算的資本要求，GI（Gross Income）是過去三年平均年收入總額，但剔除總收入為負與零的年份。α 目前為 15%，但 Basel 委員會可依情況調整。

其次，標準法則根據八大營業項目，依下列公式計算，這八大營業項目，分別是公司理財、交易與銷售、零售銀行、商業銀行、收付與清算、代理服務、資產管理及零售經紀。標準法計算公式為：

$$K_{TSA} = \{ \sum Max\ [\sum(GI \times \beta)，0] \} / 3$$

上式 K_{TSA} 是根據標準法計算的資本要求，$\sum$ 為 1-3 年收入的和，GI 為八個營業項目的收入，β 為八個營業項目的 β 因子，例如，公司理財 β 因子為 18%，零售經紀 β 因子為 12% 等。其次，在監理機關允許下，可採替代標準法計提資本。

---

[10] 指來自未沖銷淨部位的現貨價格變動的風險。

[11] 指利率變動時，由於遠期到期期限期差，而產生遠期價格變動的風險。

（二）第二與第三支柱——監理覆審與市場紀律

監理覆審與市場紀律為 Basel II 新增的兩個支柱。第二支柱的監理覆審，主要在審核評估第一支柱下，銀行進一步採行進階法所需要件的審核，尤其對信用風險的進階內部評等基準法與作業風險的進階衡量法的要求。Basel 委員會提出四項監理覆審的原則如下（曾令寧與黃仁德，2004）：

第一，銀行應有一過程以評估相對其風險概況的總體資本適足性和維持該資本水準的策略。

第二，監理機關應覆審並評鑑銀行資本適足性的內部評估與策略，及監控並確保其遵循法定資本比率的能立。監理機關如對過程與結果未臻滿意，應採取適當的監理措施。

第三，監理機關應預期銀行在超越最低法定資本比率下營業，且應有要求銀行持有超越最低資本的能力。

第四，監理機關應尋求及早干預，以防止資本跌落至承擔銀行風險所需最低水準之下，且如資本未能維持或回復，則應要求迅速補救措施。

另一方面，第三支柱的市場紀律，一般性的考量包括（曾令寧與黃仁德，2004）：揭露要求、指導原則、達成適當揭露、與會計揭露的互動、重大性、頻率與機密及專屬資訊等七項。其次，該支柱對資訊揭露，有質性與量性揭露的要求，其內容包括：一般揭露原則、適用範圍、資本結構與資本適足性以及風險曝險與評估等四項。其中，一般揭露原則，是指銀行應有正式的揭露政策，說明揭露項目與揭露過程的內部控制方法，同時銀行應有評估揭露妥適性的過程，這包括揭露頻率與驗證。

二、保險業的國際監理規範—— RBC 與 Solvency II

（一）風險基礎資本制度

1. NAIC 的 RBC

美國全國保險監理官協會（NAIC: National Association of Insurance Commissioners）的**風險基礎資本**（RBC: Risk-Based Capital）制度的產生，主要是因採用固定資本制度，較適合新設立的保險公司，它對成立較久的保險公司，並不

太適切,蓋因,各家保險公司營業規模間與資金運用所遭受的風險間有所不同,統一適用固定資本制度,除不公平外,同時也很難維持保險公司的清償能力[12]。是故美國壽險業,率先於 1992 年,採用風險基礎資本制度。次年,產險業隨之。依據該[13]制度(Doff, 2007),壽險公司面臨的風險被區分為五大類:第一,關係企業風險(以「C0」表示)。它係指關係企業投資無法回收的風險;第二,資產風險(以「C1」表示)。係指不良資產的風險,含括資金運用的風險;第三,保險/核保風險(以「C2」表示)。係指承保業務風險;第四,利率風險(以「C3」表示)。係指利率波動引發的退保增加的風險;第五,業務風險(以「C4」表示)。係指其他經營不當的風險。其 RBC 計算公式為:

$$RBC = C0 + \sqrt{C1^2 + C2^2 + C3^2 + C4^2}$$

其中,每類風險的風險係數各有不同的算法,式中除關係企業風險(C0)無法分散外,開根號則代表其餘風險間,因相關而有分散效應。

至於產險公司面臨的風險被區分為六大類:第一,關係企業風險(以「R0」表示)。係指關係企業投資無法回收的風險;第二,資產風險(以「R1」表示)。係指固定收益資產的風險;第三,資產風險(以「R2」表示)。係指權益資產的風險;第四,信用風險(以「R3」表示);第五,準備金風險(以「R4」表示);第六,保險費風險(以「R5」表示)。其中,R4 + R5 就是產險公司的保險/核保風險,其 RBC 計算公式為:

$$RBC = R0 + \sqrt{R1^2 + R2^2 + R3^2 + R4^2 + R5^2}$$

此外,關於專營健康保險的公司,美國 NAIC 則將其面臨的風險,亦分為五大類:第一,關係企業風險(以「H0」表示);第二,資產風險(以「H1」表示);第三,保險/核保風險(以「H2」表示);第四,信用風險(以「H3」表示);第五,業務風險(以「H4」表示)。其 RBC 計算公式為:

---

[12] 依單一資本比(Uniform Capital Ratio)理論顯示,金融保險業不需要增加自有資本,透過重組投資組合即可提高報酬與風險承擔能力,因此,固定資本制度無法有效規範保險業過度承擔風險,反而增加破產機率。

[13] 該制度,歷經 1993 年、1999 年與 2001 年,期間對某些風險有所修訂,例如,C1 原先並未區分股票風險與非股票風險,之後,分成非關係人股票風險與股票以外的非關係人資產風險兩種。

$$RBC = H0 + \sqrt{H1^2 + H2^2 + H3^2 + H4^2}$$

最後，以調整後資本額 [14] 除以風險基礎資本額（RBC×k 值）得出**風險資本額比率**（RBC Ratio）。其中，k 值，NAIC 訂為 0.5。保險監理單位依不同的風險資本額比率，採取不同的監理行動，參閱表 23-4。

表 23-4 不同的風險資本額比率下採取的監理行動

風險資本額比率	監理行動
200% 以上	無行動水準
150%－200%	公司行動水準
100%－150%	監理行動水準
70%－100%	授權控管水準
低於 70%	強制控管水準

2. 台灣的 RBC

根據文獻（張士傑，2007），台灣的 RBC 乃調整自美國 NAIC 的 RBC 制度，就壽險業的 C1，分成非關係人股票風險（C1cs）與股票以外的非關係人資產風險（C1o）兩種。其他風險類別的內容與美國壽險業雷同，同時在考慮國情下，k 值調成 0.48 [15]。因此，台灣壽險業 RBC 為：

$$RBC = 0.48 \times (C0 + C4 + \sqrt{(C1o + C3)^2 + C_{1cs}^2 + C_2^2}$$

至於，對產險業 RBC 作法亦雷同，其風險分類 [16] 亦調整自美國產險 RBC 中風險的分類外，也是在考慮國情下，k 值調成 0.48。最後，RBC 制度畢竟是靜態公式的監理，預警功能還是有限，因此，除採用 RBC 監理外，監理機關也可採用其他

---

[14] 調整後資本額包括資本及盈餘、資產評價準備、自願性投資準備與保單紅利準備，前三項風險係數訂為 1，保單紅利準備，風險係數訂為 0.5。各項帳上金額乘以相關風險係數後加總，即得調整後資本額。

[15] K 係數，視各國生態決定，似乎無一定學理依據，可隨時調整。

[16] 台灣產險業 RBC 中風險分類的內容與美國的分類，稍有差異，詳閱張士傑（2007）。RBC 風險資本監理制度。財團法人保險事業發展中心發行。*保險財務評估與監理*。第 173 至第 210 頁。台北：財團法人保險事業發展中心。

財務評估與監理手段，例如，動態財務分析 [17]（DFA: Dynamci Financial Analysis）或財務分析與清償能力追蹤系統 [18]（FAST: Financial Analysis and Solvency Tracking）等，以維持保險業的清償能力，保障所有利害關係人，尤其是保戶的權益。

（二）歐盟 Solvency II

歐盟保險監理 Solvency II 的新架構，在不斷的**量化衝擊研究**（QIS: Quantitative Impact Study）與各方努力下，即將實施，台灣的監理單位目前雖採取美國 RBC 制度，但未來即有可能接軌歐盟的 Solvency II。Solvency II 的前身，並沒有正式稱為 Solvency I 的保險監理制度，但 1973 與 1979 年的產險指令與壽險指令，一般即認為是 Solvency II 的前身，故稱呼為「Solvency I」。2003 年歐盟依「Lamfalussy」程序 [19] 成立了歐盟保險及勞工退休基金監理代表委員會（CEIOPS: The Committee of European Insurance and Occupational Pensions Supervisors），該委員會乃 Solvency II 的主要執行機構。目前 Solvency II 的架構，參閱圖 23-2。

圖 23-2 顯示，Solvency II 也如 Basel II 有三個支柱，分別是第一支柱的數量的要求標準，相當於 Basel II 第一支柱的最低資本要求，其次是，相當於 Basel II 第二支柱的監理檢視流程，最後一支柱是監理報告與公開資訊揭露。茲簡要說明三大支柱的內容如後。

1. 第一支柱——數量的要求標準

第一支柱主要的數量要求，就是準備金的計算與保險公司清償資本的要求。保險業與銀行業很不同的地方，就是賣一張保單，相對的就需承擔風險，就須提列準備金，列入保險公司負債項目，在國際財務報導準則（IFRSs: International Financial Reporting Standards）的要求下，保險公司資產與負債，均以公平價值 （Current Exit Value / Fair Value）（參閱第二十四章）衡量。相對而言，負債衡量較資產衡量複雜許多，保險公司負債的公平價值，以**最佳估計值**（Best Estimate）加上風險邊

---

[17] DFA 是考慮外在經濟變數對公司財務影響，以動態、隨機與模擬方式，預測未來財務狀況的工具。

[18] FAST 與 RBC 均是靜態監理，對預測問題產險公司上，FAST 優於 RBC，但兩者能搭配 DFA 則更佳。

[19] Lamfalussy 程序，是歐盟法案通過的適用程序，目的在確保歐盟層級上建立的法規與制度的效率。

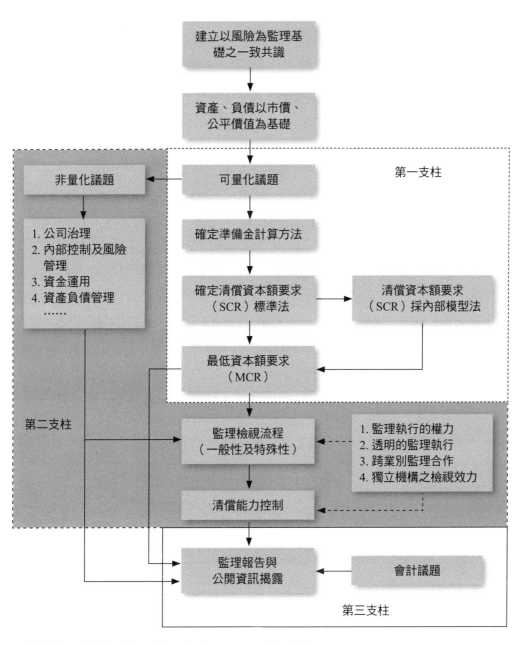

資料來源：黃芳文（2007），歐盟 Solvency II 監理制度

圖 23-2 Solvency II 的架構

際 [20]／利潤（Risk Margin）之和，為衡量基礎，也就是：

$$負債公平價值＝最佳估計值＋風險邊際$$

其中**最佳估計值**係指在一定假設下，保單未來所有現金流量現值（以無風險利率折現）機率分配的期望值，也就是 50 百分位數。然而，最佳估計值仍無法反映保單價值的絕對性，因計算的假設會隨時間變動，因此，負債公平價值，除最佳估計值外，要加上風險邊際，使其能合理反映保單價值。

目前，Solvency II 對風險邊際，採用百分位數法與資金成本法，如採百分位數法，則依選定的信賴水準與 50 百分位數的差距，就是風險邊際，例如，採 90 百分位數，那麼風險邊際就是 40 百分位數，雖然，最佳估計值與風險邊際計算的假設可能不同。其次，如採資金成本法，則依據瑞士清償能力測試（SST: Swiss Solvency Test）所訂的 6% 為準。資金成本法對風險邊際的計算，主要著眼於**清償資本額要求**（SCR: Solvency Capital Requirement），這不同於百分位數法，換言之，資金成本法是將每年計得的 SCR 折現後加總再乘以 6% 而得。

第一支柱的數量要求，除準備金的計算外，另一最重要的就是清償資本要求。清償資本有**最低資本額要求**（MCR: Minimum Capital Requirement）與清償資本額的雙元標準，通常 MCR 為 SCR 的某一百分比，清償資本額就是保險公司的風險資本，計算 SCR 有標準法與內部模型法兩種，標準法以風險分類為基礎計算，這包括保險公司的市場風險、信用風險、保險風險（也就是核保風險）與作業風險。這種分類與美國 RBC 制度下的分類不同。標準法下就是將這些風險彙總而得，其中有可能考慮風險分散效應的計算（Doff, 2007），但資產負債配置的流動性風險，並未納入標準法的計算中，參閱圖 23-3。

至於內部模型法，可採用經濟資本模型，這項方法則是保險公司依自己的實際經驗發展，且需經一定的測試（包括統計品質測試 [21]、量度測試 [22] 與使用測

---

[20] 此處所言風險邊際，與精算中風險邊際不同，此處是指利潤而言。

[21] 該測試主要問：Are the data and methodology that underlie both internal and regulatory applications sound and sufficiently reliable to support both satisfactorily?

[22] 該測試主要問：Is the SCR calculated by the undertaking a fair, unbiased estimate of the risk as measured by the common SCR target criterion?

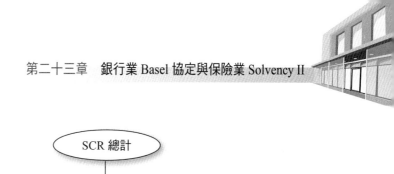

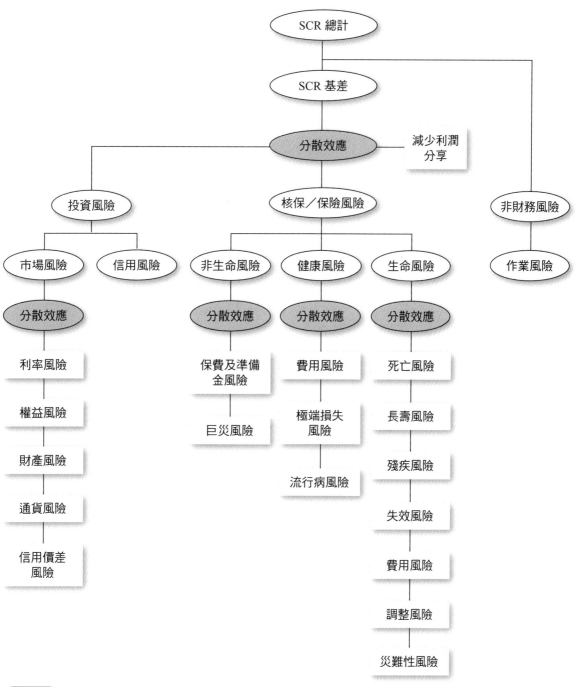

圖 23-3 SCR 標準法計算模組

試 [23]），在監理機關核准下，才能使用內部模型法計算 SCR [24]。最後，該支柱也將資本分三類，第一類（例如，保留盈餘）與第二類資本（例如，次順位債券）可用於對 MCR 與 SCR 的要求，但第三類資本（例如，不符合第一類與第二類資本要求的或有資本）只用於對 SCR 的要求。

2. 第二與第三支柱──監理檢視與監理報告及公開資訊揭露

第二支柱著重保險公司內部管理的品質，同時監理機關在一定條件下，要求保險公司增加資本，參閱圖 23-4。

第三支柱是監理報告、財務報告與資訊的揭露，該支柱主要在使公司所有利害關係人了解保險公司的財務狀況，關於此點，Solvency II 可能接軌 IFRSs 的規範，以取得報告的一致性。

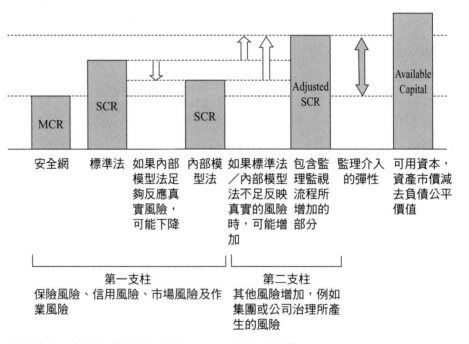

資料來源：黃芳文（2007），歐盟 Solvency II 監理制度

圖 23-4 SCR 要求的變化

---

[23] 該測試主要問：Is the risk model genuinely relevant to and used within risk management?

[24] SCR 數學式，可參閱 Sandstrom, A. (2008). Solvency. In: Melnick, E. L. and Everitt, B. S. ed. *Encyclopedia of quantitative risk analysis and assessment.* Vol.4. Pp.1657-1662. Chichester: John Wiley & Sons Ltd.

（三）Solvency II 與 Basel II 的異同

　　Solvency II 與 Basel II 均是金融保險業國際監理的規範，各國是否接軌，視國情而定，兩者相同的地方，都是以三支柱作為監理的架構，也都是銀行業與保險業風險管理上所遵循的國際規範，但 Solvency II 與 Basel II 間，仍有下列差異（Doff, 2007）：第一，Solvency II 第一支柱涉及所有重要風險，但 Basel II 則將利率風險放在第二支柱；第二，在同樣一年期下，Basel II 以 99.9% 為計算 VaR 信賴水準，但 Solvency II 則採 99.5% 為信賴水準；第三，Solvency II 第一支柱數量的要求，有準備金與資本額的要求，但 Basel II 第一支柱只有資本額的要求；第四，針對國際金融集團，Basel II 是採整合監理，但 Solvency II 是採個別監理；第五，Basel II 的監理會引導銀行重新設計核心作業流程 ，但 Solvency II 只會改變保險公司的經營策略，對核心作業流程的重新設計沒有引導作用；第六，Solvency II 發展晚，模仿採用 Basel II 的許多方法論與技術。

三、金融保險機構風險管理——以保險公司為代表

　　依風險管理的觀點言，金融保險業，都是風險轉嫁（Risk Transfer）與風險組合（Risk Pooling）的機制，但其間亦有不同處，那就是保險風險／核保風險為保險業獨有。本節以保險公司為代表，在第四篇 ERM 八大要素架構下，將台灣保險業公司治理實務守則[25]與風險管理實務守則[26]，擇其要說明保險公司的風險管理。

（一）保險公司價值

　　保險公司的風險管理，首重了解其總目標，那就是公司價值的提昇，保險公司畢竟不同於一般公司，因此其公司價值內涵異於其他產業，可參閱第七章說明。

（二）保險業 ERM

　　保險公司的 ERM 八大要素，與第四篇所述均相同，但內容上，與一般企業公司比較下，有些雷同，有些極不同。保險業風險管理實務守則相關章節條文，可分別歸類在第四篇的 ERM 八大要素中。

---

[25] 台灣行政院金管會 98 年 10 月 8 日金管保理字第 0980260090 號函。
[26] 台灣行政院金管會 100 年 1 月 17 日金管保理字第 10002501960 號函。

1. 內部環境與目標設定

八大要素中的內部環境，對應保險業公司治理實務守則與風險管理實務守則中的風險治理。茲擇要說明如下。依據台灣 2003 年「保險業公司治理實務守則」的規定，列示公司治理與風險管理的關係。該守則總共七章，66 項條文。七章分別是：總則；保障股東權益；強化董事會職能；發揮監察人功能；尊重保戶及利害關係人權益；提昇資訊透明度；附則。所有章節條文，均攸關 ERM 的落實，蓋因 ERM 是全面性的風險管理，必須與所有經營活動融合，此處僅擇與風險管理最具直接關聯的四條條文，陳述其要旨如後：

一、守則第 14 與 17 條規定的要旨，是保險業在處理與關係企業間的人員，資產與財務管理的權責應明確化，並建立防火牆，確實辦理風險評估，同時，並應與其關係企業就主要往來對象，妥適辦理綜合的風險評估，降低信用風險。

二、守則第 21 條規定要旨，是保險業董事會整體應具風險管理知識與能力、危機處理能力等相關知識與能力，並負風險管理最終責任。

三、守則第 29 條規定要旨，是保險業宜優先設置風險管理委員會，且應擇一設置審計委員會或監察人。風險管理委員會主要職責有：(1) 訂定風險管理政策及架構，將權責委派至相關單位；(2) 訂定風險衡量標準；(3) 管理公司整體風險限額及各單位之風險限額。

保險業公司治理的整體精神，比一般上市上櫃的公司治理，更強調風險管理，這當然是因保險業是最重要的承擔風險行業，自然比其他行業更該重風險管理，其他保險業公司治理的條文，類似上市上櫃公司治理的相關規定，亦可參閱第八章。

其次，保險業風險管理實務守則中的風險治理，包括風險管理哲學與政策、風險管理文化、風險胃納與限額、風險調整後績效管理與資本適足性評估等五項。這前三項可參閱第八章，風險調整後績效管理，對應 ERM 績效評估與監督的要素，可參閱第二十二章，資本適足性評估中的經濟資本，可參閱第十一章與本章第二節 Solvency II 中的第一支柱。最後，保險業 ERM 要素的目標設定，可參閱第八章。

2. 風險辨識、風險評估與風險回應

保險業風險管理實務守則中的風險管理流程與各類風險管理機制，可歸類在風險辨識、風險評估與風險回應，這三個要素中。該實務守則中的風險辨識，只針對保險公司經營層次的風險，忽略策略層次的競爭風險（Competition Risk）、創新風險（Innovation Risk）與經濟風險（Economic Exposure）。

(1) 策略層風險回應

　　保險公司策略風險，可用 SWOT 分析，辨識出競爭風險、創新風險與經濟風險 三大風險，並以真實選擇權與平衡計分卡，作為風險評估與風險回應的工具，可分別參閱第四篇相關章節。

(2) 經營層風險分析

　　保險公司經營層次的風險，同樣適用第九章、第十章、第十一章所述內容，從事風險辨識與風險的評估。根據實務守則，保險公司經營風險，包括市場風險、信用風險、流動性風險、作業風險、保險風險與資產負債配合風險等六項風險，這其中的保險風險，是保險公司獨有的風險，其他五種風險一般企業公司也存在，其回應方式與決策，均可對應參閱第十三章至第二十章。

　　針對保險公司獨有的保險風險，根據實務守則，再細分為商品設計與定價風險、核保風險、再保險風險、巨災風險、理賠風險與準備金相關風險六種。核保風險與理賠風險，觀其守則內容，屬於作業風險，可參閱第四篇關於作業風險的章節，至於巨災風險在第十六章 ART 中已有說明。以下，僅說明**商品設計與定價風險**（Pricing Risk）、**再保險風險**（Reinsurance Risk）與**準備金相關風險**（Reserve Risk）。

(3) 商品設計與定價風險回應

　　商品設計與定價風險係指因商品（就是保險單）設計內容、所載條款與費率定價引用資料之不適當、不一致或非預期之改變等因素所造成的風險。其評估方式，可分質化與量化，質化可參考第十章，量化以壽險業來說，可用利潤測試法[27]與敏感度分析[28]，以產險業來說，量化法可採用損失分配模型。針對商品設計與定價風險回應的方式，可用屬於風險控制性質的資產配置計畫[29]（適用於壽險業），精算假設中增加安全係數與經驗追蹤[30]，也可用屬於風險理財的風險移轉計畫。

---

[27] 利潤測試指標，至少有淨損益貼現值／保費貼現值法、新契約盈餘侵蝕法、ROA 法、損益兩平期間法、ROE 法與 IRR 法。

[28] 敏感度測試可包括：投資報酬率、死亡率、預定危險發生率、脫退率及費用率等精算假設。

[29] 這項控管計畫，是指與投資人員就商品特性進行溝通後，並依其專業評估而制定，對於可能發生的不利情勢，所制定資產配置的計畫。

[30] 這是指商品銷售後，定期分析檢驗商品內容與費率之釐訂。

(4) 再保險風險回應

再保險風險係指再保險業務往來中，因承擔超出限額之風險而未安排適當之再保險，或再保險人無法履行義務而導致保費、賠款或其它費用無法攤回的風險。其風險回應方式，可用屬於風險控制性質的再保險人信評等級監控，也可用風險理財性質的傳統再保險與各種 ART 中的商品轉移風險，例如，保險證券化商品或財務再保險等，這可參閱第十六章。其中，財務再保險（Financial Reinsurance）即限定再保險（Finite Reinsurance）。壽險業中，慣以前者稱呼之；產險業慣用後者。文獻（Becke and Lasky, 1998）顯示，此種新興的再保險，亦可追溯至 1970 年代。它與傳統再保險，基本不同處在於：傳統再保險是轉嫁承保風險（Underwriting Risk）；財務再保險是主要是轉嫁利率、信用與匯率等的財務風險。兩者不同處，可進一步參閱第十六章表 16-3。

以壽險公司為例，**財務再保險**可將壽險公司的隱含價值（Embebbed Value）提前折現予再保險公司，大量的初年度再保佣金可減少責任準備金的提存，進而保持盈餘的穩定，加速新契約的成長。保險公司運用財務再保險的主要理由，包括：第一，降低初年度因業務成長所帶來的資本侵蝕；第二，確保邊際清償能力；第三，轉嫁財務性風險，維持盈餘的穩定性；第四，依美國稅法，透過損失遞延的手段，可達成節稅避稅的效果。其次，財務再保險的運用必然衝擊分保與再保公司的財務結構，它可幫助保險公司做好資產負債與現金流量管理。

(5) 準備金相關風險回應

準備金相關風險係指針對簽單業務低估負債，造成各種準備金之提存，不足以支應未來履行義務之風險。其風險評估宜用量化分析法，這包括現金流量測試法、損失率法、總保費評價法、隨機分析法、損失發展三角形法[31] 或變異係數法。風險回應可採風險移轉與準備金增提的風險理財方式。

3. 控制活動與資訊及溝通

保險業風險管理實務守則中的風險管理組織架構與職責、報告及揭露與風險管理資訊系統，可歸類在 ERM 的控制活動與資訊及溝通這兩個要素中。保險業這兩要素，可參閱第二十一章。此處，僅說明風險基礎年度預算的控制活動要素。

以銘傳集團 MCIG（Ming-Chuan Insurance Group）為例，說明風險基礎的年度

---

[31] 損失發展三角形（Loss Triangle），是針對長尾風險推估準備金的衡量方式，尤其賠款準備的推估。

預算。該集團轄下，有三個事業單位，也就是產險、壽險與健康險等三種不同的事業單位。MCIG 三個事業單位經營概況，分別說明如下：

產險事業單位主要經營商業保險與個人保險，2008 年，年收保險費總計15億台幣，合約再保險為主要的轉嫁風險契約。其次，壽險事業單位主要經營個人壽險、團體壽險、年金保險與投資連結型保險，投資連結型保險的保戶承擔投資風險。最後，健康險事業單位主要經營醫療費用保險，2008 年，年收保險費總計7億台幣，獲利 1.4 千萬台幣。2008 年，MCIG 的損益表、資產負債表與每事業單位的經濟資本表，分別如表 23-5，表 23-6，與表 23-7 所示。首先，觀察表 23-5，該表顯示，2008 年，MCIG 總稅前利潤為 2.74 億台幣，其中，產險事業單位貢獻度最大。壽險事業單位，至 2008 年底，隱含價值為 15 億台幣。2008 年間，隱含價值增加 1 億，主要來自 9 千萬的新契約價值（VNB: Value of New Business），其餘 1 千萬來自因解約率改變所產生的有效契約價值（VIF: Value in Force）的變動。

其次，觀察表 23-6，注意投資連結型保險的準備金的構成。最後，觀察表 23-7，MCIG 總經濟資本約 37 億，這其中，財產核保風險與市場風險的經濟資本，共佔總經濟資本的七成，財產核保風險的經濟資本高，主要是因巨災風險導致，市場風險的經濟資本大，主要來自權益風險與利率風險。人身核保風險的經濟資本相對低，主要是長壽風險與生命風險，可大部份互相抵銷。壽險事業單位的信用風險所需經濟資本，稍高於其他事業單位，主要是壽險事業單位持有公司債與貸款。產險事業單位信用風險的經濟資本，主要來自債券 3 千萬與再保險信用風險的 2 千

表 23-5　MCIG 損益表

（單位：百萬元）	產　險	壽　險	健康險	集　團
保險費收入	$1,500	$1,000	$700	$3,200
再保險	120	N/A	N/A	120
	$1,380	$1,000	$700	$3,080
投資報酬	$135	$500	$49	$684
賠款／給付	$900	$700	$630	$2,230
再保分攤	$45	N/A	N/A	$45
	$855	$700	$630	$2,185
營運成本	$450	$200	$105	$680
準備金變動		$550		$550
損益	$210	$50	$14	$274
EV 變動		$100		

表 23-6 MCIG 資產負債表

（單位：百萬元）

資　　產		負　　債	
權益	$ 5,400	資本	$ 2,100
債券	8,600		
放款（非抵押）	1,400	準備金	$10,555
抵押放款	350	壽險	7,220
不動產	725	產險	2,535
流動資產	280	健康險	800
其他	900	投資連結商品	$ 5,000
	$17,655		$17,655

萬。健康險事業單位的策略風險經濟資本，比其他事業單位高，主要是因健康保險制度民營化政策的改變。

　　MCIG 風險管理部門依據表 23-5 各事業單位營運的成果，作少數必要的調整，得出各事業單位的風險調整報酬，也就是公平價值報酬。之後，與表 23-7 各事業單位的經濟資本相除，即得出表 23-8 的各事業單位 2008 年的 RAROC。

　　觀察表 23-8，產險事業單位的經營成果 2.1 億（該數據來自表 23-5），被扣除 0.5 億後，風險調整報酬為 1.6 億。0.5 億是風險管理人員預測每十年會有一次巨災損失5億的預期損失。其次，表 23-5 中的壽險事業單位 1億隱含價值，健康險事業單位的 0.14 億的經營成果，公司董事會可接受當作風險調整報酬，並不作調整。表 23-8 顯示 MCIG 集團的 RAROC 為 7.4%，董事會認為過低，要求管理層改善。

　　計算經濟資本，風險分散扮演重要角色，表 23-8 顯示，MCIG 集團的 RAROC

表 23-7 MCIG 每事業單位經濟資本表

（單位：百萬元）	產　險	壽　險	健康險	集　團	%
非生命風險	$1,200			$1,200	32.5
生命風險		$200		200	5.4
健康風險			$300	300	8.1
市場風險	300	900	300	1,500	40.7
信用風險	50	60	30	140	3.8
作業風險	50	60	40	150	4.1
策略風險	60	60	80	200	5.4
總　計	$1,660	$1,280	$750	$3,690	

表 23-8 MCIG 每事業單位 RAROC

（單位：百萬元）	產　險	壽　險	健康險	集　團
損益／EV	$210	$100	$14	$324
調整	(50)	N/A	N/A	(50)
公平價值報酬變動	$160	$100	$14	$274
經濟資本	$1,660	$1,280	$750	$3,690
RAROC	9.6%	7.8%	1.9%	7.4%

為 7.4%，董事會認為過低，因此，管理層有必要進行進一步的風險分散分析。就 MCIG 集團言，表 23-7 與表 23-8 中所列示的各類風險的經濟資本，是已考慮各類風險內部風險分散效應後的數據。考慮各類風險內部風險分散，是計算各類風險的經濟資本首要的步驟，其次，風險管理人員，要考慮各類風險在不同事業單位間的風險分散，最後，才考慮同一事業單位各類風險間的分散。這三種類別的風險分散概念，可參閱第二十一章圖 21-3。

　　風險管理人員可運用組合理論與相關係數的統計概念，計算各種風險分散的效果。此外，董事會在管理控制上，應設定可接受的 RAROC，也就是截止率，假設董事會設定為 10%，顯然，經由風險分散調整後，MCIG 各事業單位 2008 年的 RAROC，除了健康險事業單位未達標準外，其它兩個事業單位均超過標準，參閱表 23-9 與圖 23-5。

表 23-9 MCIG 風險分散後 RAROC

（單位：百萬元）	產　險	壽　險	健康險	分散效應	集　團
非生命風險	$1,200			$620	$580
生命風險		$200		70	130
健康風險			$300	70	230
市場風險	300	900	300	750	750
信用風險	50	60	30	50	90
作業風險	50	60	40	50	100
策略風險	60	60	80	50	150
總　計	$1,660	$1,280	$750	$1,660	$2,030
分散效應	$747	$576	$337	比例分攤	
分散後經濟資本	$913	$704	$413		$2,030
公平價值報酬變動	$160	$100	$14		$274
RAROC	17.5%	14.2%	3.4%		13.5%

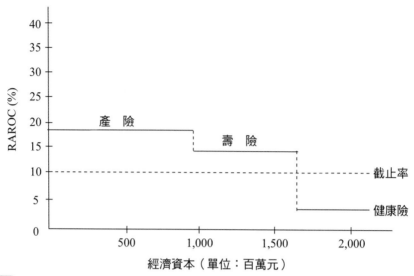

圖 23-5 經濟資本與 RAROC

同時，根據表 23-9 與 10% 的截止率，風險管理人員可計算出每個事業單位的 EP / EVA 值，作為未來可能取捨該事業單位的參考，參閱表 23-10。

表 23-10 RAROC 與 EP

（單位：百萬元）	產　險	壽　險	健康險	集　團
經濟資本	$913	$704	$413	$2,030
RAROC	17.5%	14.2%	3.4%	13.5%
截止率	10%	10%	10%	10%
EP	$69	$30	($27)	$71

根據 2008 年的成果，MCIG 董事會進一步要求，在 2009 年集團經濟資本預算，將降至 18 億，比 2008 年少約 19 億，可接受的 RAROC 仍為 10%。此時，各事業單位必須提出 2009 年的各型計畫書，進行年度預算與經濟資本的配置，參閱表 23-11，表 23-12 與圖 23-6。

表 23-11　MCIG 2009 年經濟資本預算

（單位：百萬元）	產　險	壽　險	健康險	分散效應	集　團
非生命風險	$970			$610	$390
生命風險		$240		70	170
健康風險			$300	70	230
市場風險	300	800	300	720	680
信用風險	50	60	30	50	90
作業風險	50	50	40	50	90
策略風險	60	60	80	50	150
總計	$1,430	$1,210	$750	$1,590	$1,800
分散效應	$715	$552	$323		
分散後經濟資本	$715	$658	$427		$1,800

表 23-12　MCIG 2009 年預期指標—— RAROC 與 EP

（單位：百萬元）	產　險	壽　險	健康險	集　團
損益／EV	$185	$105	$24	$314
調整	(45)	N/A	N/A	(45)
公平價值報酬變動	$140	$105	$24	$269
經濟資本	$715	$658	$427	$1,800
RAROC	19.6%	15.9%	5.6%	$14.9%
EP	$69	$39	($19)	$89

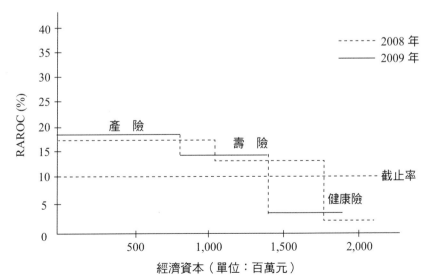

圖 23-6　MCIG 2008 年與 2009 年 RAROC 的比較

4. 績效評估與監督

保險業風險管理實務守則中的相關績效管理與內部稽核的條文，可歸類在本要素中，內容參閱第二十二章。

四、本章小結

產業不同，風險結構不同，銀行業市場與信用風險比重高，壽險業市場風險比重大，產險業以保險／核保風險為主，也因此，每項產業資本的計提考慮因素不同，但不論何種產業的 ERM 架構均相同。

思考題

❖ 為何銀行資本適足率為 8%，而保險公司需 200%？與銀行價值或保險公司價值的評價有關嗎？為何？

❖ 為何 Basel 協定計算 VaR 值時，信賴水準訂在 99.9%，而 Solvency II 要訂在 99.5%？

參考文獻

1. 黃芳文（2007）。歐盟 Solvency II 監理制度。財團法人保險事業發展中心發行。*保險財務評估與監理*。第 241 至第 264 頁。台北：財團法人保險事業發展中心。

2. 張士傑（2007）。RBC 風險資本監理制度。財團法人保險事業發展中心發行。*保險財務評估與監理*。第 173 至第 210 頁。台北：財團法人保險事業發展中心。

3. 曾令寧與黃仁德編著（2004）。*風險基準資本指南——新巴塞爾資本協定*。台北：台灣金融研訓院。

4. Becke, W. S. and Lasky, D. (1998). *Block assumption transactions: a revolution in life reinsurance.* Hannover Life Reinsurance.

5. Doff, R. (2007). *Risk management for insurers-risk control, economic capital and Solvency II.* London: Riskbooks.

6. Grier (2011). *Valuing a Bank-under IFRS and Basel III.* London: Euromoney Institutional Investor PLC.

7. Matten, C. (1999). *Managing bank capital: capital allocation and performance measurement.*

8. Ong, M. K. (1999). *Internal credit risk models: capital allocation and performance measurement.* London: Riskbooks.

9. Sandstrom, A. (2008). Solvency. In: Melnick, E. L. and Everitt, B. S. ed. *Encyclopedia of quantitative risk analysis and assessment.* Vol.4. Pp.1657-1662 . Chichester: John Wiley & Sons Ltd.

IFRSs 與企業會計

魔鬼常藏在細節中。

國際財務報導準則（IFRSs: International Financial Reporting Standards）是財務會計領域近年來最重大的變革。這項變革，影響深且廣，不僅包括財務會計學界與實務界，幾乎所有各行各業的財務會計處理與稅務及監理，均受其影響。據雜誌刊載[1]，有家藍天電腦公司，提前宣布採用 IFRSs 的公平價值（Current Exit Value / Fair Value），重新估算其每股淨值，消息公布當天，該公司股價竟然一路攀升，顯見 IFRSs 的影響力。台灣政府已決定接軌 IFRSs，2012 年是採雙軌並行制，也就是原有的台灣會計準則與 IFRSs 並行，預計 2013 年全面採行 IFRSs，參閱圖 24-1。針對這種局勢，本章旨在簡要說明 IFRSs 的發展與內容，同時說明它與 ERM 的關聯。

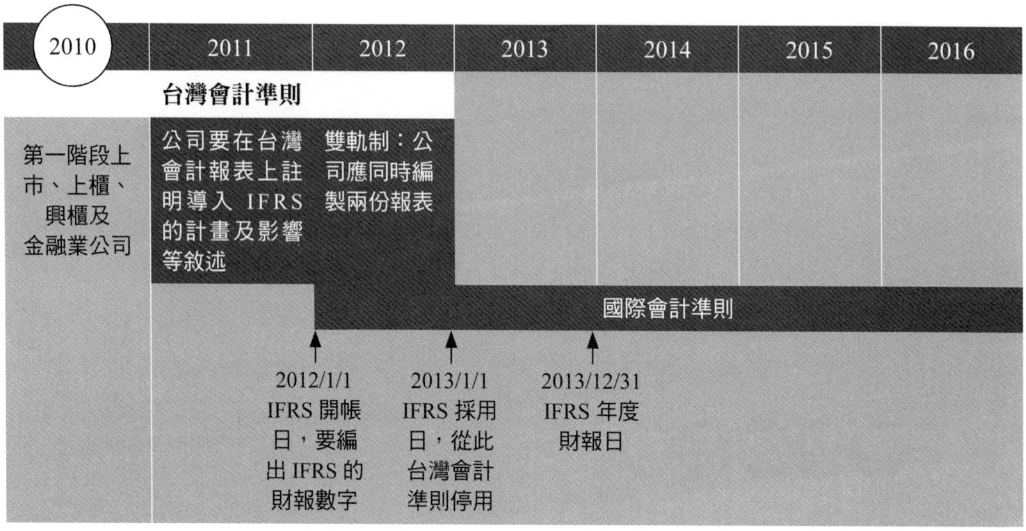

2010	2011	2012	2013	2014	2015	2016
第一階段上市、上櫃、興櫃及金融業公司	**台灣會計準則** 公司要在台灣會計報表上註明導入 IFRS 的計畫及影響等敘述	雙軌制：公司應同時編製兩份報表				
			國際會計準則			

2012/1/1 IFRS 開帳日，要編出 IFRS 的財報數字　　2013/1/1 IFRS 採用日，從此台灣會計準則停用　　2013/12/31 IFRS 年度財報日

資料來源：台灣證券交易所

圖 24-1 台灣採用 IFRSs 的預計時程

一、IASB 與 IFRSs

國際會計準則理事會（IASB: International Accounting Standards Board）的前身，是國際會計準則委員會（IASC：International Accounting Standards Committee）。IFRSs 就是由 IASB 制定發布，IASB 的整體架構，參閱圖 24-2。

---

[1] 參閱周岐原與吳美慧（2010/11/22）。〈台股新遊戲規則來了〉。《今周刊雜誌》。No.726. pp.126-136。台北：今周刊雜誌。

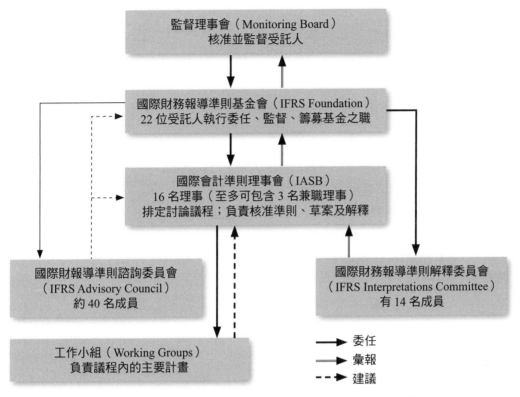

資料來源：勤業眾信聯合會計所事務所（2012），iGAAP-IFRS 全方位深入解析－2010，上冊

圖 24-2 IASB 的整體架構

　　根據上圖，負責制定 IFRSs 的 IASB，其主要職責有二：一為依據已建立之正當程序制定及發布 IFRSs；二為核准 IFRSs 解釋委員會對 IFRSs 所提出的解釋。其次，在圖中的兩個委員會值得留意：一為國際財務報導準則諮詢委員會（IFRS Advisory Council）；另一為國際財務報導準則解釋委員會（IFRIC: International Financial Reporting Interpretations Committee）。國際財務報導準則諮詢委員會則成立論壇，供關心國際財務報導的組織與個人，共同參與準則制定的過程，其目標是（勤業眾信聯合會計師事務所，2010）：第一，針對 IASB 的議程決議及優先順序向 IASB 提出建議；第二，對主要準則制定計畫向 IASB 提出諮詢委員會中組織與個人的觀點；第三，向 IASB 或受託人提供其他建議。國際財務報導準則解釋委員會的職責則是：第一，依據正當程序對 IFRSs 之應用進行解釋，並配合 IASB 之「財務報表編製及表達之架構」對未明確規定之財務報導議題提供及時的指引，同時應 IASB 的要求擔任其他職務；第二，向 IASB 報告並取得 IASB 所核准的最終

解釋。

另一方面，世界各國接軌使用 IFRSs 的情況，亦值得留意，尤其美國與中國。美國的一般公認會計準則（GAAP: Generally Accepted Accounting Princciple）在IFRSs發布前，一向為各國遵循，包括台灣。GAAP 是以規則為基礎（Rule-Based），在此基礎下，會計人員可卸責，但 IFRSs 是以原則為基礎（Principle-Based），在此基礎下，會計人員難卸責。美國由於是世界強國，且也可說是世界經濟的中心所在，因此接軌IFRSs，可能爭議多，但美國的證券交易委員會（SEC: Securities Exchange Committee）仍決定在過渡期之後，強制接軌 IFRSs。至於中國，則在其制定其本國會計準則時，會參考 IFRSs，但仍存在部份重大差異。

二、財務報表與會計政策

（一）財務報表編製與表達

1. 編製與表達的架構

IASB 的財務報表編製與表達之架構（Framework）係闡述為外部使用者編製及表達財務報表所依據的觀念，其目的是用來作為 IASB 發展會計準則及於國際會計準則（IAS: International Accounting Standard）、IFRS 或解釋中未直接敘明之會計議題提供相關指引。該架構的相關主要內容，節錄如後（勤業眾信聯合會計師事務所，2010）：(1) 使用者及其資訊需求；(2) 編製財務報表之責任；(3) 財務報表的目的；(4) 編製財務報表的基本假設；(5) 財務報表的品質特性；(6) 財務報表的要素；(7) 資本及資本維持之觀念。這其中，簡要陳述第 (3) 點至第 (7) 點。財務報表的目的是提供有關企業財務狀況、經營績效及財務狀況變動等資訊，以助於廣泛使用者作出經濟決策。財務報表也反映管理階層之託管責任或對受託資源之當責性（Accountaility）之成果。編製財務報表的基本假設，主要有應計基礎會計與繼續經營假設兩種。財務報表的品質特性，主要包括可了解性、攸關性、可靠性與可比性。其次，財務報表的要素，包括資產、負債、權益、收益、費損與權益參與者相關的交易。最後，資本及資本維持觀念之部份，則可採用兩種資本維持之觀念，一為財務資本維持，二為實物資本維持，這兩種概念由企業選擇，用來決定編製財務報表的會計模式。

2. 財務報表表達

　　財務報表表達規定在 IAS 1 中，節錄六項如後（勤業眾信聯合會計師事務所，2010）：(1) 一般規定；(2) 公允表達及 IFRSs 之遵循；(3) 財務狀況表（即資產負債表）；(4) 綜合損益表（包括原稱的損益表）；(5) 權益變動表；(6) 附註。這項規定中，關於報表名稱的改變，還是由企業自己選擇，並不強制規定。

（二）會計政策、會計估計變動與錯誤

　　會計政策、會計估計變動與錯誤規定在 IAS 8 中，節錄五項如後（勤業眾信聯合會計師事務所，2010）：(1) 定義；(2) 會計政策；(3) 會計估計變動；(4) 錯誤；(5) 追溯適用及追溯重編於實務上不可行。其中，會計政策是指企業用以編製及表達財務報表所採用之特定原則、基礎、慣例、規則及實務作法。會計估計變動係指評估資產及負債目前情況與相關之未來預期效益及義務後，而對資產及負債帳面金額或資產各期耗用金額所作之調整，這項調整是基於新資訊所做，故性質上，並非錯誤的更正。至於錯誤則包括重大遺漏或誤述以及前期錯誤，所謂重大遺漏或誤述，係指某項目的遺漏或誤述，如可能個別或集體影響使用者根據財務報表所作之經濟決策，即屬重大遺漏或誤述。重大性取決於依所處情況所判斷遺漏或誤述之大小及性質，且需考量使用者的特性，因此，IFRSs 不設任何量化門檻。

　　最後，關於追溯適用及追溯重編於實務上不可行的定義，IFRSs 認為會計政策之追溯適用，係指對交易、其他事件及情況適用新會計政策，猶如自始即採用該政策，至於追溯重編，係指更正財務報表要素（包括資產、負債、權益、收益、費損與權益參與者相關的交易）所認列、衡量及揭露之金額，即如同前期錯誤從未發生。至於追溯適用及追溯重編，於實務上不可行的意義，係指當企業已盡所有合理之努力卻仍無法適用某項規定時，則適用該規定視為實務上不可行。會計政策變動追溯適用或錯誤更正追溯重編財務報表，若有以下情形者，則實務上係不可行（勤業眾信聯合會計師事務所，2010）：(1) 追溯適用或追溯重編之影響數無法決定時；(2) 追溯適用或追溯重編時，須對管理階層於該期間的意圖做出假設時；(3) 追溯適用或追溯重編時，須作重大金額之估計，惟企業無法自其他資訊中客觀區分出與該等估計有關之下列資訊：(1) 提供應認列、衡量或揭露前述金額時，已存在情況之證據；(2) 於核准發布該前期財務報表時，已可取得之資訊。

（三）IFRSs 會計與相關規定總覽

本節第 (一) 與第 (二) 項，是陳述架構與政策原則，IFRSs 相關財務報表要素的會計處理與其他規定，則見於其他 IAS 與 IFRSs 的各項準則中。

1. 規定總覽與風險管理

IAS 16 針對不動產、廠房與設備；IAS 40 針對投資性不動產；IAS 38 針對無形資產；IAS 36 針對資產減損；IAS 2 針對存貨；IAS 12 針對所得稅；IAS 18 針對收入；IAS 19 針對員工福利；IFRS 2 針對股份基礎給付；IFRS 8 針對營運部門；IAS 26 針對退休福利計畫之會計與報導；IAS 32 / IAS 39 / IFRS 7 針對金融工具的衡量、認列、避險會計與首次採用 IFRS 等的相關規定；IFRS 4 針對保險合約；IAS 37 針對負債準備、或有負債及或有資產；IAS 17 針對租賃；IAS 23 針對借款成本；IAS 21 針對匯率變動之影響；IFRS 5 針對待出售非流動資產及停業單位；IAS 7 針對現金流量表；IAS 10 針對報導期間後事項；IAS 24 針對關係人揭露；IAS 27 針對合併及單獨財務報表；IFRS 3 針對企業合併；IAS 28 針對投資關聯企業；IAS 31 針對合資權益；IAS 33 針對每股盈餘；IAS 34 針對期中財務報導；IAS 11針對工程合約；IAS 20 針對政府補助之會計處理及政府補助之揭露；IAS 29 針對高度通貨膨脹經濟下之財務報導；IAS 41 針對農業；IFRS 6 針對礦產資源探勘及評估；IFRS 1 針對首次採用國際財務報導準則（勤業眾信聯合會計師事務所，2010）。

上述各項準則，看似財務會計領域針對財報編製規範的變革，與公司經營規範無關，但事實上，各國國情不同，尤其在政府以財報規範牽制經營規範的情況下，公司風險管理的實務操作，就會受到顯著影響，蓋因，公司風險管理追求的是公司價值，公司價值的計算，會與財務會計的處理攸關，尤其，IFRSs 所採用的公平價值概念，對公司資產、負債與權益的計算，均直接連動，影響公司資本的計提，從而影響公司風險的管理。最後，根據第四章對風險管理的界定，任何影響公司風險的規範，均屬風險管理的範疇。

2. 公平價值

公平價值概念，對公司持有金融工具的衡量（IAS 39）有重大影響外，對公司資產與負債價值的衡量，同樣產生影響。目前，**公平價值**的界定有三種：第一，IAS 39 中的界定，所謂公平價值是指常規交易中，對交易事項已充分了解並有成交

意願的雙方，達成資產交換或負債清償的金額；第二，美國國稅局的界定，公平價值是指一個對買賣交易有合理知識的買家與賣家，在沒有任何脅迫下，所成交的金額；第三，美國證交會的界定，公平價值是指對於目前買賣交易有意願的買家與賣家，針對一項資產或負債，在沒有受到強迫或並非企業清算的情況下，可能的買賣價格。這三種定義的精神均相同。這種概念，需留意幾點：第一，IAS 原文中，是用「Current Exit Value」，一般就稱為「Fair Value」，英文「Exit」指的是「出場」價格，非「進場」價格，換言之，對資產言，係處分時可實現的金額，而非取得資產時的金額，而對負債言，係解除負債所付出的成本，而非承擔負債時的所得金額；第二，公平價值是否等於市價（Market Value），還是值得商權，因為公平價值在有公開市場報價時，就是市價，就稱為調整成市價（Mark-to-Market），也可以在無公開市場報價，採用調整成模型估價（Mark-to-Model）；第三，公平價值調整成市價時，指的是哪個市場、哪個價格，也成衡量時產生的議題。當公平價值調整成模型估價時，例如公司持有選擇權，公平價值可選擇調整至Black-Scholes模型估價，此時模型的選擇，至關緊要。

三、IFRSs 對企業會計的影響——以壽險業為代表

所有 IFRSs 準則，對所有的企業會計與風險管理，均有深度的影響。其中，IFRS 4 對一般企業公司以保險作為風險轉嫁工具時，以及對保險公司的經營言，更是息息相關。

（一）IFRS 4

IASB 將保險合約分成兩階段進行，目前的 IFRS 4 是過渡性準則，其中有些規定只適合保險公司，有些規定保險人與保單持有人均合適（參閱 IFRS 4 中範圍的規定）正式的保險會計準則，已於 2011年5 月由 IASB 與美國財務會計準則委員會（FASB: Financial Accounting Stardands Board）發布。此處僅就 IFRS 4 簡要說明如後。首先，IFRS 4 相關規定包括（勤業眾信聯合會計師事務所，2010）：(1) 何謂保險合約；(2) 範圍；(3) 認列與衡量；(4) 揭露；(5) 未來發展。IFRS 4 對保險合約的定義，係指當一方（保險人）接受另一方（保單持有人）之顯著保險風險移轉，而同意於未來某特定不確定事件（保險事件）發生，致保單持有人受有損害時，給予補償之合約。該合約須包括四項主要要素：(1) 未來特定不確定事件之規定；(2)

保險風險之意義；(3) 保險風險是否顯著；(4) 保險事件是否致保單持有人受有損害。這四項要素中，以保險風險是否顯著特別值得留意（是否顯著移轉的觀點，亦可參閱第十六章第四節），以及屬於保險合約中的儲蓄與保險要素的處理。

其次，值得留意的是認列與衡量規定中負債適足性的測試，與在認列與衡量規定中，影子會計與**裁量參與特性**（DPF: Discretionary Participation Feature）兩個名詞。負債適足性的測試，係指依未來現金流量以評估保險負債之帳面價值是否需要增加，或評估相關遞延取得成本及無形資產之帳面價值是否需要減少之測試程序。負債適足性的測試之最低要求如後（勤業眾信聯合會計師事務所，2010）：第一，測試時應考量現時資訊，估計合約所有現金流量及相關現金流量；第二，若測試結果顯示負債不足，應將所有不足數認列為當期費損。影子會計係指某些會計處理方法下，保險人資產之已實現損益會影響保險負債、相關遞延取得成本以及相關無形資產之衡量時，保險人得變更會計政策，使資產之已認列但尚未實現損益對保險負債、相關遞延取得成本以及相關無形資產之影響與已實現損益一致。保險人僅於保險負債、相關遞延取得成本以及相關無形資產之未實現損益已認列為其他綜合利益時，始應將保險負債、相關遞延取得成本以及相關無形資產之相關調整認列為其他綜合利益，這類的會計實務即稱為影子會計。

最後，所謂裁量參與特性是合約中保證給付外，可收取額外給付之合約權利，換言之，裁量參與特性是項權利，這項權利具有下列特性（勤業眾信聯合會計師事務所，2010）：第一，額外給付可能占合約給付總額極大比例；第二，額外給付金額或發放時點，是屬於合約發行人之裁量權；第三，依合約規定，額外給付屬於下列事項之一：(1) 特定合約組合或特定類型合約之績效；(2) 合約發行人持有之特定資產組合之已實現或未實現投資報酬；(3) 發行合約之企業、基金或其他個體之損益。具裁量參與特性之合約中支付保證給付之義務稱為保證要素。

（二）IFRSs 對台灣壽險業的衝擊

IFRSs 對所有企業會計均產生影響，綜合前述，IFRSs 所帶來的一般改變，主要有三（周岐原與吳美慧，2010 / 11）：第一，未來對企業財報觀察的重點，由損益表轉成資產負債表；第二，財報主體由單一財報轉為合併財報；第三，財報中附註揭露的資訊極度重要。其次，台灣會計準則與IFRSs間，主要的差異有四：第一，台灣會計準則以規則為基礎，IFRSs 為原則基礎；第二，台灣會計準則以保守表達為主，IFRSs 則需真實表達；第三，台灣會計準則對會計項目以有憑有據的觀

察數為基礎，IFRSs 可以無憑無據的預估數為基礎；第四，台灣會計準則對會計入帳數只有一個標準答案，IFRSs 可以有許多不同的合理答案，這點與第一點的精神有關。

其次，IFRSs 對壽險業，總體來說，有下列幾點特定重大的影響（龍吟，2008 / 01 / 15；龍吟與呂輝堂，2007 / 10 / 15）：

1. 公平價值的問題

台灣會計準則並非以公平價值為衡量基礎，對壽險業言，調整成模型估價的基礎問題較大，計算公平價值的模型，須包括三項：(1) 機率加權現金流量（Probability Weighted Cashflow）；(2) 符合壽險現金流量的折現率；(3) 風險邊際／利潤（Risk Margin）。以公平價值衡量時，對壽險業負債中的責任準備金計算影響極大，例如利潤如何計算？險種不同現金流量模式不同，如何決定？

2. 會計科目的問題

台灣壽險業會計是以淨額表達保險責任，IFRSs 的認列是需總額表達，因此對直接業務、再保分出與再保攤回等的公平價值如何計算，其次除責任準備金外，還有其他準備金的公平價值與會計科目，如何計算與表達均需思考。

3. 營利事業所得稅的問題

這問題影響更大，公平價值對資產與負債是重新估價，不直接影響現金流量問題，但影響營利事業所得的保費收入與保險給付支出，如果衡量基礎改變，會直接影響壽險公司的現金流量與所得稅的計算，影響甚大。

4. 保險合約的問題

IFRS 4 是針對交易種類作規範，不是照公司經營執照種類作規範，因此目前台灣壽險業經營的業務，有可能不是 IFRS 4 規範下的保險合約。

5. 相關法令配套與衝突問題

台灣目前壽險業，針對報表日後未發生的意外提列準備的作法，不符合 IFRSs 的規範。台灣透過財報編製規範的方式，進行規範保險公司的經營，將來如何因應 IFRSs，也值得留意，例如保險法與商業會計法中的財報表達與編製的法律規定，就會影響經營。

6. IFRSs 專業人才不足問題

　　台灣會計準則與大專會計人才訓練，一直以來就是以美國 GAAP 為本，面對 IFRSs 與 GAAP 不同基礎的報導準則，現有人才除強化在職培訓外，台灣會計教學的變革，可能是迫切課題。

四、本章小結

　　財務會計是公司所有活動的縮影，因此，真實性對公司所有利害關係人均極度重要，IFRSs 對所有企業的公司價值之評價，也會有顯著影響，而公平價值基礎，應是評價的軸心概念。

思考題

❖ 為何公司的財務報導，全球最好一致？

參考文獻

1. 周岐原與吳美慧（2010/11/22）。台股新遊戲規則來了。*今周刊雜誌* No.726。台北：今周刊雜誌。pp.126-136。
2. 龍吟與呂輝堂（2007/10/15）。我國保險業實施國際會計準則之挑戰──觀念篇。*風險與保險雜誌*。No.15。台北：中央再保險公司。pp.10-12。
3. 龍吟與呂輝堂（2007/10/15）。我國保險業實施國際會計準則之挑戰──執行篇。*風險與保險雜誌*。No.15。台北：中央再保險公司。pp.13-16。
4. 龍吟（2008/01/15）。我國保險業實施國際會計準則之挑戰──具體篇。*風險與保險雜誌*。No.16.。台北：中央再保險公司。pp.16-25。
5. 勤業眾信聯合會計師事務所（2010）。*iGAAP-IFRS 全方位深入解析──2010*。上冊。台北：勤業眾信聯合會計師事務所。
6. 勤業眾信聯合會計師事務所（2010）。*iGAAP-IFRS 全方位深入解析──2009*。中冊，下冊。台北：勤業眾信聯合會計師事務所。

第 **25** 章

專屬保險公司

人、事、物，是自己的好，為常態想法。

專屬保險（Captive Insurance）的意義性質與類型，第十六章已說明。本章首先陳述專屬保險市場概況。次論及為何要設立專屬保險機制，如何設立，與如何管理。最後，說明專屬保險的威脅與展望。

一、專屬保險市場概況

全球風險理財市場，另類風險理財市場約佔四分之一（Tillinghast-Towers Perrin 的估計，1995）。專屬保險公司在另類風險理財市場中佔有重要的地位。近十年專屬保險公司雖面臨監理機關與稅務機關的雙重威脅，全球專屬保險市場仍大體維持百分之三的保費成長，每年平均約有二百家新的專屬保險公司成立（Dowding，1997）。根據二十多年前的第一次記錄統計（Tillinghast-Towers Perrin, 1974），當時約有三百一十六家的專屬保險公司。如今少說也有三千六百家（家數估計可閱 Captive Insurance Company Reports & Captive Insurance Company Directory 兩本報告），前後至少也有十倍增長。全球大企業中有專屬保險公司的比例，根據英國著名專屬保險權威包考特（Bawcutt, P）估計，美國五百大企業約九成有專屬保險公司，瑞典五十大企業九成也有，英國兩百大企業也有八成設有專屬保險公司。其他，如法國兩百大企業只有一成，德國兩百大企業不到一成，義大利一百大企業中也不到一成。以1996年為例，專屬保險公司註冊地，最多的前四名依序為英屬百慕達（Bermuda）、英屬凱門島（Cayman）、英屬關希島（Guernsey）、美國維蒙州（Vermont）。以各大洲分佈來看，北中南美洲最多，次為英國與歐洲大陸，亞洲等其他地區佔極少數。全球專屬保險公司 1995 年保險費，淨值與投資資產分別為：保費總計一百八十億美元，總淨值有一百五十五億美元，投資資產總計三百五十億美元。

二、設立專屬保險機制的理由

另類風險理財機制，瓜分了約四分之一的風險理財市場。考其原因，主要是傳統保險理財市場對企業風險管理的需求，所能彰顯的功效並不如預期（Dowding, 1997; Bawcutt, 1991）。這個原因驅動了另類風險理財市場的發展，當然也驅動了在另類風險理財市場佔重要地位之專屬保險的成長。另一方面，企業公司選擇專屬保險作為另類風險理財機制，乃是為了滿足公司在跨國經營上的各類需求。

（一）傳統保險功效不彰

相對於財產與健康風險管理，責任風險管理中，運用另類風險理財的機制較多。從風險特質看，責任風險一般為長尾風險（Long-Tail Risk）較能吻合許多另類風險理財彰顯的現金流量效益。是故，此處傳統保險市場功效不彰的陳述，偏向責任保險市場。達西（D'Arcy, S. P.）認為只有在特定條件下，保險對社會所提供的效益，才可能超過其社會成本（D'Arcy, 1994）。時空經濟環境條件，是影響保險基本功效是否彰顯的重要因子。近十多年來，全球財產責任保險市場功效不彰就是受時空環境的拖累。影響所及，一般企業公司責任保險的規劃困難重重。

1. 保險買不到或條件嚴苛或公司負擔不起

這些現象即：(1) 保險供給問題（Insurance Unavailability）；(2) 保險賠償與承保條件的適當性（Adequacy）問題；(3) 保險費負擔能力（Affordability）問題。以美國為例，1970 與 1980 年代，責任保險市場出現了兩次保險危機。尤其在產品責任、專業責任、公司董事經理人責任、環境污染責任等市場，前列現象極為常見。這些現象，最後促成影響責任保險市場，極為深遠的責任風險承擔法案（LRRA: Liability Risk Retention Act, 1986）。

2. 承保循環（Underwriting Cycle）波動過大

保險市場承保循環的平均週期，如果越長越受風險管理人員的歡迎，這代表保險市場越安定，有利於風險管理與保險的預算規劃。承保循環波動過大，意即這種循環的平均週期過短，不利預算規劃。以美國為例，大體上，產險業承保循環的平均週期約為四年。1970 與 1980 年代的兩次保險危機，出現了週期過短現象（金光良美，1987）。純資產比率（Gear Ratio）與綜合比率（Combined Ratio）在高利率水準下，急遽惡化。**現金流量核保**（Cash Flow Underwriting）觀念，無法保證投資收益可以挹注承保業務虧損。因此，產險業降價以求，展開業務的惡性競爭。這種現象使得過去安定的市場，投入了巨大的不穩定因素。追溯整個現象的背後原因，除了當時產險業，因高利率的經濟因素，盛行現金流量核保觀念外，外在的社會司法環境因素也是主因。社會背景主因有三：(1) 美國人喜訟的民族性；(2) 消費者保護運動盛行；(3) 社會保障制度，不是那麼充分。最重要的原因則是來自司法制度與侵權行為法理的改變。這兩個因素應是美國侵權行為成本佔國民生產毛額比率，領先全球的主因。進一步言，這些因素包括：(1) 原告與被告各自負擔律師報酬，且敗方不負擔勝方律師報酬；(2) 原告不必事先付費，且於勝訴後取得賠償金

時，始付給律師報酬；(3) 陪審員決定賠償金額；(4) 有財力者應儘可能負擔賠償的深口袋（Deep Pocket）理論；(5) 懲罰性賠償（Punitive Damage）制度；(6) 對特定責任改採嚴格責任（Strict Liability）或絕對責任（Absolute Liability）的法理基礎（金光良美，1987）。

3. 保險公司可能不安全

保險公司有沒有清償能力（Solvency）對保險的規劃相當重要。責任保險是長尾（Long-Tail）保險，公司更關注投保公司未來的邊際清償能力（Solvency Margin）。各國監理機關對保險公司的邊際清償能力均有規定。以美國為例，在1995 年就有十五家產險公司失卻清償能力。因此，促成風險基礎資本（RBC: Risk-Based Capital）制度的產生。依據風險資本額的不同比率即調整後資本額除以總風險基礎資本額，保險監理機關會採取不同的監理行動，確保保險公司的邊際清償能力。另一方面，近年來重大巨災損失相繼發生，例如台灣九二一震災（1999年），更使企業擔心保險公司的清償能力。巨災風險證券化（Risk Securitization）與有限風險保險／再保險（Finite Risk Insurance／Reinsurance）即是在此背景下，產生的新觀念與新方法。

（二）完成企業經營目標

企業的經營有各種需求，尤其當企業發展成跨國性企業時，需求更為多元。這些需求自然成為企業經營的目標。專屬保險機制有助於這些目標的完成。首先，針對風險管理需求方面：第一，專屬保險機制有助於母公司風險控制的績效。母公司的風險控制，在無專屬保險機制的情況下，有時需藉重商業保險公司的風險控制服務。然而，母公司如設立專屬保險公司，此種服務則不必假手他人，風險控制績效提昇的可能性可大增；第二，專屬保險機制，可彈性承保母公司在商業保險市場無法獲得保障的風險，有助於母公司風險的分散；第三，專屬保險機制有助於直接進入再保險市場，交易成本（Transaction Cost）的節省將可大增。

其次，在滿足財務管理需求方面：第一，專屬保險機制仍有助於節稅。雖然專屬保險面對某些國家加重稅負的威脅，但某些國家仍是避稅天堂。只要母公司採取適當的策略，節稅仍是專屬保險機制的魅力； 第二，專屬保險機制有助於資金調度。專屬保險機制的設立，無非使母公司多了一個資金流通的口袋。保險費、再保險費與賠款，因專屬保險更能彈性運用與調度；第三，專屬保險公司設立之初，雖

需母公司的金援，但一個完整成熟的專屬保險公司，可能成為母公司重要的利潤來源。

三、專屬保險公司的設立

企業如欲設立專屬保險公司，首先要評估專屬保險機制，是否為管理風險的最佳選擇，亦即要做專屬保險適切性分析（Feasibility Analysis）。其次，要評估何地註冊最佳。最後，要評估各類型再保險計畫的優劣。

（一）專屬保險適切性分析

此處，以一個年繳責任保險費美金六百萬元，估計預期損失五百萬元的甲公司為例，說明適切性分析的流程。首先，風險管理人員要了解，公司過去預期責任損失記錄的平均走勢。假設該公司預期責任損失記錄的走勢，是損失發生的第一年賠款支付一百萬元，第二年支付三百萬元，第三年支付一百萬元。換言之，預期責任損失五百萬元，平均三年即可完全結案。以四年為專屬保險計畫的評估觀察期，在不考慮預期損失折現率（Discounting Rate）下，該公司預期責任損失記錄的平均走勢，如表 25-1。

表 25-1 責任損失的平均走勢

賠款支付年份（千元為單位）				
	1	2	3	4
損失發生年份				
1	1,000	3,000	1,000	------
2		1,000	3,000	1,000
3			1,000	3,000
4				1,000
已付賠款	1,000	4,000	5,000	5,000
賠款準備	4,000	5,000	5,000	5,000

其次，風險管理人員要預估四年期間，專屬保險的承保損益。假設設立第一年需特別開辦費五萬元，四年期間每年維續費用五十萬元。母公司依預期責任損失支

表 25-2 專屬保險的預估承保損益

	年份（千元為單位）			
	1	**2**	**3**	**4**
保費收入	5,000	5,000	5,000	5,000
費用：				
開辦費	(50)	--------	-------	-------
維續費用	(500)	(500)	(500)	(500)
發生賠款	(5,000)	(5,000)	(5,000)	(5,000)
承保損益	(550)	(500)	(500)	(500)

付責任保險費予專屬保險公司（自己的保險公司，故附加保費可節省）。那麼，四年期間專屬保險的預估承保損益，如表 25-2。

　　完成責任損失的平均走勢與預估承保損益分析後，對評估中的專屬保險機制的資金流動與母公司為了設立此專屬保險公司，可能的資金流動均應加以分析。換言之，即做現金流量分析。此一數據可做為最後計算專屬保險機制淨現值（Net Present Value）的基礎。為了做進一步分析，風險管理人員對想要設立何種類型的專屬保險與各註冊地的最低資本額的規定應有所了解。例如，百慕達（Bermuda）1995年的保險修訂法案（The Insurance Amendment Act）中將保險公司分四類，且對最低資本額分別做不同的規定。第一、二與三類各適用不同類型的專屬保險公司。第四類適用商業保險與再保險公司。以第一類純專屬保險公司（Pure Captive Company）而言，最低資本額是十二萬美金。第一類的要求最低，第四類的要求最高。除此之外，風險管理人員也要進一步了解，各項賦稅相關的規定，例如 1985年，於美國維蒙州（Vermont）註冊，則需負擔營利所得稅百分之四十六，保險費收入營業稅百分之一。專屬保險基金，年平均投資報酬率，也是進一步分析需考慮的要素，對此風險管理人員應審慎評估與選擇。

　　假設評估中的專屬保險公司註冊地的最低資本額是二十五萬美金，且需負擔營利所得稅百分之四十六，保險費收入營業稅百分之一。母公司支付予專屬保險的保險費，則享有百分之四十六的免稅優惠。專屬保險基金年平均投資報酬率採用百分之十二。母公司擬投資兩百五十萬美金。此數高於最低資本額的十倍。在此假設下，觀察專屬保險公司四年的營業期間與如果結束營業，母公司的資金流動以及專屬保險公司營業與結束期間的資金流動，閱表 25-3 與表 25-4。

表 25-3 母公司的資金流動

	年份（千元為單位）						
	1	2	3	4	5	6	7
保險費支出	(5,000)	(5,000)	(5,000)	(5,000)	----	----	----
設立資本額	(2,500)	----	----	----	----	----	----
保費免稅優惠	2,300	2,300	2,300	2,300	----	----	----
專屬保險基金最後終值	----	----	----	----	----	----	4,960
總　計	(5,200)	(2,700)	(2,700)	(2,700)	----	----	4,960

表 25-4 專屬保險公司營業與結束期間的資金流動

	年份（千元為單位）						
	1	2	3	4	5	6	7
基金收入							
前年度基金餘額	-----	6,603	8,001	8,491	9,013	5,597	4,960
保險費收入	5,000	5,000	5,000	5,000	----	----	
設立資本額	2,500	----	----	----	----	----	
費用支出							
開辦費	(50)	----	----	----	----	----	
維續費用	(500)	(500)	(500)	(500)	---	----	
年初基金餘額	6,950	11,103	12,501	12,991	9,013	5,597	
投資收益 (12%)	834	1,332	1,500	1,559	1,082	672	
賠款支出	(1,000)	(4,000)	(5,000)	(5,000)	(4,000)	(1,000)	
年底基金餘額（稅前）	6,784	8,435	9,001	9,550	6,095	5,269	
稅負							
承保損益	(550)	(500)	(500)	(500)	-----	-----	
投資收益	834	1,332	1,500	1,559	1,082	672	
小　計	284	832	1,000	1,059	1,082	672	
所得稅	(131)	(383)	(460)	(487)	(498)	(309)	
營業稅	(50)	(50)	(50)	(50)	----	----	
稅負總計	(181)	(434)	(510)	(537)	(498)	(309)	
年底基金餘額(稅後)	6,603	8,001	8,491	9,013	5,597	4,960	

最後，風險管理人員要比較四年預估期間，投資設立專屬保險公司與不設立，但維持每年六百萬美金的保費支出計畫的稅後淨現值（After-tax Net Present Value）。在作比較時，兩種計畫因風險因子的不同，折現率高低顯然有別。投資設立專屬保險公司計畫的折現率應高於保險計畫。因為，投資計畫可能涉及無法分散的系統風險（Systematic Risk）。是故，假設評估投資設立專屬保險公司計畫的折現率是10%，評估保險計畫的折現率是9%。兩種不同計畫的淨現值分別如後。

專屬保險公司計畫：

$$NPV = -5,200 - (2,700 / 1 + 0.1) - [2,700 / (1 + 0.1)^2] -$$
$$[2,700 / (1 + 0.1)^3] + [4,960 / (1 + 0.1)^6] = 1,285$$

保險計畫：

$$NPV = -3,240 - (3,240 / 1 + 0.09) - [3,240 / (1 + 0.09)^2] -$$
$$[3,240 / (1+0.09)^3] = -11,441$$

明顯地，如果沒有特殊原因，投資設立專屬保險公司是合理的選擇。因為，它的淨現值較高的原故。

（二）註冊地的選擇

專屬保險公司要在哪裡註冊是重要的問題。通常第一項要考慮的是註冊地的基礎設施。註冊地的基礎設施包括：(1) 電信與電腦網路設施；(2) 國際機場設施；(3) 交通、電力與水力等基礎設施。

第二項要考慮的是註冊地的風險管理與金融保險服務品質、專業技能的水準高低與人才的多寡。

第三項要考慮的是註冊地對專屬保險公司監理的規定。例如，英國就不用風險基礎資本制度，美國則適用。

第四項要考慮的是賦稅規定，尤其國與國間有無雙邊賦稅協定（Double Tax Treaties）。以英屬關希島為例，賦稅規定分三類：第一類是完全免稅的專屬保險公司。設立時，只需付設立規費五百英鎊；第二類只針對股東投資收益，採階梯式課稅。股東投資收益到達二十五萬英鎊時，開始課稅，稅率是百分之二十。股東投資收益越增加，超過的部份稅率越低。例如，超過兩百萬英鎊時，超過部份的稅率只有百分之零點一；第三類是針對淨收益，課百分之二十的稅。雙邊賦稅協定，有助

於資金回流母公司所在國。例如，都伯林（Dublin）與瑞典（Sweden）有雙邊賦稅協定。因此，瑞典母公司設立在都伯林的專屬保險公司支付百分之十賦稅後，可將紅利免稅，匯回在瑞典的母公司。

第五項要考慮的是境內或境外問題。專屬保險公司與母公司，在同一國境內或兩者分屬不同國境，均各有利弊。後一情形，容易衍生的最大問題是，母公司對專屬保險難以掌控的可能性高。兩者在同一國境內的利弊，例如母公司對專屬保險管控易。壞處，以美國為例，例如，設立資金高與監理的要求嚴。

（三）再保險的考慮

再保險是專屬保險公司經營的基石。一般公司擁有專屬保險公司，容易進入再保險市場，直接與再保人談判費率，有利於風險管理成本的降低。傳統上，大部份專屬保險公司採用超額損失再保（Excess of Loss Coverage）與限制損失再保（Stop Loss Coverage）方式進入再保市場。近年來，以時間分散風險且承保財務風險的有限風險再保（Finite Risk Reinsurance）計畫，則廣為流行。

四、　專屬管理人與專屬保險公司

專屬保險公司從設立到俱完整規模，平均要花五至十年時間（Porat, 1987）。專屬保險公司發展至俱完整規模前，常需藉重**專屬管理人**（Captive Manager）的服務。專屬管理人可以是獨立的顧問公司，保險經紀公司，也可以是各別的專家。它扮演的主要角色有：第一，從事設立專屬保險公司前的適切性分析與設立的申請。這主要包括第三節所說明的內容與過程。第二，設立專屬保險公司後，專屬管理人可從事保險承保業務。例如，代為制定承保費率等。專屬管理人亦可從事再保險安排的服務。第三，從事理賠服務管理、資金的運用與投資、財務會計與報表的編製與確保符合註冊地保險監理的要求等。

五、　專屬保險的威脅與展望

早期專屬保險的機制，可說是各國跨國公司的寵兒，尤其是美國。近年來，美國稅務機關與保險監理機關，對專屬保險公司的關注，已成專屬保險未來發展上的重要威脅。

首先，說明來自稅務機關的威脅。母公司支付給專屬保險公司的保費，該不該課稅？一直以來爭議不斷。爭議不斷的原因，主要來自五方面（Doherty, 1985; Dowding，1997）：

第一，第十六章陳述過，專屬保險的類型有多種。有者完全屬於風險承擔的特質，例如，單一母公司的純專屬保險公司；有者屬於風險承擔與轉嫁的混合，例如，多重母公司開放式專屬保險公司。依據美國的稅法，企業支付予保險公司的保費是可當賦稅扣除額。然而，稅法對保險的定義，不那麼明確，使得母公司有理由主張，支付予有風險轉嫁成份的專屬保險公司的保費，應可當賦稅扣除額。換言之，母公司認為它的專屬保險公司是一般的保險公司，理應享受同等的優惠。

第二，專屬保險公司的賦稅問題，可能是國際問題也可能是美國州際問題，如此更增加問題的複雜度。

第三，由於母公司與專屬保險公司可說是同一企業集團，針對何種型態的收益課稅益增困擾，問題也就更複雜。

第四，母公司對保費是否為賦稅扣除額，比意外發生時，損失的免稅優惠更為關注。因為，保費是賦稅扣除額，對母公司更有價值。如此，促使母公司加強對國會的遊說亦使問題更複雜。

第五，美國各州對此議題作出不同的判決，亦使問題更具爭議。換言之，有些州允許當賦稅扣除額；有些州則否。然而，近年來，美國的稅務機關已傾向母公司支付予其專屬保險公司的保費，不能當賦稅扣除額。此將相對不利於未來專屬保險的發展。

其次，專屬保險的威脅來自保險監理機關。近年來，美國的保險監理機關採用風險基礎資本制度，加強對保險公司邊際清償能力的控管。影響所及，使得專屬保險公司需投入更多資金，也使前衛業務成本增高。同時，美國全國保險監理官協會（NAIC: National Association of Insurance Commissioners）反對前衛業務，亦使得專屬保險的威脅更形增強。

縱然專屬保險有來自稅務機關與保險監理機關的雙重威脅，但每年平均約有兩百家新的專屬保險公司成立（Dowding, 1997）。顯然，專屬保險機制對公司管理風險上，仍俱吸引力，可預見的未來仍有持續發展的潛力。考其原因有下列幾點：第一，企業全球化，國際化是目前潮流。購併風潮仍持續不斷。基於全球策略管理與風險管理的需要，專屬保險不會因保險市場的艱困或疲軟變動太大；第二，企業民營化也是全球的潮流。民營化後，公司價值極大的追求更形強烈，如此，對專屬

保險機制的需求，不致於降低太多；第三，風險管理的創新工具陸續出現，例如巨災選擇權、有限風險計畫等。這些創新工具可與專屬保險搭配使用。因而，使得公司在管理風險上更有彈性。是對專屬保險的需求，不見得會減少。

六、本章小結

專屬保險是老觀念，要一定條件的公司才能考慮單獨另行投資設立，小公司面對保險成本高漲時，可用租借式專屬保險的服務或以產業公會方式聯合設立，然而仍要評估，這樣作對公司價值的提昇是否有幫助。

思考題

❖ 自己的風險，自己管理，好還是不好？為何？

參考文獻

1. 金光良美（1987）。詹昭浩與周秀玲譯（民國 83 年）。*美國的保險危機*。台北：財團法人保險事業發展中心。

2. Bawcutt, P. A. (1991). *Captive insurance companies-establishment, operation and management.* Cambridge: Woodhead-Faulkner.

3. D'Arcy, S. P. (1994). The dark side of insurance. In: Gustavson, S. G. and Harrington, S. E. ed. *Insurance, risk management, and public policy-essays in memory of Robert I.* Mehr. London: Kluwer Academic Publishers. PP:161-181.

4. Doherty, N. A. (1985). *Corporate risk management-a financial exposition.* New York: McGraw-Hill Book Company.

5. Dowding, T. (1997). *Global developments in captive insurance.* London: FT Financial Publishing.

6. Porat, M. M. (1987). Captives insurance industry cycles and the future. *CPCU Journal.* March, 1987. pp.39-45.

7. Tillinghast Towers –Perrin (1974,1995). *Risk management reports.* Stamford: Tillinghast Publications.

第 26 章

員工福利與退休年金

活太久，麻煩否？如麻煩，怎麼辦？

人力資產是公司最重要的資產，公司對員工可能發生的工作傷害與職業疾病，除加強防範外，人身保險的理財規劃也是重要措施之一。同時，公司對長久工作的員工於其退休後生活的照顧，已成現代公司人事管理上的另一重要課題。員工福利計畫（EBP: Employee Benefit Planning）即此需求下的重要措施。一直以來，公司的人事部門負責員工福利的規劃，所持的主要理由有三（Head and Horn, 1985）：第一，員工福利事項與人事業務緊密關聯，長久以來，它是人事部門的職責；第二，退休年金（Pension）是員工福利規劃的核心事項，通常不歸屬於風險管理中；第三，工會與資方磋商員工福利計畫時，通常資方主要是由人事部門負責。

　　基於以上理由，傳統上，公司風險管理部不涉及員工福利的規劃。然而，隨著風險管理及時勢之發展，前述現象已漸改變。改變的主因是公司設立員工福利計畫，將使公司面臨潛在的法律責任和支出成本不確定性的問題，這些問題可能是公司需面臨的新風險。因此，風險管理部有必要涉入員工福利的規劃工作。（RIMS 101）風險管理準則（閱附錄四）中，揭櫫員工福利一節即為最佳註解。

一、員工福利計畫的意義目標與設立的理由

（一）員工福利的意義

　　員工福利的涵義和範圍至今仍無法統一。茲介紹三種看法如下（Tiller *et al*, 1988）。

1. 美國商會（Chamber of Commerce of the United States）的觀點

　　此觀點的涵義較為廣泛。它的看法是除了直接工資（Direct Wages）外，所有的補償津貼或費用均屬於員工福利的範疇。依其1984年出版的一九八三年員工福利報告中，所列的員工福利有五大項：第一大項是法律對雇主福利支出的要求（Employer's Share of Legally Required Payments）。換言之，此項即法定支出項目；第二大項是雇主對退休年金和其他相關的支出項目（Employer's Share of Pension and Other Agreed-Upon Payments）；第三大項是上班期間內，給予的休息時間（Payments for Nonproduction Time while on the Job）；第四大項是不必上班的年休假或產假等的福利項目（ Payments for Time not Worked）；第五大項是不歸屬於前四項的其他福利項目，例如利潤分享計畫等。

2. 美國社會安全局（Social Security Administration）之看法

　　它是範圍最狹窄的一種。美國社會安全局對員工福利定義如下：「所謂員工福利計畫，係指由雇主或員工單方或聯合共同設立贊助的任何型態的計畫。同時，這些計畫所提供的福利項目應僅與就業關係有關。這些福利項目並非由政府機構直接提供保障和支付的。一般而言，該計畫之目的是企圖針對 (1) 員工因死亡、意外、疾病、退休或失業所致正常收入喪失期間的補償；(2) 因生病傷害所需醫療費用之支付，以科學合理的方式提供給員工。」換言之，美國社會安全局對員工福利範圍之規範，僅限於所得補償和醫療費用兩項福利支出。

3. 較為折衷的看法

　　折衷的看法是把員工福利項目視為雇主所有補償（Total Compensation）計畫方案中的一部份。雇主所有的補償方案可概分為五大類：第一類是直接工資。它是屬於基本補償（Base Compensation）；第二類是個別員工的婚、喪、病假等以及其他與基本補償有關的福利支出（Personnel Practices and Other Employee Payments related to Base Compensation）；第三類是當年度的獎金支出（Current Incentive Compensation）；第四類是間接和遞延性補償計畫（Indirect and Deferred Compensation Plans）；第五類是特別的額外津貼支出（Executive Perquisites）。

　　所謂員工福利是指第四類的間接和遞延性補償計畫。該計畫包括八個員工福利項目：第一項是人壽及意外傷害保險（Life and Accident Insurance Coverage）；第二項是醫療費用給付（Medical Expense Benefits）；第三項是工作能力喪失收入給付（Disability Income Benefits）；第四項是退休計畫（Retirement Programs）；第五項是股權計畫（Stock Plans）；第六項是財產及責任保險（Property and Liability Insurance Coverages）；第七項是失業計畫（Unemployment Plans）；第八項是其他給付計畫（Other Benefit Plans），例如個人理財顧問資訊服務等。這八個項目在範圍上，較美國社會安全局對員工福利範圍的認定為廣，但較美國商會的看法為窄。

（二）員工福利計畫設立之理由

　　員工福利計畫設立的初衷在於安定公司員工的生活，維持員工正常的生產力，進而激發員工，提高生產力為公司謀取最大利潤。然而，雇主在設立員工福利計畫後，相對地也帶來了成本的增加，因而可能增加了財務結構的不安定性。基此，員工福利計畫對員工雖有好處，但對雇主言，可能是沉重的財務負擔。是故，除非法律強制要求，否則雇主也不見得非設立不可。如需設立，公司應慎之於始。因為設

立了一個不是很適切的員工福利計畫,不但浪費成本,對公司財務亦會產生長久不利的影響。同時,也可能產生人事上的勞資糾紛,反而得不償失。

另一方面,近代工業民主觀念的興起,工會力量之大,亦前所未有,使得勞資關係產生變化。當前各國政府對勞資關係的基本要求均以法律強制規範,例如台灣在民國 73 年 8 月通過立法的勞動基準法即是。近代雇主設立員工福利計畫的理由,綜合歸納總共有七項如後:

1. 來自社會和政府的間接壓力(Social and Indirect Governmental Pressures)

從員工福利發展之歷史來看,社會和政府給予雇主之間接壓力,應是雇主設立員工福利計畫最初的理由。社會對於雇主之壓力是基於企業的社會責任觀念。政府對雇主之壓力則來自社會保險在員工福利中扮演的機能。

2. 基於對員工福利的關心(Concern for Employee's Welfare)

雇主對員工家長式的關照,以日本企業文化為甚。此種關照員工福利的意願,則應以合理化的制度支撐始能落實。僅有意願,不將方式制度化,短期內或許不是問題,但長久下來可能形成不公平、不確定且無效率的現象。

3. 改善公司經營效能(Improved Corporate Efficiency)

理論上言,設立員工福利計畫必然增加成本的額外負擔,此與公司價值的增進似乎互相矛盾。實際上,員工福利計畫之設置有助於增進公司經營效能與增加利潤。理由有四項:(1) 它可消除員工之疑慮和恐慌;(2) 它可維持良好的人事交替與暢通的管道;(3) 它有助於降低員工工作的壓力;(4) 它可使員工認識到公司賺錢就是他們賺錢,因而產生旺盛的企圖心。

4. 吸引留住幹練的員工(Attracting and Holding Capable Employees)

幹練能力強之員工是公司寶貴的資產。他(她)們對公司的貢獻自不待言。尤其在人力市場競爭激烈之環境下,公司如無員工福利或其福利計畫不甚合理,公司不但可能無法招募到新進人員,就連原有員工恐怕也留不住。因此,如何設立良好的員工福利計畫是人事部門和風險管理部門相當重要之課題。當然,一個良好的員工福利計畫是否能絕對地留住幹練的員工,乃是見仁見智的問題。然而,可肯定的是良好適切的員工福利計畫,至少可消除員工大部份不滿之情緒,進而為企業效力。同時,透過有效的溝通達成上下禍福與共之共識,並建立良好的勞資情感,相

信留住幹練的員工並非難事。

5. 稅法的優惠規定（Favorable Tax Laws）

　　稅法的優惠規定是雇主設立員工福利計畫最大的誘因。例如，國內所得稅法規定，員工參加員工福利所支付之人身保險費，可從個人所得總額中扣除，每人每年扣除額以不超過新台幣二萬四千元為限。再如，營利事業所得稅結算申報查帳準則規定，營利事業負擔的勞工保險和團體壽險保費（儲蓄保險除外）中，由投保單位予以補助之部份准予核實認定。換言之，即准予做為費用沖帳且無限額之限制。前列規定能有效誘使雇主設立員工福利計畫。

6. 基於與勞工磋商的需要（Demands in Labor Negotiation）

　　員工福利項目內容為雇主與工會集體議商（Collective Bargaining）範圍的重要部份。例如，美國自 1948 年，全國勞工關係委員會（National Labor Relations Board）規定員工福利計畫需透過集體議商方式制定以來，員工福利的實質內容乃成為工會訴求重點。此種來自工會的壓力，迫使雇主需設立員工福利方案或改善既存的員工福利項目與內容。

7. 基於團體保險固有的優點（Inherent Advantages of Group Insurance）

　　團體保險固有的優點，閱本章第三節。

（三）員工福利設計的目標

　　設立員工福利計畫時，確立適切的目標是相當重要的事。否則，後遺症極大。在目標不適切下，員工既得的福利項目，事後要將其消除，那必是難上加難。為免除此種困難且又能滿足雇主利益和法令要求，適切目標的確立應審慎考慮。員工福利設計的目標，可分為一般目標和特定目標兩類：第一類是一般目標。一般目標包括如何依公司行業別，確立公司薪資補償的水準及策略，以及如何依員工需求或依補償所得的觀點，訂定員工福利給付水平。就後者而言，如採補償所得立場（Compensation-Oriented）則員工福利給付水平應與薪資水平齊一。如採員工需求立場（Needs-Oriented）則員工福利給付水平與薪資水平無關。或兼採兩者，訂定員工福利給付水平；第二類是特定目標。設立員工福利計畫應完成的特定目標包括：(1) 維持給付水準之適切性；(2) 保持員工福利方案之競爭性；(3) 維持給付項目間之一致性；(4) 適切搭配政府舉辦之福利項目，不要重複；(5) 安定員工心理；

(6) 激勵生產力的提昇；(7) 完成人事增員之目標；(8) 能達成成本之控制；(9) 達成行政處理之簡化；(10) 滿足法令之要求；(11) 滿足員工之需要和願望。

二、設計員工福利方案應考慮的因素

目標的確立是設計員工福利計畫時，首要的考慮。除此之外，提供何種給付、誰應享有福利、員工有哪些選擇、員工福利的理財方式與員工服務年資的認定等五大因子也均會影響日後的成敗，說明如後：

第一，就提供何種給付方面，滿足法定最低要求是最基本的考慮。此外，在考慮成本與負擔能力下，適切增加給付項目和範圍。

第二，就誰應享有福利方面，需考慮對象不同享有的福利亦可不同。例如，在職員工家屬可享有哪些福利給付？退休人員和其配偶家屬應否享有？如是，應享受哪些給付項目？

第三，就員工可享有哪些選擇權方面，允許員工基於自己的需要選擇福利項目是員工福利發展的一種潮流。然而，其負面的影響亦需思考。例如，可能增加負擔成本的不確定性。員工彈性選擇福利項目所採的方式有三種：第一種方式只允許員工做最低要求之選擇，彈性最低；第二種方式允許員工做更彈性的選擇，但並非完全自由，彈性適中；第三種方式即所謂「自助餐」（Cafeteria）式的選擇，彈性最高。彈性選擇福利項目具有如下幾種優點：(1) 最能符合員工的特定需求；(2) 可隨員工需求之改變，變更福利項目結構，滿足不同時段不同之需求；(3) 彈性選擇重視員工價值，有助於員工向心力的提昇；(4) 有助於員工工作績效之改善；(5) 使員工福利成本之分攤更具經濟效率；(6) 有助於員工和其家屬對員工福利之認識；(7) 可激勵雇主對未來給付成本之控制。彈性選擇福利項目也有下列幾種缺點：(1) 彈性選擇下，員工可能做出不利的選擇；(2) 不利的選擇不但對員工不利，也使社會大眾對雇主產生不良的形象；(3) 彈性選擇增加員工福利計畫的複雜性和相關的行政費用；(4) 增加給付之成本；(5) 提高逆選擇的程度；(6) 使團體保險承保問題複雜化；(7) 可能增加雇主的法律責任。

第四，就員工福利的理財方式方面，享受福利需付出代價，設立福利項目亦需付出成本。員工福利理財方式有三種：第一種是**非醵出式**（Noncontributory）。此種方式由雇主完全支付；第二種是**醵出式**（Contributory）。此種方式由雇主和員工按比例共同支付；第三種是由員工支付全部。其中第一與第二種方式最常見。僅就

這兩種方式，進一步說明。首先就非醸出式方面：(1) 此一方式由於由雇主全部支付，因此只要員工合乎條件，均應參加；(2) 由於全由雇主支應，稅務優惠與行政效率較高；(3) 由於全部合格員工均應參加，故團體折扣額度較大；(4) 此一方式可免除從員工薪資帳戶代扣，所引起之不愉快心理；(5) 此一方式可提高雇主對整體員工福利計畫掌控制的程度；(6) 此一方式通常是工會和集體議商壓力下之產物。其次，就醸出式方面：(1) 此一方式所能獲取之保障範圍較大，因員工和雇主共同分擔下，可降低任何單方財力之壓力；(2) 此一方式下，員工較有自尊，也可能較有感謝之意；(3) 此一方式可降低誤用福利項目的程度；(4) 可增強福利項目之有效運用；(5) 此一方式可允許員工做較彈性的選擇；(6) 可激勵員工獨立自主之精神；(7) 員工對員工福利可享有較大的掌控權。這兩種不同的理財方式，到底應採用何種？並無定論。以工會集體議商的立場，可能偏向非醸出式；但如果站在雇主立場言，可能較偏向醸出式。因雇主除了可減少一部負擔成本外，亦可同時滿足法令要求與照顧員工的社會形象。其次，站在風險管理人員之立場言，醸出式較能顯示出員工福利計畫受員工的支持度。員工對非醸出式可能漠不關心，因而不易了解員工對員工福利計畫的感受。

第五，就員工服務年資的認定方面，員工服務年資能影響福利項目種類的多寡，也能影響試保期間（Probationary Period）的長短。此外，服務年資也是員工對公司貢獻的一種顯示。同時，服務年資的考慮有助於員工福利計畫的競爭性。試保期間如採保障觀點（Protection-Oriented），則宜短甚至沒有。例如，醫療費用給付等。試保期間如採累積基金觀點（Accumulation-Oriented），則宜長。例如，退休年金給付等。

另一方面，下列四項其他因子，最好也能併入考量：第一，在激勵員工提早退休或正常退休方面，員工福利計畫是否能發揮功效？第二，員工福利和企業利潤間的關聯性為何？第三，福利給付水準要採分離式？抑或齊一式？第四，員工福利所形成的基金，應自行管理（Self-Funding），抑或委託保險公司、信託公司來管理？

三、團體保險與員工福利

團體保險固有的優點是設立員工福利計畫的理由之一。是故，團體保險是員工福利計畫中要角之一。此處，簡要陳述團體保險的內涵。

（一）團體保險的特性

團體保險與個人保險比較時，突顯了四種主要特性：第一，團體之風險選擇與個人之風險選擇不同。團體保險中，風險選擇之對象為一個團體（Group）。個人保險中，風險選擇之對象為單一個人。實務上，團體保險並不需要體檢和可保證明書，此有別於個人保險；第二，一張團體保險單可保障許多人。團體保險契約是保險人和要保人（企業團體）間之契約，而非保險人和被保人之間的契約。換言之，企業團體是保單持有人，被保人僅持有保險證（Certificate of Insurance）。被保人的人數是多數，此亦有別於個人保險；第三，成本低保障高。團體保險由於風險分散和集體作業之結果，成本較低；第四，團體保險的保險費以經驗費率（Experience Rate）為主，此亦有別於個人保險。依團體的賠款實績，調整保費有助於公司財務。

（二）團體保險的類別

團體保險基本上分為兩大類：第一類是團體人壽保險（Group Life Insurance）。團體人壽保險主要是針對被保人死亡給付之保險。它又可分為兩種：第一種是團體定期人壽保險（Group Term Life Insurance）。它是簽發給雇主、債權人、工會、協會和其他合格團體的一年更新定期團體保險契約；第二種是團體長期人壽保險（Group Permanent Life Insurance）。此種團體保險含有現金價值性質，比較常見的是團體繳清保險（Group Paid Up Insurance）和平衡保費團體長期保險（Level Premium Group Permanent Insurance）。團體人壽保險亦可依被保團體（Group Insured）之性質分為：雇主團體壽險、協會團體壽險、聯邦員工團體壽險……等。還有一種所謂的**集團人壽保險**（Whole Sale Life Insurance）。它具有許多團體人壽保險之特性，但其本質仍是個人保險；第二類是團體健康保險（Group Health Insurance）。團體健康險大致上可分為：第一，團體工作能力喪失收入保險（Group Disability Income Insurance），提供長期和短期給付補償由於工作能力喪失所致之收入損失；第二，團體醫療費用保險（Group Medical Expense Insurance），提供由於傷害和疾病所發生醫療費用保障之保險；第三，團體意外死亡和肢眼缺失保險（Group Accidental Death & Dismemberment Insurance）提供由於意外所致之死亡和肢眼缺失的保險。還有一種所謂之**集團健康保險**（Franchise Health Insurance），亦具有許多團體健康保險之特性，但本質上是個人健康保險。

（三）團體保險的特徵

團體保險的基本特徵可分五方面加以說明：

1. 合格團體方面

大體上，團體可歸為五大類：第一類是單一雇主團體（Individual Employer Groups）。所謂單一雇主並非局限於獨資企業，它尚包括合夥和公司之組織。此類團體內員工亦非專指一個企業的員工而言，它還包括：(1) 團體保單內之業主和合夥人；(2) 子公司、關係企業之員工；(3) 退休之員工；(4) 業務由保單持有人掌控的獨立訂約者；第二類是多雇主團體（Multiple Employer Groups），此類團體主要指各種同業公會；第三類是工會團體（Labor Union Groups）；第四類是債權人與債務人之團體（Creditor-Debtor Groups）。例如，商業銀行、金融公司、信用工會等；第五類是其他團體。例如，教師、律師、醫師和牙醫師協會、互助會會員、大學同學會、儲蓄存款帳戶、退役軍人組織、商業公會和其他團體等。

2. 投保人數限制方面

關於投保人數有兩個問題：亦即最低人數之限制和投保人數之比例。團體保險之所以要有最低人數的限制，其理由不外有二：(1) 減低逆選擇的程度；(2) 分散成本，藉以降低每個被保人的費用率。其次，投保人數比例係指參加團體保險之員工人數佔團體中全部合格人數之比例而言。比例限制的理由同最低投保人數之限制。通常在保費全部由雇主支付之方式下（Non-Contributory Plan），凡是合格之員工均應參加。在保費由雇主和員工分別攤付之方式下（Contributory Plan），參加保險之人數應佔合格參加人數之 75% 以上始可。

3. 給付計畫表方面

給付計畫表係為了防止員工和雇主所引起之逆選擇而設計的。被保人的所得、職位、服務年資為設計給付計畫表應考慮之因素，應用得最廣的係依據員工的所得來決定的。

4. 保費分攤方面

團體保險費之繳納方式有二：一為雇主全部負擔保險費；另一由雇主和員工共同負擔保險費。

5. 團體風險選擇方面

團體之風險選擇與個人之風險選擇是不同的。團體風險選擇應考慮之因素有：(1) 基本因素：包括要保團體投保之動機、投保之最低人數、投保人數之比例、最高保額之限制和員工選擇保額之權利；(2) 其他因素：雇主是否合作、保費分攤方式、員工之流動率、團體之大小，團體之成員、職業、工作環境等。

四、 設立員工福利計畫的其他考量

設立員工福利雖有眾多重要理由，設立時亦需考慮眾多因素。但實際上，設與不設間，雇主更應認清楚下列幾點事實：第一，增加員工福利給付，成本也會增加；第二，員工福利成本會因時間產生不確定性；第三，福利項目一旦設立，要取消是相當困難的；第四，假如員工屬工會組織成員，那麼員工福利計畫設立時，應考慮集體議商時可能之需求；第五，員工可能較喜歡直接工資給付，可能較不喜歡間接或遞延性之員工福利。其次，政府法令規定在正式立法通過前，雇主應透過各項管道，反映意見給立法機關。員工福利應求勞資雙方的互惠，故立法通過前，應充分反映意見。最後，雇主對外界之顧問和經紀公司需慎選，畢竟它們不能完全取代公司內部專業人員之地位。

五、 退休年金與老人經濟問題

退休可視為一個人經濟生命（Economic Life）之終結。人們退休後，如果沒有完善的經濟準備，對個人言，將可能陷入生活的困境中；對社會國家言，將可能變為嚴重的社會問題。是故，退休問題已成為各國政府極度關注的問題。依據聯合國的解釋，一個國家六十五歲以上人口超過全國總人口的百分之七時，則可稱之為高齡化社會國家。台灣已是高齡化社會國家。因此，政府對此應有完善的規劃以安定社會。

老年經濟問題的背景因素可包括：第一，全球人口老化的趨勢。造成人口老化之主因為幼兒出生率之降低及平均壽命之延長。這兩種現象均應歸因於醫療技術之進步、公共醫療服務之普及、經濟生活水準之提高等；第二，產業結構之改變。產業結構之改變，使得人們退休後，頓失依靠。過去，農業社會裡一切有賴土地，有土即有財，故人老了經濟上不成問題。但在現今工業社會中，非農業就業人口比

例，逐年升高。是故，老年退休經濟問題之普遍性有升高之現象；第三，家庭社會結構之改變。農業社會以大家庭制度為核心。在此種家庭結構下，孝道倫理觀念較為濃厚，退休養老問題不大。但在小家庭為核心之工業社會中，上述情形不復再見。老人可能變為小家庭之包袱，孝道倫理觀念因功利觀念之腐蝕益漸薄弱，退休養老成為大問題；　第四，老人就業機會降低。工業社會中，企業講求的是效率專業分工。年紀老工作效率自然不及年輕人，因此企業生產線上工作之員工中，老人過多自然對生產效率有所影響，從而大大不利企業生產力之提高。企業基於成本控制、生產力提高和暢通人事管道之立場，設立員工退休制度鼓勵老年人提早退休自屬當然。影響所及，老人就業機會就不復從前了；第五，不利的經濟趨勢。經濟環境產生的不利因子，如物價飛漲、生活費用高漲、高通貨膨脹率等，將使老人退休後之經濟問題更形惡化。在此五大背景因素下，退休年金不但是雇主員工福利計畫的重要部份，也是政府施政要項之一。

六、 影響退休金成本的因素

影響退休金成本（Pension Costs）的因素，主要包括退休計畫型態、退休給付方式、退休給付公式與精算假設。此處簡要說明。

（一）退休計畫型態

退休計畫（Retirement Plan）在設計上有兩種型態（Tiller, *et al*, 1988）：一為**固定給付型**（Defined Benefit Plan）；另一為**定額醵出型**（Defined Contribution Plan）。前者即國內所稱之基數型，後者稱之為儲蓄型。所謂固定給付型，係在退休金計畫實施前先設立員工到達退休時，應給予的固定給付基數。每一基數之高低，則隨每一員工的服務年資、職位和收入的不同而不同。在此方式下，員工的退休給付基數是固定因子，雇主的醵出額則屬變動因子。因後者會隨給付水準之變動而變動。事實上，退休計畫的終極成本（Ultimate cost）要等所有員工退休並領完給付金額才可能知道。此種性質就如同保險人之保險成本一樣，均無法事先完全知道，故成本之預估和分配是一個重要課題。另一方面，定額醵出型則剛好與固定給付型相反。在定額醵出型下，雇主的醵出額是固定的，員工的退休給付額則隨醵出額之多寡而變動。

兩種退休計畫型態，各有其優缺點（蔡金生，1985）：

第一，就固定給付型方面，優點一，是能滿足雇主設計退休計畫的目標與原意。優點二，是退休給付額承認過去服務年資較為公平。優點三，是給付額可按員工退休前之薪資而定，不易受通貨膨脹之影響，較能保障員工退休後之生活。優點四，是在職員工事前能確知其未來之退休給付，故較能安心工作進而提高生產效率。缺點一，是此計畫型態對成本之預估需複雜之精算技術。缺點二，是雇主負擔之成本較不確定，甚至可能需負擔資金不足以支付的風險。

第二，就定額釀出型方面，優點一，是無需複雜之精算技術，行政處理費用較省。優點二，是員工可知其應得之累計金額，雇主負擔成本確定且不會發生資金不足之虞。缺點一，是不承認員工過去的服務年資較不公平。缺點二，是易受通貨膨脹之影響，員工並需承擔投資收益滑落之風險。

比較此兩種型態的退休計畫，固定給付型優點較多。不管採用何型，退休計畫整個的真實終極成本均是退休給付總金額加上退休計畫行政處理費用扣除累積資金投資收益之餘額。所稱「終極」（Ultimate）之意，即指整個計畫結束後。換言之，亦即所有員工均退休時，才能知道整個計畫成本花了多少？明顯地，退休金計畫是雇主的長期義務和責任。其次，依公式構成的因子言，退休給付基數對固定給付型是固定因子，對定額釀出型是變動因子。相對地，雇主釀出額對固定給付型是變動因子，對定額釀出型是固定因子。行政處理費用對固定給付型言，較高；對定額釀出型言，較低。另一方面，退休資金的運用可產生投資收益。是故，退休給付總金額加上退休計畫行政處理費用與退休資金的投資收益相抵後，是為整個計畫的真正成本。

（二）退休給付方式

退休金給付的方式，基本上有兩種：一為一次給付（Lump Sum Payment）；另一為按月給付（Monthly Payment），俗稱月退。就前者言，優點一，是較能符合員工一次領足的滿足感。優點二，是退休後，如需購置家產或開創事業，資金較為充足。優點三，是可節省退休計畫之行政管理成本。優點四，是可免除因月退未能隨通貨膨脹調整的風險。缺點是員工如不善理財，將使退休生活缺乏保障。就後者言，優點一，是按月給付可提供退休後長期生活之保障。優點二，是按月給付對不善理財的員工較有保障。缺點一，是按月給付如未能隨通貨膨脹而調整，乃失卻其原意。缺點二，是按月給付之行政管理費用較高。簡言之，一次給付對退休生活的長期保障可能不足，按月給付如能確實隨通貨膨脹而調整，則較能提供良好的生活保障。

（三）退休給付公式

在固定給付型的退休計畫下，給付公式（Benefit Formula）有：

1. 固定金額公式（Flat Amount Formula）

此一公式之給付方式不考慮員工過去的服務年資、年齡和薪資，而所有員工均給予固定金額之退休給付。此公式相當不公平，故少採用。

2. 薪資比例公式（Flat Percentage of Earnings Formula）

此公式較前一公式稍為公平。它考量了員工薪資的多寡，但仍未考慮年資及年齡，仍屬不公平。此公式係在員工到達退休時，一律依該員工全期平均薪資（Carrier Average），或最後平均薪資（Final Average）或最後薪資（Final Pay）之固定比例，給付退休金。

3. 每一年資給予固定金額公式（Flat Amount Per Year of Service Formula）

此一公式雖反映了年資之長短，但仍未考慮薪資也是不公平。

4. 每一年資給予薪資固定比例公式（Percentage of Earnings Per Year of Service Formula）

此一公式較公平，而為一般所採用。依此公式，依員工每一服務年資給予全期平均薪資或最後（平均）薪資之固定比例的退休金。它同時考慮了服務年資和薪資。

5. 變額給付公式（Variable Benefit Formula）

此一公式乃為因應通貨膨脹維持購買力而設，退休金給付額可按某種指數調整，例如消費者物價指數。

（四）精算假設

精算師在固定給付型的退休計畫下，扮演了重要角色。精算師預估退休計畫成本時，除需考慮前三項因素外，由於退休基金事前提存的時間與實際給付之時間，尚有一段相當長的時間，在此期間可能員工會因某些事故而脫退（Decrement），其主要原因包括了死亡、離職、殘廢等。這些原因均可能減少退休給付，故在預估成本時均應事先考慮。另外，員工退休年齡之高低亦會影響成本。一般而言，退休

年齡愈高，成本愈低。是故，預估成本時亦應一併考慮。其次，採較公平的給付公式時，一般均與薪資水準有關。未來薪資是變動的，故薪資於預估成本時亦需考慮。最後，運用退休基金產生的投資收益可降低成本，退休計畫行政處理費用過多會提昇成本，故同樣均應考慮。精算師做這些考慮時，均應做某些規定或假設，故曰「精算假設」（Actuarial Assumption）。茲簡要陳述各項精算假設如後（Tiller, *et al*, 1988）：

1. 死亡假設

員工退休前死亡，可減少退休給付支出。是故，員工死亡率愈高，退休成本愈低。在退休計畫設立初期，公司如因缺乏自身的經驗資料，則可參考保險公司之經驗生命表，待日後經驗資料充足時，再逐期調整。

2. 離職假設

員工退休前離職，在無賦益權（Vested Rights）規定之退休計畫下，成本勢必下降。反之，在有賦益權規定的退休計畫下，則離職對成本預估影響較小。

3. 殘廢假設

員工如果殘廢致使離開工作崗位又未達退休標準時，對成本自然有減少之作用。另外，殘廢持續期間會影響員工是否重回工作崗位，故預估成本時亦需加以考慮。

4. 退休年齡假設

退休年齡之高低自會影響退休成本提存期間之長短和退休員工領取給付之次數，故通常退休年齡愈高，成本愈低。

5. 薪資變動假設

薪資水準愈高，成本愈高；反之，愈低。對未來薪資變動之估算可採用一最為簡便的方法，稱做**薪資複增加率法**（Method of Ratio of Compound Salary Increase）。此法乃假設員工薪資每年隨一定百分比增加，依此假設估算未來之薪資，既簡單又方便。

6. 投資收益假設

投資收益愈高，成本愈低；反之，愈高。通常精算師以一年的投資利率為成本預估之假設。

7. 費用假設

　　費用愈高，退休成本愈高；反之，愈低。費用包括展業費用，法律事務費用，精算顧問費用，財務處理費用與一般行政管理費用。

七、退休基金的理財與成本分配

　　退休基金的理財方式，可分為當期支出法（Current Disbursement Approach）與基金提存法（Funding Plan）。預估成本分配，則採精算成本法（Acturial Cost Method）。此處簡要說明。

（一）理財方式

　　退休基金理財方式，有兩大類：一為當期支出法（Current Disbursement Approach，又稱隨收隨付方式（Pay-As-You-Go）；另一為基金提存法（Funding）。前者，對退休給付視為一般薪資，而從當期營業收入中扣除。此一方式，對員工言，最缺乏保障。因為退休金是否支付需視雇主之意願及財務能力而定。後者，乃在退休金給付日前，儲存一筆基金於雇主以外之第三者或由雇主授權設立分離基金帳戶的一種財務處理方式。此一方式由於退休金債務較能與雇主之財務盛衰隔離，故對員工言，較有保障。此種方式又分為：期末提存基金法（Terminal Funding）和事前提存基金法（Advance Funding）兩種。前者之性質與當期支出方式雷同，故在美國不再列為合格之退休計畫（Qualified Pension Plan）。至於後者，有可滿足會計上權責發生基礎之要求，配合賦稅優惠之規定與可獲得基金投資收益的優點。是故，事前提存基金法是較理想的財務處理模式。茲以圖 26-1 說明。

　　若現在為一現年 40 歲之男姓員工提存年退休給付二百元之基金，並設退休給付從 65 歲付至 80 歲，80 歲以後即無給付。A 部份為從 65 歲支付到 80 歲的退休給付。若採當期支出方式則 B 部份表示雇主每年之釀出金額（若由雇主全部釀出），而 B 部份應恰等於 A 部份。若採期末提存基金法則雇主係在該員工 65 歲當年一次釀出 T，T 與累積生息之合計額應足夠支付 65 歲至 80 歲之退休給付金額，故 C 部份為基金餘額。若採事前提存法，D 部份代表從 40 歲至 65 歲間，每年雇主的釀出金額，E 部份代表釀出之累積額，F 部份代表累積額之投資收益，而至 65 歲時累積額加上投資收益應恰等於 T。

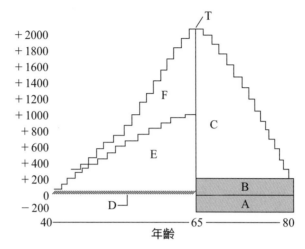

圖 26-1　事前提存基金法

（二）預估成本分配

退休基金預估成本的分配是為了符合會計和賦稅之要求。對退休計畫成本在每一會計年度應有系統地事前提撥累積，俾便員工退休時，有足夠之基金支付退休金，故乃有精算成本法之產生。決定採用何種精算成本法應考慮兩個重要因素：一為正常成本（Normal Cost）；另一為應計負債（Accrued Liability）。所謂**正常成本**係指員工每一服務年資所應提撥之退休金成本。每一種精算成本方法均對應一種正常成本，亦即正常成本會因所採用之精算成本法之不同而有所不同。至於**應計負債**是代表退休基金之期望值。以追溯觀點言，係指評價日以前因過去服務所產生退休給付之現值；以未來觀點言，係指以評價日為基準，未來退休給付之現值扣除未來正常成本現值之餘額。

主要的精算成本方法有：

1. 應計給付成本法（Accrued Benefit Cost Method）

此法規定每一服務年資給予多少單位之退休給付，而後逐年將此延付之退休給付的現值提存累積。此一方式之正常成本乃為當年度服務勞績所產生退休給付之現值。應計負債為任一到達年齡已累積退休給付之現值。

2. 加入年齡正常法（Entry Age Normal Cost Method）

此法規定需事先預測每一個別員工未來到達正常退休年齡之可能給付，再將此成本以每年提存固定金額或以當年薪資固定比例之方式分散到員工全部的服務期

間。每年所需提存之固定金額或薪資固定比例即為正常成本。應計負債為未來退休給付之現值扣除未來正常成本現值之餘額。

3. 個別平準保費法（Individual Level Premium Method）

此法與加入年齡正常法類似。個別平準保費法係將個別員工未來退休給付之成本，平準地分散到員工未來剩餘之服務期間。每年應提存的平準成本即為正常成本。應計負債與加入年齡正常法相同。

4. 綜合成本法（Aggregate Cost Method）

此法並不像個別平準保費法對個別員工逐一計算而以全體員工做集團估算。採用此法，基於退休計畫設立後，無新員工加入、給付公式不變、精算假設等於實際經驗之假設，故每年應提存之成本會維持平準。事實上，假設均不會完全實現，故會影響每年預計之成本。因此，每年之成本應逐年重估，此每年重估之成本是為正常成本。應計負債為每年重估成本時退休基金之餘額。根據以上所述，不同之精算成本方法會產生每年不同之退休成本，但對整個退休計畫之終極成本水準卻很少影響。

八、退休基金管理

（一）基金管理方式

事前提存法為退休基金主要的理財方式，但在管理的型態上，可分兩類：一為自行提存（Self-Funding）之型態；另一為委託第三者提存（Third-Party Funding）之型態。對於前者言，雖仍屬由雇主控制，但雇主是否會改變支付意願則是很難預料的，故對員工言，仍缺乏安全保障。因此，此一型態仍未盡理想。至於後者，委託保險人者稱之為保險式退休計畫（Insured Pension Plan）。委託銀行、信託公司者稱之為非保險式退休計畫（Uninsured Pension Plan）。兩者互相運用者稱為綜合式退休計畫（Combination Pension Plan）。受託的機構稱為基金媒介（Funding Media）或基金代理人（Funding Agency）。另一方面，依基金代理人收到雇主之釀出金，是否於當期即行撥置予指定之員工來分，可分為當期撥置契約（Allocated Funding Arrangement）和非當期撥置契約（Unallocated Funding Arrangement）。前者乃於收到雇主釀出金額時，即用來購買保險或年金予員工。後者則將雇主釀出金

累積於所謂的非當期撥置基金（Unallocated Fund），而於需要支付退休金時，才用基金累積額購買保險或年金予員工。

　　保險式退休計畫，種類有：(一) 屬當期撥置者有：(1) 個別保險或年金契約；(2) 團體長期保險契約；(3) 團體遞延年金契約。(二) 屬非當期撥置者有：(1) 預存管理式團體年金計畫（Deposit Administration Group Annuity Contract）；(2) 直接參加保證式計畫（Immediate Participation Guarantee plan）；(3) 分離式帳戶（Separate A / C）。非保險式之退休計畫通常屬非當期撥置之契約。綜合式退休計畫有：(1) 人壽保險與輔助性基金（Life Insurance and Auxiliary Fund）；(2) 團體年金與信託基金兩種。

（二）基金收益與管理

　　投資收益為退休計畫成本之有利減項。因此，退休基金投資收益績效之評估乃成為風險管理人員應留意之重要課題。要合理地評估退休基金之投資績效，首先需確立基金投資之目標。此種目標應配合風險管理之特定目標及公司一般整體之目標。有了書面之投資目標範圍後，風險管理人員應據此評估退休基金投資之績效。如投資之實際結果產生不利之效果，則應就各種與原先所設立目標差異之情形找出並探求其原因何在，從而謀求調整之道並能得知之績效是好是壞之結果。

　　最後，企業如參加同業的**合同退休計畫**（Multiemployer Pension Plans）時，風險管理人員為防員工外流穩定人事流動率之故，對參加此種退休計畫對公司可能產生之不利影響，應特別審慎辨認和評估，以符合風險管理目標。因合同退休計畫一般為集體議商下之結果，它係指二個或二個以上在財務上無關連之雇主為所屬員工合設之退休計畫。在此一計畫下，雙方雇主之釀出金額均集中於一共同基金帳戶，而雙方員工退休時均可從此共同基金帳戶中取得退休給付。同時，員工如從甲雇主處轉任職乙雇主處時，亦不損失其已取得退休金之權利。此種計畫可能會誘使本企業員工流往對方企業，故風險管理人員應審慎為之。

九、本章小結

　　長壽風險不只是個人問題，也是公司與國家問題。良好的員工福利計畫，對公司長期言，投資雖大，但最值得，對國家言，生存債券等壽險證券化商品的發行，是解決長壽風險需思考的方向。

思考題

❖ 你（妳）是公司老闆，對員工各方面的問題，你（妳）會如何考慮？為何？就個人退休的準備，你（妳）又是如何考慮的，真的是越早準備，越好嗎？

參考文獻

1. 蔡金生（民國 74 年，六月）。*民營企業員工退休金提存方法之研究*。台中：逢甲大學保險研究所碩士論文。

2. Head, G. L.and Horn, S. (1985). *Essentials of the risk management process.* Vol.2. Pennsylvania: IIA.

3. Tiller, M. W. *et al* (1988). *Essentials of risk financing.* Vol.2. Pennsylvania: IIA.

第 **21** 章

購併風險管理

單身想婚，婚後又離，怎麼回事？

　　源自法國的「Bancassurance」（意即銀行保險）現已造成全球銀行與保險互相購併的風潮。台灣金融購併法的通過，即受到此全球風潮的影響。除銀行保險業外，一般企業公司的購併（M&A: Merger & Acquisition）也受到全球化的影響，仍持續發燒。這種購併現象也可能發生在非營利事業。是故，購併衍生的各類新風險，風險管理人員是不能不留意的。本章首先說明購併的基本概念以及何以風險管理人員要涉入公司的購併活動中與何時涉入。其次，說明一般公司因經營需要，採行購併時，如何管理因而衍生的風險。最後，說明金融服務業融合的趨勢。

一、購併與風險管理人員

（一）購併基本概念

　　王泰允（王泰允，1991）認為購併是法律用語中，收購（Acquisition）與合併（Merger）的簡稱。英文縮寫為「M&A」。收購分為收購股權與收購資產。收購股權後，收購者自然成為被收購公司的股東。因此，收購者當然承受被收購公司的債務。收購資產後，效果不同於收購股權。收購資產並不承受被收購公司的債務，它僅能被視為一般資產的買賣行為。另一方面，收購股權是種投資，採用的方式有兩種：一為收購股份。這種方式，資金流入股東手中；另一種是認購新股。這種方式，資金流入公司。收購股權時，對被收購公司的債務，在成交前需對債務調查的一清二楚，尤其可能發生的或有負債（Contingent Debts）。或有負債可能源自於租稅爭訟、侵害專利權與商標權、被收購公司員工退休金債務與環境污染責任債務等。收購資產要留意的是資產有無抵押貸款。這個抵押貸款，收購者常需負連帶清償責任。收購資產在台灣過去發生的案例中，例如遠東紡織公司藉由收購新台灣紡織公司板橋廠、雍興公司內壢廠、中州紡織廠與榮隆紡織廠等，達成擴充其規模的目的。

　　其次，合併在法律上，則有存續合併（或稱吸收合併）與設立合併（或稱創新合併與新設合併）兩種。依英美法律，存續合併稱為「Merger」；設立合併稱為「Consolidation」。依台灣法律，存續合併後，存續的公司應申請變更登記。因合併消失的公司應申請解散登記。設立合併是雙方公司均解散而另設立公司，因此新公司要辦申請設立登記。台灣過去的華隆合併鑫新、寶城、聯合耐隆與國華就是存續合併。設立合併著名的案例是長城麵粉工業公司與大成農工企業公司合併為大成

長城企業公司。

最後，收購股權與合併類似。兩者均應承受對方的一切權利義務，或有負債也無法避免。至於收購資產，除了伴隨被收購資產的抵押貸款外，基本上，無需承受任何權利義務。各國對收購與合併的法律規定與財務會計稅務處理均不相同。如要進行跨國合併，均應事先了解清楚。依台灣法律，收購股權應進行的法律程序較合併單純。股權收購後，進行董監事改選即可。合併則複雜許多。除需經股東會決議及資產負債結算並需徵詢債權人，債權人在一定期間內沒有提出異議，合併案即成立。

（二）購併專案管理與風險管理人員

購併應是公司策略管理運用的一環。換言之，為何要進行購併要能滿足策略管理的目標。之後，購併應即進入實質作業管理。一般而言，購併是公司正常作業經營外的特殊專案業務且有時效性。因此，欲進行購併的公司通常會成立一個專案工作小組進行**專案管理**（Project Management）。一般專案從開始至結束會經歷四大階段，謂為**專案生命週期**（Project Life Cycle）。這四大階段分別是策略概念形成階段、計畫階段、執行階段與終止階段。所需專案資金會隨階段發展逐漸增加累積至專案結束。就購併專案管理小組言，在專案不同的生命階段，專注的問題會有不同。從是否購併的策略思考開始至完成購併，要進行與考慮的事項相當多：第一，尋找適合購併的對象；第二，對象公司出售的動機為何；第三，購併前要作產業面，法律面與財務面的審查；第四，如何估算對象公司價值；第五，何時與如何進行議價；第六，購併後，何時與如何付款；第七，如何規劃購併所需的資金結構；第八，如何簽訂購併合約；第九，如何處理購併後的人事問題；第十，購併後，如何經營與整合被購併的公司。

另一方面，就購併專案業務言，風險管理人員不管在策略管理與經營作業管理層次均應積極參與。在策略管理層次言，不同的策略，會有不同的風險。運用購併達成策略管理的目標？抑或是運用直接投資設廠達成目標？風險管理人員均會有不同的考量。至於在經營作業管理層次言，除了收購資產不一定必然承受債務外，收購股權與合併必然需承受一切債務。其次，雖然環境會計（Environmental Accounting）興起，美國財務會計準則委員會（FASB: Financial Accounting Statement Board）與國際財務報導準則（IFRS: International Financial Reporting Standards）的要求，與風險保險相關的債務於財務報表上揭露的可能性增高，但被

購併的公司在一般財務報表上，不見得會完全揭露與風險保險相關的債務。例如，來自退休金的債務、環境污染責任、董監事訴訟、未報未決未付責任與產品責任的繼承等，均可能被對象公司隱而不露。即使揭露，欲進行購併專案的公司之一般財務會計人員，如無風險保險會計（Risk and Insurance Accounting）的專業訓練，仍難評估相關帳項的精確性。因此，風險管理人員有必要涉入購併專案管理。至於風險管理人員涉入的時間點上，從前列的陳述中，應該是越早越好。但實際上，不同的公司，作法上也不同。但最遲於簽訂購併合約前，風險管理人員就應該涉入。簽訂後，風險管理人員更不能缺席。

二、購併專案風險與管理

一般專案計畫可能遭受的不確定性，有六大來源（Chapman and Ward, 1997）：第一，該專案至終極結束時，所涉及的利害關係人是誰？例如，就購併專案言，欲購併那一家公司？這家公司董事與高階主管是誰？第二，利害關係人的動機目的何在？例如，對象公司出售的動機為何？第三，利害關係人興趣是什麼？例如，被購併者的董事與高階主管興趣是什麼？第四，如何管理該專案？例如，如何估算對象公司價值與如何進行議價等。第五，進行該專案可用的資源那裡來？例如，如何規劃購併所需的資金結構？第六，專案何時開始與何時完成？例如，何時進行購併與如何進行議價以及購併後，何時與如何付款等。這些不確定性，如果對專案績效產生顯著性的衝擊，即謂為**專案風險**（Project Risk）（Chapman & Ward, 1997）。

（一）購併專案風險的類別

就購併專案風險，具體言，主要的風險有六大類：第一類是來自地理位置的風險。例如，對象公司所在地的建築防火安全標準與法令規定以及環境保護法的相關責任規定等。這類風險與法律規定關係密切；第二類是來自產品的風險。例如，被購併的對象公司如有產品責任訴訟未了，則欲進行購併的公司將承受該責任，此謂為繼承者責任（Successor Liability）。再如，被購併對象公司所在國政府對產品發展的惡意干涉；第三類是與被購併對象公司員工有關的風險。例如，被購併對象公司員工的忠誠度降低，可能引發偷竊與破壞等的風險。再如，員工退休金債務提撥不足的風險。又如，購併雙方重要人員遭綁架等的風險；第四類是來自被購併對象

公司董事與高階主管法律訴訟的風險；第五類是來自購併價金的財務風險。例如，從事跨國購併業務時，可能遭受的外匯風險等；第六類是來自智慧財產權無法順利移轉的風險。例如，尚未登記的版權與商標權等。

（二）購併風險的管理

　　風險管理人員在公司購併專案中，應思考許多重大問題並謀求解決。例如，如何執行風險與保險管理的任務？兩個公司的風險管理專責單位應該合併或仍分開運作？原來的保險經紀人及風險管理顧問公司如何取捨？他們的能力能適合新的需要嗎？對象公司的保險計畫及其保險人的情況如何？保險額度（Coverage Limit）是否足夠？保險計畫是否應該合併並且集中於同一個保險人？購併後，保險與自我保險間之比例如何調配最適當？是否應該成立專屬保險公司？若被購併的對象公司已設立專屬保險公司，購併後，應該合併或重組？諸如此類的重大問題，有者專屬於風險管理人員的專業領域，有者需其他專業人員共同協助與解決。茲分兩大類，偏向風險管理的部份加以說明。

　　第一大類是針對對象公司保險的稽核。這個部份，第一步是收集資料。資料包括：對象公司相關的保險計畫、賠案紀錄文件、損失統計紀錄與內部報告等。第二步是進行定性與定量分析評估。定性評估包括：已發生的賠案紀錄與同行的比較等。定量評估包括：過去賠案的定量分析與未來賠案的預測等。第三步是評估對象公司目前的風險管理制度。這包括：目前保險保障的充分性、投保公司目前與未來的清償能力、保險、自我保險與專屬保險規劃的特質、對象公司風險管理人員的水準與自我公司風險管理水準的比較等。評估後，有不適切的保險與另類風險理財計畫時，均應調整風險與保險管理政策與計畫。例如，購足相關責任保險額度等。

　　第二大類是資產負債的防護。購併雙方公司的資產負債防護均是極其重要的事。對進行購併公司言，購併價金資產的防護與財務風險管理有關。此種風險可採取遠期外匯市場與外匯選擇權來避險。另一方面，就對象公司風險與其它資產的防護，具體項目與措施包括：第一，就智慧財產順利移轉言，進行購併的公司可採三項防護措施：(1) 降低智慧財產的收購價；(2) 要有損害賠償的擔保條款；(3) 交叉授權，由購併公司續授權對象公司使用智慧財產；第二，退休金債務防護。進行購併的公司風險管理部門，如無壽險精算師，最好能聘請壽險精算師精確評估退休金債務；第三，環境污染責任的防護。對象公司如有遭受污染的土地，資產不但很難變現，也很難獲得銀行的貸款。因此，針對此類可能遭受污染的資產，可採取幾

項防護措施：(1) 購併談判階段，立即排除此類資產；(2) 縱使一定要購併這類的土地資產，一定要責成對象公司承擔清理成本，並且不能將這些成本從購併價金中扣除。等對象公司清理乾淨後，才進行交錢與簽約；(3) 購併合約中，加入延遲付款與有條件付款的約定；第四，與被購併對象公司員工有關風險的防護。這些措施包括：(1) 做員工家庭背景調查；(2) 測謊篩選。以美國為例，1988 年美國即通過立法，禁止雇主使用測謊器篩選員工，但安全與會計人員除外；(3) 強化警衛等安全措施；(4) 強調懲罰偷竊員工的政策。

三、 金融服務業的融合

俗諺「天下合久，必分；分久，必合」，套用在各類產業或事業的購併風潮上，再適合也不過了。單從風險管理立場言，購併是有分散風險的效應。但分分合合，並不單純。各類金融服務業，包括銀行業、保險業與期貨證券業等，融合風潮已成國際間的趨勢。金融服務國際化，銳勢似乎難擋。

首先，認識三個用語，或許有助於了解此一風潮。第一個用語是「Financial Services Integration」。此用語是指某類金融服務業的商品，透過另類金融服務業的行銷管道行銷商品而言。例如，保險業的長期住宅火災保險，透過銀行業抵押貸款業務賣給房屋所有權人。事實上，此種作法已存在許久。第二個用語是「Financial Services Convergence」。此用語是指金融服務商品俱備跨業的特質而言。風險證券化商品即是。例如，保險期貨商品或利率變動型保單等。第三個用語是「Financial Services Conglomerates」。此用語是指金融機構跨業購併或跨業經營而言。自然地，跨業購併或跨業經營，均可銷售各類型金融保險商品。三個用語的實質內涵或有差別，統稱為金融服務業的融合並無不妥。金融機構跨業，最通常的是「銀行保險」（Bancassurance）與萬能／綜合銀行（Universal Bank）。「銀行保險」是指銀行與保險公司，透過不同層次的合約安排，由保險公司負責商品設計，銀行負責行銷的一種金融服務融合現象。包括不同層次之行銷合作（Distribution Alliance）、短期合營（Joint Venture）、購併（M&A）與銀行可自組商業保險公司等。萬能銀行則指可跨業經營商業銀行，投資銀行與保險公司業務的銀行而言。這種金融服務業融合現象，主要來自三種力量：第一是來自消費者的需求。這包括消費者已從死亡保障需求轉變對儲蓄生存保險需求更迫切。其次，消費者已體認到雇主所提供的經濟安全保障水準較過去低落，唯有靠自己；第二是來自提供金融保險商品的業

者。這些業者體認到，在競爭激烈的環境下，堅守傳統行銷管道的作法，效能不高。改弦更張有其必要；第三是來自政府監理機構的體認。基於市場部門供需雙方態度的改變以及政府角色應該降低的趨勢下，金融保險監理需朝自由化的體認也是促成金融服務業融合的因素之一。

四、本章小結

　　企業購併前、中與後，知己知彼，是管理風險的要訣，也是購併後成功的秘方。

思考題

❖請用組合理論思考企業為何要購併，以及為何會產生金融控股公司？真的一加一會大於二嗎？

參考文獻

1. 王泰允（1991）。*企業購併實用——基本概念／本土實務／在美須知／行動指南*。台北：遠流出版公司。

2. Chapman, C. and Ward, S. (1997). *Project risk management-processes, techniques and insights.* Chichester: John Wiley & Sons.

第28章

跨國公司策略與
經營風險管理

學習啟示錄

小而美，大怕不當。

　　風險管理與公司經營管理（Operational Management）及策略管理（Strategic Management）均有不可分的關聯，過去 TRM 架構，不涉及策略風險，但如今 ERM的風險管理架構下，策略風險管理（SRM: Strategic Risk Management）已成新重點。蓋因，公司策略會嚴重影響經營層風險，策略風險不能不被納入風險管理中。另一方面，最近，某些國家反全球化的示威活動，反映了一種恐慌，那就是跨國公司（MNC: Multi-National Corporation）在世界貿易組織（WTO: World Trade Organization）架構下，可能挾其龐大經濟實力，對它國經濟構成嚴重不利的影響。跨國公司形成於 1950 年代初期，十年後，在 1960 年代，開始急速發展。跨國公司的經營，不但對整個全球經濟產生莫大的衝擊，也對本國經濟造成利弊互見的影響（邱康夫，1980）。本章就跨國公司策略與經營風險管理，擇要說明。

一、何謂跨國公司

　　廣義的**跨國公司**，可概指一個公司在多數國家實施特定的經濟活動（直接投資、迂迴投資與購併均屬之）而與各地事業分支機構間，具有相互依存的關係且形成強而有力的企業集團者是。依此意義，下列具有海外經營活動的公司，不能包括在跨國公司範疇內：第一，在海外市場僅實施有價證券的間接投資者；第二，委託國外的代理商或經銷商經營者。

　　跨國公司依其經營發展的階段為分類基礎，可細分為如下四種（Robinson, 1987）：

1. 有限國際企業（Limited International Enterprise）

　　當單國公司的經營活動，由輸出中心轉成國外直接投資，但仍對本國國內市場，具有極大的依存度時，此種型態的公司，謂之有限國際企業。進一步言，此種公司，不論是財產或營業額，均以本國國內市場為大宗。整個經營決策，仍以對本國市場的影響為主。

2.多國籍企業（Multi-National Enterprise）

　　一般所言跨國公司以此為主。有限國際企業當其經營基礎，漸以世界性市場為主。相對地，本國國內市場地位低落。同時，經營之目的在求生產資源最佳的國際分配時，則該企業就成為多國籍企業。具體而言，此種公司的財產、營業額和利潤有相當的額度，來自國外市場。所謂相當額度，麥當納與派克（McDonald, J. C.

& Parker, H.）兩位教授的意見，認為至少百分之二十的財產在國外，至少百分之三十五的營業額和利潤，來自國外。

3. 超國家企業（Trans-National Firm）

此種公司的型態，就跨國的實質意義言，比前一種更具體。前一種的型態，公司主要決策者的組成，不以多國籍為要件。超國家企業則擁有多國籍人員決策群。

4. 高度超國家企業（Supra-National Firm）

跨國公司如發展至此一層次，則法律上就無國籍存在可言。此種公司基於國際協定而設立，並由國際機關登記管理。

綜合上述，吾人欲判定一個公司是否為跨國公司時，第一個先決條件，是該公司是否在另外的國家，從事投資生產。這包括經由直接投資，迂迴投資與購併而成者。至於在多少個國家，從事此種特定的生產活動，並無一定標準。然而，至少需有兩個國家（一為國內，一為國外）是為當然之理。最後，多少個百分比的財產或營業額來自國外，學者間的意見亦不盡相同。另一方面，就風險管理立場言，巴里尼（Baglini, 1983）認為跨國公司除了投資生產外，尚需符合下列兩個要件：第一，必須至少在五個以上的國家，從事經濟活動；第二，必須至少百分之二十 的財產或營業額來自國外。如此，其全球性風險管理計畫才較具有強大的約束力。跨國公司的概念，閱圖 28-1。

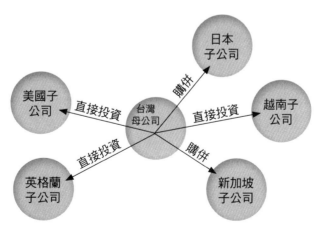

圖 28-1 跨國公司的概念

二、跨國公司與海外機構所有權

海外機構與跨國公司的所有權關係，通常採取兩種方式：第一、可採取分公司（Branch Office）型態。此種型態，就法律上言，它並非與總公司分開的獨立個體。控制上雖甚方便，然因地主國稅制和監理法令規定的關係，採取此一型態者，不見得很多；第二、可採取具有不同所有權程度的子公司型態。此種型態，採用者較多。子公司是依地主國法令規定成立的另一個體。換言之，在法律上，子公司與母公司是分開獨立的，但在管理控制上則為一集團。依所有權程度的不同，又可分為完全所有的子公司，所有權過半的子公司，與所有權不過半的子公司。以美國為例，跨國公司海外設立的子公司，大部屬完全所有的子公司（林彩梅，1982）。此種型態，利於全球性風險管理的實施。理由有二：第一，此種型態，適合全球性風險管理的規劃；第二，子公司的安全和經營成果，母公司無法卸責。如採，所有權過半的子公司，與所有權不過半的子公司，不但合資人間，對訂價看法，可能不一致，且合資財產評價的觀點，也可能不同，從而與地主國合資人的不協調，其風險管理計畫亦難有效推行。另一方面，子公司自主權利（Autonomy）的程度，依母公司授權程度而定。文獻顯示（Baglini, 1976），子公司自主權力，可分三種型態：第一種，採取高度分權。母公司僅控制財務，其他均由子公司決定之；第二種，高度集權，除了日常事務外，一切由母公司作主；第三種，介於其中。

三、跨國公司策略風險管理

策略管理有助於公司取得長期的競爭優勢（Competitive Advantage）。此種功能在公司演變為跨國經營時，更形重要。ERM 架構下，風險管理不僅是經營管理者與員工的責任，同時也是董事會的責任。英國的「Turnbull」報告（1999）（Lynn, 2001）可為例證。跨國公司面對的是國際大環境。如何在複雜多變的國際環境下，保有競爭優勢，策略風險管理發揮的功能是不容忽視的。簡言之，**策略風險管理**（Strategic Risk Management）意即風險管理與策略管理融合運用的過程。策略風險管理重長期財務與競爭優勢目標的達成。

因此，策略風險管理上，為了完成目標，不僅要了解公司本身的風險，也要了解競爭者的風險與策略。俗諺「知己知彼，百戰百勝」即此道理。策略管理常用

的「SWOT: Strengths, Weaknesses, Opportunities, Threats」分析與矩陣分析，均可融合於策略風險管理中。策略風險管理必需考慮所有利害關係人（Stakeholders）的利益，制定最佳風險策略。利害關係人包括股東、員工、供應商、顧客群、社區民眾、遊說團體與競爭者等。策略風險管理過程，以界定各利害關係人間，風險與報酬的關係著手，例如，環保成本的增加，對股東是風險成本的負擔，但對社區民眾是種回饋或稱報酬。此種關係的檢視與界定對策略風險管理是重要的開始點。換言之，可視同對整體市場與營運大環境的檢視。其次，要檢視公司的威脅與機會何在。最後，擬訂風險策略達成目標。

四、跨國公司經營環境與風險

　　跨國公司與單國公司間，最顯著的差異，乃在於經營環境上有很大的不同。影響所及，其面臨的風險與管理的規劃，自有獨特處。跨國經營環境，可具體臚列如後（Farmer and Richman, 1965; Skipper, Jr., 1998）：第一，社會文化要素。它包括：(1) 地主國人民的社會文化價值觀；(2) 地主國人民的教育水平；(3) 地主國人民國家主義的性格與程度等；第二，法律與政治要素。它包括：(1) 地主國的法律系統；(2) 地主國人民的政治觀念與其政治體制；(3) 對外國企業有關的法律規制；(4) 與國際機構與條約的締結情形等；第三，經濟要素（包括保險環境因素）。它包括：(1) 一般國際收支的政策；(2) 國際貿易型態；(3) 國際金融機構的關係；(4) 輸出與輸入的限制；(5) 國際投資限制；(6) 盈利匯回本國的限制；(7) 外匯管理規則；(8) 保險市場與監理等；第四，科技環境。跨國公司暴露於源自前列環境風險的機會高於單國公司。經營環境與跨國公司風險的關聯，可以圖 28-2 顯示。

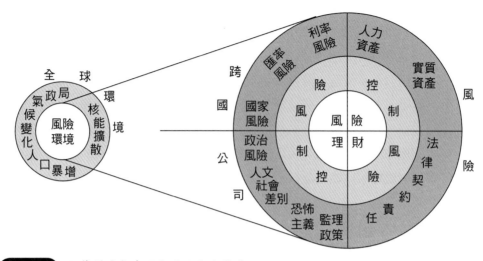

圖 28-2 經營環境與跨國公司風險的關聯

（一）源自國際社會文化環境的風險

在跨國經營的位階上，社會文化風險（Social and Cultural Risks）極為重要，其主要理由有二：第一，跨國經營面對的是不同的國際社會文化環境。依據風險文化理論，不同文化類型的人們對風險知覺（Risk Perception）不會相同，從而跨國公司風險管理，更應發揮風險溝通（Risk Communication）的功能；第二，跨國經營風險管理上，不優先了解各國社會文化背景的差異，管理績效註定失敗。蓋因，各國各種體制上的差異，均是各國不同人種在不同社會文化規範與價值下，建構而成。是故，跨國公司優先面對的，主要是源自國際不同社會文化下的知覺風險（Perceived Risk）而非實際風險（Actual Risk）。不同社會文化規範、價值與信仰是知覺風險的來源，也是風險溝通策略的重要面向。

（二）源自國際法律與政治環境的風險

各地主國的法律制度與政治體制環境，也是跨國經營規劃時，需留意的重要風險來源。全球的法律系統約可分為六大體系：成文法系（Civil Law）、普通法系（Common Law）、伊斯蘭法系（Islamic Law）、社會主義法系（Socialist Law）、次北非法系（Sub-Saharan Law）與東亞法系（East Asia Law）。每一法系有其基本價值觀與立法精神。同樣案例，在不同法系下，法律效果不盡相同。跨國經營涉及的交易契約種類繁多，契約與法律的解釋不同，均可能引發法律風險（Legal

Risk）。交易雙方越權行為現象可能性較高，所謂**越權行為**（Ultra Vires）則係指執行未經法律授權的任何行為。關於風險控制法令方面，各國法令要求標準不一。例如，關於工業安全衛生的要求，中低度開發國家的要求，不如先進國家來得嚴謹。再如對環境污染的要求，亦有所不同。僅遵守地主國低安全標準的法令要求，亦可能成為災難的來源，例如，印度波帕爾事件（Bhopal）即一例證。現行國際標準組織（ISO: International Organization for Standardization）的 ISO 9000，ISO 14000 與聯合國環境與發展會議（UNCED: United Nations Conference on Environment and Development）產生的環境風險控制規範「21 號議程」（Agenda 21），均是跨國經營時不可忽視的危害風險控制的國際規範。

另一方面，所謂「資金不入危邦」，彰顯的就是政治體制與政局穩定，對跨國經營規劃時的重要性。當今全球的政治體制，略分兩大類：一為自由民主體制；一為共產獨裁體制。一般而言，實施前一體制的國家，較為富有外，政局通常較為穩定；反之，實施後一體制的國度，較為貧窮外，政局穩定性繫於獨裁者個人的生命力與對局勢的控制力而定。一旦失控或生命結束時，政局堪憂。是故，通常來說，共產獨裁體制下的政治風險（Political Risk）較自由民主體制為高。**政治風險**通常係指任何可能降低公司價值的政府作為而言。依此意義，政治風險是源自地主國政府不當的干預作為。嚴格言之，它與源自恐怖組織所為的恐怖活動與綁架勒索有別，除非這些作為與政府有關。它與國際信用風險（Credit Risk）亦有別，除非信用風險，源自地主國政府限制匯率的轉換。換言之，政治風險以政府的作為為特徵。

政治風險可歸納為五大類別：第一類是財產被充公、沒收與國有化。充公、沒收與國有化地主國政府是不會有任何補償的；第二類是地主國政府對國際交易合約的違反。例如，如果台灣民進黨政府欲停建核四廠成真的話，核四廠所有國際交易合約的對手公司就會面臨這類型的政治風險；第三類是地主國政府對外國公司的歧視規定。例如，採取不利於外國公司的資本要求或稅率規定等；第四類是地主國政府干預外匯自由；第五類是戰爭。不論是地主國的內戰或與它國的戰爭均屬此類。

（三）源自國際經濟環境的風險

政治環境永遠影響經濟環境。政經分離，理論上可以，實施上困難重重。國際政經亦可如是觀。以台灣為例，依國際目前的現實，與它國建交或成為聯合國會員

國，談何容易？政府有決心是一回事，成真的可能性，又是一回事。職是之故，有時源自經濟環境的風險，實難完全與政治風險釐清。

　　跨國公司源自經濟環境的風險主要為總體經濟風險（Macroeconomic Risks）。文獻顯示（Oxelheim and Wihlborg, 1997），**總體經濟風險**包括利率風險（Interest Rate Risk）、通貨風險（Currency Risk）與國家風險（Country Risk）。其中通貨風險包括匯率風險（Exchange Rate Risk）與通貨膨脹風險（Inflation Rate Risk）。國家風險包括總合需求（Aggregate Demand）變動的風險與政治風險。跨國公司總體經濟風險的來源可閱圖 28-3。從圖 28-3 可得知，事實上，總體經濟風險與政府作為中的貨幣政策（Monetary Policy）、財政政策（Fiscal Policy）與工商貿易政策（Industrial and Trade Policy）均有相關。就此點言，有些總體經濟風險與前述的政治風險實極為雷同。以風險來源比重分，如政治因子大於經濟因子列為政治風險；反之，列為總體經濟風險。例如，匯率如果是政府的不當干預產生的不確定性，則列為政治風險。如為國際資金供需引發的匯率波動，則列為總體經濟風險。

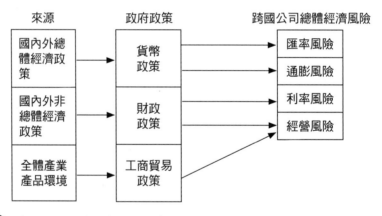

圖 28-3 跨國公司總體經濟風險的來源

（四）源自國際科技環境的風險

　　科技災難導致管理風險的哲學思維，產生極大的變化。除此之外，科技的新發明，也使自然災變部份或完全獲得控制。然而，新科技雖然帶給人類福祉外，但也產生人類前所未有的新風險。這些新風險具有如下特質：第一，極俱爭議性。例如，基因食物與基因寶寶等。爭議主要源自人類道德價值觀念，社會公平正義與科學家們對可能產生什麼新風險不知道；第二，極俱國際化。例如，電腦病毒與駭客

的風險，幾乎無遠弗界，無國際限制；第三，新風險可能使人類隱私權成為歷史名詞。源自科技進步的新風險對跨國公司言，衝擊比單國性公司還是來得大。具體言之，這些新風險包括：個人隱私遭受侵害的風險、法律責任難釐清的風險、任何系統與記錄難維持的風險、電腦詐騙的風險等。

五、跨國公司風險管理的特徵

（一）風險管理面向方面

全方位風險管理的面向有三：風險工程面向、風險財務面向與風險人文面向。固然，任何風險管理決策位階（包括個人、家庭、公司、政府機構、總體社會與國際組織等）均需顧及此三個面向，但比重與複雜性方面，卻各有不同。即使同樣是在公司風險管理的決策位階上，跨國公司在管理面向的比重及複雜性方面與單國公司亦會不同。進一步言，跨國公司在此三個面向的比重，風險人文面向可相對提高，單國公司在此面向的比重，相對而言，可降低。

（二）行政事務方面

跨國公司風險管理政策說明書（Policy Statement）需能展現全球化決策觀與管理的哲學思維。對跨國公司言，政策說明書的重要程度和內容，主要受三種因素影響：第一，最高決策階層處理風險的意願和態度；第二，最高決策階層對風險管理規劃支持的強度；第三，最高決策階層全球性決策觀的差異。單國公司主要受前兩種因素影響。另一方面，跨國公司由於涉及國際經營活動，因此，風險管理政策說明書需一種或需多種，也與前面三種因素有關。原則上，跨國公司為能加強責任控管與配合全球化的決策觀，其經營活動雖涉及多國，風險管理政策說明書以一套為宜。換言之，無論本國或在地主國的風險管理事務，均遵守同樣的風險管理政策說明書。依據調查（Baglini, 1983）顯示，跨國公司風險管理實際運作上，亦以此種方式居多。其次，跨國公司風險管理人員的職責，亦應於風險管理政策說明書中，明訂。依據前述同樣調查，跨國公司母公司的風險管理人員大多數需負責子公司的財產和責任保險規劃、自我保險規劃以及保險的索賠管理。負責員工福利者佔少數。其他方面，例如，專屬保險與風險控制等，則依公司而異。

（三）風險管理過程方面

跨國公司 ERM 八大要素與單國公司相同，參閱第四篇各章節說明。然而，跨國公司管理風險的面向，在人文面向上，可相對提高。跨國公司每一風險管理階段的特徵如後。

1. 風險辨識與來源分析方面

誠如本章第四節所述，跨國公司面臨的風險來源，多而複雜。辨識技巧上，絕不可能以一種方法即可完成。此點就單國公司言，亦復如此。然而，辨識風險的困難度方面，跨國公司則較單國公司高。政治與總體經濟風險，即為明顯的例證。

2. 風險估計與評價方面

對跨國公司言，估計與評價風險，因下列幾種原因使得工作更為複雜：(1) 地主國經營環境的差異，同一風險可能伴隨的損失頻率與幅度差異，可能懸殊；(2) 地主國對公共防護設施的要求與要求的品質，差異性可能極大；(3) 匯率風險估計，各地主國外匯政策不一，使其估計難度增高；(4) 地主國不同的價值認定標準，亦增添風險估計與評價上的困難，尤其源自文化不同所致的認知性風險；(5) 各地主國風險管理專業水平不一，估計風險所需的損失資料庫，可能極度缺乏；(6) 來自各地主國不同的商事慣例，亦使得工作上憑添困擾；(7) 地主國對財產重置成本和所有權認定標準，可能不同。

3. 回應風險的工具與績效評估方面

風險管理工具主要在增加公司價值，跨國公司亦然。與單國公司不同處，在於管理工具的多元性與績效評估的複雜性。例如，總體經濟風險管理，可以採用傳統的股東價值分析法（SVA: Shareholder Value Analysis）、經濟價值分析法（EVA: Economic Value Analysis）、非傳統的風險值（VAR: Value at Risk）分析法與總體經濟不確定策略分析法（MUST: Macroeconomic Uncertainty Strategy Analysis）等。次如，依財務理論，風險可分為系統風險（Systematic Risk）與非系統風險（Unsystematic Risk）。對跨國公司言，面對前者的機會高於後者。前者由於不可分散，因此，在使用資本預算術（Capital Budgeting）時，以折現率（Discounting Rate）的調整來反映風險，對跨國公司言，更為適宜；反之，後者由於可以分散，調整現金流量則更為妥切。再如，條款差異性保險（DIC: Difference-In-Condition Coverage）與專屬保險（Captive Insurance）等，對跨國公司言，較單國公司來得

重要。至於績效評估雖是風險管理過程中，最後一個步驟。然而，它也是最重要的一步。所謂徒法不足以自行，執行徹底確實，才能完成風險管理目標。由於風險的善變性，今日為最佳之對策，明日不見得是最佳。是故，隨時調整評估風險管理規劃，才是提昇風險管理績效的最終手段。對跨國公司言，此一步驟尤具意義。

六、國際政治與經濟風險的管理

事實上，跨國公司與單國公司，同樣面臨策略、作業、危害與財務風險。同樣面臨源自經營環境內外在的風險。同樣地，各類風險也互為影響。不同處乃在於它們的複雜性與多元性。以政治與經濟環境為例，源自於此兩種環境的不同風險，事實上也互為影響的。此處僅就政治與經濟風險管理，擇要說明。

（一）政治風險管理

政治風險的敏感度對跨國公司言，不亞於單國公司。政治風險的涵意，已於本章第四節說明。地主國政府對跨國公司價值的不利干預是為政治風險。由於，政治風險為基本風險，是故，管理上格外困難。在辨識風險的技巧方面，格外困難的主要理由，包括：第一，辨識政治風險的機構與專業人員，截至目前止，仍居少數；第二，政治風險，事實上，人文面向比重實高於專業技術與財務面向。是故，時間與決策者的心理個性與地主國的人文特質，比任何風險面向都來得重要。如此，政治風險的評估，除重客觀分析外，須輔以人文思考；第三，跨國公司要實施集權管理，集中各地主國風險資訊的困難度高於單國公司；第四，政治風險資訊取得的代價極高，尚且主觀成份不亞於其它風險。

話雖如此，辨識政治風險，仍有幾個方法可尋：第一，使用電腦網路。這個途徑謂為外在資訊分析系統。這個系統的政治風險資訊，可來自：(1) 跨國性保險公司與保險經紀公司；(2) 地主國政府的出版物與其他媒體資訊；(3) 海外私人投資公司，例如 OPIC 等；(4) 政治風險評估機構。例如，世界政治風險預測機構（World Political Risk Forecast）與國際政治調查機構（International Political Survey）等；第二，採用跨國公司內部專業人員的分析結果。依據前述同樣調查顯示（Baglini, 1983），採用跨國公司內部專業人員的分析結果，佔居多數。

其次，估計政治風險強度方面。此方面通常可採用的方法，包括市場調查研究（Marketing Research）、民意調查（Polling）與政黨取向態度調查（Attitude

Surveying）等。最為困難處，在於預測政府干預事件發生的時間與可能性。針對此點，夏皮羅（Shapiro, 1989）採用兩平點機率分析（Break-Even Probability Analysis）方法，預估地主國政府採取不當干預行動的可能性。具體而言，此法係將跨國經營視為一種國際專案投資計畫。透過專案淨現值的概念，使專案在可能遭受地主國政府不當干預與沒有不當干預兩種情況下的淨現值相等，則可預測出地主國政府不當干預的可能性。此法值得風險管理人員參考。

最後，針對政治風險的回應，史基普（Skipper, Jr., 1998）則將政治風險控制，區分為兩大策略：融合性策略（Integrative Strategies）與防衛性策略（Defensive Strategies）。每一策略，史基普（Skipper, Jr. H. D.）分別從管理與財務的角度，建議採用的方法。在管理觀點下，採用的方法謂為實質控制方式。在財務觀點下，採用的方法謂為財務控制方式。在融合性策略下，實質控制方式包括：(1) 強化以及擴大與地主國政府的溝通管道；(2) 加強對地主國文化價值觀的了解；(3) 儘可能本土化；(4) 與地主國的相關交易合約儘可能保留可再磋商的空間；(5) 對地主國的相關基礎建設，儘可能提供協助。在財務控制方面，包括：(1) 擴大與海外本地公司的合營計畫；(2) 在商品訂價策略上，千萬別讓地主國政府誤以為有歧視存在；(3) 財務報表要儘量公平公正公開，千萬別讓地主國政府誤以為有所隱瞞。

另一方面，在防衛性策略下，實質控制方式包括：(1) 儘可能擴大與不同國籍的公司，進行在地主國的合營計畫；(2) 儘可能不要本土化，降低地主國對公司經營上的控制程度；(3) 製造產品的主要原料最好不要來自地主國。如此，可降低萬一被地主國政府接管時，持續經營的風險；(4) 完全掌控運銷管道。如此，可增加被地主國持續經營的代價；(5) 善用智慧財產權組織的國際影響力。在財務控制方面，包括：(1) 儘可能與地主國的金融機構，訂定損失後理財合約；(2) 儘可能尋求地主國政府擔任相關交易的財務保證人；(3) 儘可能減少保留盈餘在地主國的額度。除了採用風險控制措施外，風險理財中，主要用來保障政治風險的保險商品，包括：(1) 沒收充公與國有化保險（Confiscation, Expropriation, Nationalization Insurance）；(2) 進出口業者政治保險（Political Risk for Exporters and Importers）；(3) 毀約保險（Contract Repudiation Insurance）；(4) 綁架保險（Kinapping Insurance）等。這些商品大部份為一些跨國性的保險公司所提供，例如 AIU（American International Underwriters）集團。

（二）經濟風險管理

前曾言及，源自總體經濟環境的風險包括利率風險（Interest Rate Risk），通貨風險（Currency Risk），與國家風險（Country Risk）。其中通貨風險包括匯率風險（Exchange Rate Risk）與通貨膨脹風險（Inflation Rate Risk）。國家風險包括總合需求（Aggregate Demand）變動的風險與政治風險。依性質分析，這類風險，偏向基本與投機風險，無法分散的系統風險。財務風險，包括利率風險與通貨風險。至於國家風險應是混合危害與財務風險的特質。此處，儘就利率風險與通貨風險擇要說明。主要原因，在於此種風險直接關聯跨國公司現金流量問題。例如，單國公司現金流量的暴露水平，不作太詳細的區分，對公司價值的不利影響，還不致於太嚴重。但對跨國公司價值言，不作商業活動現金流量（Commercial Cash Flow）與財務活動現金流量（Financial Cash Flow）的區分，對管理風險的精確性影響極大。

傳統上，對匯率與利率風險的管理，均著重於財務活動現金流量水平的管理。在此基礎上，各類財務風險避險工具派上用場，問題不大。但對跨國公司言，由於通貨膨脹風險對利率風險以及匯率風險，均有影響。因此，傳統的方法必需改弦更張，改採綜合性的方式（Comprehensive Approach），將商業活動現金流量與財務活動現金流量分離評估，以便獲得穩定的暴露係數值（Exposure Coefficient）。最後，亦應揚棄傳統對公司價值績效評估的方法，例如，股東價值分析法與經濟價值分析法等，改採總體經濟不確定策略分析法（MUST: Macroeconomic Uncertainty STrategy Analysis）。**總體經濟不確定策略**分析法是將公司績效評估與風險管理融合的創新方式。其要旨閱圖 28-4。

最後，跨國公司海外投資前，可參考兼俱政治與經濟綜合性的國家風險指標，評估投資當地國的風險。通常，國際相關機構，會定期公佈各個國家風險指標值。

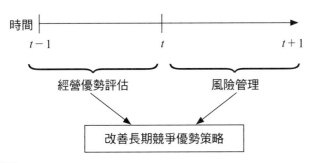

MUST 分析有助於評估未來總體經濟風險管理，並有助於評估過去經營的優勢為何，綜合顯示長期策略應如何改善

圖 28-4　總體經濟不確定策略分析法

每個國家風險級數，通常分為 1（最佳）至 8（最差）八級。1 至 8 之數字即風險指標，數字愈小者，國家風險愈低；反之，則愈高。

七、跨國公司的國際保險規劃

（一）國際保險環境

以文字為例，跨國經營時，保險的規劃可能遭到語言的障礙。在英國，「General Insurance」係指在美國的「Non-Life Insurance」業務。在英國，「Personal Insurance」係指在美國的「Life insurance」。在美國用「Personal Insurance」係指個人家庭購買的保險業務。此種保險業務，可以是人身保險也可以是財產保險業務，而其相對名稱是「Commercial Insurance」。保險專業用語的國際差異也突顯國際保險監理環境的差異。例如，在英國，在失卻清償能力的監理上，並不採用美國的風險基礎資本制度（RBC: Risk-Based Capital System）等。基於以上實例，國際保險環境差異的認識，在跨國公司作國際保險規劃時，是極其要緊的。

認識國際保險環境差異、了解各國保險密度（Insurance Density）與保險滲透度（Insurance Penetration）的排名是好的開始點。從排名的高低，可了解各國保險事業的發展水平。每年排名或許不同。大體上來看，日本是全球壽險業最發達的國度。美國是全球產險業最發達的國家。這些排名的高低，與其經濟發展程度也有密切的關係。理論上，經濟越發展的地區，保險也越發展。證諸全球七大經濟區的劃分，也可證明一二。

其次，各國保險市場與監理的差異，跨國公司作國際保險規劃時，更需留意。各國保險市場，大致上，可分五大類：第一類是完全國有化的保險市場。此類市場無民營化公司；第二類是完全本國化的保險市場。此類市場無外國公司；第三類是完全受保護的市場。此類市場對新加入者，限制極嚴；第四類是轉型中的市場。此類市場是處於監理自由化過程階段；第五類是完全自由化的市場。最後，作國際保險規劃時，與保險相關賦稅的規定，也需一併留意。

（二）國際財產保險計畫

就保險種類的特性言，通常產險類別的保單，有強烈的地區性，人身保險則不

然。產險保單此種特性，對跨國公司規劃全球財產的保險保障時，顯得更為突出。是故，進一步說明跨國公司財產保險規劃是有其必要.

　　跨國公司規劃全球財產的保險保障時，首需認識「認可保險」（Admitted Insurance）與「不被認可保險」（Non-Admitted Insurance）業務的意義和其限制。「**認可保險**」業務係指符合保險標的所在國保險法和其監理規定的業務而言。通常，此種業務的保單係以標的所在國的語言文字表示。同時，保費與賠款的支付，亦以標的所在國的貨幣為之。反之，不符合保險標的所在國保險法和監理規定的業務是為「**不被認可保險**」業務。此種業務的保單，通常不以標的物所在國的語言文字表示。同時，保費與賠款的支付，亦不以標的物所在國的貨幣為之。例如，母公司為其在台營業的子公司，購買我國保險公司的保單。此種保單是為「認可保險」的業務；反之，購買未經核准的外國保單，是為「不被認可保險」的業務。

　　跨國公司就海外財產做保險規劃時，全然以「認可保險」方式或全然以「不被認可保險」方式，均各有其效益與限制。以台灣境內外商為例。就全然以「不被認可保險」方式規劃言，可能產生的效益包括：第一，購買「不被認可保險」業務的保單，意即該在台外商是以未經核准之外商保險公司的保單，保障在台持有的財產。不可諱言的，一般外商保單，特別是英美保單，保障品質均較我國保單為高；第二，費率彈性合理，磋商議價空間大；第三，保費及賠款以同一外幣支付時，匯率轉換問題少；第四，發生保險賠款糾紛時，外商處理上也較方便；第五，方便外商母公司掌控全球風險管理業務。

　　另一方面，相對上，也有其限制。第一，許多國家認為「不被認可保險」業務是違法的；第二，有些國家禁止為了支付保費，將本地貨幣轉為外幣。同時，不允許「不被認可保險」業務的保費，抵免稅捐；第三，保險賠款無法享受稅捐優惠；第四，無法獲得財產所在國保險公司提供的理賠服務。其次，就全然以「認可保險」方式規劃言，可能產生的效益包括：第一，海外財產可獲取當地合法的保險保障；第二，保費可抵免稅捐；第三，財產重置時，可稍避免匯率變動的風險；第四，保險理賠省時又方便；第五，母公司可免除風險成本分攤的麻煩；第六，有助於與當地建立良好的公共關係，對於業務推展和建立商譽有正面的作用；第七，有助於財產所在國經濟的發展。另一方面，相對地，同樣也有其限制：第一，此種方式，就全球性保險計畫言，容易產生保障缺口；第二，「認可保險」的保障品質，通常不如外商保單。

　　另外，海外財產保險規劃時，**條款差異性保險**（DIC: Difference-In-Condition

Coverage）也是重要的保單。此種保單乃以全球性的觀點，依各國保單條款的差異，設計而成的保險。各國保險環境和監理法令有別。因此，同一種保單，各國間條款文字用語、保險條件與範圍，可能產生差異，故乃有條款差異性保險的創設。此種保單，以一切險（All Risk）為承保基礎。它係承保海外財產所在國「認可保險」業務無法承保的危險事故。性質上，它是財產損失保險，也是巨額保障保險。它與「認可保險」搭配，可適度消除保障缺口，閱圖 28-5。

最後，實證調查（Baglini, 1983）顯示，跨國公司海外財產保險規劃方式，可歸納為三種：第一種是在母公司掌控全球風險管理概念下，由海外子公司購買當地「認可保險」的業務；第二種是在母公司掌控下，由海外子公司購買當地「認可保險」的業務。另外，搭配條款差異性保險； 第三種是在母公司掌控下，組合「認可保險」與「不被認可保險」業務而成。其中，第三種方式，經由前述實證調查顯示，是為最普遍的方式。

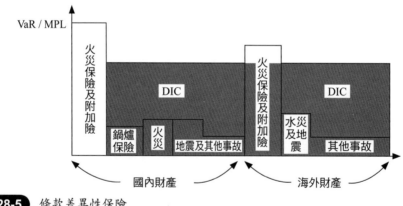

圖 28-5 條款差異性保險

（三）海外財產保險與賦稅

以美國跨國公司為例，說明海外財產保險與賦稅的問題。美國母公司為位於尼加拉瓜子公司的財產，安排一百萬美元的「不被認可保險」業務。假設年保費為一萬美元。尼加拉瓜禁止「不被認可保險」業務。此種規劃可能產生的稅賦影響為：母公司不能將一萬元保費，視為費用，抵免稅捐。子公司亦不能。發生全損理賠時，美國保險公司賠付給母公司的賠款一百萬元被視為母公司正常所得。以稅率百分之四十八為例，母公司僅餘五十二萬元，可重置海外財產。

八、跨國公司經營風險管理可能存在的問題

　　跨國公司經營風險管理存在眾多需克服的問題。這些問題的根源就是國際間各類的差異。此種差別，可分為兩類（Baglini, 1983）：一類來自於跨國集團內部，母子公司的差別（Corporate Variables）；另一類來自跨國集團外部，環境的差別（Environmantal Variables）。閱圖 28-6。

「1」：表母子公司差別最小	外圍之第一個圓圈表國外環境
「2」：表母子公司差別擴大，居第 2	外圍之第二個圓圈表國內環境
「3」：表母子公司差別越大，居第 3	
「4」：表母子公司差別最大	

　　圖 28-6 中，A 子公司所在國的政治、語言、法律、社會、風俗、經濟等環境因素與母公司所在國相似，而且子司各種管理理念、制度與母公司較為接近。是故，以最短線段表其差異。B、C、D 子公司各以不同線段的距離，代表其差異程度。

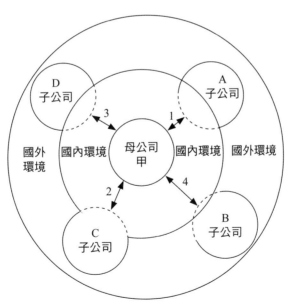

圖 28-6 跨國公司的環境差異

（一）公司間差別問題

因公司間差別因素，導致的風險管理問題，有如下幾點：第一，母公司風險管理人員的職權問題。跨國公司全球風險管理計畫，最好是中央集權制，完全由母公司掌控。然而，母公司對海外機構持有權情況，可能影響中央集權制的實施。因地制宜與中央集權間，應妥慎考慮。否則，會阻礙全球性計畫的推行；第二，子公司經營者，是否能與母公司風險人員充分配合的問題。子公司的充分合作是推行全球性計畫之重要因素。然而，國家主義、民族優越感可能使全球風險管理計畫的執行，倍加困難；第三，子公司所在地，風險管理人才缺乏的問題。風險管理發展水平，各國不同。在推展全球性計畫時，此問題與前兩個問題將互為影響，使管理風險上，倍增難度；第四，母子公司間，風險溝通問題。母子公司間，由於語言文字、處理原則、管理理念上的差異，使得溝通倍加困難；第五，母公司對子公司經營管理控制問題。母公司對子公司所有權的型態，母子公司地理位置的遠近與子公司所在地法律環境等因子，均能影響該問題。

（二）環境差別問題

母子公司所在國環境上的差異，可能產生的風險管理問題包括：第一，滿足海外當地監理法令要求的問題。各國監理法令要求不同，使得全球性風險管理規劃，更加複雜和困難；第二，稅負責任問題。各國稅制不同，對母子公司各別風險管理績效的衝擊各異，有時使責任歸屬倍為困擾；第三，外匯管理問題。跨國公司風險管理上，必會面臨不同國家間，因外匯管制所帶來的資金轉匯問題；第四，物價膨脹和其他經濟因素影響問題。物價的膨脹將嚴重影響風險成本。是故，風險管理方案必須適時再予評估調整。另一方面，物價膨脹亦影響子公司財產保險是否足額的問題；第五，子公司當地保險服務品質的問題。海外各地保險環境與服務品質參差不齊。風險管理規劃時，均應妥適因應；第六，與海外子司當地保險人、保險經紀人及其他有關單位溝通的問題。全球風險管理計畫，可能因語言文字上的差異，使溝通倍感困難。基於公司差別與環境差別，可能造成眾多風險管理與保險的問題，一年以上的長期保單最好避免使用。

九、本章小結

　　單國擴為跨國經營，風險大為增加，此時，國際財務管理、國際保險規劃、國際社會文化風險、國際政治經濟風險與國際法令風險等，均是跨國公司風險管理上的重要課題，跨國公司的 CRO 國際決策觀更形重要，如此，才不致使公司落入大而不當的窘境。

思考題

❖ 複雜多元的國際環境中，你（妳）是跨國公司CRO，會怎麼思考與看待風險？同時，你（妳）會如何規劃國際保險？母公司所在國的險種優先，還是子公司所在國的險種優先？

參考文獻

1. 邱康夫（1980）。*多國籍企業經營*。台北：自版。
2. 林彩梅（1982）。*多國籍企業*。台北：自版。
3. Baglini, N. A. (1976). *Risk management in international corporations.* New York: Risk Management Society Publishing, Inc.
4. Baglini, N. A. (1983). *Global risk management:how U.S. international corporations manage foreign risks.* New York: Risk Management Society Publishing, Inc.
5. Farmer and Richman. (1965). *Comparative management and economic progress.*
6. Lynn, T. D. (2001). Corporate governance: a "driver" for risk management. In: Department of Risk Management and Insurance. *The proceedings of risk management forum on the high-tech industry in Taiwan and the UK.* Taipei: Ming-Chuan University.
7. Oxelheim, L. and Wihlborg, C. (1997). *Managing in the turbulent world economy-corporate performance and risk exposure.* Chichester: John Wiley & Sons.
8. Robinson, R. D. (1967). *International management.*
9. Shapiro, A. C. (1989). *Multinational financial management.* Boston and London: Allyn and Bacon.
10. Skipper, Jr. H. D. (1998). *International risk and insurance-an environmental-managerial approach.* New York:Irwin / McGraw-Hill.

第 29 章

環境污染風險管理

大地反撲

環境污染（Environmental Pollution）議題，不僅全球關注，也涉及各國政府的環保政策。這些政策直接或間接影響到產業公司風險管理的成效。近年來，環境污染風險管理（Environmental Risk Management）已成公司風險管理人員的重要職責之一。從經濟學的觀點，環境污染風險是典型的外部化風險（Externalized Risk）。此種風險，有別於直接或間接可透過市場運作內化的產品責任風險與火災風險等，它係指污染製造者與受害人間，並不存在任何市場關係的風險。因此，針對此種風險的管理，風險人文面向不亞於風險實質／工程面與財務面。在階段論[1]基礎下，本章擇要說明環境污染風險管理。

一、環境污染的來源

經濟的產銷活動，依能量不滅定律，可以一恆等式表示如下（Field, 1994）：

$$M = Rp + Rc$$

左邊「M」（Raw Material）表生產活動取自自然環境的原料。經由產銷過程，到達消費者手中，進行消費。生產與消費後，部份可回收再生（Recycling）。無法回收再生者，又重回自然環境。右邊「Rp」與「Rc」的加總，就長期言，應等於「M」。閱圖 29-1。

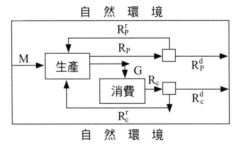

圖 29-1 經濟與環境

在此物質不滅的過程中，重回大自然環境的殘餘物質（Residuals）透過水、空氣與土壤等，對人的健康構成危害，也對自然環境構成毀損，是稱之為**環境污染**。環境污染不僅對人體健康產生危害，也對自然環境產生莫大的危害。它不僅傷害生

---

[1] 參閱本書第三章。

命，也對非生命系統，產生破壞。重回大自然環境的殘餘物質，如果危害人體健康與破壞環境，謂為**污染物**（Pollutant）。根據這個過程，上述恆等式可改寫如下：

$$M = Rp + Rc = G + Rp - Rp - Rc$$

水、空氣與土壤謂為污染媒介物。透過此媒介物產生了所謂的水污染、噪音污染，空氣污染與土地污染等。

二、污染物的型態

依經濟的觀點，污染物可依是否隨時間累積或稀釋，分為**累積式污染物**（Cumulative Pollutant）與**非累積式污染物**（Noncumulative Pollutant）。閱圖 29-2 與圖 29-3。累積式污染物會隨時間累積，非累積式污染物，則否。

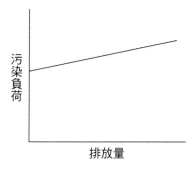

圖 29-2　累積式污染物

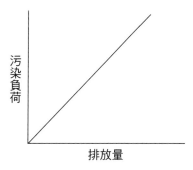

圖 29-3　非累積式污染物

　　污染物亦可依是否為特定地點的、地區的與全球性的，分為特定地點污染物、地區污染物與全球性污染物。以污染源是否為定點，污染物亦可分為**定點污染物**（Point-Source Pollutant）與**非定點污染物**（Nonpoint Source Pollutant）。前者，如廢水的處理。後者，如農業化學物。污染物亦可分為持續性污染物（Continous Pollutant）與一時性污染物（Episodic Pollutant）。前者，如核能廠的核輻射污染。後者，如油污染。另一方面，環境景觀的破壞，也是廣義的環境污染。

三、環境污染與相關法規

　　各國政府對環保（Environmental Protection）與經濟發展（Economic Development）一直是兩難的議題（Dilemma Issue）。話雖如此，環保的立法，一直並未鬆懈。以美國為例，重要的法案包括：清潔空氣法案（CAA: Clean Air Act）、聯邦水污染防治法（FWPCA: Federal Water Pollution Control Act）、安全飲用水法案（SDWA: Safe Drinking Water Act）、綜合環境補償與責任法案（CERCLA: Comprehensive Environmental Response Compensation and Liability Act）或稱為超級基金修訂與再授權法案（SARA：Superfund Amendments and Reauthorization Act）、資源保護與回收法案（RCRA: Resource Conservation and Recovery Act），毒性物質控制法案（Toxic Substances Control Act）、聯邦殺蟲劑等法案（FIFRA: Federal Insecticide, Fungicide and Rodenticide Act）、緊急應變與知的權利法案（EPCRA: Emergency Planning and Community Right-to-Know Act）與全國環境政策法案（NEPA: National Enmvironmental Policy Act）等。

　　另一方面，以台灣為例，重要的法案以預防、管制、救濟與組織區分，屬於預防的環境影響評估法；屬於管制的空氣污染防治法、噪音管制法、振動管制法、水污染防治法、海洋污染防治法、廢棄物清理法、土壤污染防治法、公共環境衛生法、飲用水管理條例、毒性化學物質管理法與環境衛生用藥管理法等；屬於救濟的公害糾紛處理法；屬於組織的行政院環境保護署組織條例、行政院環境保護署環境保護人員訓練所組織條例、行政院環境保護署環境檢驗所組織條例、行政院環境保護署環境研究所組織條例與行政院環境保護署區域環境保護中心組織條例等。不同的國家有不同的社會文化價值。法律常是這些社會文化價值的表徵。以台灣為例，雖有眾多法律，但面臨的問題不少（蕭新煌等，1994）。它包括：各機構間協調不良、中央與地方脫節、技術與法律無法調和、整體效應差、環境法律執行效果

差、公共參與失調、司法制度不彰與立法效率不行等。這些問題，反映不同的社會文化價值與背景。

四、環境污染風險管理

環境污染風險是為外部風險。是故，政府在管理上，除重實體法律監督外，程序立法的監督，就台灣言是刻不容緩的課題。就產業公司言，風險評估、風險控制與風險理財均是傳統風險管理上的重要手段。大體上，可循第四篇的處理模式。在此擇要說明產業公司環境污染風險管理的內容（RIMS Environmental Committee, 1994）。

首先，說明環境污染風險來源分析。環境污染風險的來源包括：第一，來自既有財產的污染風險。依美國的資源保護與回收法案，來自既有財產的污染風險，主要是責任風險。這個風險，主要包括來自前手的責任與罰鍰；第二，來自財產轉換時。這個風險，主要來自潛在環境責任高於購售財產價值時；第三，來自貸款者的責任。依綜合環境補償與責任法案，貸款者對環境污染，負有法律責任；第四，信託責任。信託責任來自金融機構的不動產信託；第五，自然資源的破壞；第六，人體健康的保護。其次，環境污染風險控制包括：污染防治、危害性廢棄物的清理、環境地理位置的評估、環境稽核系統與緊急應變計畫等策略。最後，值得留意的理財工具，包括：環境損害責任保險（Environmental Impairment Liability Insurance）、環境董監事責任保險（Environmental Directors' and Officers' Liability Insurance）、環境權利保險（Environmental "Title" Insurance）、尋求過去保險人（Prior Insurer）負責污染責任的賠償、向州政府尋求財務補償、運用非保險契約轉嫁風險與提供必要的財務保證，滿足環保署的要求等.

五、本章小結

經濟與環保，是各國政府兩難課題，如何將不願在我家後院的 NIMBY（Not in My Back Yard）現象，轉換為最好在我家的 BABY（Best at Back Yard）現象，是需政府靠智慧與風險溝通解決。

思考題

❖ 填飽肚子重要，還是吃得安心重要？你（妳）如果是閣揆，怎麼將 NIMBY 現象，轉變成 BABY 現象？

參考文獻

1. 蕭新煌等（1994）。*台灣 2000 年*。台北：天下文化出版公司。

2. Field, B. C. (1994). *Environmental economics-an introduction.* New York: McGraw-Hill.

3. RIMS environmental committee. (1994). Applying the risk management process to environmental management. *Risk management.* Feb.1994. pp.19-24.

第 **30** 章

風險均衡理論與決策心理

心 > 腦？

錄自王浩《我們這樣想世界》[1]，第 143 頁

---

1 參閱 Brockman and Matson (1995) 原著 *How things are*。宋宜貞等譯（2006）。《我們這樣想世界》。台北：商務印書館。

公司是由股東所有，在經營與控制權分離的理論觀念下，管理人員僅負責經營並尋求價值極大化目標的完成。換言之，管理人員被視為股東的代理人（Jensen & Meckling, 1976）。在管理人員僅負責經營並不持有控制權的情況下，文獻（Jensen & Meckling, 1976; Simon, 1959）已顯示，管理人員的實際決策並不經常為了追求股東們的最佳利益。這中間差異的原因極多，例如薪資獎勵制度就是影響造成差異的原因之一（Doherty, 1985）。另一方面，人們在風險情況下做決策，做個人事務的決策與做公司事務的決策是不會相同的。人們的風險行為（Risk Behaviour）在不同決策位階的表現，也不盡完全一致。

本章依決策心理認知的觀點，說明在風險情況下，管理人員做公司事務決策時的心理認知層面，換言之，即公司管理人員冒險（Risk-Taking）傾向的觀察。首先說明，與決策心理極為相關的**風險均衡理論**（RHT: Risk Homeostasis Theory）；最後，說明風險決策失誤的心理認知層面。

一、風險均衡理論與決策

韋耳迪（Wilde, 1988）的風險均衡理論（RHT: Risk Homeostasis Theory），原是用來解釋道路駕駛人的駕駛行為。文獻（Asch, *et al*, 1991）已證明風險均衡理論，可用來解釋安全駕駛法規限制下的**補償效應**（Compensation Effect）現象。補償效應可能抵銷了制定安全駕駛法規想要達成的預期效益。此種抵銷效應可閱圖 30-1。

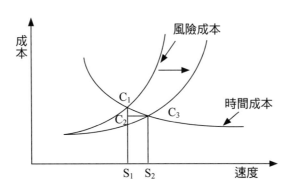

C$_1$ 為速度 S$_1$ 下的均衡點，道路更安全，不會如預期，
風險會降低。全因人們會開快車，而使風險再度提升。
速度 S$_2$ 下的均衡點 C$_3$ 介於 C$_1$ 與 C$_2$ 間，其理甚明。

圖 30-1 風險補償效應

　　風險均衡理論總共有十五項假設（Wilde, 1988）。其中五項假設最值得吾人留意：

　　第一，每個人在駕駛時的任何時點上，均有其自我心中的**目標水平**（Target Level）；第二，這個目標水平由四個因子決定：(1) 冒險行為的認知效益（Perceived Benefit）。此因子會升高心中的目標水平。例如，計程車司機為圖多賺些錢而開快車。開快車是相當冒險的行為但多賺些錢是司機認知的效益；(2) 謹慎行為（Cautious Behaviour）的認知成本（Perceived Cost）。此因子也會升高心中的目標水平。例如，開車繫安全帶的不舒服感。開車繫安全帶是屬謹慎的駕駛行為，但有人覺得不是那麼舒服。這個不舒服感就是認知成本；(3) 冒險行為的認知成本。此因子會降低心中的目標水平。例如，開快車容易出事。此種出事的代價即冒險行為的認知成本；(4) 謹慎行為的認知效益。此因子也會降低心中的目標水平。例如，開車謹慎，出事機會低；第三，駕駛時的任何時點，駕駛人均會以過去的經驗與駕駛當時的目標水平，加以比較並且企圖將其差異降至零；第四，駕駛人平衡目標水平與實際水平的能力，端賴駕駛人駕駛的技術能力而定；第五，個別駕駛人間的差異，表現在個人過去經驗與駕駛當時風險的目標水平差異。有些差異度高，有些差異度低。差異度低意謂個人過去經驗與駕駛當時風險的目標水平吻合度高。風險均衡理論認為過去經驗與駕駛當時風險的目標水平吻合度低，那麼發生車禍的可能性較高。因此，支持風險均衡理論者，提出四種措施企圖調整人們心中的目標水平：(1) 降低冒險行為的認知效益。例如，計程車計費以時間為單位，非以哩程計費。換言之，此措施可降低駕駛人開快車的認知效益。因為安全起見，開慢車，賺取的收入可增加；(2) 降低謹慎行為的認知成本。例如，以人體工學設計安全帶，使駕駛人感覺舒服；(3) 提昇冒險行為的認知成本。例如，開快車重罰；(4) 提昇謹慎行為的認知效益。例如，開車謹慎，出事機會低，降低其汽車保費。

　　另一方面，亞當斯（Adams, 1995）進一步調整風險均衡理論概念，提出他自己的**風險溫度自動調整模式**（Risk Thermostat Model）。此模式閱圖 30-2。

　　此模式不僅適用駕駛行為的解釋，也適用一般行為的解釋。它也有其假設：第一，每個人均有冒險的傾向；第二，冒險傾向因人而異；第三，冒險的認知效益影響冒險行為的傾向度；第四，風險的認知不僅受自我經驗的影響，也受它人的影響；第五，個人的決策行為是尋求危險與效益的平衡；第六，冒險度越高，效益與損失也越大。此種源自於風險均衡理論的自動調整模式，可透過公司管理文化濾

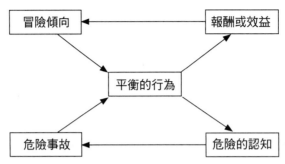

圖 30-2 風險溫度自動調整模式

嘴（Cultural Filter）的聯結，進一步了解管理人員風險行為如何受到公司文化的影響。蓋因，公司不同，管理文化也不同，文化濾嘴的性質也不同，從而對管理人員的風險行為產生不同的影響。

 二、管理人員風險行為的認知層面

公司管理人員在風險情況下的決策行為，規範決策法提供應該如何決策的理論基礎。但管理人員做實際決策時，可能不遵守規範決策法則。夏皮拉（Shapira, 1995）對公司管理人員風險行為的實證調查分析顯示，公司管理人員在風險情況下的實際決策，至少有三個特點：第一，公司管理人員對可能結果發生的機率，敏感度不高。原因之一是他（她）們認為機率只是個隨機的概念，它不是「可控制程度有多高」的概念；第二，他（她）們重可能結果（Outcome）的幅度值高於可能結果發生的機率。同時，公司管理人員重機率分配的極端值甚於平均值。蓋因，他（她）們認為平均值提供的訊息並不完整，且容易忽略某些重要訊息；第三，公司管理人員重損失面的風險（Downside Risk）高於獲利面的風險（Upside Risk）。這種情形，並不表示公司管理人員對規範決策法則不熟悉。另外，代理人模式（Agency Model）（Jensen & Meckling, 1976）常被財務理論學者用來解釋管理人員實際決策與追求公司價值極大化決策間的差異。吾人如從管理人員的心理認知層面來觀察，或許可更深一層了解差異的原委。

從管理人員冒險（Taking Risk）的心理認知層面來觀察，夏皮拉（Shapira, 1995）的實證調查結果值得吾人留意。首先，管理人員不見得完全認為風險（Risk）與報酬（Return）有必然的關聯。他（她）們認為此種關聯是金融市場活動的重要特質。但在公司一般業務活動中，兩者不一定有必然的關聯。決策的主動

或被動層面對管理人員管理風險的態度有影響。主動決策時，管理人員的專業技巧與對風險可控制的程度有多高，就會影響其冒險傾向。其次，管理人員的風險態度（Risk Attitudes）是因情境而異的。它是不對稱的（Asymmetry）。在公司經營失敗時，尤其瀕臨破產邊緣，管理人員反而決策更冒險。在公司經營順利成功時，管理人員決策反轉趨保守。考其主要原因是管理人員心中的兩個參考點（Reference Point）影響管理人員的冒險傾向：一為**成就熱望水平**（Aspiration Level）；另一為**保住職務水平**（Survival Level）。換言之，管理人員在公司經營失敗或成功的不同情境下，爬上最高階主管的成就熱望多強，以及萬一決策失敗，職務不保影響家計的憂心度多高，兩者衝突互動，最後注意力（Attention）集中在哪個參考點，主導其冒險傾向。因此，管理人員實際決策不是像規範決策法描述的如此單純。

三、風險決策失誤的心理層面

決策不外可被視為對某專案或事物「接受」或「拒絕」的決定。公司管理人員如能儘量避免決策失誤，將可增進公司價值。管理人員決策失誤的可能性與公司薪資獎勵制度有關。另外，在資訊封閉的情況下，決策失誤的可能性增高。亞當斯（Adams, 1995）視決策失誤為文化現象。財務理論學者甚少留意這個問題。因為決策失誤可能藉由投資組合分散消化。心理學者則視決策失誤與風險判斷有關。而決策失誤有兩種類型[2]：第一類是做了不該接受的決定。此稱型一錯誤（Type I Error），又稱為「白象」（White Elephant）現象。此種決策失誤，後果是看得到的。例如，管理人員犯此失誤，公司將他（她）降級減薪之外，市場佔有率因此失誤明顯下降等。第二類是做了不該拒絕的決定。此稱型二錯誤（Type II Error）。通常，此種決策失誤，後果看不到。因此，管理人員對型一錯誤尤為敏感。此兩種失誤與決策前後的互動，閱圖30-3。

一個專案是否被接受，受制於決策者事前對專案的評價與對該專案事後成功可能性的判斷。決策者事前對專案的評價與決定接受與否的標準，以垂直於 X 軸的直線表示。圖 30-3 中的 xc 值代表決策標準值。如決策人員對專案的評價值高於或等於 xc，則接受該專案。否則，拒絕該專案。專案事後成功的可能性，以垂直於 Y 軸的直線表示。圖 30-3 中的 yc 代表判斷專案成功的可能值。高於或等於此值者，

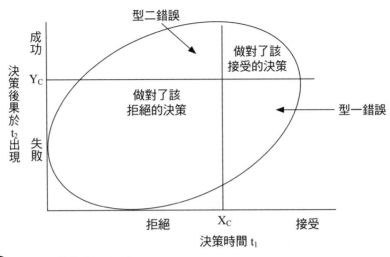

圖 30-3 風險決策與失誤類型

是為成功。否則，表示失敗。

決策者事前對專案的評價與對該專案事後成功可能性的判斷，產生了四種可能的後果：一為做對了該接受的決策（Positive Hit）；二是犯了型一錯誤。那是做了不該接受的決定（False Positive）；三為做對了拒絕的決定（Negative Hit）；最後是犯了型二錯誤。那是做了不該拒絕的決定（False Negative）。專案成功的可能性可由事前評價的效度預測出來。此兩者的相關係數以「r xy」表示。此值越高，決策失誤的可能性越低。公司薪資獎勵制度將影響垂直於 X 軸直線的左右移動。這條直線是決策者的決策標準。直線往右或左，則與決策者是冒險者抑或保守者有關。如為後者，此線會往右移；如為前者，此線會往左移。另一方面，決策者的成就熱望水平將影響垂直於 Y 軸直線的上下移動。決策者如為保守者，通常成就熱望水平低，故此條線會往下移；反之，此條線會往上移。決策者將此兩條線上下或左右移動，代表了決策者心理的想法與衝突。因為，此時如何拿捏，不犯「型一」或「型二」失誤均煞費心思。

四、本章小結

頭腦與直覺，是人們決策時的兩個系統，直覺主導感性判斷的決策，頭腦主導理性決策，直覺決策，有時精準，有時失誤大。

思考題

❖ 人為何會聽命行事？用風險均衡理論，套用在你（妳）考專業證照的決策上，合不合適？為何？

參考文獻

1. 宋宜貞等譯（2006）。*我們這樣想世界*。台北：商務印書館。

2. Adams, J. (1995). *Risk.* London: UCL Press.

3. Asch, P. *et al* (1991). Risk compensation and the effectiveness of safety belt use laws: a case study of New Jersey. *Policy sciences.* 24. pp.181-197.

4. Doherty, N. A. (1985). *Corporate risk management-a financial exposition.* New York: McGraw-Hill.

5. Jensen, M. C. and Meckling, W. H. (1976). Theory of the firm: managerial behavior, agency costs and ownership structure. *Journal of financial economics.* Vol.3. pp.305-360.

6. Shapira, Z. (1995). *Risk-taking: a managerial perspective.* New York: Russell Sage Foundation.

7. Simon, H. (1959). Theories of decision making in economics and behavioral sciences. *American economic review.* Vol.49. pp.253-283.

8. Wilde, g. J. S. (1988). Risk homeostasis theory and traffic accidents: propositions, deductions and discussion of dissension in recent reaction. *Ergonomics.* Vol.31(4). pp.441-468.

第 31 章

人因與公司安全文化

學習啟示錄

人品不可靠,專業不倫理,是風險的最大來源。

前一章主要說明，公司管理階層人員，在風險情況下的決策心理層面，與可能面臨的決策失誤（Error or Failure）。本章針對人的因子進一步先說明何謂人因（Human Factor），人為疏失（Human Failure）類型以及如何改善，以增進安全。其次，陳述安全文化（Safety Culture）的重要性，如何評估公司安全文化以及如何達成「良好」安全文化的目標。

一、人因與可靠度

「人」在風險管理中的角色，屬風險人文面向。它與財務以及安全技術所扮演的角色同等重要。著者並不認同威廉斯等（Williams, *et al*, 1998）的主張。他們將人因似乎視為風險管理的枝尾末節。財務模式與安全技術是由「人」所設計與選擇，再權威的專家也有設計與選擇不當的時候，此可謂為**模式風險（Model Risk）**。何況多少的災難，均因「人」而起。近如，新加坡航空在台灣發生（2000）的空難（起因機長判斷失誤）。遠如，二十年前（1979）三浬島核幅射事件（起因第一線操作人員維護與檢查不當）。約尼斯（Jones, D .K. C.）主張災變已不全然是「上帝玩骰子」的後果（Jones, 1996）。職是之故，著者認為人文導向、財務導向與技術導向的風險管理是同等重要的。

（一）人因與災難

所謂**人因**（Human Factor）關聯到組織環境與工作因子，以及會影響人們健康與安全的個人行為特質而言。換言之，人因觀念涉及三個問題：一是什麼樣的工作適合哪種人做；二是在什麼樣的組織環境工作；三是工作與組織環境對人的健康與安全行為有何影響。眾多災難的成因就是這種個人（Individual）、工作（Job）與組織環境（Organization）互動中產生的後果。例如，Three Mile Island（核能，1979）；King's Cross Fire（運輸業，1987）；Clapham Junction（運輸業，1988）；Herald of Free Enterprise（運輸業，1987）；Union Carbide Bhopal（化學業，1984）；Space Shuttle Challenger（太空，1986）；Piper Alpha（境外油田，1988）；Chernobyl（核能，1986）；Texaco Refinery（化學業，1994）。除了這些較大災難外，平常發生的小意外或一些異常事件也涉及人因的問題。

個人、工作與組織環境造成意外事故發生，各別典型的原因分別是：屬於個人因子部份，包括：(1) 個人技術與才能低落；(2) 過於勞累；(3) 過於煩悶沮喪；(4)

個人健康問題。屬於工作因子部份，包括：(1) 工具設備設計不當；(2) 工作常受干擾中斷；(3) 工作指引不明確或有遺漏；(4) 設備維護不力；(5) 工作負擔過重；(6) 工作條件太差。屬於組織因子部份，包括：(1) 工作流程設計不當，增加不必要的工作壓力；(2) 缺乏安全體系；(3) 對所發生的異常事件反應不當；(4) 管理階層對基層員工採單向溝通；(5) 缺乏協調與責任歸屬；(6) 健康與安全管理不當；(7) 安全文化缺乏或不良。

（二）可靠度與人為疏失

系統可靠度（Reliability）包括機械的可靠度（Mechanical Reliability）與人的可靠度（Human Reliability）。兩者的乘積即為系統可靠度的大小。例如，機械可靠度為 0.9，人的可靠度為 0.8，則系統可靠度為 0.72。兩者的關聯，可參閱圖 31-1。

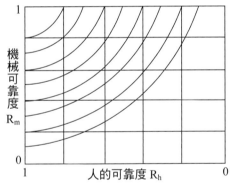

圖 31-1　機械可靠度與人的可靠度之關聯

機械可靠度涉及機械規格的設計、建造與維護運轉過程。如 Rm＝1，代表完全可靠，如 Rm＝0，代表完全不可靠。可靠度的反面，就是不可靠（Unreliability），也就是故障或失效（Failure），以符號「F」表示。因此，F＝1－Rm。一部機器可以由好幾個零組件構成，因此，一部機器的可靠度 Rm＝R1×R2×R3×……Rn（零組件可靠度是互為獨立）（Cox and Tait, 1993）。此外，機械故障（意即不可靠），不一定代表危險，需視情況而定。在工業安全領域，可靠度與安全息息相關，但兩者實質作業內容不同，例如，復聯分析（Redundancy Analysis）屬可靠度的作業範圍，危害分析（Hazard Analysis）為安全作業範圍。

另一方面，所謂**人的可靠度**係指特定狀況下、特定期間內，完美工作績效（即

人為疏失等於零）的機率（Park, 1987）。以數學符號表示，Rh = 1 − HEP。其中，Rh 表人的可靠度，HEP 是人為疏失機率（HEP: Human Error Probability）。人為疏失機率等於人為疏失件數除以可能發生的總件數。八種評估人的可靠度技術（Cox & Tait, 1993）以前列公式最為常用。理森（Reason, 1995）認為人為疏失起因為不安全的動作，詳閱圖 31-2。人為疏失機率的分布，參閱圖 31-3。

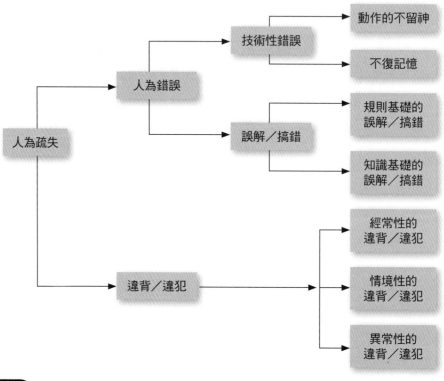

圖 31-2 人為疏失類型與原因

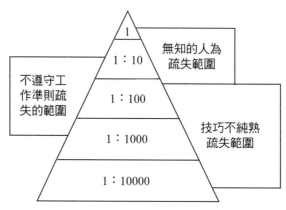

圖 31-3 各類人為疏失發生機率的分布

依上圖，說明每一類型與原因。圖中人為疏失（Human Failure）分兩種，一為**人為錯誤**（Human Error），另一為違背／違犯（Violation）。前者是非故意地偏離標準或規範，進而產生不利後果，例如疏忽某項該有的動作；後者則屬有意地違反標準或規範，例如超速開車。人為錯誤又分為技術性錯誤（Skill-Based Errors）與誤解／搞錯（Mistakes）。技術性錯誤又分為動作的不留神（Slips of Action）與不復記憶（Lapses of Memory）。前者，如該關燈，但不留神變開燈；後者，如忘記該鎖門。誤解／搞錯又分為規則基礎的誤解／搞錯（Rule-Based Mistakes）與知識基礎的誤解／搞錯（Knowledge-Based Mistakes）。前者，如習慣右邊開車，突換成左邊開引發的失誤；後者，如診斷錯誤。其次，違背／違犯又分三種，一為經常性的（Routine）違背／違犯，二為情境性的（Situational）違背／違犯，三為異常性的（Exceptional）違背／違犯。

（三）人因改善之道

人為疏失改善之道，首先，從人因工程設計（Ergonomic Design）著手。其次，改變工作設計、改善工作流程、改善警示標語的設計與評估人的可靠度。最後，採用輪班、溝通、了解員工風險認知與行為以及建構公司安全與健康文化為終極策略。

二、安全文化評估

一九九〇年代前，重大科技災難相繼發生。針對核災，國際原子能總署（IAEA）一份報告中，也曾指出人為作業疏失是核能災變的主因。在重大科技災難相繼發生的背景下，促成了人文導向型風險管理的發展。成立於一九八〇年的風險分析學會（SRA: Society for Risk Analysis）即為人文導向型風險管理發展上的重要里程碑。科技災難中，舉世矚目的車諾比爾事件（The Chernobyl Accident, 1986）發生後，**安全文化**[1]（Safety Culture）的概念，於焉興起。安全文化是個總體概念。它融合了吾人對健康與安全的關懷，吾人對安全的態度與行為以及吾人的安全價值觀與信念。「良好」的安全文化包括三大要素：第一是要俱備克服災難的

---

[1] 本書第八章中所言的風險管理文化概念，著者認為與本章的安全文化概念，息息相關，但概念範圍，風險管理文化大於安全文化。

社會文化規範。換言之，安全價值觀與信念要融入於社會文化規範中；第二是要有形諸於外的安全態度與行為；第三是對安全要能時刻省思（Pidgeon, 1991）。「良好」的安全文化不僅有助於人為作業疏失的減少，也有助於提昇管理風險的績效。因此，現代風險管理越來越重視安全文化的建構。

（一）如何評估安全文化

公司不外由人員（Person）、組織體系（Organization）與工作內容（Job）構成。三要素均與人因有關聯。人因的重要性已於前一節提及。另一方面，公司安全文化的建構也與人因，脫離不了關係。根據克普（Cooper, M. D.）的安全文化模式（Cooper, 1996），假如吾人可測量出人們對安全的認知與態度，那麼吾人可適當地主張公司員工知覺風險（Perceived Risk）度，係由員工對工作內容的認知與受組織管理體系制約的程度所決定。克普的安全文化模式已成評估公司安全文化的重要理論依據，可閱圖 31-4。

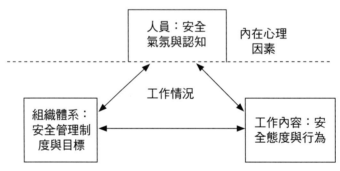

圖 31-4　克普（Cooper）的安全文化模式

藉由此模式，評估安全文化主要包括三個項目：第一項是公司安全管理制度評估；第二項是公司**安全氣氛**（Safety Climate）評估；第三項是員工安全行為評估。首先，簡要說明安全管理制度評估。安全管理制度評估可分上中下三層。上層重高階管理層對安全政策目標的明確度，是從組織體系角度觀察。中層重中階管理層對工作監督是否落實，是從工作內容立場觀察。下層重員工行為是否安全，是從員工認知層面觀察。評估方法，可以自我評估的方式進行，也可藉用外力評估。安全管理制度評估，可以簡單的問卷進行。以「是」，「否」與「不知道」三種方式，設計每一評估項目。評估項目分四類：第一類屬安全管理政策與行政制度。第

二類屬安全概念是否落實於職場中的問題。第三類屬技術與人因的觀察。第四類屬員工對安全問題了解的程度。最後，以回答「是」的總數除以回答「是」與「否」的總數，即可了解安全管理制度的健全度。安全管理制度的健全度可區分為如下五級：極佳（81-100%），佳（61-80%），普通（41-60%），劣（21-40%），與極差（0-20%）。

其次，安全氣氛的評估，可用立克特（Likert）五點尺規設計問卷。以很同意與很不同意兩種極端態度，設計而成。每一題目的字數，最好不超過十五個字。同時，注意句子的完整性。另外，儘量用日常用語撰寫。其次，安全氣氛評估的項目可歸納為：(1) 管理人員的行動；(2) 安全對員工的制約；(3) 員工知覺風險的高低；(4) 工作步調的要求；(5) 對事故原因的了解度；(6) 工作壓力效應的了解；(7) 安全溝通的成效；(8) 緊急應變的成效；(9) 安全訓練的重視度；(10) 安全人員位階的高低。另一方面，安全氣氛評估也要留意影響安全氣氛的外在因子。例如，市場情勢不利時，員工對工作的認知。最後，員工安全行為的評估，可由局外觀察者評估。同樣，設計一張評估表格。就評估項目，設計三欄：「安全欄」，「不安全欄」與「無需觀察欄」。每欄記錄的方式，各有不同。例如，觀察者想要觀察，當駕駛人要轉彎時是否有按喇叭。觀察十位駕駛人的結果，這些駕駛人當要轉彎時，他（她）們均會按喇叭，則在「安全欄」寫「1」。在「不安全欄」寫「0」。如果十位駕駛人中有七個不按喇叭，則於「不安全欄」寫「7」在「安全欄」寫「0」。評估項目內容，並非這位觀察員要觀察的項目時，則於「無需觀察欄」，寫「1」。最後，以安全欄總計除以安全與不安全欄合計數，即為安全行為比例。

另一方面，值得吾人留意的是，近年來，國際上已建構完成**安全文化評鑑準則**（ASCOT: Assessment of Safety Culture in Organization Team）。這項準則主要是根據七項安全文化指標建構而成。這七項安全文化指標包括：第一，安全文化的認識程度；第二，良好安全績效制約公司的程度與改善安全績效的持續性；第三，良好安全績效是否為公司終極目標；第四，對事故發生的原因了解度如何；第五，影響安全績效的因素有否認真檢視；第六，安全績效有否定期稽查；第七，公司是否為學習型組織。

（二）安全文化改善之道

經由上列評估結果，公司安全文化極差時，應分短中長期措施改善安全文化。短期措施上，包括強化領導、系統整合與建構周全的風險控制制度。中期措施上，

包括加強管理資訊系統與安全稽核系統。長期措施上，包括加強安全宣導與訓練、強化安全文化調查與改善安全行為。

三、本章小結

正確的價值觀，必須落實在公司安全文化中，做法上，也不能只是正面的宣導，而應更具體地，採用截然的負面手段，才能落實人因風險的控管，提昇公司整體風險管理績效。

思考題

❖人為何會不誠實？為何每次災難發生，常看到安全議題被討論？之後，又無疾而終？同時，為何有人常說，意外災難不是意外？意味著什麼？

▌參考文獻

1. Cooper, M. D. (1996). *The B-Safe programme.* Hull: Applied Behavioural Sciences.

2. Cox, S. J. and Tait, N. R. S. (1993). *Reliability, safety and risk management-an intergrated approach.* Oxford: Butterworth-Heinemann.

3. Jones, D. K. C. and Hood, C. (1996). Introduction. In: Hood, C. and Jones, D. K. C. ed. *Accident and design-contemporary debates in risk management.* London: UCL Press. Pp.6-9.

4. Park, K. S. (1987). *Human reliability.* Advances in human factors / ergonomics. Amsterdam: Elsevier.

5. Pidgeon, N. F. (1991). Safety culture and risk management in organization. *Journal of cross-cultural psychology.* Vol.22. No.1. pp.129-140.

6. Reason, J. T. (1995). *Human error.* Cambridge: Cambridge University Press.

7. Williams, Jr. C. A. *et al* (1998). *Risk management and insurance.* 8thed. New Yoek: Irwin / McGraw-Hill.

第六篇

個人與家庭風險管理

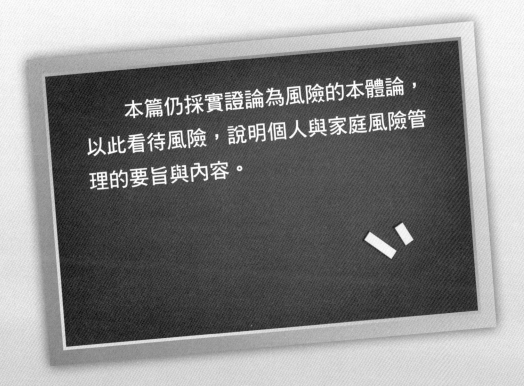

本篇仍採實證論為風險的本體論，以此看待風險，說明個人與家庭風險管理的要旨與內容。

第 32 章

個人與家庭風險管理

學習啟示錄

健康就是財富，有人比方，健康就是 *1*，財富是 *0*。

單身個人與家庭是總體社會最基本的構成單位，其風險管理及決策，也是屬最單純的。兩者稍異處，是單身個人的決策效應，僅及個人本身；後者決策效應，則擴及家庭所有成員。

一、個人與家庭可能遭受的風險與評估

　　個人以及家庭，在個體性質與決策位階上，有別於公司。因此，風險歸類基礎不但少且類別也不多。例如，核心風險（Core Risk）與附屬風險（Incidental Risk）的分類適合公司，但不適合個人與家庭。公司風險類別中，對個人與家庭風險管理上較為實用的類別，主要有兩類：

　　第一類，同樣地，依曝險性質劃分，風險可分為實質資產風險（Physical Asset to Risk）、財務資產風險（Financial Asset to Risk）、責任曝險（Liability Exposure to Risk）與人身（人力資產）風險（Human Asset to Risk）。實質資產與財務資產併合一起，即一般所言的財產（Property）。實質資產風險，例如，住屋因地震毀損等。此外，住屋亦可能遭受來自資產價值增或貶的風險。例如，因經濟不景氣，房價低迷。財務資產風險係指財務資產（例如，持有的債券，股票等）可能遭受的風險，風險來源可能來自財務資產實質的毀損，但此種毀損並不損失其持有權的價值，此點與實質資產的實質毀損並不相同。財務資產另一風險來源，主要來自於金融市場波動引發的持有權價值的增減。例如，利率波動風險等。責任曝險係指個人或家庭可能因法律上的侵權或違約，導致第三人蒙受損失的風險，例如，高爾夫球員責任風險。人身風險係指人們的傷、病、死亡與生存長壽風險。

　　第二類是依可能的結果分：一為投機性風險（Speculative Risk），財務風險屬此類，例如，擁有的股票與基金等，均會受到利率波動的影響，再如，擁有利率變動型保險單，那就會有利率波動風險，又如，不動產價格的波動；另一類風險，則是純風險（Pure Risk），危害風險屬此類，這類風險涉及身家性命與一般財產的實質毀損。

　　進一步，將個人與家庭可能遭受的風險，可具體再細分為七大類：第一類就是利率與匯率波動等引發的財務風險。除前列所舉各例外，如個人與家庭持有外幣存款，匯率波動風險亦不能不留意；第二類是汽車房屋等財產，可能遭受的實質毀損，例如，來自天災地變、人為偷竊與火災等的風險；第三類是個人與家庭成員死亡的風險，例如，起因於意外事故或終極老死；第四類是個人與家庭成員的傷病風

險，例如，燒燙傷與肝病住院的風險；第五類是個人責任風險，例如，高爾夫球員責任風險等；第六類是個人與家計主事者，因傷病導致的收入中斷與醫療費用增加的風險，例如，傷病的住院費用與減薪等是；第七類是退休金準備不足的風險。

　　另一方面，就風險評估言，絕大部份個人與家庭均非風險管理專業人員。因此，對風險的評估，大部份均由提供服務的風險管理或保險專業人員代為執行。風險評估相關的專業過程與公司風險評估雷同，稍異處有二：第一，個人與家庭風險評估較為單純。同樣，評估風險也不能忽略個人與家庭對風險的知覺（Risk Perception）。文獻（Skipper, Jr., 1998）顯示，個人與家庭知覺風險（Perceived Risk）程度的高低與保險購買決策有關。個人與家庭風險決策效應涉及自身，也涉及親密的家屬。知覺風險（Perceived Risk）評估，固然在公司風險管理中，也是不可忽視，但效應與個人家庭有別；第二，風險組合效果對個人與家庭言，亦有別於公司，原因是個人與家庭的曝險數，不如公司多。

二、個人的生命週期與經濟收支

　　個人的一生，不外經歷四大階段：

1. 第一階段孕育期

　　年齡為零至二十歲間，這個階段，生命最為脆弱。生理結構組織均未成熟，抵抗力弱。外在威脅容易結束人的生命。人的個性除來自先天遺傳基因外，依文化心理學的觀點，家庭社會文化因子在此時期，對每人的個性造成極大的影響，文獻（Mischel, 1968）顯示，個性差異可以解釋人們風險態度或行為間差異的百分之五至百分之十。個人的風險態度，將影響他（她）本人風險管理的規劃。是故，孕育期在個人與家庭風險管理規劃上，有其重要的影響。

2. 第二階段建設期

　　年齡約二十至三十歲間，這個階段，是人生的黃金階段。基本教育已完成，並進入社會工作、成立小家庭。對家庭成員開始要負起責任。

3. 第三階段成熟期

　　年齡約三十至六十五歲間，這個階段是工作穩定，子女成長與受教育階段。個人對家庭責任最重的階段。對個人言，五十歲時，如是上班族，並未位居高階主

管，大概退休前，高升的機會不大。如是創業者，事業如不甚成功，未來成功機會，可能也不高。這個階段，也是應對退休後生活詳細考慮與規劃的階段。

4. 第四階段空巢期

年齡是六十五歲至老死階段，當子女仍在孕育期而個人在空巢期時，對個人言，是責任最重，且經濟上可能是最拮据的階段。家庭對經濟的需求，則隨者責任的增減而增減。這四個階段與個人經濟收支的關聯，可閱圖 32-1。

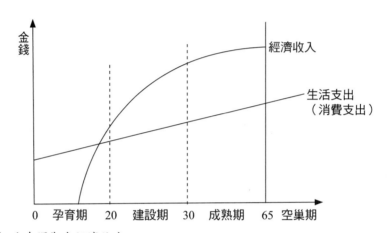

 圖 32-1 生命週期與經濟收支

三、個人家庭財務規劃與風險管理的融合

個人一生中，可能遭受許多風險，個人的經濟收支，如收入高於支出且有餘，是最放心的，但人生無常，是常態，故財務規劃必須與風險管理融合，始為上策。做任何財務規劃，不管其決策位階是個人、家庭、公司、政府、國家與國際組織，風險因子必須考量。個人與家庭財務規劃，必須配合個人生命週期與經濟收支的不同階段，妥善因應。針對可能遭受的不同風險，財務規劃手段上或許有別，但要完成個人與家庭財務規劃目標的目的則相同。個人與家庭財務規劃的目標，可分三大類：第一，完成管理風險的目標，這包括個人健康安全與資產的維護以及保險的適當保障；第二，完成個人財富的極大化，這包括投資儲蓄節稅的理財；第三，完成退休規劃的目標。前三項目標間，或許有衝突性，尋求目標的最佳組合，則是財務規劃時，必須留意的。

四、個人與家庭風險管理

　　同樣地，個人與家庭管理風險的回應工具，也與公司雷同，但有些並不合適，例如，專屬保險機制等，有些可適用，但複雜度與適用於公司時，有些差別，例如，同樣是保險，商業保險（Commercial Line Insurance）就比適用於個人家庭的個人保險（Personal Line Insurance）複雜，保險的規劃對公司言，考量的因子就較規劃個人家庭保險時為多。

（一）風險控制

　　風險控制理論中，較適合於個人與家庭風險控制的，當推骨牌理論與能量釋放論。個人與家庭，可運用各類風險控制工具控制風險。針對財務風險，可藉不買股票或出售股票規避了股價漲落的風險，可藉不同的股票組合，分散或隔離了風險。這些均是個人家庭有效的財務風險控制工具。針對各類危害風險控制，例如，定期的身體健康檢查，可及早發現防範身體的病痛。多運動，也是重要的人身風險防治手段。再如，汽車的定期保養、出門在外關好門窗等，均是控制財產風險的方法。遵守交通規則與其他相關法令，是對責任風險控制的妙方。萬一發生損失，損失後的控制也是極為重要的。以車禍為例，可能的話，可採取下列措施加以控制：第一，馬上停車；第二，立即防止撞車後，可能的爆炸和燃燒；第三，防止後面來車衝撞；第四，照顧傷者；第五，報警；第六，儘可能收集並記下車禍經過事實；第七，不要說得太多，也不要隨便簽字；第八，儘快向警方遞出你的車禍報告；第九，除非必須將車子開回家，否則，不要隨便同意不檢修車子；第十，儘快通知你投保的公司。

（二）風險理財——保險

　　個人家庭保險理財，可分為傳統保險與非傳統保險。傳統保險對個人家庭言，可包括汽車保險、火災保險與個人責任保險以及普通個人壽險與年金保險等。非傳統保險可包括變額保險、萬能保險與利率變動型保險以及變額年金保險等。其中，年金保險是針對個人退休規劃設計的保險。針對人身保險規劃上，傳統壽險與非傳統壽險性質的比較，可閱表 32-1。個人家庭在保險保障上的經濟預算，依經驗法則以年收入的百分之十至百分之二十為適當的範圍。

表 32-1 傳統壽險與非傳統壽險性質的比較

比較項目	傳統壽險	非傳統（變額）壽險
風險轉嫁	利差、死差與費差風險由保險公司承擔	利差風險被保人承受，死差與費差風險通常有保證
保險金額	固定	隨投資績效變動
交付保險費	定期	彈性
商品基本類型	定期、終身、養老、年金壽險	變額壽險與年金
會計處理	一般帳戶	分離帳戶
稅負	保險給付免稅	投資收入要繳稅

（三）風險理財──個人壽險規劃原則

經濟安全保障，是人們基本的需求，但需求程度，則依生命周期階段而異。此種情況，對財產安全保障適用，對生命經濟安全保障亦適用。一般而言，收入越高，資產越多的人，越怕失去（當然有例外），而資產的增減，可發生在生命周期中，不同的階段，因此，財產安全保障需求程度，也會產生變化。無庸置疑，生命經濟安全保障需求的變化，亦復如此。

家庭風險管理中，家計主事者扮演的就是家庭中的風險管理人員。首先，健康就是財富，他（她）及家庭成員的保健措施是免不了的。此外，應重視風險理財的規劃，風險理財工具中，就家計主事者擔憂突然往生而言，個人壽險是不可少的風險理財工具。在作個人壽險額度規劃時，應依家庭安全保障需求的變化而不同。個人壽險額度的估計，可採用第十章曾言及的生命價值法，亦可採需求法。另外，家計主事者，至少每年一次，做家庭經濟安全檢查。以家計主事者擔憂突然往生為例，採用需求法說明，個人壽險規劃時的基本考量。國內外實務上，做需求額度計算時，均有制式表格，參閱表 32-2。

表 32-2 壽險需求表

（一）經濟狀況

固定月收入_____元，月支出_____元，月結餘_____元

年度總收入_____元，總支出_____元，總結餘_____元

夫妻年收入比_____.

可運用資產_____元（A）：

包含銀行存款_____元

股票現值_____元

基金現值_____元

房產現值_____元

其他_____元

須償還債務_____元（B）：

包含房貸月繳款_____元，剩餘年限_____年，利率_____

車貸月繳款_____元，剩餘年限_____年，利率_____

信貸月繳款_____元，剩餘年限_____年，利率_____

其他_____元，

（二）家庭責任

扶養對象	目前年齡	扶養年限	月生活費
配偶	_____	_____	_____
子女	_____	_____	_____
子女	_____	_____	_____
父親	_____	_____	_____
母親	_____	_____	_____
岳父（公公）	_____	_____	_____
岳母（婆婆）	_____	_____	_____

月生活費×扶養年限＝家庭責任準備金（C）

（三）社會保障

勞保死亡給付，夫_____元，妻_____元

公保死亡給付，夫_____元，妻_____元

團保死亡給付，夫_____元，妻_____元

總保額_____元（D）

（四）商業保障

終身壽險死亡給付，夫_____元，妻_____元

定期壽險死亡給付，夫_____元，妻_____元

意外傷害死亡給付，夫_____元，妻_____元

重大疾病死亡給付，夫_____元，妻_____元

終身防癌死亡給付，夫_____元，妻_____元

總保額_____元（E）

家庭基本保額＝B 需償還債務＋C 家庭責任準備金－A 可運用資產－

D 社會保障總保額－E 商業保障總保額

夫妻保額分配依年收入比例

首先，分析整個家庭在其突然有人往生後，需求的類別與程度。一般而言，需求類別有四大類：(1) 個人喪葬費用；(2) 家庭其他成員的生活費用；(3) 子女教育基金；(4) 各類債務。在估計各類需求程度時，為求精確，可把利率與物價通膨因子，一併考量。其次，估計往生時，可能有哪些財務來源。一般而言，可分三大類：(1) 銀行存款與可立即變現的資產；(2) 各類保險給付；(3) 其他收入。當需求總計數高於財務來源總金額時，顯然，整個家庭在其突然有人往生時，有立即的保障需求。反之，整個家庭暫時對此需求並不急迫。產生立即保障需求的情況時，家計主事者需衡度分析壽險市場的狀況，始決定是否依保障需求額度購買壽險。如決定購買壽險時，重要的問題，是選購哪家保險公司的哪種保單。購買保單時，除需徹底明瞭保單內容與比較保單成本外，對簽發保單公司的形象信譽、財務和業務等狀況，最好多方打聽，花功夫了解。根據這些基本考量，以一個兩個子女恰恰好的小家庭為例。以圖 32-2 簡單說明其基本規劃過程。

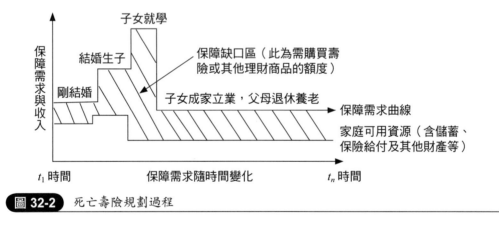

圖 32-2 死亡壽險規劃過程

（四）風險理財——非保險

個人與家庭的風險理財規劃，必須比較各類理財工具的成本與報酬。除保險外，共同基金、股票型基金、期貨與選擇權或民間互相會等，均是可以考慮的非保險理財工具。注重分析非保險理財工具組合的成本與報酬，有些時候或許比購買保險有利。以利率持續下滑的壽險市場來說，其他情況不變的情況下，保費必然走高。在此情況下，購買壽險不見得有利，在經濟極度惡劣時，有些保險公司甚至不賣某類型保單，以求自保。

（五）個人退休規劃

個人為退休後生活做經濟來源的準備，基本上，考量的過程與前述壽險規劃考量的方式並無二致。換言之，無非考慮退休後，資金的需求與資金的來源。資金的需求則決定於退休後收入的目標。基本上，吾人希望退休後的生活水準，至少與退休前相同。在此基本觀念下，所得替代率的計算是必要的。透過所得替代率的計算結果，吾人可知道，退休後收入維持多少，可享受與退休前同樣的生活水準。所謂**所得替代率**（Income Substitution Ratio）是以一定期間收入為基礎，將收入扣除所得稅、工作費用與儲蓄的餘額除以收入而得。如結果為百分之五十五，表示退休後定期收入為退休前定期收入的百分之五十五，即可維持與退休前同樣的生活水準。之後，考量個人的平均餘命年數，即可計得退休後所需生活費用總額。如要更精確，可將利率因子一併考慮。其次，考量必要的醫療費用。身體狀況好，則考慮想旅遊的費用。

藉由此基本過程，吾人可估算出退休後的資金需求。另一方面，就要考慮退休後的資金來源。當然壽險的生存給付、社會保險老年給付、年金保險給付、銀行存款與可立即變現的資產以及其他收入均是資金的來源。同樣地，資金需求總額如高於規劃時，預估的資金來源總額，顯示吾人需儘快未雨綢繆。反之，不需那麼急迫。除非情況有變。在實際準備退休金過程中，財務風險對儲存退休金可能的不利衝擊，必須留意。

（六）個人家庭風險管理與賦稅

藉由賦稅的減免，風險管理可增進公司價值。同樣，賦稅的抵免，對個人家庭管理風險上，也有極大的誘因。就台灣情況言，每年的報稅季節，就是購買保險的旺季。蓋因，保險費支出，可抵免一部份賦稅。另一方面，所有的保險給付對受領人言，均免納綜合所得稅。至於遺產稅與贈與稅，依情況不同，也有免稅的相關規定，例如，指定受益人，該受益人繼承的保險給付免納遺產稅。

五、本章小結

面對風險社會的年代，個人風險管理，必須理性思考，與依個人對風險知覺的感性判斷，做好自身的決策，不能由專家完全替代你（妳）作決策，蓋因面臨風險的人，是自己本身，有安全保障需求的，也是你（妳）。

思考題

❖個人是自然人，公司是法人，請問風險管理上，回應風險的方式，有何不同？買壽險就是儲蓄投資，對否？為何？買產險，怎沒聽說就是儲蓄與投資，為何？

參考文獻

1. Skipper, Jr. H. D. (1998). *International risk and insurance-an environmental-managerial approach.* New York: Irwin / McGraw-Hill.

2. Mischel, W. (1968). *Personality and assessment.* New York: Wiley.

第七篇

公共風險管理與風險社會

公共風險管理分成政府機構組織風險管理與社會風險管理等兩大區塊，兩者均以追求公共價值為目標，這有別於追求公司價值的公司風險管理，因此，本篇在看待風險方面，同時採用以「機會」出發的個別概念，和以「價值」出發的群生概念，換言之，本篇同時採實證論與後實證論為風險的本體論，影響所及，公共風險管理探討的議題更為多元，尤其在社會風險管理方面。其次，本篇也說明，風險建構理論與風險社會的相關議題。

第

33 章

公共風險管理

簡單說，管理社會大眾事務的機構就是政府，它同樣需要風險管理，因為風險（Risk）是任何管理活動必要的成本，不論是個人、公司、政府機構、非營利組織、國家總體社會與國際組織的管理活動。從歷史來看，風險管理源自私部門（Private Sector）的企業體。嗣後，風險管理的觸角才伸入公部門（Public Sector）領域，也就是公共風險管理（Public Risk Management）。

公共風險管理，分成政府機構或非營利組織風險管理（ORM: Organization Risk Management），例如，政府機構的經濟部或國防部等，非營利組織的各類文教基金等，以及社會風險管理（SRM: Societal Risk Management）兩大區塊，兩者均以追求公共價值（Public Value）為目標，這有別於追求公司價值的公司風險管理。政府在公共風險管理中，扮演著極為重要的角色，它不僅是政府機構本身的風險管理者，也是總體社會風險管理中，公共風險政策的制訂與監理者。其次，英美等先進國家，已高度重視公共風險管理在政府機構與總體社會風險政策制訂與監理上的應用，同時，聯合國 OECD [1]（Organization for Economic Co-Operation and Development）組織，也對各國政府的監理，提出以風險為基礎（Risk-Based）的改革意見書，藉以改善各國的風險治理（OECD, 2010）。最後，本章仍以ERM架構，說明公共風險管理中的 ORM，至於 SRM 則不採用。

一、政府角色與風險環境

（一）風險環境

現代政府公共管理上，必須融合風險管理，才能有效提昇公共價值（Public Value）。政府在追求公共價值的目標下，行政機關對民眾提供服務與負責制定公共政策，在這些過程裡，均會伴隨著風險，這些風險如果無法妥善管理，將有損政府的威信與人民的福祉。這些伴隨而來的風險，則隨著環境的改變而產生變化，也因此，現代政府管理風險上，面臨極大的挑戰，主要的挑戰則來自：

第一，全球的極端怪天與地球村的成形，人類間的依存度大幅攀升，經濟全球

---

[1] OECD 是三十個國家，為了解決全球經濟、社會與環境議題，共同組成的國際著名組織，歐盟也參與其中。該組織會出版相關書籍，提供相關議題的全球解決標準。其中，OECD（2010）。Risk and Regulatory Policy-Improving the Governance of Risk。特別與公共風險管理有關。

化，伴隨風險的全球化，風險在國際間責任的分攤，成為各國政府重要的挑戰與議題，例如，H1N1 的流感，也就是 SARS（Severe Acute Respiratory Syndrome） 的議題。

第二，創新科技與全球網路化的快速發展，對政府施政帶來新的問題與挑戰，例如，分子奈米科技或電腦駭客等。

第三，國內外政治、經濟與法律環境的瞬息萬變，政府平時無完善的風險管理機制，已無法因應瞬息萬變的環境，例如，最近歐債的衝擊等。

第四，民眾不同的風險知覺（Risk Perception），造成風險理性與感性的衝撞，加據社會抗議與衝突，這些考驗著政府管理風險的能力，例如，台灣民眾最近對美牛與禽流感病毒 H5N2 的抗議事件 [2]。

面對這些風險環境（Risk Environment）的挑戰，現代政府，應整合建置一套完善的公共風險管理機制，才能因應未來嚴酷的挑戰。這套機制，除可帶來政府施政成本的降低與減少風險的不利衝擊外，亦可提昇民眾對政府施政的滿意度與信任度。

（二）政府角色與公共事務

1. 政府角色

在前列風險環境下，現代政府扮演三種角色（Strategy Unit, 2002）：第一種角色，就是監理的角色（Regulatory Role）；第二種就是保障的角色（Stewardship Role）；第三種就是管理的角色（Management Role），詳細內容參閱第七章。

2. 公共事務

政府職責在公共事務，但這公共事務與政府是否該實際涉入，仍有不同的見解，第一是政治學領域的觀點，第二是來自經濟學領域的觀點（Fong and Young, 2000），這些觀點與什麼是公共性（Publicness），亦可詳閱第七章。

---

[2] 2012 年 3 月 14 號，台灣總統大選後，馬英九總統所領導的政府，馬上面臨美牛是否進口與 H5N2 禽流感的挑戰。由於政府官員忽視民眾感性的風險思維，也就是知覺風險（Perceived Risk） 評估，以致處理上捉襟見肘，政府威信受到嚴重挑戰。

二、公共風險管理概論

（一）什麼是公共風險？

財貨在經濟學中有私有財與公共財之分，風險是否也有私部門風險與公共風險的存在？何種條件下，風險可被視為公共風險，需政府介入管理？公共風險又有幾種？至於，風險管理對政府機構與總體社會的效益，可參閱第七章。

1. 公共風險的定義與存在的條件

風險是否也有公共性，存在著公共風險？如存在，其特質條件為何？提出這種質疑，主要是因風險普遍存在於人類所有活動中，有公私劃分的必要嗎？針對這些問題，簡要整理 Fone and Young（2000）的論點如下。

從經濟學完全效率市場的觀點言，這個市場是可有效分攤所有人類活動中伴隨的風險與責任，因此，風險歸這個市場管理即可，政府無須觸及。然而，某些風險的性質是形成公共性的原因，例如污染風險，或國立學校建物可能失火的風險，而某些風險責任的分攤完全歸由市場管理，又無法獲得有效率的解決，例如核廢料儲存所可能引發的風險。因此，從經濟學的觀點，當風險具有高度的不確定性，或當風險具有外部性，或當風險責任無法透過市場獲得有效率的分攤時，就存在著公共風險。換言之，此時風險管理應是政府基本的職能。

具體來說，屬於下列六項特質之一的風險，即為公共風險：第一，透過自由市場機制無法有效地將風險的負擔，分配至應負責或有能力承受風險的一方時， 例如，掩埋場的設置可能引發的風險；第二，透過自由市場價格機制無法合理反映風險所導致的成本時，換言之，即有外部化現象的風險，例如，工廠水污染風險；第三，源自政治操作過程的風險，例如，台灣軍購案朝野政黨角力可能引發的風險；第四，源自對基本人權保護的風險，例如，台灣高雄泰勞事件可能引發的風險；第五，處於不確定最高層[3]的風險，例如，太空冒險初期或剛爆發非典時；第六，已成公共議題的風險，例如，台北邱小妹轉診事件經媒體報導後，引發公眾討論時。

從上述六項特質來看，任何風險應是位於一個光譜圖上，光譜圖一端是私部門

---

[3] 美國 Ohio State University 的 Michael L. Smith 教授將不確定分三種層次，第一層是 Objective Uncertainty，第二層是 Subjective Uncertainty，最高層就是機率與結果完全不知情的第三層。亦可參閱本書第二章第一節的說明。

風險，另一端是公共風險。風險有時是本身的特質關係，位在公共風險這一端，有時是時間演變的關係，轉位在公共風險這一端，有時是市場失靈，也轉位在公共風險這一端。換言之，任何風險均可能是私部門風險，只要不符合上述六項條件中的任何一項。

最後，針對公共風險定義如後（Fone and Young, 2000）：「**公共風險**是涉及公共事務與公眾利害關係的風險，這公共事務與公眾利害，主要與人權保障、利益平衡以及社會公平的確保有關」。

2. 公共風險的類別

公共風險依管理主體區分，可分兩大類（Fone and Young, 2000）：一類為影響總體社會的**社會風險**（Social Risk），例如豬口啼疫或禽流感事件等；另一類為影響各政府機構或非營利組織的**組織風險**（Organization Risk），換言之，組織風險存在的客體為各政府機構或非營利組織，而非總體社會，然而，要留意的是組織風險管理不當，對總體社會必然有影響。

組織風險可進一步分成政策風險（Policy Risk）、營運風險（Business Risk）與系統風險（Systemic Risk），這三種風險又可各別依照不同的基礎，進一步劃分。**政策風險**是可能無法完成政策目標引發的風險，例如，農改政策。政策風險因涉及社會大眾福祉，因此政策風險常與社會風險發生連動，例如，因政策不當引發的社會衝突。**營運風險**是政府組織營運過程可能引發的風險，例如，火災或服務作業風險。**系統風險**是來自政府組織外環境系統變數可能帶來的風險，例如，大陸的反分裂法牽動的兩岸變化，可能引發的風險。

上述各種組織風險類別間，有時互相關聯，例如，台灣行政院新聞局對有線電視的政策，引來諸多批評，這項政策能否持續完成既定的政策目標，是有待觀察的，原因是某政黨揚言要全數刪除新聞局的預算。在新聞局的立場，如果未來因諸多變數，而使該政策無法完成既定的政策目標，這對新聞局而言，就是可能的政策風險。某政黨揚言要全數刪除新聞局的預算，這對新聞局而言，也就是可能的營運風險。明顯地，政策風險與營運風險間，雖然類別不同，但兩者間有其關聯與互動性。最後需留意，這些風險類別，有些是**跨部會間的風險**（Interagency Risk），有些屬國家社會最高層的風險（State-Wide Risk），有些則專屬各政府機構本身的風險（Agency-Level Risk）。

（二）公共風險管理的類型

公共風險管理是相對於私部門風險管理的稱呼，在公共風險管理領域，仍可依第四章所言的風險管理分類基礎分類，那就是同樣可依誰管理風險、管理什麼風險與如何管理，作類型的區分。例如，依管理風險，公共風險管理就可分為**組織風險管理（ORM）與社會風險管理（SRM）**兩種類型。再如，依管理甚麼風險，公共風險管理就可分政策風險管理，營運風險管理與系統風險管理。依如何管理，公共風險管理就可分為「賽跑型」風險管理與「拔河型」風險管理。以上所提的類型分類基礎中，以「如何管理」的分類基礎，與風險理論思維及管理哲學最有直接關聯，至於，「賽跑型」風險管理與「拔河型」風險管理的涵義，可參閱第四章之說明。

（三）公共風險管理的發展

從「風險管理」詞彙（Gallagher, 1956）出現起算至今，風險管理的發展已達五十多年。這其中，前約二十幾年是只有私部門風險管理發展的時段，後約三十年才是公私部門風險管理共同發展的階段。根據文獻（Fong and Young, 2000），公共風險管理正式的發展，時約一九八〇年代。其他公共風險管理發展的重要事項，參閱第五章的說明。

（四）公共風險管理領域應有的風險概念與管理哲學

公共風險管理領域中，該如何看待風險，著者以為，最好是兼容並蓄，換言之，就是同時採用機會與價值兩種風險概念（參閱第二章），蓋因，公共風險議題特質複雜，採用單一概念不足以因應，最近，台灣發生的美牛進口抗議事件與H5N2的風險議題，即可顯示只採機會的風險概念，政府在處理問題上的捉襟見肘。其次，公共風險管理追求公共價值，這與私部門的公司風險管理目標不同，因此，風險在公共風險管理領域，如何被看待極端重要。最後，風險管理的哲學，包括認識論、方法論、問題建構的實質理論與管理思維上，著者也認為，最好也是能調合，兼容並蓄。這些問題在風險管理上，目前仍多爭議，其內容詳閱第二章與第三章，然而，著者認為這些爭議的問題，可透過冰山原理（參閱第二章說明）的概念，加以調合，因此，本章均同時採用個別與群生兩種概念看待風險，至於下一章，由於談的是風險建構理論，所以只採用群生概念看待風險。

（五）ORM 與公司風險管理的比較

不論公私部門，管理風險的過程是相同的。更具體的說，就是 ERM 八大要素架構是相同的，但公共風險管理追求的是公共價值，因此，其內涵與公司風險管理有別，茲就政府機構風險管理，也就是 ORM，與公司風險管理間，重要的不同比較如下：

1. 就機構性質與管理目的言

政府機構不是商業組織不以營利為目的，風險管理能增加公司價值的理論，不適用政府機構。政府機構從事風險管理，是謀取人民的最大社會福趾（Social Welfare），也就是提昇公共價值、公共價值內涵與公司價值有別，可參閱第七章說明。

2. 就歷史發展言

政府機構風險管理與專業組織（例如，第五章言及的美國公共風險管理協會 PRIMA）的發展歷史，均比私有部門公司風險管理與專業組織的歷史發展為短，可參閱第五章。究其原因有：(1) 政府機構管理上，不求創新是其主因；(2) 因國家免責，政府機構習於隱藏風險對其不利的衝擊；(3) 政府機構長期以來，因國家免責原則，坐享了免除法律責任風險的不利衝擊（Williams, Jr. *et al*, 1998；劉春堂，2007），但此權益已因國家賠償 [4] 觀念的浮現消失殆盡。

3. 就決策的考量言

在預算範圍內，政府機構風險管理的決策，通常屬於團體與社會決策，其考量常需涉及社會公平正義的倫理價值問題，如跨代（Intergeneration）公平的問題等，此點也與公司風險管理的決策考量有別。團體與社會決策理論（例如，社會選擇理論），可參閱第七章的說明。

4. 就管理導向言

公司風險管理由於追求公司價值，所以財務導向色彩濃厚，但政府機構風險管理追求公共價值，其所需的財務管理，是公共財務的財政學，因此是屬財政導向兼

---

[4] 二十世紀前，各國立法例，採用否定說的國家無責任原則，之後，二十世紀初至第一次世界大戰前，採用相對肯定說，及至第二次世界大戰後，全面採肯定說，亦即承認國家對於公務員執行職務之侵權行為，應負賠償責任。詳閱劉春堂（2007）。《國家賠償法》。台北：三民書局。

重社會公平導向的風險管理。

5. 就管理績效言

信任（Trust）固然也是公司風險管理上（可參閱第十八章信任雷達的說明），不能忽視的因子，但對政府機構風險管理言，風險管理的績效，絕對要以人民對它的信任（Trust）為前提，公權力如不彰，公眾無信心，風險管理將無績效可言。

三、ERM 與政府機構風險管理

現代政府機構風險管理，也採用 ERM 八大要素為架構，那就是內部環境、目標設立、風險辨識、風險評估、風險回應、控制活動、資訊與溝通、以及績效評估與監督等八項。這其中的內容，在第四篇各章節中，均有詳細論述，而政府機構風險管理過程與公司風險管理過程間，除前提及的幾點特質外，本節說明 ORM 中採用 ERM 要素時，需特別留意的地方，與英國地方政府風險管理人員協會（ALARM: Association of Local Authority Risk Managers）公布的政府機構風險管理十大原則，同時，也說明非營利組織治理與風險。

（一）政府機構治理

ERM 內部環境要素中，**政府治理**（Governmental Governance）概念，可採用公部門治理（Governance in the Public Sector）的概念，這項概念與公司治理概念（參閱第八章）相通，且適用於政府機構與非營利組織的治理，**政府機構治理**可指以倫理公平及負責的態度，導引與合理確保政府機構順暢營運與完成目標的所有政策與程序而言（Collier, 2009）。政府營運涉及所有人民福祉，因此政府治理較公司治理複雜許多，下列是政府治理六大原則（Independent Commission on Good Governance in Public Services, 2004）：

第一，政府機構在民眾服務方面，應制定清楚的目標與預期的服務成果，且要能確保使用者認為服務品質好，納稅人認為繳稅繳得值。

第二，要能很有效率地執行相關的服務與其扮演的角色。

第三，要能提昇政府機構的整體價值，且要能證明價值已融入服務過程中。

第四，採用公開透明的決策過程，確保風險管理的效能。

第五，政府機構服務人員應具備應有技能、經驗、知識與責任感，以確保治理

的有效性。

第六，政府機構與特定利害關係人（例如，政府委外專案）間，應透過對正式與非正式責任關係的了解，採取積極有計畫的作為，對民眾負責，使專案的執行能有效率且公開。

（二）政府機構風險評估

政府機構風險的特性，畢竟與公司風險有別，尤其許多公共風險，具有不確定性高與爭議大的特質，因此，第三章所提的後常態科學（Post-Normal Science）在評估公共風險時，有其重要性，政府機構風險評估的質化與量化，可參閱第十章、第十一章與第十二章。政府機構風險評估，需特別留意定量估計的實際風險（Actual or Real Risk）與風險評價的知覺風險（Perceived Risk）間的比較分析，如此才有助於各政府部會間或政府機構與民眾間的風險溝通。

其次，不論 ORM 或 SRM 的公共風險評估，其特殊處，可以簡單的點數公式說明，該公式為：

「公共風險點數＝（損失的可能性＋距離風險威脅的時間）×損失的嚴重度＋
民眾的信任×風險責任的分攤×社會群體的同意」。

該公式與第十章所提的風險點數公式最大不同處，在於評估公共風險時，有必要考量民眾的信任、風險責任的分攤與社會群體的同意等三大變項（Sandman, 1987）。這點數公式，雖不如數量模式精準，但極適合所有公共風險的評估。經由前列公式計得的風險點數，即可得出政府機構面對的風險圖像（Risk Profile），從而可獲得管理風險或施政上的優先順序。上列公式中，「民眾的信任」、「風險責任的分攤」與「社會群體的同意」等三個變項，可以問卷方式計量。

（三）政府機構風險回應與 ERM 其他要素

公共風險評估的特殊性，自然會影響 ERM 其他要素，這包括：內部環境中的政府機構風險胃納的制定與風險管理政策的形成，目標設立、風險回應、控制活動、資訊與溝通以及績效評估與監督，這些項目基本的概念，雖與公司風險管理雷同，可參閱第四篇相關章節，但仍有幾點特殊之處，值得留意：

第一，政府機構風險回應中，風險控制部份，政府機構可使用公權力，這是公司風險管理中無法具有的風險控制手段。至於，公共風險理財，須留意財政預算要

國會通過，例如，國家賠償經費預算的編列或為了救災緊急動用第二預備金的編列等，這項程序會增加政府機構風險管理實施時的不穩定性，進而影響風險管理績效。

第二，政府機構風險管理績效評估與監督方面，績效評估指標應以非財務的質化指標，較為合適，例如民眾對各部會機構的信任度與滿意度調查與評比，畢竟政府機構的營運經費，均來自全民的納稅，財務指標（例如，經濟成長率或國民所得等）再亮麗，但全民覺得不公平，也不符合正義原則，這些亮麗的財務指標，也不是最合適的績效評估指標。其次，政府機構風險管理的監督，在民主國度，則有賴司法系統，在台灣還有監察院系統以及政府機構主計稽核系統，外部監督可仰賴號稱「無冕王」的新聞媒體以及國際間國家競爭力或治理的評比機構。

（四）ALARM 十大 ORM 原則

前提及，英美政府相當重視風險管理，此處以英國為例，說明公共風險管理中的重要原則。英國的綜合績效評估機構（CPA: Comprehensive Performance Assessment）、政府財政主計人員學會（CIPFA: the Chartered Institute of Public Finance and Accountancy）、地方政府首長協會（SOLACE: the Society of Local Authority Chief Executives）、地方政府風險管理人員協會（ALARM）與會計人員國際聯盟（IFACs: International Federation of Accountants）等組織，對推動公共風險管理不遺餘力，其中的ALARM公布的政府機構風險管理（ORM）十大原則，特別值得留意，該十大原則如下（Collier, 2009）：

第一，政府機構要有正式的風險管理架構，並得到閣揆與各部會首長支持，有效執行風險管理策略。

第二，風險管理的執行，必須文件化且經正式核准。

第三，風險管理架構與績效必須至少每年檢討評估一次。

第四，政府機構應對外部營運的機會與威脅做客觀的分析。

第五，政府機構的內部分析應辨識機構的優勢、劣勢與能力。

第六，政府機構應對所屬人員全面溝通風險管理的目標與目的。

第七，目標應能衡量，且需與相關計畫連結，並有最後完成的期限，以及相關的資源配置與質化量化成果的呈現。

第八，執行的責任歸屬要明確，歸屬責任時，應考量有效資源的配置與支援。

　　第九，要定期且有進展式的報告風險管理活動與有計畫有組織地評估績效與監督。

　　第十，最高層應定期評估營運持續計畫（BCP／BCM）與演練測試其有效性。

　　其次，英國政府橘皮書（Orange Book）中，也提供一些問題，用來評估政府機構風險管理的成熟度，這些問題如下：第一，內閣首相或部會首長是否完全支持及推動風險管理？第二，政府機構所屬人員是否完全具備風險管理知識與技能並完全配合？第三，是否有明確的風險管理策略與政策？第四，委外或各部會間，是否具備有效的風險管理安排？第五，政府機構公共管理是否完全融合風險管理？第六，風險回應方式是否良好？第七，風險管理對施政績效的達成是否有貢獻？（Collier, 2009）

（五）非營利組織治理與風險

　　非營利組織風險與治理，類似政府治理與政府機構風險管理，但仍有別於公司風險管理。英國諾蘭爵士（Lord Nolan）制定的**諾蘭原則**（Nolan Principles）原為服務政府公職的個人使用之原則，但也被認為與第三部門中的志願組織與社團的受委託管理人有關。這諾蘭原則包括：無私原則、正直原則、客觀性原則、當責原則、公開原則、誠實原則與領導力原則。這些原則影響非營利組織的風險與治理，良好的非營利組織治理原則包括（Collier, 2009）：第一，受委託管理人組成的最高委員會或理事會，應具備完成組織目標、策略、發展方向的領導力；第二，委員會或理事會應負責任的確保與監督組織，能有效執行相關事務並符合所有法令要求；第三，委員會或理事會應負責任能達成組織高績效；第四，委員會或理事會應定期自我評估與組織的效能；第五，委員會或理事會應清楚地授權給下設的各單位，並評估其績效；第六，委員會或理事會及所有受委託管理人，應具高道德標準；第七，委員會或理事會處理所有事務，應透明公開。

　　其次，依據英國慈善機構報告（SORP: Statement of Recommended Practice）的要求，受委託管理人應編製經稽核的年度報告書，且應載明組織的主要風險，並有良好的風險管理機制管理組織風險，其目的是為捐助人等利害關係人負責。此外，英國慈善事業監理機關（Charity Commission）對非營利組織風險與治理，亦有相關類似的規定（Collier, 2009）。

四、科學與風險監控政策

科學分成自然科學與社會科學,這兩種科學,均會與政府各類的風險監控政策有關,關於會危害民眾健康安全的危害風險監控政策,原則上,自然科學扮演主導角色,關於會影響民眾財務安全的財務風險監控政策,社會科學扮演主導角色。

在危害風險監控政策方面,政府機構為了人民福祉常需制定適當的政策,例如環境污染政策與能源科技政策等。然而,此種風險監控政策的制定,在民主政治體制的國家是極其複雜的,其中主要原因之一,是自然科學扮演何種角色以及公眾對科學的信任度。進一步言,科學扮演何種角色係指自然科學提供的危害風險評估數據,政策制定者如何看待?公眾對這些數據又如何看待?兩方如有共識,政策容易制定與推行。反之,將相當複雜,例如台灣的核四政策。

科學萬能,一直是人們對自然科學的印象。然而,科學仍有所不能,已漸被當代人們所接受。科學萬能是人們認為科學均能提供確定的與真實的答案。然而,科學常以接近真實世界的假設模式,進行測試與驗證,提供了所謂的科學證據。這些科學證據隨著時間的經過,模式經常被修正。同一時間,不同的科學家採用不同的模式,科學證據的結果也不同。例如,不同科學團體對各類能源可能導致的外部風險估計就不盡相同(Lee, 1997)。再如,人體針對可能致癌的物質,在低劑量下是否有免疫的暴露水平(Thresholds Level of Exposure),一直以來,科學家間亦有爭論(Wilson, 1999; Hendee, 1996),這項爭論,其實也代表了不同科學家間,有不同的風險文化類型(參閱第三十四章),參閱圖 33-1 與圖 33-2。

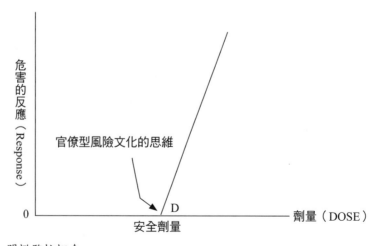

圖 33-1 門檻監控概念

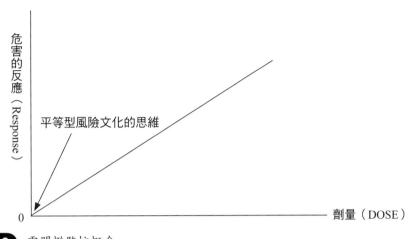

圖 33-2　零門檻監控概念

　　屬於官僚型風險文化類型者認為，風險是可藉由科學門檻控制的，因此主張安全門檻下的劑量（圖 33-1 中的 OD 區段）不致於危害人體健康。然而，屬於平等型風險文化類型者認為，風險是危險的，且不受科學控制的，因此認為沒有所謂的安全門檻。

　　其次，科學家採用的測試模式的假設本身，即涉及科學家的判斷，此時測試模式的選擇，即面臨模式風險（Modelling Risk）。溫伯格（Weinberg, 1972）認為自然科學有三種限制情形：第一，當答案的獲得需耗巨大成本時，自然科學證據效果存疑；第二，科學涉及人的判斷時，自然科學證據的效果也存疑；第三，涉及倫理道德議題時，自然科學無能為力。

　　范德維克斯與拉維斯（Funtowicz & Ravetz, 1996）認為人類為了解決風險議題（包括風險監控政策的制定），自然科學的適用與其扮演的角色可分三類：第一，自然科學適用於利害關係人（Stakeholders）極少，議題所在的決策體制極其穩定時，此時自然科學扮演絕對影響力的角色；第二，自然科學在涉及不少利害關係人，議題所在的決策體制相對不穩定時，它只能扮演建議顧問的角色；第三，當議題涉及眾多利害關係人，議題所在的決策體制極不穩定時，只能靠社會科學解決。因此，政府制定風險監控政策時，應視風險特質與決策後果可能涉及的範圍以及決策環境的穩定度，以不同的科學方法因應。例如英國在一九七〇年代對石油含鉛的管制，是採用事先防範原則（Precautionary Principle），因為科學提供的證據顯示，石油含鉛對小孩智力有不利影響。然而，政府政策的制定面臨討論。政府與在野科學家意見不一致且公眾關注的層面與科學家不同。最後，無鉛汽油與含鉛汽油

依不同車種並行於市場。整個過程顯示，自然科學證據無法完全主導政策的制定。此時，社會科學研究扮演了重要角色。

最後，政府對財務風險監控政策，例如對銀行與保險業的監控政策，國際上分別有 Basel 協定與 Solvency II，各國政策上是否完全接軌國際規範，政府自有各國國情與政策的考量。

五、社會風險管理

ERM 架構，應該是適用於公私部門各個體或組織，社會一詞，是總體概念，雖然，可以 AGIL 模型 [5] 將整體社會視為有機體，但其最終的管理決策者，是全民，最終需承擔責任者，也是全民，因此，本節不採用 ERM 架構說明。其次，社會風險管理最終的決策者，既是全民，在面對重大爭議性的風險議題（參閱第三章的說明）時，在民主國家，最後使用的決策手段，就是全民公投（Referendum），公投的結果，就由全民承擔。一般情況下，政府機構所制定的風險監控政策，除影響個人風險行為（Risk Behaviour）外，社會的風險行為（Societal Risk Behaviour）亦受其影響。

另一方面，在民主國家，風險監控政策的形成與制定過程，其實也反映了總體社會的風險行為。個人、公司、政府機構與總體社會面對風險的情況，同樣有成本／風險與效益的考量。然而，對個人言，這種考量較單純，但對公司、政府機構與總體社會言，則複雜許多。公司著重股東權益的提昇，較少倫理或社會公平的考慮。但政府機構與社會風險管理，則重總體社會與民眾福祉的提昇以及社會的公平正義，為達成這項目標，政府機構在社會風險管理中，扮演了極為吃重的角色。

（一）監控社會風險的理由

民眾的健康與財富的安全，均是社會風險管理的重要目標，針對政府應不應該監控危害風險，亦可參閱第七章與本章前項的說明。摩根（Morgan, 1981）則認為危害風險的監控，最終涉及的是倫理道德議題，因為危害風險有可能關乎跨代人們

---

[5] 該模型由派深思（Parsons, T.）與史美舍（Smelser, N.）首創。A（Adaptation）代表社會的適應物質生活需求系統，G（Goal Attainment）代表社會目標的達成，這以政治為核心，I（Integration）代表社會秩序與維持系統的整合，L（Latent Pattern Maintenance and Tension Management）代表維持文化價值及提供社會化的機構，例如，教會、學校與家庭等。詳閱 Smith, P.(2001). *Cultural theory: an introduction.* Blackwell Publishers Inc.

的健康與安全以及責任由誰承擔的問題。不談倫理道德，一般而言，政府應不應該監控風險，則有兩種主張（Merkhofer, 1987）：一為主張應該監控風險的**功利主義**（Utilitarianism）。持此種主張者認為，政府監控風險產生的效益高過成本時，政府監控風險能獲得人民支持，故監控有理；二為主張不應該監控風險的**自由主義**（Libertarianism）。持此主張者認為政府監控風險，只要有可能損及某位人民的權益，那麼政府監控風險的任何作法，對總體社會言均是錯誤的。換言之，人民面對風險時，由人民自行決定其風險行為，政府不應透過政策的制定進行干預。然而，現實世界中，各國政府均多多少少進行風險的監控。監控風險的理由，可歸納如後：第一，因風險俱有的外部性（Externality）。例如汽車駕駛人開快車，乘客們即面臨風險的外部性。再如，工廠產生的空氣污染亦俱風險外部性。風險的外部性產生的成本，因無法經由市場機制有效消化，政府干預監控乃成必要；第二，任由市場運作，政府不監控，總體社會安全的水平可能不足。例如，大眾均不排斥由政府出資打預防針。但政府如不出資，自由市場可能因經濟規模的原因，收費高昂。因而，只有少數人們能夠施打預防針，導致總體社會安全水平的不足；第三，許多風險是源自公共財。例如水壩崩塌的可能後果；第四，來自公眾輿論的壓力。

（二）社會風險監控方式與過程

政府為了達成風險監控的目標，例如零職災、零事故等。一般從兩方面著手：一為從風險鏈（Risk Chain）著手；二為從改變人們的行為著手。就前者言，例如，從危險因素著手，禁止使用糖精、禁止使用農業用殺蟲劑等。就後者言，有直接依法令規定執行公權力者，如酒醉駕車重罰，強制繫安全帶與強制垃圾分類等，也有以付費的方式，驅使人們改變行為者，例如，污染者付費等，也有設法提供風險資訊予社會大眾，企圖改變人們的行為者，例如，宣導抽菸的害處等。

至於實際監理的過程上，則分為兩個層面（O'Riordon, 1985）：一為執行層面（The Implementation Phase）；一為評估層面（The Evaluation Phase）。首先，說明前者，執行層面上，主要是制定各類相關法案，藉由立法機關通過執行。各類法律監理上的要求，則依監理重點而有不同。大體上，可分三類（Merkhofer, 1987）：第一，重效益與成本的平衡。具體言，意即要求科技可能產生增進人類健康的效益與可能產生的風險／經濟成本間要能取得平衡。成本效益的決策分析（CBA: Cost-Benefit Analysis）扮演主要的決策工具；第二，僅重科技技術上安全的要求。科技安全的要求主要透過法條文句的擬定，例如，以文句要求，安全

上必須以「最佳技術可達成者」。（BTMA: Best Technical Means Achievable）為要求。再如，監理環境污染的水平上，法條文句規定，在現行科技水準下，考量社會因素、效益成本，達成人們可接受的安全標準，例如，合理可達成的低污染（ALARA: as low as reasonably achievable）與**合理實際可行的低污染（ALARP: as low as reasonably practicable**），是污染水平要求上常見的法條文句。後一文句（ALARP）對產業的要求，較前一文句嚴格；第三，僅重人體健康安全的要求。換言之，禁止有損人體健康的科技。

另一方面，風險監控的評估標準有五（Harrison and Hoberg, 1994）：(1) 嚴謹度（Stringency）；(2) 監理決策時機的適當性（Timeliness of the Regulatory Decision）；(3) 風險與效益的平衡性（Balancing of Risks and Benefits）；(4) 公眾參與決策的機會（Opportunities for Public Participation）；(5) 自然科學對風險的解釋程度（The Interpretation of Science）。

（三）社會風險監控相關機制

政府機構是社會風險管理的主要執行者，例如，台灣行政院環保署、衛生署、勞委會、金管會、經濟部與財政部等各部會。經由這些政府機構所制定的政策與相關法令規定，是為個人、公司、社會團體等管理風險應遵守的規則，以環保法令為例，有重預防的環境影響評估法，有重管制的，如空氣污染防治法、噪音管制法、水污染防治法、廢棄物清理法與毒性化學物質管理法等，有重救濟的公害糾紛處理法。除政府機構所制定的相關法令外，在民主國家中，國會（如台灣的立法院）、司法機關，以及為了解決風險議題上科學的爭議特別設置的單位，如美國的科學法庭（The Court of Science）等，均是社會風險管理的重要機制（Merkhofer, 1987; Harrison and Hoberg, 1994）。

（四）社會風險評估

社會風險評估，在方法上，均可參閱第九章、第十章、第十一章與第十二章之說明，但對社會風險評估來說，第十二章的知覺風險評估，可能是重中之重，同時，留意本章的公共風險點數公式，該公式為：「公共風險點數＝（損失的可能性＋距離風險威脅的時間）×損失的嚴重度＋民眾的信任×風險責任的分攤×社會群體的同意」。其次，不同類的風險，風險評估技術可能不同。不同的決策位階，評估上考量的因素或優先順序，可能不同。風險評估數據的表現方式，則有側重個

人風險（Individual Risk）的表現方式，也有側重社會風險（Societal Risk）的表現方式，可參閱第九章的說明。在社會風險管理中，常側重社會風險的表達。這兩種表現方式，同樣出現在公司對風險評估數據表達的方式上。

　　另一方面，同樣地，評估社會風險，無非也是為了方便決策，總體社會在尋求可接受風險的水平（Acceptable Risk Level）前，也就是決定總體社會的風險胃納前，風險評估是必要過程。可接受風險的水平，對任何決策位階，均是重要課題，但複雜與困難度，以總體社會的決策位階最高。可接受風險水平的決定需考量科技面、經濟面與社會政治生態面，換言之，意即需考慮風險工程（Risk Engineering）、風險財務（Risk Finance）與風險人文（Risk Humanity）三個面向。這三個面向中，就總體社會決策的位階言，社會政治生態面的決策，主導整個社會風險管理的最後決策，可能性最高。換言之，社會風險管理決策，可能倒頭來，是屬政治性的決定，而不是科學與經濟性的決定。可接受風險的水平，以核能風險科技為例，英國在一九八八年，個人可接受來自核能風險引發的死亡機會，是每年少於十萬分之一，總體社會可接受的風險水平，是平均一年超過一百人的死亡機會，如果是百萬分之五的話，那是可被社會接受的。

（五）社會風險決策因子與特質

　　社會風險決策與個人或公司風險決策間，最大的不同有兩方面：第一，最後決策者（Final Decision Maker）有所不同。個人或公司風險管理的最後決策者，通常是特定個人。在民主體制下，社會風險管理的最後決策者，不是特定的政府首長就是社會群體；第二，風險決策效應範圍有差別。個人或公司風險決策效應範圍有限，總體社會風險決策效應甚為廣泛，它可大到影響跨代群體的福祉。因此，社會決策理論，與個人決策理論不同，在第七章，所說明的賽局理論、社會選擇理論與社會心理理論，均是社會風險管理中適用的決策理論，其中賽局理論，在理性前提下，不考慮政治因素的話，就很適合目前台灣政府與美國政府間，談判美牛進口的議題。

　　另一方面，社會風險管理決策，可能出現「集一思考」（Groupthinking）與選擇偏移（Choice Shift）現象。其次，前面所提，可接受風險水平的決定，費雪耳等（Fischhoff, *et al*, 1993）認為這個議題擺在總體社會來觀察時，其決策困難度是最高的，可參閱第八章的說明。針對這個議題，奇肯與波思紐（Chicken and Posner, 1998）歸納了十一個影響風險可接受性（Risk Acceptability）的因子：(1) 決策者本

身對風險的了解程度；(2) 決策者對風險的判斷；(3) 決策者對風險資訊與提供風險資訊者的信任度；(4) 各類限制與法令規章；(5) 決策者本身的成見；(6) 風險本身的特質；(7) 資金來源的籌集與運用，可用的資金有多少？(8) 決策者的政治信仰與政黨政治生態；(9) 風險決策的目標，內含為何？是否涉及生命倫理道德，社會公平正義？(10) 風險決策的急迫性與需求性；(11) 替代性方案有多少？這些因子，有的為總體社會風險決策獨有。例如，社會公平正義因子等。有的為所有決策位階共同的因子。例如，決策者本身對風險的了解程度等。至於「時間」因子，必然是在任何決策位階上，會影響決策的共同因子。

（六）社會風險決策方法——專業判斷與拔靴法

費雪耳等（Fischhoff, *et al*, 1993）將社會風險管理決策方法，歸類為三種：第一，專業判斷法（Professional Judgement Approach）；第二，拔靴法（Bootstrapping Approach）；最後一種是定程／正式分析法（Formal Analysis Approach）。本項首先說明前兩種。第一種方法，顧名思義是依據專家的判斷，決定總體社會對風險可接受的程度。專家的判斷則依據他（她）們個人的經驗，專業訓練與客戶的需要決定。專家的意見可經由兩種技巧得知，即**達耳菲法**（Delphi Technique）與名目團體法（NGT: Nominal Group Technique）。此兩種技巧可用來改善專家對預測的判斷。兩者雷同處是在執行步驟方面。每位參與的專家，首先對議題提出個人判斷與意見。綜合歸類分析後，再傳閱給每位專家過目。藉此，每位專家可以修改他（她）們原先的判斷與意見。這道程序可以重複好幾遍，直至不再修改為止。所有有共識的意見或數據的平均值即為最後的決定。兩者差異處是達耳菲法並沒有給參與的專家們面對面討論的機會，但名目團體法則有此機會。另一方面，政府監理人員想要知道目前公眾對風險的接受度，則可透過問卷了解。此種作法謂為**偏好表達法**（Expressed／Explicit Preference Method）。

最後，說明拔靴法。拔靴法主張唯有透過長期經驗記錄的累積，總體社會始能對風險接受度做出適當的決策。此種主張與專業判斷法以及傳統分析法的主張不同。後兩者均認為有了短期經驗記錄與計算，總體社會即可作出適當的決策。拔靴法包括四種方法：第一，風險摘要法（Risk Compendiums Method）；第二，顯示性偏好法（Revealed Preferences Method）；第三，隱含性偏好法（Implied Preferences Method）；第四，自然標準法（Natural Standards Method）。這其中，兩個方法最值得留意，那就是顯示性偏好法與隱含性偏好法。**顯示性偏好法**是透過檢視社會過

去長期統計記錄的軌跡，決定風險的接受度。**隱含性偏好法**是透過檢視社會過去長期的立法意旨，決定風險的接受度。這兩法中最著名的結論，當推史達（Starr, C）（1969）於一九六九年，率先採用顯示性偏好法得出的三點結論：第一點結論是社會對風險可接受的程度，大約是與效益的三次方成比例；第二點結論是在同一效益水準下，社會對自願性風險（Voluntary Risk）可接受的程度，大約是非自願性風險（Involuntary Risk）的一千倍以上；第三點結論是社會對風險可接受的程度，其是隨著人口暴露數的增加而減少。

（七）社會風險決策方法——定程／正式分析法

本項說明定程／正式分析法。費雪耳等（Fischhoff, *et al*, 1993）的定程／正式分析法，提及**成本效益分析法**（CBA: Cost-Benefit Analysis）與決策分析法（Decision Analysis）。成本效益分析法是奠基於成本效益理論，此法有幾個特質（Walshe and Daffern, 1990），例如，方案的成本效益需量化與成本效益值需以現值（Present Value）表達。再如，成本效益不能重複計算，移轉性支出（Transfer Payments）不被計入，不考慮方案的外部性（Externalities）因子等。依此法計算，每一方案效益與成本差異的現值，以現值最高者為最佳方案。拉維（Lave, 1996）認為此法有兩個問題：第一，總體社會風險決策議題不是單純量化可解決的；第二，執行上，困難重重。亞當斯（Adams, 1995）對此法亦有批評。除成本效益分析法外，事實上，還有許多其他決策分析方法，例如，成本效率分析法（CEA: Cost Effectiveness Analysis）、風險／效益分析法（Risk-Benefit Analysis）、對比風險分析法（CRA: Comparative Risk Analysis）、多元歸因效用理論（MAUT: Multi-Attribute Utility Theory）與價值導向社會決策分析法（VOSDA: Value-Oriented Social Decision Analysis）等。

最後，費雪耳等（Fischhoff, *et al*, 1993）提出七項評估風險決策方法的標準，那就是完整性、邏輯健全性、實用性、評價公開性、政治接受性、體制相容性與學習引導性。根據這些評估標準，他們認為傳統分析法是最好的。然而，這些風險決策方法仍無法完全解決複雜且動態的社會風險決策議題，因此在第三十章提及的風險均衡理論（RHT: Risk Homeostasis Theory）或許是理想的替代方法。

（八）集一思考與選擇偏移現象

社會風險管理會涉及社會影響下，團體行為的議題。張春興（1995）認為團體

行為係指在團體目標下，個體受團體影響或個體間相互影響所表現的行為。團體決策（Group Decision）也被視為決策方式之一，這其中，集一思考（Groupthinking）與選擇偏移（Choice Shift）是值得吾人留意的兩種現象，這些現象，可參閱第七章的說明。

（九）SRM 與 SR

史達（Starr, C.）等提出社會風險管理（SRM）的另類思維與假說（Starr, *et al*, 1976），那就是整體社會在遭受風險事件衝擊後，其社會復原力（SR: Social Resilience）與幾項變數，形成下列關係式：

$$R = PL / BS \, t_r t_d M t_c$$

上式中，R（Resilience）代表社會復原力；P 表社會人口數；L 表該社會人們的平均壽命；B 表科技水準；S 表災區人口數的規模；t_r 表平均復原時間；t_d 表偵測到災源的時間；M 表每位災民平均的殘疾率；t_c 表補救準備不足的時間。

換言之，整個社會的災後復原力，與該社會人口數及人們的平均壽命，成正向關係，而與該社會的科技水準、災民數、平均復原時間、偵測到災源的時間、平均殘疾率及補救準備不足的時間，成反向關係。更進一步說，上列公式有社會風險管理思維的意涵（也可參閱第三章），也就是管理社會風險，是應採風險防範的思維，還是就式中各變項與社會復原力的正反向關係，提出不同的管理作為，進而強化社會災後的復原力，值得主導社會風險管理的政府與全民深思。

六、公共風險溝通的重要性

不論 ORM 與 SRM 在風險回應方面，尤其需要理性與感性兼具、實際風險與知覺風險兼具的風險溝通，風險溝通以民眾的風險知覺為基礎，它是重要的風險管理工具。公共風險管理決策效應，影響範圍極大，所涉及的利害關係人（Stakeholders）極度複雜。為免風險決策失當與順利推行以及制定風險監控政策，風險溝通立法的周全性與有效的風險溝通策略，在公共風險管理中，扮演了比公司風險管理上更為吃重的角色，其詳細內容可參閱第十二章與第十七章。

七、本章小結

公共風險管理目標，不同於公司風險管理，因此，風險人文心理面的運用，自比在公司風險管理中重要，多元理性的風險思維，該是公共風險管理成功的前提，民眾對風險的感受，並非不理性，那是意識與價值的表現，如能體認於此，善用風險溝通，則公共風險管理就成功一半。

思考題

❖ 如果像北韓國家，那麼本章所說的內容，哪些適用？哪些不適用？

❖ 物價上漲的風險是公共風險，還是屬於私部門風險？是的話，理由是？不是的話，又是何種理由？

❖ 預算在公共風險管理中，扮演何種角色？

參考文獻

1. 劉春堂（2007）。*國家賠償法*。台北：三民書局。

2. Adams, J. (1995). *Risk*. London: UCL Press.

3. Chicken, J. C. and Posner, T. (1998). *The philosophy of risk*. London: Thomas Telford.

4. Collier, P. M. (2009). *Fundamentals of risk management for accountants and managers-tools&techniques*. Oxford: Butterworth-Heinemann.

5. Fischhoff, b. *et al* (1993). *Acceptable risk*. New York: Cambridge University Press.

6. Fone, M. and Young, P. C. (2000). *Public sector risk management*. Oxford: Butterworth / Heinemann.

7. Funtowicz, S. O. and Ravetz, J. R. (1996). Risk management, post-normal science, and extended peer communities. In: Hood, C. & Jones, D. K. C. ed. *Accident and design-contemporary debates in risk management*. London: UCL Press. pp.172-181.

8. Gallagher, R. B. (1956). Risk management-new phase of cost control. *Havard business review*. Vol.24. No.5.

9. Harrison, K. and Hoberg, G. (1994). *Risk, science, and politics-regulating toxic substances in Canada and the United States*. Montreal and Kingston: McGill-Queen's University Press.

10. Hendee, W. R. (1996). Modeling risk at low levels of exposure. In: Hahn, R. W. ed.

Risks,costs, and lives saved-getting better results from regulation. New York: Oxford University Press. pp.46-64.

11. Independent Commission on Good Governance in Public Services (2004). *The good governance standard for public services.* London: OPM & CIPFA.

12. Lave, L. B. (1996). Benefit-cost analysis: do the benefits exceed the costs? In: Hahn, R. W. ed. *Risks, costs, and lives saved-getting better results from regulation.* New York: Oxford University Press. Pp.104-134.

13. Lee, R. (1997). Externalities studies why are the numbers different? In: Hohmeyer O. *et al* eds. Social costs and substainability-valuation and implementation in the energy and transport sector. New York: Springer. pp.13-28.

14. Merkhofer, M. W. (1987). *Decision science and social risk management-a comparative evaluation of cost-benefit analysis, decision analysis, and other formal decision-aiding appraoches.* Dordrecht: D. Reidel Publishing company.

15. Morgan, M. G. (1981). Choosing and managing technology-induced risk. *IEEE Spectrum.* December. pp.53-59.

16. OECD (2010). *Risk and Regulatory Policy-Improving the Governance of Risk.*

17. O'Riordon, t. (1985). Approaches to regulation. In: Otway, H. & Peltu, M. ed. *Regulating industrial risks-science, hazards and public protection.* London: Butterworths. pp.20-39.

18. Sandman. P. M. (1987). Risk communication: facing public outrage. *EPA journal.* 13(9). pp.21-22.

19. Smith, P. (2001). *Cultural theory: an introduction.* Blackwell Publishers Inc.

20. Starr, C. (1969). Social benefit versus technological risk: what is our society willing to pay for safety? *Science.* 165. pp.1232-1238.

21. Starr, C. *et al* (1976). Philosophical basis for risk analysis. *Annual Review of Energy.* 1. Pp.629-662.

22. Strategy Unit (2002 / 11). *Risk: improving government's capability to handle risk and uncertainty.* London: Cabinet Office.

23. Walshe, G. and Daffern, P. (1990). *Managing cost-benefit analysis.* London: Macmillan.

24. Weinberg, a. (1972). *Minerva.* 10. p.209.

25. Wilson, J. D. (1999). Thresholds for carcinogens: a review of the relevant science and its implications for regulatory policy. In: Bate, R. ed. *What risk.* Oxford: Butterworth / Heinemann.

26. Williams, Jr. C. A. *et al* (1998). *Risk management and insurance.* 8thed. New York: Irwin / McGraw Hill.

風險建構理論與風險社會

第二章提及的風險建構理論（The Construction Theory of Risk）是闡述吾人在特定社會文化背景下，賦予風險含義的方式與過程，換言之，這種理論以價值為取向，採群生概念看待風險，它與以實證論為基礎的風險心理學，較有關聯，蓋因，風險心理學強調個人對風險的主觀思考與判斷的心理過程，這種思考與判斷過程，會與個人價值觀有關。風險建構理論分為風險文化理論、風險社會理論與風險統治理論。本章首先，更進一步說明這三種建構理論的要旨，其次，說明風險文化理論的**群格分析**（GGA: Grid-Group Analysis）方法。最後，說明風險社會中，管理風險應有的思維。

一、風險是社會文化現象

民俗信仰，東西方皆有。例如，五月出生的小貓，古時法國人相信，唯有將牠溺斃，否則必禍延及身。古老的中國，同樣具有眾多類似的民俗信仰，例如，嬰兒受到驚嚇，相信收驚可解除驚嚇，收驚是華人社會的一種民俗信仰。民俗信仰中則有許多禁忌，人們違背此禁忌時，則常遭致社會的責難。信仰、禁忌與責難成為古代人類社會，處理可能威脅或危險的一套系統，這套系統維繫了當時的社會次序（Social Order），也是當時社會控制（Social Control）的方法。

社會文化學者將風險管理視為當代社會維繫社會次序的系統，也是一種社會控制。英文「Risk」出現的十七世紀，那時「風險」的觀念，僅含天災海難的概念，並不含括人為責任的概念（Lupton, 1999）。今日社會文化學者則賦予「風險」新的內涵，風險對社會文化學者言，它也含括了人為錯誤與責任的概念，依據此新含義，風險被社會文化學者廣泛用來解釋，違背社會文化規範的行為與不幸的事故。此種含義上的轉變，也被認為與社會現代化進程有關，例如，某人持槍胡亂射殺行人，這一瘋狂行徑，必是媒體頭條新聞，社會輿論必大加躂伐與討論。討論中，檢討槍枝管制條例，治亂世用重典，管制暴力影片等建議，必然甚囂塵上。對此不幸事故或射殺者的瘋狂行徑，不同的人或團體會賦予不同的含義。因此，出現各類不同的建議，這就是當代社會對威脅或危險的反應方式。對比古代，當代社會面臨的威脅或危險更嚴重，但焦慮與不安依舊，這種焦慮與不安，當代社會是以風險管理系統來處理。古時的民俗信仰、禁忌與責難系統，可對比當代的風險管理系統、法律管制條例與刑責，同樣地，社會文化學者認為是一種社會控制與維繫當代社會次序的方式。風險管理系統在當代風險社會中的功能，與民俗信仰系統在古時社會中

的功能，並無二致。因此，社會文化學者將風險視為社會文化現象。

二、風險文化理論

第三章中，提及風險文化理論有四項研究議題：第一，是為何某些危險被人們當作風險，而某些危險不是？（Why are some dangers selected as risks and others not？）；第二，是風險被視為逾越文化規範的符號時，它是如何運作的？（How does risk operate as a symbolic boundary measure？）；第三，是人們對風險反應的心理動態過程是什麼？（What are the psychodynamics of our responses？）；第四，是風險所處的情境是什麼？（What is the situated context of risk？）。針對第一個問題，例如，為何非洲人們不介意污染，而美國人這麼在意？針對第二個問題，例如，同樣是同性戀行為，為何台灣社會如今還是很難法制化，而當作風險看待？英美則否？針對第三個與第四個問題，一者是心理學上極深度的問題，另一個是何種社會，會存在何種風險的問題。

這四項議題中的前兩個與第四個議題，在各國社會抗爭衝突漸增的今天，特別值得留意。風險文化理論廣受風險心理學者們的重視，尤其在風險知覺的研究上，文化理論常被融入風險知覺研究的模式中。文獻（Dake and Wildavsky, 1991）顯示，文化理論是五種風險認知理論中最佳者。風險文化理論最重要的創建人物，首推英國文化人類學家道格拉斯（Douglas, M.），她與韋達斯基（Wildavsky, A.）合著的《風險與文化》（*Risk and Culture*）（1982）以及她另一著作《社會科學基礎的風險可接受性》（*Risk Acceptability According to the Social Sciences*）（1985）對傳統風險管理的思維與方法衝擊最大。嗣後，眾多人文學者支持風險文化理論，例如，著名的希瓦斯（Schwarz. M）、湯普生（Thompson M. T.）與亞當斯（Adams J.）等。主要是因為風險文化建構理論，不僅提供了新的理論基礎，它的群格分析模式，也提供了從事社會團體行為實證分析的另類可能。

（一）文化理論的重要性

簡單說，文化 [1]（Culture）就是生活方式（Way of Life），它包含價值

---

[1] 文化的定義，極為眾多，其數量可說是英文字定義中最多之一。它可以是描述性的定義，可以是歷史性的定義，可以是規範性的定義，可以是心理學的定義，可以是結構性的定義以及發生學的定義，參閱 Smith, P. (2001). *Cultural theory: an introduction.* Blackwell Publishers Inc.

（Value）、規範（Norm）與信念（Belief）三項要素。道格拉斯（Douglas, M）對心理學者的風險知覺研究成果，提出不同的見解，並強調文化的重要性。首先，她對心理學與風險客觀論，也就是實證論基礎的風險理論，在對人們風險行為研究中所採用的理性（Rationality）預期假設，甚不以為然。理性預期假設的結果，意指所有違反此假設的行為與認知，均被視為不理性（Irrational）或非理性（Non-rational），且不理性被視為認知上的病態。對此，道格拉斯（Douglas, M）不認為有理性與不理性的問題，她認為那是社會文化與倫理道德問題（Douglas, 1985）。其次，道格拉斯（Douglas, M）對人們在不確定情況下的捷思推理法（Heuristics）亦另有見地。此法有別於程序法則與機率法則，她認為捷思是文化現象，它有很清楚的社會功能與責任。從此觀點，她認為風險不是個別的（Individualistic）概念而是群生的（Communal）概念，群生概念含有相互的義務與預期，因而，風險可被視為一種文化符號。每一群體用群生概念，設定自己的行為模式與價值衡量尺規，違反群體的行為模式與價值衡量尺規，即被群體解讀為風險（Douglas, 1985）。

職是之故，道格拉斯（Douglas, M）強調風險文化的相對主義，**風險文化相對主義**[2]（Cultural Relativism）的概念，係指不同團體文化間，對什麼是風險概念上有別，同時，對風險是否可被接受，團體間也有別。傳統的風險理論完全忽略倫理道德文化因子。然而，每個社會有它的倫理道德文化習性，風險議題有所爭議，是社會對風險的政治、道德與唯美判斷衝突的結果。例如，台灣的核四爭議，涉及的是不同政黨間對核四風險政治判斷的衝突，涉及社會不同團體間對核四風險道德判斷的衝突，與涉及非核家園是否唯美之取捨上的衝突。這些衝突現象，傳統風險理論無法解釋。

（二）純潔、危險與身體

道格拉斯（Douglas, M）在另一著作《純潔與危險》（*Purity and Danger*）（1966）中，用「自我」與「身體」為比方，說明純潔、污染、與危險的概念。之後，這些概念被她用來闡述風險的文化理論。每個人均有自我要求的標準，不論標準為何，這個標準區隔了自己與別人的不同，行徑怪異違反社會常態或文化規範的人，可能被視為危險人物。每個社會像是個自我，每個社會也有自己的規範，這個

---

2 文化相對主義與文化唯我主義（Solipsism）互為對稱，參閱 Rayner, S. (1992). Cultural theory and rsik analysis. In: Krimsky, S. and Golding, D. ed. Social theories of risk. Westport: Praeger. Pp.83-115.

規範也區隔了不同的社會，換言之，社會與自我一樣有區隔內外的標準規範或稱為符號疆界[3]（Symbolic Boundary）。

　　另一方面，每個人的身體內部有調理與控制的機能，能將食物中有益與毒害身體的部份，加以區隔。有益的部份被吸收，毒害的部份則排出體外。換言之，身體內部有將食物歸類的機能。同樣，每個社會有它的內部文化規範，這個文化規範也有將人們行徑規類的功能。前稱的危險人物，道格拉斯（Douglas, M）將其稱為「污染人物」（Polluting People），道格拉斯（Douglas，M）借用「環境污染」（Environmental Pollution）一語，來比方成社會污染（Social Pollution）現象，例如，亂倫通姦與外遇同性戀等現象，但每個社會有它不同的文化規範系統，亂倫通姦與外遇同性戀是否被視為那個社會的污染現象，每個社會間有別。被那個社會的文化規範系統，規類為「污染人物」時，那就是那個社會的風險。因此，文化論者所謂的風險係指逾越社會文化規範的現象，這個風險概念中，有責任、犯罪、情緒與感覺的含義（Lupton, 1999）。

（三）風險與責難

　　文化論者的風險概念中，有責任、犯罪、情緒、與感覺的含義，因此，責難（Blame）是風險文化論者強調的觀念。道格拉斯（Douglas, M）與韋達斯基（Wildavsky, A.）在《風險與文化》（1982）一書中，陳述環保團體為了加強團員對團體的忠誠度，藉由環境運動，將產業與政府機構視為應受責難的「敵人」。換言之，依據環保團體的文化規範、產業與政府機構的行為，被其文化規範歸類為風險現象且應受責難。相反地，政府機構為了加強社會控制，也會因環保團體違背其法律文化規範，責難環保團體。這種責難，對個人言可能是為維持自我的權威，對任何團體與全體社會言，不管是責難團體內部成員抑或是責難外部「敵人」，均是為了維持團體或社會內部的聚合力。

（四）群格分析模式

　　文化價值每個人不同，每個團體不同，每個社會國家也不同。因此，風險就文化論者言，是相對概念。風險文化論者通常依據團體內聚合度（Group Cohesiveness）的強弱，也就是「群」（Group）的強弱，以及團體內階層鮮明度，

---

[3] 符號疆界是符號互動論（Symbolic Interactionism）的用語，符號互動論屬文化理論的一種。

也就是「格」（Grid）的鮮明，將文化分為四種類型：一是聚合度弱與階層不鮮明的團體，屬於**市場競爭型文化**（Individualist）；二是聚合度強但階層也不鮮明的團體，屬於**平等型文化**（Egalitarian）；三是聚合度強與階層極鮮明的團體，屬於**官僚型文化**（Hierarchist）；四是聚合度弱與階層鮮明的團體，屬於**宿命型文化**（Fatalist）。此種分析文化的方式稱為群格分析模式，參閱圖 34-1。為利於實證分析，量化團體內聚合度的強弱以及團體內階層的鮮明度，是有必要的（Gross and Rayner, 1985）。

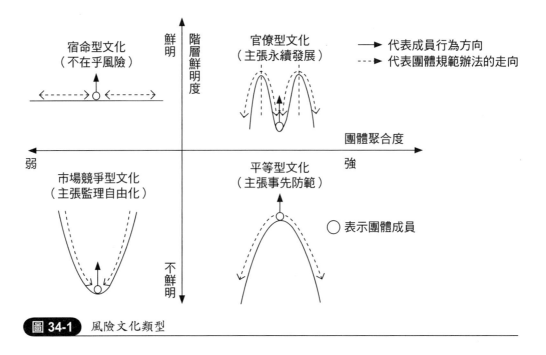

圖 34-1 風險文化類型

上圖中的圓球，代表不同文化類型團體中的成員，不同團體中成員的行為，則取決於團體規範辦法，實線箭頭，代表成員行為方向，虛線箭頭，代表團體規範辦法的走向。從圖中，虛實箭頭方向可看出，市場競爭型文化團體成員的行為自由度高，團體規範辦法鼓勵任何創新行為，平等型文化團體成員的行為自由度為零，成員行為只能照團體規範辦法走，否則將遭受處罰，官僚型文化團體成員的行為自由度居中，換言之，符合團體規範內的行為，被鼓勵，允許其自由，反之，不符合團體規範內的行為，需接受處罰，宿命型文化團體成員的行為自由度，則靠運氣。

其次，亞當斯（Adams, J）將文化的不同與個人、團體以及社會對自然宇宙的看法，聯結一起。大體上，自然宇宙與人的關係，東方的看法傾向天人合一哲

學，西方則傾向天人二元論。人對「天」（即自然宇宙）的看法有四類（Adams, 1995）：一，視自然宇宙，是「慈悲的」、「祥和的」與「不輕易發怒的」；二，視自然宇宙，是「易發怒的」、「情緒不穩的」與「沒有慈悲心的」；三，視自然宇宙，是「能控制情緒的」與「能適度的容忍」；四，視自然宇宙，是「神秘不可知的」。亞當斯（Adams, J）將自然宇宙是「慈悲的」，對應為市場競爭型文化類型者對自然宇宙的看法，此文化強調個別競爭力，自由市場中的企業體歸屬這類型。自然宇宙是「易發怒的」，則對應平等型文化類型者對自然宇宙的看法，此文化強調社會公平正義，一般環保團體歸屬此類。自然宇宙是「能控制情緒的」，則對應官僚型文化類型者對自然宇宙的看法，此文化對任何事物（包括風險）的認知，均以規章制度為依據，政府機關歸屬此類。自然宇宙是「神秘不可知的」，則對應宿命型文化類型者對自然宇宙的看法，此文化不在乎任何事物（包括風險），聽天由命全靠運氣。

另一方面，上述四種不同的文化類型對風險的看法，對風險監理的主張以及行為模式亦不同（Adams, 1995; Rayner, 1992）。市場競爭型文化類型者認為，風險呈趨均數回歸現象（Mean Reverting），換言之，像鐘擺一樣，風險造成的後果，最終仍回歸常態，這類人對風險的看法，是樂觀的。對風險監理，則主張自由化（Deregulation），行為上不喜受到任何管制。平等型文化類型者認為，風險是危險的，而主張風險監理上，均應作好事前的防範（Precautionary），行為上只接受合理的說服，否則，很難改變其行為模式。官僚型文化類型者認為，風險是可控制的，而以永續發展（Substainable Development）的概念，看待風險監理，行為上強烈受到規章制度的約束。宿命型文化類型者認為，風險是無法預測的，生活的好壞都是碰運氣，不在乎任何風險，完全聽天由命。這四種類型的人，各屬於不同文化的群體，以不同的臉譜代表，繪製成圖 34-2。

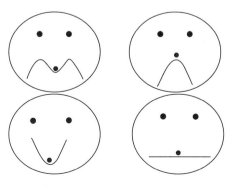

圖 34-2　四種文化類型的臉譜

圖 34-2 中的臉譜圖象，均來自群格分析所繪製的四種文化類型，群格分析過程，參閱後述第三節。

　　其次，依據群格分析模式，任何社會或社會中的不同團體，均可被歸屬於上述四種文化類型之一。每一文化類型自有其不同的文化規範，依文化論者的風險含義，某些危險由於違背社會的文化規範，因此，這些危險自然被這個社會視為風險，但同一危險，在別的社會，不見得違背那個社會的文化規範，是故，危險雖相同，但這個社會卻不將其視為風險，例如，環境污染在先進國家，已有她們自己的法律規範與環境規範，違反這些規範，自然是這些國家在意的風險，但在低度開發與部落社會裡，環境污染卻不是社會關注的風險議題。最後，同一社會國家有眾多不同的團體，每一團體的文化規範間自不相同，同一危險，有些團體視為風險，有些團體則否，例如同性戀現象，對同志團體言，不被視為風險，因同性戀行為符合同志團體的文化規範，但同性戀行為，則違背了宗教等衛道團體的道德文化規範，同性戀現象自然成為這些團體的風險議題。不同團體的行為走向，以及團體對風險監理的訴求，依團體的文化類型，吾人大體上可事先測知，這些資訊或許可成為政府制定風險溝通策略時的重要參考。

三、風險文化理論與 EXACT 模式

　　風險文化理論主要觀察總體社會或其中的任何團體，任何社會團體構成的因子可用數學符號表示，哥洛斯與雷諾（Gross and Rayner, 1985）稱其為 EXACT 模式。EXACT 分別代表五個因子：「E」表在特定觀察期間，可能成為團體成員的群體。這些群體的成員在觀察期內，尚未正式成為該團體的成員；「X」表在特定觀察期間，團體內所有成員的集合；「A」表在特定觀察期間，團體內所有成員，互動次數的總合；「C」表在特定觀察期間，成員從事團體事務時，職務角色的總合數；「T」表特定觀察期間。依民族誌 [4]（Ethnography）研究方法，對團體成員間，互動次數的觀察，可了解團體的聚合度。對成員從事團體事務時，其職務角色的觀察，可了解團體內階層的鮮明度。文化人類學者透過民族誌中的田野工作

---

[4] 民族誌是一種質化研究方法，其目的是在發現知識，而非驗證理論，其依靠的是發現的邏輯，其目的是要發現行為者所建構的社會真實（Social Reality），參閱劉仲冬（1996）。民族誌研究法及實例。在胡幼慧主編。《質性研究——理論、方法及本土女性研究實例》。第 173 至 193 頁。台北：巨流圖書公司。

（Fieldwork）方法，對團體活動加以觀察、記錄與分析，可判別團體的文化類型。哥洛斯與雷諾（Gross and Rayner, 1985）則進一步發展出一套可量化團體聚合度與階層鮮明度的方法（計算群格點數的BASIC電腦程式，參閱附錄十）。

（一）團體聚合度的量化

團體聚合度量化的指標包括：成員間的緊密度（Proximity）、成員間關係的轉移度（Transitivity）、成員參與該團體活動的頻率（Frequency）、成員參與該團體活動範圍的大小（Scope）與成為該團體成員的難度（Impermeability）。所有的指標均以特定期間來觀察。首先，說明成員間的緊密度，符號「Prox（xi）」表個別成員與其他成員間的緊密度，符號「Prox（X）」表整個團體的緊密度，個別成員與其他每位成員均有互動時，緊密度最高，其值為「1」，根本沒有互動，緊密度值為零。假設經由觀察、記錄與分析，某團體五位成員的互動情況，如圖 34-3。

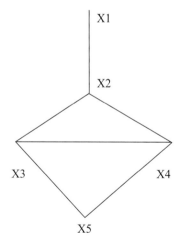

圖 34-3　團體五位成員的互動

依據圖 34-3，計算各成員緊密度值，並加以平均後，即可得整個團體緊密度的值，參閱表 34-1。

表 34-1 團體緊密度值

	X1	X2	X3	X4	X5
X1	--	1	2	2	3
X2	1	--	1	1	2
X3	2	1	--	1	1
X4	2	1	1	--	1
X5	3	2	1	1	--
合計	8	5	5	5	7

平均（除以4）	2	1.25	1.25	1.25	1.75
轉換為各別成員緊密度值	Prox(x1)	(x2)	(x3)	(x4)	(x5)
（1除以平均值）	0.5	0.8	0.8	0.8	0.57
團體緊密度值	Prox(X)：$1／5(0.5 + 0.8 + 0.8 + 0.8 + 0.57) = 0.694$				

　　各成員緊密度值的計算，首先觀察圖 34-3，取每一成員間聯結線的最低數目。在此注意，成員本身是不列入計算的，例如，x1 與 x5 間可能有四條線（即 x1x2x3x4x5 或 x1x2x4x3x5）也可能三條線（即 x1x2x3x5 或 x1x2x4x5），因此，成員 x1 與成員 x5 間之距離，採「3」。同理，計得成員間的距離。另一方面，由於緊密度值是介於零與一之間，平均距離值轉換為個別成員緊密度值時，以「1」除以個別成員的平均距離值即得。團體緊密度值則是個別成員緊密度值的平均值。

　　其次，計算成員間關係的轉移度，符號「Trans(xi)」代表各成員間的轉移度。符號「Trans(X)」代表整個團體的轉移度。轉移度的計算以數學中，甲等於乙，乙等於丙，所以甲等於丙的想法而來，但用在觀察社會現象時，則不是像數學這麼簡單，例如，甲跟乙常互動，乙跟丙也常互動，但並不代表，甲跟丙一定有互動。如果，甲跟丙有互動，則稱為完整的轉移（Complete Transitivity），完整的轉移數目越多，轉移度值會越高。如果，甲跟丙沒有互動，則只能稱為有聯結（Connection）關係，但不完整。依此邏輯，吾人以每一成員為開始點，觀察與該成員有關係的另兩位成員。換言之，以每三位成員為一組，觀察圖 34-3 的結果，顯示於表 34-2，整個團體的轉移度值是 0.306。

表 34-2　團體的轉移度值

成員	聯結關係	聯結關係完整與否	轉移度值 Trans(xi)
x1	x1x2x3	否	0／2 = 0
	x1x2x4	否	
x2	x1x2x3	否	
	x1x2x4	否	
	x2x3x4	是	1／5 = 0.2
	x2x3x5	否	
	x2x4x5	否	
x3	x2x3x5	否	
	x2x3x4	是	2／4 = 0.5
	x1x2x3	否	
	x3x4x5	是	
x4	x1x2x4	否	
	x2x3x4	是	2／4 = 0.5
	x2x4x5	否	
	x3x4x5	是	
x5	x2x4x5	否	
	x2x3x5	否	1／3 = 0.33
	x3x4x5	是	

Trans（X）：1／5（0+0.2+0.5+0.5+o.33）=0.306

　　然後，吾人進一步計算，成員參與該團體活動的頻率與活動範圍的大小。每位成員參與該團體活動的頻率，以符號「Freq(xi)」表示，整個團體成員活動的頻率則為各成員活動頻率值的算術平均數，以符號「Freq(X)」表示。各成員參與該團體活動的頻率，為個別成員實際用於團體活動的時數除以可用於團體活動的時數。以符號「i/a-time(xi)」表示個別成員實際用於團體活動的時數。符號「alloc-time(xi)」表示個別成員可用於團體活動的時數。換言之，Freq(xi) = i/a-time(xi)/alloc-time(xi)。另外，每位團體成員都有可能不只參加一個團體。因此，每位團體成員參與該團體的活動次數除以參與所有不同團體活動的總次數，是為個別成員參與該團體活動範圍值。符號「unit i/a number(xi)」表示每位團體成員參與該團體的活動次數。符號「total i/a number(xi)」表示每位團體成員參與所有不同團體活動的總次數。個別成員參與該團體活動範圍值 Scope(xi) = unit i/a number(xi)/total i/

a number(xi)。活動範圍值，如等於一，表示這位成員只參與該團體的活動，至於其他團體的活動，如果這位成員雖是其會員，但均不參與活動。活動範圍值，若為零，表示這位成員均不參與該團體的活動。

最後，計算成為該團體成員的難度。該指標不像前述四項指標。前述四項指標是先計算每一成員的指標值後，再計算其算術平均數，作為該團體的指標值。然而，難度指標是以「1」減掉申請成為該團體成員的通過率（Entry Ratio）表示。以符號表示為 Imperm(X) = 1 − entry ratio(X)。所有以上五項團體指標值的算術平均數即為該團體的聚合強度，意即「團體的聚合度值 = 1/5(Prox(X) + Trans(X) + Freq(X) + Scope(X) + Imperm(X))」。

（二）階層鮮明度的量化

階層鮮明度主要考量工作職務角色的問題。團體中，有些職務需一定資格，有些職務是公開遴選的，有些職務是上級指派的。另外，有些職務間，是對等的關係，有些職務間，是不對等的關係。團體成員的工作責任與獎懲的歸屬，有些由上級主管決定，有些由委員會決定，有些成員則身兼數職。團體內階層鮮明度即以工作職務角色的四項特質來衡量：第一，職務的專業度（Specialization）；第二，職務不對等（Asymmetry）的比例；第三，指派（Ascription）職務的比例，此為職務授與度（Entitlement）；第四，主要職務工作責任（Accountability）的強度。首先，說明專業度。此值越高，表示該團體內階級與工作劃分越明顯。團體內階級專業度值是先計算每位成員在特定觀察期的專業度值後，所有成員專業度值的算術平均數，符號「Spec(xi)」表每位成員的專業度值，它是「1」減掉成員擔當的職務數除以所有團體內的職務總數。符號「# role(xi)」表成員擔當的職務數，符號「# role(C)」表所有團體內的職務總數。換言之，Spec(xi) = 1 − # role(xi) / # role(C)。團體內階級專業度值「Spec(X) = Spec(xi) 總數／成員總數」。

其次，說明職務不對等與授與度。職務不對等比例，是指成員間因職務關係互動的情形，成員間職務對等時，互動會較頻繁；反之，較少。因此，不對等比例，如為零，代表階級程度不明顯；反之，不對等比例為一，則階級鮮明度最高。例如，某團體只有甲乙丙丁四位成員，成員甲與乙職務對等，甲與丙也職務對等，但甲與丁職務不對等。那麼，甲的不對等值為 1/3。換言之，與甲互動的成員總數當分母，職務不對等數當分子。顯然，丁的不對等值是 3/3 = 1。該團體不對等值為 (1/3 + 1/3 + 1/3 + 1)/4 = 0.5。每位成員因職務關係與其互動

的其它成員數，以符號「Valence(xi)」表示。互動中，職務不對等總數，以符號「asym(xi，xj)」表示。因此，每位成員的不對等值是「asym(xi，xj)/Valence(xi)」。團體不對等值 (Asym(X)) 是「成員的不對等值總計除以所有成員總數」。至於職務授與度也是先計算每位成員所任職務（有些職務，公開競選；有些職務，上級指派）中，由上級指派的職務數除以該成員所有職務的總數，以符號表示成「Entitlement(xi) = # ascribed roles(xi)/# roles(xi)」。整個團體的職務授與度值 (Entitlement(X)) 是所有成員的職務授與度值的算術平均數。

最後，說明主要職務工作責任的強度。每位成員因職務互動時，會有主從職務責任之分。本指標是在計算每位成員負主要職務責任的程度值。每位成員負主要責任的程度值之算術平均數是為該團體工作責任的強度值（Acc(X)）。例如，在甲乙丙丁構成的團體中，甲因職務與乙丙丁，均有互動，但這其中，只有當甲與乙丙互動時，甲是負主要責任。因此，甲的主要責任的程度值是 2/3。換言之，每位成員於互動時，負主要責任的總數除以所有互動的總數，以符號表示每位成員主要責任的程度值為「Acc(xi) = # acc/roles(xi，xj)/ #roles(xi，xj)」。所有四項指標值的算術平均數即為該團體階層鮮明度值，意即 1/4(Spec(X) + Asym(X) + Entitlement(X) + Acc(X))。階層鮮明度值與團體聚合度值即可決定該團體在圖 34-1 座標上的位置。

四、風險文化理論實用意涵

文獻顯示（Maister, 2001），企業文化會影響員工態度，員工態度會影響公司績效。文化雖為軟議題，但對公司經營的衝擊，卻很結實（Soft is Hard）。照此推理，風險文化影響員工風險態度，員工風險態度會影響風險管理績效，因此，風險文化理論在商業活動上的實用性，值得進一步探討。

風險文化理論對預測人們的風險知覺，雖被批判（Oltedal *et al*, 2004; Breakwell, 2007），但湯普生等（Thompson, *et al*, 1990）對該理論的實用性，卻有進一步的發展，首先湯普生等人發展了風險文化類型動態改變的理論，換言之，前提及的四種風險文化類型，會因人們對文化不同的驚奇（Surprises），由小改變，成為團體風險文化類型的轉換，湯普生等（Thompson, *et al*）的見解，說明文化不是靜態的，是動態的，是可以改變的。圖 34-4 是湯普生等（Thompson, *et al*） 發展的驚奇理論

自我想法的世界＼真實世界	宿命型文化	平等型文化	市場競爭型文化	官僚型文化
宿命型文化		沒有意外收獲	不靠運氣	不靠運氣
平等型文化	事事小心沒有用		輕鬆快樂	輕鬆快樂
市場競爭型文化	好技能無法獲得鼓勵	完全反差		部份反差
官僚型文化	事事碰運氣	完全反差	競爭劇烈	

圖 34-4 驚奇分類圖

[5]（Theory of Surprises）中的分類圖。

根據上圖，如果你（妳）是市場競爭型文化類型的人（參閱圖 34-4 的左邊欄位），到一家平等型文化的公司上班（參閱圖 34-4 的上方欄位），何事會讓你（妳）驚奇，徹底改變文化意識，轉換成別種文化類型，從圖中可得知，當這家公司因你（妳）的努力創新，反而責怪你（妳），就可能憾動你（妳）的世界觀，改變文化類型。同樣，如果你（妳）是平等型文化類型的人（參閱圖 34-4 的左邊欄位），到一家市場競爭型文化的公司上班（參閱圖 34-4 的上方欄位），你（妳）對任何輕鬆快樂成功的事，會感到驚奇，認為世界也可這樣，進而憾動你（妳）的文化意識，你（妳）會感到驚奇，是因你（妳）事事小心，認為凡事都是零和遊戲。

最後，湯普生等（Thompson, *et al*）發展的驚奇理論，可應用在企業購併中，文化改變的策略上。其次，人們的風險文化類型，可能會隨著人們的經驗與外在環境，而改變文化類型（Thompson, 2008），因此這項理論，也可應用在保險公司循

---

5 驚奇理論有三項定理：(1) 事情本身不會造成驚奇；(2) 只當對真實世界如何變成這樣，有特定意識及信念與其聯想時，就可能存在驚奇；(3) 真正的驚奇，是當持有特定意識及信念的人，向吾人說出真實世界是如何時，才會存在。參閱 Thompson, M. *et al* (1990). Cultural theory. Oxford: Westview Press.

環管理[6]（Cycle Management）策略的擬訂上，隨著市場環境變動，保險業務會處於不同的循環階段，而市場會有不同的行為，市場贏家的風險文化類型，也會隨市場轉換，不同類型，策略就不同。同時，由於每家保險公司的風險文化類型不同，對進出市場的風險，看法也不同，例如市場型文化的公司，對風險持樂觀態度，因而選擇留在市場，如果是平等型文化的公司，可能就選擇退出保險市場，因這種公司認為留在市場的風險，是危險的。如此進出市場，就影響承保能量，進而影響費率漲跌，承保條件的寬嚴，承保循環現象，於焉產生。最後，風險文化理論也可應用在財務危機發展階段的解釋與因應策略的制定上（Ingram, 2010）。

五、風險社會理論與風險統治理論

廣義的風險社會理論相當多（Renn, 1992），包括社會流動[7]理論（Social Mobilization Theory）、社會建構理論（Social Construction Theory）、系統理論（Systems Theory）、組織理論（Organizational Theory）與新馬克思主義與批判理論（Neo-Marxist & Critical Theory）。其中社會建構理論，以德國貝克（Beck, U.）的風險社會理論與法國傅科（Foucault, M.）的風險統治理論最受矚目。其他的風險社會理論，則相當偏向風險客觀派的思維。因此，本節僅扼要說明貝克（Beck, U.）的風險社會理論與法國傅科（Foucault, M.）的風險統治理論。這兩個理論，如與風險文化理論比較，則風險統治理論對風險建構主張的程度最強，風險文化理論次之，風險社會理論較弱。

（一）貝克（Beck, U.）與風險社會

德國社會學家貝克（Beck, U.）一九八六年出版的《風險社會》（Risk Society）一書對風險的社會學理論影響深遠。六年後，即一九九二年，第一本英文版出爐。他的風險理論主要在探討風險與社會現代化過程關聯的方式。社會現代化過程含三個階段：前現代（Pre-Modernity）；現代（Modernity）；與反思的現

6　補償性險種會出現業務循環，簡單說，所謂循環管理，是依據不同循環階段，所作的不同之管理措施，其目的是在強化財務強度。參閱林永和（2006/04/15）。〈循環管理──保險業提高財務強度之鑰〉。《風險與保險雜誌》。第 33 至 36 頁。台北：中央再保險公司。

7　社會流動（Social Mobility）流動概念，指的是一個人的社會階層或社會階級發生改變的現象，流量的大小，代表社會開放的程度。參閱謝雨生與黃毅志（2002）。社會階層化。在瞿海源與王振寰主編。《社會學與台灣社會》。第 117 至第 142 頁。台北：巨流圖書公司。

代（Reflexive Modernity）（Beck, 1997）。這三階段相對應的是前工業社會（Pre-Industrial Society）、工業社會（Industrial Society）與風險社會。工業社會產生財富但風險社會產生威脅與危害。貝克（Beck, U.）認為風險不僅是現代化過程的產物，也是處理威脅與危害的方式。

反思的現代，個別化（Individualization）與全球化（Globalization）是貝克（Beck, U.）《風險社會》一書中強調的概念。這三個概念也就是風險與社會現代化過程關聯的方式。所謂反思（Reflexivity）是社會學中常用的辭彙。它的含意是檢討反省。反思的現代即指後現代（Post Modernity）人們對引發恐懼焦慮的社會條件之檢討與反省。換言之，社會本身就是個議題，風險社會就是對社會本身的檢討與反省。反思的現代概念中含括傳統上長久被認同的社會角色的轉變。例如，男不男，女不女的粧扮顛覆了傳統男女有別的粧扮，這種現象謂之個別化。這種個別化現象是充滿風險的。因為它打破社會既有的規則，使人們充滿恐懼焦慮與不安。貝克（Beck, U.）也認為過去社會中的威脅或危險是有地區性的，因而容易預防或迴避，但如今風險全球化緣故，已難預防或迴避，風險的來源複雜，風險的效應甚難切割計算甚至無法消除，全球化的焦慮不安，成為風險社會特徵之一。

（二）風險統治理論

風險統治理論關心的主要議題，是與吾人所謂的 「風險」 相關的專業訓練、規章、制度與機構，在建構**主體性**（Subjectivity）與社會生活中是如何運作的？「統治」（Governmentality）一語，是社會控制的一種方式。因此，這個理論特別強調風險與權力（Power）的關係。風險與權力是相互依存的關係，當風險不確定的解釋權，操在有權力的人手中時，那麼擁有權力，可使任何事物現象均被視為風險，也可說根本沒風險這回事。是故，這種理論風險建構度最強。這種理論由法國哲學家傅科（Foucault, M.）所創建。以政府監理為例，政府有權力解釋風險，而政府所有的規章、制度、辦法與機構，是為了建構風險而存在，風險也只有依存在這些規章、制度、辦法與機構上，才有意義。沒有這些規章、制度、辦法與機構，就沒有風險，反過來說，有了這些規章、制度、辦法與機構，風險即相應而生。有一例證，可看出風險與權力的關聯，那就是英國發生狂牛症 （BSE: Bovine Spongiform Encephalopathy）時，政府官員紛吃牛排餐，紛紛宣稱是安全的，這就是這些官員在科學證據不明確時，他（她）們對不確定有解釋權的關係，這些解釋權則與權力有關。

六、風險社會與風險建構

第一章提及風險社會的三個特徵：第一，它是高科技與生態破壞特別顯著的社會；第二，它也是更需個人作決策的社會；第三，它更是風險全球化分配不公的社會。那麼，在風險社會下，不論個人、公司、政府、國家社會與國際組織，該用何種思維管理風險。多元理性思維，可能就是風險社會下，管理風險最好的方式，多元理性即並用風險個別概念與群生概念，理性與感性，兼容並蓄，單一理性，已不足以因應目前的風險社會。其次，風險建構理論告訴我們，風險其實是由社會文化所建構的，這種以價值出發的群生概念下的風險，人們在價值的取捨間，就決定了吾人管理風險的方式，因此，由政府主導國家社會價值方向，是公共風險管理的迫切課題。最後，深化風險建構理論的學術與實用研究，應是在風險社會下人們重要的任務，理性外加感性，看待風險，是個人、公司、政府、國家社會與國際組織該採用的多重思維，唯有如此，才能與風險共榮共存。

七、本章小結

是價值與權力，主導風險社會，不是機率，這是風險建構理論的核心主張，這尤其適合使用在公共風險管理領域，風險的理性與感性並用，就可減緩在風險社會下，容易因風險議題引發的社會衝突與抗議事件。

思考題

❖ 影響人類最為深遠的是數學家？還是數理思想家？是數學？還是數學心理學？請用兩種看待風險的方式解釋你（妳）的理由。

❖ 生活沒任何規劃的人，屬於何種風險文化類型？主張非核家園的人，又屬何種類型？政府官員們，又屬何種？

❖ 請從風險建構理論解釋，為何法國民眾可接受核能發電，台灣卻紛紛擾擾，持續抗爭？新加坡人可接受一黨獨大，台灣為何不能？校園同性戀社團，在英國校園中，是被公開允許的，台灣的校園中，為何不行？生物科技會伴隨風險，請問對未來人類文明會有何影響？

❖ 請用驚奇理論，解釋北韓的國家現象？

參考文獻

1. 林永和（2006 / 04 / 15）。循環管理——保險業提高財務強度之鑰。*風險與保險雜誌*。第 33 至 36 頁。台北：中央再保險公司。

2. 劉仲冬（1996）。民族誌研究法及實例。在胡幼慧主編。*質性研究——理論、方法及本土女性研究實例*。第 173 至 193 頁。台北：巨流圖書公司。

3. 謝雨生與黃毅志（2002）。社會階層化。在：瞿海源與王振寰主編。*社會學與台灣社會*。第 117 至第 142 頁。台北：巨流圖書公司。

4. Adams, J. (1995). *Risk.* London: UCL Press.

5. Beck, U. (1997). *Risk society-towards a new modernity.* London: Sage.

6. Breakwell, G. M. (2007). *The psychology of risk.* Cambridge: Cambridge University Press.

7. Dake, K. and Wildavsky, A. (1991). Individual differences in risk perception and risk-taking preferences. In: Garrick, B. J. and Gekler, W. C. ed. *The analysis, communication, and perception of risk.* New York: Plenum Press. pp.15-24.

8. Douglas, M. (1966). *Purity and danger:concepts of pollution and taboo.* London: Routledge and Kegan Paul.

9. Douglas, M. and Wildavsky, A. (1982). *Risk and culture-an essay on the selection of technological and environmental dangers.* Losangeles: University of California Press.

10. Douglas, M. (1985). *Risk acceptability according to the social sciences.* London: Routledge and Kegan Paul.

11. Gross, J. L. and Rayner, S. (1985). *Measuring culture-a paradigm for the analysis of social organization.* New York: Columbia University Press.

12. Ingram, D. (2010). The many stages of risk. *The Actuary.* Dec.2009 / Jan.2010. pp.15-17.

13. Lupton, D. (1999). *Risk.* London: Routledge.

14. Maister, D. H. (2001). *What managers must do to create a high achievement culture.* The Free press.

15. Oltedal, S. *et al* (2004). *Explaining risk perception: an evaluation of cultural theory.* Rotunde. No.85. Trondheim: C. rotunde publikasjoner.

16. Rayner, S. (1992). Cultural theory and rsik analysis. In: Krimsky, S. and Golding, D. ed. *Social theories of risk.* Westport: Praeger. Pp.83-115.

17. Renn, O. (1992). Concepts of risk: a classification. In: Krimsky, S. and Golding, D. ed. *Social theories of risk.* Westport: Praeger. pp.53-83.

18. Smith, P. (2001). *Cultural theory: an introduction.* Blackwell Publishers Inc.

19. Thompson, M. *et al* (1990). Cultural theory. Oxford: Westview Press.

20. Thompson, M. (2008). *Cultural theory:organizing and disorganizing.* Oxford: Westview Press.

第八篇

結 論

金融海嘯、歐債危機、極端怪天與黑天鵝效應，三大事件，一本書，給人類在管理風險上，啟示什麼？學習到什麼？未來又該如何？

與風險共榮共存

人定勝天，科學萬能，是或不是？好像是，又好像不是；好像一部份是，又好像一部份不是，這些答案，就風險管理現況來說，後者的答案比較貼切，比較謙卑。本章從新的風險思維開始，展望 ERM，同時說明現行風險管理教育上，須改變作為的必要性。

一、 新的風險思維

在第二與第三章中，提及風險理論與風險管理的哲學思維，人類的行為，本就受到意識與想法的驅動，我們怎麼看世界與想世界（Brockman and Matson, 1995），就會怎麼樣行動。因此，在第二章中，綜合各種風險理論後，歸納成兩種目前學術界裡看待風險的兩種方式，一種就是從機會概念出發，看待風險，也就是可計算的個別概念，所謂個別意指看待風險時，是不考慮社會文化脈絡因素，這是時下風險管理學界與實務界，奉為圭臬的概念。這種概念，是不足以因應風險社會下，風險管理所需的技術與非技術思維的問題，蓋因，許多事證已告訴我們，完整的風險面貌，我們只看到一部份，解決了部份問題，因此，人類在管理風險上，看待風險，需另行搭配新的概念與管理思維，需多元理性，不要一昧堅持單一理性。

新的概念與管理思維，就是從價值出發，將社會文化脈絡考量在內的群生概念，這種概念不是探討風險計算的問題，而是探討風險存在在人類社會中更深層的價值問題，價值決定風險，進而決定管理方式，生活上許多活生生實例告訴我們，理性的風險計算概念，是無法完全解決社會衝突與困擾人們生活的風險議題。價值出發的風險概念，可幫我們了解為何人們遭遇到科學的不確定時，感受會與專家或政府官員們，如此不同，依據此概念，進行風險管理的質性深入研究，其成果或許可幫我們找到面對極端風險與社會衝突的解決方案，且能在風險永遠無法磨滅的情況下，這種風險概念或許能讓人類生活得更愉快。

二、 黑天鵝的啟示

塔雷伯（Taleb, N. N.）（2010）認為，人類就是無法預測極端世界的風險，且認為常態分配是個知識大騙局，因而，他建議人們從第四象限世界中，想辦法移至第三象限的世界，其作法是避免進入第四象限的世界，採用槓鈴策略，改變曝險，而非改變風險的機率分配。如果無法避免進入第四象限黑天鵝領域的世界，則要用

下列作法回應與減緩第四象限世界的極端風險：第一，別認為沒有波動，就是沒有風險；第二，小心風險數據的表達；第三，別測量風險；第四，小心道德危險因素；第五，小心極端罕見事件的無典型性；第六，避開最適化的概念；第七，避免預測小機率的報酬；第八，留意黑天鵝是正面還是負面；第九，尊重時間與隱性知識。

三、ERM 的展望——與風險共榮共存

風險管理在金融海嘯、歐債危機、極端怪天等風暴與災難發生後，希望我們是學到以謙卑的態度，面對未來的風險，如此風險管理才有未來。在展望風險管理的未來前，我們先思考法國哲學家傅科（Foucault, M.）所創的風險統治理論（The Governmentality Theory of Risk）。該理論（參閱第二章與第三十四章）告訴我們，世界沒「風險」這回事，但也可把任何人、事、物，均看成是「風險」。如果你（妳）同意前者，或者你（妳）是風險文化理論（The Cultural Theory of Risk）（參閱第三十四章 ）中，所歸類的宿命型文化論者，就無需閱讀本書；如果你同意後者，或者你（妳）是非宿命型文化論者，就有必要閱讀本書，與關心風險管理的未來。

風險管理的未來將是何種面貌，見仁見智。首先，賓克思（Banks, E.）（2009）指出，在歷經多次金融巨災後，風險管理與其模型的效能，招到質疑，因此，他認為人類對風險管理或其相關模型的未來，可有三種選項：第一種選項，就是維持現狀，不用改變什麼，只要能知道，風險管理或其相關模型，在特殊巨災的情境下有缺失即可；第二種選項，就是將風險管理的思維或其相關模型，稍作改善調整即可；第三種選項，就是完全改變風險管理的思維與其相關模型所採用的建置過程。

其次，里茲（Rizzi, J.）（2010）認為，風險管理的下一步，就是由 ERM 走向復原力（ER: Enterprise Resilience）管理，也就是採取一種**適應式的風險管理**（Adaptive Risk Management）。復原力管理意即強化企業應付風險事件威脅的彈力，這項思維與可能的走向，亦可參閱第三章第四節所提，強化彈力的管理思維，以及第十八章所提，BCM 的目標思維。

最後，綜合這些有跡可循的觀點，著者認為，調整或徹底改變管理風險的思維與過程，此時是有必要擺在抬面上深思與討論的，風險永不滅，風險管理的未來，

就是應如何尋求與風險共榮共存（Living with Risk），這過程中，涉及人類如何選擇風險，所選定的風險，會決定人類未來的文明，這就是德國著名社會學家貝克（Beck, U.）所說的風險文明。

四、風險管理教育需要變革——科技心與人文情

第五章曾提及，國際上有些大學（例如，美國 Clark University），著重風險的人文心理教育，有些大學（例如，美國 University of Pennsylvania）著重風險技術的計量教育，從單一觀點言均合適，但就風險管理是跨領域整合性學科的觀點（參閱第四章），以及風險管理實務上，需各專才的通力合作來看，風險管理教育有必要重新思考課程性質的配置。風險管理既然是跨領域整合性學科，那麼在教育課程上，不能只聚焦於風險計量技術教學，對人文心理課程的教學，在風險社會的當代中，更不能被忽視，如此才能勝任 ERM 架構下，CRO 所需的技術與非技術技能，也才能因應未來風險管理的發展，換言之，未來風險管理人才的教育，應讓風險管理人員具備科技心與人文情的特質，只具備單一特質的養成，無法面臨未來的挑戰。

五、本章小結

CRO 如能兼容並蓄風險的機會與價值概念，同時具備科技心與人文情的特質，那麼就能因應，未來人類如何與風險共榮共存過程中的挑戰。

思考題

❖ 正負兩度 C 的影片，給你（妳）何種啟示？（如你（妳）沒看過，就別回答）。還有食、衣、住、行都有風險，你（妳）打算怎麼辦？

參考文獻

1. Banks, E. (2009). *Risk and financial catastrophe.* UK; Palgrave and macmillan.

2. Brockman, J. and Matson, K. (1995). *How things are.* Brockman, Inc.

3. Rizzi, J. (2010). Risk management-techniques in search of a strategy. In: Fraser, J. and Simkins, B. J. ed. *Enterprise risk management.* Pp.303-320. New Jersey: John Wiley & Sons, Inc.

4. Taleb, N. N. (2010). *The Black Swan-the impact of the highly improbable.*

名詞索引

圖解財經商管系列

※ 最有系統的圖解財經工具書。

※ 一單元一概念，精簡扼要傳授財經必備知識。

※ 超越傳統書藉，結合實務精華理論，提升就業競爭力，與時俱進。

※ 內容完整，架構清晰，圖文並茂‧容易理解‧快速吸收。

圖解行銷學
／戴國良

圖解管理學
／戴國良

圖解作業研究
／趙元和、趙英宏、
趙敏希

圖解國貿實務
／李淑茹

圖解策略管理
／戴國良

圖解人力資源管理
／戴國良

圖解財務管理
／戴國良

圖解領導學
／戴國良

圖解會計學
／趙敏希
馬嘉應教授審定

圖解經濟學
／伍忠賢

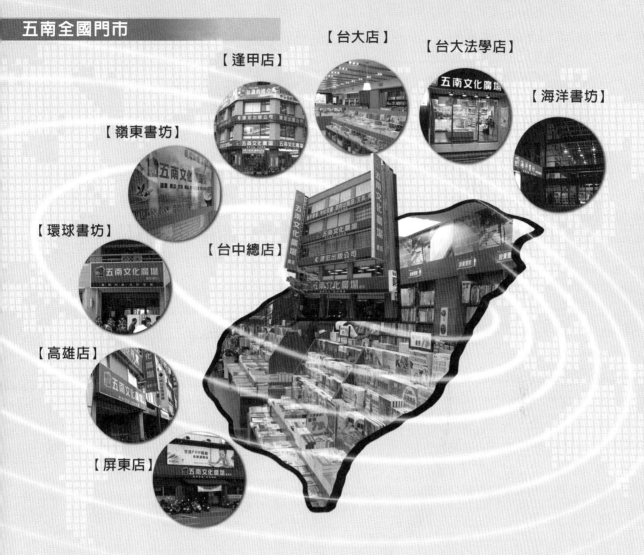

國家圖書館出版品預行編目資料

風險管理新論：全方位與整合／宋明哲著.
－－六版.－－臺北市：五南, 2012. 10
面；　公分

ISBN　978-957-11-6861-6（平裝）

1. 風險管理

494.6　　　　　　　　　　　101018503

1FRW

風險管理新論：全方位與整合

作　　　者－宋明哲
發 行 人－楊榮川
總 編 輯－王翠華
主　　　編－張毓芬
責任編輯－侯家嵐
文字編輯－陳欣欣
封面設計－陳卿瑋
排版設計－李宸葳設計工作坊
出 版 者－五南圖書出版股份有限公司
地　　　址：106 台北市大安區和平東路二段 339 號 4 樓
電　　　話：(02)2705-5066
傳　　　真：(02)2706-6100
網　　　址：http://www.wunan.com.tw
電子郵件：wunan@wunan.com.tw
劃撥帳號：01068953
戶　　　名：五南圖書出版股份有限公司
台中市駐區辦公室／台中市中區中山路 6 號
電　　　話：(04)2223-0891
傳　　　真：(04)2223-3549
高雄市駐區辦公室／高雄市新興區中山一路 290 號
電　　　話：(07)2358-702
傳　　　真：(07)2350-236
法律顧問　元貞聯合法律事務所　張澤平律師
出版日期：2012 年 10 月六版一刷

定　　　價　新臺幣 750 元